城市森林廊道建设理论与实践

费世民　徐　嘉
孟长来　张艳丽　等 著
张锡九　鲍　方

CHINA 中国林业出版社

图书在版编目（CIP）数据

城市森林廊道建设理论与实践 / 费世民等著．—北京：中国林业出版社，2017.11

ISBN 978-7-5038-9384-1

Ⅰ.①城… Ⅱ.①费… Ⅲ.①城市林－廊道－基础设施建设－研究－中国 Ⅳ.①S731.2

中国版本图书馆 CIP 数据核字（2017）第 288692 号

出版发行	中国林业出版社
地　　址	北京西城区刘海胡同 7 号
邮　　编	100009
E - mail	36132881@qq.com
电　　话	（010）83143545
制　　作	北京大汉方圆文化发展中心
印　　刷	中国农业出版社印刷厂
版　　次	2017 年 11 月第 1 版
印　　次	2017 年 11 月第 1 次
开　　本	185mm×260mm　1/16
字　　数	554 千字
印　　张	23.5
定　　价	98.00 元

《城市森林廊道建设理论与实践》
著者名单

主要著者：

费世民　徐　嘉　孟长来　张艳丽　张锡九　鲍　方

著　　者（按贡献大小排序）：

费世民　徐　嘉　孟长来　张艳丽　张锡九　鲍　方
刘　薇　江　雪　曾晓阳　郄光发　王　莉　杨　平
王　成　蒋继宏　李大明　叶　浪　邱尔发

前 言

森林是人类文明的摇篮。在城市发展的历史进程中，森林保障和推动了城市的健康发展。进入新世纪，大力发展城市森林，使城市与森林和谐共存，人与自然和谐相处，是世界生态城市的发展方向。美国的洛杉矶、纽约、亚特兰大，日本的东京，韩国的汉城、釜山，印度的新德里等城市，都把建设城市森林作为新世纪生态城市发展的重要内容。欧盟在5个国家联合8个城市，开展了城市森林的研究和实践。在我国政府和芬兰政府共同发起推动的亚欧林业科技合作中，城市森林网络体系建设成为4个重大研究领域之一。

我国城市森林建设的规划与实践，既借鉴了国外城市森林发展的成功模式，也继承了中国古典园林“师法自然”“天人合一”的精髓，形成了以点、线、面相结合的森林生态网络体系布局、“林网化—水网化”林水结合的城市森林建设理念。为积极倡导我国城市森林建设，激励和肯定在城市森林建设中成就显著的城市，树立城市生态建设典范。自2004年起，全国绿化委员会、国家林业局启动了“国家森林城市”评定程序，并制定了《“国家森林城市”评价指标》和《“国家森林城市”申报办法》。从长春第一个森林城市建设开始，我国城市森林建设呈现蓬勃兴起的发展势头。截至2012年12月，全国绿化委员会、国家林业局授予贵阳、沈阳、长沙、成都、包头、许昌、临安、新乡、广州和新疆阿克苏等41个城市“国家森林城市”荣誉称号。

近20年来，随着城市化进程的加快，城乡统筹与一体化已成为现代城市发展的新趋势；现代城市已不是孤立的城区生态系统，而是表现出城区、郊区各自特点及通过廊道连接的互相贯通交融所产生的共性的、具有一定尺度的生态系统综合体。纵观目前国内外城市森林研究与建设，特别是“城市开敞空间”(Urban Open Space)、“绿道”(Greenway)的研究与应用，城市森林进入了新的发展阶段，不再是“就城市论城市”的狭义城市森林观念，更加突出城市空间开放、城乡一体的新思维，建立城区、郊区乡村生态系统相互连接的“全域城市”森林体系；城市森林建设不仅仅局限在城区森林“绿肺”的建设，更加突出贯通城区、城郊的森林廊道“绿脉”建设，形成城乡一体、“绿肺”“绿脉”贯通交融的森林“经络”生态格局，推进城市生态化过程，保障城乡一体化区域整体经济社会与环境的可持续发展。森林廊道是城市“绿脉”建设的承载主体，作为保护城市生态结构与功能、构建城市生态网络和城市开放空间规划的核心，承担着城市“经络”功能与作用，强化了城乡景观格局的连续性，保证了自然背景和乡村腹地对城市的持续支持能力，不仅对城市空间结构的演变与发展起着至关重要的作用，而且对于缓解城市热岛效应、改善城乡生态环境、建设居民休闲生活环境、促进城市可持续发展等都具有重要意义。

城市是一个开放的复合生态系统，其能量和物质的平衡不能完全在系统内部自行完成，而要通过与外界环境的交换才能实现完整的生态过程。城市森林绿道应延伸至郊外的自然景观之中，与区域景观系统连接起来，同时将郊区的自然景观和生态服务功能引导至城市之中，在区域尺度上构成一个贯通式森林廊道，强化了城市内与外的联系，促进各种能量的交换与空气的流通，使城市外围区域成为城市生态稳定发展的背景，实现区域内的生态平衡。因此，城市森林廊道是在城市生态地理区域以森林为主体的贯通城乡的生态廊道，除了具有其他生态廊道、绿色通道的功能外，它突出以森林为主体，增强城市“绿量”（三维），更强调森林的结构与生态服务功能对人居及生活、生产环境的改善；突出以道路、河流廊道为骨架，强化城乡联通，更强调森林廊道对城区绿色空间的相互连接、城乡生态系统之间物流、能流和信息流的互通交换；突出以廊道为载体，强调以人为本，更强调廊道绿色空间满足人体身心健康、休闲游憩的需求。

城市森林廊道主要由森林植被、河流、道路等生态性结构要素构成，一般有两种形式：第一种是道路森林廊道；第二种是河流森林廊道。森林廊道不仅仅是单一绿化为主或者简单的“立体绿化”，在景观生态学研究的尺度上，具有一定的长度和宽度。因此，在生态方面，宽阔的森林廊道能够形成良好的生态效益，不仅要起到生态防护功能，畅通城乡之间“生态流”交换，减缓和扩散城市生态压力，保护城乡动、植物生存环境和动物通道的功能，而且要起到防噪、防尘、降污、防废气以及美化绿化等改善人居及生活环境的功能。在游憩方面，宽阔的森林廊道将人的住所与城市公园以及郊外森林、湖泊、风景旅游区等自然地联接起来，构建以森林廊道为基础的城市生态游憩体系，体现文化、教育、经济功能，实现人与自然、城市的和谐统一；在交通方面，足够的宽度可以满足人行与自行车的组合道路形式，为步行和自行车锻炼提供专有路线即“健康步道”，保证自行车和行人的路线通畅，满足公众的健康要求；在防灾方面，地震发生时可以保证受灾群众沿着森林廊道迅速撤离到防灾的开敞绿地，发挥森林廊道的疏散功能。

在现代城乡一体化建设的形势下，应把现代城乡绿化一体化作为现代城市森林建设的主要模式，建立一种对城市空间格局和城市生态环境建设具有引导作用的城市森林廊道体系已经迫在眉睫。为此，2006 年以来，四川省林业科学研究院依托“十一五”国家科技支撑专题“西南地区城市森林建设技术试验示范”（编号 2006BAD03A1703），组织了四川省林业科学研究院、中国林业科学研究院、江苏师范大学、成都市林业和园林管理局等单位专家进行多学科、多部门协同攻关，以成都市城市森林为研究对象，选择典型代表性的城区、郊区、山区的城市生态廊道（道路、河流），重点开展了贯通城区、郊区、山区的城市森林廊道建设技术研究与示范。专题研究把理论研究与实际应用相结合，采用边试验、边总结、边示范、边推广的方式，通过对成都市城市森林的调查研究，从景观生态学角度，基于城乡一体化的城市行政区域（包括郊县）生态景观，借鉴生态廊道的相关理论，分析了廊道的现状和特征，首次提出了城区到山区的“城区—郊区—山区”贯通式森林廊道概念，即是在城市开放空间区域，以贯通城乡的道路、河流通道为骨架，构建贯通性、扩散性的森林“绿脉”廊道，突破城区森林“绿肺”建设的传统局限，更加注重贯通城区与城郊的森林廊道“绿脉”建设，更加强调森林廊道的生态功能，形成城乡物流、能流和生物流的贯通性、扩散性森林“绿脉”廊道。在调查总结的基础上，从结构—功能—模式优化的角度，研究提出了贯通城乡的道路、河流森林廊道建设技术，取得许多创新性研究成果。

1. 贯通式森林廊道空间配置技术

根据成都市城市建设规划和城乡一体化建设规划，按照道路、河流分布格局，依据“斑块–廊道”理论，以联通城市森林“绿脉”、提高城市森林绿量为目的，在国内首次提出了贯通式森林廊道空间配置技术。①城区：以主干道、河流为轴线构建城市贯通城区的带状森林“主脉”，以城区交通道路网络构建城区“绿脉”网络，形成城市物流、能流和生物流的贯通性、开放性生态廊道体系，充分发挥森林的生态净化（空气污染、生物转化等）、生态调节（小气候、人体舒适度等）和人居环境改善等功能；②郊区：以连通城区森林“主脉”构建联通城乡的带状森林“绿脉”廊道，以连接乡村“四旁”绿化林网以城区交通道路网络构建乡村“绿脉”网络，形成城乡物流、能流和生物流的连通性、扩散性生态廊道体系，充分发挥乡村森林在新农村建设中的生态环境改善、生产生活条件改善和生态屏障功能；③山区：构建连通城乡森林“主脉”的、与山地森林相融合的生态廊道，充分发挥山区森林的能流“源”“汇”畅通作用和生物廊道连通功能。

2. 典型贯通式森林廊道模式配置技术

2.1　道路森林廊道模式配置技术

根据贯通式道路森林廊道所处的区位和环境条件，因地制宜配置不同模式，研究提出了典型贯通式道路森林廊道配置方式 5 种和森林结构配置模式 10 种；对植物选择，考虑到植物生物生态学特性、植物的抗污染能力、种间关系及其群落结构稳定性、三维绿量与绿视率等，同时，考虑到交通安全对车移景异的视角变化需求以及城乡景观对绿化、美化、彩化、季相化的要求，筛选出了优良的功能植物 25 种包括乡土植物 15 种和引种驯化植物 10 种，其中乔木 16 种。

（1）在城区段：主要为城区主干道，典型的有三板（中间为机动车道、两边非机动车道或人行道）两线（1~2 排行道树）两带（包括步行道及建筑基础绿带）式配置，线形行道树配置模式主要为“乔木型”或“乔木＋地被”型和建筑基础绿带的“乔木—灌木”型。

（2）在城郊段：主要连接城区主干道和郊区县的高速公路或快速通道，典型的有三板四带式、四板（机动车道中间设置隔离带）五带式配置，车道旁的窄林带（2~6m）配置模式主要为“乔木—灌木—地被”型或“乔木—灌木＋地被”型，中间隔离带配置模式主要为“乔木—灌木—地被”型、“灌木—地被”型或“灌木＋地被”型，非机动车道外旁宽林带（15m 以上）配置模式主要为“乔木—灌木—地被”型。

（3）在郊区段：主要是高速公路或快速通道，典型的有二板三带式配置，中间隔离带配置模式主要为“灌木”型，两旁林带配置模式以乔木为主体的近自然的森林带和结合坡地治理的“乔木＋灌木＋地被”型近自然植被，快速通道典型的还有一板二带式配置。

对于道路森林廊道的林带宽度，通过生态效应测定分析，综合国内外相关生态廊道研究成果，结合森林边缘效应，在国内首次确定了林带宽度不少于2~3倍树高，宜在4~6倍树高，以便在林内建设健康步道。

2.2　河流森林廊道模式配置技术

根据贯通式河流森林廊道所处的区位和环境条件，研究提出了典型贯通式河流驳岸处理方式3种和廊道森林结构配置模式4种；筛选出了优良的功能植物15种，包括乡土植物10种和引种驯化植物5种，其中乔木8种。

根据河流正常水位和流速，以及最大洪水位和流速，考虑到休闲观光、亲水性的需求，提出了自然驳岸式、卵石近自然驳岸式和原滩木结构廊桥式等3种河流驳岸处理方式。在城区及城郊段，一是采取自然驳岸式处理方式，提出了水草护岸—耐湿植物护堤—林带保土过滤的廊道配置模式；二是进行卵石透水硬化，采取卵石近自然驳岸式，提出了耐湿植物护堤—林带保土过滤的廊道配置模式；三是保持原滩，采取原滩木结构廊桥式处理方式，提出了水生植物观赏—耐湿植物护堤—林带保土过滤的廊道配置模式。在郊区段，保持河岸自然，提出了林带防护的廊道配置模式。

对于河流森林廊道的林带宽度，通过控制水土流失、养分及污染物过滤、光热调节等生态效应测定分析，综合国内外相关河流生态廊道研究成果，并能够满足在林内健康步道建设需求，在国内首次确定了河流林带宽度不少于30m。

3. 森林廊道健康步道建设技术

在城郊—山区的贯通式森林廊道段，为满足现代人的休闲游憩、远足保健等的需求，在森林廊道中建设健康步道，形成连续的可供自行车、步行的“绿色健康通道”系统，研究提出了三种类型健康步道及其建设技术。一是廊道森林内的健康步道，主要提供远足旅行、休闲游憩，步道宽度在1~1.5m；二是城区及城郊段的河流廊道中、与廊道内开敞的线性小公园有机结合的人行休闲步道，步道宽度0.5~1m；三是在廊道与住宅小区相结合区域的人行游园小道，宽带在0.5m。同时，总结提出了森林廊道健康步道建设技术要点。

4. 森林廊道快速绿化技术

为了提高廊道森林建设成效，运用速生树种（巨尾桉、四季杨、中华红叶杨、楸树、银荆、水杉、池杉、桤木等）直接造林或进行补植补造，采用藤本护坡绿化、放植生袋栽植、格式植灌植草护坡等快速生物护坡技术，研究提出了森林廊道快速绿化技术，突破了传统的“大树进城”速成绿化的观念;并总结提出了森林廊道快速绿化技术要点。

通过研究与试验示范，一是创新提出城市森林的“近自然植物群落配置”理念及其技术体系，摒弃了传统园林构建的理念，更加突出城市中森林实体的功能与效益；创新确立了城市森林近自然森林群落构建参数，提出了城市森林近自然植物群落配置模式及其优化营建技术体系，并在城市森林改造实践中应用，丰富了我国城市森林群落构建理论，为我国城市森林稳定性维持提供了科学依据。二是创新提出了贯通“城区—郊区—山区”的城市森林廊道建设模式及其配套技术体系，首次确定了城市道路、河流森林廊道的宽度；创新提出了森林健康步道及其建设技术和城市森林廊道快速绿化技术；为推进城乡绿化一体化建设、加快森林城市创建、改善城市生态环境和提高健康游憩休闲质量提供技术支撑，填补了城市森林建设技术研究空白。目前，取得的研究成果已在成都、广安、攀枝花、泸州及西南地区的森林城市创建规划及城市森林建设中广泛推广应用，通过试验示范、规划、设计、施工、植物选择等方式进行技术应用，通过技术指导、技术咨询、论文交流以及工程指导与监理、技术审查等手段进行技术推广，提出的相关理念、筛选出的优良功能植物材料和配置模式已生产中得到推广应用；贯通式森林廊道建设理念，已被相关部门和设计人员所接受，已运用于成都市城乡一体化的道路、河流森林廊道建设中；提出的利用速生树种“快速绿化”的理念，已逐步得到认同，并应用于成都市道路、河流廊道绿化改造中；“健康步道”建设技术已在成都市城市森林规划设计与建设中得到广泛应用。

本书主要基于“十一五”国家重点科技支撑专题“西南地区城市森林建设技术试验示范”及四川省相关城市森林建设规划设计项目的部分研究成果，并汇聚了他人的相关研究成果，凝聚了研究团队成员的辛勤汗水，也凝聚了本书著者的大量心血，得到了很多专家、领导的指导和关怀，在此，对他们的长期支持与帮助表示衷心的感谢！文中还收集总结了国内外相关研究发表的文献，在此，对文献作者们表示衷心的感谢！

全书突出城市森林廊道建设的理论与实践，旨在构建一整套的城市森林廊道建设技术体系，共分五个部分。绪论部分概述了目前国内外城市森林相关研究与实践的最新进展；第一章对城市森林廊道概念及其研究进展进行了综述，概述了城市森林廊道相关研究方法与功能作用；第二章应用“近自然森林”理论，深入研究了成都市城市森林廊道群落配置技术，并对城市森林廊道结构与功能进行系统地研究；第三章运用道路生态学相关研究成果，系统阐述了城市道路、城市道路景观、城市道路绿化、城市道路森林廊道特征及其功能作用，提出了城市道路森林廊道营建技术及其建设模式；第四章运用河流生态学相关研究成果，系统阐述了城市河流、城市河流廊道景观、城市河流森林廊道特征及其功能作用，提出了城市河流森林廊道营建技术及其建设模式。

本书是城市森林廊道的第一部专著，如能够为我国城市森林建设提供理论参考，能够为今后各地森林城市创建提供科学依据，著者将倍感欣慰！由于成书仓促，著者的水平所限，书中难免有许多不足之处，涉及的相关引文编注也有许多偏颇之处。期望读者，特别是高校师生、科研工作者及被引文作者能够谅解。欢迎共同研讨，并恳请予以批评指正！

著者

2014 年 6 月于成都

目　录

绪　论

城市森林建设是生态化城市发展的重要内容，也是实现从绿化层面向生态层面提升现代城市建设的一个新领域。世界各国都把发展城市森林作为保障城市生态安全的主要措施、增强城市综合实力的重要手段和城市现代化建设的重要标志。通过建设城市森林来改善城市人居环境，维持和保护城市生物多样性，提高城市综合竞争力，促进城市走可持续发展道路，是现代城市生态环境建设的重要内容。

一、生态城市概述

20 世纪初，英国生物学家 P. 盖迪斯在 1904 年所写的《城市开发》和《进化中的城市》中，把生态学的原理和方法应用于城市研究。1971 年，联合国教科文组织在第 16 届会议上，提出了“关于人类聚居地的生态综合研究”，“生态城市”概念应运而生。1984 年“人与生物圈计划”提出生态城市规划五原则，并从整体上概括了生态城市规划的主要内容，为后续研究奠定了理论基础。此外，理查德·雷吉斯特（Richard Register）、罗斯兰（Roseland，1997）、莫坦特（Vintent）、马克·怀特黑德（Mark Whitehead）等学者以及澳大利亚城市生态协会、欧盟和第一、二、三届国际生态城市会议等组织分别对生态城市的概念、发展原则、建设计划以及城市土地的持续利用、城市持续发展等进行研究。20 世纪 80 年代以来，西方发达国家纷纷开展生态城市规划与建设。其中，最具代表性的是理查德·雷吉斯特领导的美国城市伯克利的生态城市建设，1987 年出版了《生态城市伯克利：为一个健康的未来建设城市》（Eco-city Berkeley Building Cities for a Healthy Future），论述伯克利生态城市建设的设想；1990 年提出了“生态结构革命”（Ecostructural Revolution）的十项计划；1996 年提出了更为完整的生态城市建设十原则。经过 20 多年的努力，伯克利走出一条比较成功的生态城市建设道路，形成了典型的亦城亦乡的空间结构。1999 年 10 月，美国世界观察研究所在一份题为《为人类和地球彻底改造城市》的调查报告中指出，无论是发达国家还是发展中国家，都必须将本国城市放在协调发展的战略地位，实现“人—社会—自然”的和谐发展，走生态化的城市发展道路。印度的班加洛尔（Bangalore）、巴西的柯里蒂巴（Curitiba）和桑托斯（Santos）、澳大利亚的怀亚拉（Whyalla）、新西兰的韦特克勒（Waitakere）、美国的克利夫兰和波特兰·梅特波利坦（Portland Metropolitan）、德国的厄兰根（Erlangen）都在从事生态城市的规划实践。

城市生态始于 19 世纪末霍华德的田园城市研究，并于 20 世纪 20 年代形成了一个城市生态学派。他们把生态学的一些原理应用到城市社会学、城市发展、城市规划中去。该学派到了二次世界大战中逐渐变弱了，但是到20世纪60年代以后，特别是《寂静的春天》这本书出版以后，使人们更加警醒起城市化、工业化对自然生态系统和农业生态系统的破坏。联合国教科文组织1971年开始组织了一个城市生态系统的研究，全世界有113个城市加入了城市生态的研究，包括我国香港、天津都参加了这些研究。此外，联合国人居环境署、国际环境科学委员会、国际应用系统研究所等也都组织了一系列城市生态的研究。总的来说，城市问题研究的着眼点正从浅层的问题（环境污染、资源耗竭、交通拥堵、健康下降）向深层次的问题（生态安全、生态健康、生态代谢、整合规划和系统管理）过渡，从传统的环保部门的事上升到规划部门、管理部门的事情。

比较典型的有哈利法克斯（Halifax）生态城项目，是澳大利亚第一例生态城市规划（陈勇，2001）。哈利法克斯位于澳大利亚阿德莱德市内的工业区，占地面积$24hm^2$，其规划设计主要由建筑师Paul F. Downton等人完成的，项目不仅涉及社区和建筑的物质环境的规划，而且还涉及社会与经济结构，它向传统的商业开发挑战，提出了“社区驱动”的生态开发模式。1994年哈利法克斯生态城项目获得“国际生态城市奖”；1996年6月，在伊斯坦布尔的联合国“人居二”会议（第二次人类居住会议）“城市论坛”中，该项目被作为最佳实践范例。

国内生态城市研究是在我国著名生态学家马世骏先生的倡导下开展起来的。马世骏、王如松在1980年代明确提出城市是典型的社会—经济—自然复合生态系统和建设“天人合一”的中国生态城思想。1990年，钱学森又提出了“山水城市”这一富有中国特色的生态城市概念，指出“人离开自然又要返回自然”，倡导用中国的园林艺术来改造中国现代工业城市，以达到人与自然和谐统一的境界。吴良镛也指出“山水城市”中的“山水”泛指自然环境，“城市”泛指人工环境。“山水城市”提倡人工环境与自然环境协调发展，其最终目的在于建立以城市为代表的人工环境与以山水为代表的自然环境相融合的人类聚居环境（吴良镛，2001）。此后，国内学者分别围绕生态城市的空间结构、指标体系、功能组织、规划方法等内容进行了大量的研究，并取得一批成果。在上述理论研究的支撑之下，各地纷纷开展了生态城市的规划实践。其中，具有代表性的规划成果包括黄光宇（1998）提出的乐山绿心环型生态城市空间结构，王富玉（2002）提出的三亚带型生态城市空间结构，以及广州市城市总体发展概念规划中提出的保护“云山珠水”，构筑“山、城、田、海”的山水城市空间格局等。李杨帆等（2005）基于城市生态学和循环经济理论从生态城市的内涵、特征、内容及等级体系等方面构建了生态城市的概念模型（图1、图2），其研究主要致力于运用科学发展观诠释生态城市概念的内涵和外延；总结生态城市与传统城市相比具有的显著区别的特征；分析可持续发展与生态城市规划管理相互作用机制，进而从城市生态学和循环经济理论上进行概括和升华。

因此，建立人与自然和谐共生、健康、安全和可持续发展的生态城市是全球人类的共同理想。据研究，从自动调节CO_2和O_2的平衡出发，要能呼吸新鲜空气，每人平均要有$10m^2$森林或$40m^2$的草坪，如考虑到工业生产和各种燃料所消耗的氧，每个人至少应占有的30~$40m^2$森林绿地，最好能达到$60m^2$。也就是说，城市森林在城市生态环境建设中占有不容忽视的地位。城市森林是城市唯一有生命的基础设施，对城市生

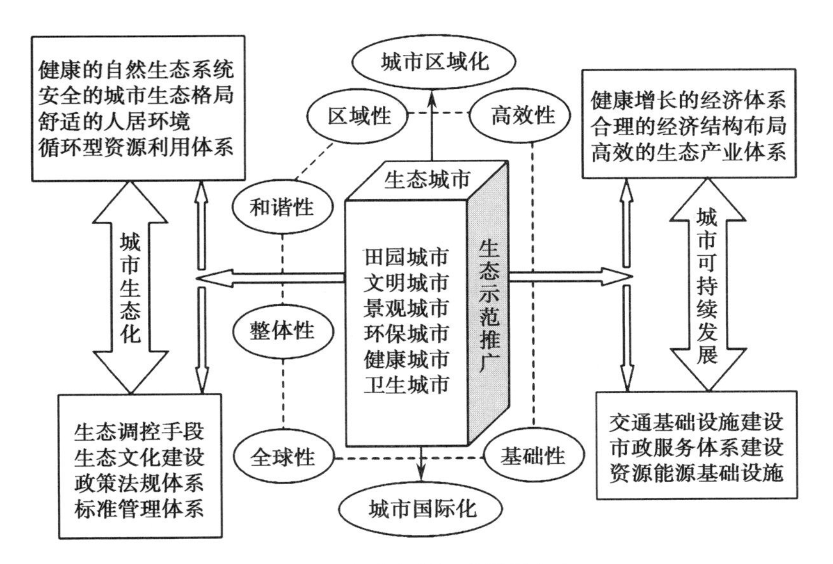

图1　生态城市的概念模型框架

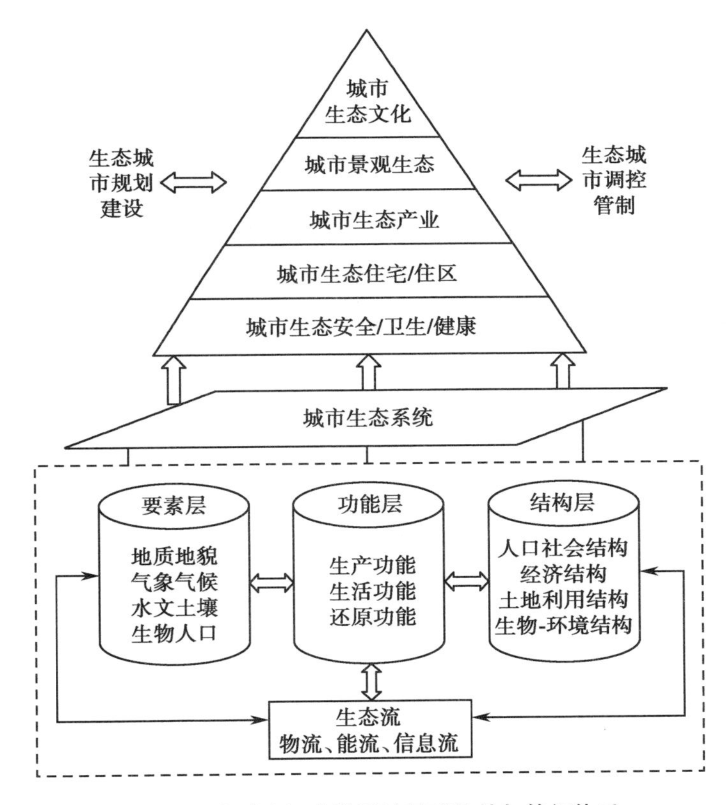

图2　生态城市概念模型的基础构件与等级体系

态环境改善具有重大意义，而且是改善城市生态环境的主要途径。因而，通过建设城市森林来改善城市生态环境，维持和保护城市生物多样性，提高城市综合竞争力，促进城市走可持续发展道路，是现代城市生态环境建设的重要内容。

二、城市森林概念

"城市森林"（Urban Forest）最早出现于1962年美国肯尼迪政府的户外娱乐资源调查报告中（刘殿芳，1997）；1965年，加拿大多伦多大学的Erik Jorgensen教授首次完整提出城市林业（Urban Forestry）概念（王木林,1995）,倡导"城市"与"森林"相结合，促使自然林业与工业文明相融合。自此，城市林业与城市森林先后在北美、欧洲乃至全球掀起了研究热潮，得到世界有关林业专家、政府及公众的重视。1972年，美国国会通过了《城市森林法》。21世纪初，以德国莱比锡大学为首，组织英国、意大利、芬兰、荷兰等一些欧洲国家的研究力量，联合8个城市，共同研究21世纪现代城市绿地空间发展对策。

国外10个城市的森林覆盖率在33%~74%之间，平均47.58%。中国21个城市的森林覆盖率在5.5%~48.5%之间，平均为31.03%。中外城市的平均森林覆盖率相差16.55%（表1）。据查，美国约有城市森林面积2800万hm^2，占全国土地面积的3%；德国64个城市的森林面积20世纪80年代即达到人均26m^2；而同一时期，苏联城市森林面积占城市用地面积的22%，总计达1900hm^2；日本全国森林的10%位于城市周围。在世界主要城市中，东京市域森林覆盖率为33%，巴黎市域森林覆盖率为27%，伦敦市域森林覆盖率为34.8%,全球主要城市森林覆盖率平均为31.7%(表2)。我国颁布的《中华人民共和国森林法》中明确指出，全国森林覆盖率目标为30%；我国生态环境优质的城市森林覆盖率标准为30%以上。

我国城市森林建设起步于20世纪80年代末期，在各级政府和有关部门的积极推动下，城市森林理论研究与实践蓬勃兴起。国内城市森林的实践和研究在我国北京、沈阳、上海、哈尔滨、成都、合肥、扬州、广州等许多城市已经广泛展开。进入21世纪，倡导"让森林走进城市、让城市融入森林"已成为保护城市生态环境，提升城市形象和竞争力，推动区域经济持续健康发展的新理念。

表1　2010年国内外主要城市森林覆盖率

国外城市	森林覆盖率（%）	国内城市	森林覆盖率（%）	国内城市	森林覆盖率（%）
华盛顿	33	哈尔滨	42.79	北京	43
渥太华	35	南宁	38.5	珠海	43.8
莫斯科	35	宜昌	48.5	深圳	47.7
东京	37.8	海口	14.6	大连	38.2
罗马	74	三亚	60	南京	15.2
斯德哥尔摩	66	拉萨	5.58	厦门	40.68
布拉格	61	合肥	11.8	广州	41.2
柏林	42	昆明	36.5	长春	41
赛罗那	40	重庆	20.98	兰州	8.77
维也纳	52	山海	10.4	青岛	23.16
		沈阳	19.2		

表 2　世界主要城市情况

城市	城市面积（km^2）		人口（万人）	森林覆盖率（%）		年代
	市域	市区		市域	市区	
东京	2187	620	1212	33	80	2000
横滨	433	328	322	2.9		1996
巴黎	12008	155	232		27	1984
伦敦	6700	1580	717		34.8	1976
北京	16807	422	1381		38.5	2000
大连	12574	2415	551.5		40	2000
广州	7434	1443	700		51.6	2000
青岛	10645	1366	730	20	18.7	2000
深圳	2020	330	400	44.9	47.9	2000
上海	6340	440	1673	9.42	9.22	2000
世界平均				31.70		
中国目标（林业部规定）				30		
生态环境优质城市				>30		

城市森林的发展历史并不长，还在不断的探索和实践之中。美国学者 Rowantree（1974）指出：如果某一地域具有 5.5~28m^2/hm 的立木地径面积，并且具有一定规模，那么它将影响风、温度、降雨和动物的生活，这种森林可被称为城市森林；德国 Flack 提出了广义的城市森林的概念，即“城市森林包括城市周边与市内的所有森林”（王成，2004）。由于研究角度不同，对“城市森林”的解释存在较大差异，至今仍没有统一公认的标准定义。在这些定义中，以美国学者 Miller 和美国林业工作者协会城市森林组所下的定义最为具有代表意义。Miller 认为：城市森林是人类密集居住区内及周围所有植被的综合，它的范围涉及市郊小社区直至大都市（何兴元和宁祝华，2002）。我国引入城市森林虽然较晚，也有许多专家对城市森林的内涵进行了广泛的探讨。由于深受中国古典园林思想的影响，我国学者对城市森林的定义更多体现了一种大森林观点。刘殿芳（1999）认为城市森林是具有一定规模、以林木为主体，包括各种类型（乔、灌、藤、竹、层外植物、草本植物和水生植物等）的森林植物、栽培植物和生活在其间的动物（禽、兽、昆虫等）、微生物以及它们赖以生存的气候与土壤等自然因素的总称。城市的园林（人文古迹和园林建筑除外）、水体、草坪以及凡生长植物的其他开放地域均应纳入城市森林总体。张庆费（1999）认为城市森林建立在改善城市生态环境的基础上，借鉴地带性自然森林群落的种类组成、结构特点和演替规律，以乔木为骨架，以木本植物为主体，艺术地再现地带性群落特征的城市绿地。马锦义（2002）认为城市森林是指在城市及其周边范围内以乔木为主体，达到一定的规模和覆盖度，能对周围的环境产生重要影响，并具有明显的生态价值和人文景观价值等的各种生物和非生物的综合体。尽管定义有所侧重，但对城市森林的定义均包括其结构、组成、范围、功能等方面。同时，城市森林应具有一定的外貌特征，即符合对于森林的基本定义——由 5m 以上的具明显

主干的乔木、树冠相互连接，或林冠盖度 >30% 的乔木层所组成。

城市森林的范围也存在争议，由于对城市森林的概念各有侧重，其范围也各有所不同。高清（1984）认为城市森林研究包括庭园木的建造，行道树的建造，都市绿化的造林与都市范围内风景林与水源涵养林的营造等，其范围包括市区内的植被以及近郊和远郊对城市生态环境具有影响的植被。从城市森林的含义不难看出，城市森林的范围包括以下 3 个方面的内容：一是城市公园、儿童公园、小游园、植物园、动物园、寺庙园林以及各种纪念性园林的绿化部分；二是道路绿化、水域绿化、公共场所绿化、居民区绿化、庭院绿化、各种范围的垂直绿化、屋顶绿化以及市内风景林、环保林和功能区之间的绿化隔离带等等，这是全方位、多跨度营建城市森林的主要方面；三是环城林带及其他防护林、市郊人工林（如果园、经济林、用材林等）、森林公园、自然保护区、风景林、公墓绿化区等，这是城市森林的外围部分。Erik Jorgenson（1970）将受城市居民影响和利用范围内的树木及其他植物生长的地域以及服务于城市居民的水域和供游憩的地区都列为城市森林的范围。Garrey Moll 在总结了城市森林的不同解释后把城市森林划分成 4 个带区，即郊区边缘区、郊区、市区居民区和市中心商业区（Gene WG，1996）。20 世纪 90 年代中期，我国就有学者提出：城市森林可分为 3 个层次，即第 1 层：城区绿化、美化、香化、园林化；第 2 层：城郊林果带（片）；第 3 层：远郊森林带（片）（王永安，1995；孙冰等，1997）。随着对城市森林研究的深入，近年来又有学者进一步提出在市域范围内依据城市规模按照三个尺度把城市森林建设范围划分为建成区森林、近郊森林和远郊森林 3 个层次（王成，2004）。综合国内外学者的研究，城市森林的空间范围划分有 5 种方法：①按功能区域划分：就是将包括生态、景观功能和物质方面经常与城市稳定交流的所有林地都列为城市森林的范围（王木林，1998）。②按游览时间划分：主要是从市民对城市森林游憩功能的利用角度划分的。据此，美国、瑞典等国家将从市内出发，采用乘车、骑车、滑雪等方式当日可返回的旅游胜地均列入其中（Tipple，1990）。③按城市规模划分：城市规模越大，划分的城市森林范围就越广。日本把 3 万人以上的城镇 7km 范围内的森林划为都市近郊林，人口在 10 万人以上的城市 20km 范围内的森林划为都市近郊林（林业白书，1987）。④按管辖区域划分：以城市行政管辖的区域作为城市森林的建设范围，按照 3 个尺度来确定：一般县城、小城市以建成区为中心包括接壤的乡镇；中等城市包括城市接壤的下辖区县范围；大型和特大型城市包括城市下辖的全部市县（王成，2004）。⑤按“城市度”变化划分：随着城市影响力的减弱或“城市度”的渐次降低，将城市森林划分为三个层次，或放射状的三个同心圆，城市森林—近郊森林—远郊森林（孙冰等，1997）。

从国内外对城市森林概念的界定（表 3）来看，它已不仅仅指一般意义上的森林（王义文，2002；吴泽民等，2002；Grey et al.，1978；Rowantree et al.，1984；Schabel et al.，1980）。狭义上讲，城市地域内以林木为主的各种片林、林带、散生树木等绿地构成了城市森林主体；而广义上看，城市森林作为一种森林生态系统，是以各种林地为主体，同时也包括城市水域、果园、草地、苗圃等多种成分，与城市景观建设、公园管理、城市规划息息相关。目前，专家们从不同角度对城市森林和城市林业有不同的理解，虽没有一个公认的“城市森林”概念，但仍然达成了一定的共识：第一，城市森林是以木本植物为主的植被体系；第二，这种植被生长环境为城市里及其周边地区；第三，它

表 3　国内外相关城市森林定义

年份	作者	城市森林定义	备注
1974 年	Rowantree	如果某一地域具有 5.5~28m²/hm² 的立木地径面积，并且具有一定的规模，那么它将影响风、温度、降雨、及动物的生活，这种森林可称为城市森林。	
1978 年	Grey G.W.	城市森林包括了行道树、公园、街道游园、住宅区的所有树木，它是城市环境的重要组成。	
1980 年	美国学者 Miller	城市森林是人类密集居住区及周围所有植被的总和，它的范围涉及市郊小社区直至大都市。	
1984 年	中国台湾学者高清	城市森林研究的范围包括：庭院木的建造、行道树的建造、都市绿化的造林及都市范围内风景林与水源涵养林的营造。	
1993 年	吴泽民	城市森林是城市这个人工环境中所有植物的总和，它拥有的生物量集合应足以对当地的小气候特征、野生动物及水域产生影响。	
1994 年	Gobster	城市森林即为城市内及人口密集的聚居区域周围所有木本植物及与其相伴的植物，是一系列街区林分的总和。	
1995 年	冷平生等	城市森林有别于自然森林，是指城市范围内以木本植物为主的所有植物，包括城市水域和野生动物栖息地，以生态价值和人文景观价值为其主要存在意义。	刘常富(2003)
1996 年	粟娟	城市森林是指在城市及其周围生长的以乔木灌木为主体的绿色植物，包括市区的道路绿化、公园、绿地、近郊和远郊的森林公园、风景名胜、果林、防护林、水源涵养林等	孙冰(1997) 梁星权(2001)
1997 年	王木林等	城市森林是指城市范围内与城市关系密切的，以林木为主体，包括花草、野生动物、微生物组成的生物群落及其中的建筑设施包含公园、街头和单位绿地、垂直绿化、行道树、树林草坪、片林、林带、花圃、苗圃、果园、菜地、农田、草地、水域等绿地。	
1999 年	刘殿芳	城市森林可理解为生长在城市或市郊的对环境有明显改善作用的林地及相关植被。它是具有一定规模、以林木为主体，包括各种类型的森林植物、栽培植物和生活在其间的动物、微生物以及他们赖以生存的气候与土壤等自然因素的总称。它是一个与城市体系紧密联系的、综合体现自然生态、人工生态、社会生态、经济生态和谐统一的庞杂的生物体系。	
1999 年	张庆费	城市森林是建立在改善城市生态环境的基础上，借鉴地带性自然森林群落的种类组成、结构特点和演替规律，以乔木为骨架，以木本植物为主体，艺术地再现了带性群落特征的城市绿地。	
2002 年	王义文	城市森林是城市地域内精心设计、精心种植、精心养护管理，以乔木为主体，包括乔木、灌木、草本植物、竹类、苔藓、地衣、野生动物特别是鸟类、微生物在内的生物群落及园林小品设置的艺术品。	
2004 年	何兴元、刘常富等	将城市森林分为附属庭院林（包括①建筑物片林亚类、②建筑物环绕林亚类）、道路林（包括①铁路林亚类、②公路林亚类、③街道林亚类）、风景游憩林（包括①普通公园林亚类、②森林公园亚类、③风景名胜林亚类）、生态公益林（包括①防风固沙林亚类、②水源涵养林亚类、③卫生隔离林亚类、④防洪护堤林亚类、⑤水土保持林亚类、⑥其他防护林及特用林亚类）和生产经营林（包括①绿化类经营林亚类、②经济林亚类）5个城市森林类，共 16 个城市森林亚类。	

不是以生产木材为主要目标，而是以改善城市生态环境、促进人们健康、提高文化生活水平为目的。

尽管人们正在逐步认识城市森林的作用，但要准确理解和把握城市森林的概念，笔者认为必须从以下几个方面转变认识，转变观念。

（1）更加突出“以人为本”。城市森林是为城市发展及其生态环境建设服务，更重要的是直接为改善人居生活、生产环境服务。城市森林与人的关系最为密切，它的建设使森林不再是遥远的自然，不再只是假日郊游或远足的奢求，直接改善人们的居住、工作、休闲环境，从而有益于人的身心健康。这一点已为大多数人所接受，在城市森林建设中应由崇尚视觉效果转向注重有利于人居环境和人的健康休闲方面来。

（2）更加突出“森林的功能”。城市森林根本目的就是要发挥森林的多种功能，城市森林建设是要通过多种模式增加城市的林木覆盖率，在整个城市范围内形成合理的布局，是城市环境的本底建设。已有研究表明，城市森林的功能，为城市绿地功能的几倍，甚至几十倍。目前的城市森林建设往往注重了森林的形式，以为移栽几株大树，就代表是森林了，对于它的某个组成成分来说甚至在外观上已经失去森林特征。因此，在城市森林建设中，在认识上应从“绿地”转变为“森林”，在衡量测度上应由传统的“绿地率”标准转变为“林木覆盖率”标准，充分发挥城市中森林的“绿肺”作用。

（3）突出城市与森林的融合。城市森林作为一种与城市密切相关的森林类型，无论是在组成上还是在功能上，应表现出不同于一般森林类型的特点。它应具有森林特性，但又区别于一般意义上的森林，既要适应现代城市的特点，又要满足城市建设的生态需求。为此，在城市森林建设中，既要考虑到城镇内部生态环境的异质性要求与之相匹配的城市森林，能够提供特殊的生态功能，比如具有较强的抗污染能力，甚至是抗某种特定的污染物能力，又要考虑到城市居民对城市森林的多种多样的需求，要能够提供丰富多彩景观效果，提供旅游休闲的森林环境，提供科普教育的基地等（王成，2003；王献溥等，2000；张庆费，1997；袁兴中等，1994；钱吉等，1997；路纪琪，2001）因此，要把建设以林木为主的各种片林、林带、散生树木等城市森林体系作为城市生态建设的主体。

（4）更加突出城市开放性空间，打破“就城市论城市森林”的观念，建立城市空间开放性的市域范围的城市森林，强调城区、城郊森林的贯通性廊道建设。

城市开放空间是1929年由帕特里克 . 阿伯克龙比（Patrick Abercrombie，建筑师、城镇规划师、景观设计师）在进行大伦敦区域规划时引入的一种设想，即用绿色通道将内城的开放空间与大伦敦边缘的开放空间连接起来，创建伦敦的绿色通道网络。其目标是实现：城镇居民从家门口通过一系列的开放空间到乡村去。这些连接性公园道最大的优点就是能扩大开放空间的影响半径，使得这种较大的开放空间与周围区域关系更加密切。开放空间指城市的公共外部空间，主要由以下用地组成：城市大型公园（森林公园、市级公园、郊区植物园等），各种普通公园（动物园、纪念性公园、游乐场等），街头游园与专向绿地，各种性质的广场，专用的步行街区，大型文化性建筑的附属室外休息场地，步行林荫路等，包括自然风景、硬质景观、公园、娱乐空间等。开放空间是城市设计特有的，也是最主要的研究对象之一。开放空间具有以下四个主要特征：①开放性，即不能将其周围用墙或者其他方式封闭围合起来；②可达性，即对于人们来说是可以方便进入和到达的；③大众性，服务对象应是社会公众，而非少数人享受；④功能性，开放空间并不仅仅是观赏之用，而且要能让人们休憩和日常使用，有机组织城市空间和人的行为（王建国，1999）。在当代人口日益稠密而土地资源有限并日益枯竭的城市中，开放空间显得特别稀有和珍贵。

因此，应打破“就城市论城市”的城市森林的狭义观念，树立城市空间开放、城乡一体的新思维，充分认识现代城市已不是孤立的城区生态系统，而是表现出城区、郊区各自特点及通过廊道连接的互相贯通交融的所产生的共性的、具有一定尺度的生态系统综合体，是以森林生态系统为衔接的综合生态系统。为此，城市森林建设不仅仅局限在城区森林“绿肺”的建设，更多地注重贯通城区、城郊的森林廊道“绿脉”建设，把不同生态系统进行贯通交融在一体。特别是在目前现代城乡一体化建设的新形势下，应把现代城乡绿化一体化作为现代城市森林建设的主要模式，重新确立城市森林的全新理念。

综上所述，笔者通过综合前人的研究与探讨，认为，在统筹城乡一体化的新形势下，城市森林应是指在城区、城郊及远郊的自然地理地域内，以树木为主体的植被及其所处人文自然环境，所构成城市开放空间的森林生态系统网络，它与市域范围内城市生态系统及其周围相互影响的其他生态系统有机结合在一起形成城市的综合生态系统。城市森林建设是以城市为载体，以森林植被为主体，以城市生态绿化、自然美化和改善人居生态环境为目的，以人为本，区域尺度的森林景观与自然、人文景观有机结合，促进城市、城乡人居及自然环境间的和谐共存，建设城市“绿肺”“绿脉”（城市森林廊道）有机结合的森林体系，将加快城市生态化进程，保障城乡一体化区域整体经济社会与环境的可持续发展。

三、城市森林建设概述

（一）城市森林建设实践

在欧美等发达国家，森林资源相对丰富，许多城市都是建设在森林之中，体现城中有森林，森林包围城市的特点。①美国城市森林与现代建筑群交相辉映。从天空俯视城市，1/3 是树冠、1/3 是花草、1/3 是建筑，构成了城市及城市森林的格局。其特色是：一是重视立法。1972 年美国国会通过了《城市森林法》，确立了城市森林的地位；二是科学规划。目前美国城市平均树木覆盖率为 27%，提出商业中心区树冠覆盖率达到 15%，居民区及商业区外围达到 25%，郊区达到 50% 的发展目标；三是讲究特色。多数城市都在城区建设有一定规模的森林绿岛，纽约市的中央公园就是一个典型。②德国闻名的大学城图宾根，体现了林水一体的城市森林自然特色。就是这样一个人口只有 6 万人的小城，森林与人工天鹅湖浑然一体，横贯市区的河流两岸是近自然的林带，林带宽度随地形而变化，树木的栽植呈无规则的排列，随着河流的走向蜿蜒而行。③“音乐之都”维也纳是一座充满绿色的城市。茂密的森林，众多的花园，蓝色的多瑙河，与巴洛克风格的建筑浑然一体，构成了一幅美丽的城市画卷。④澳大利亚首都堪培拉有“森林之都”的美称。整个城市都处于森林的意境之中，庄园式的建筑与四周的林地、水面和谐配置，给人一种自然清新的感觉。城市森林处于自然或近自然的状态，树种配置以桉树、榕树等乡土树种为主。⑤新西兰首都惠灵顿是山林中的首都。这座依山傍海的森林城市，被茂密的森林所覆盖，城市与森林融为一体，给人们留下了人与自然和谐共处的美好印象。⑥日本城市森林建设体现出林园一体化的特点。城市森林不仅有相当的规模和质量，而且有浓郁的文化氛围。其城市园林建设借鉴了中国古典园林的造园风格，与森林绿地融为一体，共同构成城市森林生态系统。人口高度密集的东京，其绿化覆盖率为 64.5%，中心城区也达到了 15%。⑦俄罗斯首都莫斯科是一座历史悠久的文化名城，坐落于茂密的森林之中。200 年前彼得大帝在莫斯科郊外建立依兹马依洛夫森林保护区，在周围保留了大面积的森林；1934 年，莫斯科把其周围 50km 地带的森林纳入具有特殊意义的森林类型，成为构成城市森林的最主要部分。今天，莫斯科市区有 100 条林荫大道、98 个市（区）级的公园、800 多个街心花园；郊外的 18 万 hm^2 防护林带以及森林公园从 8 个方向楔入城市，将城市公园与周围的森林公园相连，构成城市森林的基本格局。

在发展中国家，也十分重视城市森林的建设。①巴西首都巴西利亚是一座年轻的高原森林城市。这座城市是在一片荒凉的热带高原稀疏草甸中发展起来的森林城市。人口 200 万的城市，人均拥有绿地面积 $120m^2$（相当于联合国城市最佳人居环境标准的 2.4 倍），全市绿化覆盖率为 60%。这座建城仅 27 年的巴西新都，被联合国教科文组织宣布为“世界人类文化遗产”。巴西利亚成功的范例有力地证明：是森林留住了这座城市，是绿色焕发了巴西利亚蓬勃发展生机。②南非行政首都比勒陀利亚，到处是郁郁葱葱的森林。在比勒陀利亚附近的太阳城，更是城市森林的典范，与其说太阳城拥有茂密的森林，不如说是森林中有一个太阳城。③马来西亚首都吉隆坡是一座典型的热带雨林城市。森林生物多样性与景观多样性的有机结合，构成了这座城市鲜明的特色。④厄瓜多尔的基多是一个拥有 130 万人口的城市，1988 年在国际组织的资助下，实施了城市林业的强制性计划。⑤危地马拉市于 1986 年开展“绿色城市”运动，有效地改善了城市形象与城市生态环境。

进入新世纪，世界城市森林建设呈现积极的发展态势。美国的洛杉矶、纽约、亚特兰大，日本的东京，韩国的汉城、釜山，印度的新德里等城市，都正在把建设城市森林作为新世纪生态城市发展的重要内容。欧盟在 5 个国家联合 8 个城市，开展了城市森林的研究和实践。在我国政府和芬兰政府共同发起推动的亚欧林业科技合作中，城市森林网络体系建设成为 4 个重大研究领域之一。

城市森林建设对改善城市生态环境，创造良好人居环境，弘扬城市文化，提升城市品位，促进人与自然相和谐，经济社会发展与生态环境建设相协调具有重要意义。随着城市森林建设的蓬勃兴起，城市森林建设的理论与实践还在不断的探索和实践之中。目前，在国内外城市森林建设成功的模式中以城市开放空间绿地系统建设（伦敦）、城市（芝加哥）“绿心”建设、城市“绿带”建设和我国的城市森林生态网络体系建设最为典型。

1. 城市开放空间绿地系统建设

伦敦的开放空间绿地系统规划是历次的大伦敦区域规划的重要内容之一，其规划的内容和重点反映出开放空间规划由环带状网络化—城市公园均布化—城市绿道网络化建设的阶段式发展过程。

1829 年 John Claudius Loudon 为整个大伦敦区作的区域景观规划出台之后，1929 年大伦敦区域规划委员会（Greater London Regional Planning Committee）制定开放空间新

的发展报告，其中对于游戏场和开放空间的认识和理解超过了其他的规划要素，其最大的特征就是规划了区域范围的、环绕伦敦并向城市内部渗透的“环状”开放空间系统。1938 年，绿化隔离带法案通过，征购了大面积的土地，但是这些土地没有连接起来，而且许多地段都没有实现休闲功能，大多数土地变成了地方政府所有的农田而非绿色通道和公园道。1944 年大伦敦规划中的开放空间规划首先针对开放空间分布不均和严重不足的现状，提出按标准（1.62hm²/千人）建设公园的原则；其次，提出一种开放空间网络的建设构想，它包括了从花园—城市公园、从城市公园—公园道、从公园道—楔形绿地、从楔形绿地—绿带等连续性的空间，其目标是实现居民从家门口通过一系列的开放空间到乡村去。其中，连接性公园道最大的优点就是能扩大开放空间的影响半径，使得较大的开放空间与周围区域关系更加密切。

1951 年伦敦景观建设指导（London Landscape Guide）是伦敦郡发展规划中关于开放空间建设的一个法令性的规划文件，其主要目标是改善开放空间不足的现状、增加绿色植被覆盖的开放空间的总量及城市公园和开放空间在均质化。但同时，文件中忽视了开放空间的衔接性。该文件的执行为伦敦的开放空间总的增长提供了保障，1960 年对其实施效果的研究表明，伦敦的开放空间总量增加了 6.3%（从 3340.8hm² 增加到 3551.6hm²）。1976 年的大伦敦发展规划（the Greater London Development Plan）中，对开放空间的规划思路基于对公园分级配置的考虑，要求在伦敦郡中，公园应按照不同的大小等级来配置：大城市公园（Metropolitan Parks）、区域公园（District Parks）、地方公园（Local Parks）、小型地方公园。

1976 年以后，伦敦开放空间建设中一个重大的转变就是增加了绿色廊道的规划内容，不同类型的绿色通道在开放空间体系中的地位得到了肯定，形成了开放空间点、线结合的网络化结构。最初的绿色廊道，也被称为“绿链”（Green Chain），是在伦敦东南部展开的、目的在于保护一系列的开放空间并发挥这些开放空间娱乐潜能的步行绿色通道。1991 年伦敦开放空间规划的绿色战略报告（Green Strategy Report）对开放空间的网络化建设提出了全新的规划思路。

在国土规划层面，国家公园的建设为城市游憩系统的完善提供了必要的支撑，据统计英格兰和威尔士的国家公园共 12 个，占领土总面积的 10%。每年吸引游客大约 1 亿人。英国的国家公园从 20 世纪 50 年代起开始建立，这些国家公园不仅有保护历史自然遗产、提供游憩活动的作用，而且还被赋予了抚育生态、建设健康社区的新使命。

综上所述，英国伦敦绿地系统规划内容涉及了三个层次：国土规划层面、区域规划层面和城市规划层面。国土规划层面以土地利用规划为依据，形成了国土范围的用地类型和自然保护区域的绿地规划区；域规划层面是出现了以协调某一种区域内的经济、生态共同发展为目标的绿地系统战略性规划；在城市规划层面形成了城市周围绿带、公园网络系统、公园分级配里、绿色廊道等多种类型构成的城市绿地系统。

2. 城市“绿心”（Green Heart）建设

美国芝加哥市及其西北部城市组成的城市“绿心”建设是一例典型。这是一个具有启发性的指导城市周边自然景观保护的空间概念，用区域自然要素的空间分布模式来组织城市群的空间展布，将城市群集中于环形城市（Circle City）带中，而将环形的中心（“绿心”）作为自然区域加以保护，从较大的尺度上提出了协调城市与自然关系的途径。美国芝加哥市及其西北部城市组成的环形城市即是一例。环形城市由芝加哥、密尔瓦基、明尼亚波利斯、圣保罗、达文波特、赛达尔雷佩兹及诸多小城镇组成，这一城市群中集中居住着 1700 万人口。环形城市中心是地质历史时期未受冰川影响的地区，包含山丘、林地、河流、小农场和历史遗存。这一地区已被作为自然保护地加以管理（图 3）。

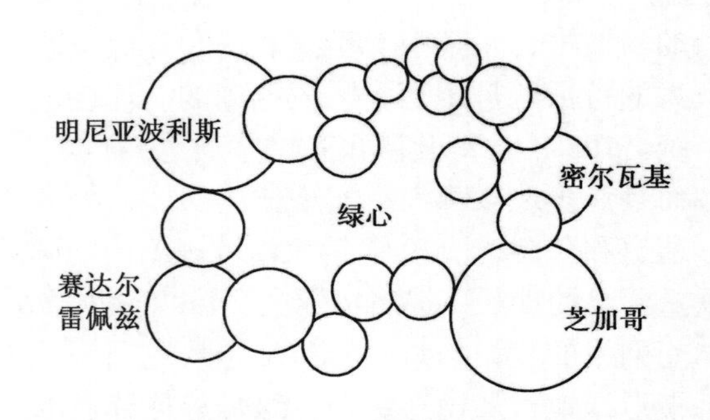

图 3　美国芝加哥西北部环形城市与“绿心”示意图

荷兰西部兰斯塔德（Randstad）城市群的绿色景观结构也属于这一类型，被称为“荷兰的绿心”（范格塞尔，1991）。兰斯塔德是荷兰西部地区建设的一个多中心都会区的概念，20 世纪 50 年代国家政治委员会有意将过快增长的阿姆斯特丹、海牙、鹿特丹和乌德勒支聚集在一起。1956 年兰斯塔德中心区的公共空间外围围绕的一圈马蹄形的“城市化环”区域被称为“绿心”（图 4）。荷兰政府在 1988 年第四次报告中，强调绿心边界的确定要更为精确，且被正式定义为“国家景观”，作为城市建设政策在荷兰国内的城乡空间结构控制中继续发挥效用。

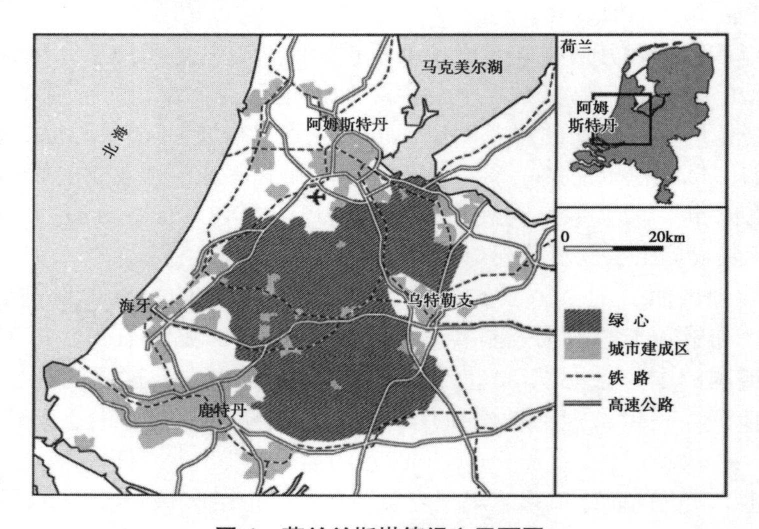

图 4　荷兰兰斯塔德绿心平面图

引自：Manfred Kühn（2003）。

3. 城市“绿带”（Green Belt）建设

自从 1989 年德国柏林的部分地区统一开始，欧洲各地在战后几十年延迟郊区化进程成为主要趋势。20 世纪 90 年代以来，德国立志于在郊区构建集新住宅、商务区、购物和交通中心、大型基础设施为一体的功能结构。因此，柏林和勃兰登堡州（Berlin-Brandenburg）计划从区域空间联合规划的理念出发，在德国首都柏林附近地区修建带状公园。绿带政策这一概念在德国政府的区域性视角下的具体实际应用为以区域公园（Regional Parks）为主。这八个不同的区域公园总计 2800km^2，构成了德国柏林区域的绿带（图 5）。区域公园的规划手法是将大都市区和农村用绿色空间分隔开来，这种方式是否能够限制城市中心区的郊区化增长，不是靠其单一的功能就能达到的。德国政府认为区域公园应该和土地征收和财政补偿等正式的规划工具一起运用，才能发挥其最高的效用。

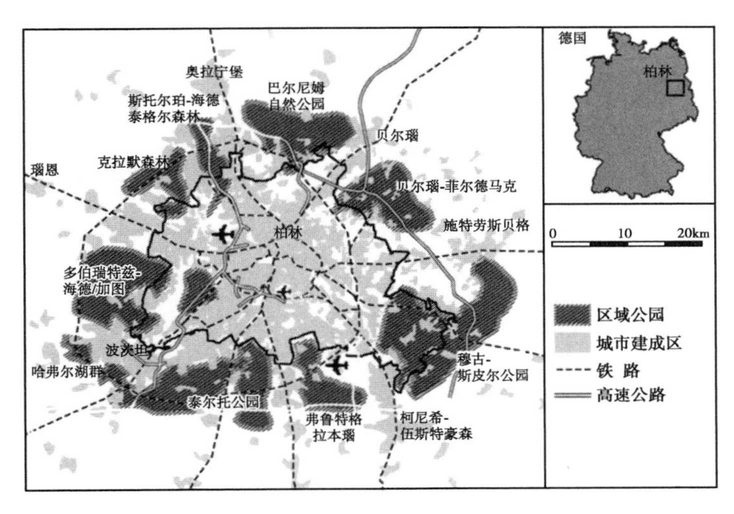

图 5 德国柏林—勃兰登堡区域公园平面图

英国的绿带规划与建设已经实践了 60 多年。在大伦敦规划之后的 1947 年，英国颁布了城乡规划法（Town and Country Planning Act），提出了土地所有权国有化，这使战后的绿带得以有效实施。根据英国最新的数据显示，2003 年，伦敦绿带的覆盖面积为 508500hm^2。表 4 为英格兰地区绿带覆盖面积的变化情况，图 6 是 2003 年英格兰地区绿带分布图。

表 4 英格兰地区绿带覆盖面积的变化情况

绿带	面积（hm^2）			变化（%）
	1993 年	1997 年	2000 年	
英格兰	1555700	1652600	1677400	7.8
泰恩—威尔郡	46500	53350	66330	42.6
约克郡	23700	25430	26190	10.5
南部和西部约克郡	225900	249240	255620	13.2
西北部	241700	253290	257790	6.7
特伦特河畔斯托克	36500	44090	44080	20.8
诺丁汉和德比郡	60800	62020	61830	1.7
伯顿和斯瓦德林科特	700	730	730	4.3

续表

绿带	面积（hm^2）			变化（%）
	1993 年	1997 年	2000 年	
西米德兰兹郡	209300	231290	231530	1.7
剑桥	26100	26690	26690	23
切尔滕纳姆和格洛斯特	8100	7030	7030	−13.2
牛津	34800	35010	35000	0.6
伦敦	485600	513420	513330	5.7
埃文郡	70600	68660	68780	−2.6
汉普郡和多普特郡	85400	82340	82500	−3.4

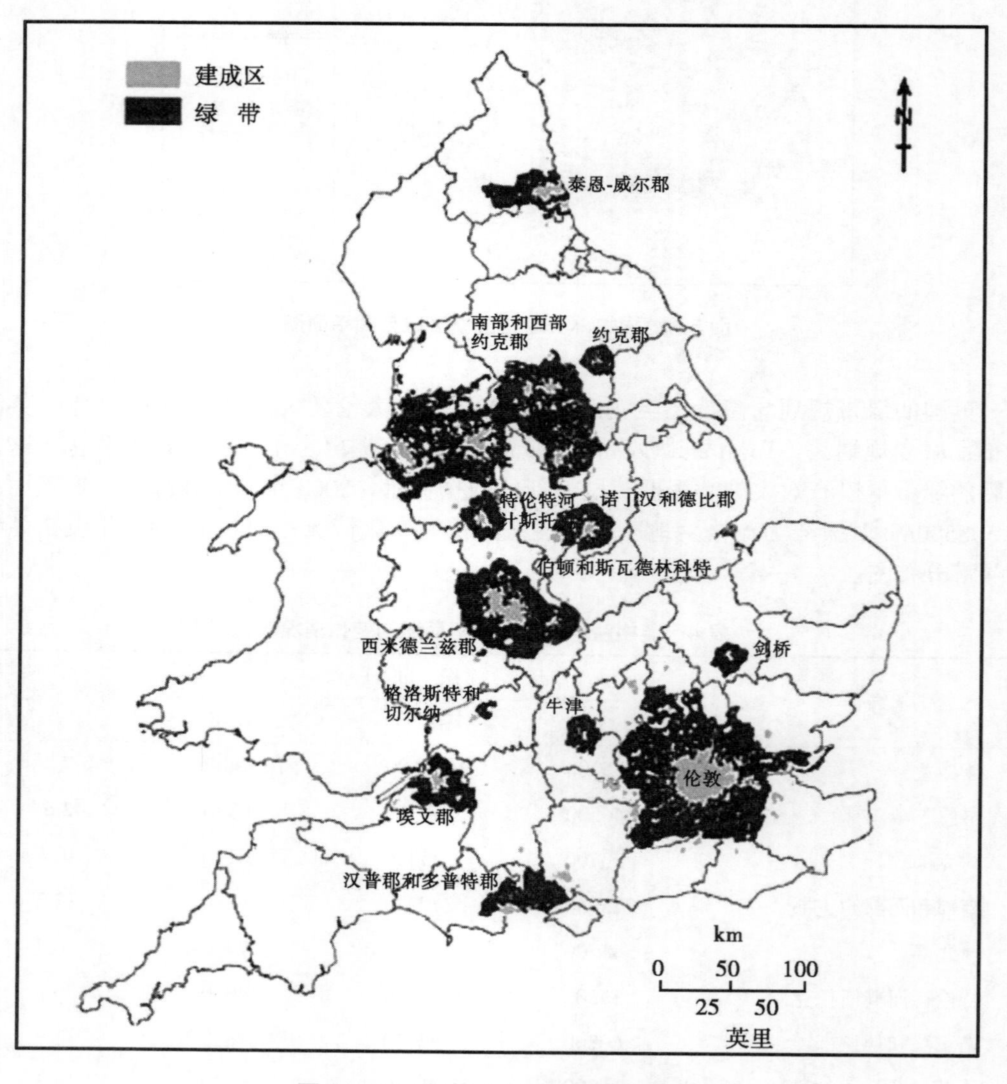

图 6　2003 年英格兰地区绿带分布图

4. 我国城市森林生态网络体系建设

我国城市森林建设的规划与实践，既借鉴了国外城市森林发展的成功模式，也继承了中国古典园林“师法自然”“天人合一”的精髓，形成了以点、线、面相结合的森林生态网络体系布局、“林网化—水网化”林水结合的城市森林建设理念。从景观系统整体性原理出发，应重视城市这一整体地理范畴概念。针对城市不同的地理条件，在充分考虑到城市生态环境的基础上，以城市森林绿化中的斑块为点，以河流道路，交通网络为线，以城市不同地形条件与功能分为不同的区为面，构建城市“点、线、面”相结合的城市森林网络布局框架。“点”的建设突出城市绿化中的散生木、人工林、片林、自然林的建设，强调乔、灌、草、藤相结合的立体构建方式，以增加绿量，最大限度发挥生态效益、增加生物多样性。“线”为廊道，通过城市中的防护林带、道路、河流、绿化建设，连接城市中核心林地、林网、散生木等多种森林斑块。“面”则立足于整个城市布局，充分发挥森林和水体在改善城市生态环境方面的主导作用。通过绿色真正实现“让森林走进城市，让城市拥抱森林”的森林城市目标。

基于城乡一体化发展要求，从城市的自然生境条件、环境质量状况、生态敏感区的分布、城市化程度、社会文化需求等方面考虑，空间布局主要的依据是：①依据森林资源分布优化森林生态网络；②综合自然地貌确定城市林业主要目标类型；③针对生态环境问题布局重点防护林；④综合生态敏感区划确定生态保护林布局；⑤根据区域发展态势改善相应的环境空间。在此基础上，提出城市林业发展总体规划空间布局：

以中国森林生态网络体系“点、线、面”布局理念为指导，按照“林网化—水网化”的林水结合规划理念，以城区为核心，以建设生态公益林为重点，结合湿地系统的保护与恢复，全面整合山地、丘陵、平原森林，道路、水系、沿海各类防护林、花卉果木基地、城区绿地、城镇村庄绿化等多种模式，建立山地丘陵森林为主，各类防护林相辅，生态廊道相连，城镇村庄绿化镶嵌，全市一体的森林生态网络体系，实现森林资源空间布局上的均衡、合理配置。

在建设重点上，在市域绿化上，重点是构建森林生态网络，保障地区之间协调发展和生态一体；在山区绿化上，重点是提高现有森林质量，实现森林生态系统稳定和生物多样性；在平原绿化上，重点是增加林网资源总量和质量，建设林农林渔绿色产业和鱼米之乡；在城区绿化上，重点是增加城市三维绿量，促进城市生态环境改善和人居和谐。因此，城市林业建设重点可以概括为“三区三林三网三绿”，即：市域分三区——山区、平原区、市区，区间生态一体；山区育三林——水源涵养和水土保持林、风景游憩林、产业原料和经济果木林，林中生物多样；平原织三网——水系林网、道路林网、农田林网，网中果茂粮丰；城区建三绿——绿岛镶嵌、绿廊相连、绿带环绕，绿中人居和谐。

为积极倡导中国城市森林建设，激励和肯定中国在城市森林建设中成就显著的城市，为中国城市树立生态建设典范，从2004年起，全国绿化委员会、国家林业局启动了“国家森林城市”评定程序，并制定了《“国家森林城市”评价指标》和《“国家森林城市”申报办法》。创建“国家森林城市”是坚持科学发展观、构建和谐社会、体现以人为本，全面推进中国城市走生产发展、生活富裕、生态良好发展道路的重要途径，是加强城市生态建设，创造良好人居环境，弘扬城市绿色文明，提升城市品位，促进人与自然和谐，构建和谐城市的重要载体。从长春第一个森林城市的构建，到上海现代城市森林发展规划与实施，体现了中国城市森林建设蓬勃兴起的发展势头。截至2012年，全国绿化委员会、国家林业局授予贵州贵阳、辽宁沈阳、湖南长沙、四川成都、内蒙古包头等41个城市为“国家森林城市”（表5）。

表5 国家森林城市情况

省份	国家森林城市	个数
内蒙古自治区	包头市、呼和浩特市、呼伦贝尔市	3
辽宁省	沈阳市、本溪市、大连市、鞍山市	3
吉林省	珲春市	1
河南省	许昌市、新乡市、漯河市、洛阳市、三门峡市	5
山东省	威海市	1
湖北省	武汉市、宜昌市	2
湖南省	长沙市、益阳市	2
江西省	新余市	1
江苏省	无锡市、扬州市、徐州市	3
浙江省	临安市、杭州市、宁波市、龙泉市、丽水市、衢州市	6
广东省	广州市	1
四川省	成都市、西昌市、泸州市	3
贵州省	贵阳市、遵义市	2
广西壮自治区	南宁市、梧州市、柳州市	3
陕西省	宝鸡市	1
新疆维吾尔自治区	阿克苏市、石河子市	2
重庆市	永川区	1
全国		41

（1）长春市1989年正式实施“森林城”建设规划，是我国首个将“森林城”确立为建设目标的城市。在全市的5个县（市），开展了公共绿地、绿色长廊、风景林、农田防护林、村屯绿化、森林卫生城镇等工程建设。目前，长春市的城区绿化覆盖率为41%，人均公共绿地面积达到9.66m^2。

（2）上海市按照“林网化与水网化”的城市森林建设理念制定城市森林发展规划，提出了“三网、一区、多核”的上海城市森林发展布局。其中三网是指水系林网、道路林网和农田林网；一区是指在淀山湖、黄浦江上游及太浦河等支干流、畲山集中连片的重点生态建设区；多核是指在林网水网中构建达到一定规模、能构成森林环境的各种核心林地。

（3）首都北京，为实现“绿色奥运”，创建一流生态城市，把北京建设成“城外青山环抱、城内绿化环绕”的现代化森林城市也取得了巨大进展。沙尘暴天数逐年减少、城市空气环境优良天数明显提高，市民每天的生活都在绿色之中，满目翠绿，眼前不是花木就是四季常青的草坪，生态北京已初具规模。

（4）2004年11月，全国绿化委员会、国家林业局授予贵阳市“国家森林城市”称号。作为中国首座获此殊荣的城市——贵阳，是一座群山环绕、河网纵横、城在林中、林在城中、四季常青、人居舒适的美丽城市。森林是贵阳市的标志性景观，也是它的绿色生态屏障，在改善市区生态环境，增强人民身体健康，发展生态产业，促进经济社会发展等方面发挥了巨大的作用。也为贵阳赢得了“全国绿化先进城市”“全国绿化模范城市”“中国优秀旅游城市”等荣誉称号，并被定为“中国首座循环经济试点城市”“中日环境合作示范城市”。

（5）长沙市是中国中部地区的中心城市之一。全市林业用地面积 62 万 hm^2，占国土总面积的 52.5%；森林覆盖率 53.6%，城市建成区绿化覆盖率 42.41%，绿地率 37.8%，人均公共绿地面积 $9.42m^2$，形成了以林木为主、总量适宜、分布自然、结构合理、功能高效、景观优美、森林与文化相得益彰、独特的“山水洲城”城市生态体系。

（6）沈阳市是中国典型的北方平原城市，也是重要的东北老工业基地之一。受工业污染的影响，沈阳一度被评定为世界十大污染城市之一。自 2001 年起，沈阳市提出“生态立市，建设森林城市”的战略决策，将环境保护和生态建设作为老工业基地振兴的突破口，以建设森林城市、创建环保模范城市为载体，在城市周边、城市郊区与远郊农村建设成以三条森林带与四个绿洲为主体的环城生态圈。依托城市滨河、滨湖资源，形成楼水相映、山水相映、林水相依的城市森林景观，全面改善生态环境，实现了环境与经济的双赢，城乡面貌发生了巨大变化，昔日的世界十大污染城市一跃成为“国家环保模范城市”和“国家森林城市”。全市建成区绿化覆盖率达 40.65%，绿地率达 35.97%，人均公共绿地面积达到 $12m^2$，城市郊区森林覆盖率达到 27%，形成了以林木为主，乔灌草搭配，分布自然，结构合理，功能高效，景观优美，特点鲜明的城市森林体系。

（7）成都市在推进城市森林建设中，切实做到了城市、森林、园林“三者融合”，城区、近郊、远郊“三位一体”，水网、路网、林网“三网合一”，乔木、灌木、地被植物“三头并举”，生态林、产业林和城市景观林“三林共建”，突出了生态建设、生态安全、生态文明的城市建设理念，以建设布局合理、功能完备、效益显著的城市森林生态系统为重点，充分演绎了自然和谐、城乡一体、统筹推进、科学发展的全新理念和成功实践（图 7）。

图 7　成都市城市森林

（8）杭州市按照“大建设”“大绿化”的理念，把城区扩绿与市区两级实施的各项重大工程有机结合起来创建森林城市，在城区建设具有相当森林景观特色的绿色岛屿，如长桥公园、城东公园，把火车东站、吴山广场建成绿岛，对干道和湖滨、河滨也增加绿量，如著名的湖滨路，还有贴沙河边等，使市区均匀地增加以树木群落为主的绿量。建成了西溪国家湿地公园一期、钱江新城森林公园、下沙生态公园、滨江公园、湘湖景区等重点绿化工程，形成了钱塘江、运河、贴沙河、中河、东河、古新河、上塘河等近百条纵横交错的城市河道绿带网络，营造了“三口五路”“一纵三横”“五纵六路”等横贯城市的绿色长廊。在提升绿化质量方面，将着力实现“四化”，即网络化、多样化、立体化、生态化。此外，天津、哈尔滨、本溪、济南、合肥、西安、广州等城市森林建设也各具特色。

（二）城市森林建设规模

进入21世纪，倡导“让森林走进城市、让城市融入森林”已成为保护城市生态环境，提升城市形象和竞争力，推动经济持续健康发展的全新理念。城市化进程对城市生态环境提出了更高的要求。在城市森林的新概念下，如何构建城市森林生态网络体系，其建设规划到底需要多少森林的规模等问题需要深入研究。目前，已有许多学者进行一些有益的探讨与研究。

1.“碳氧平衡”法

根据“碳氧平衡”理论，城市及其周邻的森林植物数量应足以吸收城市居民及其他燃质等产生的CO_2，同时其光合作用释放的O_2应够维持居民生命。1966年柏林一位博士做了实验，认为每公顷公园绿地日间12h可吸收900kg CO_2，释放600kg O_2，除人呼吸外，加上其他燃烧耗氧量，推算出人均应有公园绿地30~49m^2。1970年日本人也做过类似的实验，推算出1hm^{2}森林每天吸收$CO_2$1t，释放O_2 0.75t，而每人（体重75kg）平均呼出O_2 0.9kg，耗O_2 0.75kg，这样每人只需10m^{2}森林就可供呼吸需要。用这些数据来确定城市环境保护林面积是值得商榷的。①各城市间工业和民用燃烧燃料耗氧量是个大变数且难以测定；②城市大气是流动的，不可能靠静态的“碳氧平衡”解决城市耗氧问题；③城市不单需要生态公益林增氧功能，还需要其他生态公益功能。毋庸置疑，“碳氧平衡”理论对全球或大区域环境问题很有意义，但用之确定具体城市环境保护林面积明显不足。

2.“城市污染扩散”法

城市主要空气污染物包括SO_2、NO_x化合物、飘尘和汽溶胶。城市环境保护林只有植根于空气污染物扩散范围内，才能有效地吸收和降低污染物。受城市所在地域气象条件影响，污染物向下风方扩散形成“浓度场”，某主要污染物浓度场是按其浓度梯度变化用一组等浓度线来描述。根据地面空气质量标准（浓度）就可以用等浓度来描述该污染物的“扩散范围”，可测定城市某些主要空气污染物的浓度并绘出浓度场，将城市分为城市区绿化层，城外净化层和准外受益层，最终确定城市环境保护的森林面积。

3.“热辐射场”法

城市生态因子中，以人工建筑下垫面负荷的增加，水绿自然界面的减少和生产、生活过程中能量的热耗散为主体。城市景观的热辐射能量表现形式，包括瞬时热辐射场和热辐射场的日变化、季变化，通常用数字热辐射场图像来表达（John & Dave，1999）。根据绿化对热辐射场的削减作用和建筑对热辐射场的增强作用，利用TM热图像资料和地面资料，建立城市建筑及绿化与城市热辐射场之间的相互关系对于城市建成区热环境起主要消长作用的建筑密度与绿化的回归线的平衡点计算（图8）。根据

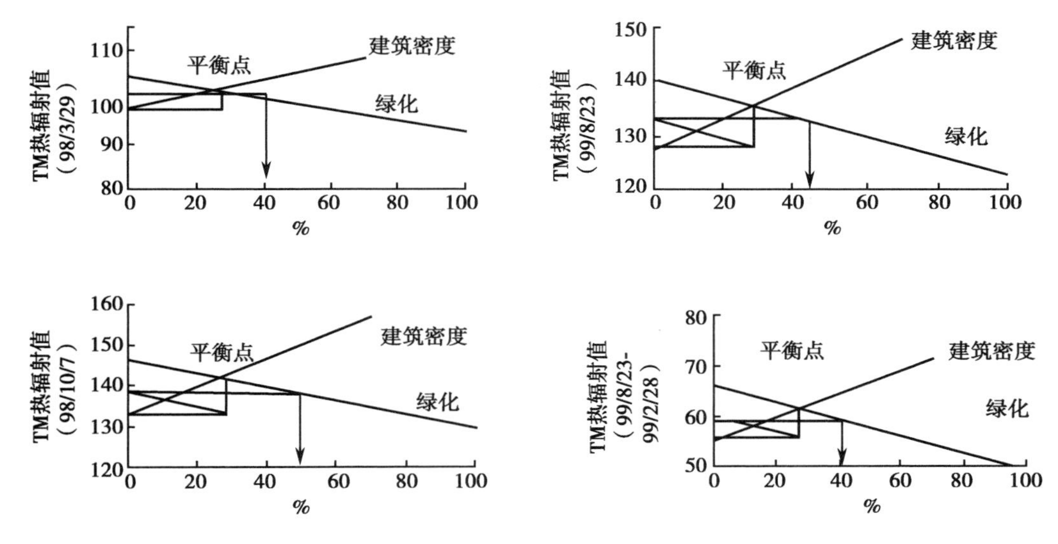

图 8　建筑密度与绿化临界值相关图

平衡计算，哈尔滨城市绿化率极限最低为 27%，理想值为 40%，建筑密度应当控制在 27% 以下为宜。考虑到建筑密度的增热效应斜率总体上是绿化热调节能力的 1.5 倍，作为补偿的绿化覆盖率至少应在 40% 以上。可见，提高绿化覆盖率，降低辐射温度值，对城市的生态效应可以起到明显的作用。

4. 都市气候图法

城市气候因子一直以来是城市与区域规划分析重要的影响因子，日照、风、热量、降雨等是人居环境是否宜居的重要指针。2009 年哥本哈根全球气候大会以来，全球气候问题以及各相关领域对气候因子的研究更为关注。国际上多个国家（以德国和日本较为先进）已进行了大量的都市气候图的研究。都市气候图的编制是在气候与土地利用的制约作用的发展关系研究基础上划定的城市区域明确的气候分区，进而对各分区土地发展提出有效建议与规划指引。

德国的斯图加特都市气候分析图在分析环境因子对人体适宜程度的基础上结合用地类型分为 11 个气候环境区，并图示分析标注 4 类冷空气区（包括冷空气产生区、冷空气集聚区、冷空气堵塞区区域风引入通道、频率高的地面逆温区）、4 类空气变换方式区（山谷风、下坡风、未受污染的通风走廊和受到污染的通风走廊）和根据每日的变量（极高、非常高、高）划分的 3 类交通排放污染区，这一成果基本上反映出气候分析对土地利用发展的作用特征。

都市气候图可以用于指导城市总体规划和分区规划，为制定不同层面规划与发展政策提供合理依据。都市气候图的制定过程充分结合了绿地和开敞空间分布因子的分析，以及规划都市气候分区和发展规划分区，不同层面绿地系统规划的空间结构形态，规划制定的城市气候适应性功能研究以及法制保障协调性研究，同样需要充分结合城市气候图研究的主要成果，使之走向科学理性，以解决都市环境问题。

都市气候规划图是对气候分析图上的气候因子和城市因子进行评价的基础上，通过分析主要关联影响因子与土地利用之间的相互作用而形成气候规划分区，并给出不同气候规划分区特定的开发建议和指引。以德国斯图加特的气候规划图法为例，其气候规划建议分区包括3类针对开敞空间气候活动的分区和5类针对发展区域的气候活动分区。

5.“生态足迹”法

Rees和Wackernagel探讨了自然资本占用的空间测度问题，提出了生态足迹（Ecological Footprint）的概念（高长波等,2005）。生态足迹被定义为在现有技术条件下，按空间面积计量的支持一个特定地区的经济和人口的物质、能源消费和废弃物处理所要求的土地和水等自然资本的数量。他们最早估计了典型城市工业区（人口大于300人/km^2）要占用比其所包含的区域面积大10~20倍的土地（包括水域）面积。由此外推，人类的物质需求现在已超过了地球的承载力。Carl Folke等估计了北欧波罗的海地区和全球城市发展的生态足迹。研究表明，波罗的海地区的29个大城市因对自然资本的消费占用了比该地区的城市面积大至少565~1130倍的自然生态系统面积。可借鉴此方法，进一步确定城市所需求的森林面积。

6. 城市绿色空间规划法

具有现代意义的城市绿色空间（Urban Green Space）概念源于西方国家的城市开敞空间（Turner，1992；余琪，1998）。城市开敞空间概念最早提出于1877年，并在1906年英国修编的《开敞空间法》中被正式定义为“任何围合或是不围合的用地，其中没有建筑物，或者少于1/20的用地有建筑物，其余用地用作公园或娱乐、或是堆放废弃物、或是不被利用”（Turner，1992）。随后美国、日本和波兰等学者也提出了不同的城市开敞空间概念（Bengston，2004；唐勇，2002；余琪，1998），但都强调其开放性和自然性，特别是后者在城市化中往往最易受到损害。在我国，城市绿色空间（Urban Green Space）多被译为“城市绿地”（车生泉和王洪轮,2001）。常青等（2007）从构成要素上，城市绿色空间可分为自然、半自然和人工型3类。自然型是受人类干扰少、自然演替占优势的自然生态区，主要包括：①自然保护区，如野生生物栖息地、湿地以及特殊地质景观等；②自然保留区，即在城市化中被废弃或忽略而保留下来的具很高生物多样性的区域，如荒野地、未耕地或长久工业废弃地等；③难开发区，指因自然地理条件限制不宜开发的区域，如陡峭山体、陡坡等，半自然型是指人类为非生产性目的（如娱乐、休闲、环境保护）改造开发的自然区域，人类干扰活动明显增强，主要包括:①郊区公园、风景区、森林公园以及河流/湖泊；②绿色廊道（防护林带、河岸林带）以及工业区隔离带.人工型是指那些人类干扰强烈或需要人为干预才能维持的区域，主要包括：①农业用地，如耕地、园地、牧草地与养殖水面等，这类绿地在城市化中很容易被侵占而变为建设用地，失去绿色空间的特征与功能;②城市园林绿地，往往与城市建筑相结合，如草坪广场和城市公园。

不同领域的学者虽然在城市绿色空间概念理解上存在差异，但是其基本内涵及功能已得到肯定。在景观生态学、恢复生态学、城市规划学以及保护生物学等学科理论的支撑下，国内外城市绿色空间的研究主要涉及绿色空间要素的恢复与保护、绿色空间网络的规划与管理2个层次。各国学者在城市绿色空间结构与功能研究的基础上，开展城市绿色空间规划研究与探索，提出了许多绿色空间规划模式，如美国中西部宗地保护规划模式（Arendt R，2004）、北京城市绿地系统概念规划（李锋等，2005）和深圳多层次绿地系统规划等（谭维宁，2005）。Takeuchi 等（1998）基于城乡边缘区自然保育，为复兴日本乡村区域，提出近郊乡村模式、典型乡村模式与远郊乡村模式；Gross 等（1995）曾以保护野生生物及其生境为目标，提出景观生态网络法；Ndubisi 等（1995）提出以保护敏感区为目标的生态敏感性方法，构建了生物、非生物、文化要素相结合的生态廊道；俞孔坚（1996）提出以生态安全为目标的景观安全格局方法；Conine 等（2004）以实现环境保护、公众娱乐和替代交通路线等多重功能为目标，采用系统论方法，将研究结果与城市土地利用详细规划有机结合，以平衡城市发展的用地需求；Arendt（2004）曾提出，用“宗地保护战略”创建绿色廊道，将各土地利用规划项目都纳入未来城市的生态网络中，预先明确那些潜在的开放空间，对其进行保护；Hess 等（2002）以生物多样性保护为目标，提出城市开敞空间的规划方法，主要包括关键乡土种的选择、关键栖息地的选择与空间规划。特纳（Turner）在 1987 年提出了城市绿地空间分布的六种理论模式：①纽约单一的中央公园式；②伦敦 18 世纪的分散的居住区（广场）绿地式；③1976 年大伦敦议会提出的不同规模等级的公园式；④建成区典型绿道式，这些绿道既不是交通道路，也不是专为游憩而设的；⑤相互连接的公园体系式；⑥提供城市步行空间的绿地网络式。

综观国内外城市绿色空间的研究与实践，主要有以下几个特征：①将城市绿色空间纳入开敞空间的研究与规划范畴；②城市绿色空间以空间规划为基础，一方面与城市产业布局和环境保护相协调，集约利用城市土地，提高土地利用效率（王洪涛，2003），另一方面与自然条件相适宜，突出自然属性与生态联系；③网络与等级特征鲜明，绿廊、绿链和绿带将不同大小的公园、绿地与开放空间有机地联接起来（Turner，1995），构成一个多样、稳定、可持续的自然生态网络系统；④城市绿色空间内涵丰富，以生态恢复与自然保育为基础，不仅包括湿地、国家公园等自然保护区，也包括农田、旷野地以及恢复区（废弃地、受损地等）；⑤城市绿色空间研究重视公众意愿和态度，有关公众意愿调查研究很多（Austin，2004；Balram & Dragicevic，2005；Frenkel，2004；Peterken & Francis，1999；Vogt & Marans，2004）。因此，可以认为，城市绿色空间系统是以绿色植被为特征，要求环境优美、空气清新、阳光充沛、人与自和谐相处的人工自然环境，是城市居民进行室外游憩、交往和交通集散的城市空间系统。它具有以下涵义：

（1）可持续发展观念：“绿色”作为环境保护与可持续发展的概念词、被国内外普遍认可，相对于“森林”“田园”等提法，确切地表明了现代城市实现可持续发展的城市理念。

（2）是城市工业、商业、基础设施、交通、仓储等城市设施集中的用地空间以外的开放型用地空间。

（3）人文主义思想：绿色空间系统包括绿化、自然环境和空间内人群行为的双重意义。

（4）整体环境观念：对城市环境各种要素（物质、形式、精神）的整体综合研究。a. 物质要素——植物、阳光、空气、水、设施、人；b. 形式特征——形状、大小、规模、质量、功能；c. 精神风貌——艺术、气质、文化意韵。

（5）系统观念：相对于现行城市绿地规划理论中的“点、线、面”用地概念，针对城市空间不断立体竖向发展的态势，提出“点型、带型、场型”空间概念。并将各种类型空间作为有机联系的大系统，综合运作规划学、园林学、环境学、建筑学、生态学、行为学、社会学、美学、工程技术等学科理论知识，对城市空间进行系统研究和规划设计。

城市绿色空间系统规划是在城市发展战略或城市总体规划纲要指导下相对独立的规划体系，和城市总体规划同步进行，与园林绿地系统规划、环保环卫规划、风貌特色规划、城市设计构成互补关系。从宏观到微观可分为城市绿色空间系统规划、绿色空间系列规划和环境环境设计三个层次。每一层次含空间性质、功能、生态质量、绿化、环保环卫、人群行为、艺术特色、景观风貌等研究。

可见，城市绿色空间研究十分注重绿色空间的实效性，在对绿色空间要素进行观测和研究的同时，进行整体的规划和保护，将由下而上自然要素保育和由上而下空间规划紧密结合。特别是有关农业绿地、旷野地、自然保护与城市发展的基础调查与研究比较完备，而且具有很好的时序性；加之绿色空间结构与功能的定量化研究成果，基本可为绿色空间网络构建提供可靠的信息支持。但在实践规划与管理中，仍需不断强化绿色空间结构、功能及其相互关系的基础研究与相关成果的运用，以便更好地指导未来城市空间的发展。

此外，从“城市小生境保护”角度，进行确定。1984年在大伦敦议会（GLC）领导下开展了大伦敦地区野生生物生境的综合调查。借助航空像片，对内城 >0.5hm^2，外城 >1hm^2 的所有地点做了调查，第一次提供了野生生物的生境范围、质量和分布的资料。在此基础上，评价了每一地点的保护价值，绘制了 1：10000 的不同生境的地图。并提出以下5类地点或大区应受到重视和保护：有都市保护意义的地点、有大区保护意义的地点、有地方保护意义的地点、生物走廊和农村保护区域（Goode，1990）。确定了有保护意义的地点达1300余处，包括森林、灌丛、河流、湿地、农场、公共草地、公园、校园、高尔夫球场、赛马场、运河、教堂绿地等。通过保护，目前伦敦有狐、鼹、獾、美洲豪猪、灰松鼠等小型哺乳动物及30余种鸟类，城市综合生态环境质量明显改善（Goode，1998；张浩，2000）。1990年德国对杜赛尔多夫市的生物栖息地的保护进行了规划。首先对城市的生境进行了划分，分为公园地、弃地、河岸、水塘边缘等32个生境类型，然后选择维管束植物、蝴蝶、蚱蜢、蜗牛等作为指示物种，对各物种在不同生境中的分布情况进行调查并制图，在评价的基础上将栖息地的保护和发展划分成4种类型：现存栖息地的保护、扩大范围并增加生境结构、栖息地的重建及栖息地的复原与发展。以减少生境孤立为出发点，提出了城市栖息地网络的设计方案（Sukopp et al.，1995）。

（三）城市森林建设趋势

西方早期的城市规划理论中，已经大量涉及城乡关系的论断。如美国著名城市学家芒福德从保护人居系统中的自然环境出发提出城乡关联发展的重要性；赖特的“区域统一体”（Regional Entitiss）和“广亩城”都主张城乡整体的、有机的“协调的发展模式”。英国生态学家盖迪斯（Geddes）则首创了区域规划综合研究的方法，1915年发表了著作《进化中的城市》（Cities in Evolution），强调将自然区域作为规划的基本构架，他还预见性地提出了城市将扩散到更大范围内而集聚、连绵形成新的城镇群体形态：城市地区（City Region）、集合城市（Conurbation City），甚至世界城市（World City）。

进入20世纪90年代，在城市化与郊区化的过程中，先前处于城市边缘的乡村被逐步吞噬直至消失，城市无序扩张，严重破坏了城市边缘的生态景观并威胁到区域的生态安全。在这一背景下，广大学者对于强调城乡融合的区域城市的研究热情进一步高涨。美国规划师莱特（Wright）及斯泰因（Stein）等提出了与自然生态空间相融合的区域城市（Regional City）模式；林奇（Lynch）则提出了类似的另一种模式：扩展大都市（Dispersed Metropolis）。一些学者则从人类居住形式的演变过程入手，提出了21世纪城市空间结构的演化必然体现人类对自然资源最大限度集约使用的要求，并针对日益显著的大都市带现象，提出了世界连绵城市（Ecumunopolis）结构理论。代表人物有杜克西亚迪斯（Doxiadis，1996）、费希曼（Fishman，1990）、阿部和俊（1996）、高桥伸夫（1997）等。

随着人口不断地向城市聚集，产业结构转型，城市用地的增加都使得城市的规模迅速膨胀，城市化已经成为各个国家城市发展的主要形式。在城市化的过程中，原有的城市绿地系统逐渐暴露出了弊端：城市绿地面积、绿量严重不足；分布不均匀；生态绿带与绿心不连接，生态效果差；绿地建设总体水平不高，不能做到因地制宜，体现城市特色；绿地系统对城市的渗透力不强，对城市的发展未能起到很好的引导作用。随着城市森林建设的加快，城市绿地已被城市森林取代，但城市森林岛屿化十分严重，热岛效应在城市空间范围内聚集，缺乏森林廊道连接，没有发挥出良好的生态效果。据中国可持续发展林业战略研究，到2001年年底，我国共建制市662个，城镇人口4.8064亿人，城市建成区绿化覆盖率和绿化率分别为30.20%和23.67%，人均公共绿化面积6.83m^2。与世界平均水平相比，我国城市的绿化覆盖率偏低，绿化树种相对单一，绿化之间缺乏连接通道，城市生态环境的保障体系尚未形成。城市森林景观结构的单一化、景观缀块的破碎化以及缀块之间的连接度低，已经成为不争的事实。目前，城市建设向森林化方向发展，实现从绿化层面向生态层面的提升；城市绿地系统建设从最初的盲目追求绿地数量，到见缝插绿，再到城市森林建设；城市森林建设也由城区森林建设发展到城乡一体化的森林生态体系建设；建设城市“绿肺”“绿脉”有机结合的森林体系，加快城市生态化进程，保障城乡一体化区域整体经济社会与环境的可持续发展，是城市建设的新课题。

由此，在统筹城乡一体化的新形势下，树立城市空间开放的新思维，建立一种对城市空间布局和城市生态环境建设具有引导作用的城市森林生态网络系统已经迫在眉睫。城市森林廊道的“绿脉”建设正是解决这一矛盾，促进城市可持续发展的有效手段。美国和加拿大是“绿脉”规划实践较好的国家，随着“绿脉”运动的发展，与之类型相似的“绿脉”规划已经遍及世界各地，只是各个国家的命名不同而已（Editorial，2004）。如在欧洲，英国将其称为“绿链”（Green Chain），荷兰将其称为“生态网络”（Ecological Networks）；在菲律宾称之为“生物多样性廊道”（Biodiversity Corridors）；在保加利亚，将其称为“绿色系统”（Green System），相似的，新加坡称其绿脉网络为“城市绿化”（Urban Greening），在中国则称为“绿色廊道”（Green Corridor）、“生态廊道”（Ecological Corridor）或森林生态网络。因此，绿脉思想在全球范围内日益被作为保护城市生态结构与功能、构建城市生态网络和城市开放空间规划的核心，通过“绿脉”建设，形成城市绿色“经络”生态格局，把城市环境空间及城乡生态环境空间联系成一个有机整体；而森林廊道作为“绿脉”建设的承载主体，是城市“绿脉”建设的关键，承担着城市“经络”功能与作用。注重贯通城区、城郊的森林廊道建设，把不同生态系统进行贯通交融在一体，不仅对城市空间结构的演变与发展起着至关重要的作用，而且对于缓解城市热岛，改善整个城市的生态环境，建设宜居环境，维持城市可持续发展都具有重要意义。

第一章　城市森林廊道及其研究方法概述

第一节　城市森林廊道

一、生态廊道

（一）廊道（Corridor）

景观生态学认为，景观是由斑块、基质和廊道组成。景观学的廊道（Corridor）是一个自然景观要素，是指不同于周围景观基质的线状或带状景观要素（Forman & Godron，1986），景观中的廊道，简单地说，是指不同于两侧基质的狭长地带。几乎所有的景观都为廊道所分割，对被隔开的景观是一个障碍物；同时，又被廊道所联接，起到通道作用；这种双重而相反的特性，证明了廊道在景观中具有重要的作用（Forman，1983）。廊道在运输、保护资源和美学等方面的应用，几乎能以各种方式渗透到每一个景观中。廊道基本上有线状廊道和带状廊道，包括道路廊道、河流廊道、边缘廊道、林带廊道等。廊道通常具有栖息地（Habitat）、过滤（Filter）或隔离（Barrier）、通道（Conduit）、源（Source）和汇（Sink）五大功能作用（Forman，1995）。

关于廊道的研究大多集中在廊道对生物多样性保护的作用和意义上（俞孔坚等，1998），廊道有利于物种的空间运动和本来孤立的斑块内物种的生存和延续（Forman & Godron，1986），但廊道本身又是招引天敌进入安全庇护所的通道，给某些残遗物种带来灾难。Hess 等（2001）认为，在廊道规划设计过程中，首先要对廊道的社会价值、物种迁移通道、物种栖息地、阻碍物种移动、过滤器、源和汇等廊道功能进行明确设计；Ndubisi 等（1995）认为，基于对当地可用资源（资金、技术）、生态环境的特征以及公众对这种环境特征普遍看法的基础上确定廊道主要功能。

根据廊道的起源、人类的作用及景观的类型，廊道可分为三类：线状廊道、带状廊道及河流廊道。在城市生态研究中，可以将廊道分为：蓝道（Blue Way）、绿道（Green Way）和灰道（Gray Way）（车生泉，2001）。

不同的学者将“廊道”应用于不同的方面，但常常没有明确的定义，不同的定义方式着重于廊道的不同方面。Hobbs（1992）指出“从某种意义说，几乎任何呈条带状分布的植被都能被认为是廊道”（见表 1-1、图 1-1、图 1-2）。

Simberloff 等（1992）指出了廊道作用的 6 个方面：①明显的栖息地，不管是否以生物的活动为目的；②绿带和城市区域的缓冲带；③生物地理的衔接地域；④一系列庇

表 1-1 “廊道”的不同使用方式（Hess & Fischer，2001）

表述	功能	是否阐明结构特征	出处
廊道	屏障、通道、过滤、栖息地、汇、源	是	Forman & Godron，1986；Forman，1995
	屏障	是	Rich et al.，1994
	通道	是	Wegner & Merriam，1979；Harris，1985；Henderson et a1.，1985；Mansergh & Scotts，1989；Johnsingh et a1.，1990；Date et a1.，1991；Loney & Hobbs，1991；Saunders & Rebeira，1991b；Saunders & Hobbs，1991c；Hobbs，1992；Simberloff et a1.，1992；Merriam & Saundels，1993；Dawson，1994；Vermeulen，1994；Heuer，1995；Ruefenacht & Knight，1995；Sutcliffe & Thomas，1996；Rosenberg et al.，1998；Danielson & Hubbard，1999；Gilliam & Fraser，2001
		否	Willis，1974；Harrison，1992；Noss & Cooperrider，1994；Wiens，1996；Shkedy & Saltz，1999；Bowne et a1.，1999；Haddad & Baum，1999a；Haddad，1999b，c
	通道，屏障（野生生物）	是	Ahern，1991
	通道，屏障，栖息地	否	Maelfait & deKeer，1990
	通道，栖息地	是	MacClintock et a1.，1977；Merriam & Lanoue，1990；Bennett，1990；Nichols & Margules，1991；Spellberg & Gaywood，1993；Bennett et al.，1994；Rosenberg et a1.，1995；Downes et a1.，1997；Beier & Noss，1998；Fraser et a1.，1999
		否	Inglis & Underwood，1992；Lindenmayer，1994a；Lindenmayer et al.，1994b
	通道，不作栖息地	是	Mock et a1.，1992；Andreasen et a1.，1996；Rosenberg et a1.，1997
		否	Lidicker & Koenig，1996
	通道，过滤（水质），栖息地	是	Kricher，1988；Machtans et a1.，1996
	栖息地	是	Bentley & Catterall，1997
廊道保留地	通道，栖息地	是	Watson，1991
保存廊道	通道	是	Soulé，1991
	屏障，通道，过滤栖息地	是	USDA-NRCS，1999
疏散廊道	通道，栖息地	否	Haas，1995；Roberts，1995

续表

表述	功能	是否阐明结构特征	出处
生态廊道	通道，栖息地	是	Melman et a1.，1988；Dmowski & Kozakiewicz，1990
动物疏散廊道	通道	是	Harris & Atkins，1991a；Harris & Scheck，1991b
绿色通道廊道	通道，过滤（水质）	否	Ndubisi et a1.，1995
绿色通道	通道（野生生物），栖息地	是	Burley，1989
	通道（野生生物）	否	Linehan et a1.，1995
	通道（人类）	是	Little，1990；Hay，1991
	屏障（城市扩张），通道（人和野生生物），过滤，栖息地，起源	是	Smith，1993
栖息地廊道	通道	是	Beier，1995
	通道，栖息地	是	Bennett，1990，1999；Dunning et al.，1995
景观廊道	屏障，通道，栖息地，汇（污染物质），起源（一些动物）	是	Barrett & Bohlen，1991
景观连接	通道	否	Forman & Hersperger，1996b
	通道	否	Bennett，1999
	通道，栖息地	是	Harris，1988；Noss，1991
		否	Csuti，1991
线状廊道	栖息地	是	Forman & Godron，1986
河滨廊道	栖息地，起源（沉积物，木质碎屑片）	是	Naiman et al.，1993
河流廊道	通道，过滤，栖息地，起源（排入水体的营养物质）	是	Schaefer & Brown，1992
溪流廊道	通道，过滤，栖息地	是	Forman & Godron，1986
	所有功能	是	Forman，1995
	通道，栖息地	是	Spackman & Hughes，1995
带状廊道	栖息地	是	Forman & Godron，1986
野生动植物廊道	通道	是	Harris & Scheck，1991b；Norton & Nix，1991；Soulé & Gilpin，1991；Grishaver et al.，1992
		否	Johnson & Beck，1989；Andrews，1993

续表

表述	功能	是否阐明结构特征	出处
野生动植物廊道	通道，栖息地	是	Wilson & Lindenmayer，1995；Wheeler，1996
		否	Newmark，1993；Lindenmayer，1994；Claridge andlindenmayer，1994
	屏障，通道，栖息地，汇	是	Wilson & Lindenmayer，1996
	栖息地，不作通道	是	Lindenmayer et al.，1993
野生动植物活动廊道	通道，栖息地	是	Beier & Loe，1992

注：不论结构是否阐述清楚。以上是依据功能的不同对每种使用方法进行了分类。如果研究中包含了如“线状景观要素”或“狭窄的条带”等术语，就认为阐述了廊道的结构。出处按照年代顺序排列。

护水鸟迁移的通道；⑤作为野生生物通道的高速公路地下道及隧道；⑥增强大型栖息地物种相互交流的条带状区域。Forman（1995）提出了廊道的6个社会目标：①生物多样性的保护；②增强水资源管理和水质量保护；③增加农业、森林生产力；④娱乐；⑤社团和文化凝聚；⑥自然保护区隔离物种的扩散途径。

城市中的基质与廊道、斑块间没有严格的界限，“基质”本身也是由不同大小的斑块和廊道组成的，而且可以按地域、功能、行政单位等进行划分，如居住区、商业区、重工业区等。李秀珍等（1995）指出景观生态学将城市看作是一个由自然和人工景观单元相互叠加而成的非常特殊的景观生态元，其内部不同性质、不同功能的组成部分构成了城市景观的结构要素——基质（Matrix）、斑块（Patch）和廊道（Corridor）。城市景观中，占主体的组成部分是建筑群体，这是它区别于其他景观之处。这些建筑物出现在城市的有限空间内，构成一幅城市的立体景观。交通网络贯穿其间，既把它

图 1-1　滨水景观廊道

图 1-2 自然河流森林廊道

们分割开来，又把它们联系起来。因此，城市的基质是由街道和街区构成的（Forman，1990）。城市景观中的斑块，主要是指各不同功能分区之间呈连续岛状镶嵌分布的格局。最明显的斑块是城市中的公园、烈士陵园、小片林地等。城市廊道是以交通为目的的公路、街道网络。铁路、河渠等也属于城市廊道，但河渠两侧往往有公路夹持，共同形成带状廊道（表 1-2）。城市中有些廊道往往具有特殊功能，如各大城市的商业街，不仅交通繁忙，而且是许多商品的重要集散地（李秀珍和肖笃宁，1995）。

表 1-2 城市廊道的种类

廊道种类	图例	说明
礼仪大道		为宗教仪式、军队检阅、加冕典礼和葬礼等建造的通道。在罗马帝国和文艺复兴时期的城镇和花园里得到应用，是绿色的，具有交通运输功能。
林荫大道		由用作步道的防护堤发展而来，两边植树的林荫大道连接公园和郊区，19 世纪出现在英国和美国公园。
公园道路		源于两边植树的曲线形林荫大道。作为“公园系统的连接”，包括：线性公园、河边人行道、农田人行道、骑马专用道、绿色小径、自行车道、拥有公园特色的高速公路。
滨水公园道		建立于水边的公园道路。
公园带		位于城区边缘的环形娱乐开放空间。

续表

廊道种类	图例	说明
公园系统		公园系统穿越城市的中心，将分散的绿地公园通过林荫大道连成一个绿色系统，波士顿的翡翠项链连接公共绿地、沼泽、池塘、公园系统的样式布局对城市轮廓的最终形成有很大影响。
绿带		绿带将城市围绕起来，具有农业、娱乐和环保功能，伦敦大都市绿带的设计是为了阻止城市的扩张蔓延，并为娱乐和政府建筑提供用地。
廊道系统		廊道相互联系成网络状，包括廊道和节点、缓冲区，增加连通性，有利于生物多样性、栖息地保护，改善环境质量及提供娱乐等。
绿色小径		沿旧铁路、运河、防洪大坝和沟渠建设的绿色小径，包括特定的用途或具有多种用途。

注：据相关参考文献整理。

（二）生态廊道（Ecological Corridor）

生态廊道概念源于岛屿生物平衡理论，并应用于解释陆地零碎化生物栖息地问题和活动栖息空间地域的重建（Wilson & Willis，1975）。在欧美国家，它被认为是解决生物栖息地与线性工程之间隔离效应的最佳对策（Rosenberg & Noon，1997）。

生态廊道的基本概念主要建构在镶嵌体于地景中维持或重建物种存活必须具备的活动空间的需求上（Noss et al.，1991）。生态廊道概念除了影响物种共同族群（Metapopulation）理论对物种群居体系互动关系构建之外，随着应用范围日渐广泛，也不再限于解释生物活动信道，而是广泛应用于地景、绿廊、觅食、迁移、栖息及保育等生态规划设计。生态廊道包括人居环境与自然生态两种类型。人居环境生态廊道是指联系各个人居社区聚落之间的交通信道、生活信道及设施线路；自然生态廊道则指一个异于周遭基质环境的狭长地带（林静娟，2002），是普遍存在于环境中的狭长线型的生物栖地，或是两个相邻生物栖息斑块之间生物觅食、移动的信道。在空间尺度上，生态廊道包括区域、城市、社区及场所四种尺度形式（表1-3），其形态包括沟渠、河川、溪流、树林、桥梁、小径、围墙及道路沿线绿化带等具备环境穿越性与延伸性的信道。

表1-3　不同层次之生态廊道尺度形态

尺度层级	区域	城市	社区	场所
生态廊道	• 天然林带、杂林带 • 交通沿线绿轴 • 水岸、溪谷 • 湿地沼泽地带 • 鱼塘、农场	• 公园绿地 • 道路林荫 • 快速道路沿线 • 校园绿地 • 水岸堤岸	• 小型公园 • 人行道 • 活动广场 • 街道	• 管线、水道 • 绿地 • 空地

因此，在规划设计生态廊道时，应先确认物种所需要的地景支撑功能，以建立合理的生态廊道。生态廊道的环境功能主要是用来建立或维持两个（多个）相邻生物栖息斑块之间的活动空间信道，其内容包括：①提供生物多样性的保障；②提高水资源的管理；③增加农业、林业的生产；④为孤立的物种提供移动的路径；⑤避免交通设施阻碍物种迁移；⑥增加物种栖息场所。

在地景规划理论方面，生态廊道概念源自哈佛大学的地景生态学家佛曼（Forman）所提出来的“廊道—斑块—基质”（Corridor-patch-matrix）模式。不同的地景规划设计均可以借由这个模式，以廊道为基础，由廊道串联各个斑块后，再形成地区环境基质的生态层面建构的活动镶嵌体，最终建立区域整体环境中的地景动态与物种联系。Forman（1995）还提出了由栖地、导管、过滤、阻绝、源点及汇点六种各自独立的环境机制所共同组成的生态廊道的功能及其定义（表 1-4），这些环境机制的功能也随着规划设计对象不同而有所变化。以道路生态廊道为例，规划设计必须以环境遮蔽（栖地）、交通密度（导管）与物种穿越能力（过滤）为优先考虑因素，而河川生态廊道则以阻绝、汇点及栖地为建立廊道首选的环境机制。虽然建构生态廊道必须包括这些环境机制，但在环境条件的限制下，在规划设计时，生态廊道功能组织必须视物种、基质及镶嵌体等特性而定，并以建立保育物种活动分布的主要斑块为优先考量对象，因此单一生态廊道必须视实际需求而调整其功能组合形式。

表 1-4　Forman（1995）所定义的廊道（Hess & pischer，2001）

定义	狭长、线形的土地，它与相邻两侧的土地是异质性的
成因	干扰、残存、环境因素、植栽引入、天然更新
类型	线形、带状、河流结构
特性	弯曲度、断裂、间隙、长度、宽度、联结性、内域、边缘性
功能	栖地、导管、阻绝、过滤、源点、汇点

景观生态学的生态廊道（Ecological Corridor）是指具有保护生物多样性、过滤污染物、防止水土流失、防风固沙、调控洪水等生态服务功能的廊道类型。最初提出的生态廊道，就如 Ferenc Jordan（2000）认为的是能够连接斑块（即小生境），并且能够使特定物种在斑块间迁移的地区，它们能够将当地的小种群连接起来，增加种群间的基因交流，降低种群的灭绝风险。Beier & Loe（1992）认为，野生动物迁移廊道（Wildlife Movement Corridor）是指具有生境和通道功能的带状斑块。更多考虑到的是供野生动物移动、生物信息传递的通道。一方面，在动物个体水平上，它是动物日常活动以及季节移动的通道；另一方面，在种群水平上，它是种群扩散、基因交流，乃至气候变动时物种在分布区域间迁移的通路。美国保护管理协会（Conservation Management Institute，USA）从生物保护的角度出发，将生态廊道定义为“供野生动物使用的狭带状植被，通常能促进两地间生物因素的运动”，后来融入生态系统的内涵。肖笃宁等（1999）认为，生态廊道是一种线状或带状斑块，它在很大程度上影响着斑块之间的连通性，从而影响着斑块间的物种、营养物质和能量交流，并能够加强物种之间的基因交换。生态廊道从生态学上把廊道及其周围的环境梯度和相应的植被都能够包括在内，是一个生态

系统概念。

Forman（1983）总结了生态廊道的五大功能：栖息地（Habitat）、通道（Conduit）、过滤（Filter）、源（Source）、汇（Sink），主要有三种基本类型：线状生态廊道（Linear Corridor）、带状生态廊道（Strip Corridor）和河流廊道（Stream Corridor）。线状生态廊道是指全部由边缘种占优势的狭长条带；带状生态廊道是指有较丰富内部种的较宽条带；河流廊道是指河流两侧与环境基质相区别的带状植被，又称滨水植被带或缓冲带（Buffer Strip）。

由于生态廊道在地景规划中兼备物种保育及维护交通运作的作用，因此成为受到广泛重视的地景元素。尽管生态廊道具备区块联系、栖地经营及地景营造等多种优点，由于同一区块中不同物种的生物特性及活动形态会对空间与时间尺度产生需求差异，导致生态廊道的环境设计因子无法以目标物种（Target Species）作为规划设计的依据，而必须以最大生物共同需求特征为设计准则。同时，廊道设计者往往过度重视“人”的景观设计和视觉感受，而忽略了“物种”对生态廊道内部环境活动规划的需求，导致生态廊道只存在通道性质，却缺乏物种活动栖息地功能。另一方面，设计者在地景植被设计中引入外来种，除了产生外来种扩散及成本高昂等潜在隐患之外，不当的环境规划布局更妨碍了当地物种原有的活动模式。这些环境设计问题主要体现在：①长度；②宽度；③曲度；④内部主体与道路的连接关系；⑤周遭镶嵌体的位置与环境坡度；⑥时序的变化等廊道内部空间结构及出入端口位置。因此，生态廊道设计规划应着重建立廊道结构布局与环境及物种适应性之间的互动关系，并维护当地原生物种的活动与繁殖。从国外经验总结生态廊道的优、缺点，可以发现生态廊道具有一体两面的规划设计取舍（表 1-5），这也是目前生态廊道设计规划必须改善的缺陷。

表 1-5　生态廊道的优、缺点（Simberl off & Cox.，1987）

优点	缺点
增加保护区的移入率：增加生物多样性，增加特定物种的族群数量，避免近亲交配所造成的基因狭窄、增加基因变异	导致病虫害传播，外来种及杂草入侵，降低次族群的基因变异
增加广域物种的觅食区	增加人类干扰、捕食者成功机会及扩散
区块间移动时提供躲避捕食者的掩蔽	增加火灾与其他非生物性干扰的扩散
提供需多样栖地环境物种之栖地	溪岸廊道不一定能提供山地物种移动的信道
遭受大规模干扰时的避难区	相同面积下，廊道的成本比单一保护区高，效率却较低
提供绿化带隔离市区扩张、污染，提供游憩区，提供景致增加土地价值	引发外来物种与原生物种竞争、驾驶视线障碍

对城市来说，城市廊道（Urban Corridor）作为沟通城市内部以及城市与郊区不同景观单元之间的物质流、能量流、信息流的主要途径，愈来愈受到重视。杜奈（1995）根据廊道在城市生态系统中所起的作用，以巴黎和伦敦为例，对城市廊道进行分类，并论述了不同廊道的生态功能和格局。在对城市廊道的评价上，尤其是以植物为材料

的绿色廊道（Green Way）效应方面，取得了喜人的成果。许多学者针对大城市的发展特点，提出城市交错带概念、扩散与反波效应以及廊道效应。杰夫等人（1995）以美国俄亥俄州为例，研究城市不同类型廊道的效应，证明自然廊道决定着城市景观结构和人口的空间分布模式（Tom Turner，1995）。

在城市绿地系统规划与建设中，应用"斑块—廊道—基质"的景观模式，构成城市景观基本模式的则是城市绿地斑块、绿地廊道和景观基质及景观边界。其中，城市绿地廊道是指城市景观中线状或带状的城市绿地，根据景观类型的不同可分为绿道和蓝道两大类。因此，城市生态廊道是指在城市生态环境中呈线状或带状空间形式的，基于自然走廊或人工走廊所形成的，具有生态功能的城市绿色景观空间类型。城市生态廊道不仅对城市的环境质量起到改善作用，树立城市的美好形象，而且对城市的交通、人口分布等都有着重要的影响。

宗跃光（1999）将城市景观廊道分为人工廊道（Artificial Corridor）和自然廊道（Natural Corridor）两大类。车生泉（2001）将绿色廊道分为绿带廊道（Green Belt）、绿色道路廊道（Green Road-side Corridor）和绿色河流廊道（Green River Corridor）三种，按照不同绿色廊道的功能侧重点不同又可分为生态环保廊道和游憩观光廊道。周凤霞（2004）在对长沙市雨花区的绿地规划研究中则将城市绿色廊道分为河流廊道和道路廊道，并且根据宽度的不同将道路廊道分为三个等级。李静（2006）从城市生态廊道形式和功能出发，提出城市生态廊道"形式—功能"的双系分类体系，以适应城市生态廊道建设的不同侧重点（图 1-3）。

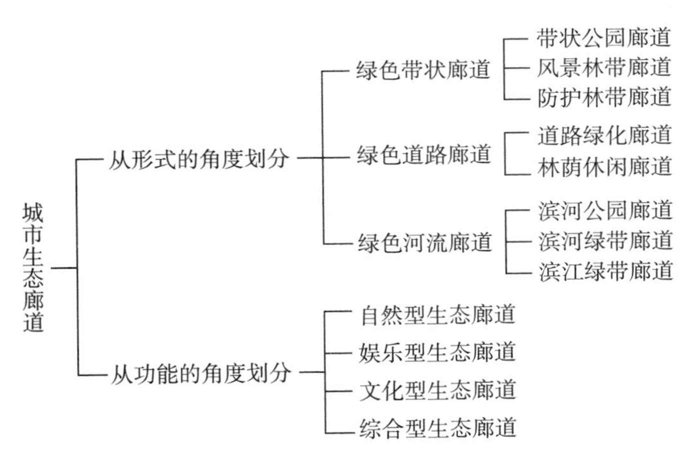

图 1-3　城市生态廊道分类体系

（三）绿色通道或绿道（Greenway）

经历了 19 世纪的城市公园运动和 20 世纪的开敞空间规划浪潮之后，美欧等西方发达国家建成了大量的公园和开敞空间（吴人坚和陈立民，2001；吴人伟，1998）。绿道是在伦敦城市开放空间规划中提出来的，英文单词"Greenway"，来源于 Greenbelt 和 Parkway。"Green"指有植被的地方，更深一层是指存在自然或半自然植被的区域；"Way"是通道，是人类、动物、植物、水等的通道（Tom Turner，1995）。绿色通道是具备较强自然特征的线性空间的连通体系，具有重要的生态价值和休闲、美学、文化、通勤等其他多种功能。

早在一个世纪前，绿道就已存在，当时绿道仅用于一些娱乐项目，如游人散步、野外狩猎等。在 1887 年，由“美国绿道运动之父”Frederick Law Olmsted 创造了世界上最为著名的波士顿公园系统——“翡翠项圈（Emerald Necklace）”，被后人认为是美国第一个具有深远意义的绿道，被称为“蓝宝石项链”，穿过了阿诺德（Arnold）植物园和牙买加（Jamaica）公园到达波士顿（Boston）公园，并连接富兰克林（Franklin）公园，这个系统大约长 25km。这项波士顿公园系统规划，也就是通常所说的“祖母绿项链”，连着查尔斯河，将马萨诸塞州的波士顿、布鲁克林、坎布里奇等城市连接起来。

绿色通道（Green Path）最早由 Whyte 在 20 世纪 50 年代提出，在其著作《时尚园林》中出现，是指相互连接的线状的、近似线状的自然和文化区域，兼生态、文化、娱乐为一体。在 60~70 年代，绿色通道的概念得到进一步发展。直到 80 年代末，才得到美国官方的首肯，1987 年，美国总统委员会的美国户外报告中正式提出了“绿道”的概念，其核心是提倡建设一种绿道网络：这种绿道网络充满活力，在景观上将整个美国的乡村和城市空间连接起来，就像一个巨大的循环系统，一直延伸到城市和乡村，而且居民能自由进入他们住宅附近的开敞式的绿地空间。此后，绿色通道概念才被大家广为接受、推广、应用，其研究进入一个崭新的阶段。

绿色廊道也可称为绿道，自 20 世纪 90 年代以来，绿道一直是景观生态学等学科的研究热点，被学者称为“绿道运动”（Greenways Movement）。Charles Little（1990）认为绿道就是能够改善环境质量和提供户外娱乐的线状廊道：沿着河滨、溪谷、山脊线等分布的自然走廊；沿着用于游憩活动的人工走廊所建立的线型开敞空间；所有可供行人和骑车者进入的自然景观线路和人工景观线路；并根据形成条件和主要功能，将绿道划分为 5 种类型：城市河流型、游憩型、自然生态型、风景名胜型、综合型。Hay（1991）把绿道定义为连接开敞空间的景观绿链，认为绿道是具有自然特征的廊道，集生态、文化、娱乐于一体。Taylor 等（1995）认为绿道是相互连接的线状的或近似线状的自然和文化区域，这些区域没有开发或保持近乎自然的状态，因而对社会或自然界有重要价值。Viles 和 Rosier（2001）认为绿道可以被看作是呈线形网络状的地表结构，由连接各个结点或者斑块的廊道组成，因此它使景观具有了连续性；并根据绿道的主要功能将绿道分成了 6 类：休闲娱乐绿道、历史文化绿道、生态绿道、河流绿道、城市外围绿道及绿道网络。Ahern（2002）认为绿道是一种受保护的线形廊道，具有提高环境质量，提供户外休闲空间的功能，绿道包含了线形元素的土地网络，其规划、设计与管理是为了实现与可持续土地利用概念相协调的生态、休闲、美观及其他用途的多目标。Fabos（1995；2004）则认为绿道的特征在于：①绿道是一种廊道，且具有重要的生态价值；②绿道具有成网络分布的小径，或互相连接的水体，可以用于游憩；③绿道还具有历史和文化价值。

美国对绿道的研究全面系统，涉及绿道的概念界定、规划设计方法、建设技术、建后管理和区域协调的方方面面。美国通过大量的绿道建设将 19 世纪城市公园运动和 20 世纪户外开放空间规划浪潮后建成的大量公园和分散的绿色户外空间进行联通，从而形成综合性的绿道网络。表 1-6 为美国绿道建设中的一些代表性绿道项目。

表 1-6　美国国内一些代表性绿道建设项目

绿道项目名称	地点	实施层面	主要功能
中心地带绿道	罗利，北卡罗来纳州	地方	生态环保
遗产步道	迪比克县，爱荷华州	区域，地方	娱乐游憩，历史文化保护与教育、经济
皮马县河流公园	图森市，亚利桑那州	地方	生态环保、美学
雷丁绿带	雷丁，康涅狄格州	地方	生态环保、美学、娱乐游憩
梅勒梅克绿道	圣路易到沙利文，密苏里州	区域，地方	生态环保、娱乐游憩
哈得孙河谷绿道	纽约市到奥尔巴尼 - 特洛伊，纽约州	区域，地方	生态环保、美学
大瑟尔风景区	圣路易斯—奥比斯波到蒙特雷，加利福尼亚州	区域，地方	生态环保、美学
四十英里环路	波特兰，俄勒冈州	区域，地方	生态环保、娱乐游憩
Canopy Road 线形公园路	塔拉哈西，佛罗里达州	地方	娱乐游憩
河滨公园	查塔努加市，田纳西州	地方	经济、娱乐游憩
伊利诺和密歇根运河公园遗产廊道	芝加哥至拉塞尔，伊利诺伊州	地方	历史文化保护与教育、经济、生态环保
雅客玛绿道	雅客玛，华盛顿	地方	生态环保、娱乐游憩
海湾山脊步道	旧金山海湾地区，加利福尼亚州	区域，地方	娱乐游憩、生态环保
海湾环形道	德克斯布里至纽白利，马萨诸塞州	区域，地方	生态环保、娱乐游憩
布鲁克林—皇后区绿道	纽约市	地方	娱乐游憩、生态环保
普拉特河绿道	丹佛，科罗拉多州	地方	生态环保、美学

注：据参考文献整理。

从 20 世纪中叶开始，美国各州就分别对本州的各类绿地空间进行了连通尝试，70 年代开始有了“绿道”（Greenway）概念，特别是在 1987 年的美国总统委员会对美国 21 世纪展望的报告中指出：“一个充满生机的绿道网络……使居民能自由地进入他们住宅附近的开敞空间，从而在景观上将整个美国的乡村和城市空间连接起来……就像一个巨大的循环系统，一直延伸至城市和乡村”（胡志斌等，2002；Souch & Souch，1993）。

在美国，根据形成条件与功能的不同，绿道可以分为下列 5 种类型：①城市河流型（包括其他水体），这种绿道极为常见，在美国通常是作为城市滨水区复兴开发项目中的一部分而建立起来的；②游憩型，通常建立在各类有一定长度的特色游步道上，主要以自然走廊为主，但也包括河渠、废弃铁路沿线及景观通道等人工走廊；③自然生态型，通常都是沿着河流、小溪及山脊线建立的廊道，这类走廊为野生动物的迁移和物种的交流、自然科考及野外徒步旅行提供了良好的条件；④风景名胜型，一般沿着道路、水路等路径而建，往往对各大风景名胜区起着相互联系的纽带作用，其最重要的作用就是使步行者能沿着通道方便地进入风景名胜地，或是为车游者提供一个便于下车进入风景名胜区的场所；⑤综合型，通常是建立在诸如河谷、山脊类的自然地形中，很多时候是上述各类绿道和开敞空间的随机组合，它创造了一种有选择性的都市和地区的绿色框架，其功能具有综合性。

在欧洲，绿道规划更多地体现在生态保护方面。国家、洲际尺度的生态廊道（Ecological Network）、生境网络（Biotope Network）或被称为生态基础设施（Ecological Infrastructure）的建设，在一些欧洲国家如前捷克斯洛伐克、荷兰等都比较普遍。尤其在英国，野生动物廊道的概念逐渐发展到绿色网络，强调野生生物线状开放系统的潜在疏导功能。这种利用绿色景观途径将城市规划引向接近自然保护的城市规划，在欧洲得到广泛应用，成为代表性生境的基础网络。进入20世纪80年代，绿道规划和建设受到了越来越多的重视。1996年欧洲议会制定完成的《泛欧生态和景观多样性战略》（The Pan—European Biological and Landscape Diversity Strategy）为欧洲各国协调绿道规划建设提供了一个基础性框架，而1998年1月成立的欧洲绿道联合会EGWA（European Greenways Association）无疑为欧洲协作进行绿道研究和规划建设跨国绿道系统方面提供了重要的协调机制。

绿色道路廊道作为城市绿色廊道的重要组成部分，在城市景观中，发挥着重要的作用：①绿色道路廊道吸附机动车辆排放的有害气体，减少因车辆行驶扬起的粉尘，对城市空气质量的改善起到重要作用；②减轻城市交通产生的严重噪音污染；③绿色道路廊道是动植物迁移和传播的有效通道；④道路两侧人行道上的绿化带，能为过路行人提供阴凉的环境，而且与建筑沿街一面的附属绿地相配合，能对街道上的人流起到一定引导作用；⑤道路中的绿色分车带往往采用多种形式的植被配置，形成乔灌草花复合结构，利用丰富的色彩美化单调的道路景观；⑥双向机动车分车带能够消除对向快速行驶车流的影响，引导驾驶员的视线，使其预知道路结构的变化，在夜间还能遮挡异向行驶车辆炫目的灯光，保证交通安全；⑦机非分车道将机动车和非机动车道分离，增加道路行车的安全性。

城市绿色河流廊道的功能主要可以分为生态功能和社会功能两方面：生态功能：①绿色河流廊道能够控制地表水径流，从而减轻洪水灾害、减少河岸侵蚀和水土流失；②发挥过滤作用，降低径流中污染物和悬浮颗粒的含量，截留有机物和养分，减轻水体富营养化；③绿色河流廊道所带来的异质生境为城市生物的繁衍传播提供了良好的条件；④绿色河流廊道通常都是城市中温度较低的区域，它通过水体和植被的双重作用，对减缓城市的热岛效应，改善城市小环境起着积极意义；⑤河岸带植被还起到防风、降噪、吸尘的作用。社会功能：①城市绿色河流廊道一般具有一定的宽度，能够建设成为滨江、滨河公园，为城市居民提供休闲游憩的场所；②滨水绿地还为城市居民提供亲近自然、融入自然的机会，更具有宣传、教育的功能。

在伦敦城市开敞空间规划中，提出的绿色通道：①步行绿色通道，是为步行者而规划，沿途设置不同项目，包括火车站定组织（伦敦徒步旅行论坛）发展的。步道唯一的目标就是作为休闲线路；②自行车绿色通道，这是由伦敦自行车组织提出的，1000

英里的自行车线路网连接了伦敦的地方中心，主要功能是通勤，兼顾休闲功能；③生态绿色通道，是由第三个非法定组织即伦敦生态小组提出的（大伦敦议会，1986），规划者希望这些绿色通道成为野生动物迁徙的通道；④河流网络，包括现有的河流和溪水；早期被城市建设覆盖的、恢复的河流和溪水；新规定的、作为城市排洪体系的一部分的湿地和排洪线。最近几年，绿色通道被系统的认为是保护城市生态结构、功能，构建城市生态网络和城市开放空间规划的核心（Tom Turner，1996）。由此可见，拓展了的绿道概念衍生出蓝色廊道 Blueway、公园道 Parkway、铺装道 Paveway、自行车道 Cycleway、生态廊道 Biological-corridor、空中廊道 Skyway 等多种形式。

亚洲的绿道研究和建设起步较晚，以日本、新加坡和我国香港地区的成就较为突出，各种类似于绿色通道的规划案例各具特色。其中，日本对绿色通道的相关研究最多的是对道路的研究，即生态道路（Eco-road）的研究，例如新城绿道系统。Tan W.K. 则把新加坡的绿道网络建设简单概括为"城市绿化（Urban Greening）"，在高密度城市建成区为建设"花园城市"而实施"公园绿带网"计划，用一系列公园和绿带把全岛所有主要的公园连接起来。此外，Ong（2001）在菲律宾规划的生物多样性廊道（Biodiversity Comdors）以及我国香港地区的郊野公园内部及其之间的游步道也都具有绿道的特点。

绿色通道概念虽然出现的较晚，但人们在很早以前就利用其思想进行规划和设计。它的发展过程大致可以分为以下三个明显的阶段（Searns，1995）。

第一阶段：（1700~1960 年）：轴线、林荫大道、公园道连接城市空间。这一时期还没有绿色通道这一概念，主要是一些景观轴线，欧洲的林荫大道以及美国 19 世纪的公园道及公园系统，公园道路作为线性开放空间在城市公园之间起到十分重要的连接作用。它们为城市绿色通道提供了原型，也是最早的绿色通道。

第二阶段：（1960~1985 年）：东方的小径，主要是休闲功能，绿色通道与线性公园提供通往河流、小溪、山脊线以及城市内的廊道。而这些绿色通道大多数都是非机动车使用。

第三阶段：（1985 年以来）：绿色通道出现了多目标、多功能，为野生动物提供廊道和栖息地、减少洪水所带来的灾害、保护水质、改善气候、教育公众以及为其他基础设施提供场地，同时具有美学、休闲、通勤、历史文化廊道保护等功能。绿色通道功能越来越多，是因为城市的发展给城市居民和自然环境都带来很大的影响，人们渴望自然，人们理解到应该来保护自然、保护环境，因此城市对这方面的投入也越来越多。

谢园方（1995，2004）对绿道进行详细分析，得到关于绿道的研究成果和主要观点如表 1-7，较详尽地介绍了国外部分绿道理论的相关成果。

表 1-7　国外绿道相关研究总结表

年份	人物	研究内容	主要观点及成果
1991	Furuseth、Altman	对罗利市城市尺度的四条绿道进行研究	多数绿道的服务对象并不是整个社区，而主要是邻里
1995	Turner	城市绿道网络系统	提出城市绿道网络系统应由公园道、蓝道、铺装道、商业道、生态道、自行车道、乡村道、空中道构成；绿道必须融入城市环境，考虑人的需要，绿道规划应重质而不是量

续表

年份	人物	研究内容	主要观点及成果
1995	Gobster	对芝加哥大都市 13 条绿道近 3000 名使用者进行调查	绿道与住所的距离直接影响其使用格局，绿道应根据使用情况分为地方级、区域级和州级三类
1995	Luymes、Tanuninga	从环境角度研究绿道	在“瞭望—庇护”理论的基础上提出城市绿道安全性的设计原则
1995	Dawson	乔治亚州绿道网络	总结出一套比较系统的绿道优先权评价方法，评价内容包括绿道的内在价值（自然资源、环境质量和美学价值）、外在价值（人类使用、可达性、市场需求与土地利用）和受胁迫程度三个方面
1995	Bischoff	研究绿道的功能	认为绿道除生态、休闲功能外，还有表达的功能，且这些表达功能与使用者体验紧密相关，可分为个人型、爱国主义型、纪念型、文化型和社会政治型五类
1998	Miller	在 GIS 技术的支持下对美国亚利桑那州普瑞斯科德河谷镇绿道网络进行适宜性研究	利用 GIS 分析数据，针对绿道生物保护、游憩和河流廊道保护三个主要功能，分别选出因子进行评价，最后得到绿道适宜分析图
1999	Lindsey	调查印第安纳波利斯的城市绿道进行游客利用情况	绿道的使用水平、格局和强度以及利用方式与其位置和特性有关，并对相关影响因素进行分析
2000	Shafer	基于人类生态学思想，对美国得克萨斯州的三条绿道的公众感知情况进行调查研究	通过社会调查与统计分析确定绿道怎样促进地方居民生活质量提高，并分析公众如何基于使用情况来评价绿道
2004	Gobster、Luymes	芝加哥河绿道	绿道应具有六条要素：干净、自然、美丽、安全、可达和适宜的开发
2004	Asakawa	日本撒波罗（SapPoro）绿道系统	从游憩用途、参与、自然与风景、卫生状况、安全性五个方面探讨当地居民对绿道的感知
2004	Yokohari	对日本已有 50 多年历史的绿道的公众安全影响因素进行调查分析	提出有关绿道安全性的相应对策
2004	Mugavin	澳大利亚阿德莱德河托伦斯线型公园的发展历程、规划背景、规划实施和评价等内容	该绿道可以使人们对河流日益变化的态度做出响应
2004	Conine、Xiang	美国北卡罗来纳州附近一个快速城市化小镇的绿道	发展了一种适用于多目标绿道的景观评价模型，可在开发前利用 GIS 来判别具潜力的绿道走廊

续表

年份	人物	研究内容	主要观点及成果
2004	Donna Erickson、Damien Mugavin	绿道城市尺度开发方面	绿道的发展和绿色空间系统应作为都市区增长的一个部分
2004	Erickson	美国威斯康星州密尔沃基和加拿大安大略湖省渥太华地区绿道比较	绿道是每个城市发展的重要部分，新近规划的都市区，都非常重视绿道网络的规划

根据绿道的发展过程，绿道具有以下显著的特征：①具备较强的自然特征：最直观的即具备大量的植被，这样就可以将完全人工化的景观如硬质道路排除在研究范围之外。②线形空间：这是绿道自身的基本空间特征。线形空间在人类社会中起着重要的作用，在感观上，它给人以运动感，构成了人类的一种重要体验；在生态过程上，它对物种、营养、能量的流动起着重要的作用；而且它集中了多种具有很高价值的资源，因此这是一种很重要也很普遍的景观组成。③连通的网络：首先是绿色通道网络本身的互相连通，这个网络必须形成一个互相作用的整体；其次，它必须与周围的景观周况连接；它和周边土地的利用方式之间有着深刻的相互影响。

Annaliese Bischoff（1995）将绿道的各项功能归纳为5个“E-ways”，即Environment、Ecology、Education、Exercise、Expression。Environment的功能即绿色廊道具有环境保护功能，可作用于城市防洪、蓄洪、水质净化、水土保持、清凉城市、降低污染等；Ecology是指绿色廊道具备的恢复或建立城市自然生态系统，维持生物多样性的功能；Education指绿色廊道具有作为开展生态环境保护教育和野外实习、实验的自然课堂的可能；Exercise是指绿色廊道为城市居民提供了休闲健身、体育运动的良好去处；Expression是指绿色廊道可以传递私人情感、爱国情感、具有纪念意义或文化性、政治性的公众意识等。

“绿道”是在现阶段城市物质规划中大量存在的一种物质空间类型，和城市公众的生活息息相关。Ahern（1995）将城市“绿道”定义为：一种以土地可持续利用为目的而被规划或设计的包括生态、娱乐、文化、审美等内容的土地网络类型。在景观生态学领域，城市“绿道”属于有别于两侧基质的廊道系统，廊道是景观构成的基本元素之一，通常起连接作用（傅伯杰和陈利顶，2002）。作为城市绿色通道或绿道建设主要有以下两种形式：

一是城市绿道建设。早在20世纪初，英国就将两个社区之间的连接区域定义为绿道，起缓冲作用。1974年美国丹佛市建成的普莱特河绿道，由15英里长的小径串联而成，连接18个大小不一的公园，共计180hm^2，具有美化城市、游憩、防洪等多项功能（Searns R M，1995）。城市绿道实际上是城市区域沿道路、河流等进行绿化，形成的绿色带状开放空间。它们连接公园和娱乐场地，形成完整的城市绿地或公园系统，揭示出城市内部千变万化的生活方式。连接郊野的绿道能够将自然引入城市，也能将人引出城市，进入大自然，使城市居民可以体验自然环境之美（Simonds，1990；Turner，1998）。绿道在随后的规划实践中生态廊道的功能更加突出，使其不仅具有景观视觉美化功能，实际上又成为一个线状的自然保护区域（Little，1990；Smith & Hellmund，1993）。城市绿道的建设被认为是解决大型城市无序蔓延的一种策略，尽管城市绿带遭受了城市扩张的挑战，但是，毫无疑问，对城市的生态建设也起着举足轻重的作用，直到今日，其仍然是大城市生态建设的重点内容之一。

二是城市扩散绿道建设。本世纪 80 年代开始，景观生态学的理论与方法在欧美国家迅速发展，为区域景观规划提供了理论依据（Forman，1986；Turner，1987）。以景观生态学为基础的景观规划，将景观整体性的营建作为目标，以保护、重建和加强生态过程为手段，使城市发展与自然相互协调。随之，扩散廊道（Dispersal Corridors）、栖地网络（Habitat Network）（Moller，1994；Hobbs，1990）等概念在城市生态建设和景观规划中出现。1948 年。丹麦的首都哥本哈根市（Copenhagen）编制了著名的“手指规划”，使城市沿着选定的几条轴线，建设新型高速交通线，并通过延长手指建设新的功能区分明显的卫星城镇。城区与卫星城镇，保留延续的绿野，形成宽厚的绿带廊道，使城市地段被绿色保护区环抱而不连片，其目的一方面可以阻隔郊区市镇之间的横向扩张，使它们能够在规划的区域内合理发展；另一方面可以保护环境，为居民提供丰富、多样、宜人的休闲与娱乐空间。20 世纪 80 年代，丹麦大哥本哈根委员会规划部作了大哥本哈根的扩散廊道体系规划，其中沿波尔河规划的适于鸟类迁徙的城市廊道，通过减少湿地排水，扩大水面，增加适生植物，减少农田化肥污染，减少城市居民影响等措施，使鸟的种类显著增加（Moller，1994）。

在美国，从景观高速公路到步行道在内的多种道路类型被称为“绿色道路”。从办公场所到住区、学校、购物中心，“绿道”是城市居民日常生活、工作与学习接触较多的类型之一。城市中进行的绿色步行系统规划将为公众提供安全、舒适、夏季阴凉、冬季充满阳光的步行系统。扩散绿道的另一主要作用是形成城市的生态保护圈，目的是为了控制城市的蔓延。德国的柏林、俄罗斯的莫斯科都存在大量的城郊森林（Thompson，1990）。我国的广州、北京、上海、南京等城市都计划或正在城市郊区建设风景林带，形成城市的生态保护圈。

绿色带状廊道在城市景观中数量较少，它既可以由绿色道路廊道、绿色河流廊道构成，也能是城市青山及公园绿地斑块等连接而成的单纯的绿带，这种绿带在空间布局上多呈带状、环状或楔状。

带状布局：是最常见的绿带空间布局模式，在城市中，较宽的绿色河流廊道就能够形成带状布局，不仅可以与其他绿色廊道相连构成绿色网络，还可以成为城市与外界相连的通道，对于引入外界新鲜空气、缓解城市热岛效应作用显著。

环状布局：城市在一定区域范围内集中发展，较宽的绿色廊道呈环状围绕城市，限制城市向外扩展蔓延。如在霍华德提出的“田园城市”理论中，绿带就成环状布局。“田园理论”主张城市居中，城市半径约 1133（1240 码），占地 404.686hm^2（1000 英亩），中央是一个面积约 58.7hm^2（145 英亩）的公园，有 6 条主干道路从中心向外辐射，把城市分成 6 个区，城市四周的农业用地作为保留的绿带，占 2023.4hm^2（5000 英亩），永远不得改作他用。霍华德还设想，若干个田园城市作为卫星城围绕中心城市，构成城市组群，且卫星城市距中心城市不论远近，均应以绿带包围，城市之间用铁路联系（金经元，1996）。

楔状布局：城市中的绿带与城市建设用地相互交错分布，呈不连续的状态，镶嵌在城市景观基质上，形成楔形布局模式。如 1918 年，依据“有机疏散＂而建立的大赫尔辛基规划方案，通过绿带网络提供城区间的隔离、交通通道，并为城市提供新鲜空气，使城市一改集中布局而变为既分散又联系的城市有机体（余畅，2003）。

在城市中，绿色带状廊道与绿色道路廊道、绿色河流廊道相连接形成的城市绿色网络常呈混合式布局，即环状、方格网状、自由式、带状、楔状等相结合的布局形式。混合式布局形式能够使城市绿色网络更好地融入城市景观基质，对改善城市生态环境、丰富城市景观、提升城市形象具有十分重要的作用。例如在北京市绿地系统规划中，在采用环状、网状、带状、楔状相结合的方式对生态廊道进行布局。

（四）城市绿脉

在 20 世纪初期的城市规划中，就已经有了绿色生态网络的思想，它起源于美国景观建筑和规划的术语，有时生态网络被称为“绿脉”。在哥本哈根，最早的关于绿色道路（Green Road）网络的规划创建于 1936 年。这种有关于绿带或绿色道路的城市规划主要是为了满足聚集在被污染的城市中的人们娱乐的需要。尽管它们的功能被限制在娱乐方面，但是它们很可能使得道路发展成为今天所谈论的生态网络（Jongman & Pungetti，2004）。后来，在景观建筑和规划中，把这种生态网络称为“绿脉”。

因此，可以说，城市绿脉是由城市绿色廊道相互连接构成的网状脉络系统，是连接城市与城市及其外部森林、江河、湖泊等以及城市内“绿岛”之间的绿色廊道生态网络。如在欧洲，英国将其称为“绿链”（Green Chain），荷兰将其称为“生态网络”（Ecological Networks）；在菲律宾称之为“生物多样性廊道”（Biodiversity Corridors）；在保加利亚，将其称为“绿色系统”（Green System），相似的，新加坡称其绿脉网络为“城市绿化”（Urban Greening）（Jongman，1995；Ong，2001；Yoveva，1998；Tan，2001），在中国则称为“绿色廊道”（Green Corridor）或“生态廊道”（Ecological Corridor）。美国是世界上最早进行“绿脉”规划的国家，并形成了“绿脉运动”（朱利叶斯·法布士，2005），其波士顿公园系统“绿脉”规划，也就是通常所说的“祖母绿项链”。随着“绿脉”运动的发展，与之类型相似的“绿脉”规划与建设已经遍及世界各地，在东欧和西欧主要都市的区域，如伦敦和莫斯科，都通过发展绿带（Greenbelts）将城市和自然区域或森林区连接起来（Jongman，2004）。在其他的区域例如柏林，布拉格，布达佩斯均有相似系统的发展（Kavaliauskas，1995）。

绿脉不仅仅是一个具有保护功能的线形植被区域，它已经发展成为一种资源，可以满足公众的娱乐需求，保护环境，还可以进行运输。在北加利福尼亚州 Concord 市内的综合绿脉规划就很好地满足了上述的三种需求。规划最终形成了位于城市最东部的分支型廊道（Three Mile Branch）、Coddle 环形廊道以及 Rocky 河廊道。其中分支型廊道不仅保护了现有的河滨缓冲带，还被用来作为运输和娱乐的绿脉；Coddle 环形廊道位于分支型廊道的西部，它连接了几个区域的中心，使得绿脉的使用者，能够以环形的方式在整个的路线内旅游；Rocky 河廊道位于城市的西部，该廊道不仅作为城市与乡村景观的过渡地带，而且很好地保护了乡村的绿色空间（Ashley Conine et al.，2004）。到目前为止，规模最大的“绿脉”规划是 2000 年美国提出的国家绿色空间和绿脉规划。该规划的最大特点就是将美国重要的河流廊道都纳入国家绿脉网中（Fabos & Lensing，

2005)。规划的实施使美国形成了一个广泛的、高质量的国家绿脉和绿色空间网。

伦敦作为世界公认的“绿色城市”，以其大规模的绿地数量和高绿化率闻名于世。城区中心拥有海德公园、肯辛顿公园、圣詹姆斯公园、格林公园、维多利亚公园等大型公园（张庆费等，2003）。建成的环城绿带呈楔入式分布，居住区间以软质地面（Soft Surfaces）分割，具有高度的联结性，同时与街道绿地融为一体，并通过楔形绿地（Green Wedge）、绿色廊道、河流等形成绿色网络(Green Network)。近年来，以“绿链(Greenchain)”将临近的开阔空间连成整体。绿链穿越居住区等建筑密集区，通过密集绿化措施，增加开放空间的可进入性和环境质量，完善伦敦绿色网络系统（Stuart Carruthers et al., 1986；Green Spaces Investigative Committee，2001）。

巴黎在距市中心 10~30km 内建设 1187km^2 的环城绿带，其中著名的汉诺威环城绿带以林为主，长 80km，宽 2km。此外，巴黎还建立贯穿历史遗迹的绿道，从塞纳河西佛公园，沿杜勒里公园至罗浮宫、香榭丽舍大街、凯旋门、戴高乐大街、台方斯中心公园广场，并与布洛尼森林（Bios De Vincennes）公园相衔接，形成巴黎的绿道和“历史轴线”，把自然绿色空间与人文城市棕色空间相结合，体现巴黎有记忆和有文化的城市精神，成为建筑与绿化环境相结合的绿色走廊，是国际“绿道”的典范（Migliorini, 1989；张庆费等，2004）。

卢布尔雅那（斯洛文尼亚的首都）环城绿道位于城市边缘地带，总长 33km，于 1957~1958 年建成，是世界上为数不多的完整地环绕城市建成区的绿道，而如今，这条绿道已经成为该市最富活力的场所。

东京于 1939 年就制定了大型公园和绿色空间控制计划（Yokohari et al.，1996），随后于 1943 年制定了开放空间计划，该计划强调建立绿色廊道，同时在城市周边建立了半径 10km 连接各个大型城市公园的环形绿带。在 1947 年的绿色空间规划中，计划建立双环的绿色廊道系统，该系统包含一个绿化带，以及一个沿着交通主干道、河流和铁路的放射状的绿色网络，并且与城市公园相连接。该规划完全实施后，东京的绿色空间将超过 200km^2，成为世界上绿地率最高的城市之一（Makoto Yokohari，2000；Kimura，1990，1992）。1999 年，札幌市颁布了《城市综合绿色空间规划》，在绿脉规划部分指出将公园和绿色空间进行系统的设计和布局，并且通过自行车道、河流廊道和绿带相互连接（Shoichiro Asakawa，2004）。该规划的目的是改进河流廊道，并且将 Toyohira 河改造成可供人们欣赏休闲的景观河流。

汉城于 1963 年首次提出城市绿带规划，是亚洲少有的成功的绿脉规划之一，包含农田和林地，半径为 15km，呈放射状包围着汉城的人口密集区，面积达 1567km^2，占汉城总面积的 29%。该规划于 20 世纪 70 年代末开始实施。

曼谷于 1960 年提出城市绿脉规划，1982 年建成城市绿带。该绿带位于城市的东部和西部边缘，半径 25km，面积达 700km^2。与东京和汉城不同的是，曼谷的城市绿带并不是连续的环形绿脉，而是由三个孤立的绿带组成的。

2001 年 6 月，新加坡举办了第 38 届国际园林建筑师联合会（IFLA），主要讨论绿脉规划及其相关规划。新加坡“公园绿带网”利用边角空地，以系列公园和绿带连接全岛主要公园，公园通道已超过 40km。2010 年将建成 245km，绿带与排水的保留区与缓冲区并行，连接居民中心区、地铁、公交枢纽站和学校，漫步林荫道，几乎可游遍新加坡每一角落（张庆费等，2004）。

我国城市绿地系统的建设从最初的盲目追求绿地数量，到见缝插绿，再到近来把城市绿地当作一个大的网络系统进行对待，开始重视绿脉的规划。2001 年，北京开始实施城市绿地系统规划，在市域层面，确定了“青山环抱，三环环绕，十字绿轴，七条楔形绿地”的生态绿化格局，形成系统完整、结构合理、功能健全的中心区绿地布局（陈万蓉和严华，2005）。上海市以建设“生态城市、绿色上海”为目标，规划集中城市化地区以各级公共绿地为核心，郊区以大型生态林地为主体，以沿“江、河、湖、海、路、岛、城”地区的绿地为网络和连接，形成“主体”通过“网络”与“核心”相互作用的市域绿地大循环。南京市于 2002 年通过审批并开始实施“绿色南京总体规划”，重点加强了绿色通道、滨河绿廊、块状绿地和点状绿地的建设，逐步解决老城及新区绿地不足，全市绿地分布不均的矛盾。根据总体布局，“绿色南京”生态体系建设以主城区绿化为中心、长江为主轴，以明城墙、绕城公路、环城公路和十六条出城干道的生态绿化带为生态绿地网架，以八大风景林地、六大自然保护区和十大风景名胜区为生态板块，组成“心、网、轴、环、片”相交融的生态绿地（周凌峰和于治玉，2005）。

我国大多数城市由于旧的规划格局形成城市绿地类型多以“斑块”的形式存在于城市之中，而新的规划多数是在强化这种斑块，尽管总量上有较大的增加，但是，破碎化的斑块格局并未改变。通过城市“绿道”的建设加强城市生态网络的建设,形成“绿脉”体系，更好地发挥城市的生态功能。

在城市化的进程中，城市发展与生态环境建设之间的矛盾日益突出。绿脉规划作为保证城市可持续发展的一种有效手段正逐步融入到城市规划中。城市绿脉规划不但对自然资源起到保护作用，满足人们的休闲娱乐的需要，恢复并保存了有价值的文化资源，还对城市空间布局和城市生态环境建设具有引导作用。

二、城市森林廊道

（一）城市森林廊道概念及其形成

城市森林廊道（Forest Corridor）是城市生态廊道系统中的关键类型，以乔木或森林为主体的线状要素，如道路森林廊道、滨水河岸森林等，是构成城市绿地系统的重要组成部分，是支撑城市生态体系运作的关键。目前已渗透到城市生态、城市景观规划与研究之中。

城市森林廊道发展可以说历史悠久。森林廊道雏形是行道树。16 世纪，罗马教皇 Sixtus 五世将小叶榆栽到通向教堂的大道的两边，而且这种树最后变成了罗马教皇的象征。在塞维利尔，1583 年时知名的步行街道是白杨道。意大利的 Cours la-Reine，修建于 1616 年，是沿着巴黎塞纳河堤岸的一条步行街，种着四排榆树，长 1500 米。它被认为是第一个人造步行街的典范。17 世纪，巴黎的道路四通八达，像通往 Tuilleries 宫殿、通往 Cour de Vincennes 和去凡尔赛城镇的路上都种着一排排的树木，最终覆盖了不断发展的巴黎市。1615 年阿姆斯特丹的“三运河计划”，沿着运河的是一排排的榆树和一些有钱人的房屋（Girouard，1985）。现在的城市俯视照片上很明显的能看到一排排的树木沿着运河生长。Flonsz van Berkenode 在 1625 年拍摄的阿姆斯特丹的鸟瞰图中，

Nieuwe Kerk 和 Nieuwe Zydts Voor Buychwal 的运河两岸都种植着树木。Wenceslaus Hollar（1647 年）作了一幅景象非常相似的画，即《伦敦的广阔视野》：在泰晤士河的堤岸边，花园、树木与建筑物非常协调。1681 年，斯特拉斯堡（法国东北部城市）就开始种植椴树作为行道树。

从柏林的布兰登堡到歌剧院和 Humboldt 大学的道路两旁都种着菩提树，这已经是欧洲城市一种固有的种树方式。1647 年，在一条长约 1km 的路上种植了胡桃（*Juglans regia*）和椴树（*Tilia tuan*）两个树种。从 1652 年和 1688 年柏林的鸟瞰图上可以看出，街道两旁种植的树就像平行线一样整齐。后期一些图上显示宽广的中央中心花园和连同四周的四排菩提树一起构成了城市的中心街道，一直与城市另一边的林荫道和树木园相接。1748 年和 1772 年间又出现了六行树，19 世纪初又变成四行，20 世纪树才被改回为两行（李智勇，2009）。通过比较，法国里昂平均每 1000 人的街道树木为 100 株，而尼斯仅为 20 株。绝大多数城市每 1000 人的树木为 50~80 株。

随着园林城市、生态城市和森林城市的发展，特别是 20 世纪 60 年代以来，世界各国城市森林建设步伐加快，在城市绿化中，城市森林廊道越来越受到重视，已成为城市生态基础设施的重要组成部分。我国过去以城区绿地建设为主，只注重城市绿地建设。近几年，随着城市森林的发展，引入了空间“绿量”的理念，加强了城区的“林地”建设，逐步认识了城市森林“绿肺”的作用，但仍摆脱不了城市绿化的“园林化”传统。把城市生态系统孤立于周围生态系统之外，忽视了贯通城乡的“绿脉”即森林廊道建设，缺乏城乡一体化综合生态系统的整体治理的思维，使得城市生态环境治理与改善陷入困境，导致目前人居建筑物红色空间的“热岛”和街道交通通道灰色空间（或黑色空间）的污染等问题始终无法解决。

城市以众多街道和街区为基质，城市中的绿地和其他各类功能斑块不但面积狭小，并且布局分散，连通性差，从而造成了能量、物质、物种的流动受阻，这也是造成城市生态状况恶化、生态过程不能正常运转的重要原因。许多城市虽然有大范围的森林绿地，指标也相当高，但最能改善城市生态环境、离城市居民最近、最能为居民提供游憩环境的中心区森林绿地却相当贫乏。再就是城市中森林绿地虽然较为丰富，但是这些森林绿地之间相互独立、分散，缺少系统性的连接和更为宏观的有机规划。这些问题直接影响到城市绿地生态、游憩等综合功能的发挥。因为在城市绿地系统规划中只注重森林绿地指标与分布，而忽视森林绿地间的联系，是不能完全实现城市绿地生态功能的，因此，要加强城市绿色空间网络体系的构建，重视城市森林廊道建设，加强城市绿地空间的联系。通过森林绿道的建设，将城市内均匀分布的城市公园、居住区以及其他开放公共空间联系起来。建立森林廊道，可加强斑块之间及斑块和种源之间的联系。有实验证明，廊道可以有效加强物种、物质的空间运动和原本孤立斑块间物种的生存和延续。使得城市生态系统得以顺畅循环，维护城市的生态平衡。生态健康游憩体系中结合道路、海滨、水道而建的带状绿地构成了城市的绿色廊道，可以将城市郊区的自然气流引入城市内部，为炎夏城市的通风创造良好条件；而在冬季，则可减低风速，发挥防风的作用。使得城市生态系统顺畅循环，减缓城市的热岛效应，不仅有力地支持了城市物流、能流、信息流、人流等，使之更为流畅。

郦煜等（2004）认为从森林廊道的功能看，森林廊道具有连续性、异质性、多效性和边缘效应等景观特点，它的首要功能是维持和保护城市生物多样性。生态学家们普遍认为生物多样性是维护系统稳定性的基础性条件，通过廊道将孤立的栖息地斑块和大型的种源栖息地相连接，有利于物种的持续，为野生动植物的迁移提供了保障，增加了生物多样性。其次，通过廊道与廊道、廊道与斑块之间的连接形成森林生态网络体系，促进森林生态系统内部生态流的聚散循环以及与农田湿地等自然生态系统和城市人工生态系统的沟通互动，实现森林生态系统功能，优化和城市生态环境平衡。第三，维护了城市景观生态过程和格局的连续性（王浩，2003）。针对城市化过程中填埋池塘、平整农田、开挖山体、破坏植被等不当行为导致的景观破碎化，以及建筑林立硬质铺装过多引起的城市与自然生态系统的隔离，通过构建森林廊道既能恢复和建立城市自然生态系统，又能把城市周边的自然山水因子导入城市内，有利于水质净化、水土保持、降低污染、消除热岛效应。此外，森林廊道也是构筑城市历史文化氛围的桥梁及展示城市文脉的风景线，具有传承文明弘扬生态文化的重要价值。同时，提出郑州森林生态城的森林廊道由生物廊道、通风廊道、隔离廊道、游憩观光廊道等类型构成。

目前，城市森林廊道建设出现新的特点：

1）贯通式城市森林廊道（Connectional Urban Forest Corridor）。基于城市开敞空间规划和城乡一体化发展而提出来的，是贯通城乡的森林廊道。

西方早期的城市规划理论中，已经大量涉及城乡关系的论断。如美国著名城市学家芒福德就从保护人居系统中的自然环境出发提出城乡关联发展的重要性（刘易斯·芒福德,1989）,赖特的“区域统一体”（Regional Entitiss）和“广亩城”都主张城乡整体的、有机的“协调的发展模式”（王振亮，2000）。英国生态学家盖迪斯（Geddes）则首创了区域规划综合研究的方法，1915 年发表了著作《进化中的城市》（Cities in Evolution），强调将自然区域作为规划的基本构架，他还预见性地提出了城市将扩散到更大范围内而集聚、连绵形成新的城镇群体形态：城市地区（City Region）、集合城市（Conurbation），甚至世界城市（Word City）。

进入 20 世纪 90 年代，在城市化与郊区化的过程中，先前处于城市边缘的乡村被逐步吞噬直至消失，城市无序扩张，严重破坏了城市边缘的生态景观并威胁到区域的生态安全。在这一背景下，广大学者对于强调城乡融合的区域城市的研究热情进一步高涨。美国规划师莱特（Wright）及斯泰因（Stein）等提出了与自然生态空间相融合的区域城市（Regional City）模式；林奇（Lynch）则提出了类似的另一种模式：扩展大都市（Dispersed Metropolis）。一些学者则从人类居住形式的演变过程入手，提出了 21 世纪城市空间结构的演化必然体现人类对自然资源最大限度集约使用的要求，并针对日益显著的大都市带现象，提出了世界连绵城市（Ecumunopolis）结构理论。代表人物有杜克西亚迪斯（Doxiadis，1996），费希曼（Fishman，1990）、阿部和俊（1996）、高桥伸夫（1997）等（吴良镛，2001）。

城市是一个开放的复合生态系统，其能量和物质的平衡不能完全在系统内部自行完成，而要通过与外界环境的交换才能实现完整的生态过程。城市森林绿道应延伸至郊外的自然景观之中，与区域景观系统连接起来，同时将郊区的自然景观和生态服务功能引导至城市之中，在区域尺度上构成一个贯通式森林廊道，强化了城市内与外的联系，促进各种能量的交换与空气的流通，使城市外围区域成为城市生态稳定发展的背景，实现区域内的生态平衡。

因此，随着城市化进程的加快，认为，城市森林廊道是在城市生态地理区域以森林为主体的贯通城乡的生态廊道，应与生态廊道、绿色通道有所区别，它主要以城市为载体，更强调“以人为本”；以森林为主体，更强调森林对人居及生活、生产环境的改善；以道路、河流廊道为骨架，更强调森林的结构与生态服务功能。

城市森林廊道主要由森林植被、水体、道路等生态性结构要素构成，一般有3种形式：第一种是城区路网水网线形防护林网及郊区乡村农田防护林网或林带；第二种是道路森林廊道；第三种是河流森林廊道。在功能上，不仅要起到生态防护功能，保护城市动、植物的生存环境和动物通道的功能，而且要起到防噪、防尘、降污、防废气以及绿化美化等改善人居及生活环境的功能，更重要的是要具有休闲、健身、景观、文化等功能。

2）城市森林廊道与生态游憩相融合。用森林廊道将人的住所与城市公园以及郊外森林、湖泊、风景旅游区等自然地连接起来，创造适于步行的邻里社区和城乡交通体系，减少对机动车辆的依赖，为城市居民身心锻炼提供场所，实现人与自然、城市的和谐统一，从而构成以森林廊道为基础的城市生态游憩体系。城市森林廊道必须具有一定的长度和宽度，景观生态学研究的尺度是几千米到数百千米的范畴，在生态方面，能保证“森林廊道”功能的发挥和有利于小型动物物种例如鸟类的扩大，宽阔的森林廊道能够形成良好的生态效益，有利于城市通风，改善城市热岛效应；在游憩方面，宽阔的森林廊道更有利于游憩设施的设置、健身活动的开展；在交通方面，足够的宽度可以满足行人与自行车的组合道路形式，为步行和自行车锻炼提供专有路线即“健康步道”，保证自行车和行人的路线通畅，满足公众的健康要求；在防灾方面，地震发生时可以保证受灾群众沿着森林廊道迅速撤离到防灾的开敞绿地。

新加坡从20世纪90年代着手建立的连接各大公园、自然保护区、居住区公园的廊道系统，为居民不受机动车辆的干扰，通过步行、骑自行车游览各公园提供了方便。他们计划建立数条将全国公园都连接起来的“绿色走廊”。该走廊至少6m宽，其中包括4m的路面。

因此，城市森林廊道具有以下5个主要特性：①其空间形态是线状的。它为物质运输、物质迁移和动物取食提供保障，这不仅是森林廊道的重要空间特征，而且也是它与其他景观规划概念的区别。②森林廊道具有相互联结性。不同规模、不同形式的森林廊道、公园等构成城市森林生态网络。③森林廊道是多功能的。这对于森林廊道的规划设计目标的制定具有重要的指导意义。当然，很难在同一森林廊道中很理想地实现所有的功能，因此，森林廊道中生态、文化、社会和休闲观赏的不同目标之间必须相互妥协达成一致。④森林廊道战略是城市可持续发展的组成部分。它协调了城市自然保护和经济发展的关系，森林廊道不仅保护了自然，而且是资源合理利用和保护，实现城市可持续发展的基础。⑤森林廊道只是代表了一种具有特殊形态和综合功能的城市绿色空间形式。对森林廊道的关注只是因为很多城市在发展过程中，城市绿地系统没有形成有效的网络，同时，城市中自然环境的丧失、生物多样性的降低和环境的恶化也是引起人们对建立城市森林廊道关注的重要原因，但这并不能排除其他形式绿色空间的重要性。

城市森林廊道的主要功能表现为以下几个方面：

（1）有助于缓解城市的热岛效应，降低噪音，改善空气质量。城市森林廊道具有多种的生态服务功能，如：空气和水的净化、缓和极端自然物理条件（气温、风、噪声等）、废弃物的降解和脱毒、污染物的吸收等。不仅如此，由于城市森林廊道有着曲折且长的边界，生态效益发散面加大，能使沿线更多的居民受益，创造更加舒适的居住环境。

（2）有利于保护多样化的乡土环境和生物。城市森林廊道是依循场所的不同属性、契合场所特质所建构的景观单元，具有明显的乡土特色。同时，对于生物群体而言，城市森林廊道是供野生动物移动、生物信息传递的通道。因此，它形成了城市中的自然系统，为维持生物多样性、为野生动植物的迁移提供了保障，对城市的生物多样性保护有着重要的作用。

（3）为城市居民提供了更好的生活、休憩环境。城市森林廊道的建设形成了优美的风景，为城市营造了良好的人居环境，廊道中的健康步道不仅是一个游憩场所，为城市居民提供了良好的游憩通道；同时，森林廊道还具有文化、教育、经济功能，还能促进经济发展，提供高质量居住环境。

（4）城市森林廊道是构建城市森林的基础。作为城市森林绿地系统的重要组成部分，完善的城市森林廊道网络有效地分隔了城市的空间格局，在一定程度上既控制了城市的无节制扩展，也强化了城乡景观格局的连续性，保证了自然背景和乡村腹地对城市的持续支持能力。因此，城市森林廊道规划是城市绿地系统规划中的一项重要内容，是构建城市森林生态网络体系的重要基础。

（二）道路森林廊道

道路森林廊道是城市道路沿线绿化廊道，它的空间布局模式很大程度上决定于城市道路网的布局形式。现有城市道路系统具有多种形式，一般可将其归纳为四种典型的路网形式。与路网形式相对应，城市道路森林廊道的空间布局也呈现四种类型（图 1-4）：方格网式、自由式、环形放射式和混合式（高贺等，2006）。

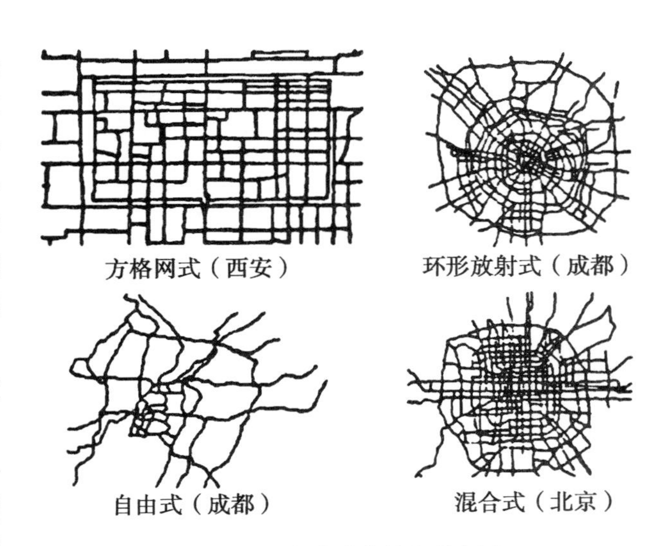

图 1-4　城市道路森林廊道布局

方格网式道路网：最常见的一种路网布局，道路走向几乎为规则的长方形，即每隔一定的距离设置近似平行的干道，并在干道之间布置次要道路，将用地分为大小适合的街坊。西安、北京旧城，还有其他一些历史悠久的古城，如洛阳、山西平遥、南京旧城等，都是具有典型方格网路网布局的城市。

环形放射式道路网：这种形式的城市，一般都是由旧城中心区域逐渐向外发展建设，由旧城中心向外放射出主要干道后，再加以多条环路而形成。具有环形放射道路网形式的典型城市在国内有天津、成都等。国外的莫斯科、巴黎也是这种典型路网城市的代表。

自由式路网：一般都适于依山傍水的城市，城市道路的选线受限，所以现有山岳型、沿海型城市的这种路网较多。如重庆、大连、珠海、九江等。

混合式路网：是以上三种路网布局形式的综合，而不是简单的组合，它是大城市路网发展的一个总趋势，国内许多城市如北京、上海、武汉等都发展成为今天的混合式路网。

Jones（2000）等人认为，道路廊道存在4种生态效应，传输、隔离、源和汇。Forman（1998）指出：道路网络已经成为当今社会和经济发展的中枢，其分布范围之广和发展速度之快，都是其他人类建设工程不能比拟的。当道路网络和各种交通工具为人类社会带来巨大效益的同时，它们对自然景观和生态系统的分割、干扰、破坏、退化、污染等各种负面影响也在不断加大，而这种影响长期以来被人类社会所忽视。有关资料研究表明，这种影响至少涉及全球陆地的15%~20%。

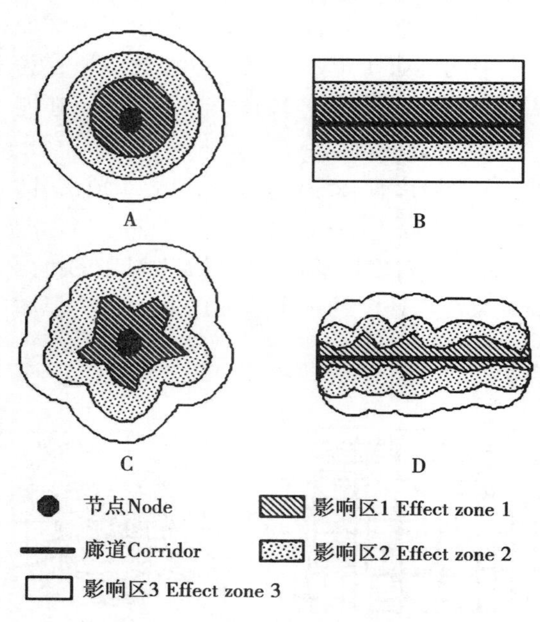

图1-5　道路影响区的点效应和廊道效应示意图

图1-5是道路产生的节点（交通中心、枢纽、交汇点、立交桥或与其他景观类型相互作用点等）和廊道（交通线）及其影响区分布示意图。道路影响区理论上可以分为点效应（A，C）和廊道效应（B，D）两种基本类型，根据其影响区的形状，可以分为规则形（A，B）和不规则形（C，D）2类。Forman等人曾经以美国麻省的郊区为例，研究高速公路对9种生态因子（湿地、河流、道路盐化、外来植物侵入、北美驯鹿、鹿、两栖动物和草原与森林鸟类）的影响范围。结果表明，所有因子的受影响范围至少在100m以上，有些因子可以达到1000m，平均影响范围600m左右，其影响区是由各种规则形和不规则形共同组成的（李进等，2006）。

道路森林廊道是根据道路特点进行道路绿化建立的林带，是城市森林廊道的一种主要类型。根据道路在城市中不同的表现形式，可以将绿色道路廊道分为道路绿化廊道、林荫休闲廊道和贯通式森林廊道。

道路绿化廊道就是指以机动车为主的城市道路两旁的道路绿化，这是城市生态廊道重要的组成部分。而根据道路的不同等级和特性又可分为主干道森林廊道、次干道森林廊道和铁路森林廊道。在目前城市环境污染较严重，城市生物多样性较脆弱的情况下，道路森林带的主要功能应定位在环境保护和生物多样性保护上，它的最大功能是为动植物迁移和传播提供有效的通道，使城市内廊道与廊道、廊道与斑块、斑块与斑块之间相互联系，成为一个整体。它不但是城市的重要自然景观体系，而且是城市的绿色通风走廊，可以将城市郊区的自然气流引入城市内部，为炎热的夏季城市的通风创造良好的条件，而在冬季可降低风速发挥防风作用。

林荫休闲廊道则指与机动车相分离的，以步行、自行车等为主要交通形式的生态廊道，主要供散步、运动、自行车等休闲游憩之用，为公众提供安全、舒适、夏季阴凉、冬季充满阳光的步行系统。这种廊道在许多城市中被用来构成连接公园与公园之间的联接通道（Paveways）（Tom Turner，1995），能够联系城市、家庭、工作场所、学校、购物中心和文化中心，形成令人愉悦的交通纽带。它与城市的绿地系统、学校、居住区及步行商业街相结合，高大的乔木和低矮的灌木、草皮相结合，形成视线通透、赏心悦目的景观效果，不但可为步行及非机动车使用者提供一个健康、安全、舒适的步行通道，自行车作为零排放的交通工具，在城市有限空间内的交通通行能力是小汽车的 20 倍，也可大大改善城市车行系统的压力。根据德国驾驶学会的调研，车主驾车出行时，半数以上的旅程在 6km 以内，更有大约 5% 的旅程在 1km 内。而在合理设置林荫休闲道路的城市，上述数据分别下降至 18% 和 1.2%，大大减少短途出行对私家汽车的依存程度。机动车尾气热污染、机动车排放的 CO_2 和公路路面吸放热是形成城市热岛效应的重要因素。这种森林廊道是城市居民使用频率最高的生态廊道，在规划设计中不仅要考虑道路交通的污染问题，更要从人性需求的角度出发，构建出结构合理、景观丰富的生态廊道。其设计形式往往是从游憩的功能出发，高大的乔木和低矮的灌木、草花地被相结合，形成视线通透、赏心悦目的景观效果，其生物多样性保护和为野生生物提供栖息地的功能相对较弱。

贯通式森林廊道指贯通城乡的通道式森林廊道，一般与道路、河流及健康休闲步道等相结合，连接城乡，表现为宽带状形式，从数百米到几十公里不等，如我国的北京市机场高速公路森林带宽度达 200~500m，而英国伦敦的绿带廊道宽度由几公里到几十公里不等。这种廊道主要由较为自然、稳定的植物群落组成，生境类型多样，生物多样性高；其本底可能是自然区域，也可能是人工设计建造而成，但一般具有较好的自然属性；其位置多处于城市边缘，或城市各城区之间。它的直接功能大多是隔离作用，防止城市无节制蔓延，控制城市形态。同时，它还有以下功能：改善生态环境，提高城市抵御自然灾害的能力；促进城乡一体化发展，保证城乡合理过渡；开辟大量绿色空间，丰富城市景观；创造有益、优美的游憩场所等。

（三）河流森林廊道

所谓“城市河流”是指发源于城区或流经城市区域的河流或河流段，也包括一些历史上虽属人工开挖，但经多年演化已具有自然河流特点的运河、渠系。城市河流廊道是城市中的蓝道，是城市系统发展不可缺少的支撑体系之一。它不仅指河流的水面部分，还包括河岸带防护林、河漫滩植被。河流廊道是景观中最重要的廊道类型，特别是在矿物养分的输送和某些生物种类迁移方面具有其他廊道类型所无法替代的作用（车生泉，2001）。但是，由于受到城市化过程中人类活动的干扰，城市河流成为人类活动与自然过程共同作用最为强烈的地带之一，同时也成为关系城市生存、制约城市发展的重要因素。近年来由于城市人口的急剧增长及社会经济规模的非理性扩张，对城市河流的负面影响越来越严重，导致河流廊道的景观稳定性降低，敏感性增加，影响了城市系统的稳定平衡，制约了城市系统的协调发展。目前，城市河流正面临着生态退化的危机，有关城市河流治理、城市河流景观的问题已成为当今社会关注的热点。

河流廊道是城市景观中重要的多功能服务体，其本身功能的正常发挥不仅与其宽度、连接度、弯曲度以及网络性等结构特征有着密切的关系，而且河流廊道的起源、河流受干扰的强度和范围、河流功能的变化等都会对城市景观的生态过程带来不同的影响（朱强等，2005；肖笃宁和李秀珍，2003）。

从景观生态学的角度来看，城市河流景观是城市景观中重要的一种自然地理要素，更是重要的生态廊道之一。河流廊道不仅发挥着重要的生态功能如栖息地、通道、过滤、屏障、源和汇作用等，而且为城市提供重要的水源保障和物资运输通道，增加城市景观的多样性，丰富城市居民生活，为城市的稳定性、舒适性、可持续性提供了一定的基础。但是，由于受到城市化过程中剧烈的人类活动干扰，城市河流成为人类活动与自然过程共同作用最为强烈的地带之一。人类利用堤防、护岸、沿河的建筑、桥梁等人工景观建筑物强烈改变了城市河流的自然景观，如岸边生态环境的破坏以及栖息地的消失、裁弯取直后河流长度的减少以至河岸侵蚀的加剧和泥沙的严重淤积、水质污染带来的河流生态功能的严重退化、渠道化造成的河流自然性和多样性的减少以及适宜性和美学价值的降低等（王薇和李传奇，2003）。

城市河流森林廊道作为河流廊道的重要组成部分，是城市河流河岸森林植被带，已成为维持和建设城市生态多样性的重要“基地”。河岸森林植被对控制水土流失、净化水质、消除噪声和控制污染等都有着许多明显的环境效益。同时，河流森林植被通过蒸腾作用使周围的小气候变舒适，提供阴凉和防风的环境，对改善城市热岛效应和局部小气候质量具有重要作用。对于城市而言，河流的防洪功能是最重要的。我国每个滨河城市都制订城市防洪工程规划，并将其作为城市总体规划的重要组成部分。而河岸森林植被带对防洪起着不可磨灭的作用（孙鹏和王志芳，2000）。此外，城市河流廊道还具有以下功能：①物质廊道功能：随着时空的变化，水、物质和能量在城市河流内发生相互作用。这种作用提供了维持生命所必需的功能，如养分循环、径流污染物的过滤和吸收、地下水补给、保持河流流量等。②景观廊道功能：城市河流可以提供滨河公园、紧急疏散道路等场所。在城市河流的景观廊道功能中，亲水功能尤其重要，它体现了城市居民对空气清新的滨河空间的需求。此外，城市河流还提供了绿色休闲通道，是环境幽雅的休闲空间。③遗产廊道功能：河流的历史往往反映了城市的历史。城市河岸地区往往坐落着城市的历史性建筑或者名胜古迹，是历史悠久的地段，是城市历史遗产的重要组成。④经济廊道功能：城市河岸已经成为带动城市经济发展的重要空间，其滨水住宅、旅游休闲场所、娱乐文化场所对促进河岸地区乃至整个城市的经济起到了重要的作用（冯一马，2004）。

对于城市河流这种重要的自然资源，目前的研究集中于分析小尺度的河流特征，主要针对城市河流的水环境整治、生态建设、滨水区景观设计以及廊道效应这几个方面展开了不同程度的研究。随着对城市森林廊道的日益关注，河岸森林植被带的规划、利用和保护成为目前城市河流廊道研究的热点问题。河岸森林植被带（缓冲区）是位于污染源和水体之间的植被区域，可以通过渗透、过滤、吸收、沉积、截留等作用来削弱到达表面水体或是地下水体的径流量或是携带的污染物量。河岸森林植被缓冲区的有效宽度，缓冲区地理信息的提取、分析和制图，岸边植被的规划、设计与管理等都成为了河岸植被缓冲区研究的主要问题。这些学者在研究中都特别强调了河流廊道作为缓冲区的重要性，并致力于通过样带试验来分析不同河流廊道开发利用情景方案对河流生态功能的影响程度（刘常富等，2003；王浩，2003）。

城市河流森林廊道沿着城市水系分布，其空间布局模式取决于城市水系的平面形态。一般常见的水系形态有树枝状、格子状、平行状、矩形状、放射状、扭曲状六大类（图1-6），因此，城市河流森林廊道的空间布局形式也可照此划分（蓝敏男，2004）。其中，树枝状水系是最常见的水系形态，主、支流均匀分布于流域内，各支流均有不规则的分支，并按一定角度与主流相汇；格子状水系，平面有如格子状，其主要支流与小支流排列相互平行，并常有近乎于直角的转折；平行状水系的主、支流大致平行状发育，水流类似于马尾状。

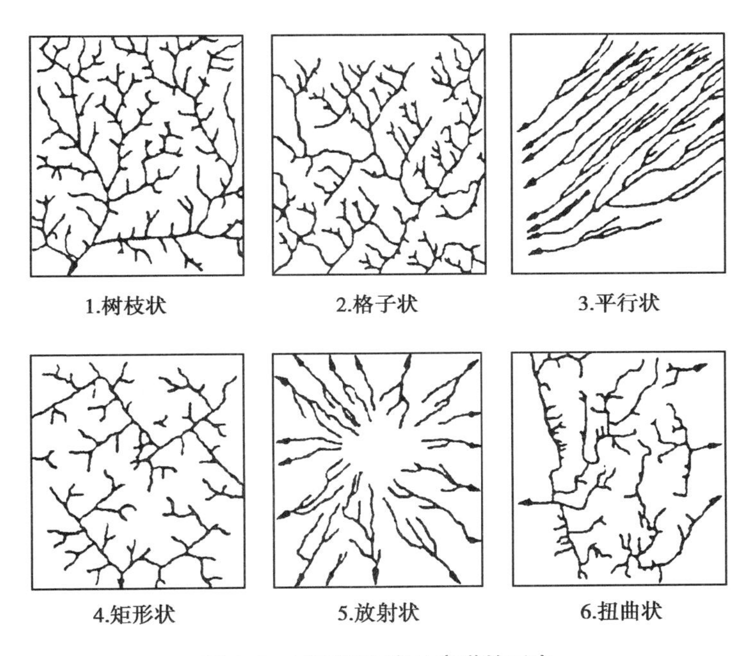

图 1-6　城市河流森林廊道的形态

城市河流森林廊道对整个城市的改善起着重要的作用。目前我国的研究还刚刚起步，许多城市在河流森林廊道方面仅仅限于植物名称及种类数量的调查研究，研究的重点也往往停留于定性的描述植物造景的特色方面。偶有的定量研究也集中在树种丰富度、绿量和生态效益上。近年来，不断有人从很多方面用绿量去计算各种植物所产生的生态效益，如哈尔滨的紫丁香的绿量计算和北京市园林局利用叶面积指数来推算出 30 多种植物的绿量计算公式，已被大多数城市借鉴来计算不同植物所产生的绿量。

20 世纪 90 年代以来，很多国家都在对破坏城市河流环境的做法进行反思，进行河流回归自然的改造。德国、美国、日本、法国、瑞士、奥地利、荷兰等国纷纷大规模拆除以前人工在河床上铺设的硬质材料。采用混凝土施工、衬砌河床而忽略自然环境的城市水系治理方法，已被各国普遍否定（王建国和吕志鹏，2001）。恢复河流的自然属性，建设以森林廊道为主的生态河堤，实现社会经济发展要与河流的自然生态功能相协调已成为国际大趋势（Sunil Narumalani et al.，1997）。生态河堤以“保护、创造生物良好的生存环境和自然景观”为前提，在考虑强度、安全性和耐久性的同时，充分考虑生态效果，把河堤由过去的混凝土人工建筑改造成为水体和土体、植物体和生物相互涵养且适合生物生长的仿自然状态的护堤。

第二节　城市森林研究方法概述

一、城市森林植物调查

城市植物种类构成比自然植物更加复杂，绿地斑块更加破碎，植物调查的过程由于交通规则和场地调查许可等方面的限制而大大增加了难度。因此，在植物调查前对调查方案进行详细设计就显得尤其重要。目前国内外对植物调查方法的研究已经比较成熟（Cochran，1977；Knapp，1984；Kenkel et al.，1989），但是对城市植物相关领域的报道在国内还很少（冷冰和温远光，2008）。

城市植物指城市中生长的所有植物，区别于城市植被和城市森林。城市植被包括城市中所能发现的所有类型的植物群落如城市森林、公园、行道树以及废地上的伴人植物群落（蒋高明，1993）。而城市森林的概念有各种不同说法（李锋等，2003）。城市植物分层随机抽样调查的方案设计可以分为抽样设计、样方设计和调查详细设计 3 大部分。

城市植物大多受园林设计规划的影响及城市不同功能区对植物配置的限制而具有明显的分层特性。所谓层，是将总体中的单元按某种原则进行划分，成为若干个子总体，每个子总体即称为层（冯士雍和施锡铨，1996）。根据城市植物的这种分层特点，采用分层随机抽样法进行抽样，不仅实施和组织起来比较方便，而且可以大大提高估计的精度。

城市植物调查的分层可以根据行政区、建设历史、生境特征、景观特征、人类干扰程度、土地利用或者功能分区等指标进行（表 1-8）。在分层的基础上，对抽样量进行分配。城市植物调查中常见的抽样量分配方法见表 1-9 所示。各层均值差异较大时，采用按比例分配的方式较好，而当各层的标准差相差很大时，则最优分配更好（金勇进等，2002）。

表 1-8　城市植物随机抽样调查分层依据实例

分层方法	依据	参考文献
园林绿地通用的分类方法	《城市绿地分类标准》《北京市城市园林绿化普查资料汇编》	孟雪松等，2004
区别公园年龄、景观设计、功能性质	公园年龄及景观设计是解释公园乔、草植物种类聚集方式的主要因子	Li et al.，2006
区别点、线、面单元	点、线、面单元对城市公园的景观设计的影响方式不同	Hermy & Cornel-is，2000
区别人类干扰程度	生境类型的区别主要与人类干扰程度有关	Kim et al.，2000
区别土地利用情况	经济水平（高、低），建设时期（新、旧）	Sudha & Ravin-dranath，2000
区别生境特征	生境类型、生境的稀有程度、自然程度、恢复能力	Mansuroglua et al.，2006

表 1-9 城市植物调查抽样量分配法实例

序号	分配方法	参考文献
1	乔、灌一起取样，调查公园面积 1% 的乔、灌，公园面积 0.2% 的草本	Herny & Comelis，2000
2	任意选定调查样方中 2/5 为线状单元，3/5 为面状单元	Herny & Comelis，2000
3	乔、灌分开取样，分别在乔、灌、草样地中随机选取，各群落的样地量与面积成比例	Li et al.，2006
4	在每个居住区随机抽取 6 个样地，在每个半自然公园中随机抽取 4 个样地	Turner et al.，2005
5	如果领域内植物的分布很均匀，则只随机选 2 个样地；如果植物分布不均匀，则随机选 4 个样地	Wezel & ohl，2005

样方面积及调查面积的确定方法至少有 7 种模式（表 1-10），可以根据不同城市的特点和具体研究对象做选择，并根据不同城市乔、灌、草植物多样性的不同而变化（Greig-Smith，1983）。既可以对乔、灌、草分别采用不同的样方面积取样，也可以将乔、灌一起取样，再对草本植物另外采用更小的样方面积取样。具体取样面积的确定除了考虑面积及对绿地种丰富度的影响以外，还应该注意到城市绿地斑块大部分以小面积居多而无法大面积取样的问题。

表 1-10 城市植物调查的取样量及样方面积分类及案例

模式	研究对象	样方面积或者取样量	分类对象	参考文献
模式 1：按面积比例	城市公园	与面积成比例	不同类型的公园	Li et al.，2006
模式 2：乔、灌、草分开	废弃的城市森林	10m×10m 样方	灌木	Bhuju& Ohsawa，1999
		2m×2m 样方	地被	
		20m×20m 样方	乔木	
	城市公园	2m×2m 样方	灌木	Li et al.，2006
		1m×1m 样方	乔木	
		10m×10m 样方	乔、灌	Herny & Comelis，2000
模式 3：乔、灌不分开，草本单列	城市公园	$100m^2$ 样方，公园面积的 1% $4m^2$ 样方，公园面积的 0.2%	草本	
模式 4：根据异质性	城市庭院	2 个样方	均匀分布的植物	Wezel & ohl，2005
		4 个样方	非均匀分布的植物	
模式 5：根据自然性	城市植被	$599m^2$ 样方	居住区	Tumer et al.，2005
		25m×25m 样方，4 个样方	半自然公园	
	城市植被	4 个样方	自然森林	

续表

模式	研究对象	样方面积或者取样量	分类对象	参考文献
模式 6：限定面积范围	城市植物生境	30m×4m~50m×30m 样方	根据植物盖度或者生境类型确定具体的取样面积	Shaltout & El-sheikh，2002
模式 7：分类型	城市森林	100% 取样	小公园、办公楼、寺庙、小工业区、小商业区	Sudha & Ravindranath，2000
		约 160000m^2	大公园	
		10000m^2	大商贸区	
		约 40000m^2	居住区	

美国为估算城市植物的生态效益编写了“UFORE 模型野外调查手册”（Nowak et al.，2005）及“城市森林调查与监测—加勒比海手册”（International Institute of Tropical Forestry，2002），分别以分层随机抽样调查法和网格调查法为例，介绍了城市植物生态效益评价所调查的详细步骤与方法，为城市植物的调查方案设计提供了重要的参考。

参考“美国城市植物调查手册—UFORE 模型”对城市植物种类构成及生态效益研究为目的的植物调查总结以下注意事项：①树木萌条。如果树木的萌条与主干分离，并且萌条的胸径达到树木胸径的标准，则通常也将萌条作为一棵植株进行调查。②乔木植株的调查对象。不论死株还是活株，只要树木茎干的 1/2 在样地内，并且胸径在 3cm 以上，则都进行调查。③植株定位。如果需要进行植株定位则应该记录树木的编号、起测株的方位、树木到达起测株的距离等以便在地理信息图上进行标记。④乔木胸径的测量。胸径通常指死木或活木在胸高处（1.3m）树木上坡向的直径（cm），但是还要考虑树木在胸径处分叉、膨大、不规则生长、倾斜等特殊情况下如何测定胸径比较科学。⑤乔木冠幅的测量。乔木的冠幅可以采用东西向与南北向的平均冠长，如果乔木的部分冠层伸出墙外或在公路外而无法测量，则可以通过可测范围内的最大半冠长与最小半冠长之和得到冠幅长。⑥树木生长状况及健康状况的观测。比较科学的观测方法是由 2 个观察者同时估算，并使用双目望远镜帮助判断，观察者应该考虑光线对观察精度的影响，在光线不好的情况下，应该延长观察的时间。⑦草本植物种的株数计量。如果草本植物成丛生长，则可以用地面发出的主干数量代表株数；如果草本植物大片分布，则调查代表性的 100cm×100cm 面积中的株数再按面积推算株数；如果无法找到代表性的小面积，则应在备注中标明实际调查面积及整个样方中该植物的分布情况以便换算。⑧灌木植物株数的计算。如果灌木植物成丛生长，也可以按照地面发出的枝干数量记录株数，并在备注中标明；对长条绿篱，则测定单位面积或单位长度中的株数及绿篱总长度，再估算总株数。

二、绿量、绿量率与率视野研究

（一）城市森林的绿量

城市森林植物绿化功能反映在绿量上，传统绿量研究局限于人均绿化面积、绿化覆盖率、绿地率等概念上，停留在二维平面上。三维绿量又称绿化三维量，是指所有生长植物的茎叶所占据的空间体积，单位一般用 m^3。三维绿量通过调查生长中的植物茎叶所占据空间的多少来反映绿地生态功能水平的高低。它把对绿地的研究细化到每一种植物的每一个枝每一片叶上。绿地的生态功能是其中个体植物功能的整体体现，每株植物的功能又是其枝叶功能的整体体现。从植物的生理代谢看，植物的光合作用、呼吸作用、水分代谢、物质代谢、能量代谢等过程大都是通过植物叶片进行的，叶片的多少及其生长状况直接影响植物的新陈代谢，直接影响绿地的状况。故而，从植物的枝叶甚至细胞等植物功能单体出发，进而研究整体生态功能，是绿地功能研究的根本所在。

单株植物的绿量率，指某一植株的叶面积指数，单位为 1。绿量率可反映单位土地面积上植物叶面积的高低，相同土地面积上选用绿量率高的植物，可提高总绿量。在研究过程中，借助间接光学测量方法，建立植株绿量率模型。而某一绿化区域的绿量，即该区域上所有植物植株的绿量率之和，单位为 m^2。计算公式如下：

$$G=\sum_{i=1}^{n} S_i G_i'$$

式中：G 为某一区域绿量，单位 m^2；n 为该区域所有植物种数；S_i 为该区域第 i 种植物所占土地面积，单位 m^2；G_i' 为该区域第 i 种植物的绿量率，单位为 1。

调查发现，不同植物的绿量率差异明显，绿量率取决于叶量、枝叶密集程度和冠形。结果表明，阔叶乔木的绿量率在 3.02~4.80 之间，绿量率较大的树种有元宝枫、垂柳、栾树、白蜡等；针叶乔木的绿量率较高，集中在 4~6 之间；灌木植物的绿量率较小，但是种植紧密且枝叶密集的绿篱绿量率达到 3.94，甚至会更高（表 1-11）。不同配置模式植物群落的绿量率大小顺序依次为：针阔混交林 > 阔叶林 > 针叶林 > 灌木群落（宋子炜等，2008）。个体三维绿量与个体构型参数有关，胸径、冠幅都与绿量率呈现极为明显的线性相关关系（表 1-12）。这种绿量与个体大小参数之间的联系也是估算绿量的依据。

表 1-11　不同植物配置模式绿量表

林型	典型样地	郁闭度	绿量率	变异系数
阔叶林	毛白杨林地	0.8	4.2	0.23
针叶林	侧柏林地	0.7	4.15	0.18
针阔混交林	毛白杨 - 侧柏混交林	0.85	5.65	0.46
灌木群落	黄刺玫群落	0.95	3.94	0.13

表 1-12　北京平原区公路绿化常见植物绿量率（宋子炜等，2008）

林型	序号	植物种名	拉丁名	绿量率模型	相关系数
阔叶乔木	1	刺槐	*Robinia pseudoacacia*	G=0.04D+2.98	0.65
	2	垂柳	*Salix babylonica*	G=0.07D+2.47	0.6
	3	毛白杨	*Populus tanentosa*	G=0.04D+2.42	0.65
	4	国槐	*Sophora japonica*	G=0.03D+2.55	0.7
	5	臭椿	*Ailanthus altissima*	G=0.12D+0.08	0.66
	6	火炬树	*Rhus typhina*	G=0.09D+2.35	0.66
	7	栾树	*Koellreuteria paniculata*	G=0.22D+2.10	0.82
	8	紫叶李	*Prunus cerasifera cv*	G=0.32D+1.12	0.95

续表

林型	序号	植物种名	拉丁名	绿量率模型	相关系数
阔叶乔木	9	白蜡	*Fraxinus chinensis*	G=3.32D+1.43	0.43
	10	元宝枫	*Acer truncatum*	G=3.53D+0.79	0.36
针叶乔木	1	侧柏	*Platycladus orientalis*	G=0.06D+2.63	0.62
	2	油松	*Pinus tabulaeformis*	G=0.11D+1.9	0.64
	3	桧柏	*Sabina chinensis*	G=0.11D+2.23	0.65
	4	刺柏	*Juniperus formosana*	G=0.26D+2.37	0.58
	5	圆柏	*Sabina chinensis*	G=0.92D+0.70	0.39
灌木植物	1	锦带	*Weigela florida*	G=0.54C+0.50	0.46
	2	紫丁香	*Syringa oblata*	G=0.23C+1.40	0.48
	3	珍珠梅	*Sorbaria kirilowii*	G=0.21C+0.54	0.5
	4	紫荆	*Cercis chinensis*	G=0.59C+0.45	0.39
	5	金银木	*Longicera maackii*	G=0.34C+0.26	0.61
	6	贴梗海棠	*Chaenomeles speciosa*	G=0.50C+1.26	0.59
	7	连翘	*Forsythia suspensa*	G=0.25C+0.55	0.36
	8	黄刺玫	*Rosa xanthina*	G=0.60C+0.90	0.46
	9	重瓣榆叶梅	*Prunus triloba* f. *multiplex*	G=0.85C+0.33	0.39
	10	棣棠	*Kerria japonica*	G=0.50C+1.10	0.54

备注：G 为绿量率，单位为 1；D 为胸径，单位为 cm；C 为冠幅，单位为 m×m。

个体绿量计算能用于群落绿量估算上，进而计算出城市区域上城市森林的绿量。采用立体量推算立体量的方法，在置信度 95%、精度 85.50% 的情况下，得出沈阳不同城市森林类型单位面积三维绿量为风景游憩林 5.35m^3/m^2、附属林 4.93m^3/m^2、道路林 3.65m^3/m^2、生态公益林 3.62m^3/m^2、生产经营林 2.35m^3/m^2；城区森林分布区单位面积三维绿量为 4.25m^3/m^2；城区单位面积城市森林三维绿量为 0.35m^3/m^2（刘常富等，2006）。刘常富等（2006）用真彩航片与抽样调查的方法，借助 ARC/GIS，以“立体量推算立体量”的方法测算沈阳城市森林三维绿量，结果表明，不同城市森林类型的单位面积三维绿量以风景游憩林最高，为 5.35m^3/m^2，附属林 4.93m^3/m^2，道路林 3.65m^3/m^2，生态公益林 3.62m^3/m^2，生产经营林 2.35 m^3/m^2；沈阳城市森林分布区三维绿量为 4.25m^3/m^2，城区单位面积三维绿量为 0.35m^3/m^2，其总体三维绿量为 161296716.85m^3，其中道路林 23841208.75m^3，占 14.78%。研究还表明，沈阳城市森林的三维绿量垂直分布呈现典型的正态分布，其变化趋势与三维绿量垂直跨度分布相一致；新栽植树木对三维绿量垂直分布影响较小，三维绿量值更多地取决于三维绿量垂直跨度，即大龄级大树冠树木对三维绿量的贡献值最大。

沈守云等（2003）针对不同植物种类、不同绿地结构间存在的功能差异，以植物所占据的绿色空间体积作为评价标准，选取南宁青秀山植物群落中 16 个样点，采用 CI-110 冠层分析仪（美国 CID）进行绿量测定结果表明：其叶面积指数依次为阔叶林 > 灌木草本 > 针阔混交林 > 农林作物 > 针叶林；凡是具有复层混交结构林分的叶面积指数通常高于只有一层结构的林分；青秀山风景林总绿量为31754262m²；相同面积复层混交群落的绿量远大于乔木 + 地被群落的绿量。

城区森林绿地类型不同，绿量不同（表1-13）。乔木、灌木与草本植物绿量明显不同，乔木树种因为垂直层次复杂而绿量较高，灌木次之，而草本植物绿量相对较少。群落总绿量是由乔木、灌木与草本绿量共同构成的。群落配置不同，绿量不同，提高绿量存在适宜的群落结构，需要优化群落结构配置。

表1-13　不同城区森林绿地类型的绿量

样地	乔木绿量（m³）	灌木绿量（m³）	草本绿量（m³）	总绿量（m³）
道路绿地	70.45	25.3	8.78	104.53
公共组团绿地	44.83	33.44	33.18	111.45
湿地水景绿地	307.01	45.81	131.7	484.49
宅前绿地	251.85	52.4	82.5	386.76
宅后绿地	67.99	99.17	23.90	191.07
宅旁绿地	1079.07	12.04	47.16	1138.27
裸地对照	0	0	0	0

（二）绿视率与景观布局

"绿视率"就是指眼睛看到绿化的面积占整个圆形面积的百分数。实验证明，不同面积的绿化以及不同质量的绿化会使人们产生不同的心理感受（邓小军和王洪刚，2002）。绿视率调查、测量方法：采用数码相机拍照的方法调查道路各点视域范围内的绿色面积。具体操作方法：以道路红线处作为调查人员站立的位置，以离站立点地而1.60m高处（人眼平均高度范围内）作为相机的水平高度，垂直于道路长轴拍照。将照片导入AutoCAD软件测量出绿色部分的面积；每张照片测量3次，采取多次测量取平均值的方法。

绿视率计算方法：绿视率（%）= 相片的绿色部分面积（m²）/ 相片的总面积（m²）× 100 %。城市道路绿化的布置形式是多种多样的，板带模式即通常所讲的断面布置形式。长沙城区道路板带模式最为常见的有一板两带式和三板四带式等（表1-14）。通过对长沙市城区的主要道路板带模式与绿视率进行调查，分析了一板两带式和三板四带式这2种板带模式与绿视率的关系，认为三板四带式绿视率值普遍高于一板两带式，同时绿带数量越多，绿视率值越高；路幅宽度越大，绿视率值可能越小（祝利雄等，2009）。景观布局明显影响到绿视率。

表1-14　长沙市一板两带式与三板四带式道路状况与绿视率（祝利雄等，2009）

道路名称		红线宽度（m）	行道树绿带宽度（m）	分车绿带宽度（m）	绿视率（%）
一板两带式	书院路	20	—	—	20.20
	曙光路	23	1.7	—	43.95
	人民路	33	—	—	24.42
	万家丽路	67	9.5	—	70.67

续表

道路名称		红线宽度（m）	行道树绿带宽度（m）	分车绿带宽度（m）	绿视率（%）
三板四带式	芙蓉北路	54	5	3.1	40.63
	芙蓉中路	59	3	4.5	61.03
	五一路	62	1.5	3.5	38.12
	湖府东路	85	4	11.0	63.67

研究表明，将绿量、绿视率纳入城市道路绿地规划评价指标体系，用绿地率、绿化覆盖率、绿量及绿视率等4个指标综合评价道路绿地，代表着今后发展的方向（杨英书等，2007）。

（三）城市森林的叶面积指数

植物叶片的大小对光能利用、收获量及环境效益都有显著的影响。叶面积指数（leaf area index，简称LAI）是表征单位土地面积上种植植物叶片的多少，是叶覆盖量的无量纲度量（申晓瑜和李湛东，2007）。叶面积反应绿化水平，是绿化水平定量指标的新发展，但叶面积指数反映了群体生理功能强度，也反映了灰尘停滞能力的物理吸附面积。叶面积也反映了单个物种的叶面积指数与群体叶面积指数。表1-15展示了绿化树种总叶面积及叶面积指数。

表1-15　绿化树种总叶面积及叶面积指数（孙海燕和祝宁，2008）

树种名称	土地面积（m^2）	总叶面积（m^2）	叶面积指数（m^2/m^2）
樟子松	20.35	48.5	2.38
油松	13.2~51.5	32.99~71.08	1.38~2.50
红松	7.07~12.98	17.24~57.63	2.44~4.44
红皮云杉	3.80~11.67	12.58~42.60	3.31~3.65
兴安落叶松	5.31~29.21	13.48~89.09	2.54~3.05
圆柏	1.13	2.19	1.94
杜松	3.46~7.07	17.14~31.96	4.52~4.95
旱柳	33.17~94.99	83.58~183.33	1.93~2.52
银中杨	1.80~21.39	4.66~177.32	2.59~8.29
白桦	7.85~10.17	28.67~32.86	3.23~3.65
蒙古栎	3.89~4.52	10.17~14.67	2.25~3.77
榆树	12.03~20.13	46.8~123.16	3.89~6.12
垂枝榆	6.60~11.94	12.61~23.88	1.91~2.0
山梅花	1.33~1.95	4.66~8.44	3.51~4.33
野梨	5.31~17.34	26.94~56.14	3.24~5.08
稠李	20.14~39.57	70.88~114.36	2.89~3.52
山桃稠李	22.15	62.15	2.81
杏	2.89~46.54	26.78~130.79	1.17~2.81
李	4.91~31.16	5.74~33.53	1.17~2.81

续表

树种名称	土地面积（m^2）	总叶面积（m^2）	叶面积指数（m^2/m^2）
山楂	3.80~5.31	5.95~11.30	1.83~2.13
花楸	7.54~16.60	24.22~61.62	3.21~3.71
山丁子	2.83~47.76	3.66~98.86	1.29~2.07
珍珠梅	7.54	28.59	4.79
榆叶梅	14.66	54.08	3.69
毛樱桃	5.72~13.85	24.88~27.97	2.02~4.35
黄刺玫	1.54~2.54	3.52~3.52~7.99	2.29~3.14
绣线菊	1.77~2.54	7.74~11.37	4.38~4.47
紫穗槐	3.14~5.72	7.38~21.35	2.35~3.73
山皂荚	17.34~21.23	46.99~76.63	2.71~3.61
树锦鸡儿	11.7~33.17	15.32~95.20	1.31~2.87
黄菠萝	9.08	23.32	2.57
火炬树	1.13~3.14	2.78~8.35	2.46~2.66
糖槭	29.43~70.46	202.8~325.53	4.62~6.89
五角槭	3.14~3.46	11.08~16.51	3.53~4.77
文冠果	8.84~24.62	28.54~63.52	2.58~3.20
华北卫矛	6.15~12.56	6.71~17.08	1.09~1.36
五叶地锦	0.25	1.28	5.1
紫椴	39.94	147.78	3.7
红瑞木	4.15~5.72	11.55~19.69	2.78~3.44
水曲柳	38.47	91.17	2.37
连翘	1.13~2.52	2.85~8.82	2.52~3.51
辽东水蜡	3.14~4.65	5.94~10.80	1.89~2.32
暴马丁香	5.24~8.55	17.66~29.32	3.37~3.43
紫丁香	11.49~14.52	25.77~39.33	2.24~2.71
梓树	4.52~8.04	9.13~17.44	2.02~2.17
金银忍冬	12.25~19.11	55.61~73.57	3.85~4.54
接骨木	10.17~14.99	48.43~64.27	4.29~4.76
锦带花	3.14~4.15	9.89~18.27	3.15~4.40
天目琼花	1.13	4.94	4.37

三、城市森林耗水量与水分滞留

城市森林植被耗水问题是一个微观上河川径流的调节问题，森林植被水文作用一方面是林冠截留，另一方面是林木耗水，都导致了水分的局部滞留，从而参与调节了城市森林生态系统的河川径流。

（一）植物耗水量与树液流

在植物的水分消耗中，叶片蒸腾用水占 90% 以上（武维华，2003）。因此，要掌握植物用水量的关键是准确测定植物的蒸腾量。对于灌木和草本，通常采用盆栽法，通过测定花盆一定时间跨度内的质量变化求得蒸散量（植物蒸腾量和土壤蒸发量之和），减去土壤蒸发量即是植物的净蒸腾量。对于乔木大树，直接测定整株蒸腾量是非常困难的，目前测定边材液流量最先进的仪器是热扩散式边材液流探针（thermal dissipation sap flow velocity probe，TDP），它的原理是：同时将内置有热电偶的一对探针插入树干边材中，通过检测热电偶之间的温差，计算液流热耗散（液流携带的热量），建立温差与液流速率的关系，确定液流速率的大小，再根据被测部位的边材横断面积求得单木整株液流量。

（二）用水量计算和尺度转换

1. 乔木单株、灌木单位叶面积和草坪单位面积用水量计算

乔木大树的蒸腾用水量根据 TDP 测定的液流速率和树干边材面积计算。灌木蒸腾、草坪蒸散和林下土壤蒸发用水量的计算方法是：先根据称量结果计算 1 天（6：00~18:00）的用水量，对于盆栽灌木，1 天的用水量减去同时间段的土壤蒸发量即为蒸腾量，再根据单株叶面积换算成单位叶面积（$1m^2$）的用水量。草坪蒸散量和林下土壤蒸发量根据称量结果直接换算成单位面积（$1m^2$）用水量即可。然后，按测期的天气类型计算平均值，最后按整个生长期的天气情况统计季节用水量和年用水量等指标。

2. 用水量的尺度扩展

单位面积绿地的总用水量为绿地各组成成分和土壤的用水量之和，乔木林可根据单株蒸腾量和种植密度计算总蒸腾量，加上林下土壤的蒸发量，即为林地总用水量；灌木树种必须将单位叶面积的用水量转换为单位绿地面积用水量，为此，必须测算灌木绿地的叶面积指数。灌木在园林绿地中最常见的种植方式有 2 种，绿篱和块状种植。大叶黄杨和金叶女贞常配置为绿篱或块状，铺地柏一般为块状种植。绿篱外表呈规则的长方体，可按长方体表面积求算叶面积指数，块状灌木可按单位绿地面积求算叶面积指数。

（三）植物耗水量测定结果

1. 单株耗水量

孙鹏森等（2000）在北京西山测定研究表明（表 1-16），胸径 15cm 左右的乔木大树全年实际用水总量元宝枫 1518.3kg，侧柏 982.6kg、油松 851.9kg。元宝枫最多，油松最少，侧柏居中。年蒸腾量为油松 833.6kg、侧柏 970.2kg、白皮松 1050.5kg、刺槐 1858.8kg、元宝枫 1667.6kg。

表 1-16　各树种平均日、月与年用水量（kg）

树种	侧柏 *P. orientalis*	油松 *P. tabulaeformis*	元宝枫 *A. truncatum*
日平均	4.6	4.0	7.1
月平均	140.4	121.7	216.9
年平均	982.7	851.9	1518.3

2. 单位面积耗水量

表 1-17 列举了灌木树种单位面积上植物的用水量。就目前对有限树种蒸腾量的观测结果来看，阔叶树种的蒸腾量普遍大于针叶树种；灌木单位叶面积年蒸腾量大叶黄杨 128.42kg/m^2、金叶女贞 117.28kg/m^2、铺地柏 82.38kg/m^2，铺地柏的蒸腾量明显少于金叶女贞和大叶黄杨（王瑞辉等，2008）。

表 1-17　灌木单位叶面积、草坪和土壤单位面积用水量（kg/m^2）

树种	春季	夏季	秋季	全年
大叶黄杨	40.4	71.5	16.6	128.4
金叶女贞	33.6	67.0	16.6	117.3
铺地柏	19.9	48.3	14.2	82.4
全光照早熟禾	214.0	348.7	80.3	643.0
林下早熟禾	166.1	274.6	62.6	450.3
林下土壤	74.8	121.4	27.0	223.2

3. 不同景观类型的耗水量

经计算，不同景观类型下用水量不同（表 1-18）：①乔木片林：乔木胸径 15cm，疏林状均匀种植，密度 750 株 /hm^2，林下无草坪；②块状灌木：密集种植，高 0.5m；③灌草型绿地：块状种植的灌木占总面积的 30%，草坪（草地早熟禾）占 70%；④灌木绿篱：高 0.5m、宽 1.0m；⑤乔草型绿地：乔木胸径 15cm，疏林状均匀种植，密度 300 株 /hm^2，

表 1-18　典型配置绿地用水量（kg/m^2）

景观类型	配置模式	全年用水量
乔木片林	油松（胸径 15cm）	295
	侧柏（胸径 15cm）	296
	元宝枫（胸径 15cm）	354.7
块状灌木	大叶黄杨	563.2
	金叶女贞	728.1
	铺地柏	328.4
灌草绿地	大叶黄杨 + 草地早熟禾	612.3
	金叶女贞 + 草地早熟禾	661.7
	铺地柏 + 草地早熟禾	541.8
绿篱	大叶黄杨	795.5
	金叶女贞	1083.2
乔草型绿地	油松 + 林下早熟禾	474.5
	侧柏 + 林下早熟禾	473.8
	元宝枫 + 林下早熟禾	503.6
纯草坪	草地早熟禾	643.3
林下草坪	草地早熟禾	450.3

林下建植草地早熟禾草坪；⑥纯草坪：高 0.12m（王瑞辉等，2008）。

四、城市森林的降温增湿功能

城市森林的降温增湿功能机理是林木或植被自身在生长发育过程中吸收热量而释放水分，从而降低了环境温度而提高湿度，是生命活动规律的体现，不是遮阴效果，不是简单的遮阴降低蒸发。城市森林遮阴降低蒸发是消光度在群落层次上发生变化，可能与城市森林的屏蔽效应有关，但遮阴不属于降温增湿功能。

植物蒸腾量 E［mol/（m^2・d）］，计算公式为：

$$E=\sum_{i=1}^{j}\left[\frac{3600\left(e_i+e_{i+1}\right)\left(t_{i+1}-t_i\right)}{2000}\right]$$

式中：e_i 为初测点的瞬时蒸腾作用速率［mmol/（m^2・d）］，e_{i+1} 为下一测点 t_{i+1} 的瞬时蒸腾作用速率［mmol/（m^2・s）］。

蒸腾总量换算为测定日全天释放水的质量为 $W_{H_2O}=E\times18$；

（一）降温增湿

研究表明，植物单位绿化面积每小时的吸热量，如与功率为 1kW 的空调相比较（把空调制冷效率看作 100%），1m^2 木香每小时吸热量相当于空调工作 18min，1m^2 爬山虎每小时吸热量相当于空调工作 9.6min，1m^2 紫藤每小时吸热量相当于空调工作 7.1min，1m^2 油麻藤每小时吸热量相当于空调工作 3.2min（刘光立和陈其兵，2004）。垂直绿化植物在降温的同时还补充了城市空间的水分含量，有效减轻城市干热岛及干热街谷效应。由此可见，在城市狭小空间内由于种植垂直绿化植物的降温效应可以较大程度的为整个城市节省降温能源消耗。

蒋文伟等（2008）对杭州市 8 种类型森林绿地空气负离子及气候因子水平进行研究，结果表明：森林绿地空气负离子浓度与相对湿度呈显著正相关关系，与生境风速、噪音、粉尘含量、光照强度及空气温度呈显著负相关关系。

徐高福等（2009）研究了杭州城市住宅小区不同绿地类型和植物配置对温湿度变化影响。结果表明，大量乔灌草结介的绿地类型，绿量高，林下光照强度低，夏季降温增湿效益非常显著；多种乔木，营造湿地水景，将是住宅区夏季降温效益明显的环境绿化绿地类型；城市各种住宅绿地在夏季均有明显的增湿、遮阴效果。

降温增湿功能具有明显树种差异（见表 1-19 所示），不同树种的降温保湿能力不同。黎国健等（2008）也研究了华南 12 种垂直绿化植物的蒸腾强度与降温增湿效应（见表 1-20）。

表 1-19　园林绿化树种单位面积降温增湿能力（孙海燕和祝宁，2008）

树种名称	日蒸腾量（mol/m^2）	日释水量（g/m^2）	日吸热量［kJ/（m^2・d）］	年蒸腾量（mol/m^2）	年释水量（kg/m^2）	年吸热量（kJ/m^2）
旱柳	42.2	760	1849	5802	104.5	254237
银中杨	136.8	2462	5854	18810	338.5	804925
白桦	75.5	1359	3303	10381	186.9	454162
蒙古栎	64	1152	2801	8800	158.4	385137

续表

树种名称	日蒸腾量（mol/m^2）	日释水量（g/m^2）	日吸热量［kJ/（m^2·d）］	年蒸腾量（mol/m^2）	年释水量（kg/m^2）	年吸热量（kJ/m^2）
榆树	119.7	2155	5246	16459	296.3	721325
垂枝榆	97.4	1753	4267	13392	241	586712
山梅花	36	648	1581	4950	89.1	217387
野梨	40.6	731	1775	5582	100.5	244062
稠李	67.9	1222	2975	9336	168	409062
山桃稠李	47.1	848	2065	6476	116.6	283937
杏	86	1548	3769	11825	212.9	518237
李	50	900	2184	6875	123.8	300300
山楂	89.7	878	2141	6710	120.7	294387
花楸	89.7	1615	3932	12334	222.1	540650
山丁子	99.1	1784	4342	13626	245.3	597025
珍珠梅	81.4	1465	3568	11192	201.4	490600
榆叶梅	76	1368	3328	10450	188.1	457600
毛樱桃	92.2	1660	4047	12677	228.2	556462
黄刺玫	128.9	2320	5652	17724	319	777150
绣线菊	174.8	3146	7655	24035	432.6	1052563
紫穗槐	69.3	1247	3035	9529	171.5	417312
山皂荚	45.4	817	1991	6242	112.3	273762
树锦鸡儿	103	1854	4518	14162	254.93	621225
黄菠萝	35.8	644	1568	4922	88.6	215600
火炬树	136.6	2459	5986	18782	338.1	823075
糖槭	96.4	1735	4223	13255	238.6	580662
五角槭	35.9	646	1572	4936	88.8	216150
文冠果	154.4	2779	6771	21230	382.1	931012
华北卫矛	63.8	1148	2795	8772	157.9	384312
紫椴	22.2	400	972	3052	55	133650
红瑞木	62.6	1127	2741	8607	155	376887
水曲柳	51.7	931	2267	7109	128	311712
连翘	78.7	1417	3472	10821	194.8	477400
辽东水蜡	61.2	1102	2665	8415	151.5	366162
暴马丁香	99.1	1784	4342	13626	245.3	597025
紫丁香	83.4	1501	3650	11467	206.4	501875
梓树	48.8	878	2141	6710	120.7	294387
金银忍冬	47.3	851	2071	6504	117	284762
接骨木	76.7	1381	3360	10546	189.9	462000
锦带花	50.7	913	2219	6971	125.5	305112
天目琼花	53.2	958	2333	7315	131.7	320787

表 1-20 华南 12 种垂直绿化植物的蒸腾强度与降温增湿效应（黎国健等，2008）

园林树种	叶面积	平均蒸腾强度［g/（m^2·h）］	单位面积蒸腾强度［g/（m^2·h）］	气温下降值（℃）	相对湿度增加（%）
桂叶老鸭嘴	5.8	192.18	1114.64	2.14	2.6
蓝翅西番莲	3.74	37.66	140.85	0.27	0.28
爬墙虎	5.33	62.34	332.27	0.64	0.69
美丽桢桐	4.71	96.05	452.4	0.87	0.94
日本黄素馨	1.35	86.3	116.51	0.22	0.22
猫爪花	3.42	44.05	150.65	0.3	0.28
凌霄	0.71	115.53	82.03	0.16	0.16
炮仗花	1.78	74.14	131.97	0.25	0.26
海刀豆	3.07	67.41	206.95	0.4	0.41
蒜香藤	3.42	54.59	186.7	0.36	0.36
薜荔	4.33	121.7	526.96	1.01	1.13
变色牵牛	4.71	53.51	252.03	0.48	0.45

（二）空气质量指数 *CI*

不同的植物群落，由于优势种的组成、郁闭度、群落结构类型都不同，其对改善空气负离子浓度与 *CI* 值的作用也不同。*CI* 与空气负离子浓度呈极显著正相关，与群落叶面积指数呈显著正相关，与群落优势种的胸径、树高无关。这是由于叶面积指数高的植物群落，其光合作用能力强，促进群落产生高浓度的氧分，从而导致微环境的空气负离子浓度与 *CI* 值的增加（秦俊等，2008b）。就群落优势种来看，竹类植物群落的 *CI* 最高，均值为 0.83，比草坪提高了 117%；针对群落与阔叶群落的 *CI* 相近，比草坪提高了 70.7%。就优势种高度看，当树高 <5m 时，*CI* 值最大，随优势种树高的增加，*CI* 值迅速降低；当树高 >10m 时，*CI* 值基本不变。群落 *CI* 值随着郁闭度的增加而迅速下降，当郁闭度为 70%~90% 时，群落 *CI* 值最小，叶面积指数对群落 *CI* 值无影响（秦俊等，2008a）。对空气质量评价，国际上常用空气质量评价指数值（*CI*），计算公式如下：$CI=(n-n/1000)(1/q)$；

式中：*CI* 为空气质量评价指数；*n* 为空气负离子浓度，个 /cm^3；*q* 为单极系数；1000 为满足人体生物学效应最低需求的空气负离子浓度，个 /cm^3。

（三）城市森林的热岛效应

城市森林对城市热岛效应有显著的缓解作用，其景观格局对热岛的分布有巨大的影响。目前，主要采用 SPOT、Landsat 等卫星影像资料，在城市森林景观格局的定量分析和热量反演算的基础上，结合土地利用分类图、气象观测资料、绿地统计资料，建立动态监测和空间分析模式，对城市热岛的热力分布特征和城市森林格局对热岛效应的缓解作用进行综合分析。在“城市热岛效应研究国际研讨会”上提出的科学绿化指标：绿化覆盖率达到 30% 以上，绿地才有缓解城市热岛效应的作用；绿化覆盖率达到 40% 以上，热岛效应可减少 3/4；绿化覆盖率达到 60% 以上，热岛效应基本被控制。

通过对成都市城市森林景观格局和热岛效应分布特点的分析可以看出，城市森林对成都市热岛效应的缓解作用明显，绿化覆盖率高的地区，气温明显低于绿化覆盖率低的地区。成都市的6个中心城区仅有成华区和金牛区的绿化覆盖率达到了30%以上（分别为54%和30.4%），其余4个区绿化覆盖率水平都相对较低。研究中还发现，在绿化覆盖率相当的情况下，大面积集中的绿地的降温效应明显高于面积小的绿地。如浣花溪公园，在进行的降温效应估算中，得出浣花溪公园绿地相当于4281台空调机的制冷功率。由此可见，公园绿地面积越大，所起到的降温效应越明显。建议成都市在未来的城市规划建设中，应注重城市森林的合理规划布局，在树种筛选、群落结构配置与景观模式、功能需求上调整结构，形成增温保湿功能强大的城市森林数量与布局，通过新城建设与旧城改造，逐渐调整城市森林微观结构与宏观布局，逐渐增强城市森林的功能。

五、城市森林的屏蔽效应

城市森林的屏蔽效应根源于树体或物体对光线的阻挡，使得短波光不能透过，而长波光可以透过，光照强度减弱，而使得植物自身具有消光性。这种消光性使得城市森林具有抵御紫外短波辐射而使得林下生物对紫外的防护机制减弱。这种屏蔽效应利于城市居民的生产与生活，改善人类生存的质量。

（一）城市森林群落内外的光照变化

应用WinSCANOPY For Canopy Analysis冠层分析仪及软件采集、分析照片，研究比较了不同径阶的两种群落光环境特性和冠层结构指标：光合光量子通量密度（Photosynthetic Photon Flux Density，PPFD）、总空隙度（Gap Fraction）、叶面积指数（Leaf Area Index，LAI）、平均叶倾角（Mean Leaf Angle，MLA）等，得出以下结论：不同径阶两种群落的冠层总辐射水平基本相同，林下直射和总辐射随胸径增加而降低，而林下散射没有明显变化规律；毛白杨群落总空隙度随胸径增加先降低后增加。垂柳群落总孔隙度随胸径增加而降低，并且平均值低于毛白杨群落；两种群落叶面积指数都随胸径增加而增加，但是垂柳群落叶面积指数稍大于毛白杨群落；两种群落平均叶倾角随胸径增加而降低，平均值约为32°；从消光系数分析，可以看出毛白杨群落冠层截获光辐射能力较强，林下光环境较差；对比林下散射变化情况与平均叶倾角变化情况，还可看出林下散射在一定程度上受冠层平均叶倾角的影响显著。因此，两种群落相比，毛白杨群落的总光辐射变化更明显，并且比垂柳群落差（宋子炜等，2008）。

（二）消光度的测定

单株个体消光度的测定公式如下：

$$R=\ln(Q_0/Q_i)$$

式中：Q_0为冠层上方入射太阳光的光照强度；Q_i为穿过冠层太阳光的光照强度，具体计算时取冠层下方的平均光照强度。

对于整个样方的消光度，先测定每种植物的消光度（每种植物要测定多株），然后取其平均值为该种植物的消光度。调查样方的平均消光度的测定公式为：

$$R=\frac{\left[\sum R_1\times S_1+\sum R_2\times S_2\times S\times r\right]}{S}$$

式中：R_1 为单株乔木的消光度，S_1 为单株乔木的冠幅，R_2 为灌木的消光度，S_2 为灌木的冠幅，R_3 为草本的消光度，S 为样方面积，r 为样方中草本的覆盖度。

（三）消光度与群落结构

消光度与群落结构有关。吴云霄等（2008）研究了重庆市主城区消光度与绿地结构之间的关系。结果表明：消光度与单位面积上的三维绿量及群落的生态效益在 0.01 水平上呈明显的相关性，随着群落结构复杂程度的增加，群落的总消光量呈现增加的趋势，乔木层郁闭度对灌草层的消光度也有明显的影响，郁闭度越大，灌草层的平均消光度越小。消光度（R）由消光系数（K）和叶面积指数（LAI）两个因素决定，并且 R、K 与 LAI 都呈正相关性。可选择两个途径提高绿地的生态效益，一个是选用消光系数大的植物，另外一个是提高叶面积指数（单位面积的叶面积）。前者通过高消光系数树种筛选来实现，后者采用群落结构配置来提高整体叶面积指数来实现（适度乔木密度来增加灌木层绿量来增大整体叶面积）。

（四）UVB 屏蔽效应

植物群落具有显著的 UVB 屏蔽效应，但屏蔽效应随植物种类和配置方式的变化而变化。测定上海绿地典型植物群落类型的 UVB 屏蔽效率：①所测定植物群落中 UVB 屏蔽效率较高的为毛竹群落、水杉群落、香樟群落、女贞群落、朴树群落和雪松群落，UVB 屏蔽效率最高为 98.4% 的女贞群落，最低为 17.1% 的红叶李群落；②所测定群落 UVB 平均屏蔽效率为 76.9%，即群落内 2m 高处 UVB 辐射值仅为全光照旷地 20.2%；③植物群落内 UVB 辐射通量与群落郁闭度呈极显著负相关关系，相关系数为 0.749，而与群落优势种平均高度和平均冠幅相关性不显著（许嘉宸等，2008）。

研究还发现，人工群落 UVB 屏蔽效果效率为 91.1%，群落内 2m 高度处 UVB 辐射通量仅为全光照空旷地的 14%。不同植物群落 UVB 屏蔽效率在冠层特征上表现出明显的分异，植物群落内 UVB 辐射通量与群落叶面积指数呈显著负相关关系，与群落高度、枝下高呈显著负相关关系。在植被盖度较少且紫外辐射地面反射较为强烈的游憩场所，可考虑种植叶倾角较小且叶面积较大的植物，如女贞、丹桂等（郑思俊等，2008）。城市森林群落对 UVB 的这种屏蔽效应与植物群落的消光功能有关。

六、城市森林的酸适应

（一）植物抗酸能力测定方法

在广州，模拟酸雨的配制参照广州地区降水中主要酸根离子均值的比例配制，即 SO_4^{-2}; NO^{3-}: Cl^-=5∶1∶0.36。酸雨处理试验采用 4 个处理：pH5.6、pH4.0、pH3.0 及 pH2.0。在酸雨污染甚微的从化流溪河国家森林公园等地收集的雨水测定，其 pH 值的范围为 5.6~5.7，因此在此试验中以 pH5.6 的处理作为参照雨水酸度。模拟酸雨的喷洒采用喷雾法，即用喷雾器喷洒不同 pH 值的模拟酸雨。每隔 10 天喷一次，共喷 3 次，每次喷至叶片滴水为度。每处理均取 10~20 株同一树龄的植株喷洒模拟酸雨，每处理 3 次重复。

处理后的第 10 天，用游标卡尺测量新梢的长度，计算增长量，用叶面积测定仪测定叶面积和受害叶面积并分析叶片的伤害程度。

新梢增量 = 处理后的梢长 – 处理前的梢长，新梢增长率（%）= 新梢增长量 / 处理前的梢长受害叶面积指数（%）= 受害叶面积 / 总处理叶片面积 ×100；

测定叶绿素含量采取丙酮乙醇提取法。

对酸雨敏感度分级标准：以园林植物受害叶面积指数（r）为指标，将园林植物对酸雨的敏感程度分五级：①最敏感级Ⅰ（r≥40%）；②次敏感级Ⅱ（20%≤r≤40%）；③中等敏感级Ⅲ（10%≤r<20%）；④次抗性级 W（50%≤r<10%）；⑤最抗性级Ⅴ（r<5%）。

（二）植物的耐酸性等级

12 种园林植物对酸雨敏感性试验也观察到类似结果，植物叶片的症状已被证明是大气污染的指示器，也是一种描绘大气污染状态合理评价大气污染对植物产生影响的有用指征，并据此确定伤害阈值予以评定植物对酸雨污染的反应敏感性（表 1-21）。但模拟酸雨对园林植物的伤害阈值因植物种类的不同而不同，差异明显：福建茶、垂榕对酸雨的抗性最强，红背桂、美蕊花、大叶紫薇对酸雨的抗性最弱（肖艳等，2004）。

表 1-21　12 种园林植物对酸雨伤害敏感性等级

种类	受害叶面积指数（%）	叶绿素含量减幅（%）	敏感性等级
大叶紫薇 *Lagerstroemia speciosa.*	70.5	38.6	Ⅰ
美蕊花 *Calliandra beametocephala*	55.2	36.1	Ⅰ
红背桂 *Excoecria cochinchinensis*	40.5	35.0	Ⅰ
芒果 *Mangifera indica*	30.2	26.8	Ⅱ
木棉 *Bombax ceiba*	20.6	26.2	Ⅱ
变叶木 *Codiaeum variegatum*	20.1	25.0	Ⅱ
九里香 *Muraaya exotica*	20.0	22.2	Ⅱ
细叶榕 *Ficus microcarpa*	15.4	19.1	Ⅲ
鹅掌柴 *Scheffera odorate*	8.8	19.1	Ⅳ
荔枝 *Lithchi chinesis*	5.3	19.1	Ⅳ
垂榕 *Ficus benjamina*	0.7	8.6	Ⅴ
福建茶 *Carmona microphylla*	0.0	8.3	Ⅴ

七、城市森林对重金属与无机物的截留作用

城市森林生态系统的非生物环境为人口密集的城市，机动车辆使用与工业生产相对较为集中，一些独特稀少的物质流失严重，形成集中而明显的重金属与无机物污染。城市森林植物具有明显的适应污染环境的规律，并对重金属存在明显的富集作用。同时，对于灰尘中的无机分子还能通过水文功能实现截留与滞留，避免水体污染或二次污染。

（一）城市灰尘中的重金属

北京市道路灰尘重金属 Cd、Hg、Cr、Cu、Ni、Pb 和 16 种多环芳烃（PAHs）的分布状况和污染水平。结果表明，北京市道路灰尘重金属 Cd、Hg、Cr、Cu、Ni、Pb 和 Zn 的浓度的平均值分别为 710μg/g、307μg/g、85.0μg/g、78.3μg/g、41.1μg/g、69.6μg/g 和 248.5μg/g，显著低于世界上已有调研的大多数城市（向丽等，2010）。世界各大城市

道路灰尘中的重金属含量见表1-22。

表1-22 世界各大城市道路灰尘中的重金属含量（μg/g）（向丽等，2010）

研究点	Cd	Mn	Cr	Cu	Ni	Pb	Zn
主路，香港				296		652	2305
停车场，香港				86		233	629
街道，香港	3.77			173		181	1450
交通稠密区（>5000辆/h），新德里，印度（1999）	15.8		700	230	130	205	330
交通稠密区（>500辆/h），亚客巴，约旦（2004）	2.9	107	41	56	115	212	160
中等密度交通区（350辆/h），亚客巴，约旦（2004）	2.1	65	32	50	66	194	146
低密度交通区（<250辆/h），亚客巴，约旦（2004）	1.9	48	21	32	55	103	126
马德里，西班牙（1990和1992）		362	61	188	44	1927	476
奥斯陆，挪威（1994）	1.4	833		123	41	180	412
主路，伦敦				300		897	1866
停车场，伦敦				384		1344	2372
街道，巴黎（100辆/d）（1997）				360		2000	2900
伯明翰，不列颠（2002）	1.62			466.9	41.1	48	534
北京城区（2007）	0.71		85	78.3	41.1	69.6	248.5

积累指数法 I_{geo}（Geoaccumulation Index），对北京市道路灰尘的重金属污染进行评价，I_{geo} 的计算公式为：$I_{geo}=\log_2\left[\frac{c_i}{1.5B_i}\right]$

式中：c_i 表示道路灰尘中污染物i的浓度，B_i 是该污染物的地质背景值，文中各类重金属元素的 B_i 采用了北京市土壤重金属含量背景值。评价标准：$I_{geo}<0$ 表示没有实际污染；$0<I_{geo}<1$ 表示无污染至轻度污染；$1<I_{geo}<2$ 表示中度污染；$2<I_{geo}<3$ 表示中度污染至严重污染；$3<I_{geo}<4$ 表示严重污染；$4<I_{geo}<5$ 表示严重污染至极度污染；$I_{geo}>5$ 表示极度污染。

不同功能区的各个重金属对道路沙尘污染的贡献率存在显著的差异。在商业区，Cd、Cr、Ni、Pd、Cr、Ni、Cu、Mn和Co的贡献率较高；在工业区，Ni、Mn、Co和Be的贡献率较高，而在居住区Cd、Pb、Be和Co的贡献率较高。Cd、Ni、Pb、Mn和Be的最大含量出现在工业区，其污染源主要为工业污染源；在商业区，Cu和Zn的含量最高，其污染源主要为交通污染源；而Co和U的最大含量和最大平均含量都出现在居住区，其污染源主要为自然源。在不同功能区道路沙尘各个重金属的单项污染指数中，Cr、Cu、Pb和Zn在商业区道路沙尘中的污染水平最高，因其受到交通污染源影响最大，同时还受工业污染源影响；Cd和Be在工业区道路沙尘中的污染水平最高，其主要受工业污染源影响；而 Ni、Co 和 U 在居住区道路沙尘中的污染水平最高，表明其主要受生活污染源影响（韦炳干等，2009）。

采用等离子发射光谱（ICP-AES）对合肥市区合作化路及附近大学校园境内草坪草的重金属铅含量进行了测定。试验结果表明，处于污染区域的合作化路上的草坪草受到了汽车尾气中重金属铅的较强污染，其重金属铅含量要高于附近大学校园内草坪草的重金属铅含量（谢继锋等，2007）。

（二）灰尘中的无机分子污染

通过采样分析某交通道路旁茶园多介质环境中多环芳烃（PAHs）的浓度水平，探讨了汽车尾气对茶鲜叶中 PAHs 的影响，表明，在茶园空气、土壤与茶组织中，16 种 PAHs 的总浓度均随着交通道路距离增加而降低，说明汽车尾气对茶园环境造成了 PAHs 污染。但离交通道路 50m 与 250m 处的茶组织中的 PAHs 总量差异不明显，表明汽车尾气对茶树的 PAHs 污染主要局限在路旁 50m 范围内，茶组织中 PAHs 的大小顺序为老叶 > 须根 > 嫩叶 > 生产枝 > 主根，地上部分大于地下部分。在茶树生产过程中，茶鲜叶会逐渐积累环境中毒性更强的高环 PAHs（刘青等，2008）。

利用气相色谱对北京市几种典型道路空气中非甲烷烃（NMHCs）的浓度进行了监测，讨论了道路空气中非甲烷烃的浓度分布特征。结果表明，北京市各种典型道路空气中非甲烷烃浓度都呈双峰形，分别在早晨 8：00 左右和下午 5：00 左右，车流量是影响非甲烷烃浓度的最主要因素，狭窄道路空气中的非甲烷烃浓度要明显高于十字路口和平直道路的非甲烷烃浓度（叶友斌等，2009b）。世界不同城市道路积尘 PAHs 含量的研究结果见表 1-23、表 1-24。

表 1-23　世界不同城市道路积尘 PAHs 含量的研究结果（叶友斌等，2009b）

研究区域	PAHs	浓度（μg/g）
中国，上海	$\sum$16PAHs	6875-32573
巴西，尼特罗伊	$\sum$21PAHs	694（sidewalk）
日本，岗山	$\sum$PAHs	45809
约旦，安曼	$\sum$16PAHs	13240-49960
中国台湾，台中	$\sum$21PAHs	65800
中国，北京	$\sum$16PAHs	2378.28-4834.68

表 1-24　世界各大城市道路灰尘中的 PAHs 含量（μg/g）（向丽等，2010）

研究点	$\sum$2-3 环 PAHs	$\sum$4-6 环 PAHs	$\sum$16 环 PAHs
交通区，中国台湾（2002~2003）	4	23.87	27.87
交通区，开罗，埃及（2005）	0.29	0.15	0.44

续表

研究点	∑2-3 环 PAHs	∑4-6 环 PAHs	∑16 环 PAHs
水泥路面，邯郸（1999）	125.1	306	431.1
塞萨洛尼基，希腊（1997~1998）	0.193	1.287	1.48
上海市（2004）			20.65（冬天），14.10（夏天）
天津市（2002~2003）	12.56 14.38	10.71 6.62	23.27（采暖期） 21（非采暖期）
北京城区（2007）	0.15	0.249	0.398

表 1-25 表明，城市道路地表径流、雨水、树冠水和路面积尘中 PAHs 的几何平均浓度。机动车排放源和燃煤源是研究区域地表径流和路面积尘中 PAHs 的主要来源。雨水中 PAHS 的主要来源包括燃油 / 燃煤源、机动车排放和炼焦源，树冠水中的 PAHS 则主要来自于机动车排放源、燃煤源和燃油源。地表径流中的 PAHs 更多体现路面积尘的来源特征，但在自行车道和支路，雨水和树冠水的影响也分别得到体现（张巍等，2008）。

表 1-25 道路地表径流、雨水、树冠水和路面积尘中 PAHs 的几何平均浓度

	地表径流（μg/L）		雨水（μg/L）		树冠水（μg/L）		路面积尘（μg/L）
	溶解相	颗粒相	溶解相	颗粒相	溶解相	颗粒相	
∑16 环 PAHs	548.2	4341.1	172.9	274.6	135.3	317.9	3322.8

数据源自张巍等（2008）。

河流底质是河流水体的重要组成部分，是污染物的主要归宿场所。重金属主要通过吸附、络合、生物吸收等过程进入河流底质中，河流底质粒径是影响重金属吸附量的重要因素之一，而在有机质含量较高的河流底质中，底质粒径和有机质的吸附作用共同影响着重金属在底质上的吸附量。通过对苏北某城市河流底质进行粒径分级实验和有机质含量测定，研究了底质粒径与重金属（Cd、Cu、Pb、Zn、Cr）含量的关系以及底质中有机质含量对重金属吸附量的影响（王岩等，2008）。

（三）城市森林土壤的重金属

采用单因子及内梅罗综合污染指数法，对泰安市城市道路两侧土壤重金属污染现状进行了调查评价，并采用 Hakanson 提出的潜在生态危害指数法对土壤中重金属的潜在生态危害进行了评价（刘坤等，2008）。结果表明，城市道路两侧土壤重金属 Pb、Cd、Cu、Zn、Cr、As 单项污染指数分别为 0.11、6.8、1.15、0.86、0.41、0.29，污染程度依次为 Cd>Cu>Zn>Cr>As>Pb；各道路综合污染程度依次为东岳大街 > 岱宗大街 > 泰山大街 > 龙潭路 > 温泉路（表 1-26）。城市道路土壤重金属污染呈现 Cd 污染严重的明显特征，潜在生态危害单项系数达到 204，重度污染程度；其余重金属 Pb、Cu、Zn、Cr、As 轻微污染，潜在生态风险指数 214.88，达到中度生态危害程度（表 1-27）。

表 1-26　泰安市道路两侧土壤重金属含量（刘坤等，2008）

道路	测定元素含量（mg/kg）					
	Pb	Cd	Cu	Zn	Cr	As
东岳大街	31.98	2.928	55.2	177.39	58.55	11.84
岱宗大街	22.39	1.52	60.69	164.32	68.29	12.02
泰山大街	24.17	1.4	58.8	169.08	63.35	13.5
温泉路	34.69	1.03	58.38	158.95	55.11	9.73
龙潭路	23.07	1.28	60.13	174.2	66.18	9.79
CV	28.64	2.04	57.59	171.25	61.2	11.6

数据源自于刘坤等（2008）。

表 1-27　泰安市城市森林土壤污染指数（刘坤等，2008）

路段	单项污染指数						综合污染指数	污染程度
	Pb	Cd	Cu	Zn	Cr	As		
东岳大街	0.13	9.76	1.10	0.89	0.39	0.3	7.06	重度
龙潭路	0.09	4.27	1.2	0.87	0.44	0.24	3.13	中度
泰山大街	0.1	4.67	1.18	0.85	0.42	0.34	3.42	中度
温泉路	0.14	3.43	1.17	0.79	0.37	0.24	2.53	中度
岱宗大街	0.09	5.07	1.21	0.82	0.46	0.3	3.71	中度
市区道路土壤	0.11	6.8	1.15	0.86	0.41	0.29	4.89	中度

数据源自于刘坤等（2008）。

（四）城市森林植物对重金属的吸收

城市森林植物生长发育于重金属浓度较高的无机环境中，在生理过程中对相对较高的重金属浓度存在适应性反应。这种反应体现在植物体内各器官该元素的浓度与含量上。结果表明：5 种植物中，香樟叶片中 Mo，海桐中 Mn、Zn、Cd 和 Pb，狗牙根中 A1、Fe、Cu、As 和 Cr 的含量最高；在对 N 的吸收量方面，仅有香樟叶片的含 N 量高于相对清洁点，其他 4 种植物则均较相对清洁点低；香樟和两种灌木的含 S 量均超过相对清洁点，而两种草坪植物相反。香樟叶层对 Al、Fe、Mo、Cu、Pb 和 Cr 重金属元素的蓄积量均较高；海桐叶层对 A1、Fe、Mn、Cu、Mo、Zn、As、Cr、Cd 和 Pb 等 10 种重金属元素的总蓄积量最高，狗牙根和马尼拉草叶层对 As、Cr、Cd 和 Pb 等 4 种有害重金属元素的总蓄积量较高；香樟叶层对 N 的蓄积量明显高于其他植物；而对 S 的蓄积量在各植物种类间的差异较小（表 1-28）。

表 1-28　城市干线绿地乔灌草植物叶片中重金属元素和 N、S 的含量

元素	植物种类				
	香樟	海桐	大叶黄杨	狗牙根	马尼拉草
AL	183.57	113.82	281.05	337.32	228.24
Fe	228.42	166.01	239.11	385.75	345.37
Mn	29.41	361.68	18.91	27.47	35.03

续表

元素	植物种类				
	香樟	海桐	大叶黄杨	狗牙根	马尼拉草
Cu	4.82	3.06	6.61	8.85	7.05
Zn	27.17	174.59	26.04	30.79	31.93
Mo	2.68	0.22	2.24	0.77	1
Cd	0.13	1.5	0.05	0.1	0.13
Cr	1.47	0.36	1.62	13.69	13.24
Pb	2.86	3.07	1.87	2.39	2.95
As	0.0994	0.1	0.1	0.5465	0.1
N（r）	1.46	1.18	1.39	1.3	1.34
N（ck）	1.32	1.57	1.7	2.15	1.48
S（r）	0.21	0.19	0.43	0.34	0.27
S（ck）	0.17	0.16	0.27	0.7	0.34

注：n，样本数；r，路侧；ck，相对清洁点。

城市道路环境下生长的5种乔灌草植物叶层对A1、Fe、Mn、Cu、Zn和Mo等6种一般重金属和As、Cd、Cr和Pb等4种有害重金属元素的吸收含量和蓄积量差异均较大，表明不同植物对环境元素的选择和利用角色是不同的。乔木香樟叶层在积累具有营养作用的A1、Cu、Fe、Mo和有毒重金属Pb、Cr等元素方面有综合优势；灌木海桐叶层对6种一般重金属元素及10种重金属元素的积累具有优势；草坪植物叶层对As、Cr、Cd和Pb 4种有害重金属元素具有积累优势（表1-29所示）。

表1-29 城市干线绿地乔灌草植物叶层重金属元素和N、S的蓄积量

元素	植物种类				
	香樟	海桐	大叶黄杨	狗牙根	马尼拉草
AL	110.14	44.28	92.75	67.46	91.3
Fe	137.05	64.58	78.91	77.15	138.15
Mn	17.65	140.69	6.24	5.49	14.01
Cu	1.61	0.09	0.74	0.15	0.4
Zn	16.3	67.92	8.59	6.16	12.77
Mo	2.89	1.19	2.18	1.77	2.82
Cd	0.07	0.58	0.02	0.02	0.05
Cr	0.88	0.14	0.54	0.27	5.3
Pb	1.72	1.2	0.62	0.48	1.18
As	0.06	0.04	0.03	0.11	0.04
N	8.78	4.6	4.57	2.6	5.34
S	1.29	0.75	1.43	158.18	1.06
GHM	285.64	318.75	189.41	3.35	259.45

续表

元素	植物种类				
	香樟	海桐	大叶黄杨	狗牙根	马尼拉草
HHM	2.73	1.96	1.21	160.53	6.57
HM	288.37	320.71	190.62		266.02

注：n，样本数；GHM，一般重金属元素；HHM，有毒重金属元素；HM，重金属元素。NS 含量单位为 g/m^2，重金属蓄积量单位为 mg/m^2。

从以上分析可知，城市自身在重金属与无机分子使用上较为集中，存在明显的浓度偏高现象，并对人居环境产生了明显的影响。据测定，一般性表现为体内器官重金属浓度相应增加，存在富集作用。生物富集与生态系统食物链上的放大效应是一个重要的生态学现象，即微量而广布的无机元素通过生物活动而富集并浓度增加，再通过捕食作用而形成更为明显的富集。但对于较为重要或敏感的元素就会形成明显的放大效应，如 Pb 元素对生命活动具有明显的伤害，在生物体内的富集与放大传播直接导致生理效应的增强与影响的扩大。

八、城市森林的杀菌滞尘吸污功能

（一）城市森林的杀菌滞尘功能

空气负离子和植物精气是森林环境的主要成分，植物精气的主要成分是芳香性碳水化合萜烯，即半萜在生物体所结合化合物的统称，主要是一些香精油（萜烯）、酒精、有机酸、醚、酮等。从已知植物中提取的精油是含有树木散发出来的帖烯类物质。国外称芬多精，我国称为植物精气。研究后发现，空气湿度对植物精气与空气负离子相互作用影响规律有 3 条规律：一是植物精气浓度与空气负离子浓度是正相关关系；一是空气负离子浓度与植物精气浓度是正相关关系；二是空气湿度与植物精气浓度和空气负离子浓度是正相关关系，空气湿度、负氧离子与植物精气是相伴相随的关系（柏智勇和吴楚材，2008）。

空气中细菌的含量是评价城市环境质量优劣的重要指标之一，城市空气中有 37 种杆菌、26 种球菌、20 种丝状菌和 7 种带状菌。一般情况下，$1m^3$ 城市空气中的含菌量比森林高 7 倍多。森林具有杀菌作用的物质是其在新陈代谢过程中分泌出来的香精、有机酸、醚、醛和酮等化学物质。森林还能产生称为“空气维生素”的负离子。空气负离子不仅具有杀菌、降尘、清洁空气的功效，而且在一定浓度下，对人体还有保健、治疗的功能，因此被誉为“蓝色维他命”和“空气长寿素”。

森林具有滞尘功能主要是因为树叶表面不平，多绒毛，且能分泌黏性油脂及汁液，同时树木具有降低风速的作用。据测算，城市绿化地比非绿化地区空气沙尘含量约少 50%~70%。

爬山虎、油麻藤、木香、紫藤 4 种植物的杀菌能力大小排序为油麻藤 > 爬山虎 > 木香 > 紫藤，杀菌率分别为 62.9%，58.5%，36.7% 和 35.7%；4 种植物的滞尘力都比较弱，单位叶面积滞尘量最大的爬山虎也只有 23.86g/（m^2·a），单位绿化面积滞尘量为 111.65g/（m^2·a），其余依次为木香、紫藤、油麻藤，单位叶面积滞尘量分别为 18.76g/（m^2·a），17.42g/（m^2·a）和 15.51g/（m^2·a），单位绿化面积滞尘量分别为 124.19g/（m^2·a），

70.53g/（m^2·a）和 53.98g/（m^2·a）（刘光立，陈其兵，2004b）。扬州古运河风光带绿地生态环境效应测试表明：绿地树木对空气微尘有着显著的阻挡、截留和吸滞作用，复层林分的滞尘效应优于园路近 20 个百分点、优于草坪 10.7 个百分点（许超等，2008）。

刘青等（2009）通过道路灰尘飘落规律模拟实验和道路实验，以及常见绿化树种叶面积测算、室内模拟道路环境对各树种的滞尘能力的研究（表 1-30 所示）。结果表明，罗汉松滞尘量最大，为 2.5249g/m^2，其次为红翅槭 2.1787g/m^2，这两种树的滞尘量明显高于其他树种。其他树种滞尘率大小排序为红叶石楠、海桐、女贞、广玉兰、樟树、杜英、含笑、大叶黄杨、山茶、冬青、桂花、小叶女贞、杜鹃。

表 1-30　南昌市常见道路绿化植物滞尘比较（刘青等，2009）

植物	滞尘量（g/m^2）	植物	滞尘量（g/m^2）
罗汉松	2.5249	含笑	1.1178
红翅槭	2.1787	大叶黄杨	1.0248
红叶石楠	1.5599	山茶	0.9415
海桐	1.4927	冬青	0.9201
女贞	1.2466	桂花	0.8941
广玉兰	1.1846	小叶女贞	0.8918
樟树	1.1546	杜鹃	0.8489
杜英	1.1357		

两种道路绿化类型对空气颗粒物浓度的变化对比研究表明，样地 1 两侧分车绿带单行国槐与路侧小乔木灌木栽植浓密，不利于空气污染物扩散，空气污染物浓度较高；而样地 2 两侧分车绿带与路侧绿带分别为油松女贞绿篱与单行杨树、大乔木草坪结构，较为稀疏，利于空气污染物扩散，空气污染物浓度较低（于丽胖等，2009）。兰州市、哈尔滨市园林植物滞尘能力见表 1-31、表 1-32（陶玲等，2008；孙海燕和祝宁，2008）。群落结构与景观模式配置影响城市森林植物的滞尘量（表 1-33、表 1-34）。

表 1-31　兰州市绿化树种单叶面积与滞尘量测定（陶玲等，2008）

绿化树种	单叶面积（cm^2）	滞尘量（g/m^2）
臭椿	25.06	27.56
国槐	6.04	28.82
毛白杨	55.28	60.42
大叶黄杨	4.20	30.96
垂柳	10.38	8.21
红叶李	1.06	76.66

表 1-32　哈尔滨市园林绿化树种的除菌与滞尘能力（孙海燕和祝宁，2008）

树种名称	除菌率（%）	日滞尘量（g/m^2）	单株滞尘量（g/d）
樟子松	38.89	0.2012	9.7582
油松	96.32	0.1608	8.3664

续表

树种名称	除菌率（%）	日滞尘量（g/m^2）	单株滞尘量（g/d）
红松	33.33	0.2054	7.6881
红皮云杉	91.03	0.464	12.8018
兴安落叶松	72.92	0.364	—
圆柏	58.82	0.0945	0.207
杜松	65.52	0.5372	13.1883
旱柳	56.25	0.0667	8.8811
银中杨	17.86	0.1947	17.7158
白桦	27.27	0.1042	3.2062
蒙古栎	15.96	0.0608	0.7551
榆树	33.33	0.2261	19.214
垂枝榆	45.31	0.0909	1.658
山梅花	82.05	0.0719	0.471
野梨	76.92	0.0822	3.4162
稠李	65.08	0.0654	6.0574
山桃稠李	66.1	0.2533	15.7426
杏	18.75	0.0982	7.7362
李	35	0.1	3.964
山楂	60	0.1	0.913
花楸	71.43	0.0846	3.631
山丁子	91.03	0.1334	6.8381
珍珠梅	59.52	0.173	4.9461
榆叶梅	66.67	1.5523	83.9484
毛樱桃	88.89	0.1273	3.3645
黄刺玫	37.01	0.095	0.5463
绣线菊	72.11	0.068	0.6494
紫穗槐	66.67	0.087	1.2493
山皂荚	88.89	0.0331	2.0459
树锦鸡儿	30.77	0.1682	9.2947
黄菠萝	23.4	0.071	1.6557
火炬树	26.59	0.566	3.1526
糖槭	72.92	0.1498	39.5712
五角槭	57.14	0.074	1.0212
文冠果	52.27	0.0614	2.8262
华北卫矛	38.33	0.034	0.4046
紫椴	51.28	0.0787	11.6303
红瑞木	84.83	0.0962	1.5026
水曲柳	74.47	0.0998	9.0988

续表

树种名称	除菌率（%）	日滞尘量（g/m^2）	单株滞尘量（g/d）
连翘	89.74	0.2895	1.6907
辽东水蜡	58.62	0.0797	0.6671
暴马丁香	75.17	0.0843	1.9802
紫丁香	52.17	0.5304	17.2645
梓树	45	0.083	1.1031
金银忍冬	57.14	0.1431	9.2428
接骨木	9.09	0.1351	7.6129
锦带花	76.55	0.2256	3.1765
天目琼花	66.84	0.1724	0.8517

表 1-33　不同景观树种的滞尘量比较

车道	种植形式	植物种	滞尘量（g/m^2）	滞尘量范围（g/m^2）
二车道	混种	小叶榕 A	5.661	1.7588-9.7512
		月季	1.979	0.5181-3.7037
	单种	小叶榕 B	4.149	1.0831-7.2624
八车道	单种	小叶榕 C	7.73	1.4943-13.6909
		女贞	3.95	1.6467-7.0264

表 1-34　靠近和背离机动车道方向上叶片的滞尘量

车道	种植形式	植物种	滞尘量（g/m^2）	
			正对车道方向	背离车道方向
二车道	混种	小叶榕 A	7.0551	2.5567
		月季	3.1018	0.9370
	单种	小叶榕 B	3.6954	5.0677
八车道	单种	小叶榕 C	13.1748	2.9912
		女贞	6.4944	1.6719

（二）城市森林对硫氮化合物的吸收

植物正常生长所需要的硫量是一个本底值，除本底值外，植物还可以吸收更多的硫，直到其吸收阈值。如果植物吸收的硫超过其阈值，植物就会受到伤害。植物真正净化大气硫的量为吸硫阈值比本底值多的量。

吴耀兴等（2009）选择广州市空气污染严重的黄埔区和番禺区的代表性植物，并在生长季采摘有伤害（伤害斑少于 5%）的成熟叶作为硫吸收阈值样本。选择离广州市中心 50km 远的流溪河林场作为非污染区，采集同样树种的成熟叶作为硫吸收本底值样本。污染区与清洁区植物叶硫含量差值为植物叶片吸硫强度。植物对硫的积累能力用某种植物类型的单位面积叶年生产量乘以该植物叶片吸硫强度表示。对植物 1 年吸收净化硫的能力，则用植物硫积累能力乘以植物 1 年内的硫吸收周期数求得。在确定植物硫吸收周期数时，采用张继平等（1998）和韩阳等（2002）等人的研究结果，以 >10℃温度作为植物生长温度，由此计算出广州市城市森林植被中阔叶乔木的吸转周期数为12.2，针叶乔木为 20.9，阔叶灌木为 14.60。吸氟能力也同吸硫能力相当（表 1-35 所示）。

表 1-35　不同观测点植物叶硫含量、氟含量与吸硫吸氟强度（吴耀兴等，2009）

植物	S 含量与吸收强度			F 含量与吸收强度		
	污染区	清洁区	吸硫强度	污染区	清洁区	吸氟强度
巨尾桉	2.23	0.61	1.62	1.893	0.036	1.858
尾叶桉	1.81	0.4	1.41	3.426	0.05	3.375
黧蒴栲	2.85	0.68	2.17	2.107	0.03	2.077
马占相思	3.45	0.54	2.91	1.744	0.043	1.701
榅树	3.84	0.68	2.77	1.992	0.047	1.945
红花木莲	2.86	0.8	2.06	1.567	0.03	1.536
海南木莲	1.65	0.81	0.84	1.715	0.038	1.677
灰木莲	1.36	0.79	0.57	1.511	0.057	1.454
石笔木	3.19	0.45	2.74	0.836	0.09	0.747
菩提榕	1.07	0.47	0.6	4.402	0.106	4.296
小叶榕	0.89	0.51	0.29	3.333	0.113	3.22
白桂木	0.90	0.49	0.41	1.633	0.051	1.583
铁刀木	0.86	0.48	0.38	4.515	0.314	4.202
长脐红豆	1.02	0.52	0.5	2.145	0.114	2.03
小叶胭脂	0.91	0.39	0.52	2.145	0.114	2.03
火焰木	1.11	0.6	0.51	1.723	0.055	1.667
山黄麻	1.73	0.66	1.07	3.846	0.072	3.774
鸭脚木	1.99	0.52	1.48	2.329	0.033	2.296
杉木	2.7	0.26	2.44	0.981	0.031	0.95
马尾松	2.15	2	1.95	1.881	0.027	1.855
湿地松	2.36	0.22	2.14	1.015	0.064	0.951
柏木	2.11	0.11	2			
白栎	3.02	0.54	2.48			
板栗	3.28	0.68	2.6	0.938	0.039	0.899
枫香	3.05	0.51	2.54			
构树	2.4	0.31	2.09			
铁冬青	1.13	0.57	0.56	0.654	0.036	0.618
毛黄肉楠	0.91	5	0.81			
青冈	3.52	0.89	2.63	2.09	0.044	2.046
甜槠	3.41	0.89	2.52			
洋玉兰	2.7	0.36	2.34	2.122	0.046	2.057
黄樟	4.08	1.45	2.63			
香椿	2.84	0.64	2.2			

续表

植物	S 含量与吸收强度			F 含量与吸收强度		
	污染区	清洁区	吸硫强度	污染区	清洁区	吸氟强度
柑橘	4.11	1.98	2.13	0.108	0.016	0.093
黄杨	2.5	0.28	2.22			
毛竹	2.5	0.31	2.19	1.611	0.027	1.584
黄花夹竹桃	1.69	0.72	0.97	2.074	0.031	2.043
夹竹桃	2.3	0.2	2.1			
光叶山矾	1.89	0.61	1.28	3.63	1.478	2.153
红花油茶	1.11	0.52	0.58	1.565	0.609	0.659
大头茶	0.79	0.56	0.23	1.967	0.308	1.659
油茶	3.5	0.98	2.52	1.613	0.641	0.972
杜鹃	2.3	0.2	2.1			
仪花				5.332	0.043	5.289
傅园榕				3.536	0.07	2.466
海南红豆				1.164	0.043	1.122
无忧树				1.658	0.047	1.612
吊瓜树				0.671	0.068	0.602
毛黄肉楠				2.02	0.043	1.977
刺果番荔枝				2.21	0.043	2.167

植物对硫的净化作用主要表现为叶片对硫的吸收作用，某种植物的叶生物量多，对硫的吸收和积累量也多。在 SO_2 污染严重的区域选择抗硫树种时，不仅要考虑它的吸硫强度，而且也要考虑它的叶生物量。本研究结果表明：在广州市城市森林类型中，四旁散生木和阔叶林的单位面积吸氟能力大，杉木林和经济林吸氟能力差（表 1-36 所示）。

表 1-36　广州城市森林的吸硫固氟功能（吴耀兴等，2009）

森林类型	吸硫功能				吸氟功能		
	叶生产量 [t/（kg·a）]	积累硫量（kg/hm²）	净化硫量 [t/（kg·a）]	净化 SO_2 量 [t/（kg·a）]	净化氟量 [t/（kg·a）]	面积（hm²）	总量（t/a）
阔叶林	2.255	4.6	56.122	112.244	9.334	146724	1369.52
湿地松林	8.167	17.477	365.278	730.556	10.872	6785	73.75
马尾松林	1.202	2.344	48.988	979.76	7.916	30453	241.05
杉木林	2.44	2.516	52.57	105.152	4.019	7569	30.42
针叶混交林	3.949	8.609	179.924	359.848	9.672	4735	45.8
针阔混交林	1.273	2.686	44.453	88.906	6.945	23980	166.53
竹林	1.855	5.917	72.194	144.388	7.697	6415	49.38
经济林	1.587	4.285	52.276	104.552	1.974	47496	93.74
疏林	1.897	2.523	36.836	73.667	6.923	9170	63.48
四旁散生木	7.055	10.583	129.107	258.214	25.551	17547	448.33
城区园林	4.072	12.135	148.042	296.084	8.809	56362	496.52

九、城市森林的隔音防噪功能

城市中噪声是严重威胁人类健康的因素之一、城市噪音主要由工业噪声、交通噪声、施工噪声及社会生活噪声组成，人们在噪声的危害下，会发生听力减退、高血压、心律不齐等疾病。研究发现，森林对高频噪声吸收效果最好，不断摇摆的浓密树叶对声波有减弱散射作用，树叶表面的气孔如同吸音板一样，能把噪声吸收掉。据测算，城市中的绿篱、乔灌木混合结构带可以降低噪音 3~5dB，30m 宽的林带可以降低噪音 6~8dB，绿化的街道比未绿化的街道减少噪声 8~10dB。

绿地群落内的声衰减远大于其在空气中的自然衰减。离点声源距离 1m、与声源点垂直方向长 30m、宽 10m 的植物群落最高可降低噪声 13.2dB（A），最低仅 3.8dB（A）（噪声源声压级为 94dB 白噪声）。在长度和宽度相同的条件下，不同结构、不同植物组成的绿地群落降噪效果差别大，这一差异主要是由植物形态不同所引起。当植物以一定配置方式形成人工群落时，由于内部非均质性使得其降噪效果差异较大，而群落结构特征因子反映了群落的非均质性。人工群落构建时，除了考虑单株构型特征（高大而枝叶浓密的植物）外，还需要考虑整体植物组成后的整体降噪效果，通过群落结构的优化配置来达到良好的降噪效果（张庆费等，2007）。

绿地群落可较硬质园路区降低噪声约 7dB，可较草坪区降低噪声约 4dB；林带减弱噪声的效应与林分组成结构有关，一般以阔叶林减噪效果最显著，叶片大而质硬并重叠排列的树种减噪效果较好，低分枝、矮树冠乔木的减噪作用要比高分枝、高树冠的乔木明显（许超等，2008）。

十、城市森林的释氧固碳功能

城市森林能够通过光合作用吸收空气中的一氧化碳，制造并释放出氧气，营造城市“天然氧吧”，被称为“城市之肺”。随着城市的发展，人们生产生活水平不断提高，空气中的一氧化碳含量有了明显的增加，城市森林对维持城市环境中的一氧化碳和氧气的动态平衡，有着巨大的作用和地位。据测算，1hm^2 阔叶林能吸收大约 1000kg 一氧化碳，放出大约 700kg 氧气。

（一）释氧固碳量的测定

叶面积指数是指叶面积总和与其所覆盖的土地面积之比。设净同化量为 P，各种植物在测定当日的净同化量计算公式为：

$$P=\sum_{i=1}^{j}\left[\frac{3600(P_{i+1}+P_i)(t_{i+1}-t_i)}{2\times1000}\right]$$

式中：P 为测定日的同化总量 [mmol/（m^2·d）]，P_i 指初测点的瞬时光合作用速率 [μmol/（m^2·s）]，P_{i+1} 为下一测点的瞬时光合作用速率 [μmol/（m^2·s）]，t_i 为初测点的测定时间（hr），t_{i+1} 为下一测点的时间（hr），j 为测试次数，3600 指每小时 3600s，1000 指 1mmol 为 1000μmol。

用测定日的同化总量换算为测定日固定 CO_2 量为：

$$W_{CO_2}=P\times44/1000;$$

测定日释放的氧气量为：

$$W_{O_2}=P\times32/1000;$$

设每平方米叶片在一天中因蒸腾作用散失水分而吸收的热量为 Q，则：

$$Q=W_{H_2O}\cdot L\times4.18;$$

式中：W_{H_2O} 为水的摩尔质量，Q 为单位叶面积每日吸收的热量［J/（$m^2\cdot d$）］，L 为蒸发耗热系数（$L=597-0.57t$，t 为测定日的温度），4.18 为 1cal（卡）=4.18J。由此可计算出各树种叶片单位叶面积日吸收热量的值。

气温下降值：

$$\triangle T=Q/PC$$

式中：Q 为绿地植物蒸腾作用使其单位体积空气损失的热量［J/（$m^3\cdot h$）］，PC 为空气的容积热容量［1256J/（$m^3\cdot h$）］。

（二）不同树种的释氧固碳功能

通过测定叶面积指数、光合速率及蒸腾速率，比较分析深圳市 12 种垂直绿化植物释氧固碳、吸热降温增湿效应，并量化评价了这些植物的生态学效应（表 1-37），结果表明，桂叶老鸦嘴的单位绿化植物释氧量为 65.48g/（$m^2\cdot d$），固碳量为 90.07g/（$m^2\cdot d$），使其周围 1000m^3 空气降温达到 2.14℃，相对度增加 2.6%，而凌霄的上述指标仅有 2.78g/（$m^2\cdot d$）、3.83g/（$m^2\cdot d$）、0.16℃与 0.16%（黎国健等，2008）。

表 1-37　华南垂直绿化单位面积释氧固碳量（黎国健等，2008）

	叶面积［mmol/（$m^2\cdot d$）］	净同化量［g/（$m^2\cdot d$）］	单位叶面积固碳量［g/（$m^2\cdot d$）］	单位面积释氧量［g/（$m^2\cdot d$）］	单位绿化面积固碳量［g/（$m^2\cdot d$）］	单位绿化面积释氧量［g/（$m^2\cdot d$）］
桂叶老鸭嘴	5.8	352.86	15.53	11.29	90.07	65.48
蓝翅西番莲	3.74	60.01	2.64	1.92	9.87	7.18
爬墙虎	5.33	157.11	6.91	5.03	36.83	26.81
美丽桢桐	4.71	189.73	8.35	6.07	39.33	28.59
日本黄素馨	1.35	165.86	7.3	5.31	9.86	7.17
猫爪花	3.42	98.41	4.33	3.15	14.81	10.77
凌霄	0.71	122.64	5.4	3.92	3.83	2.78
炮仗花	1.78	112.21	4.93	3.59	8.79	6.39
海刀豆	3.07	166	7.3	5.31	22.41	16.3
蒜香藤	3.42	102.45	4.51	3.28	15.42	11.22
薜荔	4.33	234.83	10.33	7.51	44.73	32.53
变色牵牛	4.71	52.33	2.3	1.67	10.83	7.87

表 1-38 表明，落叶树种的平均固碳释氧量显著高于常绿树种，且常绿乔木的平均固碳释氧能力是落叶乔木的 71%、常绿灌木的平均固碳释氧能力是落叶灌木的 67%；不同类型树种的平均固碳释氧能力，总体趋势为：落叶灌木 > 落叶乔木 > 常绿乔木 > 常绿灌木（许超等，2008）。孙海燕、祝宁（2008）也研究了绿化树种单位面积的固碳

释氧量（表 1-39）。

表 1-38　树种单位叶面积（m^2）的日固碳释氧量效应分析（许超等，2008）

树种	净同化量（mmol）	固碳量［g/（m^2·d）］	释氧量［g/（m^2·d）］
桃	405.86	17.86	12.99
夹竹桃	326.56	14.37	10.45
国槐	324.5	14.28	10.38
金钟花	317.05	13.95	10.15
刺槐	307.69	13.54	9.85
垂柳	302.47	13.31	9.68
广玉兰	235.87	10.38	7.55
女贞	230.83	10.16	7.39
蜡梅	219.13	9.64	7.01
枇杷	210.87	9.28	6.75
迎春	188.32	8.29	6.03
法国冬青	131.65	5.8	4.21
金叶女贞	123.16	5.42	3.94
香樟	121.82	5.36	3.9
白玉兰	115.5	5.08	3.7
紫叶李	104.29	4.59	3.34
银杏	96.41	4.24	3.09
香椽	69	3.04	2.21
桂花	38.13	1.68	1.22

表 1-39　绿化树种单位面积固碳释氧量（孙海燕和祝宁，2008）

树种名称	日光合量（mmol/m^2）	日固碳量（g/m^2）	日释氧量（g/m^2）	年光合量（mmol/m^2）	年固碳量（g/m^2）	年释氧量（g/m^2）
旱柳	129.9	5.72	4.16	17861	786	572
银中杨	324.1	14.26	10.37	44564	1961	1426
白桦	233	10.25	7.46	32037	14091	1026
蒙古栎	68.7	3.02	2.2	9446	4151	302
榆树	368.8	16.22	11.8	50710	22301	1622
垂枝榆	360.5	13.86	11.54	49569	1906	1587
山梅花	100.3	4.41	3.21	13791	606	441
野梨	113.2	4.98	3.62	15565	685	498
稠李	164.6	7.24	5.27	22632	995	725
山桃稠李	160.6	7.13	5.18	22082	980	712
杏	202.3	8.9	6.47	27816	1224	890
李	118.1	5.2	3.78	16239	715	520

续表

树种名称	日光合量（$mmol/m^2$）	日固碳量（g/m^2）	日释氧量（g/m^2）	年光合量（$mmol/m^2$）	年固碳量（g/m^2）	年释氧量（g/m^2）
山楂	107.8	4.74	3.45	14822	652	474
花楸	140.9	6.2	4.51	19374	852	620
山丁子	247	10.87	7.9	33962	1495	1086
珍珠梅	191.4	8.42	6.12	26317	1158	841
榆叶梅	238.5	10.5	7.63	32794	1444	1049
毛樱桃	101.6	4.47	3.25	13970	615	447
黄刺玫	331.4	14.58	10.61	45567	2005	1495
绣线菊	228.1	10.04	7.3	31364	1380	1004
紫穗槐	154.5	6.8	4.94	21244	935	679
山皂荚	189.2	8.33	6.06	26015	1145	833
树锦鸡儿	243.1	10.7	7.78	33426	1471	1070
黄菠萝	118.8	5.22	3.8	16335	718	522
火炬树	349.8	15.39	11.19	48097	2116	1539
糖槭	349.5	15.38	11.18	48056	2115	1537
五角槭	84.2	3.7	2.69	11577	509	370
文冠果	362	15.93	11.59	49775	2190	1494
华北卫矛	175.8	7.73	5.62	24172	1063	773
紫椴	58.7	2.58	1.88	8071	355	258
红瑞木	174.2	7.66	5.57	23952	1053	766
水曲柳	114.1	5.01	3.65	15689	689	502
连翘	230	10.12	7.36	31625	1391	1012
辽东水蜡	147.4	6.49	4.71	20267	892	648
暴马丁香	215.6	6.49	4.71	20267	892	648
紫丁香	273.4	12.03	8.75	37592	1654	1203
梓树	138.5	6.1	4.43	19044	839	609
金银忍冬	113.9	5.015	3.65	15661	690	502
接骨木	258.9	11.39	8.28	35599	1566	1138
锦带花	182.6	8.03	5.84	25107	1104	803
天目琼花	119.4	5.25	3.82	16417	722	525

肖建武等（2009）研究了长沙市城市森林的固碳释氧功能（表 1-40），从景观与区域尺度上计量了该市城市森林的固碳释氧功能。表明，长沙市固碳释氧能力竹林最多，其次为杉类与经济林，再次为松类、阔叶林，总计固碳量为 374.13 万 t/a。释氧量与固碳量紧密相关，整体上释氧量每年可达到 275.44t。数据进一步分析表明，光合作用与固碳、释氧呈现直线相关，表明二者在生理过程上是紧密相连的，城市森林的诸多生态功能都与固碳释氧功能相联系。

表 1-40 长沙市城市森林的固碳释氧功能（肖建武等，2009）

森林类型	面积（万 hm^2）	固碳量（万 t/a）	释氧量（万 t/a）
杉类	16.23	72.16	53.13
松类	22.54	46.31	34.09
阔叶林	8.53	34.05	25.07
灌木林	1.94	13.23	9.74
竹林	5.12	143.23	105.44
经济林	5.64	65.15	47.97
总计	60	374.13	275.44

从本质上看，生态功能本身也是一个结构优化、功能增强的人为活动的结果，与个体、群体、景观与区域生命活动状况有关。城市森林构建本身以增强城市森林的结构调整，进而提高城市森林的功能表现，最终服务于城市人群的生产与生活需求。周一凡、周坚华（2001）研究了上海绿化环境效益，综合计算了这些释氧固碳为基础的多项生态功能指标，如产氧量、固碳量、吸收 S 量、滞尘量，并在蒸腾时发挥了增绿增湿降温的作用（表 1-41 所示）。

表 1-41 基于绿量的上海绿化环境效益标准换算量（周一凡和周坚华，2001）

项目	单位	标准换算量
产氧量（O_2）	t/a	常绿植物年产 O_2 量：35.2t/ 万 m^3 绿量 落叶植物年产 O_2 量：19.0t/ 万 m^3 绿量
吸收二氧化碳量（CO_2）	t/a	常绿植物年吸收 CO_2 量：48.5t/ 万 m^3 绿量 落叶植物年吸收 CO_2 量：26.2t/ 万 m^3 绿量
吸收二氧化硫量（SO_2）	kg/a	针阔混生林年吸收 SO_2 量：30.3t/ 万 m^3 绿量
滞尘量（TSP）	t/a	针阔混交林年滞尘量：11.0t/ 万 m^3 绿量
夏季蒸腾量	t/d	针阔混交林夏季蒸腾量：5.5t/ 万 m^3 绿量， 相对绿量 72357m^3/hm^2， 蒸腾范围 100m 高的空间时，温度降低值：11.8℃

城市森林结构不同，绿量不同，也促使了年环境效益不同（表 1-42 所示）。乔灌草复层结构与混交乔木绿地的三维绿量较大，固碳释氧滞尘能力较强，而灌草、地被与道路绿地三维绿量较少，释氧固碳滞尘能力相对较弱。

表 1-42 不同结构绿地的环境效益

绿地结构	单位面积三维绿量（m^3/hm^2）	年环境效益（t/a）		
		产 O_2	吸收 CO_2	滞尘
乔灌草复层绿地	79.128	214.4	295.9	87.0
灌草绿地	11.480	31.1	42.9	12.6
混交乔木林地	72.357	196.1	70.6	79.6
地被类绿地	2.000	5.4	7.5	2.2
道路绿地	4.946	13.4	18.5	5.4

十一、城市森林的水土保持功能

森林通过乔灌木、草本层和凋落物层对降水的层层截持，以及林地土壤良好渗透性，使林地的地表径流减少，从而起到消减洪水和延缓洪峰的作用。城市环境中的城市绿地的量，是一个可操控的因素，这一因素对雨洪径流流量的影响是重要的，也是可以度量的，也是城市森林构建的科学性所在。

（一）城市森林的降水截留

连军营等（2008）以西安市 2003 年遥感影像图为底图，通过确定不同土地利用和覆盖状况，运用美国林业局开发的 GIS 软件 ArcView Citygreen 5.0，定量研究西安市城市森林减少暴雨径流的生态服务功能。结果表明，以 32mm 作为夏季一次 24h 典型降雨事件的降雨量，城市森林减少暴雨径流的总量为 150682.06m^3，单位面积径流量为 172.37m^3/hm^2，减少径流量为 30.02m^3/hm^2。不同功能下的净截流量依次是居住区 > 道路 > 公园 > 文化公园 > 工业区 > 商业区。不同功能区单位面积截流效益与森林覆盖率和硬铺装率有密切的联系，表现为公园 > 道路 > 文化区 > 居住区 > 工业区 > 商业区。

模型的基本原理是在综合考虑了流域降水、土壤水文类型、土地利用方式及管理水平与径流间关系的基础上，确定土地利用状况或称土壤覆盖综合标号 CN（curve number）。SCS 模型径流方程为：

$$Q=\frac{(P-I_a)(P-I_a)}{(P-I_a)+S}$$

式中：Q 为径流量（mm）；P 为总降雨量（mm）；S 为可能最大滞留量（mm）；I_a 为初始损失量（mm），主要指植被截留量、表层填挖蓄水、下渗等，它是一个非常不稳定的变量，但通常与土壤、植被覆盖类型相关。通过对大量小农业流域的研究，可以得出 S 和 I_a 之间的经验公式：

$$I_a=0.2S;$$

由上面两个公式可得：

$$Q=\begin{cases}\dfrac{(P-I_a)\ (P-I_a)}{(P-I_a)\ +S} & \text{当 } P>0.2S \text{ 时}\\ 0 & \text{当 } P\leqslant 0.2S \text{ 时}\end{cases}$$

S 和 CN 之间存在一定的关联，如下：

$$S=\frac{1000}{CN}-10$$

CN 的范围是从 0~100，P、Q、CN 之间的关系如图 1-7。在计算城市森林的暴雨径流效益时，由于 S 的值较大，也比较难估算，确定 CN 的值便成为工作的关键。

（二）城市森林的水土保持作用

城市森林的拦蓄功能主要是以凋落物和根系作用下的土壤蓄水来实现的，截留功能主要通过林冠和凋落物对大气降水的阻挡、截留得以实现。城市森林植物也具有固土保肥的作用，能够减少土壤流失。肖建武等（2009）研究了长沙市城市森林的水土保持功能（见表 1-43）。

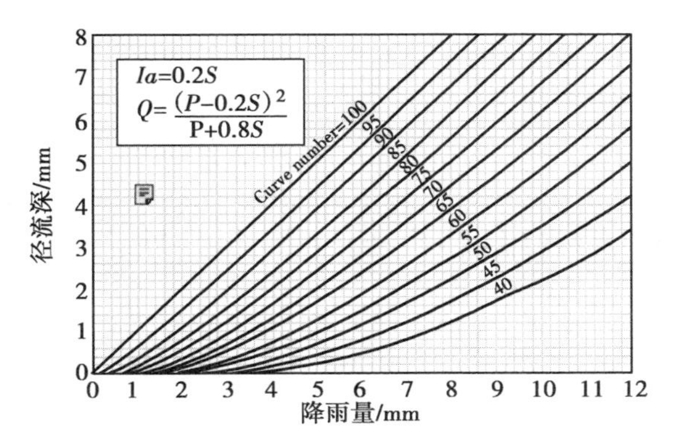

图 1-7　降雨、径流和 CN 的关系图

（注：来自于美国水土保持局 TR55 规则。）

表 1-43　长沙城市森林的水土保持与元素蓄积能力（肖建武等，2009）

森林类型	杉木	马尾松	阔叶林	国外松	杨树	灌木林	合计
森林面积（hm^2）	162301.3	197094.7	85276.1	28318.5	364.2	73573.5	546928.3
单位面积森林超过无林地的蓄水量（m^3/hm^2）	1828.2	1448.2	217.3	1561.5	1646.1	708.1	
森林超过无林地的蓄水量（万 m^3）	29671.9	28543.3	1853	4421.9	60	5210	69760.1
单位面积防洪能力（m^3/hm^2）	757	482	829	502	547	378	
总防洪能力（万 m^3）	12286.2	9500	7069.4	1421.6	19.9	2781.1	33078.2
年侵蚀量（t/hm^2）	2.17	1.85	0.73	2.15	1.78	0.52	
比裸地少侵蚀量（t/hm^2）	35.41	35.73	36.85	35.43	35.8	37.06	
总计固土量（t）（与裸地相比）	5747089	7042193.6	3142424.3	1003325	13038.4	2726634	19674704
N（t）（比裸地多保留的）	10459.7	10422.5	6379.1	1595.3	25.7	4144.5	33026.8
P（t）（比裸地多保留的）	3103.4	3661.9	2042.8	481.6	8.2	1036.1	10334
K（t）（比裸地多保留的）	78447.8	120632.8	66839.4	15391	205.7	37682.1	319198.8
有机质（t）（比裸地多保留的）	205573.4	213167.2	152690.4	35407.3	516.6	92514.7	699869.6

第二章　成都市城市森林廊道结构与功能研究

第一节　城市生态问题及城市森林建设思路

一、成都市基本概况

成都市位于我国西南地区青藏高原西南缘，地处川中盆地西部，介于东经102° 54′~104° 53′和北纬30° 05′~31° 26′之间，东西长192km，南北宽166km，辖区面积12390km²，是四川省政治、经济、文化中心。现辖5城区（锦江区、武侯区、成华区、金牛区、青白江区）、高新区、新都区以及4个县级市和8个县，东北与德阳市，东南与资阳市毗邻，南面与眉山市相连，西南与雅安市、西北与阿坝藏族羌族自治州接壤，其中，34.6%为平原，30.4%为丘陵，33.2%为山区，是我国西南地区的山丘型大城市。

成都，素有“天府之都”之称，土壤肥沃，气候温和，四季分明，无霜期长，雨量充沛，冬无严寒，夏无酷暑，属中亚热带湿润季风气候，十分有利于生物生存繁衍，自然资源、植物种类丰富，是长江上游的绿色生态屏障。

（一）自然生态条件优越，生物景观资源丰富多样

1. 自然环境的差异明显，生物资源丰富

成都地处亚热带湿润地区，自然生态环境多样，生物资源十分丰富。据初步统计，全市植物资源多样性特点明显，特有种属丰富，高等植物约3000种，其中，裸子植物165种，被子植物2699种等，珍稀保护植物有46种，其中国家Ⅰ级保护植物有珙桐、水杉等；Ⅱ级保护植物有连香树、杜仲、银杏、水青树等。城市栽培植物种类丰富，引种驯化植物众多，园林植物2798种，隶属193科802属。城区名木古树有银杏、皂荚、罗汉松等38种，1576株。成都市动物资源丰富，全市脊椎动物有578种，其中，兽类有112种，鸟类有384种，爬行动物有29种，两栖动物有24种等。属国家重点保护野生动物有30种，其中属国家Ⅰ级重点保护动物有大熊猫、扭角羚、豹、云豹、金丝猴、雪豹6种；属国家Ⅱ级保护动物有猕猴、金猫、大灵猫、灰鹤等24种。在地域分布上，这些珍稀动物几乎都集中在市域西部山地。国家级龙溪—虹口自然保护区是举世公认的“世界亚热带山地动植物保存较完整的地区之一”，是“不可多得的物种基因库”。

市域范围内自然保护区、风景名胜区和森林公园总面积达3164.9km²，占全市国土

面积的25.54%。

2. 地形地势差异明显，森林景观丰富多样

成都是一个境内既有平原又有山地和丘陵分布的城市，其中平原面积和周边丘陵、山地面积几乎各占一半。其独特的地势和地理环境，造就了丰富的森林景观多样性。分布有亚热带常绿阔叶林、常绿落叶阔叶混交林、亚高山落叶阔叶林、山地硬叶常绿阔叶林、亚高山针叶林、亚高山落叶针叶林、高山灌丛和草甸等多种森林植被类型。

成都西部山地，最高处海拔5364m，平均海拔在3000m左右，而成都平原最高海拔高度为750m左右，山岭与平原之间的相对高差一般在2000m以上，最大可达4600m。山地高低悬殊导致了植被的垂直变化非常明显，从常绿阔叶林带到高山流石滩稀疏植被带，7个植被垂直带谱明显。这种独特的自然景观为成都市森林建设提供了丰富的资源和景观多样性。

（二）城市发展历史悠久，文化底蕴独具魅力

成都有2300多年建城史，自古为西南重镇，三国时为蜀汉国都，五代十国时为前蜀、后蜀都城，文化遗存丰富，1982年被国务院公布为国家历史文化名城。秦汉以来，成都就以农业、手工业兴盛和文化发达著称，历代都是中国西南地区的政治、经济、文化中心和长江流域的重要城市。

汉代成都与洛阳等并列为五大都会之一。唐代商贸繁荣，与扬州齐名，称为“扬一益（成都）二”。宋代成都印刷的“交子”是世界上最早使用的纸币。南方丝绸之路的起点城市就是成都。

（三）水系发育、路网发达，构筑起城市森林建设的血脉和骨架

历史上成都因水而立，因水而兴。构成成都平原目前格局的直接原因是蜀太守李冰率民开凿都江堰。都江堰将岷江分为外江（排洪河）和内江（人工河），宝瓶口下内江被分为蒲阳河、柏条河、走马河、江安河；外江分流形成黑石河、沙沟河。在广袤的成都平原，成千上万条支、斗、农、毛渠系，滋养着万顷良田。成都市地处川西水网区腹部，本地水资源与过境水资源构成的水资源总量较丰富，本地水资源总量为93.26亿m^3（其中地表水资源量89.82亿m^3，地下水资源量31.56亿m^3），过境水资源量为183.76亿m^3。

成都市拥有四通八达的现代化、立体交通网络。成都市是全国最大的铁路枢纽之一，与全国大多数大中城市之间均开通有直达列车；目前拥有6条呈放射状通往全国各地的高速公路，道路总长度约5800km，公路密度达85.4km/km^2。

这些发达的水系和城市交通网络，犹如城市的血脉和骨架，为城市森林的建设提供了维系生命的基础，并把城市森林连接成一个有机整体。

（四）农居风貌传统古老，演绎出优美和谐的川西林盘特色

林盘广泛分布于西南地区，尤以川西扇形冲积平原的林盘为典型。林、水、宅、田是其主要要素。天府之国的川西坝子上，曾经有着星罗棋布的“林盘家园”，它是蜀地固有的一种生存居住模式，也是人类居住环境演变过程中的一个中间环节，这是数千年来农耕文明形成的有显著地域特征的生产、生活和集居方式的一种物化的形式，至今仍可见到其存在和影响，院落和周边高大乔木、竹林、河流及外围耕地等自然环境有机融合，构成了优美和谐的川西林盘，这些林盘共同构成独具特色的川西农居风貌。

林盘是蜀地先民与自然互动的产物，是承载蜀文化与各地移民的载体。它具有强大的适应性和包容性。由无数林盘构成的聚落在空间形态和自然人文景观方面独具风格，是川西农耕文明的典型代表，为成都城市森林建设提供了良好的借鉴，既继承了传统，也彰显了成都城市森林特色。

二、成都市城市化发展进程中的城市环境问题

城市是一个国家或地区经济发展和社会进步的载体或中心支撑点。城市化水平是一个地区经济发达程度的重要标志。城市化率是衡量一个城市综合实力的具体体现。城市化作为全球范围内的一个社会变迁现象，是现代经济发展必然出现的过程。这一过程的直接结果是人口和非农业活动向城镇的转型、集中、强化和分异，不断提高城市人口在总人口中的比例，推动了城镇景观的地域变化过程和城市的经济、社会、技术变革在城镇等级体系中的扩散，并进入乡村地区。这一进程必然伴随城市文化、生活方式、价值观念等向乡村地域扩散这一较为抽象的精神上的变化过程，由此带来大城市“摊大饼”式的急剧外延扩张和过度分散的小城镇遍地开花的普遍存在。这一过程所涉及的领域和内容主要包括人口的城市化、非农产业的城市化、地域的城市化和居民生活方式的城市化等。随着中国经济建设的发展，特别是改革开放以来，中国城市化进程明显加快，目前已进入高速城市化阶段，如上海、北京、深圳及东部沿海一些城市经济快速发展，城市规模迅速扩张。在城市化进程中，城市人口水平的提高所带来的城市空间拓展、城市群体效应、城市人口聚集、城市产业辐射等效应对中国城市的环境功能产生了深刻的影响，由于人类开发活动的不确定性和复杂性，对区域环境的扰动性也逐渐加强，由此所产生的生态环境问题也越来越突出。全国各地的城市出现了类似的环境污染和生态破坏问题，今后的城市化进程将进一步加重对城市原有生态环境的压力。

表 2-1　城市化进程的发展特点和环境问题

进程阶段	产业结构格局及其特征	环境问题
初期阶段	产业结构格局是“一二三”，该阶段的主要特征是农业是重要的经济部门，农村人口比例很高，农业的生产力水平低下，农产品的商品率低；工业主要是一些资源密集型或轻加工型产业，在国民经济中的比重较低，从业人员也较少；第三产业极不发达，主要以农产品和其他日用消费品的经营为主，在国民经济中只占很小的部分	由于生产力水平低下，这一阶段在城市市场形成驱动下，农用地面积不断扩大，形成“高投入低产出”的局面，造成自然草地、森林系统退化，从而导致水土流失和荒漠化等生态环境问题，是城市生态环境恶化的缓慢阶段

续表

进程阶段	产业结构格局及其特征	环境问题
中期阶段	产业结构格局是“二一三”或“二三一”，该阶段的主要特征是城市规模不断扩大，工业部门虽然仍然以资源密集型和加工型为主，但其技术含量随着科技的发展而逐步提高，经济实力逐渐增强，从业人员数量迅速增加；随着农业科技的发展，农业的劳动生产率也大大提高，农业收入明显增多，由于营养、卫生和医疗保健事业的发展，人口死亡率明显下降，农业剩余劳动力不断地徘徊于城镇和农村之间；以服务为特征的第三产业迅速发展，主要表现为耐用消费品市场的建立、发展和休闲娱乐、保健康复产业的兴起与完善	由于发展资源密集型的重化工业，导致了地表水源污染严重和空气质量的下降；城市规模的扩张而引起城市养活人口增加、工业规模的扩大使三废增加，新的城市生产方式的引进也驱使原有文化和习俗的衰退。这个阶段是城市发展最快而环境破坏和污染加速阶段
后期阶段	产业结构格局是“三二一”，该阶段的主要特征是，全社会医疗保健卫生事业发达，人口发展处于低出生率、低死亡率阶段，增长缓慢。工业的发展在技术和管理水平大幅提高的同时稳中有升，对就业人员的数量要求下降，与此同时，农业的发展逐渐萎缩。第三产业非常发达，吸纳了大量的农村剩余劳动力，其产值跃居第一	由于城市交通高度密集，城市的空气质量下降和噪音污染较大；城市人口的过度密集和高度城市化的生活方式使城市生活用水的水质水量以及水源问题突出；城市规模的扩大和建筑设施的激增使城市绿地进一步减少；玻璃建材的大量使用和无线电通讯的飞速发展加剧了光、电磁波的污染等。但由于人类对自身利益和生存环境的再认识，可持续发展观念也深得人心，各种防污治污意识和能力相应提高，使城市的发展步入了生态环境的改善阶段

（一）成都市城市化进程中的环境状况

改革开放30多年来，成都城市化推进一直保持着快速、稳定的发展态势。1978年以后，成都城市化进程开始步入正轨；1990年，成都市城市化率达到38.78%；2000年，成都市城市化率已达到53.48%；2007年，成都市城市化率达到62.58%；2015年之前，成都城市化率将超过70%，进入城市化的后期阶段。成都市中心城区实体空间扩张迅速，城市规模不断扩大，1980年成都中心城区建成区面积为60km^2，1990年达到74.4km^2，1995年达到129km^2，1999年超过200km^2，2005年达到285km^2，在全国660个城市位居第八。1990年，成都市中心城五城区非农人口仅为161万人，2000年扩大到205万人，2006年已超过300万人。2008年，成都中心城五城区常住人口已达到441万人（不含高新区），成为名副其实的超大城市。

根据世界城市化过程的发展规律，城市化水平达到30%时，已进入国际公认的30%~70%的城市化发展阶段，成都市1990年已进入这一发展阶段。尤其是近五年来，成都实施统筹城乡、“四位一体”科学发展的总体战略，城市化进一步在广度和深度上拓展，探索出一条城乡一体的新型城市化道路。总体上看，成都市目前的城市化发正处在城市发展最快而环境破坏和污染加速的阶段，环境问题突出，主要表现在：

1. 大气环境污染

2002年成都市城区大气环境质量的基本状况是以良为主，年均大气污染指数为85，全年大气环境质量优良率达84.1%（大气污染指数API≤100）。由于资源的低效利用和近年来机动车数量的快速增加，大气污染以煤烟型为主，已初步呈现煤烟型向煤烟型和机动车尾气的混合型过渡的态势；大气中的首要污染物为可吸入颗粒物，主要污染物中所占比重在40%以上。2006年以来，成都市中心城区的空气质量优良天数在300天左右，环境空气质量优良率达到80%以上。

城区大气环境质量较为稳定，大气污染得到有效控制，二氧化硫、二氧化氮、可吸入颗粒物浓度较2001年有所减轻，达到国家大气环境质量二级标准（GB3095—1996），降尘低于地方标准。城区大气环境由于静风频率高、降水集中于夏季、冬季雾日较多且持续时间长等不利于大气污染物扩散的大气环境条件，导致城区大气污染冬、春季较重，夏、秋季较轻，以夏季污染为主。

郊区14区（县）大气环境质量明显优于城区，二氧化氮均达到国家大气环境质量二级标准；青白江区二氧化硫超过国家空气质量二级标准；总悬浮颗粒物有5个区（县）超过国家大气环境质量二级标准。但是，青白江区大气污染严重，新都区较严重，蒲江县、双流县、彭州市、新津县的大气污染也相对严重。2002年出现酸雨的区（县）较2001年上升了7.1%，达7个：蒲江县、彭州市、新津县、邛崃市、温江县。其中蒲江县、彭州市，分别为36.4%、20.3%。其主要原因一方面是燃煤比重较大、燃煤中硫含量过高，另一方面是交通发达导致氧化物污染，由此导致的酸雨污染区域正呈逐步扩大趋势。据《2008年成都市环境质量状况公告》，2008年成都市城区环境空气中首要污染物为可吸入颗粒物，全年空气质量以良为主，日平均空气污染指数（API）范围24~182，优良率为87.2%。

（1）城区。2008年成都市城区空气中二氧化硫、二氧化氮年均值浓度达到国家二级标准，可吸入颗粒物年均值浓度超过国家二级标准，降尘量年均值低于当年地方标准。城区可吸入颗粒物（PM10）年均值浓度为0.111mg/m^3，年均值浓度范围为0.092~0.117mg/m^3。各测点日均浓度值均有不同程度的超标，超标率在13.1%~19.4%之间，城区日均浓度超标率为16.1%。城区二氧化硫（SO_2）年均浓度为0.049mg/m^3，年均浓度范围为0.035~0.059mg/m^3，日平均浓度超标率为1.2%。城区NO_2年均浓度为0.052mg/m^3，年均浓度范围为0.038~0.068mg/m^3；城区降尘月均值为9.60t/km^2，12个测点月均值范围为7.74~10.94t/km^2，城区月平均降尘量低于地方标准1.13t/km^2。

成都市空气污染特征为煤烟、机动车排气、扬尘混合型污染。城区环境空气中的主要污染物为可吸入颗粒物，其次为二氧化硫。城区环境空气质量季节变化规律为：冬春季节污染重，夏秋季节污染轻，与多年季节变化规律基本一致。

（2）郊县（市、区）。2008年成都市14个郊县（市、区）环境空气均达到国家二级标准。二氧化硫年均值范围为0.011（蒲江县）~0.051mg/m^3（彭州市）。二氧化氮年均值范围为0.017（都江堰市）~0.033（崇州市）mg/m^3。可吸入颗粒物年均值范围为0.057（新津县、邛崃市）~0.088（青白江区）mg/m^3。14个郊县（市、区）综合污染指数范围在1.036（蒲江县）~2.003（彭州市）之间，除彭州市有所上升外，其余县（市、区）均不同程度下降，其中金堂县下降最为明显，蒲江县、青白江区次之。14个郊县（市、区）空气质量明显优于城区。总体来看，大部分郊县（市、区）环境空气质量中主要污染物二氧化硫、二氧化氮、可吸入颗粒物浓度年均值呈下降趋势。

2. 土壤环境质量变化

据统计，1987~1996年成都市耕地面积共计减少了2万hm^2，目前人均仅为0.052hm^2，约为全国人均水平1/2。同时在单纯经济利益的驱动下，农业生产中大量施用化肥、农药以及不合理的使用农膜都导致农田中N、P、K的比例失调，使土壤理化性状受到严重破坏，农田质量也有所下降。城市废气降尘以及引用污水灌溉也使土壤遭到重金属的严重污染，农产品品质也受到严重影响。

成都市土壤环境质量的现状是土壤环境总体上良好，95%以上面积达到Ⅱ类环境质量标准，但是局部地区重金属元素存在不同程度的污染（表2-2）。

表2-2　成都市土壤环境质量分级评价表

元素	清洁区（Ⅰ类）面积（km^2）	较清洁区（Ⅱ类）面积（km^2）	污染面积（km^2）		重度污染点性质	污染成因
			轻度（Ⅲ类）	重度（劣Ⅲ类）		
Cd	5534	5812	1025	29	城市、矿产	自然、人为因素综合所致
Hg	9192	3026	157	25	城市相关	成都市区、彭州、新都、邛崃有轻到重度污染，以人为因素为主
As	11316	1067	14	3	矿产、城市	自然因素为主
Cu	8472	3791	134	3	矿产	自然为主、人为因素综合所致
Cr	10174	2042	97	87	（超）基性岩体	自然因素为主
Zn	8354	3976	56	14	矿产、城市	自然为主、人为因素综合所致
Ni	10065	1715	566	54	（超）基性岩体	自然因素为主
Pb	7314	5072	4	10	矿产、城市	自然为主、人为因素综合所致

资料来源：四川省地质调查院完成的“成都盆地多目标地球化学调查”项目成果（项目编号：F3.1.2；科研编号：DK9902075）。

由表2-2可见，成都市Cd、Hg、As、Cu、Cr、Zn、Ni、Pb等重金属元素的现状含量分级总体特征为重金属元素均存在不同程度的污染，尤其Hg元素，局部程度已达重度污染程度。Hg元素污染主要存在于平原区尤其是成都—新都—青白江一带大城市及工业区，具极轻微污染（较清洁区）的土壤分布面积越占平原区总面积的50%以上，轻度污染区呈现多点状分布，地理位置和规模与相应城市的位置基本一致，污染区的规模及强度与城市规模和历史有关。土壤中 Hg 元素含量达轻度污染的区域有城市中心区、邛崃市、新都县、金堂县、崇州市等市、县。成都市区是 Hg 污染面积最大、强度最高的地区。土壤中有不同程度的 Hg 污染存在，特别是二环路已达重度污染，Hg 平均含量大于 0.5mg/kg，是《土壤环境质量标准》一级标准值的 3 倍多，超过二级标准限值，是全国土壤平均值的 10 多倍；最高值达 15.4mg/kg，是《土壤环境质量标准》标准值的 100 多倍，全国土壤平均值的 300 多倍。同时在远离工业污染源的农村地区浅层土壤中 Hg 含量也超过 0.5mg/kg，而不同地层深度土壤中 Hg 含量则趋于背景值。

成都市表层土壤 Cu、Zn、Pb 污染分布特点相似，主要沿龙门山前岷江水系呈扇状分布，主要与龙门山铜铅锌矿化地段高背景物源及其剥蚀迁移有关，在成都市区及平原人口密集区与人类活动影响有关。Cr、Ni 污染分布特点也基本相似，主要受龙门山基性超基性岩体尤其是超基性岩体及其物质迁移形成的高背景控制。As 污染主要受自然背景控制。Cd 污染受龙门山煤、铜铅锌矿及基性超基性岩体分布及其物质剥蚀迁移和人类活动综合因素控制。Hg 污染主要是由人类产生、生活活动导致地表污染元素不断积累的结果。

3. 水环境质量及污染

2008 年成都市岷、沱江两大水系共设置 82 个监测断面，其中岷江水系 57 个，沱江水系 25 个。在 82 个监测断面中，水质以Ⅱ、Ⅲ类为主，Ⅰ~Ⅲ水质的断面占总数的 74.4%。

岷江水质状况：2008 年在岷江水系监测的 57 个断面中，水质以Ⅲ类为主，水质为Ⅰ-Ⅲ类的断面所占比例为 78.9%，呈现逐年增加的趋势。岷江分为外江和内江。岷江（外江）水系主要包括南河（新津）、金马河两大干流及其支流；（内江）水系主要包括府河、江安河、柏条河、走马河四大干流及其支流。岷江外江水系南河水质优，全流域 13 个监测断面全部达到地表水Ⅰ~Ⅲ类水质标准；岷江外江水系金马河水质优良，全流域 17 个监测断面有 15 个达到地表水Ⅲ类以上水质标准。岷江内江水系江安河流域上游水质良好，下游城区段水质较差，所监测 5 个断面有 4 个达到地表水Ⅲ类以上水质标准；岷江水系内江走马河、柏条河水质优；岷江内江水系府河上游水质良好，城区段达到水域功能区划要求，下游为重度污染。

沱江水质状况：沱江主要由北河、中河、毗河三条上游支流汇合而成，另外包含蒲阳河和驿马河等几条主要河流。沱江流域毗河上游基本无自然来水，水质差，中游由于有支流汇入，水质较好。到下游汇入沱江前，水质达到Ⅳ类。北河全年水质优；中河水质为Ⅳ类，为轻微污染；蒲阳河全流域除支流人民渠六支渠水质为Ⅳ类，其余河段水质优良；驿马河上游水质好，下游污染严重。2008 年在沱江水系监测的 25 个断面中，水质以Ⅱ类、Ⅲ类和劣Ⅴ类水质为主，水质为Ⅰ~Ⅲ类的断面所占比例为 64%，呈现逐年明显增加的趋势。

2008 年岷江水系水质污染的主要特征为岷江（外江）水系良好，岷江（内江）水系中上游段水质良好，达到划定的水域标准，中下游段水质污染较重，主要污染项目为氨氮、生化需氧量、溶解氧。沱江干流水质好，支流水质改善，中河入金堂县境清江大桥断面水质好转，氨氮略超标。

成都市省控以上断面水质状况：2008年岷江、沱江水系成都段共设置6个省控以上（其中2个为国控）出入境监测断面。监测结果表明，岷江入境水质良好，出境断面未能全部达标。沱江干流整体水质良好。其中，岷江水系成都入境断面“都江堰水文站”水质为Ⅰ类，优于划定的Ⅱ类水域标准。岷江（内江）成都出境断面“双流县黄龙溪”水质为劣Ⅴ类，未达到划定Ⅲ类水域标准，主要污染项目为氨氮（劣Ⅴ）、溶解氧（Ⅳ）、生化需氧量（Ⅳ）；岷江（外江）成都出境断面“新津岳店子”水质类别为Ⅲ类，保持稳定，达到划定Ⅲ类水域标准。沱江北河成都入境断面“金堂县201医院”和沱江成都出境断面“金堂县五凤”水质保持稳定，达到划定的Ⅲ类水域标准。沱江中河成都入境断面“金堂县清江大桥”水质为Ⅳ类，未达到划定Ⅲ类水域标准，主要污染项目为氨氮。根据岷江、沱江水系出入境监测断面全年逐月监测数据和年均值分析比较，岷江入境水质好于岷江出境水质，岷江（外江）出境水质好于岷江（内江）出境水质。沱江北河入境断面水质好于中河入境断面水质，沱江出境好于沱江入境水质。岷江水系出入境监测断面综合污染指数比较表明，岷江入境水质好于岷江出境水质，岷江（外江）出境水质好于岷江（内江）出境水质。

其他省控断面水质情况：2008年岷江入都江堰境断面“界牌”全年水质优，水质类别为Ⅰ~Ⅱ类；城区锦江及沙河汇合后控制断面“永安大桥”全年均值达到划定Ⅳ类水域功能区水质要求；南河（新津县）入金马河前控制断面“老南河大桥”水质良好，全年均值达到划定的Ⅲ类水质标准，且水质较2007年明显改善；沱江干流控制断面“三皇庙”水质良好，达到划定Ⅲ类水质标准；毗河控制断面“工农大桥”丰水期水质良，平水期和枯水期水质受轻微污染或重度污染，主要污染物为氨氮。

城区水域功能区达标状况：南河百花大桥、沙河杆塔厂和府河大安街断面为成都市城区水域功能区考核监测（即“城考”监测）断面，分别设置在流经市区的府河、南河、沙河上。其水域功能分别为南河百花大桥景观用水、沙河杆塔厂工业用水、府河大安街景观用水。2008年的监测结果表明，成都市水环境功能区水质均为Ⅳ类，达到相应水域功能区水质标准，达标率为100%。

城区主要河流水质状况：2008年流经市区府河在城区入境断面“罗家村”水质达到划定Ⅲ类水域标准。锦江（府河与南河汇合后称锦江）与沙河汇合后控制断面“永安大桥”水质为Ⅳ类，达到划定水质标准。城区13条中小河流监测pH、溶解氧、高锰酸盐指数、生化需氧量、氨氮5项指标，其中鸿门堰、簧门堰、下涧槽、干河水质为Ⅳ类，其余9条河流水质均为Ⅴ类。

城市水污染的主要原因是工业三废和居民生活废弃物等城市污物的处理不当或大部分都未经处理进入城市水体中，导致城市地表水被严重污染，并呈恶化趋势。成都市城区“三河”有机物污染明显，主要污染物为氨氮、溶解氧、高锰酸盐指数、生化需氧量、阴离子表面活性剂（LAS）及粪大肠菌群，超标率在16.7%~83.3%之间。城市地下水的油污染也日益暴露，某些采油与石化工业城市地下水油污染已危及城市供水水源。

4. 酸雨污染状况

作为西部大都市的成都，由于人口众多、工业污染等原因，空气中存在二氧化硫等形成酸雨的物质，加上成都特有的盆地地形，空气流动性不好，成都也出现了酸雨。

（1）城区：2008 年成都市城区降水 pH 值范围在 4.13~7.80，降水 pH 均值为 5.59，酸雨 pH 均值 4.54，酸雨频率 3.5%。根据降水离子分析，降水中离子浓度最大的是硫酸根（22.6mg/L），其次为硝酸根（6.87mg/L）。硫酸根与硝酸根离子当量浓度比为 2.12，这种比例关系呈逐年下降趋势，其中硫酸根浓度趋于稳定，硝酸根浓度逐年上升，表明成都市的酸雨污染呈硫酸型污染，但随着机动车数量的不断增加，机动车排气污染使 NO_3^- 成为仅次于 SO_4^{2-} 影响降水酸度的次重因素。

（2）郊区：14 个郊县（市、区）全年降水 pH 测值范围为 3.77（彭州市）~8.96（青白江区），pH 年均值范围为 5.17（彭州市）~7.20（温江区）。出现酸雨的有崇州、彭州、蒲江 3 个地区，所占比例为 21.4%，三个地区的酸雨频率分别为 9.6%、4.4%、2.6%。彭州市、蒲江县的酸雨频率明显减少，但彭州市年降水 pH 均值小于 5.6。

5. 声环境质量状况

（1）道路交通声环境质量：2008 年成都市城区道路交通噪声平均等效声级为 69.0dB，声环境质量属于“较好”级，平均车流量为 3645 辆 /h；城区污染较重的道路为三环路、静居寺路、机场路、建设路；城区无重污染路段，中度污染路段占监测路段总长度的 5.88%，超过 70dB（A）以上的路段为 108.2km。13 个郊县（市、区）的道路交通噪声等效声级均值为 65.1dB，均处于“较好”以上水平。

（2）区域声环境质量：2008 年成都城区区域环境噪声监测总面积为 248.7km^2，平均等效声级为 54.1dB，声环境质量属“较好”级水平。影响城区区域声环境质量的噪声源中交通噪声影响强度最大，平均为 57.2dB，生活噪声则影响范围最广，占 73.0%。13 个郊县（市、区）的区域环境噪声等效声级均值为 53.1dB，均处于“较好”以上水平。

（3）功能区声环境质量：2008 年成都市功能区的噪声平均等效声级昼间为 58.6dB、夜间为 53.5dB。1~4 类区昼间和 3 类区夜间平均等效声级达到国家声环境质量标准，1 类区、2 类区、4 类区夜间分别超标 1.3、1.5 和 10.2dB；城区功能区噪声污染总体水平变化不大。7 个设立 1 类声功能区的郊县（市、区）昼、夜声级均达标；13 个设立 2 类区的郊县（市、区）昼间均达标，夜间 12 个达标；10 个设立 3 类区的郊县（市、区）昼、夜均达标；13 个设立 4 类区的郊县（市、区）昼间均达标，夜间 12 个达标。

此外，城市发展迅速，污染源点多面广，新的污染形式如城市噪声污染、光污染、电磁污染、城市绿地萎缩等不断出现，且呈加速态势。城市暴露出来的环境矛盾，与西方城市化进程中出现过的人口爆炸、近郊区爆炸、快速干道爆炸和游憩爆炸及自然环境破坏和人文环境破坏类似。

（二）成都市热场及城市“热岛”效应

自 1833 年 Lake Howard 提出“城市热岛”概念以来，城市热环境问题一直备受关注。西方发达国家如美国、英国、加拿大以及西欧等国，相机在此领域开展了多项探索和研究，各国学者对不同地区城市热岛的存在、变化特征及变化趋势、垂直结构、形成原因、影响因子以及城市热岛所产生的影响和数值模拟等开展了大量的研究工作，取得了许多研究成果（Oke，1973；Kidder & Essen wanger，1995；Magee et al.，1999）。近年来城市热岛效应已经成为气候变暖研究中的一个新的热点。如美国的 UHIPP（Urban Heat Island Pilot Project）计划，加拿大的“Cool Toronto Project”计划，日本、西欧等国也对城市热岛极为关注。目前研究城市热岛的方法主要有以下几种，一是利用城区和郊区多年的温度资料做统计分析，如于淑秋等（2005）、谢庄等（2006）、孙凤华等（2006）、阮蔚琳等（2006）、郝丽萍等（2007）、陆晓波等（2006）。二是利用卫星遥感资料反演地温来研究城、郊的地温差以得到热岛效应的特征，如杨英宝等（2006）、张佳华等（2005）、王桂玲等（2007）、郑祚芳等（2006）。三是用数值模式模拟研究城市热岛的特征，如陈燕等（2004，2007）。

大量研究表明，城市空间热环境在全球升温过程中扮演着重要的角色，被认为是主导整个城市环境的要素之一。城市空间热环境对城市微气候、空气质量（近地表臭氧含量）、能源消耗结构以及公共健康等方面产生深远影响，可以说城市空间热环境正在以其特有的方式影响和改变着人们的生产和生活方式。同时，许多研究发现，城市绿地对城市热岛效应的阻隔与分散起着至关重要的作用。因此，进行热岛效应的研究以指导城市绿地规划与建设具有十分重要的理论与现实意义。

1. 成都市热场分布的特点

房世波等（2005）利用 Landsat5 的 TM6 热红外数据和实时的地表温度，优选了一种方法进行成都市地面温度场反演，根据反演结果对成都市地表温度场分布特征进行了分析。选取成都市近郊的龙泉、双流、金堂、新都、彭州和温江六个气象站的数据，利用 GPS 全球定位对这六个气象观测站的百叶窗进行精确定位，从 TM 影像各个处理方案的结果影像上获取这些点位的灰度值，对这六个样本点的气温、地温、灰度值进行回归分析和假设检验。气温大气纠正结果与地温的回归方程：Y=0.340X+18.094，相关系数 R=0.947a，R^2=0.897，Sig.T =0.004。研究表明：①市区与郊区，郊县县城与周边地区，都可以发现城市郊区温度低于城市市区。县级城区以及人口较集中地区，地温、气温均高于周边地区，形成了多个热场中心。这可能与城市“水泥化”，城市建筑物密度较大，大量人为热释放，下垫面缺乏绿地、水体等有很大关系。②成都市区热场中心大多分布在二环路东南部、成都市中心和老川藏路二、三环之间段附近，二环路的东南角热场强度最大。③研究区最低地表温度为 28℃，最高地表温度 67℃，中值为 46℃，平均温度为 46.1℃。城市周边大部分地区地温在 45℃以下，城市内部地温则达到 45℃以上。城区东南部二环路外沿，城区西南部二环与三环之间，城区府河与南河交汇处，这三处地区地温大部分达到 50℃以上，更有部分地区达到最高地温。城区西北部，为城区气温较低的部分，二环以外大部分地温低于 45℃。

2. 成都市城市热岛效应

苏万楷等（2006）、陈辉等（2009）采用该地区 2003 年的 spot、Landsat-7 卫星影像资料，分析了成都市城区热量发布格局和热岛效应；并在对成都市进行城市森林景观格局的定量分析和热量反演算的基础上，结合土地利用分类图、气象观测资料、绿地统计资料，分析城市热岛的成因和对热岛效应的缓解作用。研究表明：

（1）分布格局。成都市热量总体分布格局为东、南多，西、北少。由北偏西方向向东偏南方向热量逐渐增多。由北偏西方向向东偏南方向热量逐渐增多。东南与西北的分界线大致从东北的桂林村开始，向西南方向经秀水村、蔡家丝房、万福桥至西南边的金花村，分界线之南为东南片、之北为西北片。从面积上看，东南片与西北片分别占外环内总面积的 47% 和 53%；从区域热值总量上看，东南与西北分别占外环路内总量的 49% 和 51%。从面积与热值总量可以看出，东南片较小区域内多分布了 2% 的热量值，体现在分布格局上就是东南片热量分布以块状为主，而西北则以条带或零星点状分布为主。

（2）分布方式。成都市热岛分布方式主要以块、线为主，点、团较少。以城市中心—天府广场东南为西界，向东向南至三环路，是热量块状分布的主要区域。线状分布依托于城市交通干线，主要分布线有北边的老川陕路、成彭公路；西边的老成灌公路和成温公路；西南成雅公路和东南老成渝公路。出现极端高温的区域，其分布方式多呈小团状分布。

（3）分布特征。以外环路之内为分析范围，60%左右的区域都处于均值分布区，极点分布数量少，范围小。全市范围内仅出现了攀钢集团成都无缝钢管厂、成都发动机公司、川棉一厂、成都卷烟厂和明达玻璃成都公司等5个极点，而且这5个极点都分布在东南面很小范围的一角，其面积也很小。将分析范围内的绝对辐射亮度分成低、中、高3种级别进行总体、东南、西北3层定量分析可以得到图2-1所示结果，总体上，中值分布面积所占比例为89.2%、低值为1.9%、高值为8.9%；对应东南片为90.6%、2.1%和7.3%；西北片为94.6%、0.4%和5.0%。因此，成都绝大多数区域都属均值分布区。以城市中心天府广场为起点，由西方东、由北向南，复合与南河之间形成了城市中心热块也是第一热块；府河、府河南河交汇后形成的锦江河与沙河之间形成了城市第二热块；沙河与东风渠之间构成了城市第三热块。河流对城市热导分布的改善与隔离作用是明显的。

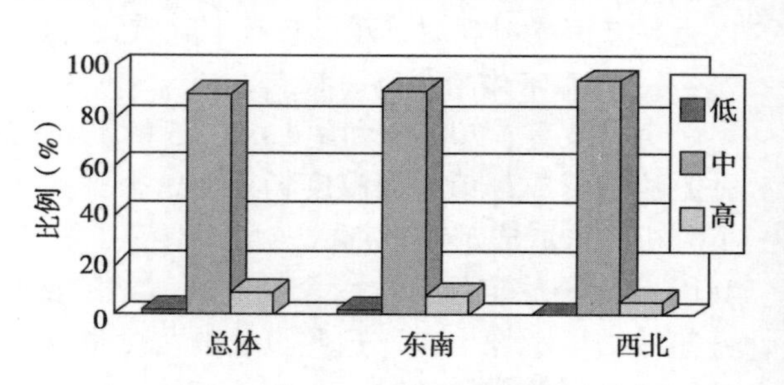

图2-1　分区分级热量分布图

3. 城市热岛产生的成因

（1）地形地貌因素。苏万楷等（2006）研究认为，成都地形地貌因素决定了热岛分布格局的特性。西北方向主要是岷山尾部邛崃山脉，海拔高度多在2800m以上，而东边龙泉山，虽为成都平原与盆中丘陵区的分水岭，但海拔高度低，仅1000m左右。龙泉山山系小，分布窄，远不如西边岷山及邛崃山之雄伟和广布。南边和北边都无大的山脉，但整体城市更靠近岷山山系，北边距离山体的距离远比西边近。夏季冷空气下沉，热空气上升的气流活动十分强烈，从而造成了城市西北向东南热量逐渐增多的分布格局。西北水系发达，沟渠众多也是成都热岛分布格局形成的主要原因。成都西北50km就是举世闻名的都江堰水利工程。岷江由此进入成都平原，饮用、排泄和灌溉等自然和社会原因造就了西北溪河、沟渠众多，水系发达。从而导致西北热量底层交换弱，上层交换强，热岛和热量分布少。

（2）绿地影响。苏万楷等（2006）研究认为，成都市近年来城市绿化成效非常显著，但由于城市基础布局等因素，导致了东南方向与西北方向在绿地组成上存在很大的差异（图2-2）：东南片公共绿地面积占外环路内公共绿地总面积的42.2%，西北片公共绿地面积占外环路内公共绿地总面积的57.8%；东南片生产绿地面积占外环路内生产绿地总面积的70.7%，西北片生产绿地面积占外环路内生产绿地总面积的29.3%；

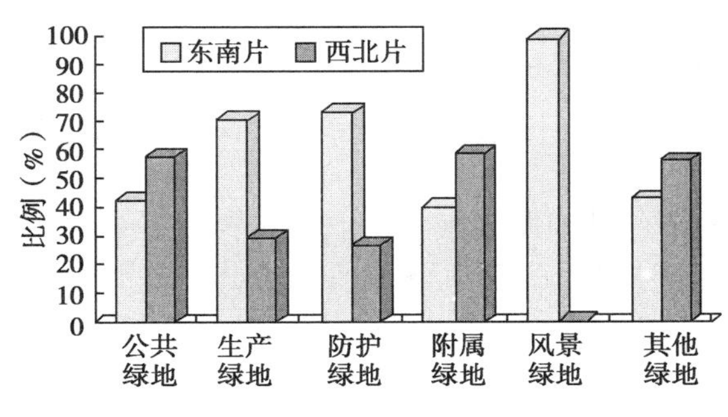

图 2-2 成都市绿地分布图

东南片防护绿地面积占外环路内防护绿地总面积的 73.5%，西北片防护绿地面积占外环路内防护绿地总面积的 26.5%；东南片附属绿地面积占外环路内防护绿地总面积的 40.8%，西北片附属绿地面积占外环路附属绿地总面积的 59.2%；东南片风景绿地面积占外环路内风景绿地总面积的 99.2%，西北片风景绿地面积占外环路内风景绿地总面积 0.8%；东南片其他绿地面积占外环路内其他绿地面积的 43.4%，西北片其他绿地面积占外环路内其他绿地面积的 56.6%。由于大块成片的公共绿地低温显著，而西北片较东南片公共绿地高 15.5%，因而形成了城市西北片向东南片热量逐渐增多的分布格局。

陈辉等（2009）根据卫星图像和热力比例统计分析结果，得出绿地密集和较集中地带为低温和较低温区。一是气温和热力强度高的地区除无缝钢管厂、成都发电机公司等 5 个极点和汽车尾气排放密集等特有热源外，绝大多数为绿色植被稀少的地带。例如：成都市成华区、金牛区、青羊区 3 区的绿化覆盖率（表 2–3）居全市各区的前 3 位，而 2003 年夏季成华、金牛、青羊 3 区的二级（32.5~36.5℃）以上高温面积比分别只有 13%、11%、10%，其中成华区虽然绿化率居全市各区第一，但是绿地较为分散，加之成都发动机公司、川棉一厂和明达玻璃成都公司 3 处特殊热源极点位于该区，故其二级以上高温区面积比例较大；反之，锦江区、武侯区 2003 年夏季二级以上高温面积比分别为 86%、79%，为全市最高，该两区 2003 年的绿化率和人均公共绿地面积（表 2-3）均低于全市平均水平，为绿色植被覆盖稀少区。二是成华区与金牛区绿地和热岛效应状况分析结果表明，该两区绿化覆盖率为全市最高的两个区域。尤其是成华区，绿化率和人均绿地率分别达到 54% 和 12.1%，均高于金牛区，但其热中心面积分布和整体温度均高于金牛区。分析其原因是成华区绿化面积最大，绿化率最高（表 2-4），但绿地斑块个数最多，整体破碎度较大，较分散；而金牛区绿地较为集中，该区西北部大部分地区绿地分布面积较大且集中,形成了相对低温中心区。青羊区和锦江区也是同样的情况，此二区同属人口密集及交通繁忙地区，且青羊区绿化率 25.1% 与锦江区的 23.5% 接近，但由于青羊区公园绿地面积较大而集中，如浣花溪公园（占地 32.32hm^2），故其绿岛效应显著。而锦江区虽然有望江公园和塔子山公园，但面积都相对较小，其他绿地不仅规模很小而且分布凌乱，故其绿岛效应不明显，致使锦江区市区温度高于青羊区。

表 2-3 成都市中心城区各区绿地面积及绿化率统计表

项目	成都市	锦江区	青羊区	金牛区	武侯区	成华区	高新区
建成区面积（hm^2）	28386.0	3546.0	3903.0	5982.0	6268.0	5288.0	3399.0
绿地面积（hm^2）	8424.5	832.9	980.4	1819.3	1338.5	2853.4	600.0
绿化覆盖率（%）	29.7	23.5	25.1	30.4	21.4	54.0	17.7

表 2-4 成都市人均公共绿地面积统计表

项目	成都市	锦江区	青羊区	金牛区	武侯区	成华区	高新区
建成区面积（hm^2）	28386.0	3546.0	3903.0	5982.0	6268.0	5288.0	3399.0
公共绿地面积（hm^2）	1909.6	128.9	227.6	461.0	172.2	763.3	156.7
城区人口	305.21	46.32	55.73	71.93	54.37	63.29	13.57
人均公共绿地面积（m^2/人）	6.3	2.8	4.1	6.4	3.2	12.1	11.5

（3）森林植被影响。房世波等（2005）定量分析了植被覆盖和水域廊道对地表温度场分布的影响。研究表明，绿色植被对地表温度影响很大，为更好地分析城区绿化对降低温度的作用。根据绿地的实地调查图和NDVI图的对照解译，认为NDVI大于0.00的灰度为有植被覆盖，理论上认为NDVI的值越大植被覆盖率越大，所以根据NDVI的大小进行了植被率分级。将NDVI的值从0.00~0.30平均分为六级，大于0.30的为第七级，植被覆盖率从一级到七级依次升高。为了能定量的表现NDVI与地表温度分布的关系，也将地表温度分为六个温度段分别是：40~43℃；44~47℃；48~51℃；52~55℃；56~59℃；60~63℃。将NDVI分级图像和地表温度分级图像进行overlay运算，统计每NDVI分级中各个温度段像元数占此NDVI分级的总像元的百分比，见表2-5。

表 2-5 不同 NDVI 指数下的各温度段像元百分比（%）

NDVI / 温度	0~0.05	0.05~0.1	0.1~0.15	0.15~0.2	0.2~0.25	0.25~0.3	>0.30
40~43℃	1.37	1.97	3.28	7.51	4.67	3.23	0
44~47℃	3.56	4.74	9.49	13.47	8.88	12.90	10
48~51℃	33.93	38.86	50.06	53.20	64.95	63.44	80
52~55℃	51.40	45.52	31.64	22.08	20.09	16.13	10
56~59℃	8.55	7.78	5.42	3.53	0.93	3.23	0
60~63℃	1.21	1.13	0.11	0.22	0.47	1.08	0
总计	100	100	100	100	100	100	100

陈辉等（2009）分析了热岛强度分布和城市森林格局的关系，发现：成都市热岛效应的分布特点以块、线为主，点、团较少，全市范围内除了成都无缝钢管厂、川棉一厂等5个热源地区出现极值外，大部分区域的热量都呈现均值分布的状态。从整体上看，成都市热量分布呈现东南多西北少的格局，而成都市城市森林的分布格局也呈现出西北片区的大面积城市森林公园较多，东南片区的城市公园绿地则相对较小，且分散的特点。二者在此成负相关。成都市中心城区的6个行政区中，青羊区的热量分布最少，原因除了该区域没有典型的极值热源分布外，还在于该区的城市森林分布较为密集，而且集中了一些面积较大的城市森林公园，锦江区位于成都市东南面，由于有特殊极值热源的分布，加上该区域绿化总面积相对较少，且绿地破碎度较高，缺少大面积的城市公园绿地，故其热量的分布在六区之中最多。

（4）水体影响。房世波等（2005）用 TM741 的假彩色影像解译并提取河流水域信息，用 overlay 将水域层和地表温度分布层进行叠加，分析水域部分的温度分布情况。再在河流水域左右两边作缓冲区分析，缓冲区分别为：距离水域 30m，距离水域 30~60m，距离水域 60~90m，距离水域 90~120m，距离水域 120~150m。然后进行各个缓冲区面的地表温度分布分析，分别计算各个温度的分布面积在所在缓冲区面内所占面积的百分比。以地表温度为横坐标，以面积累计百分比为纵坐标作图，如图 2-3，图中曲线上某一点的意义应解释为：低于某一温度的分布面积在所在缓冲区所占的面积百分比。从图 2-3 所看地表温度的分布情况，可以得出：从水域到距离水域 30m，距离水域 30~60m，距离水域 60~90m，低温部分所占比例依次降低，而高温部分所占比例依次升高。但 90~120m，120~150m，温度分布已经变化不大，即基本可以推断，试验区的水域廊道景观对水域两边地表温度的影响范围大约为 90m。90m 以外，地表温度已基本不受水域廊道的影响。

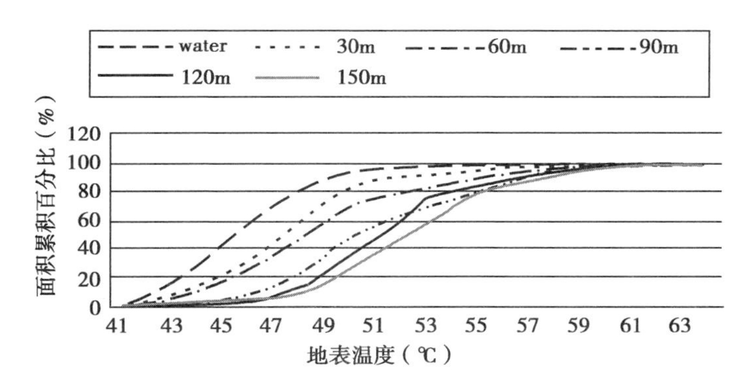

图 2-3　水域对地表温度分布影响图

此外，大面积的水体与森林绿地，对城市热岛效应所起到的降温效应越明显。如成都市浣花溪公园（2003 年春天建成）对热岛效应缓解作用的分析表明，利用 2000 年和 2003 年在该区域检测的气象资料，可客观地反映出绿地建设前后该地区热岛强度的变化，本研究利用市区各观测点的 7 月平均最高气温减去在浣花溪公园附近（以浣花溪公园为中心，半径 r=500m 的区域）测点检测到的 7 月平均最高气温表示该观测点的热岛强度。根据检测和分析，浣花溪公园绿地夏季高温季节对周边地区热岛强度的缓解作用至少应为 0.8℃以上。

（5）城市发展格局影响。成都市属我国西南历史名城。长期的自然发展导致了城市“摊大饼”式的发展格局，在工业上，东多西少，东重西南轻的格局，在人口分布上，中心密集，边缘少。从城市热量分析来看，由河流和绿地隔离形成的三大热块中第二和第三都是由此发展造成的，只有第一热块属人口的密集分布所致，但其分布面积少。因此，总体上看，成都市热量分布形成的机理除自然因素外，更主要的是城市布局和工业、人口分布所致。

三、“城乡一体化”背景下的成都市城市森林建设思路

城市的快速扩展和城市化进程的加快，一方面促进了社会、经济、文化和科技的发展，另一方面也带来了许多生态环境问题，如大气污染、噪音污染、水体污染、热岛效应、生物多样性减少和资源短缺等，同时也造成了城乡差别扩大的“二元经济结构”等社会问题。当前，城市生态环境问题尤为突出。据统计，城市建成区面积占陆地总面积的2%却拥有总人口的43%，城市废弃物和二氧化碳排放量分别占总排放量的70%~80%和78%。绝大多数城市存在大气污染、水体污染、噪音污染、热岛效应、生物多样性丧失等环境问题严重威胁居民健康。国内外城市的环境治理实践已充分证明，“森林走进城市、城市融入森林”是解决城市生态困境的可行途径，已成为提升城市形象和竞争力、推动区域经济持续健康发展的新理念。

新时期，城市森林已不只是过去单纯意义的景观需要，而是作为一个城市可持续发展的生态基础，从城市整体来考虑森林的结构和功能。城市森林已突破了过去纯粹的以城市市区绿化为终极目标的狭义的森林概念，也超越了以往以城市美化为目标的狭隘的园林思想，成为一种为城市生态系统服务的新型的森林体系。城市建设布局应与城市林业有机结合起来，体现城区绿岛、城边绿带、城郊森林的特色；将“林网化”建设与“水网化”建设有机结合起来，以期在发挥森林净化水体作用的同时，较好地利用城市水体改善森林生长环境；将重点林业工程与城市森林建设有机结合起来，共同构建以林木为主体、森林与其他植被有机结合的绿色生态安全体系，形成城区公园及园林绿地、河流道路林网、近郊远郊森林公园及自然保护区协调配置的城市森林生态网络体系。

（一）成都市城市森林建设存在的问题

“城乡一体，统筹发展”是成都市市委、市政府作出的重大战略部署，就是要打破城乡二元结构，建立新型城乡管理体制，推进城乡绿化一体化，统一规划，统一实施，创建国家森林城市。目前，森林覆盖率达到35%，绿地面积3830hm^2，人均绿地面积3.5m^2，建成区绿化覆盖面积4731hm^2。绿地、森林总体水平不高，在西部12个中心城市低于重庆、西安、昆明。

通过对成都市城市森林的初步调查，呈现这样几个特点：

（1）园林特色浓重，文化底蕴深厚。望江楼公园修葺古建筑，浣花溪公园在湿地上修建廊桥，百花潭公园请来川内名书法家题写楹联等，突出文园同韵、祠园共融的传统园林特色，对城市原有自然风貌进行保护和建设。以锦江（府南河）、沙河为代表的滨河景观带相继建成，使“两江抱城”的城市格局更加显现，突出了清波绿林绕蓉城的水系风景特色。在城市绿地规划中提出了“绿楔隔离、绿轴导风、绿网蓝带、五圈八片、多园棋布，楔、网、圈结合”的绿地格局，实施了锦江环城绿地、“五路一桥”绿化、浣花溪公园、东湖公园、沙河带状公园、北郊风景区、十陵风景区以及近年来分布于城市中心区的小游园、小广场以及干道、水系、风景林地的绿化建设。

森林城市不是被森林包围的城市，而是营造以森林、林木为主体的绿地，形成良好生态系统的城市。在城区内看到大片森林不仅是市民的理想，也是今后城市绿化的方向，即生态绿化、近自然绿化。“园林是人工的雕琢，森林是自然的生态”。

（2）城市森林分布不均，林木山区多、平原少。有些山区森林覆盖率达 50% 以上，而有的城区仅 10% 多一点。国家园林城市要求绿地率达 30% 以上，绿化覆盖率达 35% 以上，人均公共绿地 6.5m^2。而国家森林城市则要求绿地率达 35% 以上，城市林木覆盖率 30% 以上。以指标来衡量，目前成都离国家森林城市标准还有距离。城市规划建成区绿地率只有 33.03%，离要求还差 2%；另外，周边镇、村及农民聚集区绿化率较低，与国家标准相差达 5%，如镇绿化率要求 30%，但目前成都只有 25%，村和农民聚集区要达到 25%，现在只有 20%。

（3）对城市森林的认识不足，缺乏城市森林建设规划。一是没有正确认识到城市森林的功能与作用，城市森林生态建设滞后于城市建设；二是基于对城市森林的认识误区，当前城市绿化偏重于园林化，没有考虑城市森林的生物多样性，城市森林建设普遍存在绿地少、绿量少、绿荫少、布局不合理、群落结构简单等问题；人工雕琢的痕迹多，比如林下草本、灌丛被割除、植物的枯枝落叶被清除等，特别是市区林地，植物组成简单，纯林、纯草类型比重大；人工植被比重大，由于城市周围的土地基本上是农业生产用地，保留的林业用地十分有限，人工造林成为城市森林建设最主要的方式。在城市植物配置模式上，从草坪广场城市到花园城市直至现在的森林城市，存在的最大问题就是城市森林植物在城市中已不是生命圈内的生产源，不是完整意义上的森林，而是蜕变为形式上的绿化美化性质，使森林在城市中调节生态环境的能力逐步消失。忽视城市“内部的绿肺”建设与生态廊道建设，导致城市森林植物配置仅仅起到绿化美化作用而忽视其生态功能的发挥。

（4）乡土特色植物、乔木少，森林景观单一。照搬国内外其他城市模式，盲目引进和大量种植洋花、洋草、洋树，不仅会给我国植物安全带来隐患，而且投入巨大，管护负担也十分沉重，如引种的银海枣、榕树等热带树种，夏日搭荫棚为其遮阳，冬日穿上暖衣为其御寒。2004 年，成都市遭遇历史上罕见霜冻天气，41 种热带、南亚热带植物都遭到不同程度的冻害，有的植物几乎全部冻死。成都的树木大多太过矮小，没有郁郁葱葱的效果，且经常布满灰尘，除了公园美观外，街道绿化千篇一律，说不上什么森林景观。此外，大树“进城”，劳民伤财等，忽视植物生物学特性，城市森林植物配置片面追求古、新、奇，城市森林的许多树种不能满足景观效果、净化污染等特殊需求。

（二）成都市城乡一体化的城市森林构建思路

1. 城乡一体化格局与城市森林景观

从社会经济的角度来看，城乡一体化是解决城乡矛盾和缓解城乡差别的有力措施，可以改善“城乡二元经济结构”，实现城乡资源的合理配置，使城乡之间的劳动力、技术、资金和资源等生产要素在一定范围内进行合理的交流与组合，实现城市与乡村的协调发展，它符合城市发展的新理论。

从生态学角度看，城乡一体化能实现空间上的耦合和功能上的互补。因为城市中心区域的森林绿地，只能在一定程度上起到改善城市生态环境的作用，还不足以改善城市整体环境质量。将郊区广大区域的森林纳入城市生态建设的组成部分，实现城乡一体的现代林业建设是提高城市生态环境质量的有效途径。如就城市空气的质量状况而言，城市存在两种主要的低空气流的交换，一是城市内冷凉地带（绿化区）向炎热面的局部环流，二是从四周郊区向城市中心区的气体交换。城市与郊区自然生态系统，特别是森林生态系统，表现出源与汇功能的耦合。

在成都市，沿着城市——乡村的梯度，景观表现为：山丘自然景观——乡村景观——城乡二元化景观——城乡一体化景观——城市景观的自组织生态演化序列。从城市景观的空间格局来看，整个城市地域空间由内向外可划分为3个连续带：中心城区，即建成区（包括五城区及高新区）；边缘带，为已用于城市建设或已经规划为建设用地的大多数区域以及城乡结合部的待开发农村土地（包括近郊区的新都、青白江、龙泉、华阳、双流、温江、郫县等六个城市组团），城市的影响已经渗入；山丘农村腹地（远郊区则包括都江堰、邛崃、彭州、崇州、金堂、大邑、蒲江、新津等市县），可以感受城市影响，但土地利用形态为农、林业。根据人为干扰的程度，景观可以按从原始自然环境到高度人为改造的城市环境梯度，分为没有种植或未受破坏本土植物为主的自然景观、经营景观（包括种植或经营的本土和外来物种）、耕作的农业景观、城郊景观和城市景观等5个类型。

城乡一体城市森林就是将城区、郊区及其为城市服务的森林作为一个自然生态复合体，进行系统规划、系统建设和系统经营，它是融城市园林绿化、城市防污林、城市环境保护林、景观休闲林和近郊用材或经济林等于一体的森林生态系统，其目的是提高城乡自然生态系统的水平，为区域经济的可持续发展提供一个良好的生态环境和优质的自然资源库，满足城市发展对森林生态系统服务功能的需求，实现森林的美化功能、休闲功能、生态功能（净化和阻隔功能），构筑城乡一体化的生态安全网络。

2. 城市森林构建思路

森林作为陆地生态系统的主体，是维持地球生物圈的主要生命支持系统，也是人类赖以生存与发展的物质基础，对维持陆地生态系统的可持续发展有着重要作用。当前，世界各国都把发展城市森林作为增强城市综合实力的手段，作为城市现代化建设和可持续发展水平的重要标志。城市森林作为城市生态建设的主体，是城市生态系统的重要组成部分，具有吸收和降解城市污染物，改善城市小气候，减轻或消除城市热岛效应，维持市区内的碳氧平衡，满足市民美学需求，提高人类身心健康等生态功能。城市森林建设是生态服务功能需求演变的结果。

城市森林是基于城乡一体、统筹管理的发展战略，体现了人类社会对森林生态系统生态服务功能和价值认识的完整性，现代社会对林业需求的多样性，森林资源经营管理目标的多元性，也反映出了人类生态需求的阶段性、层次性和多样性。因此，成都市城市森林建设要注重在两个方面提高认识：

一是城乡一体，转变思路。城市森林建设必须纳入城乡一体化建设体系，以科学发展观为指导，以改善城市生态状况和建设和谐的人居环境为中心，切实把握六个转变，即：由注重绿化景观效果向注重绿化生态效果为主并兼顾景观效果转变；由注重花草绿化向注重乔木绿化转变；由注重城区绿化向注重城乡绿化一体化转变；由注重人工造景向注重近自然绿化转变；由注重单纯绿化建设向注重绿化建设、绿地管护、湿地保护和生物多样性保护全面发展转变；由拆违建绿、见缝插绿向将绿化纳入城市基础设施建设、统一规划建设转变。

二是城乡统筹，科学规划。坚持立足长远、因地制宜、注重特色、科学布局、城乡统筹，科学规划城市森林建设，把绿化建设与城市的长远发展、与环境和资源的保护利用、与人民群众日益增长的物质文化需要结合起来，以“城在林中，路在绿中，房在园中，人在景中”为目标，以大城市带动小城市，以城市带动乡村，加强城乡结合部绿化，推进山区、农区、城区绿化，努力建成符合现代城市生态要求的城乡绿化一体化的森林体系。

根据成都市自然、社会、经济、人文、历史等特点，基于注重生态建设、生态安全、生态文明的林业建设思想，城市森林发展的思路是:以“以人为本，人与自然共存”思想为指导，在空间布局上，强化森林生态网络体系点、线、面一体建设的理念，把景观生态学的原理和方法应用到城市森林规划的具体实践当中，围绕林和水两条主线，以城区为核心，以建设生态公益林为重点，结合湿地系统的保护与恢复，全面整合山地、丘陵、平原森林，道路、水系、沿湖（库）各类防护林、花卉果木基地、城区绿地、城镇村庄绿化等，建立山地丘陵森林为主，各类防护林相辅，生态廊道相连，城镇村庄绿化镶嵌，全市一体的森林生态网络体系，实现森林资源空间布局上的均衡、合理配置。

3. 成都市城市森林体系构建

城市森林的构建，首先，要处理好城市森林景观体系的斑块、廊道、本底要素的空间格局;其次，处理好城市森林景观体系的基质、交错区、边界等元素的组成与融合。因此，城市森林构建的主要内容为：一是在建成区内，主要开展与森林、湿地相结合的城市生态社区建设以及楼体、桥体等建筑体的立体绿化建设，合理建设中小型森林斑块，构建森林“绿肺”，缓解城区的热岛效应；二是河流、道路建设森林廊道，是为了连接森林生态本底，使城市森林生态系统能量流动保持连续性；三是城郊交错区边界的节点森林建设，原有的森林植物群落予以保护，破碎的人工森林植物群落进行改造，扩大城郊森林面积，以风景林、防护林和用材林等为主，具有休憩、防护、生产、森林浴等功能，向城区输入新鲜空气和负离子，调节城区的生态环境，服务于城区生活、文化和生产，以保持物质能量物种流动；四是远郊的森林公园和环城林带等，改善城市的景观格局，维护城市的生态安全，疏散人口，限制城区的无序蔓延，有利于与周边的地区形成绿色廊道，构筑城市的绿色生态屏障。

城市森林生态景观体系中，本底是森林。因此，森林的面积应大于其他要素的总和即占总面积的50%以上，城市森林斑块的面积尽量扩大，密度适当加密，在空间的分布、位置和排列上，尽量均匀，形状可以不规则；森林生态廊道是为了连接森林生态本底，使城市森林生态系统能量流动保持连续性，节点是走廊互相交叉相连点，从而形成网络，起到本底的作用。因此，节点的选择、道路的走向、森林植物群落的选择、绿化的形式、绿化的面积、生态合理性和观赏的美学效果等，都是城市森林生态景观体系构建重要内容。

根据成都市城市建设、城市绿化和城乡一体化发展等的现状与需求，利用本区域自然条件优越、山丘区森林丰富等优势，紧密结合城市人居环境建设、园林绿化建设以及郊区县的山丘区林业生态工程建设，以提高城市森林的数量、质量、生态服务功能为目标，构建城乡绿化一体化的多树种、多色彩、多效益的城市森林体系，在成都市城市森林构建的重点如下：

（1）城市森林廊道构建：

——贯通城区、郊区、山区的城市森林生态廊道构建

城市是一个开敞的复合生态系统，要维护城市森林生态系统的良性循环，应尽量保持生态廊道的平衡状态，形成市域绿化空间的相互连接体，并通过城郊区域的农田、林地、河湖水系等与外界环境进行物质和能量交换，才能实现完全的生态过程。城市森林规划时应加强城市森林的核心和辐射作用，形成外嵌于内的绿化连接体，建设好绿色走廊，实现城乡一体化、内外环抱和贯通的绿地系统格局。城郊森林作为城市森林的延伸部分，具有作为野生动物栖息地、保护乡土树种、维持生物多样性和改善城市生态环境等生态功能。

在成都市，以城区为中心，到郊县的公路、河流等通道，构建成为辐射状的城市森林生态廊道，增强城市森林系统对外部条件变化的自我维持机制，这不仅给生物提供更多的栖息地和更大的生境面积，而且有利于城外自然环境中的野生动、植物向城区转移，维护城市森林景观格局的连续性。为此，重点在城区、郊区、山区不同地段，结合各地段的自然、经济、人文特点，开展基于城市森林建设的生态修复技术试验、景观与植物配置技术试验，分析其结构与功能，充分考虑自然环境资源及其承载力，对气候、地形、水文、土壤、植物和景观等进行合理配置，开展优化配置模式及其营建技术研究，典型试验示范贯通性公路生态廊道、河流生态廊道建设技术模式。

——林网与水网生态脉络构建

林网化与水网化是林水结合的一种城市森林环境建设理念。林网化不是林带化，而是指通过林带把以林木为主的各类绿地连接起来形成一个整体的森林网络，达到林荫气爽，鸟语花香；水网化也不仅仅是指河流水系沿线的防护林建设，还包括连接、疏浚城市范围内的各种水体，以利于水体的流动和水质的改善，达到碧水环绕，鱼跃草茂。

基于成都市以府南河为主体的河流、湿地等水体分布特点，重点研究整合林地、林网、散生木等多种模式，有效增加城市林木数量；恢复城市水体，改善水质，使森林与各种级别的河流、沟渠、湿地等连为一体；建立以核心林地为森林生态基地，以贯通性主干森林廊道为生态连接，以各种林带、林网为生态脉络，实现在整体上改善城市环境、提高城市活力的林水一体化城市森林生态系统。

（2）城区森林景观斑块构建：

森林是城市之“肺”，没有森林，城市的肌体将遭到严重损伤，城市功能也就得不到更有效的发挥。城市森林景观斑块应依据生态学原理建设，并促使其逐步向地带性植被特征演化，以发挥生态环境保护功能和景观功能为主，兼顾生态经济效益，以乔木为主体的城市森林景观，具有生物多样性高，结构复杂，生态效益高，人工养护少等特点。通过城市森林景观斑块建设，充分发挥乔木的优势，向空间要效益，使园林与自然生物群落有机结合，规模发展，点网相连，廊带相通，为城市生物多样性的保护、丰富奠定优越的基础。它是城市生态系统中具有自净功能的重要组成部分，在改善城市环境、美化城市景观、调节生态平衡，保护人类健康、维持城市可持续发展等方面具有其他城市基础设施不可替代的重要作用，也是衡量城市现代化水平和文明程度的重要标志。

——与森林、湿地相结合的城市生态社区模式构建

在城市森林的建设中，城市空间资源对改善城市生态环境具有巨大潜力，充分利用乡土树种，模拟地带性植被类型，形成与本地区气候相适应、相对稳定、结构合理的城市森林生态系统，体现城市的独有风格，而且也能使城市森林成为能自我完善、自我维持的半自然生态系统。因此，根据成都市不同类型的住宅小区的特点，开展社区森林实体、湿地及其与楼体相结合的布局技术、配置技术试验，研究分析生态社区的森林、湿地结构与功能，试验示范不同生态社区的森林、湿地配置模式，研发小区开发与森林、湿地相结合的城市生态社区建设规划与设计技术，典型试验示范小区开发与森林、湿地相结合的城市生态社区建设技术模式，建立多样性的城市森林生态植物群落，维持生态系统的稳定和平衡，保持城市的可持续发展，要根据当地植物演替规律充分考虑群落中物种的相互作用和影响，以及考虑人的行为方式、心理需求、生理需求来构建森林植物群落。

——屋顶、桥体等城市立体绿化模式构建

城市立体绿化模式构建，要以增加三维绿量为中心，充分发挥空间生物量、叶量占有率，形成了一种相互依存、相互促进的有机体。根据成都市楼体和桥体的特征，进行典型剖析，结合特定环境、建筑特点，开展植物选择技术、优化配置技术及其栽培技术试验，建立不同模式试验示范，开展立体绿化的生态效益、人居环境效果评价，制定城市立体绿化植物种类及其优化配置方案，组成乔、灌、藤、草、花相呼应的近似天然的植物群落，发挥城市森林斑块良好的生态效益。

（3）城郊森林景观接点构建：

城郊森林景观节点是走廊互相交叉相连点，从而形成网络，起到本底的作用。因此，节点的选择、道路的走向、森林植物群落的选择、绿化的形式、绿化的面积、生态合理性和观赏的美学效果等，都是城市森林生态景观体系构建重要内容。因此，结合成都市城郊花卉苗木基地和林果基地建设，突出以绿色产业链条为纽带构成的城乡一体、城市反哺农村新经验，满足了“市民要健康、农民要致富、生态要保护、社会要和谐”多种需求，建设生态产业，通过产业兴绿，为林农增收致富，推进城乡一体化。重点研究开展花卉苗木、林果等多种模式相结合的城郊观光林业发展模式，调查分析观光林业发展现状及其效益，研究城郊观光林业发展与社会经济的耦合关系，应用相关林业、园林、景观配置技术，进行观光林业内部结构调整和改造，典型试验示范生态效益好、经济效益高的城郊观光林业发展模式，形成城市森林景观生态体系的连接点。

城市森林不同于一般地园林绿化，它是以城市及周边地区为整体，既要全面考虑森林综合效益和功能的发挥，也要照顾到不同区域的特定景观和功能要求。所以在生态大都市的建设中要合理布局以花草林木构成景观多样性、生态系统多样性和生物多样性为特征的城市森林。城市森林使园林与自然生物群落有机结合，规模发展，点网相连，廊带相通，为城市生物多样性的保护、丰富奠定优越的基础。如在北美地区的城市里 1/3 树木，1/3 草坪，1/3 建筑铺装表面和其他，城市森林的覆盖率占 33%，绿地覆盖率 66%。在美国城市中可见“二多一少”，即树木花草多，野生鸟兽多，建筑少。我国历史名城上海，近期启动的“城市森林”建设计划，其总体规划也体现“二环八纵，六片一连，多廊多带”的城市森林格局。

成都市具有独一无二的地理地貌和动植物资源优势，有深厚的文化底蕴和现代生态文明的结合，有城区、近郊和远郊完整的森林城市建设成果，完全有条件建设成为具有全国意义、甚至世界级典范的生态城市。

第二节　城市森林群落结构研究

一、研究区概况

成都市区地处成都平原，平均海拔高度在500m左右；青城山风景区距离成都市区不到40km，是最靠近成都市区的森林植被，低海拔区域（700~1200m）的植物一般可以适应海拔500m左右的生境条件，故选择青城山风景区低海拔区域具有地带性特征的植物群落（即低山常绿阔叶林）为成都城市森林的近自然植物群落构建的参考体系。结合成都市区城市森林的现状，选择典型园林植物群落作为比较研究的对象。

选择青城山地区和成都市区中植被特征突出、最具代表性典型性的地点作为研究区，即成都市青城山景区内低海拔区、都江堰风景区（下文简称“青城山”），主要分布于青城山的天然图画、天师洞、上清宫、普照寺，都江堰的般若寺（以上地点海拔高度在700~1200m），以及成都市区的浣花溪公园和文化公园等地。成都市区的调查样地主要以公园绿地中的园林植物群落为主，其生境、物种组成和结构组合等具有较显著的代表性和典型性，基本可从这些群落的现状反映成都市区植物群落配置模式及构建现状。

（一）青城山概况

青城山地处四川盆地西部边缘山地著名的“华西雨屏带”的中北段（陈昌笃，2000），约30°54′N和103°35′E。核心区面积为23.5km^2，分布于平坝与山区接壤地带，海拔为650~1200m。区内气候温和湿润，属亚热带温湿型气候，年平均温度15.2℃，最热月极端温度34.2℃，最冷月极端温度–7.1℃，平均相对湿度81%，年均降水量1225.1mm，无霜期271d。受地形和大气环流影响，云天多、日照少，最大太阳辐射量在7月，最小在1月。青城山处于我国西部高原山地与成都平原两大地形阶梯的转折部，其地质构造复杂，新构造运动强烈，地形高低悬殊，地带性明显，地质地貌上以“丹岩沟谷，赤壁陡崖”为特征，土壤类型主要为山地黄壤，母岩为侏罗纪紫色砂岩、泥岩和砾岩的坡积物（四川地方志编纂委员会，1993）。

该区处于东亚植物区系的两个亚区（中国—日本森林植物亚区和中国 - 喜马拉雅森林植物亚区）的交汇处，同时，植物区系上属“横断山脉植物区系地区”向“华中植物区系地区”的过渡区，北面不远就是“华北植物区系地区”等黄土高原亚地区。其地带性植被属于中亚热带常绿阔叶林，植被区划隶属于：

I. 川东盆地及西南山地常绿阔叶林地带

　IA. 川东盆地偏湿性常绿阔叶林亚带

　　IA4. 盆地西部中山植被地区

　　　IA4（2）. 龙门山植被小区

青城山风景区植被地带性分布规律受水平地带性、垂直地带性和“盆地效应”三方面因素控制。主要植被类型有亚热带常绿阔叶林、常绿落叶阔叶混交林和暖性针叶林。植物区系组成十分复杂，吴征镒所确定的中国种子植物属的 15 个分布型中，青城山森林植被中就有 13 个。

青城山风景区保存着比较完整的亚热带常绿阔叶林，它是我国中亚热带的典型地带性植被类型（陈昌笃，2000）。研究区主要位于都江堰青城山的 700-1200m 的中亚热带低山常绿阔叶林带范围内，植物区系组成以亚热带成分为主。虽然低海拔植被受到人类长期农耕等活动的影响，但因受到青城山、都江堰风景区管理和寺庙古建筑保护等，使青城山基带植被的原始面貌基本保存完好，多数群系尤其是较低海拔分布的原生性植被群落类型，仍能通过原貌保存较好的、小片状的局部分布来研究低海拔植被的垂直带的整体状况。优势种是樟科的楠木（*Phoebe zhennan*）和四川润楠（*Machilus sichuanensis*）等，同时也有由山茶科的四川大头茶（*Gordonia szechuanensis*）和壳斗科的栲树（*Castanea fargesii*）、江南石栎（*lithocarpus harlandii*）为优势的常绿阔叶林出现。

（二）成都市自然概况

成都市位于川西高原向四川盆地过渡的交接地带。西部属于四川盆地边缘地区，以深丘和山地为主，海拔大多在 1000~3000m 之间；东部属于四川盆地盆底平原，是成都平原的腹心地带，主要由第四系冲积平原、台地和部分低山丘陵组成；东、西部高低悬殊，热量随海拔高度急增而锐减，所以出现“东暖西凉”两种气候类型并存的格局；全市地势差异显著，西北高，东南低，土层深厚，土质肥沃，开发历史悠久，垦殖指数高，土壤区域分别属于“四川盆地的丘陵紫色区域”中的“盆西地区”和“盆周山地黄壤区域”中的“盆周西北地区”两个二级区划。西部山地随着海拔升高，气候与植被渐次演变，依次出现山地黄壤、山地黄棕壤、棕壤、高山灌丛草甸土、高山寒漠土等山地土壤，形成完整的亚热带山地垂直带谱。

成都市主要有森林植被、农田植被、园艺园林植被、草地植被。植被基带为亚热带常绿阔叶林，凡亚热带植物均可在成都市的平原及低山丘陵地带种植。

成都市自然植被属于亚热带常绿阔叶林地带，植被分布受水热等条件的影响呈现规律性的变化，出现水平地带性特征，且植被垂直地带性突出。海拔 1500m 以下是低山常绿阔叶林，以樟科的楠木和栲树为主；1500~2000m 属于中山常绿阔叶林，优势种主要有扁刺栲（*Castanopsis platyacanlha*）和华木荷（*Schima sinensis*）等；2000~2800m 是常绿阔叶与落叶阔叶混交林，以石栎（*Lithocarpus glabra*）、木荷、珙桐（*Davidia involucrata*）等为优势种；2800~3200m 是亚高山针叶与阔叶混交林带，由铁杉（*Tsuga chinensis*）、槭属（*Acer*）、桦木属（*Betula*）等构成，即铁槭桦林；2800~4000m 属于亚高山常绿针叶林带，主要由云杉属（*Picea*）和冷杉属（*Abies*）等组成，云冷杉林退化可能出现杨桦为主的亚高山落叶阔叶林，再退化变为亚高山灌丛、亚高山草甸；4000m 以上为高山灌丛，5000m 以上属于高山流石滩植被。

新世纪以来，成都市的城市规模急剧扩大，园林绿化有了跨越式的发展，特别是在城市中心区，相继建成了众多城市公园，如文化公园、浣花溪公园、沙河公园等大型绿化项目，也在市区建成了大量绿化广场和小型公园绿地。

二、研究方法

（一）样地选择

以青城山低海拔区域的具有地带性特征的植物群落即亚热带低山常绿阔叶林和成都市区的城市森林现有典型植物群落为对象。根据植物群落类型及其分布，在青城山海拔高度1200m以下区域，选择20个小片状保存情况较为良好、群落结构较为完整，且具有典型性和代表性，并处于生长稳定阶段的亚热带低山常绿阔叶林的植物群落样地（每个样地20m×20m）进行相关调查；在成都市区内的文化公园和浣花溪公园，选择31个典型的城市森林植物群落样地（每个样地10m×10m）进行调查（见表2-6和2-7）。在每个20m×20m的样地和10m×10m的样地中分别划分10个5m×5m和10个2m×2m的乔木小样地，在每1个5m×5m和每1个2m×2m小样地的左上角分别设置1个2m×2m和1个1m×1m的灌木和草本植物小样地，主要调查51个群落样地的生境、物种组成、多样性、林分的水平结构和垂直结构等。

表2-6　青城山各调查样地位置

样地号	位置	N（°）	E（°）	海拔（m）	坡度（°）	方位角（°）
1	天然图画附近	30.903	103.564	930	30	–87
2	上清宫附近	30.905	103.553	1142	25	5
3	上清宫附近	30.905	103.553	1136	25	5
4	天师洞附近	30.905	103.554	1107	20	10
5	天师洞附近	30.906	103.555	1115	20	10
6	天然图画附近	30.904	103.566	942	25	–87
7	天然图画附近	30.904	103.564	957	25	–87
8	天然图画附近	30.902	103.565	929	25	–87
9	天然图画附近	30.902	103.565	927	25	–87
10	天然图画附近	30.901	103.565	962	25	–87
11	天然图画附近	30.901	103.564	881	20	3
12	普照寺	30.849	103.56	708	25	15
13	普照寺	30.848	103.559	723	25	15
14	普照寺	30.848	103.559	715	25	43
15	般若寺	31.064	103.718	738	33	85
16	般若寺	31.063	103.718	748	35	92
17	般若寺	31.063	103.718	755	32	95
18	般若寺附近	31.062	103.717	752	37	–130
19	般若寺附近	31.063	103.717	767	36	175
20	般若寺附近	31.062	103.716	743	36	175

表 2-7　成都市区各调查样地位置

样地号	位置	N（°）	E（°）	海拔（m）
1	文化公园	30.671	104.055	488
2	文化公园	30.671	104.055	488
3	文化公园	30.671	104.055	491
4	文化公园	30.671	104.055	491
5	文化公园	30.671	104.055	489
6	文化公园	30.671	104.055	481
7	文化公园	30.671	104.056	491
8	文化公园	30.671	104.056	490
9	文化公园	30.671	104.057	487
10	文化公园	30.671	104.057	486
11	文化公园	30.673	104.058	484
12	文化公园	30.672	104.058	485
13	浣花溪公园	30.674	104.048	497
14	浣花溪公园	30.674	104.048	497
15	浣花溪公园	30.674	104.047	491
16	浣花溪公园	30.673	104.049	491
17	浣花溪公园	30.673	104.047	494
18	浣花溪公园	30.673	104.047	498
19	浣花溪公园	30.673	104.046	489
20	浣花溪公园	30.672	104.046	489
21	浣花溪公园	30.672	104.046	492
22	浣花溪公园	30.672	104.046	486
23	浣花溪公园	30.672	104.046	489
24	浣花溪公园	30.671	104.046	497
25	浣花溪公园	30.671	104.046	497
26	浣花溪公园	30.67	104.046	495
27	浣花溪公园	30.67	104.044	496
28	浣花溪公园	30.67	104.043	484
29	浣花溪公园	30.668	104.042	510
30	浣花溪公园	30.669	104.042	500
31	浣花溪公园	30.666	104.040	490

注：成都市区调查样地地形均为平坦或缓坡。

（二）野外调查

野外调查主要的仪器和设备有冠层分析仪、手持气象站、UVM 紫外线辐射计、电子分析天平、GPS 全球定位仪、罗盘、林业用铲、测绳、软尺、胸径尺等。

1. 植物群落调查

对所选择的各植物群落的乔木层、灌木层、草本层植物和层间(外)层进行如下调查:

（1）乔木层（亚层）:植物种名（拉丁名）、亚层、高度（m）、胸径（cm）、冠幅（WE、SN）（m）、活枝下高（m）、年龄、冠形、树型、叶形、叶质、叶缘、生活型、物候相、健康状况、美观度、分种频度、分种郁闭度。由此统计并得出各种类植物的株数、最高和平均高度、胸径、冠幅等，林木树冠总郁闭度、疏密度以及各亚层郁闭度、平均疏密度的情况。

（2）灌木层:植物种名（拉丁名）、高度（m）、蓬径（cm）、冠形、叶形、叶质、叶缘、生活型、生活力、物候相、健康状况、美观度、分种频度、分种盖度（%），由此统计并得出灌木总盖度、各种类植物的株数（丛）、盖度、平均高度和蓬径的情况。

（3）草本层:植物种名（拉丁名）、高度（cm）、叶形、叶质、叶缘、生活力、生活型、物候相、健康状况、美观度、分种盖度以及分种多度，由此统计并得出植物的平均高度、盖度和多度。

（4）层间（外）层:主要是调查植物种名（拉丁名）、多度、叶形、叶质、叶缘、生活力、物候相、健康状况、美观度、在何树木上的情况、分种多度和总多度。

其中，树木的健康状况分 5 个等级，评价方法是对每棵树各营养器官按一定的指标体系评分，然后对合计的总分进行加权以确定树的健康级别，详细的评分体系参见 CITY-green 模型用户手册的附录 C（American Forests，1999）。树木健康状况共分 5 级见表 2-8。

表 2-8　健康等级

健康等级	描述	得分
5	优，树冠饱满，叶色正常，无病虫害，无死枝，树冠缺损小于 5%	86~100
4	良，叶色正常，树冠缺损 5%~25%	71~85
3	一般，叶色基本正常，树冠缺损 26%~50%	51~70
2	差，叶色不正常，树冠缺损 51%~75%	31~50
1	濒于死亡，树冠缺损 75% 以上	<31

同时，在坐标纸上分别绘制各个样方的植物群落乔木层的投影盖度图和以投影盖度图对角线为剖线的垂直剖面图，对植物进行直观形象的定位、定量研究。

2. 群落土壤调查

重点是对各个植物群落立地因子的调查，即土壤理化性质的调查。通过土壤取样，分别在每个样地的四个边角和中心位置上，去除土壤表层的腐殖质，在 20cm 土深处取 300g 土样 5 处，风干后，将五个土样混合，从中抽取 300g 混合土样进行检测。

3. 群落小气候调查

通过对2007年12月至2008年11月的近1年气象观测数据的测试，分别获得青城山、文化公园—浣花溪公园、城中心三地的温度、相对湿度、降雨量的数据，测试指标主要有年均值、月均值、日均值等。并在春、夏、秋三季，使用手持气象仪和紫外线辐射计对每个植物群落的小气候进行调查。

（三）冠层结构相关指数的数据采集和影像处理

1. 仪器和分析软件

研究所用的冠层分析仪与分析软件 Winseanopy For Hemispherieal Image Analysis 为加拿大 Regent Instruments 公司的产品，包括数码相机和外接 Nikkon FC2E8 鱼眼镜头。

2. 测定指标

测定指标包括：叶面积指数（Leaf Area Index，LAI）、空隙度（Gap Fraction）、开度（Openness）、平均叶倾角（Mean Leaf Angle，MlA）、光合光量子通量密度（Photo Synthetic Photon Flux Density，PPFD）等。

3. 数据采集

在每个植物群落样地中，根据群落结构的异质性差异而随机选择 8~16 个拍摄点进行半球图像采集，并用 GPS 定位作下标记。在植物生长旺季、叶面积值最大的 8 月进行数据采集，为消除太阳直射产生光斑的影响，拍摄时间选择在太阳光能从云层均匀透射的稳定的阴天，并选择在风很小的天气里进行拍摄，避免风使叶发生摆动而造成图片上叶的模糊不清。拍摄高度为 2m，拍摄时间选在的 8：00~9：00 或 16：00~18：00。

半球面影像的获取使用 MINOLTA DIMAGE XT 数码相机，外接 Nikkon FC2E8 鱼眼镜头：用 2048 × 1536 分辨率，按低压缩比率（1∶4）的 JPEG 图像格式保存照片。因为这种设置不会对后续相关参数的分析产生影响（Fraze et al.，2001），又不至于使图像文件太大。拍摄时使用支撑保持相机水平，镜头朝上，获得半球面林冠影像，所有样地共拍摄 535 个影像文件。

4. 影像处理

Nikkor 鱼眼镜头为 180° 广角，所获得的林冠照片为圆形或称半球面影像（Circular or Hemispherieal Images）。这种半球面影像的数码照片可通过专用软件 Winscanpy 2005a 林冠影像分析软件进行分析，获得林冠结构、林下光照条件等一系列参数。由于软件中含有各不同经纬度、海拔高度、坡度、方位角等在不同时间太阳高度、辐射强度的状况，输入照片获取地点的地理参数及获取时间、天气状况即可得到一致的结果，而不同地点群落中分析结果的差异就是由群落结构的不同造成的。通过对测定指标的整理归纳，得出这些群落光环境特征指标和群落结构形态学指标的对比分析结果（Yoshida et al.，1998；Vangard Ingen et al.，1999；Zhu，2002）。

（四）土壤理化性质检测

1. 测定指标

土壤理化性质的检测包括对土壤水分含量、土壤有机质含量、土壤酸碱度、主要养分元素 N、P、K 的全量和速效量等的检测。

2. 测定方法

土壤含水量采用烘干法测定；PH 值采用土水比 1 ∶ 1 悬液 pH 计直接测定；土壤有机碳采用重铬酸钾容量法—外加热法；土壤全氮采用半微量凯氏定氮法测定；土壤全磷

用硫酸—高氯酸消煮—铂锑抗比色定量比色法；全钾采用氢氧化钠碱溶—火焰光度法测定；土壤速效氮测定采用碱解扩散法；土壤速效磷测定采用碳酸氢钠法；土壤速效钾采用乙酸铵浸提—火焰光度法。

（五）数据处理和分析

1. 重要值的测度计算

结合样地野外调查的结果，对所得的数据进行如下统计分析：

物种重要值（IV）：IV=（相对优势度 + 相对密度 + 相对频度）×100（乔木）

另：物种重要值（IV）：IV=（相对盖度 + 相对高度 + 相对频度）×100（灌木、草本）

其中，相对优势度、相对密度、相对频度、相对盖度、相对高度的计算公式见《陆地生物群落调查观测与分析》（1996）。

2. 群落聚类分析

采用最近邻体法，通过SPSS统计软件对青城山各调查样地和成都市区现有的各典型园林植物群落中乔木层组成树种的重要值进行分层聚类。

3. 群落种间关系分析

（1）种间关联性的检验。将成对物种的定性数据列入2×2列联表，计算出a、b、c、d值，利用χ^2统计量来检验种间的联结性。χ^2值使用Yates的连续性校正公式计算：

$$\chi^2=\frac{(|ad-bc|-0.5n)^2 n}{(a+b)(a+c)(b+d)(c+d)}$$

式中：n为样方总数；a为二物种均出现的样方数；b、c为仅有1个物种出现的样方数，d为二物种均未出现的样方数。当$ad>bc$时为正联结，当$ad<bc$时为负联结；显著性判定采用如下标准：当$\chi^2<\chi^2_{0.05}=3.841$（$0.01<P<0.05$）时，种间独立或关联不显著；当$\chi^2>\chi^2_{0.05}$时，表示种对间联结性显著；当$\chi^2>\chi^2_{0.01}=6.635$（$P<0.01$）时，表示种对间联结性极显著。

（2）种间联结程度测定。联结系数AC计算公式如下：

$$AC=\frac{ad-bc}{(a+b)(b+d)} \quad (ad \geqslant bc)$$

$$AC=\frac{ad-bc}{(a+b)(a+c)} \quad (ad \leqslant bc，a \leqslant d)$$

$$AC=\frac{ad-bc}{(b+d)(c+d)} \quad (ad<bc；a \leqslant d)$$

AC的值域为[−1，1]，AC值越近于1，表明物种正联结性越强；相反，AC值越趋近于−1，表明物种间的负联结越强；AC为0，物种间完全独立。

（3）Pearson相关分析。将成对物种的定量数据代入r公式，计算其种间相关性，并由自由度为$n-1$相关系数表中查出其显著性程度。

$$r_p(i,j)=\frac{\sum_{k=1}^{n}(X_{ik}-\overline{X}_i)(X_{ik}-\overline{X}_j)}{\sqrt{\sum_{k=1}^{n}(X_{ik}-\overline{X}_i)\sum_{k=1}^{n}X_{ik}-\overline{X}_j)}}$$

式中：n 为样方数，X_{ik}、X_{jk} 分别是 k 个样方中种 i 和 j 的重要值，$\overline{X}_i$ 和 $\overline{X}_j$ 分别是第 k 个样方中种 i 和 j 的重要值的平均值。

4. 层次分析法

采用层次分析法（AHP 法），通过查阅大量文献、实地调查、勘测获得的数据以及专家咨询、打分，鉴于城市森林植物群落的物种组成和空间结构对群落的生态效益以及美学效益的重要影响，确立了指标的框架，经筛选后，初步确定相关指标。评价指标筛选是根据 K.J 法、Delphi 法、会内会外法。构造判断矩阵、层次单排序及其一致性检验、层次总排序及其一致性检验来确定植物群落各评价因子权重值并进行检验，确定综合评价分值。

5. 评价指标中的定量计算

（1）乔灌木层密度、郁闭度、光截获密度、叶面积指数等生态和结构指标的计算：

分别取得青城山顶极植物群落即栲树群落各典型样地中乔木层密度、灌木层密度、叶面积指数等相关指标值在各样地中的最大值、大于平均数的平均值（简称大平均值）、平均值、小于平均数的平均值（简称小平均值）和最大值，由此划分 6 个评价等级。

（2）水平镶嵌结构中密度和 S^2/m 的计算以及种群分布格局的判断：

密度（D）是指乔灌木株（丛）数与样地面积的比例，计算公式如下：

$$D=N/S$$

式中：N 为某种植物的个体数；S 为样地面积。

乔木种群在水平结构上的分布可分为随机型、均匀型和群集型 3 类。研究根据方差 S^2 与均值 m 的比率 S^2/m 来确定。方差的计算如下：

$$S^2=\frac{\sum(x_i-m)^2}{n-1}$$

式中：n 为取样数（个）；x_i 为各样地中实际的个体数（株）；m 为所有取样中个体的平均数（株）。

如 $S^2/m=1$，则为随机型；如 $S^2/m<1$，则为均匀型；如 $S^2/m>1$，则为群集型。

（3）冠层结构均匀性变异系数 CV 的计算：

$$CV(\%)=S/\overline{X}$$

式中：S 为郁闭度、光截获密度、叶面积指数的标准方差；$\overline{X}$ 为郁闭度、光截获密度、叶面积指数的平均值。

（4）健康等级“中等”以上等级所占比例 M 的计算：

$$M=m/M_{总}\text{（以乔灌为主）}$$

式中：m 为各样地中的植物健康等级在“中等”以上等级的个体数［株（丛）］；$M_{总}$ 为各样地中植物总个体数［株（丛）］。

三、城市森林的近自然植物群落研究

（一）青城山典型植物群落物种组成特征

1. 群落的聚类分析

采用最近邻体法，对青城山所有调查样地中乔木层组成树种的重要值进行分层聚类。在确定划分类群时，选择欧式距离并没有客观统一的标准，需结合具体调查的情况，以及植被的组成、结构、生态外貌，和立地条件加以综合考虑。依据植物生态学原理和野外实际调查情况，本文选取欧式距离为10.50作为划分类群的标准，这样可以将青城山调查样地划分为6个类群：

Ⅰ 栲树 - 黄牛奶树群落（*Castanopsis fargesii-Symplocos laurina* community）（6、7、8、9、10、11、12、13、14、15、16、18、19和20号样地）

Ⅱ 山矾 - 麻栎群落（*Symplocos laurina-Quercus acutissima* community）（17号样地）

Ⅲ 楠木 - 黄牛奶树群落（*Phoebe zhennan-Symplocos laurina* community）（1号样地）

Ⅳ 扁刺栲群落（*Castanopsis platycantha* community）（2和3号样地）

Ⅴ 糙皮桦群落（*Betula utilis* community）（4号样地）

Ⅵ 刺楸 - 扁刺栲群落（*Kalopanax pictus-Castanopsis* community）（5号样地）

其中，栲树 - 黄牛奶树群落主要分布在缓坡或20°~40°坡度的山坡上，海拔高度为800~945m：群落以栲树和黄牛奶树为共优种，层间物种较丰富，草本层植物不丰富。山矾 - 麻栎群落主要分布在30°~40°的向阳坡地，海拔740~770m；群落以山矾和麻栎为共优种，伴生种以枹栎（*Quercus serrata*）和青皮木（*Schoepfia jasminodora*）为主，灌丛物种丰富，草本层植物不丰富。楠木 - 黄牛奶树群落植物分布在25°~30°的向风坡，海拔高度930m；以楠木和黄牛奶树为共优种，主要伴生种是栲树和薯豆（*Elaeocarpus japonicus*），灌丛和草本层物种较丰富。扁刺栲群落主要分布在正北、向阳缓坡或坡地，海拔高度为1100~1150m；植物物种丰富，优势种为扁刺栲，伴生种有细齿柃（*Eurya nitida*）、山枇杷（*Ilex franchetiana*）和润楠（*Machilus pingii*）等；灌丛以柄果海桐（*Pittosporum podocarpus*）为优势种，还常见川桂（*Cinnamomum wilsonii*）和野扇花（*Sarcococca ruscifia*）等物种；草本层以短毛金线草（*Antenoron neofiliforme*）为主，主要伴生有冷水花（*Pilea notata*）、普通凤丫蕨（*Coniogramme intermedia*）和长蕊万寿竹（*Disporum bodinieri*）。糙皮桦群落主要分布在东北向、坡度为25°的向风山坡地，海拔高度为1107~1136m；植物物种丰富，群落以糙皮桦为优势种，伴生有黄牛奶树、冬青（*Ilex purpurea*）和君迁子（*Diospyros lotus*）等；灌丛以柄果海桐为优势种，主要伴生种是毛果黄肉楠（*Actinoda phne trichocarpa*）、润楠和川桂等；草本层以红盖鳞毛蕨（*Dryopteris erylhrosora*）和冷水花为共优种，以鸢尾（*Iris tectorum*）、普通凤丫蕨和沿阶草为主要伴生种。刺楸扁刺栲群落分布在向阳坡地，海拔为1100m；群落以刺楸和扁刺栲为共优种，伴生种以君迁子和化香树（*Platycarya strobilacea*）为主，灌丛以柄果海桐为优势种，伴生种主要是川桂、细齿柃和香叶树（*lindera communis*）：草本以红盖鳞毛蕨为优势种，伴生种有冷水花和短毛金线草等。所有青城山样地群落的郁闭度均大于90%。

2. 群落不同层植物物种组成特征

（1）乔木层物种组成特征：根据栲树群落样地中乔木层树种的重要值和各树种频度的统计，结果见表2-9。

表2-9　青城山栲树群落乔木层物种组成及其数量特征

序号	植物名称	频度	株树	胸径面积（cm^2）	重要值
1	栲树	13	93	86676.27	78.29
2	黄牛奶树	8	89	9214.33	30.30
3	润楠	12	46	10339.01	24.30
4	薯豆	12	35	11954.38	22.80
5	漆树	8	9	6028.09	10.99
6	山矾	6	24	2635.03	10.94
7	油茶	5	30	566.72	10.39
8	枹栎	5	14	6403.50	10.17
9	麻栎	4	11	7894.59	9.65
10	柄果海桐	7	15	327.95	8.37
11	尖叶榕	5	7	5577.87	8.17
12	江南石栎	5	8	3693.15	7.33
13	青皮木	4	6	5319.35	7.11
14	柘树	5	10	1492.52	6.53
15	细齿柃	6	7	151.51	5.82
16	糙皮桦	2	7	5011.86	5.76
17	青冈栎	2	2	4112.18	4.15
18	合欢	2	3	3006.69	3.75
19	山枇杷	3	1	1472.61	3.01
20	君迁子	2	4	69.03	2.53
21	灯台树	2	3	836.78	2.35
22	老鼠矢	2	3	521.74	2.31
23	杜英	2	4	64.73	2.12
24	赛楠	2	2	504.78	2.12
25	山茱萸	2	2	497.85	1.86
26	冬青	2	2	38.30	1.85
27	枫杨	1	2	17.60	1.76
28	毛脉南酸枣	1	4	321.74	1.75

续表

序号	植物名称	频度	株树	胸径面积（cm^2）	重要值
29	香叶树	1	1	928.66	1.44
30	樟树	1	1	630.65	1.27
31	亮叶桦	1	1	267.83	1.07
32	白檀	1	1	240.84	1.05
33	罗浮柿	1	1	199.04	1.03
34	黑壳楠	1	1	161.23	1.01
35	山麻杆	1	1	109.00	0.98
36	桤木	1	1	81.53	0.96
37	毛果黄肉楠	1	1	71.66	0.96
38	水红木	1	1	35.11	0.94
39	峨嵋含笑	1	1	28.74	0.93
40	虎皮楠	1	1	17.91	0.93
41	川桂	1	1	15.61	0.93

青城山典型栲树群落植物在重要值、株数及优势度上排序前 20 位见表 2-9 所示，从树木株数的角度来考虑，前 20 名树种的个体数之和占了 92.32%，其中栲树、黄牛奶树、润楠、薯豆为群落的优势树种，共占 57.68%，在数量上占绝对优势。而从物种相对优势度的角度来考虑，排在前列的物种有栲树、薯豆、润楠、黄牛奶树等，除山矾、油茶、柄果海桐未进入前 10 外，其余的树种仍然相对优势度较高，原因是其胸高面积较大，说明青城山植物群落中植株数量和优势度排序具有一致性。

表 2-10 说明了栲树群落的乔木层物种组成特征，综合 14 个样地的情况，形成成都地区低山常绿阔叶林顶极植物群落即栲树群落的基本概貌，栲树群落中共有乔木 41 种，包含常绿树 25 种、落叶树 16 种，常绿树和落叶树种类之比为 1.56∶1；常绿种的株数为 380 株，落叶种为 76 株，常绿树和落叶树株数之比为 5∶1。

表 2-10 青城山栲树群落物种组成比例

样地号	乔木∶灌木∶草本	常绿乔木∶落叶乔木		乔木∶灌木	常绿灌木∶落叶灌木		多年草本∶1 年草本	常绿藤本∶落叶藤本	木质藤本∶草质藤本
	种数比	种数比	株树比	株树比	种树比	丛树比	种树比	种树比	种树比
6	8∶10∶6	7∶1	23∶4	27∶124	7∶3	82∶42	5∶1	1∶2	2∶1
7	10∶6∶3	6∶4	27∶8	35∶65	6∶0	65∶0	3∶0	1∶0	1∶0
8	5∶12∶4	4∶1	39∶1	40∶113	9∶3	101∶12	4∶0	3∶1	3∶1
9	11∶7∶3	9∶2	31∶2	33∶85	7∶0	85∶0	3∶0	1∶1	1∶1
10	6∶7∶73	5∶1	29∶1	30∶98	7∶0	98∶0	3∶0	1∶0	1∶0
11	7∶7∶6	7∶0	26∶0	26∶161	7∶0	161∶0	5∶1	1∶1	1∶1

续表

样地号	乔木:灌木:草本	常绿乔木:落叶乔木		乔木:灌木	常绿灌木:落叶灌木		多年草本:1年草本	常绿藤本:落叶藤本	木质藤本:草质藤本
	种数比	种数比	株树比	株树比	种树比	丛树比	种树比	种树比	种树比
12	15:8:2	9:6	20:12	32:168	7:1	148:20	2:0	1:1	1:1
13	14:8:3	10:4	18:4	22:148	6:2	139:9	3:0	1:0	1:0
14	15:9:4	9:6	19:10	29:135	7:2	126:9	4:0	2:0	2:0
15	11:10:4	7:4	18:10	28:269	9:1	264:5	3:1	0:1	0:1
16	11:11:3	7:4	26:7	33:327	9:2	301:26	2:1	0:1	0:1
18	13:12:3	8:5	35:11	46:248	10:2	233:15	2:1	0:1	0:1
19	6:8:2	5:1	25:1	26:218	7:1	211:7	2:0	—	—
20	10:8:2	8:2	44:5	49:217	7:1	209:8	2:0	—	—

（2）灌木层物种组成特征：青城山栲树群落的灌木层一般在2m以下，多集中在1~2m之间。盖度25%~70%，多集中在25%~35%，主要受到上层林木的盖度和人为干扰的影响，极少数地段的林窗中灌木层盖度稍高。植物组成十分丰富，但多数因生境而变异大。表4-3中列出了各样地灌木层物种的重要值。

表2-11反映了栲树群落的灌木层物种组成特征，并简要说明了灌木层中常绿种和落叶种的物种数、株（丛）数及其比例。综合各个样地的基本情况，栲树群落中有灌木32种，其中包含有常绿灌木22种，落叶灌木10种，常绿种类和落叶种类之比为2.2:1；其中常绿种有2223株（丛），落叶种有153株（丛），常绿灌木与落叶灌木个体数之比为14.53:1。

表2-11　青城山栲树群落灌木层物种组成及其数量特征

序号	植物名称	盖度（%）	频度	高度（cm）	重要值
1	油茶	12.36	5	230.00	27.60
2	柄果海桐	7.00	12	225.00	25.21
3	格药柃	8.93	4	337.50	24.10
4	黄牛奶	8.07	8	220.00	23.44
5	江南石栎	5.79	5	230.00	17.83
6	栲树	5.50	6	166.67	16.80
7	细齿柃	3.29	7	224.29	15.61
8	老鼠矢	3.07	5	178.00	12.63
9	铁仔	2.43	8	85.00	2.02

续表

序号	植物名称	盖度（%）	频度	高度（cm）	重要值
10	柘树	1.71	3	300.00	11.72
11	山矾	2.36	5	160.00	11.16
12	青皮木	0.43	4	172.50	7.76
13	润楠	1.07	5	78.00	7.41
14	紫麻	0.64	3	176.67	7.36
15	茶	0.57	6	67.50	7.24
16	穗序鹅掌柴	0.43	6	75.00	7.20
17	尖叶榕	0.39	6	63.33	6.88
18	四川溲疏	0.14	1	250.00	6.63
19	朱砂根	0.54	5	48.00	5.94
20	薯豆	0.50	2	140.00	5.51
21	冬青	0.57	2	105.00	4.83
22	南川斑鸠菊	0.14	1	150.00	4.39
23	蚬壳花椒	0.07	1	150.00	4.28
24	虎刺	0.21	2	85.00	3.85
25	异叶榕	0.21	2	70.00	3.52
26	大花枇杷	0.21	1	100.00	3.38
27	黄常山	0.14	2	65.00	3.30
28	漆树	0.14	1	100.00	3.27
29	黄檀	0.07	1	100.00	3.16
30	扩展女贞	0.11	2	35.00	2.57
31	蕊帽忍冬	0.07	1	55.00	2.15
32	紫金牛	0.07	1	15.00	1.26

（3）草本层物种组成特征：栲树群落的乔木层、灌木层常有较高郁闭度，林下草本层的种类不多，盖度也小，多数仅为5%-10%，有的甚至不足5%，但极少地段的林窗中也会形成单种或几个种小群聚。草本层的高度一般在1m以下，多为0.3~0.5m，其中蕨类植物种类较多。优势种类主要是红盖鳞毛蕨和沿阶草（*Ophiopogon bodinieri*），重要值分别为81.37和56.12，重要值之和占所有种重要值之和的45.83%，相对频度之和占所有种相对频度之和的50%，是低山常绿阔叶林草本层最重要和最常见的植物类型。

中华苔草（*Carex chinensis*）、鸢尾、荩草（*Arthraxon hispidus*）也是群落中重要和常见的种类，其重要值之和占所有种重要值之和的 21.52%，相对频度之和占所有种相对频度之和的 2.17%。其余的草本植物是群落中变化丰富多样的物种组成成分，偶尔出现在群落中，是低山常绿阔叶林的偶见种。

表 2-12 说明了栲树群落的草本层物种组成特征。综合各个样地的基本情况，栲树群落中所有灌木包含有一年生草本 2 种，多年生草本 12 种，常绿种类和落叶种类之比为 6∶1。

表 2-12　青城山栲树群落草本物种组成及其数量特征

序号	植物名称	盖度（%）	频度	高度（cm）	重要值
1	红盖鳞毛蕨	5.71	14	23.93	81.37
2	沿阶草	3.93	10	15.20	56.12
3	中华苔草	1.21	5	15.00	26.23
4	鸢尾	0.57	4	17.50	20.74
5	荩草	0.50	5	7.60	17.60
6	匙叶剑蕨	0.14	1	25.00	15.00
7	楼梯草	0.71	1	15.00	14.32
8	四川蜘蛛抱蛋	0.36	2	15.00	13.85
9	短毛金线草	0.14	1	20.00	12.62
10	凤尾蕨	0.14	1	15.00	10.24
11	三枝九叶草	0.07	1	15.00	9.73
12	赤车	0.29	1	10.00	8.88
13	长蕊万寿竹	0.14	1	10.00	7.86
14	伞叶排草	0.07	1	6.00	5.45

（二）青城山森林植被物种组成成分

根据《中国都江堰市植物名录》中所记载的青城山植物以及前人的调查结果，初步统计青城山约有维管植物 106 科 218 属 346 种，包括蕨类植物 51 种，隶属于 26 属 16 科，种子植物 295 种，隶属于 192 属 90 科。其中裸子植物 7 种 6 属 5 科；双子叶植物 252 种 169 属 77 科；单子叶植物 36 种 22 属 8 科（马丹炜，2001，2002）。野外调查结果，样地植物群落的优势种由栲树、黄牛奶树、楠木、润楠等组成，是典型的低山常绿阔叶林的组成成分。

四、成都市区现有典型园林植物群落物种组成

（一）物种组成特征

1. 群落的聚类分析

采用聚类分析方法，选取欧式距离为 15.50 作为划分类群的标准，对成都市区各调查样地中乔木层组成树种的重要值进行分层聚类，可以将市区调查样地划分为 21 个类：

A 女贞群落（*Ligustrum lucidum* Community）（4、5、13、14 号样地）

B 樟树群落（*Cinnamomum camphora* Community）（7、9、11、28 号样地）

C 加拿大杨群落（*Populus canadyana* Community）（8 号样地）

D 银杏群落（*Ginkgo biloba* Community）（26 号样地）

E 水杉 - 银杏群落（*Meraseguoia glyprostroboides-Ginkgo biloba* Community）（27 号样地）

F 银杏 - 罗汉松群落（*Ginkgo bitoba-Podocarpus macrophyllus* Community）（24 号样地）

G 槐树 - 桑树群落（*Sophora japonica-Morus alba* Community）（22 号样地）

H 榆树群落（*Ulmus pumila* Community）（25 号样地）

I 樱花群落（*Prunus serrulata* Community）（30 号样地）

J 蒲葵群落（*Livistona chinensis* Community）（2、31 号样地）

K 天竺桂群落（*Cinnamomum japonicum* Community）（15、16、18 号样地）

L 高山榕群落（*Ficus altissima* Community）（19、21 号样地）

M 西府海棠群落（*Malus prattii* Community）（12 号样地）

N 苏铁群落（*Cycas revolute* Community）（3 号样地）

O 玉兰群落（*Magnolia heptapeta* Community）（10 号样地）

P 桂花群落（*Osmanthus fragran* Community）（1 号样地）

Q 木芙蓉群落（*Hibiscus mutabilis* Community）（20 号样地）

R 红叶李群落（*Prunus cerasifera* var. *atropurea* Community）（23 号样地）

S 雪松群落（*Cedrus deodara* Community）（6 号样地）

T 慈竹群落（*Bambusa emeiensis* Community）（29 号样地）

U 多花含笑群落（*Michelia floribuda* Community）（17 号样地）

2. 群落不同层植物物种组成特征

（1）乔木层物种组成特征：表 2-13 说明了各人工植物群落样地中常绿树和落叶树、针叶树和阔叶树、乡土树和引进种的种类数、个体数及其比例。21 类人工植物群落中植物的组成各不相同，由 44 种植物构成，其中落叶乔木 24 种占 50.55%，常绿乔木占 49.45%，两者之比为 1.02∶1，常绿乔木比例略低于落叶树种，冬季基本能够保持较丰富的景观；针叶树仅有雪松、柳杉等 5 种出现，针阔比为 1∶8.2，针叶树与阔叶树的物种比例相差较大。乡土树种有 35 种，占全部树种的 76.55%，而引进植物种占 23.45%，表示出乡土树种物种比例受到一定限制，引进植物比例偏高，人工植物群落自然度较低。各类群落中包含的骨干树种和主要配置乔木各不相同。在 21 类群落中，重要值分别排在各类前列的是女贞（第 1 类）、樟树（第 2 类）、加拿大杨（第 3 类）、银杏（第 4 类）、水杉 - 银杏（第 5 类）、银杏 - 罗汉松（第 6 类）、槐树 - 桑树（第 7 类）、榆树（第

8类）、樱花（第9类）、蒲葵（第10类）、天竺桂（第11类）、高山榕（第12类）、西府海棠（第13类）、苏铁（第14类）、玉兰（第15类）、桂花（第16类）、木芙蓉（第17类）、红叶李（第18类）、雪松（第19类）、慈竹（第20类）、多花含笑（第21类）。相对优势度排在前列的物种与重要值排序大致相同。这21种植物是市区典型人工植物群落配置中的骨干树种。其余23种是主要、一般和补充的配置乔木种，它们在群落中的组成变化很大。

（2）灌木层物种组成特征：表2-13说明了各样地中常绿灌木和落叶灌木、针叶种和阔叶种、乡土种和引进种的种类及其比例。调查的21类典型植物群落中第1、2、6、20类群落（即样地14、24、28、29）缺少灌木层植物，其余17个类型灌木层物种共计36种。其中针叶灌木只有侧柏，针阔比为1∶35，阔叶明显占优。灌木中仅有3种是落叶灌木，其余均为常绿灌木，常绿灌木和落叶灌木比例为1∶11，冬季的灌木层景观能较好维持。乡土灌木为25种，占全部灌木种的69.44%，而引进植物种占30.56%，反映出乡土灌木物种比例受到一定限制，其物种组成的自然度不高。作为主要灌木配置种的有桂花、八角金盘（*Fatsia japonica*）、杜鹃（*Rhododendron simsii*）、海桐（*Pittosporum tobira*）、南天竹（*Nandina domesrica*）、小叶女贞（*Ligustrum quihoui*）、紫叶小檗（*Berberis thunbergii* var. *atropurpurea*）、洒金珊瑚（*Aucuba japonica* var. *variegata*）、茶梅（*Camellia sasaqua*）、侧柏（*Platycladus orientalis*）、雀舌花（*Gardenia jasminoides* var. *radicans*）、金叶女贞（*ligustrum vicaryi*）、山茶（*Camellia japonic*）、红花檵木（*Lororetalum chinese* var. *rubrum*）、栀子（*Gardenia jasminoides*）等，其余的21种为灌木层的一般和补充的配置材料。

（3）草本层和层间植物物种组成特征：表2-13说明了各样地中草本植物的常绿种和落叶种、乡土种和引进种的种类及其比例。21类植物群落中第11类没有草本层，其余20个类型的草本层植物种类组成单一，物种变化少，共有草本植物19种，其中多年生草本17种，与1年生草本物种比例为17∶2，处于绝对优势。在样地1、9、20，草本层由单一物种组成，分别是沿阶草、吉祥草（*Reinecker carnea*）和麦冬（*Ophiogon japonica*），形成纯草坪，同时，9个类型的人工植物群落（包括样地2、8、16等10个样地）草本层中仅有两种草本植物。草本植物中乡土植物有13种，占全部草本种数的68.42%，外来应用的草本植物所占比例较大。根据草本植物重要值排序，沿阶草、麦冬、蜘蛛抱蛋、肾蕨（*Nephroleris auriculata*）、吉祥草、羊茅（*Festuca ovina*）、扁竹兰（*Lris confusa*）、金边吊兰（*Chlorophytum comosum* cv. ‘Variegatum’）是最主要的草本植物，其他的11类草本植物作为一般的草本层植物材料配置在人工植物群落中。

（二）青城山典型植物群落与成都市区现有典型园林植物群落物种组成的比较研究

就植物的生活习性而言，青城山低山常绿阔叶林典型群落内含有84种阔叶植物，经统计木本植物66种，占物种总数的78.57%，其中乔木、灌木和木质藤本分别占48.81%、38.10%、4.76%，常绿和落叶之比约为1.28∶1。草本植物占21.43%，其中草质藤本、多年生草本和1年生草本的比例分别是4.76%、14.29%和2.38%。群落中乔木层的常绿成分有栲树、黄牛奶树、润楠、薯豆、江南石栎、青冈栎、毛果黄肉楠、杜英、山枇杷、峨眉含笑（*Michelia wilsonii*）、山矾等25种。灌木层的常绿成分有22种，

表 2-13 成都市区样地群落物种组成比例

类型号	样地号	乔:灌:草	常绿乔:落叶乔		针叶乔:阔叶乔		乔:灌	常绿灌:落叶灌		针叶灌:阔叶灌		多年生草:1(2)年生草	常绿藤:落叶藤	木质藤:草质藤	乡土树:外来树	乡土物种:外来物种
		种数比	种数比	株树比	种数比	株树比	株树比	种数比	丛数比	种数比	丛数比	种数比	种数比	种数比		
1	24	5:9:3	1:4	9:10	1:4	2:17	19:269	9:0	269:0	0:9	0:269	3:0	2:0	2:0	4:1	17:2
	25	4:5:1	2:2	13:5	0:4	0:18	18:200	5:0	200:0	0:5	0:200	4:0	1:0	1:0	4:0	10:4
	33	4:2:3	1:3	9:5	0:4	0:14	14:25	2:0	25:0	0:2	0:25	3:0	—	—	4:0	9:1
	34	4:0:4	1:3	6:5	0:4	0:11	11:0	—	—	—	—	4:0	—	—	4:0	7:1
	总	9:13:7	2:7	37:25	0:9	0:62	62:494	13:0	494:0	0:13	0:494	7:0	3:0	3:0	8:1	25:5
	27	7:10:4	4:3	11:8	0:7	0:19	19:409	10:0	409:0	0:10	0:409	4:0	—	—	7:0	19:1
	29	7:1:1	5:2	14:7	1:6	1:20	21:9	1:0	9:0	1:0	9:0	1:0	—	—	6:1	7:2
2	31	6:7:4	2:4	8:12	0:6	0:20	20:78	7:0	78:0	0:7	0:78	4:0	1:0	1:0	6:0	18:1
	48	2:0:2	1:1	12:2	0:2	0:14	14:0	—	—	—	—	2:0	—	—	2:0	4:0
	总	15:12:5	7:8	45:29	1:14	1:73	74:496	12:0	496:0	1:11	9:487	5:0	1:0	1:0	14:1	29:3
3	28	6:6:2	4:2	8:15	1:5	3:20	23:180	6:0	180:0	0:6	0:180	2:0	—	—	5:1	13:1
4	46	2:2:3	1:1	2:4	0:2	0:6	6:53	2:0	53:0	0:2	0:53	3:0	—	—	2:0	6:1
5	47	5:2:3	2:3	5:13	1:4	8:10	18:28	2:0	28:0	0:2	0:28	3:0	—	—	5:0	10:0
6	44	5:0:2	1:4	3:5	1:4	3:5	8:0	—	—	—	—	2:0	—	—	5:1	7:1
7	42	3:2:3	0:3	0:6	0:3	0:6	6:54	2:0	54:0	0:2	0:54	3:0	—	—	3:1	5:3
8	45	7:2:4	3:4	8:10	0:7	0:18	18:43	2:0	43:0	1:1	2:41	4:0	—	—	6:1	12:1
9	50	2:4:2	1:1	1:14	1:1	1:14	15:29	3:1	20:9	0:4	0:29	2:0	—	—	2:0	6:1
	22	4:3:2	3:1	10:9	0:4	0:19	19:43	3:0	43:0	0:3	0:43	2:0	—	—	2:2	5:3
10	51	1:1:2	1:0	5:0	0:1	0:5	5:2	1:0	2:0	0:1	0:2	2:0	—	—	0:1	2:2
	总	4:4:4	3:1	15:9	0:4	0:24	24:45	4:0	45:0	0:4	0:45	4:0	—	—	2:2	8:4

续表

类型号	样地号	乔:灌:草	常绿乔:落叶乔		针叶乔:阔叶乔		乔:灌	常绿灌:落叶灌		针叶灌:阔叶灌		多年生草:1(2)年生草	常绿藤:落叶藤	木质藤:草质藤	乡土树:外来树	乡土物种:外来物种
		种数比	种数比	株树比	种数比	株树比	株树比	种数比	丛数比	种数比	丛数比	种数比	种数比	种数比		
11	35	4:2:0	3:1	19:1	1:3	1:19	20:17	1:1	14:3	0:2	0:17	—	—	—	4:0	5:1
	36	2:1:2	1:1	8:1	0:2	0:9	9:2	0:1	0:2	0:1	0:2	2:0	—	—	2:0	5:1
	38	2:2:3	2:0	15:0	0:2	0:15	15:8	2:0	8:0	0:2	0:8	3:0	—	—	1:1	6:1
	总	6:5:4	4:2	42:2	1:5	1:43	44:27	3:2	22:5	0:5	0:27	4:0	—	—	5:1	13:2
12	39	2:1:2	2:0	11:0	0:2	0:11	11:56	1:0	56:0	0:1	0:56	2:0	—	—	1:1	3:2
	41	5:1:3	2:3	12:5	1:4	1:16	17:80	1:0	80:0	0:1	0:80	3:0	—	—	4:1	8:2
	总	6:2:5	3:3	23:5	1:5	1:27	28:136	2:0	136:0	0:2	0:136	5:0	—	—	5:1	11:2
13	32	8:13:5	4:4	7:41	2:6	3:45	48:118	11:2	112:6	0:13	0:118	5:0	—	—	7:1	21:3
14	23	2:4:6	1:1	12:3	0:2	0:15	15:128	4:0	128:0	0:4	0:128	4:2	2:0	2:0	2:0	11:3
15	30	3:2:6	1:2	3:30	0:3	0:33	33:17	2:0	17:0	1:1	9:8	6:0	—	—	3:0	9:2
16	21	8:4:1	4:4	10:8	0:8	0:18	18:249	4:0	249:0	0:4	0:249	1:0	—	—	7:1	13:1
17	40	2:2:1	0:2	0:19	0:2	0:19	19:9	2:0	9:0	0:2	0:9	1:0	1:0	1:0	2:0	5:1
18	43	6:2:2	3:3	3:8	0:6	0:11	11:170	2:0	170:0	0:2	0:170	2:0	—	—	4:2	8:2
19	26	4:10:5	2:2	10:2	1:3	9:3	12:150	10:0	150:0	0:10	0:150	5:0	—	—	1:3	12:6
20	49	1:0:2	1:0	195:0	0:1	0:195	195:0	—	—	—	—	2:0	—	—	1:0	3:0
21	37	4:2:5	3:1	3:5	1:3	1:7	8:6	2:0	6:0	0:2	0:6	5:0	—	—	3:1	8:2

注：因篇幅所限，表中的“乔木”“灌木”“草本”和“树种”简写为“乔”“灌”“草”和“树”；“—”表示无该项内容。

油茶、柄果海桐、格药柃为灌木层的优势种或亚优势种，其伴生成分有四川溲疏、紫麻等落叶树种。草本植物中多年生宿根草本占绝对优势。

而市区的典型群落共有 91 个物种，其中乔木有 44 种，针叶种类仅有 5 种，针阔比为 1∶8.2，表明阔叶种在群落植物种类的占有绝对优势。其中木本植物 72 种，占总数的 79.12%，乔木、灌木和木质藤本分别占 48.35%，39.56%，3.30%，常绿和落叶之比约为 1.88∶1。草本植物占 20.88%，无草质藤本，多年生草本和 1 年生草本各占 18.68% 和 2.20%。群落中乔木层的常绿成分有 20 种，以樟树、女贞等为骨干种，落叶树有 24 种，银杏、水杉、垂柳（*Salix babylonica*）、榆树等在群落上层中占有一定优势。灌木层的常绿成分有 32 种，山茶、栀子、金叶女贞等为灌木层的优势种或亚优势种，其伴生成分有木槿等 4 种落叶灌木。草本植物同样由多年生宿根草本占绝对优势。人工植物群落中外来物种有 21 种，乡土植物占所有物种总数的比例为 76.92%，乡上植物物种比例受到一定限制，自然度偏低，乡土树种中常绿的有 15 种，落叶的为 20 种，说明常绿种和落叶种都一定比例存在引进种。

从青城山栲树林群落的物种组成及其数量特征可以看出，乔木层、灌木层、草本层优势种数目以青城山典型植物群落为少，乔木层仅有栲树、黄牛奶树、润楠和薯豆 4 种，灌木层只有油茶、格药柃、柄果海桐、黄牛奶树，草本层以红盖鳞毛蕨和沿阶草为优势种，藤本植物在栲树群落中出现较为频繁，主要有中华常春藤、香花崖豆藤、绞股蓝等共 8 种，多攀爬在高大乔木和灌丛上；而各层优势种数量以人工植物群落为多，市区调查样地中常见的骨干树种有女贞、樟树、天竺桂、银杏、水杉、槐树、榆树、加拿大杨、垂柳、蒲葵等共计 26 种植物，主要的灌木配置种较丰富，常见的有桂花、八角金盘、杜鹃、海桐、南天竹、小叶女贞、紫叶小檗等 15 种，草本植物以沿阶草、麦冬、蜘蛛抱蛋、肾蕨、吉祥草、羊茅等 8 种为主，藤本植物出现很少且多为人工造型的立体绿化形式，很少有林间攀爬的现象。由此看出，青城山栲树群落的乔木层、灌木层、草本层优势种数量较人工植物群落少，而集中程度高，且为亚热带常绿阔叶林的优势种，乔木层以壳斗科、山矾科（Symplocaceae）、樟科、杜英科（Elaeocarpaceae）等植物为代表，灌木层以山茶科（Theaceae）、海桐花科（Pittosporceae）等为主，草本层多由鳞毛蕨科、百合科植物组成，藤本植物以五加科（Araliaceae）的植物为主；人工植物群落受人为喜好和景观要求的影响，有时出现缺少某一个层次的现象，或草本层、或灌木层，乔木层物种组成以樟科、银杏科（Ginkgoaceae）、木兰科（Magnoliaceae）、豆科、杨柳科（Salicaceae）、棕榈科（Palmae）等常见园林植物为主，灌木层植物以木犀科（Oleaceae）、樟科、小桑科（Berberidaceae）等为主，草本植物多集中在百合科、肾蕨科（Nephroleridaceae）、禾本科禾亚科（Gramineae-Agroslidoideae）等，藤本植物很少出现。

通过上述研究，成都市城市森林的近自然植物群落物种选择的具有典型的代表性科有壳斗科、樟科、木兰科、山矾科、杜英科、金缕梅科（Hamamelidaceae）、冬青科（Aquifoliaceae）、山茶科、山茱萸科（Cornaceae）、紫金牛科（Myrsinaceae）、荨麻科（Urticaceae）和五加科（Araliaceae）等，典型的代表性属有栲属、石栎属（*lithocarpus*）、青冈属、樟属、润楠属、楠木属、杜英属、山矾属、槭属、含笑属、柃木属、山茶属、冬青属、鹅掌柴属（*Schefflera*）、沿阶草属、菝葜属和鳞毛蕨属等。

五、青城山典型植物群落结构特征研究

（一）群落的冠层结构

1. 叶面积指数（Leaf area lndex，简称 LAI）

叶面积指数（LAI）是冠层结构的重要参数，它与林冠的光合作用、蒸腾作用、生产力等密切相关，决定了陆地表面植被的生产力，影响着地表和大气之间的相互作用。

调查结果显示，青城山栲树群落的各个样地 LAI 范围为 3.18~3.92，平均 LAI 为 3.55，大平均值和小平均值分别为 3.74 和 3.30，标准方差 0.25（表 2-14），说明群落叶面积指数及其标准差变动幅度很小，叶面积指数值稳定，明显趋同。

表 2-14　青城山栲树群落冠层结构特征

指数	LAI	空隙度(%)	开度(%)	郁闭度(%)	冠层上方 PPFD [mol/(m^2·d)]	冠层上方 PPFD [mol/(m^2·d)]	光截获密度 [mol/(m^2·d)]	平均叶倾角(°)
最大值	3.92	8.13	8.62	93.73	55.95	6.72	52.95	17.77
大平均值	3.74	7.56	7.87	93.01	54.62	5.73	50.63	16.98
平均值	3.55	7.07	7.52	92.48	54.08	4.46	49.62	16.01
小平均值	3.30	6.57	6.99	92.09	52.09	3.19	48.27	15.04
最小值	3.18	5.88	6.27	91.38	51.72	1.60	46.98	14.76
标准偏差	0.25	0.62	0.60	0.60	1.20	1.54	1.50	1.11
变异系数(%)	7.04	8.77	7.98	7.98	2.22	34.53	3.02	6.93

注：大于平均数的平均值简称大平均值，小于平均数的平均值简称小平均值。

2. 空隙度（Gap fraction）、开度（Openness）和郁闭度（Closure）

群落冠层空隙度（Gap fraction）是指一个区域的空隙度即位于天空区域的像素占此区域总像素的比例。总空隙度指的是在整个半球照片中位于天空区域的像素数占整个照片像素的比例，它等于没有加入权重的总开度（Openness）（Winscanopy 2005a，2005），即空隙度是由图像分析得来的，开度是图像得来的空隙度在通过补偿计算剔除了植被阻隔的影响得出的实际冠层空隙度。图 2-4 表明栲树群落的各个样地的总空隙度和总开度及其标准差变动幅度小。经比较，可以看出两者相关性极强，且两组值差别不大，空隙度值在 5.88%~8.13% 之间，平均为 7.07%，大平均值和小平均值为 7.56% 和 6.57%，标准差很小。

林冠开度（Canopy openness）指当从林地一点向上仰视，未被树木枝体所遮挡天空球面的比例（Lertaman et al.，1996）。林冠开度 =1- 林冠郁闭度，林冠郁闭（Canopy closure）指林地被树冠垂直投影所覆盖的比例，与生态学中的植被覆盖度相似（朱教君，2003；Vales & Bunnell，1998）。栲树林的开度值在 6.27%~8.62% 之间，平均为 7.52%，大平均值和小平均值为 7.87% 和 6.99%，标准差仅 0.60（表 2-14）；郁闭度值在 91.38%~93.73% 之间，平均为 92.48%，大平均值和小平均值为 93.01% 和 92.09%，标准差仅 0.60。表 2-14 说明青城山低山常绿阔叶林典型顶极植物群落栲树林的各个样地郁闭度及其标准差变动幅度很小。

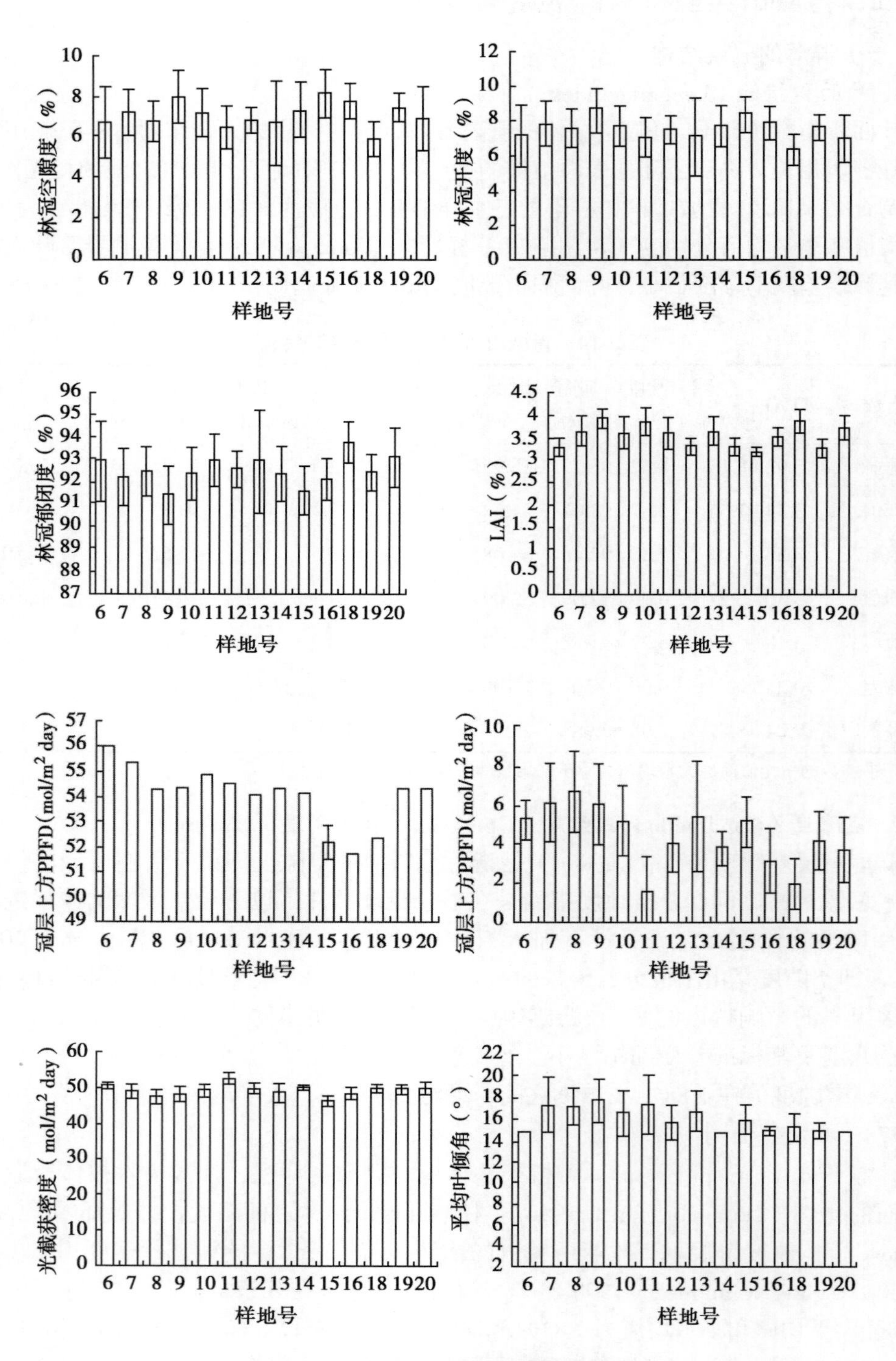

图 2-4　青城山样地群落的冠层结构

空隙度和开度成正相关，而与郁闭度成负相关（Jonckheere et al.，2004，2005）。由表 2-14 可知，桢树群落的空隙度、开度很小，均不大于 10%，而郁闭度值不低于 91%；小空隙、小开度、高郁闭度直接决定桢树林内植物的光可获得量、太阳辐射较少，空隙形成的光斑等光环境对植物光合作用、林下幼苗萌发生长有显著影响，林下的灌丛和幼苗、草本植物以耐阴喜湿的油茶、格药柃、细齿柃、老鼠矢、蕨类等为主（刘西军等，2004）。

3. 光合光量子通量密度［Photo synthetic Pphoton Flux Density，PPFD，mol/（m²·d）］

在森林群落中，生长季的冠层光合光量子通量是评价冠层光截获能力最重要的指标（任海等，1998），将太阳辐射分为林冠层辐射（Photo syntheric Photon Flux Density）和林下辐射（Photo synthetic Photon Flux Density）。

青城山桢树林典型群落中的冠层上方总 PPFD（Total PPFD over canopy）和冠层下方总 PPFD（Total PPFD under canopy）及其标准差的比较如图 2-4，表明冠层上方 PPFD 值在 55.95~51.72 mol/（m²·d）范围变化，平均值为 54.08 mol/（m²·d），大平均值和小平均值为 54.62 mol/（m²·d）和 52.09 mol/（m²·d），标准差 1.20；冠层下方总 PPFD 值在 1.60~6.72 mol/（m²·d）之间，平均为 4.46 mol/（m²·d），大平均值和小平均值为 5.73 mol/（m²·d）和 3.19 mol/（m²·d），标准差为 1.54。由此可知青城山桢树群落的各个样地冠层上方总 PPFD、林下总 PPFD 及其标准差变动幅度较小。冠层上方的总 PPFD 与冠层下方的总 PPFD 之差即为冠层的光截获密度，桢树林的平均光截获密度为 49.62 mol/（m²·d），标准差为 1.50。桢树林中由于冠层上方的总辐射水平是基本相同的，透过冠层到达底部的光合光量子通量密度就能反映桢树林冠层的光截获能力。

4. 平均叶倾角（Mean Leaf Angle，MLA）

平均叶倾角（MLA）指叶表面垂线与铅垂线的夹角。图 2-4 和表 2-14 说明桢树林的各个样地 MLA 及其标准差变动幅度小，MLA 的范围在 14.76°~17.77° 之间，平均为 16.01°，大平均值和小平均值为 16.98° 和 15.04°，标准差为 1.1。由于青城山低山常绿阔叶林的桢树林总空隙度、总开度低而郁闭度高，林下总的 PPFD 很低，光强、光照弱，使得林中植物以小于 18° 的锐角、接近水平叶的性质截获辐射较弱的阳光，符合理论上在群落中随光强弱 MLA 小的规律；同时，MlA 的近水平状态，使得林中叶片对太阳光的截获和光能利用更加有效和充分，也是总空隙度、总开度低而郁闭度高、林下总的 PPFD 低产生的原因之一。

5. 林冠的均匀性分析

根据青城山桢树林的冠层结构指标值的变异系数（CV）分析群落林冠在 Gap fraction、Openness、Closure、LAI、PPFD、MLA 的分布异质性（Sokai，1995）由表 2-14 说明桢树林各个样地在 Gap fraction、0penness、Closure、LAI、Total PPFD over canpy、MLA 的变异系数在 9% 以下，分布呈现显著均匀状态，不存在样地的异质性，桢树林冠层的空隙和开度的大小多少、郁闭度的高低、叶面积指数的大小、冠层上方光合光量子通量密度的大小和平均叶倾角的大小相对稳定，变异很小；只有 Total PPFD under canopy 出现一定的异质性分布（CV=34.53%），林下 PPFD 的分布较不均匀，但尽管 Total PPFD under canopy 未出现显著的均匀但并未影响桢树群落林冠对光的截获能力，冠层的光截获密度分布仍然显著均匀分布。由此可知，桢树林在 Gap fraction、

Openness、Closure、LAI、PPFD、MLA 等指标的总体情况是均匀分布的，冠层结构稳定，不存在显著的异质性。

（二）镶嵌结构和成层结构

1. 群落的密度和镶嵌结构

（1）群落的乔木层和灌木层密度。表 2-15 说明了各栲树林样地植物群落乔木层和灌木层中单位面积内某种植物的个体数，乔木层密度在 0.06~0.12 株 /m^2 之间变化，平均密度为 0.08 ± 0.019 株 /m^2 灌木层密度在 0.16~0.82 株或丛 /m^2 之间变化，平均密度为 0.42 ± 0.191 株或丛 /m^2。从栲林乔木层密度的标准差可知乔木单位面积的分布变异性不大且较为稳定，而灌木层物密度的标准差稍大，各样地的灌木密度有一定变化，存在一些变异性。

表 2-15　青城山乔木层和灌木层植株密度

样地号	乔木株数	灌木丛数	乔木层（株 /m^2）	灌木层（株或丛 /m^2）
6	27	124	0.07	0.31
7	35	65	0.09	0.16
8	40	113	0.1	0.28
9	33	85	0.08	0.21
10	30	98	0.08	0.25
11	26	161	0.07	0.4
12	32	168	0.08	0.42
13	22	148	0.06	0.37
14	29	135	0.07	0.34
15	28	269	0.07	0.67
16	33	327	0.08	0.82
18	46	248	0.12	0.62
19	26	218	0.07	0.55
20	49	217	0.12	0.54

（2）镶嵌结构。镶嵌结构（Mosaic stucture）是群落水平结构重要组成部分。由于林木栽培后态环境的变化和树木本身的天然更新繁殖，传播和定居的特点，引起植物分布不均匀，从而形成植物种类的小型组合或植物小斑块，称为“小聚群”（Microcoenosis）。小聚群是森林水平结构分化一个最小成分，是群落镶嵌结构基本单位。

青城山低山常绿阔叶林植物小聚群形成和分布在很大程度上取决于森林天然更新、林木传播、林冠郁闭度和群落下木下草更新分布的不均匀性。根据低山常绿阔叶林群落特征，选择最有典型性、代表性且天然更新良好、处于自然状况的栲林群落进行群落镶嵌结构分析。在栲林群落中，选择 60cm^2 标准地并划分 150 个 2m × 2m 的小样方进行调查。群落优势种主要是栲树，其次是油茶和薯豆，在 600 株中有栲树 19 株、薯豆 11 株、油茶 8 株、山矾 6 株、润楠 3 株等共 53 株，平均树高 12.42m，胸高直径 17.08cm；最大株为栲，高 22m，胸径 60.51cm；最小株为油茶，高 4.5m，胸径 4.5cm。树木生长良好，森林郁闭度为 0.93，林冠较为均匀，不存在显著林窗，群落的垂直结构可划分乔灌草 3 层。森林中小聚群的形成和分布受到栲林较大郁闭度的影响，镶嵌分布于群落之中，主要的小聚群有栲树小聚群、栲树 - 薯豆小聚群、栲树 - 油茶小聚群等，这些小聚群形成明显的镶嵌水平布局。利用表 2-15 数据，根据方差 S^2 与均值的比率 S^2/m 确定其种群在空间上的分布格局。经乔木植株数的统计计算，得到 $S^2/m=1.85>1$，S^2 显著大于样地内个体的平均数，可知青城山顶极植物群落栲树林的种群分布状况为群集型分布，种群个体成群、成簇、成斑块状密集分布。

2. 群落的成层结构

青城山低山常绿阔叶林典型群落层次结构特征显著，已明显形成乔木层、灌木层和草本层 3 个层次结构，并伴随有一定数量的藤本植物、附生树上的蕨类植物等层间附生植物。这样的垂直结构特点反映了青城山自然森林在天然生长情况下的基本特征。依据以上对植被高度级分布的研究，青城山低山常绿阔叶林典型植物群落乔木层可分为三个亚层：第一亚层高度在 15~25m 之间，超过 25m 的高大乔木 24 株，多数集中在 15~20m，盖度 45%；第二亚层高度，一般在 8~15m 之间，多数集中在 12~14m，盖度 65%；第三亚层 3~8m，比较凌乱，林木种类中还有许多小乔木伴生种，受上层郁闭度较大的影响，盖度不高仅为 35%。

（三）群落内不同层植物的种间相关性分析

表 2-16 和表 2-17 反映了青城山典型群落不同层植物的 r 相关分析情况。在乔木层、灌木层和草本层的物种间，大多种间呈负相关关系。乔木和灌木树种间呈显著相关的种对为 24 个，占两个群落总种对数（225 对）的 10.7%。其中，栲树和油茶等 20 个种对呈正相关关系，栲树和少花荚蒾等 4 个种对呈负相关。乔木和草本物种间呈显著相关的种对为 35 个，占两个群落总种对数的 15.6%；栲树和红盖鳞毛蕨等 26 个种对呈正相关关系，栲树和普通凤丫蕨等 9 个种对呈负相关关系。灌木层和草本层物种间呈显著相关的种对有 35 个，占两个群落总种对数的 15.6%。其中，油茶和红盖鳞毛蕨等 25 个种对呈正相关关系，柄果海桐和三枝九叶草等 10 个种对呈负相关关系。

表 2-16　不同层植物的种间 r 相关分析统计

群落名称	显著关联的种对数		不显著关联的种对数		无关联的种对数
	正相关	负相关	正相关	负相关	
乔木与灌木	20	4	68	133	0
乔木与草本	26	9	52	137	1
灌木与草本	25	10	74	116	0

表 2-17　不同层群落的种间 r 相关分析呈显著相关的种对名称

群落名称	相关性	种对名称
乔木与灌木	正相关	栲树 – 油茶、朱砂根；黄牛奶树和穗序鹅掌柴、茶；枹栎 – 老鼠矢；山矾和油茶、铁仔、老鼠矢、穗序鹅掌柴；麻栎 – 铁仔、老鼠矢、紫麻；糙皮桦 – 穗序鹅掌柴；漆树 – 四川溲疏；江南石栎 – 少花荚蒾、核子木、蕊帽忍冬；青皮木 – 铁仔、老鼠矢；毛脉南酸枣 – 蕊帽忍冬；柘树和蕊帽忍冬
	负相关	栲树 – 少花荚蒾、核子木；黄牛奶树 – 铁仔；山矾 – 穗序鹅掌柴

续表

群落名称	相关性	种对名称
乔木与草本	正相关	桤树－红盖鳞毛蕨；黄牛奶树－沿阶草；薯豆－山蚂蝗、楼梯草、莎草；润楠－沿阶草；扁刺栲－短毛金线草、普通凤丫蕨、冷水花、长蕊万寿竹、三枝九叶草；枹栎－中华苔草、苳草；山矾－红盖鳞毛蕨、中华苔草、苳草；麻栎－中华苔草、苳草；糙皮桦－凤尾蕨；漆树－沿阶草、匙叶剑蕨；江南石栎－普通凤丫蕨、冷水花、三枝九叶草；青皮木－苳草；柘树－红盖鳞毛蕨
	负相关	桤树－普通凤丫蕨、冷水花、长蕊万寿竹；薯豆－普通凤丫蕨、冷水花；扁刺栲－红盖鳞毛蕨；山矾－沿阶草；麻栎－铁仔、老鼠矢、紫麻；江南石栎－红盖鳞毛蕨；毛脉南酸枣－红盖鳞毛蕨
灌木与草本	正相关	油茶－红盖鳞毛蕨、中华苔草；细齿柃－三枝九叶草；铁仔－红盖鳞毛蕨、中华苔草；老鼠矢－红盖鳞毛蕨、中华苔草、苳草；穗序鹅掌柴－沿阶草；茶－沿阶草、楼梯草；朱砂根－中华苔草；少花荚蒾－普通凤丫蕨、冷水花、长蕊万寿竹；核子木－普通凤丫蕨、冷水花；四川溲疏－长蕊万寿竹、匙叶剑蕨；蕊帽忍冬－普通凤丫蕨、冷水花、凤尾蕨；黄常山－苳草
	负相关	柄果海桐－三枝九叶草、楼梯草；油茶－中华苔草；铁仔－沿阶草；老鼠矢－沿阶草；穗序鹅掌柴－红盖鳞毛蕨；少花荚蒾－红盖鳞毛蕨；核子木－红盖鳞毛蕨；蕊帽忍冬－红盖鳞毛蕨

六、城市森林的近自然植物群落构建

（一）基本模式的构建

通过对青城山桤树群落的组成、结构、功能进行调查和分析，将桤树群落作为成都市城市森林的近自然植物群落配置的参考体系，可作为成都市城市森林的近自然植物群落配置的基本模式直接应用，并根据城市森林不同绿地类型的物种组成和空间结构不同的功能和要求，进行演绎运用于各类城市森林建设中。

1. 基本模式的物种组成

（1）物种选择。结合对桤树群落物种组成特征的调查和研究，选取乔木层、灌木层、草本层和藤本植物重要值最高，作为成都市城市森林的近自然杭物群落配置的基本模式中的组成成分。应用模式如下：

乔木层主要树种：桤树、黄牛奶树、润楠、楠木、薯豆、山矾、青冈栎、江南石栎、杜英、赛楠、樟树、峨眉含笑、尖叶榕、青皮木、合欢、山枇杷、灯台树、扩展女贞、朴、柘树等；

灌木层主要物种：油茶、柄果海桐、格药柃、细齿柃、老鼠矢、铁仔、紫麻、茶、穗序鹅掌柴、四川溲疏、朱砂根、冬青、紫金牛、黄常山、蕊帽忍冬等；

草本层主要物种：红盖鳞毛蔽、沿阶草、中华苔草、鸢尾、馨草、匙叶剑蕨、楼梯草、四川蜘蛛抱蛋、短毛金线草、凤尾蕨、三枝九叶草、长蕊万寿竹等；

藤本植物主要物种：中华常春藤、常春油麻藤、香花崖豆藤、绞股蓝、络石等。

结合青城山样地的种间关系分析结果，充分重视和全面运用这些具有显著正相关的物种，如栲树和薯豆、黄牛奶树和润楠、尖叶榕和柘树、柄果海桐和格药柃、柄果海桐和铁仔、柄果海桐和朱砂根、老鼠矢和朱砂根、油茶和铁仔、红盖鳞毛蕨和中华苔草等，组成稳定性强、共生共荣、协同生长的植物群落，尽量创造乔灌草藤结合的复层结构，保持植物群落在空间、时间上的稳定，最大可能的利用有限的城市空间，构建科学合理的多层次的城市森林近自然植物群落。

（2）物种比例与物种多样性要求。通过上述研究，基本模式的构建应要求常绿乔木与落叶乔木的种类之比不低于 1.56∶1，个体数之比不低于 5∶1；常绿灌木与落叶灌木种类比不低于 2.2∶1，个体数比不低于 14.53∶1。

（二）基本模式的空间结构

结合对栲树群落垂直和水平空间结构调查分析，成都市城市森林的近自然植物群落配置的基本模式下：

郁闭度不低于 90%，叶面积指数不低于 3.55；

乔木亚层数量在 3 层以上；

水平分布格局中 $S^2/m \geqslant 1$，主要以随机型和群集型分布；

乔木层和灌木层的密度应该不低于 0.08 株 /m^2 和 0.42 株或丛 /m^2；

乔灌草结合度要求乔灌草的种类比不低于 2.93∶2.27∶1，乔灌草的投影面积比例不低于 10.74∶8.05∶1，乔灌个体数比不低于 0.19∶1；

高大乔木占乔木总个体数的情况如下：高度 15m 以上的不低于 31.07%，冠幅 10m 以上的不低于 4.90%，胸径 30cm 以上的不低于 16.78%。

林冠结构变异性较小，均匀性较高，CV≤20%；

光截获能力（密度）不低于 49.62mol/（m^2·d）。

（三）基本模式的演绎与营建

在构建城市森林的近自然植物群落配置基本模式的基础上，演绎出不同绿地类型的优化模式，营建不同类型城市森林的近自然植物群落。

1. 近自然植物群落基本模式演绎

（1）郁闭型群落。郁闭型群落是具有多层结构的森林群落，能够最大程度的模拟顶极植物群落的物质组成、空间结构，运用不同的顶极适应值高的优势物种和园林中运用较多的乡土树种组合形成色彩多变的季相。这种群落应成为城市森林景观的主体。

植物配置原则：主林层和次林层选择阳性树种，布局高等级的乔木材料，中下层选择具有一定观赏价值的比较耐阴的小乔木、亚乔木和花灌木、灌木、草本以及藤本植物，模拟地带性然顶极植物群落形成垂直断面上乔灌草 3 个层次的参差变化和藤本攀缘的近自然景观，种群的水平布局实现随机型和群集型为主的格局。从生态景观上或美学价值上考虑，林缘部分的垂直构图必须鲜明突出，利用小乔木、花灌木、香花植物等植于林缘，外层宜稀，内层可加密，郁闭度以 0.7~0.8 较为理想。

植物群落配置：可选择栲树、润楠、樟树、青冈、尖叶榕、柘木、山枇杷、山茱萸、白檀、漆树、合欢、格药柃、柄果海桐、铁仔、冬青、鸢尾、沿阶草、南赤瓟、香花崖豆藤等，如栲树 + 黄牛奶树 + 薯豆 + 尖叶榕 + 峨眉含笑 - 细齿柃 + 柄果海桐 + 大花枇杷 + 穗序鹅掌柴 + 茶 + 黄常山 - 红盖鳞毛蕨 + 沿阶草 + 四川蜘蛛抱蛋 + 凤尾蕨 + 苔草 +

伞叶排草 + 香花崖豆藤、栲树 + 黄牛奶树 + 润楠 + 薯豆 + 樟树 + 合欢 + 漆树 - 柄果海桐 + 冬青 + 穗序鹅掌柴 + 鸢尾 + 沿阶草 - 中华常春藤、栲树 + 薯豆 + 黄牛奶树 + 润楠 + 漆树 - 柄果海桐 + 格药柃 + 扩展女贞 + 穗序鹅掌柴 + 四川溲疏 - 沿阶草 + 红盖鳞毛蕨 + 匙叶剑蕨等。在其林缘增加和补充一些观叶（色叶）植物、开花灌木、香花植物、开花地被等观赏性较强的乡土植物品种，如在乔灌木层中增加银杏、罗汉松、苏铁、棕竹、鸡爪槭、三角枫、杜英、复羽叶栾树（*Koelreuteria bipinnata*）、朴、雀舌黄杨、皱叶狗尾草等观叶树种，木芙蓉、桂花、西府海棠、垂丝海棠、石榴、紫薇、玉兰、辛夷、多花含笑、桃、梅、梨、李、石榴、山茶、茶梅、六月雪、杜鹃等开花植物，白兰、蜡梅、栀子、大栀子、雀舌花等香花植物，多年生观叶和开花草本如肾蕨、金边吊兰、玉簪、葱兰、石蒜（*Lycoris radiata*）、扁竹兰等，以及藤本植物如忍冬、常春油麻藤、爬山虎、紫藤等。

（2）空旷型群落。空旷型群落的水平郁闭度很低，要尽量模拟自然的物种组成，一般以顶极适应值高或乡土物种的高大乔木形成的森林为背景，结合空旷的草坪，突出城市森林的运动和娱乐功能。

植物配置原则：以高大乔木或大片的观花、观叶、观果的灌木为背景，形成块状小聚群或种群，达到近自然植物群落构建中乡土植物和顶极适应值高植物种类的总比例不低于 90% 的要求，小聚群或种群的水平分布以群集型、随机型为主。

植物群落配置：选取栲树、黄牛奶树、薯豆、润楠、楠木、尖叶榕、漆树、樟树等一种或多种构建高大乔木组成的背景群落，或是选用乡土植物银杏、皂荚、水杉、垂柳、槐树、榆树、朴树、女贞等，常绿种与落叶种的比例不低于1.56∶1，个体数之比不低于5∶1；可在乔、灌与草坪的连接处种植观赏性强的、二年生以及多年生宿根花卉，如蜀葵、木槿、山茶、茶梅、鸢尾、蝴蝶兰、葱兰等乡土植物，形成花境，弥补空旷型群落植物相对单调、观赏性相对较低的缺陷。小聚群或种群的小乔木、灌木和草本的配置模式如鸡爪槭 + 三角枫 + 杜英 – 铁仔 + 格药柃 + 山茶 – 沿阶草 + 红花酢浆草 + 三色堇 + 葱兰 + 绞股蓝、樱花 + 红梅 + 李 + 碧桃 – 金丝梅 + 金丝桃 + 栀子 + 月季 – 羊茅 + 红花酢浆草 + 扁竹兰 – 忍冬、玉兰（或多花含笑）+ 辛夷 – 金叶女贞 + 小叶女贞 + 雀舌花 + 茶梅 – 吉祥草 + 中华苔草 + 麦冬 – 中华常春藤 + 香花崖豆藤等，空地草坪可选用绿期较长、践踏性强的草坪地被植物，如羊茅、结缕草、麦冬等。

（3）滨水植物群落。城市的水系与湿地的建设构成一个独特的动植物生态系统，可净化水质，创造植物、鸟类、鱼类等的生活栖息空间。科学合理的植物群落结构可使滨江绿化带成为优美的生态旅游、休憩、娱乐和健身的活动场所，能有效地建立起城市森林森林病虫害的防控体系，增强整个水系的整体生态功能。

植物配置原则：应与非结构性护岸、结构性护岸中的柔性护岸相结合，以乔灌草藤的复层结构为主，选择耐湿乔木和灌木，乔木层的密度以 0.08 株 /m^2 为宜，乔、灌的比例保持在 1∶1.5~2，最大限度地发挥城市森林滨水植物群落的生态服务功能。

植物群落配置：可选择耐湿乔木和灌木如桤木、枫杨、水杉、垂柳、显花决明、南迎春、木芙蓉，郁闭度可疏可密，由设计目标和功能而定；开花地被植物如马蹄莲、鸢尾、菖蒲等；适当增加层间植物如中华常春藤、爬山虎、扶芳藤、多花蔷薇、忍冬等；浮水、挺水、沉水等水生植物的种植如荷花、睡莲、旱伞草、泽泻、芦苇、芋、金鱼藻等（曾晓阳，2005）；形成乔灌草藤的复层结构。主要模式如楠木 + 樟树 + 枫杨 + 垂柳 + 栲树 + 薯豆 + 木芙蓉 – 夹竹桃 + 南迎春 + 杜鹃 + 紫金牛 + 栀子 – 旱伞草 + 肾蕨 + 菖蒲 + 芦苇 + 睡莲 + 四川蜘蛛抱蛋 – 川鄂爬山虎 + 藤本月季、喜树 + 紫薇 + 樱花 + 红梅 + 慈竹 + 凤凰竹 + 蜡梅 – 凤尾竹 + 花孝顺竹 + 大栀子 + 雀舌花 + 显花决明 + 铁仔 + 八仙花 – 鸢尾 + 白花紫露草 + 紫鸭跖草 + 皱叶狗尾草 + 中华苔草 – 多花蔷薇 + 扶芳藤、水杉 + 樱花 + 樟树 + 栲树 + 桂花 + 楠木 + 薯豆 – 迎春花 + 紫金牛 + 油茶 + 山茶 + 肾蕨 + 细齿柃 – 黄花鸢尾 + 花叶芦荻（*Arundo donax* var. *versicotor*）+ 凤尾蕨 + 红盖鳞毛蕨 + 茅草 + 芦苇 + 旱伞草 + 睡莲 + 荷花 – 中华常春藤 + 忍冬 + 多花蔷薇等。

（4）道路植物群落。城市道路林网因其线形长度，是城市森林各类绿地与市民接触面最广的绿地形式之一，道路植物群落建设有利于“绿色廊道”的形成，有利于城市绿色框架的构建，也是城市森林绿地系统的重要组成部分（曾晓阳，2008）。

植物配置原则：必须满足道路交通功能的基本要求，充分发挥道路林带的隔离防护、生态服务与景观功能，包括视线诱导、遮光和缓冲种植等交通功能：遮阴、隔离噪声、降尘、吸收污染气体等，形成城市生态廊道、维持城市生态平衡等生态服务（环保）功能；体现地域特色和城市风格，构建城市景观廊道等景观功能。

植物群落配置：根据道路的宽度和功能而定。在主干道，可营建生态景观型道路绿地，注重植物的美学要素的搭配，不同地段选用不同乔灌木从而突出不同色彩效果与节奏韵律的变化，以高大地带性乔木形成背景，中小乔木形成中景，观花观叶灌木构成前景，通过 2~3 层植物群落的复层结构，形成丰富的景观层次变化与春、夏、秋、冬四季景观。强调群落具有 70% 以上的郁闭度与 2.5 以上的叶面积指数，并具有较长的花期与较高的观赏价值；灌木以常绿的、半常绿的、叶色变化比较丰富的、抗性强的花灌木为主，草本层以常绿、半常绿或绿期长的草坪或开花地被植物以及观赏性强的宿根花卉为主；在次干道，应突出植物的个体观赏性（如形态、线条、质地以及色彩）与整体的色彩与流畅绘条，突出植物的个体观赏性（形态、色彩、线条、质地）与整体的色彩与流畅线形，条件许可时尽量形成复层结构。群落植物配置模式主要有：复羽叶栾树 + 合欢 + 女贞 + 黄葛树 + 蜡梅 + 碧桃 + 紫薇 – 红花檵木 + 金叶女贞 + 冬青 + 夹竹桃 + 大栀子 + 杜鹃 + 海桐 + 十大功劳 – 麦冬 + 石蒜 + 红花酢浆草 + 结缕草、樟树 + 大叶樟 + 紫薇 + 红叶李 + 玉兰 + 杜英 + 枫杨 – 十大功劳 + 小叶女贞 + 金叶女贞 + 大栀子 + 紫叶小檗 + 含笑 + 海桐 – 紫鸭跖草 + 葱兰 + 羊茅 + 八角金盘、槐树 + 樟树 + 女贞 + 紫叶李 + 紫薇 + 桂花 – 瓜子黄杨 + 红花檵木 + 月季 + 大叶黄杨 + 海桐 + 小叶女贞 – 白花鸭跖草 + 羊茅 + 吉祥草 + 葱兰 + 美人蕉等。

2. 城市森林的近自然植物群落营建

（1）树种选择。按当地现有的或潜在的自然顶极植物群落植被确定城市森林的拟建目标绿地类型，要选择具有地带性特征的顶极植物群落的建群树种及优势树种，配以常绿灌木树种及少数落叶树种；如常绿阔叶林地带的栲树、薯豆、黄牛奶树、润楠、楠木、樟树、杜英、江南石栎、峨眉含笑等常绿乔木；柄果海桐、油茶、茶、冬青、穗序鹅掌柴、扩展女贞、含笑、海桐、山茶、杜鹃、八角金盘等常绿灌木；白檀、合欢、漆树、恺木、枫杨、白玉兰、亮叶桦等落叶乔木。原则上乡土物种和外来物种之比不低于95%，针叶树种和阔叶树种之比不高于1∶1，速生树种和慢生树种比例不高于0.8∶1。

从各乡土物种的选材和育苗阶段起，物种选择必须做到乔灌草藤复层结构的合理配置。

（2）立地改良。为了使群落植物能正常生长，需对地形作适当处理，按自然地植被地形特点和园林艺术要求，将地形整理为缓坡地；并对土壤条件进行改良，如有必要可以采用挖大穴、客土改善立地条件，增加有机腐殖质，提高土壤中的N、P、K和水分的含量；调整土壤的酸碱度，最好使其值pH处于常绿阔叶林最适宜的4.5~5.5之间，至少应调节到中性或微酸性（6.0~7.0）。

（3）苗木种植。植物群落配置以具有地带性特征的顶极植物群落的模式指导设计，采用的乔木幼苗要求在50~80cm，结合种间关系研究结果，将多种类树种进行水平镶嵌式的混合密植，苗木密度一般定为3~4株/m^2，因为高密度种植既有利于环境对苗木的自然选择，更促成“近自然”群落的形成。栽植后要用秸秆覆盖，并用草绳将覆盖物压住，防止风吹、干燥和杂草滋生，同时腐烂的秸秆分解后可以增加土壤的养分。

（4）后期养护。种植后2~3年内，需要进行除草、培土等一般性养护，其后群落进入自然生长过程，一般5年左右可初具规模，并达到相应的景观效果，10~20年即可形成“近自然”群落景观。

第三节　城市道路森林廊道结构与功能

一、成都市城市道路森林廊道调查

（一）试验地概况

1. 成都市城乡绿色健康生态廊道西部轴线实验地

该绿色健康廊道西部轴线全长1108km，通过成都市城区、温江区、都江堰市，最终到达青城山风景区，该廊道经过光华大道、温玉路、成青路。本实验对其中的光华大道一段和青城山快速通道进行测定分析和比较研究。

（1）光华大道实验地：光华大道绿色生态健康廊道通过了城区和温江范围的光华大道，全长约8km。光华大道成都段：道路绿地断面布置形式为三板四带。长度约为1.4km，总宽为84m，道路中央分隔带宽6m，栽种乔木银杏、楠木、垂丝海棠等，灌木栽植红花檵木、小蜡、石楠、十大功劳等，草本以沿阶草、吊兰为主，机非隔离带宽度为1m左右，主要栽植紫薇、石楠、小蜡等植物。

光华大道温江段：道路绿地断面布置形式为三板四带。长度约1.75km，总宽度约为130m，道路中央分隔绿化带宽5.5m，栽种植物主要有六月雪、十大功劳、栀子、红花檵木等。

光华大道东起青羊大道，西至温江区，全长约13.6km，双向8车道，光华大道的建成在当时被看作是有打通光华片区和温江片区的任督二脉之功力。由于光华大道直通花博会会场，因此光华大道也有花博大道的美誉。光华大道绿色健康廊道的景观设计在几条快速出城通道中最具现代气息，成功地引入了健康步道、亭台楼榭、小桥流水，很多园林设计的因素都应用到道路中央及两旁景观中，实现了游人漫步在健康廊道中充分享受一步一景，步移景异的景观效果。作为成都市重要的连接城郊的绿色健康生态廊道，除了要考虑景观、水源涵养、防风、防污染隔离等基本功能，生态廊道对改善城市生态小气候环境的作用究竟如何？这些植物群落的结构能否真正起到改善城市生态环境的作用是我们更应该关心和深入研究的问题。因此，选择了连接成都市中心城区和温江区新城区的光华大道成都段（在后文以光华大道绿色道路廊道代称，以光华大道简称）为研究对象。共选择 25 个典型的标准群落作为对群落结构研究的主要对象，并从中选择了 6 个典型的具有代表性的标准群落进行生态指标的测定。

（2）青城山快速通道实验地:青城山快速通道是该生态健康廊道经过的线路之一，该快速通道的平面形式为一板式，无绿化隔离带。选择了天下青城牌坊至青城前山山门口的快速通道作为实验地（后文以青城山快速通道绿色道路廊道代称，以青城山快速通道简称）。该绿色道路廊道以人工造林与野生林相结合的建设方式模拟近自然纯林的植物群落，是一种建设成本低、自然度高、后期少管护或接近零管护的建设模式用于广大郊县区城市森林建设方式，这种适应广大郊县地区、山区的植物群落是否能达到预期的生态效应，是否能更加普遍地应用到今后的城市森林网络体系建设中去，是值得关注的问题。因此，在青城山快速通道实验地选择 6 个典型的具有代表性的标准群落作为测定对象。

2. 成都市中心区环城绿廊活水公园华星路实验地

活水公园是世界上第一座以水为主题的城市生态环保公园，是成都市府南河综合整治工程的主题公园，是四川省和成都市的环保教育基地，也是共青团中央和国家环保总局确定的全国保护母亲河行动生态教育基地和生态监护站。曾获“国际水岸奖最高奖”和“环境地域设计奖”。活水公园位于锦江府河畔，占地 2.4 万 m^2，于 1998 年落成；整体设计为鱼形，寓意人与水、人与自然的关系鱼水难分；主要由“人工湿地净水系统”、“模拟自然森林群落”和环保教育等部分构成。活水公园位于成都市中心城区华星路旁府南河畔，开放性的特殊地理位置使活水公园不仅是成都市著名的十大城市森林公园之一，同时也具备了绿色道路廊道的生态价值。活水公园的植被种类繁多，引入了很多城市园林建设中不常用的森林植物种类和外来物种，力求最大程度地丰富其物种多样性和绿量。其模拟自然森林群落的栽种方式对成都市城市森林的建设具有指导意义。公园内一条与园外华星路平行的健康步道，植物为屏，园外车水马龙，喧闹纷繁，园内万木葱茏，鸟语花香，成为众多老百姓每日必经的选择。活水公园是成都市市中心城市森林环城绿圈建设的典范，广大市民心目中真正的都市“绿肺”。因此，选择活水公园沿华星路 10m 宽的区域（在后文以活水公园华星路绿色道路廊道代称，以活水公园华星路简称）为试验研究的另一具有代表性的实验地，从中选择 6 个植物配置典型，差异较大的群落进行生态指标的测定。

（二）研究方法

1. 典型群落设置

应用群落调查方法，根据道路廊道的特点，采用选择典型标准地的方法，对成都市光华大道、活水公园华星路、青城山快速通道绿色廊道为代表进行测定分析和对比研究。光华大道设置调查群落群落 25 个每个样方面积 $100m^2$（$10m \times 10m$），选择其中 6 个相邻但植物配置差异较大且典型的群落进行测定，活水公园和青城山快速通道分别设置 6 个典型标准群落，每个样方面积 $100m^2$（$10m \times 10m$）。

2. 群落调查和统计方法

对成都市道路森林廊道植物群落进行全面系统的植物社会学调查。群落调查采用植物社会学调查法（法瑞学派调查方法）。在植物社会学调查法中，首先根据群落垂直结构进行分层，记录每层高度和盖度，并对每层中的植物种类分别记录其多盖度以及生长状况（包括健康状况、物候等）。对乔木层的树种记录其高度（M），胸径大小（cm）、株距（m）、盖度（%）。树高划分为6个等级：<2m、2~4m、4~6m、6~8m、8~10m、>10m。胸径等级划分为6个等级：<5cm、5~10cm、10~15cm、15~20cm、20~25cm、>25cm。灌木层和草本层记录种类、高度及盖度。

3. 物种多样性的测定

（1）物种多样性的群落调查方法：运用典型抽样法在固定标准地上进行植物群落学调查，对每个群落进行乔、灌、草三个层次的调查。记录项目包括：①乔木层：记录样方内树高 >2m，胸径 >2.5m 的树种名称、胸径、树高、株树，冠幅（东、南、西、北四个方向）；②灌木和草本层：记录样方内灌木及草本植物的物种名称、高度、盖度，树高 <2m，胸径 <2.5m 的乔木幼树幼苗归为灌木层植物统计；③环境因子：记录样方所在位置和生境因子（海拔、坡向）。

（2）数据处理及分析方法：

① 重要值。种的重要值是指植物群落中每一树种的相对重要程度，一般根据物种的相对密度、相对优势度和相对频度来求取。研究重要值是为了确定群落内的优势种，即在群落内地位最为重要、发挥作用最大的种。根据调查内容，按下式分别计算种的重要值：

乔木种的重要值 =（相对密度 + 相对优势度 + 相对频度）/300 （2-1）

灌草种的重要值 =（相对高度 + 相对盖度）/200 （2-2）

式中：$$\text{相对密度}=\frac{\text{某种植物种群的个体总数}}{\text{同一生活型所有植物个体总数}}\times 100 \quad (2\text{-}3)$$

$$\text{相对优势度}=\frac{\text{某种植物种群所有个体胸面积之和}}{\text{同一生活型所有种个体胸面积之和}}\times 100 \quad (2\text{-}4)$$

$$\text{相对频度}=\frac{\text{某种植物种群在样地中出现频率}}{\text{同一生活型所有种出现频率之和}}\times 100 \quad (2\text{-}5)$$

② Shannon-Wiener 物种多样性指数。目前最广泛用于测定物种多样性的是 Simpson 指数和 Shannon-Wiener 指数。一般认为 Shannon-Wiener 指数对生境差异的反映更为敏感（彭少麟等，1983），本书采用 Shannon-Wiener 指数来测算各群落的物种多样性，公式为：

$$SW=-\sum_{i=1}^{S} P_i InP_i \quad (2\text{-}6)$$

式中：P_i 为种 i 的相对重要值；S 为种 i 所在样方的总种数。

③ Margalef 丰富度指数。物种丰富度即样方中出现的植物总种数，包括乔木、灌木、草本、藤本植物。

$$D_1=\frac{S-1}{InN} \tag{2-7}$$

式中：S 为物种的数目，N 为总个体数。

④ Pielou 物种均匀度指数。群落均匀度指群落中各个种的多度的均匀程度，即每个种个体数间的差异。其计算通常用实测多样性和最高多样性的比来表示。最高多样性即所有种的多度都相等时的多样性。采用以 Shannon-Wiener 多样性指数为基础的计算式：

$$J=\frac{SW}{SW_{max}}=\frac{SW}{\log_2 S} \tag{2-8}$$

式中：H 为实测多样性指数；H_{max} 是理论上最大的多样性指数；S 为总种数。

4. 三维绿量的测定

调查群落树种组成方式和比例，实测群落的郁闭度和单株三维绿量（单株三维绿量测量方法见表 2-18），灌木和草本的三维绿量为盖度与平均高度的乘积，采用“立体量推算立体量”的方法，累加乔木单株三维绿量、灌木和草本的整体三维绿量获得标准群落三维绿量。

为消除测量过程中偶然误差的影响，采取多次测量求平均值的方法，使测量结果尽可能的精确。以被测树为中心，在东南，西北方向上分别用测高仪测定株高 X_1，X_2，根据树高 $H=（X_1+X_2）/2$，求出平均树高 H。再用皮尺或用测高仪（适用于冠下高较高的树种）测出冠下高 H_1，根据冠高 $h=H-H_1$，求出冠高。

在树冠边缘上任取一点，经树干横截面圆心取与之相对的另一点，测两点间的距离 D。重复进行三次，分别测得 D_1、D_2、D_3。根据 $D=（D_1+D_2+D_3）/3$，计算得到平均冠幅 D。

胸径的测量即用围尺测量每一植株 1.2m 处的直径。

表 2-18　三维绿量计算公式

序号	树冠形状	计算公式	序号	树冠形状	计算公式
1	卵形	$\frac{\pi x^2 y}{6}$	5	球扇形	$\frac{\pi(2y^3-y^2\sqrt{4y^2-x^2})}{3}$
2	圆锥形	$\frac{\pi x^2 y}{12}$	6	球缺形	$\frac{\pi(3xy^2-2y^3)}{6}$
3	球形	$\frac{\pi x^2 y}{6}$	7	圆柱形	$\frac{\pi x^2 y}{4}$
4	半球形	$\frac{\pi x^2 y}{6}$			

注：x 为冠幅，y 为冠高。

5. 郁闭度的测定

分别于春、夏、秋、冬与生态效益主要指标测定的时间同步，使用 LAI-2000 植物冠层分析仪测定每个 10m × 10m 典型标准群落的 DIFN（无截取散射值），以表示未被叶片遮挡的天空部分，此值范围在 0（全叶片）~1（无叶片）之间。DIFN 大体可看作是冠层结构的一个代表值，它将 LAI（叶面积指数）和 MTA（平均叶倾角）结合为一个值。用 1 减去 DIFN 值实际得到被叶片遮挡的天空部分，本文以这个值为典型标准群落的郁闭度。

6. 生态效益主要指标测定与计算方法

实验分别于春、夏、秋、冬四季进行，夏季在 2008 年 8 月 4 日、5 日和 7 日，秋季在 2008 年 10 月 9 日、10 日和，冬季在 2009 年 1 月 8 日、10 日、13 日，春季在 2009 年 3 月 15 日、17 日、20 日，四季实验的三天天气均为晴转多云，符合观测要求。

观测项目有气温、空气相对湿度、大气中 CO_2 浓度、紫外辐射和声音值。按相关规范要求和资料表明，每天从 8 点起每隔 2h 连续观测，即：8：00、10：00、12：00、14：00、16：00、18：00。每个测点取 2~3 次测值的平均值为测定值。日、月、年平均值的数值统计整理均按规范要求。

① 小气候的测定及数据分析方法：以 Kestre 4000 型手持式气象站测定温度、相对湿度和热指数，每个群落的测定时间与大气中 CO_2 浓度的测定同步，同样在每个群落选四个测点，每个测点以 2~3 次的测定值的平均值为最终测定值。

按常规统计方法计算监测时段内中各日平均气温、平均相对湿度，气温、空气相对湿度均分 3 种表示量：平均温度和最高、最低温度。分别选取 2008.08、2008.10、2009.01、2009.03 代表夏、秋、冬、春，进行四季气温、空气相对湿度变化分析。

② 空气中 CO_2 浓度的测定：使用 li-6400 便携式光合仪进行测定，测定期间天气晴朗，每个群落从早上 8 点到晚上 6 点每隔两个小时监测 1 次，每次测旷地、外林缘、林中、内林缘 4 个点，每个点测 3 次，取平均值。

空气中 CO_2 浓度日变化对日照时段每 2h 所测得的不同群落与旷地的 CO_2 浓度进行比较分析，同时利用 SPSS11.0 进行群落内 CO_2 浓度与群落郁闭度以及三维绿量的相关分析。

③ 紫外辐射的测定：于 2008 年夏季进行人工廊道植物群落 UVB 辐射日进程测定。测点选择方法：以典型标准地对角线的交点为中心，在正东、正东南、正南、正西南、正西、正西北、正东北、正东 8 个方向选 8 个测点，每测点离中心点距离均为 33m。从 8：00~18：00，每隔 2h 进行一次测量，与小气候的测定同期同步进行，每个廊道测定 1d，共 3d，均为晴天。旷地选择水泥路每个时间段测定 3 个值作为对照。UVB 辐射采用 UVB 辐射仪 UVM-SS（apogee 公司生产）进行测定。UVB 辐射测量高度均为 1.5m，群落内测量时避开光斑。

UVB 日总量以日照时段内每 2h 所测得 UVB 辐射通量之和度量。对 3d 中同一时间测量值进行平均并绘制不同群落 UVB 辐射日进程，计算群落屏蔽效率。人工群落 UVB 屏蔽效率评判：以全光照旷地 UVB 值减去群落内 UVB 值所得差值除以旷地 UVB 值，以所得的百分比作为比较数值。利用 PC-ORD for windows 4.01，以不同时段群落内 UVB 辐射通量值为基础数据进行植物群落聚类分析（Euclidean distance method），同时利用 SPSS11.0 进行群落内 UVB 辐射能量日峰值与群落冠层特征的相关分析。

④ 声音值的测定：为排除背景噪音的影响，噪音测定安排在凌晨 2 点进行，噪音

测量仪器为CENTER-322数字式噪音计，考虑到道路廊道的特点，以三菱越野车发动机轰鸣声模拟点声源。测量仪器时间计权特性设为*F*（fast characteristics，特快性）。在选定的群落中至外向内设置一条10m长的测定样线，在样线起点设第一个测定，在样线终点设另一个测定。两台噪音计置于胸高处（1.3m），正对声源同时测量。两测点测量同时进行，重复3次，取平均值为最终测定值。

对不同群落的噪声衰减百分比和相对噪声衰减百分比进行比较分类，同时利用SPSS11.0软件进行不同群落噪声衰减百分比与群落冠层特征和叶面积特征的相关分析和初始主因子载荷分析。

二、群落分析

（一）植物群落结构特征分析

1. 植物科属组成

经调查，目前成都市光华大道人工植物群落中应用的植物共有乔木24种，灌木17种，草本10种，分属33科47属，其中常绿树种25种，落叶树种15种，被子植物有31科45属49种，裸子植物有2科2属2种。

其中在25个标准群落中出现频率较高的乔木有杨树、天竺桂、山杜英、女贞、紫薇、银杏、香樟、桂花、羊蹄甲等，灌木有南天竹、海桐、小蜡、栀子、杜鹃、十大功劳、贴梗海棠等，草本植物有蝴蝶花、肾蕨、美人蕉、葱兰、沿阶草等，详见表2-19。这些乔木和灌木树种中有很大一部分是本地的乡土树种，适应本地的气候条件，生长良好、数量多、盖度大。还有一部分是经外地引进入成都后，已经适应成都市特殊气候条件，栽种面积、数量较多的物种，它们丰富了成都市的树种资源，也丰富了植物群落的景观，这些树种是成都市光华大道人工植物群落景观的基调树种。草本植物基本都是本地的乡土植物，适应本地的气候条件，生长良好，盖度高。

表2-19　光华大道道路绿色廊道主要树种出现频率

种名	拉丁名	科名	属名	植物类型	频率（%）
杨树	*Poplus* sp.	杨柳科	杨属	落叶乔木	44
女贞	*ligustrum lucidum*	木犀科	女贞属	常绿乔木	28
山杜英	*Elaeocarpus sylvestris*	杜英科	杜英属	常绿乔木	28
香樟	*Cinnamonum camphora*	樟科	樟属	常绿乔木	16
银杏	*Ginkgo biloba*	银杏科	银杏属	落叶乔木	16
紫薇	*lagerstroemia indica*	千屈菜科	紫薇属	落叶乔木	16
桂花	*Osmanthus fragrans*	木犀科	木犀属	常绿乔木	12
羊蹄甲	*Bauhinia variegata*	豆科	羊蹄甲属	常绿乔木	12
梅	*Prunus mume*	蔷薇科	梅属	落叶乔木	8
黄葛树	*Ficus virons*	桑科	榕属	落叶乔木	8
广玉兰	*Magnolia grandiflora*	木兰科	木兰属	常绿乔木	8
慈竹	*Sinocalamus affinis*	禾本科	慈竹属	常绿乔木	8

续表

种名	拉丁名	科名	属名	植物类型	频率（%）
白兰花	*Michelia alba*	木兰科	含笑属	常绿乔木	4
鸡爪槭	*Acer palmatum*	槭树科	槭树属	落叶小乔木	4
楠木	*Phoebe zhennan*	樟科	楠属	常绿乔木	4
樱花	*Prunus yedoensis*	蔷薇科	樱桃属	落叶小乔木	4
桃	*Prunus persica*	蔷薇科	桃属	落叶小乔木	4
水杉	*Metasequoia glyptostroboides*	杉科	水杉属	落叶乔木	4
雪松	*Cedrus deodara*	松科	雪松属	常绿乔木	4
楝树	*Melia azedarach*	楝科	楝属	落叶乔木	4
天竺桂	*Cinnamomum japonicum* var. *chekiangense*	樟科	樟属	常绿乔木	4
紫叶李	*Prunus cerasifera* f. *atropurpurea*	蔷薇科	李属	落叶小乔木	4
楠竹	*Phyllostachyr pubescens*	禾本科	刚竹属	常绿乔木	4
斑竹	*Phyllostachyr bambusoides*	禾本科	刚竹属	常绿乔木	4
海桐	*Pittosporum tobira*	海桐科	海桐属	常绿灌木或小乔木	28
南天竹	*Nandina domestica*	小檗科	南天竹属	常绿灌木	28
杜鹃	*Rhododendron simsii*	杜鹃花科	杜鹃属	常绿灌木	24
栀子	*Gardenia jasminoides*	茜草科	栀子属	常绿灌木	24
小蜡	*ligustrum sinense*	木犀科	女贞属	常绿灌木	24
贴梗海棠	*Chaenomeles speciosa*	蔷薇科	木瓜属	落叶灌木	12
木芙蓉	*Hibiscus mutabilis*	锦葵科	木槿属	落叶灌木或小乔木	8
红花檵木	*Lorpetalum chinese* var. *rubrum*	金缕梅科	檵木属	常绿灌木或小乔木	8
黄花槐	*Cassia surattensis*	豆科	决明属	落叶灌木	8
火棘	*Pyracantha fortuneana*	蔷薇科	火棘属	常绿灌木	8
洒金桃叶珊瑚	*Aucuba chinensis*	山茱萸科	桃叶珊瑚属	常绿灌木	8
月季	*Rosa chinensis*	蔷薇科	蔷薇属	常绿灌木	8
木槿	*Hibiscus syriacus*	锦葵科	木槿属	落叶灌木或小乔木	4
石榴	*Punica granatum*	石榴科	石榴属	落叶灌木或小乔木	4
山茶	*Camellia japonica*	山茶科	山茶属	常绿灌木或小乔木	4
八角金盘	*Fatsia japonica*	五加科	八角金盘属	常绿灌木	4
十大功劳	*Manonia fortunei*	小檗科	十大功劳属	常绿灌木	4
蝴蝶花	*Iris japonica*	鸢尾科	鸢尾属	多年生草本	44

续表

种名	拉丁名	科名	属名	植物类型	频率（%）
肾蕨	*Nephrolepis cordifolia*	肾蕨科	肾蕨属	多年生草本	32
美人蕉	*Canna generalis*	美人蕉科	美人蕉属	多年生草本	28
沿阶草	*Ophiopogon bodinieri*	百合科	沿阶草属	多年生草本	16
葱兰	*Zephyranthes candida*	石蒜科	葱兰属	多年生草本	16
八仙花	*Hydrangea macrophylla*	虎耳草科	八仙花属	多年生草本	8
臭牡丹	*Clerodendrum bungei*	马鞭草科	海州常山属	多年生草本	8
紫鸭跖草	*Stecreasea purpurea*	鸭跖草科	鸭跖草属	多年生草本	8
芭蕉	*Musa basjoo*	芭蕉科	芭蕉属	大型多年生草本	4
吊兰	*Chlorophytum comosum*	百合科	吊兰属	多年生草本	4

成都市活水公园6个标准群落中的植物共有乔木25种，灌木31种，草本22种，分属56科70属。其中，常绿树种39种，落叶树种17种；乔、灌木中被子植物36科46属52种，裸子植物3科3属4种。出现频率较高的乔木有垂柳、银杏、灯台树 、黑壳楠 、天竺桂、大叶樟等，灌木有杜鹃、女贞、八角金盘、栀子、南天竹、金叶女贞等，草本有蝴蝶花、沿阶草、蜘蛛抱蛋、肾蕨等，详见表2-20。这些植物种类中有一些在城市绿化中不常见的种类，例如乔木栀子皮、七叶树、峨嵋桃叶珊瑚、珙桐等，其中珙桐是国家I级重点保护野生植物，灌木和草本中有一部分属于野生种。活水公园植被的物种多样性是极其丰富的。

表2-20 活水公园华星路绿色道路廊道主要树种出现频率

种名	拉丁名	科名	属名	植物类型	频率（%）
垂柳	*Salix babylonica*	杨柳科	柳属	落叶乔木	83.3
银杏	*Ginkgo biloba*	银杏科	银杏属	落叶乔木	33.3
灯台树	*Bothrocaryum controversum*	山茱萸科	四照花属	落叶乔木	33.3
黑壳楠	*lindera megaphylla*	樟科	山胡椒属	常绿乔木	33.3
天竺桂	*Cinnamomum japonicum*	樟科	樟属	常绿乔木	33.3
大叶樟	*Cinnamomum parthenoxylon*	樟科	樟属	常绿乔木	33.3
峨嵋桃叶珊瑚	*Aucuba chinensis* subsp. *omeiensis*	山茱萸科	桃叶珊瑚属	常绿小乔木	16.7
大叶鹅掌柴	*Schefflera macrophylla*	五加科	鹅掌柴属	常绿乔木	16.7
峨嵋含笑	*Michelia wilsonii*	木兰科	含笑属	常绿乔木	16.7
女贞	*ligustrum lucidum*	木犀科	女贞属	常绿乔木	16.7
四照花	*Dendrobenthamia japonica* var. *chinesis*	山茱萸科	四照花属	落叶小乔木	16.7
大头茶	*Gordonia acuminata*	山茶科	大头茶属	常绿小乔木	16.7
栀子皮	*Itoa orientalis*	大风子科	伊桐属	常绿乔木	16.7
桦木	*Betula luminifera*	桦木科	桦木属	落叶乔木	16.7

续表

种名	拉丁名	科名	属名	植物类型	频率（%）
木兰	*Magnolia* sp.	木兰科	木兰属	落叶乔木	16.7
枫杨	*Pterocarya stenoptera*	胡桃科	枫杨属	落叶乔木	16.7
红千层	*Callistemon rigidus*	桃金娘科	红千层属	常绿小乔木	16.7
白蜡	*Fraxinus chinensis*	木犀科	白蜡树属	落叶乔木	16.7
水杉	*Metasequoia glyptostroboides*	杉科	水杉属	落叶乔木	16.7
杨树	*Poplus* sp.	杨柳科	杨属	落叶乔木	16.7
黄毛榕	*Ficus esquiroliana*	桑科	榕属	常绿乔木	16.7
含笑	*Michelia figo*	木兰科	含笑属	常绿乔木	16.7
七叶树	*Aesculus turbinata*	七叶树科	七叶树属	落叶乔木	16.7
日本樱花	*Prunus lannesiana*	蔷薇科	李属	落叶乔木	16.7
皂荚	*Gleditsia sinensis*	豆科	皂荚属	落叶乔木	16.7
杜鹃	*Rhododendron simsii*	杜鹃花科	杜鹃花属	常绿灌木	100.0
女贞	*ligustrum lucidum*	木犀科	女贞属	常绿灌木	100.0
八角金盘	*Fatsia japonica*	五加科	八角金盘属	常绿灌木	66.7
栀子	*Gardenia jasminoides*	茜草科	栀子属	常绿灌木	50.0
南天竹	*Nandina domestica*	小檗科	南天竹属	常绿灌木	50.0
金叶女贞	*ligustrum vicaryi*	木犀科	女贞属	常绿灌木	50.0
含笑	*Michelia figo*	木兰科	含笑属	常绿灌木	33.3
光叶石楠	*Photinia glabra*	蔷薇科	石楠属	常绿灌木	33.3
桂花	*Osmanthus fragrans*	木犀科	木犀属	常绿灌木	33.3
黄金间碧竹	*Bambusa vulgaris* ‘Vittata’	禾本科	刚竹属	常绿灌木	33.3
山茶	*Camellia Japonica*	山茶科	山茶属	常绿灌木	16.7
小蜡	*ligustrum sinense*	木犀科	女贞属	常绿灌木	16.7
猫儿刺	*llex pernyi*	冬青科	冬青属	常绿灌木	16.7
竹柏	*Podocarpus nagi*	罗汉松科	罗汉松属	常绿灌木	16.7
迎春	*Jasiminum nudiflorum*	木犀科	素馨属	常绿灌木	16.7
桃叶珊瑚	*Aucuba chinensis*	山茱萸科	桃叶珊瑚属	常绿灌木	16.7
十大功劳	*Mahonia bealei*	小檗科	十大功劳属	常绿灌木	16.7
罗汉松	*Podocaarpus macrophyllus*	罗汉松科	罗汉松属	常绿灌木	16.7
棕竹	*Rhapis excelsa*	棕榈科	棕竹属	常绿灌木	16.7
大叶樟	*Cinnamomum parthenoxylon*	樟科	樟属	常绿灌木	16.7
黑壳楠	*lindera megaphylla*	樟科	山胡椒属	常绿灌木	16.7

续表

种名	拉丁名	科名	属名	植物类型	频率（%）
夹竹桃	*Nerium indicum*	夹竹桃科	夹竹桃属	常绿灌木	16.7
忍冬	*lonicera japonica*	忍冬科	忍冬属	常绿灌木	16.7
凤尾竹	*Bambusa multiplex* ‘Fernleaf’	禾本科	簕竹属	常绿灌木	16.7
杂交竹		禾本科		常绿灌木	16.7
马银花	*Rhododendron ovatum*	杜鹃花科	杜鹃花属	常绿灌木	16.7
黄常山	*Dichroa febrifuga*	虎耳草科	常山属	落叶灌木	16.7
灯台	*Bothrocaryum controversum*	山茱萸科	四照花属	落叶灌木	16.7
地瓜藤	*Ficus tikoua*	桑科	榕属	落叶藤本	16.7
长叶水麻	*Debregeasia longifolia*	荨麻科	水麻属	落叶灌木	16.7
珙桐	*Davidia involucrata*	珙桐属	珙桐科	落叶灌木	16.7
四川溲疏	*Deutzia setchuenensis*	绣球花科	溲疏属	落叶灌木	16.7
蝴蝶花	*Iris japonica*	鸢尾科	鸢尾属	多年生草本	100.0
沿阶草	*Ophiopogon bodinieri*	百合科	沿阶草属	多年生草本	83.3
蜘蛛抱蛋	*Aspidistra elatior*	百合科	蜘蛛抱蛋属	多年生草本	50.0
肾蕨	*Nephrolepis cordifolia*	肾蕨科	肾蕨属	多年生草本	50.0
鸭跖草	*Commelina communis*	鸭跖草科	鸭跖草属	多年生草本	50.0
接骨草	*Sambucus chinensis*	忍冬科	接骨草属	多年生草本	50.0
渐尖毛蕨	*Cyclosorus acuminatus*	金星蕨科	毛蕨属	多年生草本	50.0
棕叶狗尾草	*Setaria palmifolia*	禾本科	狗尾草属	多年生草本	50.0
石菖蒲	*Acorus tatarinowii*	天南星科	菖蒲属	多年生草本	50.0
冷水花	*Pilea notata*	荨麻科	冷水花属	多年生草本	33.3
大叶仙茅	*Curculigo capitulata*	石蒜科	仙茅属	多年生草本	33.3
薜荔	*Ficus pumila*	桑科	榕属	多年生草本	33.3
蜈蚣草	*Pteris vittata*	凤尾蕨科	凤尾蕨属	多年生草本	33.3
蓖麻	*Ricinus communis*	大戟科	蓖麻属	多年生草本	16.7
林生沿阶草	*Ophiopogon cylvicola*	百合科	沿阶草属	多年生草本	16.7
红花酢浆草	*Oxalis corymbosa*	酢浆草科	酢浆草属	多年生草本	16.7
繁缕	*Stellaria media*	石竹科	繁缕属	多年生草本	16.7
竹叶草	*Oplismenus compositus*	禾本科	求米草属	多年生草本	16.7
玉竹	*Polygonatum odoratum*	百合科	黄精属	多年生草本	16.7
马蹄莲	*Zantedeschia aethiopica*	天南星科	马蹄莲属	多年生草本	16.7

青城前山快速通道6个典型群落中植物共有乔木10种，灌木5种，草本20种，分属27科34属，其中常绿树种11种，落叶树种4中，被子植物12科12属，裸子植物3科3属。其中出现频率较高的乔木种类有雪松、棕榈等，灌木有水麻、丝兰等，草本有蝴蝶花、沿阶草、碗蕨、艾蒿等（表2-21）。青城山快速通道的植被组成以乔草为主，灌木种类很少，乔木中除了楠木是野生林，其余种类均为人工种植，草本中除了蝴蝶花、沿街草、碗蕨等为人工种植，其余种类均为野生种，所占比例较小，地被草本整体覆盖度较高。

表2-21　青城山快速通道绿色廊道主要树种出现频率

种名	拉丁名	科名	属名	植物类型	频率（%）
雪松	*Cedrus deodara*	松科	雪松属	常绿乔木	33.3
棕榈	*Trachycarpus fortunei*	棕榈科	棕榈属	常绿乔木	33.3
柳杉	*Cryptomena fortunei*	杉科	柳杉属	常绿乔木	16.7
楠木	*Phoebe nanmu*	樟科	楠木属	常绿乔木	16.7
穗序鹅掌柴	*Schefflera delavayi*	五加科	鹅掌柴属	常绿乔木	16.7
罗汉松	*Podocaarpus macrophyllus*	罗汉松科	罗汉松属	常绿乔木	16.7
桦木	*Betula luminifera*	桦木科	桦木属	落叶乔木	16.7
构树	*Broussonetia payrifera*	桑科	构树属	落叶乔木	16.7
泡桐	*Paulownia fortunei*	玄参科	泡桐属	落叶乔木	16.7
水麻	*Debregeasia longifolia*	荨麻科	水麻属	常绿灌木	50.0
丝兰	*Yucca gloriosa*	龙舌兰科	丝兰属	常绿灌木	33.3
稠李	*Padus racemosa*	蔷薇科	稠李属	常绿灌木	16.7
棕榈	*Trachycarpus fortunei*	棕榈科	棕榈属	常绿灌木	16.7
蝴蝶花	*Iris japonica*	鸢尾科	鸢尾属	多年生草本	100.0
沿阶草	*Ophiopogon bodinieri*	百合科	沿阶草属	多年生草本	83.3
碗蕨	*Dennstaedtia scabra*	碗蕨科	碗蕨属	多年生草本	83.3
艾蒿	*Artimidia argyi*	菊科	蒿属	多年生草本	66.7
荨麻	*Urtica fissa*	荨麻科	荨麻属	多年生草本	50.0
毛花点草	*Nanocnide lobata*	荨麻科	花点草属	多年生草本	50.0
紫堇	*Corydalis edulis*	罂粟科	紫堇属	多年生草本	33.3
拉拉藤	*Galium aparine*	茜草科	拉拉藤属	多年生草本	33.3
繁缕	*Stellaria media*	石竹科	繁缕属	多年生草本	33.3
蒲儿根	*Sinosenecio oldhamianus*	菊科	千里光属	多年生草本	16.7
水芹	*Oenanthe javanica*	伞形科	水芹属	多年生草本	16.7
接骨草	*Sambucus chinensis*	忍冬科	接骨草属	多年生草本	16.7
大叶仙茅	*Curculigo capitulata*	石蒜科	仙茅属	多年生草本	16.7
漆姑草	*Sagina japonica*	石竹科	漆姑草属	多年生草本	16.7
卷柏	*lycopodioides nipponica*	卷柏科	卷柏属	多年生草本	16.7
过路黄	*lysimachia christinae*	报春花科	珍珠菜属	多年生草本	16.7

续表

种名	拉丁名	科名	属名	植物类型	频率（%）
紫菊	*Notoseris henryi*	菊科	紫菊属	多年生草本	16.7
问荆	*Equisetum arvense*	木贼科	问荆属	多年生草本	16.7
蛇莓	*Duchesnea indica*	蔷薇科	蛇莓属	多年生草本	16.7
珍珠茅	*Scleria elata*	莎草科	珍珠茅属	多年生草本	16.7

2. 植物组成比较分析

从表 2-22 可知，在 3 个实验点，光华大道和活水公园华星路的灌木种类所占的比例是最高的，而青城山快速通道的草本种类所占的比例最高。从乔木所占比例来看，光华大道 > 活水公园华星路 > 青城山快速通道；从灌木所占比例来看，活水公园华星路 > 光华大道 > 青城山快速通道；从草本所占比例来看，青城山快速通道 > 活水公园华星路 > 光华大道，与乔木的排序相反。反映出 3 个对照群落中的植物种类配置上各有不同，活水公园华星路在乔、灌、草种类配置上很均匀，光华大道的乔、灌、草种类配置也比较均匀，而青城山快速通道则以乔、草搭配为主，灌木种类很少。

表 2-22 乔灌草种类所占百分数

绿色道路廊道名称	乔木		灌木		草本		总计
	种类	比例（%）	种类	比例（%）	种类	比例（%）	
光华大道	24	47.06	17	33.33	10	19.61	51
活水公园华星路	17	32.05	31	39.74	22	28.21	78
青城山快速通道	10	26.32	5	13.16	23	60.53	38

3. 植物生活型谱比较分析

植物生活型是植物对于综合生境条件长期适应而在外貌上反映出来的植物类型，它主要是植物外貌的特征，如大小、形状、分枝和植物的生命周期长短等。一般分为 4 个大类：高位芽植物、地面芽植物、隐芽植物和一年生植物，其中高位芽又分为 5 个亚类：大高位芽植物（16~32m）、中高位芽植物（8~16m）、小高位芽植物（2~8m）、矮高位芽植物(<2m)、地上芽植物。研究城市绿地植物的生活型谱便于分析城市绿地的群落结构，揭示植物种类组成与当地环境的关系，有助于更好的选择树种，增加群落的稳定性等。统计植物种类组成，并制作出生活型谱（表 2-23）。

不同的标准群落中，植物物种组成差异很大。光华大道和活水公园华星路的各生活型物种所占比例趋势基本一致，高位芽 > 隐芽 > 地面芽 > 一年生（三个群落点均无一年生植物），在高位芽种类各亚生活型物种所占比例中，小高位芽 > 矮高位芽 > 中高位芽 > 地上芽 > 大高位芽，青城山快速通道的中高位芽植物所占比例最高，地面芽植物所占比例高于隐芽植物。结果表明，由于受人为干扰较大，光华大道的一些乔木种类表现为多种生活型，例如银杏、杨树等表现为中高位芽和小高位芽两种生活型，说明群落尚处于快速生长时期，还未进入稳定阶段；活水公园华星路以近自然林的群落配置为主，一些乔木种类表现为高位芽和矮位芽两种生活型，说明活水公园华星路的植物群落已经进入了良好的自我更新状态，是稳定的半自然林；青城山快速通道的植物配置以乔草搭配为主，乔木基本为稳定的中高位芽生活型，地被层受人为干扰严重，植物没有足够的自我更新空间和养分。

表 2-23　植物生活型谱

生活型		Ph					H	G	Th	合计
		Maph	Meph	Miph	Nph	Ch				
光华大道	种类	0	2	28	15	2	4	6	0	57
	百分比（%）	0	4	54	26	4	7	5	0	100
活水公园华星路	种类	1	9	16	30	4	7	15	0	82
	百分比（%）	1	11	20	37	5	9	18	0	100
青城山快速通道	种类	1	6	5	4	4	11	7	0	38
	百分比（%）	3	16	13	11	11	29	18	0	100

注：Ph 一高位芽植物；Maph 一大高位芽植物（16~32m）；Meph 一中高位芽植物（8~16m）；Miph 一小高位芽植物（2~8m）；Nph 一矮高位芽植物（<2m）；Ch 一地上芽植物；H 一地面芽植物；G 一地下芽植物；Th 一年生植物。

4. 群落外貌特征比较分析

常绿 / 落叶和针叶 / 阔叶常用于森林植被的群落分析，反映一个森林群落的外貌特征（表 2-24）。光华大道的常绿 / 落叶比接近 1.5∶1，季相更替比较明显；活水公园华星路的常绿 / 落叶比接近 2.3∶1，以常绿树种为主，群落的季相更替不太明显；青城山快速通道的常绿 / 落叶比接近 3∶1，由于青城山快速通道的落叶树种虽然种类较少，但数量所占比例较高，所以其季相变化仍较明显，植物景观色彩变化也较丰富。

无论是光华大道、活水公园华星路还是青城山快速通道的针叶 / 阔叶比，其中阔叶种都占到了绝大部分，光华大道达到了 40∶1 的悬殊比例，阔叶种的种类占绝对优势，针叶种很少；青城山快速通道的针叶种是阔叶种的四分之一，以雪松纯林和罗汉松为主。

表 2-24　群落外貌

群落外貌		常绿种	落叶种	针叶种	阔叶种
光华大道	种类	25	16	1	40
	比例	1.56∶1		1∶40	
活水公园华星路	种类	39	17	3	52
	比例	2.29∶1		1∶17.33	
青城山快速通道	种类	11	4	3	12
	比例	2.75∶1		1∶4	

从群落外貌看来，光华大道以常绿阔叶和落叶阔叶的混交林为主，由于常绿树与落叶树种种类接近，阔叶种则显著多于针叶种，因此形成了常绿阔叶种与落叶阔叶种相间的群落外貌；活水公园华星路以常绿阔叶为主；青城山快速通道以常绿阔叶、落叶阔叶、常绿针叶的纯林为主。从生物习性互补、美观和防护功能配合、群落均衡等方面，光华大道、活水公园华星路、青城山快速通道 3 个道路廊道都要增加一定的落叶种种类。从丰富群落季相的角度，各道路廊道都应增加针叶种的种类。

5. 树木径阶结构比较分析

根据胸径等级划分标准得出 3 个群落点主要树木径阶结构如图 2-5 所示。结果表明，光华大道树木平均胸径为 10.35 ± 5.58cm，其中过一半树木的胸径 <10cm，说明该植物群落仍处于较快速生长生长期，其生态功能作用还有较大的发展空间。65% 的阔叶树木胸径 <10cm，只有 7% 的阔叶树木胸径大于 20cm。而在少数的较大径级（>20cm）树木中，黄葛树、银杏、杨树 3 个树种占了 95%。其中，杨树中大径阶树木最多，占所有大径级（>20cm）树木总数的 62%，主要集中在植物群落的背景层。

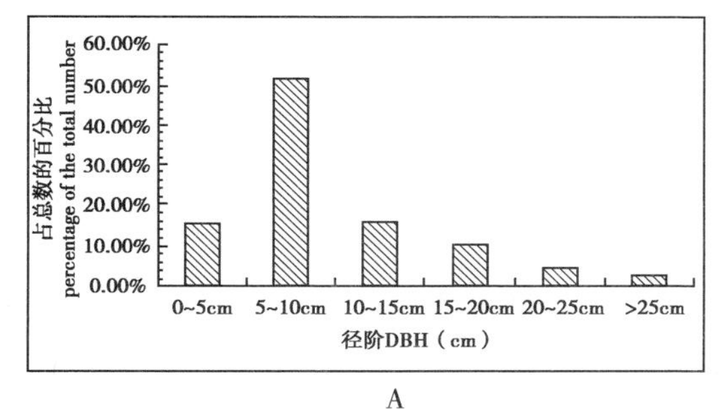

A

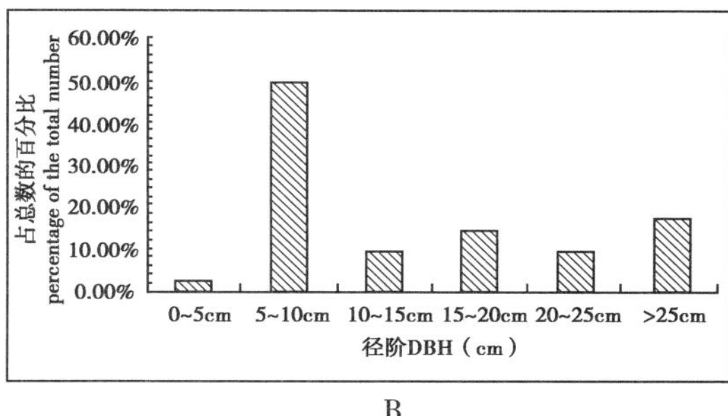

B

35.00%
30.00%
25.00%
20.00%
15.00%
10.00%
5.00%
0.00%
占总数的百分比
percentage of the total number
0~5cm
5~10cm
10~15cm
15~20cm
20~25cm
>25cm
径阶DBH（cm）

C

图 2-5　各群落点主要树木各径阶分布

A- 光华大道，B- 活水公园，C- 青城山快速通道

成都市活水公园华星路主要树木的平均胸径为 14.42 ± 9.19cm，其中胸径≥15cm 的树木比例明显高于光华大道，并且有大于 10% 的树木胸径≥30cm，例如杨树、垂柳、大叶樟等种类，主要集中在行道树和独赏树。青城山快速通道主要树木的平均胸径为 21.17 ± 14.22cm，其中胸径≥15cm 的树木比例明显高于光华大道和活水公园华星路，并且有大于 20% 的树木胸径≥30cm，以楠木和银杏为主，其中楠木均为百年古木，占大径阶（≥30cm）的 62.5%。

6. 树木高阶结构比较分析

根据树高等级划分标准得出成都市光华大道主要树木高阶结构如图 2-6A 所示。结果表明，树木平均高度为 4.74 ± 2.60m，其中有近一半树木的高度≤4m。92% 的阔叶树木高度≤10m，只有 7% 的阔叶树木高度大于 10m。而在少数的较大高阶（≥10m）树木中，杨树、银杏 3 个树种占了 94%。其中，杨树中大高阶树木最多，占所有大高阶（≥10m）树木总数的 83%，主要集中在植物群落的背景层。

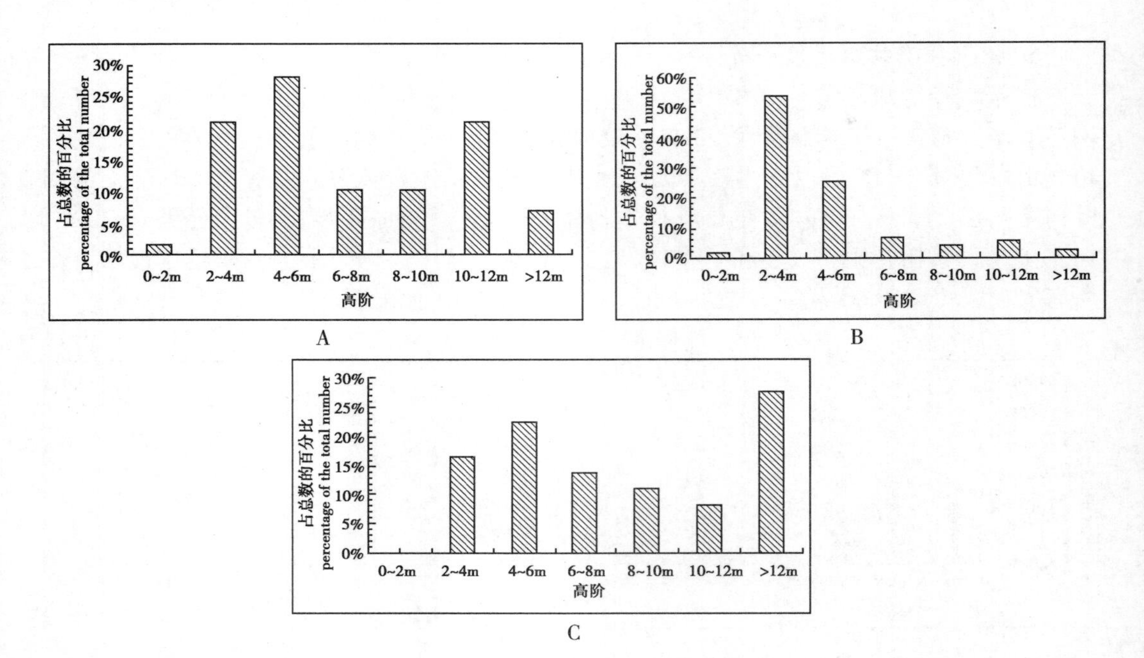

图 2-6 各群落点主要树木各高阶分布

A- 光华大道，B- 活水公园，C- 青城山快速通道

成都市活水公园华星路主要树木高阶结构如图 2-6B 所示。结果表明，树木平均高度为 7.50 ± 3.56m，其中一半树木的高度≥6m，28% 的树木高度≥10m。在较大高阶（≥10m）树木中，阔叶树和针叶树的比例为 7∶1。青城山快速通道主要树木高阶结构如图 2-6C 所示。结果表明，树木平均高度为 9.01 ± 4.80m，其中大于 60% 的树木高度≥6m，大于四分之一的树木高度≥12m，明显高于光华大道和活水公园。在较小高阶（≤6m）树木中，棕榈占了近 80%，而在较大高阶（≥10m）树木中，其中银杏、楠木两个树种占了 80%，阔叶树和针叶树比例为 5∶1，常绿种和落叶种比例为 2∶4。

7. 典型植物群落组成

在光华大道、活水公园华星路、青城山快速通道各选了 6 个具有代表性的植物群落标准地，面积均为 100m^2（10m × 10m）。光华大道和活水公园华星路均为乔灌草搭配，青城山快速通道以乔草搭配为主。各群落主要植物组成见表 2-25。活水公园华星路的灌木层和草本层植物种类繁多，这里只选择记录了盖度≥5% 的植物种类。

表 2-25 典型群落植物组成

种植结构	群落	群落编号	植物组成
乔灌草	光华大道	群落 1	（楠木 + 垂丝海棠）×（栀子 + 十大功劳）× 肾蕨
		群落 2	（黄葛树 + 贴梗海棠）× 小蜡 ×（美人蕉 + 蝴蝶花）
		群落 3	（桂花 + 樱花 + 桃）×（南天竹 + 杜鹃）×（蝴蝶花 + 八仙花）
		群落 4	（水杉 + 银杏 + 桂花）×（杜鹃 + 十大功劳 + 栀子）×（蝴蝶花 + 八仙花）
		群落 5	（木芙蓉 + 银杏）×（栀子 + 杜鹃 + 红花檵木）× 混播草坪
		群落 6	（黄葛树 + 木芙蓉）×（木槿 + 小蜡）×（美人蕉 + 肾蕨）

续表

种植结构	群落	群落编号	植物组成
乔灌草	活水公园	群落 1	（峨嵋含笑 + 银杏 + 峨嵋桃叶珊瑚 + 大叶鹅掌柴 + 枫杨）×（杜鹃 + 山茶 + 女贞）×（蝴蝶花 + 蜘蛛抱蛋 + 冷水花）
		群落 2	（银杏 + 黑壳楠 + 白蜡 + 垂柳）×（栀子 + 迎春 + 含笑）×（沿阶草 + 蝴蝶花 + 鸭趾草 + 接骨草）
		群落 3	（水杉 + 灯台 + 杨树 + 垂柳）×（光叶石楠 + 杜鹃 + 南天竹 + 女贞）+（蜘蛛抱蛋 + 渐尖毛蕨 + 鸭趾草 + 繁缕）
		群落 4	（大叶樟 + 含笑 + 七叶树 + 天竺桂 + 垂柳）×（棕竹 + 杜鹃 + 金叶女贞）×（鸭趾草 + 沿阶草 + 蝴蝶花）
		群落 5	（垂柳 + 黑壳楠）×（黄金间碧竹 + 光叶石楠 + 金叶女贞 + 女贞 + 杜鹃 + 南天竹）×（大叶仙茅 + 肾蕨 + 石菖蒲 + 渐尖毛蕨）
		群落 6	（垂柳 + 大叶樟 + 皂角 + 天竺桂）×（凤尾竹 + 八角金盘 + 杂交竹 + 迎春 + 黄金间碧竹 + 金叶女贞）×（肾蕨 + 石菖蒲）
乔草	青城山快速通道	群落 1	雪松 ×（芭蕉 + 蝴蝶花 + 沿阶草 + 荨麻 + 艾蒿）
		群落 2	（棕榈 + 泡桐 + 杂交竹）×（蝴蝶花 + 荨麻 + 水芹 + 接骨草）
		群落 3	（雪松 + 银杏）×（沿阶草 + 蝴蝶花 + 碗蕨 + 毛花点草）
		群落 4	（棕榈 + 构树 + 银杏）×（蝴蝶花 + 沿阶草 + 拉拉藤 + 毛花点草）
		群落 5	银杏 ×（沿阶草 + 蝴蝶花 + 漆姑草 + 繁缕）
		群落 6	楠木 ×（蝴蝶花 + 沿阶草 + 紫堇 + 繁缕 + 蛇莓 + 珍珠茅）

（二）物种多样性分析

物种多样是指一个群落中的物种树木和各物种的个体数目分配的均匀度，它不仅反映了群落组成中物种的丰富程度，也反映了群落的稳定性与动态，是群落组织结构的重要特征。

许多研究都表明群落的物种多样性与海拔高度有密切关系，海拔高度是决定生境差异的主要因子，海拔高度的差异直接导致温度和湿度的差异（谢晋阳等，1994；黄建辉等，1997；张峰等，1998；庄雪影等，1997）。但是由于本次研究的群落大都是受人为活动干扰较频繁的地区，所以物种多样性不仅受海拔高度影响，还受到群落发展历史、自然条件的和植物种实来源和人为活动的影响。

根据 3 个道路廊道群落的调查资料，计算了 3 个主要人工植物群落乔木层和灌草层的多样性指数及其主要植物种类的重要值（表 2-26、表 2-27、表 2-28、表 2-29）。在乔木层和灌草层，3 个群落点中都是活水公园华星路的 Simpson 多样性指数、Shannon-Wiener 多样性指数最高，青城山快速通道最低，Evenness 均匀度指数、Richness 丰富度指数反映基本和多样性指数一致。活水公园华星路人为主观地增加了物种多样性，无论是乔木层还是灌草层，人工引入了很多保护物种和外来物种，例如乔木层的四照花、栀子皮、峨嵋桃叶珊瑚、七叶树等，灌草层的珙桐、溲疏等；光华大道的配置方式较为单一，同路段的优势种基本一致，但由于光华大道路程较长，其物种多样性、丰富度仅次于活水公园华星路；青城山快速通道是人工栽植的以乔草配置为主的植物群落，乔木层均为移栽的高大成熟乔木，生长良好，草本层基本是一些耐阴植物，阳生物种几乎不能生长，而乔木又基本以纯林的方式栽植，所以导致其物种多样性和丰富度最低。

表 2-26　乔木物种多样性

群落名称	Shannon-Wiener	Margalef's	Evenness	Richness
光华大道	2.653	2.615	0.885	20
活水公园华星路	3.003	2.896	0.945	24
青城山快速通道	2.018	1.127	0.918	9

表 2-27　主要乔木种类的重要值

光华大道	重要值	活水公园华星路	重要值	青城快速通道	重要值
楝树	1.642	黄毛榕	6.173	穗序鹅掌柴	6.533
白兰花	2.022	女贞	6.213	罗汉松	6.573
雪松	2.057	日本樱花	6.213	柳杉	6.625
紫叶李	2.087	红千层	6.239	构树	7.177
桃树	2.211	大头茶	6.269	桦木	7.177
樱桃	2.478	四照花	6.269	泡桐	10.366
楠木	2.5108	桦木	6.341	雪松	19.937
海棠	2.541	栀子皮	6.341	棕榈	23.181
广玉兰	4.384	木兰	6.655	楠木	26.12
梅花	4.741	枫杨	6.944	银杏	30.676
水杉	4.936	含笑	6.982		
黄葛树	5.723	七叶树	7.32		
桂花	6.292	大叶鹅掌柴	7.527		
木芙蓉	7.821	水杉	7.529		
羊蹄甲	8.141	峨嵋含笑	7.583		
香樟	8.294	皂角	7.716		
银杏	9.501	峨嵋桃叶珊瑚	8.184		
山杜英	13.022	白蜡	9.517		
女贞	13.132	杨树	11.792		
天竺桂	22.319	灯台树	13.139		
杨树	30.146	天竺桂	13.661		
		黑壳楠	14.321		
		银杏	17.944		
		大叶樟	18.573		
		垂柳	40.111		

表 2-28 灌草物种多样性

群落名称	Shannon-Wiener	Margalef's	Evenness	Richness
光华大道	2.943	4.671	0.849	32
活水公园华星路	3.530	7.750	0.893	52
青城山快速通道	2.563	3.639	0.796	25

表 2-29 主要灌草种类的重要值

光华大道	重要值	活水公园华星路	重要值	青城山快速通道	重要值
吊兰	0.122	红花酢浆草	0.075	过路黄	0.331
鸡爪槭	0.412	地瓜藤	0.161	卷柏	0.462
八角金盘	0.491	忍冬	0.345	漆姑草	0.470
月季	0.567	蔓长春花	0.321	蛇莓	0.501
楠竹	0.578	玉竹	0.321	紫菊	0.520
木槿	0.601	大叶樟	0.376	问荆	0.570
山茶	0.612	竹叶草	0.429	大叶仙茅	0.631
芭蕉	0.709	林生沿阶草	0.483	珍珠茅	0.809
八仙花	0.754	薜荔	3.845	蒲儿根	1.008
鸭跖草	0.812	马蹄莲	0.593	接骨草	1.132
洒金桃叶珊瑚	0.919	黑壳楠	0.589	拉拉藤	1.294
火棘	1.019	十大功劳	0.645	水芹	1.808
红花檵木	1.227	黄常山	0.701	丝兰	1.835
石榴	1.293	猫儿刺	0.700	繁缕	2.005
马蹄筋	1.44	蜈蚣草	1.232	紫堇	2.289
贴梗海棠	1.59	罗汉松	0.863	棕榈	2.896
臭牡丹	1.821	繁缕	0.801	稠李	2.970
沿阶草	1.919	溲疏	0.861	艾蒿	3.366
黄花槐	2.093	竹柏	0.916	霍麻	3.887
小蜡树	2.39	冷水花	1.122	毛花点草	3.978
斑竹	2.585	珙桐	1.186	水麻	4.373
葱兰	2.944	灯台	1.185	碗蕨	4.725
十大功劳	3.355	桃叶珊瑚	1.185	竹	7.849
紫薇	3.519	小蜡	1.185	芭蕉	10.846
慈竹	3.706	马银花	1.293	蝴蝶花	17.942
混播草	3.747	山茶	1.343	沿阶草	21.501
栀子	3.818	杂交竹	1.341	过路黄	0.331
杜鹃	4.184	接骨草	3.535	卷柏	0.462
南天竹	5.067	大叶仙茅	1.817	漆姑草	0.470
美人蕉	5.598	峨嵋桃叶珊瑚	1.456	蛇莓	0.501
蕨	8.108	棕叶狗尾草	2.067	紫菊	0.520
鸢尾	11.902	长叶水麻	1.563	问荆	0.570
海桐	20.099	棕竹	1.498	大叶仙茅	0.631

续表

光华大道	重要值	活水公园华星路	重要值	青城山快速通道	重要值
		蓖麻	1.726		
		桂花	1.981		
		栀子	2.035		
		肾蕨	1.986		
		石菖蒲	2.109		
		渐尖毛蕨	3.435		
		凤尾竹	2.355		
		含笑	1.666		
		蜘蛛抱蛋	1.814		
		蝴蝶花	6.008		
		南天竹	2.109		
		光叶石楠	2.524		
		金叶女贞	2.589		
		八角金盘	4.188		
		迎春	3.099		
		沿阶草	7.656		
		女贞	5.678		
		黄金间碧竹	2.395		
		杜鹃	3.534		
		鸭跖草	5.080		

（三）三维绿量比较分析

三维绿量是指所有生长中植物茎叶所占据的空间体积，三维绿量突破了覆盖率等二维指标的局限性，可以更加准确地反映植物空间构成的合理性和生态效益水平。因此，高效准确地测量城市森林的三维绿量对城市森林生态环境效益的评价有重要的价值。

三维绿量的测定结果见表 2-30，纵向分析可以看出，无论是夏季还是冬季，3 个群落点三维绿量由大到小排列顺序为：活水公园华星路 > 青城山快速通道 > 光华大道，虽然表上所示冬季青城山快速通道的三维绿量总和和平均三维绿量均为最大，但这主要是因为该廊道的第 6 个群落为上百年的楠木古树，高度均在 15~20m，所以这种特殊的群落并不能代表该廊道三维绿量的平均水平。从横向比较来看，夏季光华大道 6 个典型群落的三维绿量由高到低依次排序为：群落 3> 群落 6> 群落 1> 群落 2> 群落 5> 群落 4，冬季排序为：群落 3> 群落 1> 群落 2> 群落 6> 群落 5> 群落 4；夏季活水公园 6 个典型群落的三维绿量由高到低依次排序为：群落 3> 群落 4> 群落 6> 群落 1> 群落 5> 群落 2，冬季排序为：群落 4> 群落 6> 群落 5> 群落 1> 群落 2> 群落 3；夏季青城山快速通道 6 个典型群落的三维绿量由高到低依次排序为：群落 6> 群落 2> 群落 4> 群落 3> 群落 5> 群落 1，冬季排序为：群落 6> 群落 2> 群落 1> 群落 3> 群落 4> 群落 5，夏季排序与冬季排序差异较大主要是因为各群落长绿落叶树种比例差异较大。

表 2-30 三维绿量

群落编号		群落 1	群落 2	群落 3	群落 4	群落 5	群落 6	总计	平均
夏季	光华大道	2.10	1.42	2.67	1.26	1.30	2.24	10.99	1.83
	活水公园华星路	7.76	4.20	11.83	10.83	5.64	9.86	50.12	8.35
	青城前山快速通道	1.93	6.15	3.72	6.08	2.79	26.9	47.57	7.93
冬季	光华大道	1.26	1.03	1.57	0.48	0.62	1.02	5.98	1.00
	活水公园华星路	1.99	1.07	0.75	8.85	3.29	7.00	22.95	3.83
	青城前山快速通道	1.92	2.13	1.31	0.75	0.26	26.9	33.27	5.55

（四）郁闭度与叶面积指数

郁闭度是指乔木树冠遮蔽地面的程度，它是以林地树冠垂直投影面积与林地面积之比，以十分数表示，完全覆盖地面为 1；叶面积指数没有单位，可认为是叶面积 / 地面积。

由表 2-31 可以知道各群落一年四季的郁闭度和夏季的叶面积指数。夏季所有植物都处于旺盛的生长期，叶片也生长到一年中最饱满最舒展的时期，所以夏季树荫浓密，无论是长绿树种还是落叶树种都表现出一年中最大的遮阴效果，各群落的郁闭度也达到一年中的最大值，光华大道各群落的夏季郁闭度由大到小依次排序为：群落 5> 群落 6> 群落 3> 群落 4> 群落 2> 群落 1，与叶面积指数的排序一致；活水公园华星路各群落排序为：群落 4> 群落 1> 群落 6> 群落 5> 群落 2> 群落 3，与叶面积指数的排序一致；青城山快速通道各群落排序为：群落 6> 群落 2> 群落 3> 群落 4> 群落 5> 群落 1，与叶面积指数的排序一致，其余三个季节个群落的郁闭度均受到落叶树种和半落叶树种的影响，均比夏季小，常绿落叶比大的群落郁闭度在春、秋、冬三季表现较好，而常绿落叶比小的群落在春、秋、冬三季的郁闭度较小。

表 2-31 郁闭度与叶面积指数

	群落编号	春	夏		秋	冬
		郁闭度	郁闭度	叶面积指数	郁闭度	郁闭度
光华大道	群落 1	0.38	0.432	0.54	0.416	0.259
	群落 2	0.342	0.554	0.51	0.439	0.287
	群落 3	0.609	0.658	1.09	0.615	0.558
	群落 4	0.215	0.619	0.3	0.571	0.169
	群落 5	0.243	0.688	0.33	0.603	0.174
	群落 6	0.245	0.662	0.32	0.599	0.198

续表

	群落编号	春	夏		秋	冬
		郁闭度	郁闭度	叶面积指数	郁闭度	郁闭度
活水公园华星路	群落 1	0.636	0.791	1.15	0.723	0.611
	群落 2	0.373	0.626	0.54	0.57	0.357
	群落 3	0.224	0.588	0.33	0.521	0.177
	群落 4	0.797	0.822	1.82	0.801	0.718
	群落 5	0.614	0.639	1.13	0.612	0.571
	群落 6	0.692	0.725	1.35	0.703	0.563
青城山快速通道	群落 1	0.47	0.567	0.71	0.527	0.377
	群落 2	0.685	0.728	1.29	0.694	0.622
	群落 3	0.611	0.693	1.05	0.673	0.563
	群落 4	0.554	0.614	0.92	0.587	0.416
	群落 5	0.171	0.61	0.21	0.568	0.128
	群落 6	0.705	0.757	1.04	0.711	0.662

三、道路廊道对温、湿度的影响

（一）光华大道绿色廊道对气温的影响

1. 春季光华大道对气温的影响

光华大道绿色廊道春季气温测定结果如图 2-7，可知，当天旷地与林内的温度峰值均出现在 14：00~16：00 之间，6 个标准群落林内最高温度从高到低依次排序：群落 5

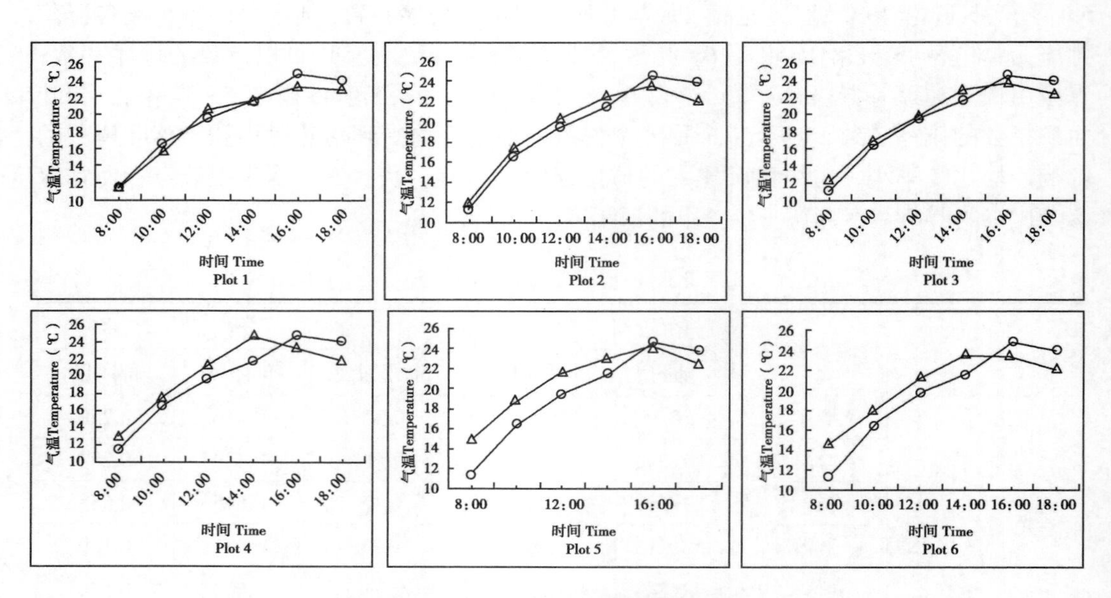

图 2-7 春季光华大道绿色廊道气温汇总

—○—空白 —△—林中

（24.3℃）> 群落 2= 群落 3（23.6℃）> 群落 4= 群落 6（23.3℃）> 群落 1（23.1℃），旷地最高温度为 24.6℃，降温率排序为：群落 1（6.1%）> 群落 4= 群落 6（5.3%）> 群落 2= 群落 3（4.1%）> 群落 5（1.2%）。同时，林内温度日变化幅度排序为：群落 2（11.7℃）> 群落 1= 群落 4（11.6℃）> 群落 3（11.2℃）> 群落 5（9.5℃）> 群落 6（8.8℃），旷地温度日变化幅度为 13.3℃。因此可以看出春季光华大道绿色廊道日变化幅度小，所以光华大道绿色廊道具有维持气温相对稳定的作用。

当天 8：00~16：00 之间，林内温度均高于旷地温度，其中 8：00~10：00 时间段差值最大，说明绿色廊道在春季上午有保温的作用，且温度越低，保温作用越明显。

2. 夏季光华大道对气温的影响

光华大道绿色廊道夏季气温测定结果如图 2-8，可以看出，夏季在 14：00 点时旷地气温为 33℃，而林中此时气温从高到低依次排序为：群落 2（32.5℃）> 群落 4= 群落 6（32.4℃）> 群落 5（32.3℃）> 群落 1= 群落 3（32.2℃），林中中午气温比旷地低，群落 1 比旷地低 0.8℃；旷地当天日平均温度为 31.42℃，林内日平均温度排序为：群落 1（30.9℃）> 群落 2（30.5℃）> 群落 5（30.3℃）> 群落 6（29.7℃）> 群落 4（29.5℃）> 群落 3（29.2℃），其中群落 3 日平均温度比旷地低 2.22℃，且 6 个群落从早上 8：00-晚上 18：00 温度均低于旷地温度，说明夏季光华大道绿色廊道具有一定的降温效益。

3. 秋季光华大道对气温的影响

光华大道绿色廊道秋季气温测定结果如图 2-9，可以看出，秋季林内温度 8：00 低于旷地温度，但在 8：00~10：00 这个时间段，林内温度上升速度明显高于旷地，午后温度下降趋势较旷地明显，但在 18:00 有明显的回温趋势，旷地气温日变化幅度为 6.7℃，林内气温日变化幅度排序为：群落 4（7.7℃）> 群落 6（7.6℃）> 群落 5（7.4℃）> 群落 3（7℃）> 群落 1= 群落 2（6.9℃），林内气温日变化幅度明显高于旷地。林内和旷

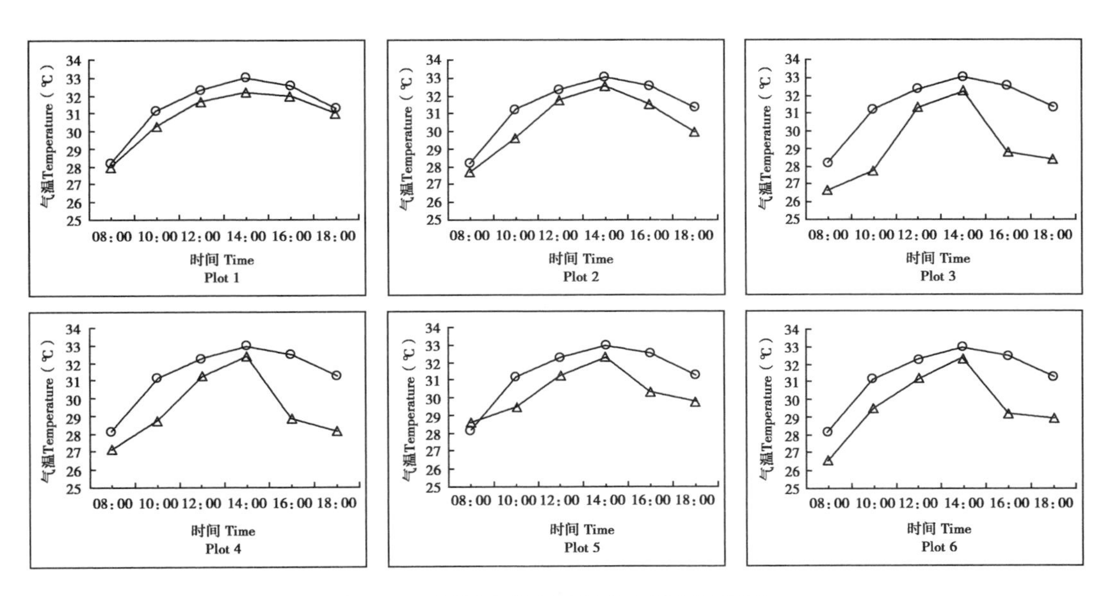

图 2-8　夏季光华大道绿色廊道气温汇总

—○—空白　—△—林中

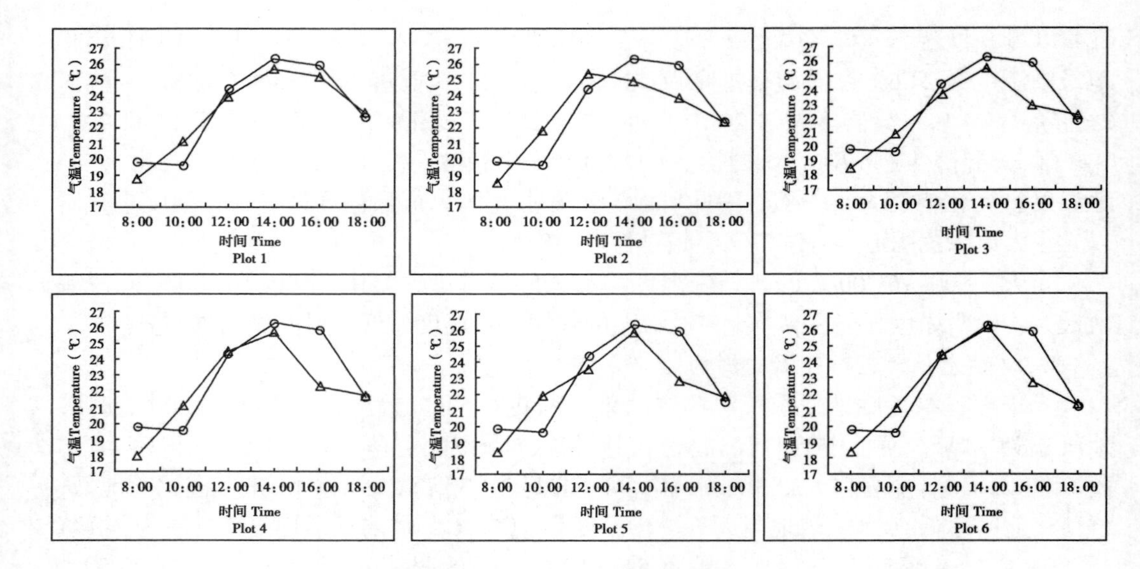

图 2-9　秋季光华大道绿色廊道气温汇总

—○—空白　—△—林中

地的温度峰值均出现在 14：00，旷地当天最高气温为 26.3℃，林内最高气温排序为：群落 6（26.1℃）> 群落 5（25.8℃）> 群落 1= 群落 4（25.7℃）> 群落 3（25.5℃）> 群落 2（25.4℃），旷地日平均气温为 23.1℃，林内日平均温度排序为：群落 1（22.95℃）> 群落 2（22.8℃）> 群落 5= 群落 6（22.3℃）> 群落 3= 群落 4（22.4℃），由于成都特殊的气候特征，10 月份气温有一个明显的回温阶段，俗称"秋老虎"，又因为秋季树叶有一个明显的脱落过程，遮光降温的能力减弱，所以光华大道林内的日变化稳定性相对较差，但依然有一定的降温能力。

4. 冬季光华大道对气温的影响

冬季气温测定结果如图 2-10，可知，随着太阳辐射的加强，在 8：00-14：00 林中气温急剧上升，最高温度从高到低依次排序为：群落 6（13.3℃）> 群落 4（12.9℃）> 群落 2= 群落 3（12.4℃）> 群落 1（11.7℃）> 群落 5（11.4℃），旷地最高气温为 11.7℃，多个群落林中最高气温比旷地高，而林中最低气温排序为：群落 4（6.6℃）> 群落 3（6.1℃）> 群落 1= 群落 2（6℃）> 群落 5（5.9℃）> 群落 6（5.8℃），旷地最低气温为 5.5℃，林中均比旷地高，这是因为冬季蒸腾作用小，冬季林内中午蓄热能力高，体现了绿色廊道在夜间具有保温作用；同时，冬季林内气温日变化幅度排序为：群落 6（7.5℃）> 群落 2（6.4℃）> 群落 3= 群落 4（6.3℃）> 群落 1（5.7℃）> 群落 5（5.5℃），旷地气温日变化幅度为 5.5℃，说明冬季林内由于落叶树种的影响，同时冬季盛行东北风或西北风使林内的气温变化较为明显。

5. 光华大道对全年气温的影响

由表 2-32 可知：从一年四季气温的最高值来看，春、夏、秋季林内气温均比旷地低，而冬季林内气温比旷地高。而从一年四季气温的最低值来看，除了夏季林内气温略低于旷地外，其余春、秋、冬季林内气温均比旷地高；从一年四季气温的平均值来看，春、

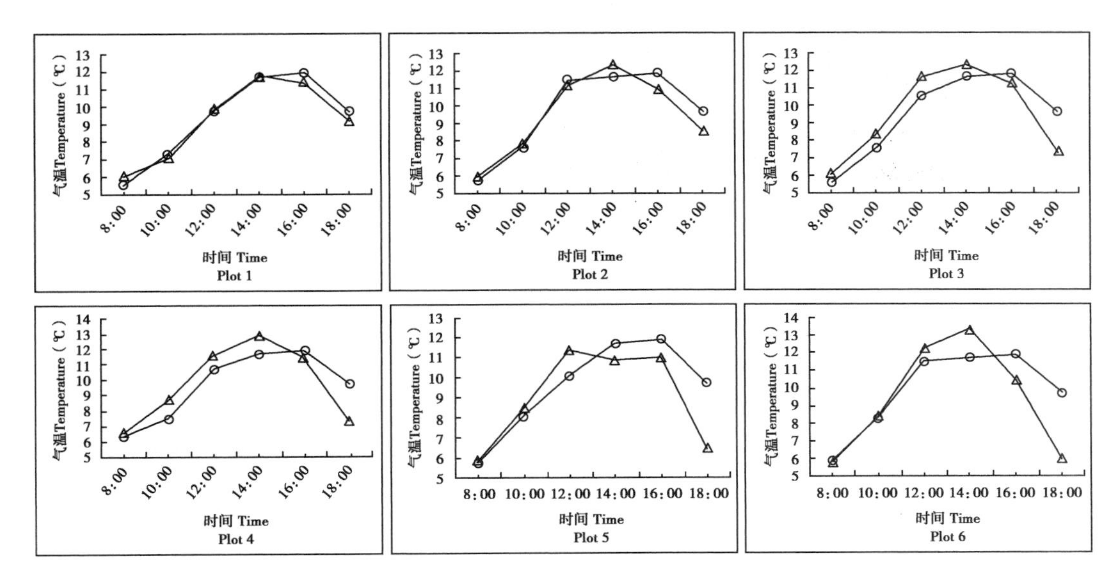

图 2-10 冬季光华大道绿色廊道气温汇总

—○—空白 —△—林中

表 2-32 一年中光华大道绿色廊道气温极值比较（℃）

群落编号	测点	春季			夏季			秋季			冬季			差值			
		最高	最低	平均	最高	最低	平均	最高	最低	平均	最高	最低	平均	最高	最低	平均	差值
群落 1	空地	24.6	11.3	19.6	33	28.2	31.4	19.6	26.3	23.1	5.5	11.9	9.3	33	5.5	19.3	27.5
	林中	23.1	11.5	19.2	32.2	28	30.9	18.8	25.7	22.9	6	11.7	9.2	32.2	6	19.1	26.2
群落 2	空地	24.6	11.3	19.6	33	28.2	31.4	19.6	26.3	23	5.8	11.9	9.7	33	5.8	19.4	27.2
	林中	23.6	11.9	19.6	32.5	27.7	30.5	18.5	25.4	22.8	6	12.4	9.5	32.5	6	19.3	26.5
群落 3	空地	24.6	11.3	19.6	33	28.2	31.4	19.6	26.3	23	5.6	11.9	9.5	33	5.6	19.3	27.4
	林中	23.6	12.4	19.7	32.2	26.7	29.2	18.5	25.5	22.3	6.1	12.4	9.6	32.2	6.1	19.2	26.1
群落 4	空地	24.6	11.3	19.6	33	28.2	31.4	19.6	26.3	23	6.3	11.9	9.6	33	6.3	19.7	26.7
	林中	24.5	12.9	20.2	32.4	27.2	29.5	18	25.7	22.3	6.6	12.9	9.8	32.4	6.6	19.5	25.8
群落 5	空地	24.6	11.3	19.6	33	28.2	31.4	19.6	26.3	22.9	5.8	11.9	9.6	33	5.8	19.4	27.2
	林中	24.3	14.8	20.9	32.3	28.5	30.3	18.4	25.8	22.4	5.9	11.4	9.0	32.3	5.9	19.1	26.4
群落 6	空地	24.6	11.3	19.6	33	28.2	31.4	19.6	26.3	22.9	5.9	11.9	9.8	33	5.9	19.5	27.1
	林中	23.3	14.5	20.3	32.4	26.6	29.7	18.5	26.1	22.4	5.8	13.3	9.4	32.4	5.8	19.1	26.6

夏、秋季林内气温均低于旷地，而冬季林内气温比旷地高。因此光华大道绿色廊道对全年气温的影响呈现明显的冬季保温，春、秋、夏降温的效应，同时虽然林带全年平均气温仅略低于旷地，但由于极值温度分别出现在早晨和午后，林内最高气温明显低于旷地，而最低气温高于旷地，因此光华大道全年中均表现出早晨保温、午后降温的气候变化特点。从全年气温日变化幅度看，春、夏两季林带内气温日变化幅度均比旷地低，而在秋、冬季林内气温日变化幅度比旷地高，总体来看，林内全年气温日均变化幅度依然低于旷地，秋、冬林内气温日变化幅度大主要由于植物逐渐进入休眠状态，蒸腾降温能力减弱，所以，林内全年气温相对稳定。

（二）光华大道绿色廊道对湿度的影响

1. 春季光华大道对湿度的影响

春季相对湿度测定结果如图 2-11，根据图 2-11 可以看出当天 16：00 时林内最低相对湿度均高于旷地，与旷地最低相对湿度的差值由高到低依次排序为：群落 1（2.4%）> 群落 4（2.3%）> 群落 2= 群落 3（1.5%）> 群落 6（1.4%）> 群落 5（0.7%）；林内日平均相对湿度均比旷地高，从高到低依次排序为：群落 2（52%）> 群落 1（51.7%）> 群落 3（51%）> 群落 6（50.6%）> 群落 4（49.2%）> 群落 5（49%），旷地当日平均相对湿度为 48.5%；因此可以看出，春季林内相对湿度高于旷地，同时春季 6 个群落的相对湿度日变化幅度为 35.1%，旷地为 36.4%，因此林内外相对湿度日变化幅度相近。

2. 夏季光华大道对湿度的影响

根据图 2-12 可以看出，夏季 8：00~18：00 林内相对湿度均高于旷地，旷地日平均相对湿度为 67.6%，林内日平均相对湿度由高到低依次排序为：群落 3（70.3%）> 群落 2= 群落 6（70%）> 群落 4（69.2%）> 群落 1= 群落 5（69.1%），说明夏季廊道具有明显的增湿效益，这是因为林内温度低且有地被植物，锁湿能力强，旷地无地被且受风

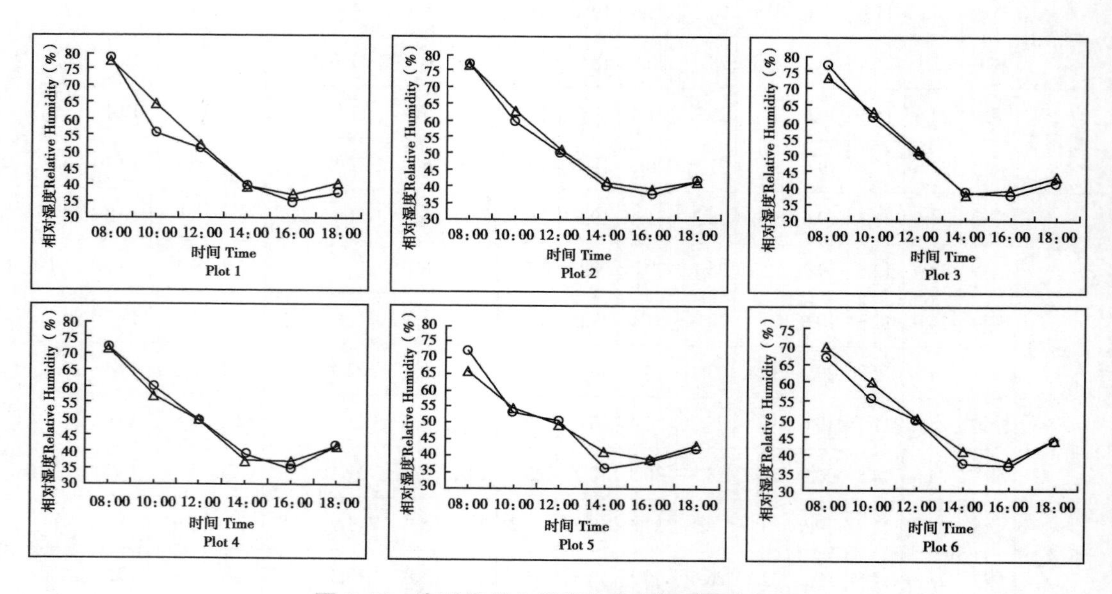

图 2-11　春季光华大道绿色廊道相对湿度汇总

—○—空白　—△—林中

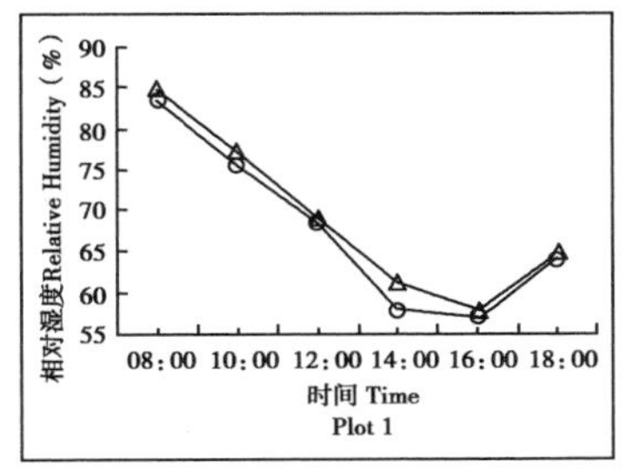

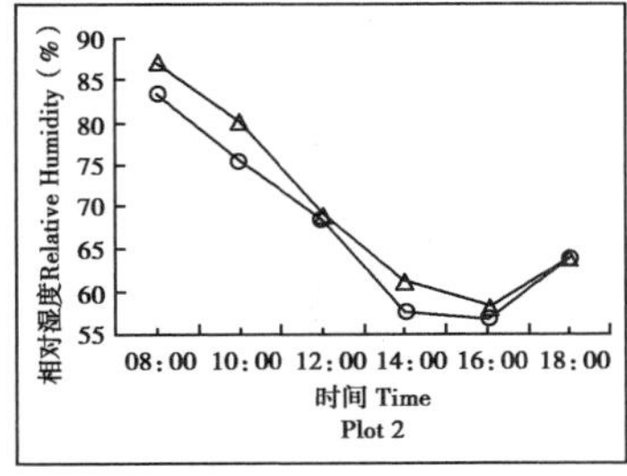

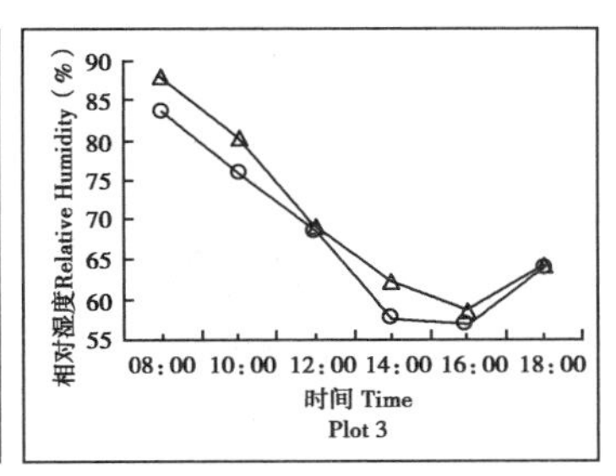

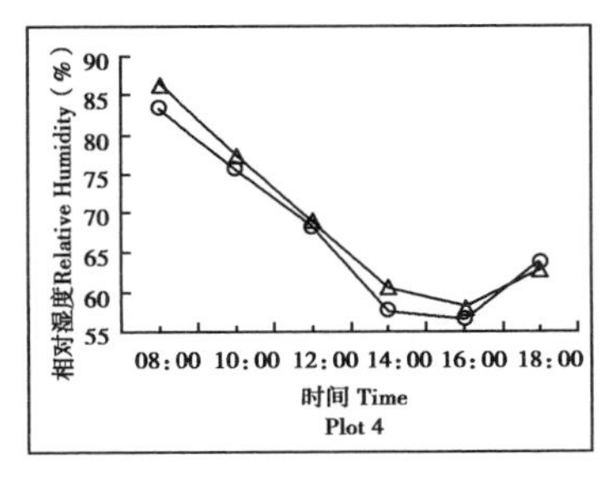

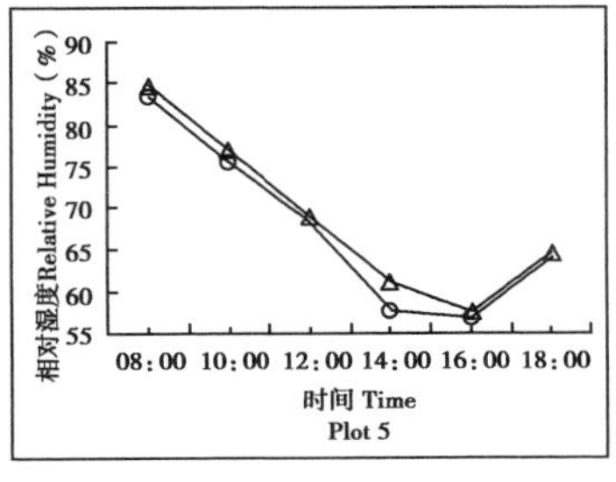

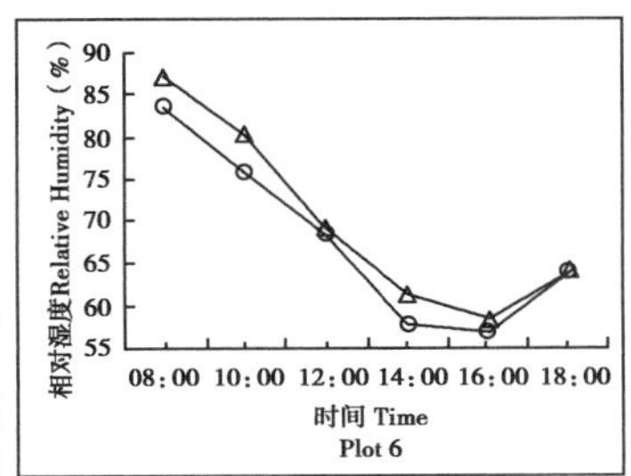

图 2-12　夏季光华大道绿色廊道相对湿度汇总

—○—空白　—△—林中

影响大，所以相对湿度低。夏季 8：00~16：00，随着太阳辐射的逐渐加强，饱和水汽压迅速增大，各典型测点相对湿度均从 84-88% 下降到 57-58%，也可以看出林内相对湿度在 16：00~18：00 随着气温下降而逐渐加大，16：00 林内相对湿度最低值由高到低依次排序为：群落 3（58.6%）> 群落 2= 群落 6（58.3%）> 群落 4（58.2%）> 群落 1= 群落 5（57.5%），明显高于旷地。下午 14：00 温度最高的时候，林内增湿率由高到低依次排序为：群落 3（7.64%）> 群落 1= 群落 5（6.43%）> 群落 2= 群落 6（6.42%）> 群落 4（5.38%），而在清晨 8：00 林内相对湿度也明显高于旷地，说明廊道对高温具有主动调节林内湿度的能力。同时旷地相对湿度日变化幅度为 26.6%，林内相对湿度日变化幅度由高到低为：群落 3（29%）> 群落 2= 群落 6（28.7%）> 群落 4（28.4%）> 群落 1= 群落 5（27.3%），均高于旷地，这正是廊道在夏季具有较强的调节湿度的原因。

3. 秋季光华大道对湿度的影响

根据图 2-13 可以看出，早晨 8:00 林内相对湿度明显高于旷地，从高到低依次排序为：群落 5（93.3%）> 群落 6（91.5%）> 群落 4（91.3%）> 群落 3（90.9%）> 群落 2（90.5%）> 群落 1（88.7%），旷地仅为 82.6%，最大差值达 10.7%；到达下午 14：00 林内均达到当日相对湿度最低点，而旷地滞后 2 小时在 16：00 达到当日最低值，这是因为秋季午后温度下降较快，林内自动调节湿度的能力又明显强于旷地，在温度下降后相对湿度迅速回升，当旷地相对湿度达到最低点时，林内相对湿度明显高于旷地，最大差值达 13.3%；林内当日平均相对湿度均高于旷地但相差不大，6 个群落当日平均相对湿度值相近，平均为 65.3%，旷地当日平均相对湿度为 63.9%，林内最高、平均、最低相对湿度值均高于旷地，说明秋季林带具有一定的保湿能力。秋季林内和旷地相对湿度日变化幅度相差较大，林内由高到低依次排序为：群落 5（46.7%）> 群落 4（45.4%）>

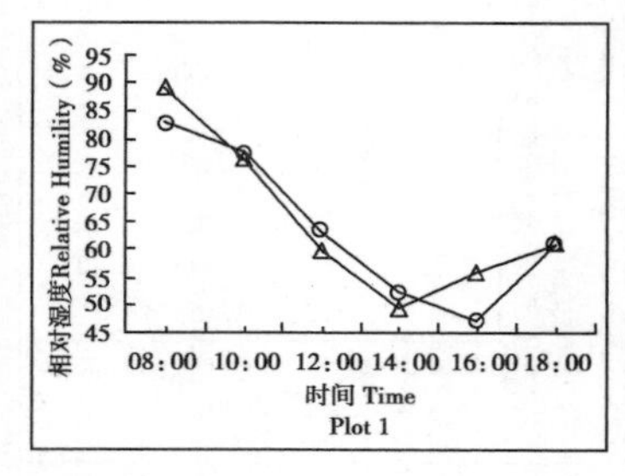

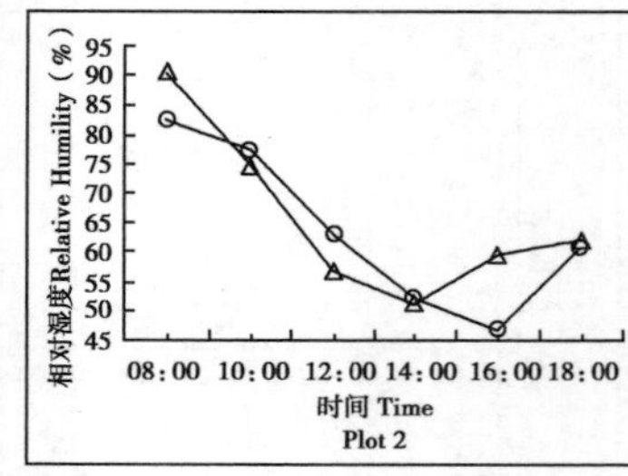

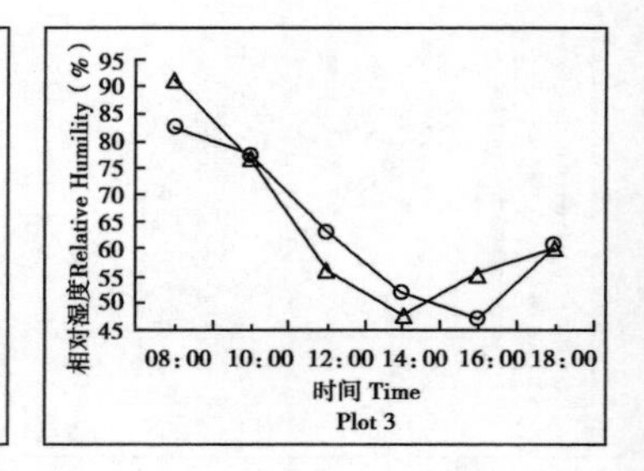

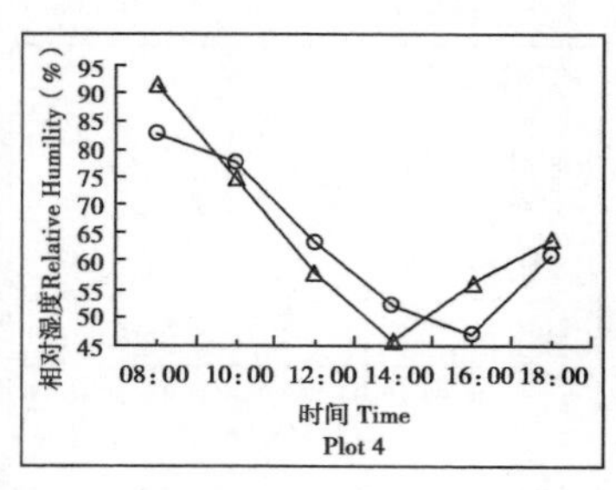

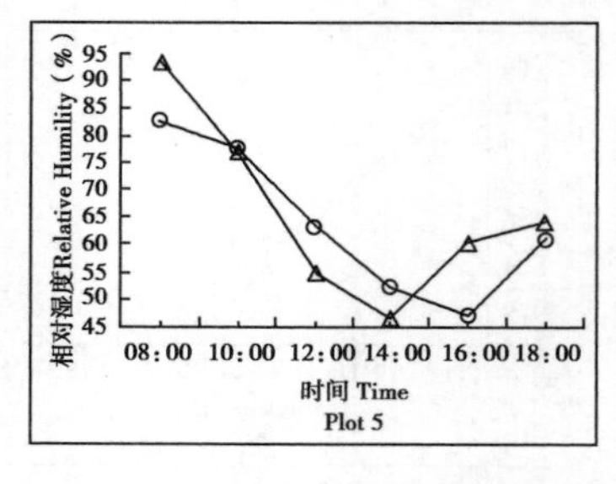

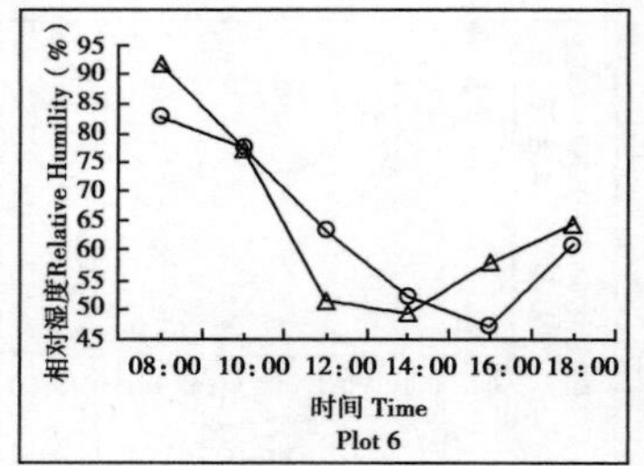

图 2-13　秋季光华大道绿色廊道相对湿度汇总

—○—空白　—△—林中

群落 3（43.1%）> 群落 6（42.1%）> 群落 1（39.4%）> 群落 2（39.1%），旷地仅为 35.5%，最大差值达 11.2%，林内相对湿度日变化幅度较大主要与秋季温度变化幅度较大有关。

4. 冬季光华大道对湿度的影响

由图 2-14 可知，冬季 8：00~16：00 林内相对湿度与旷地呈现相近的趋势：随着温度的上升，旷地相对湿度下降了 40%，林内平均下降了 37.8%，由于冬季上层乔木的

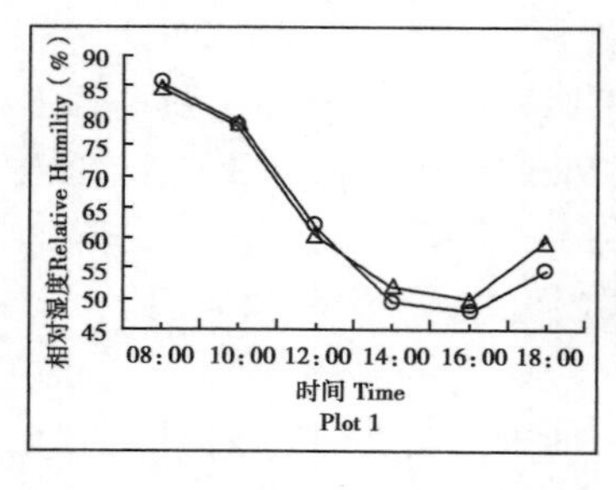

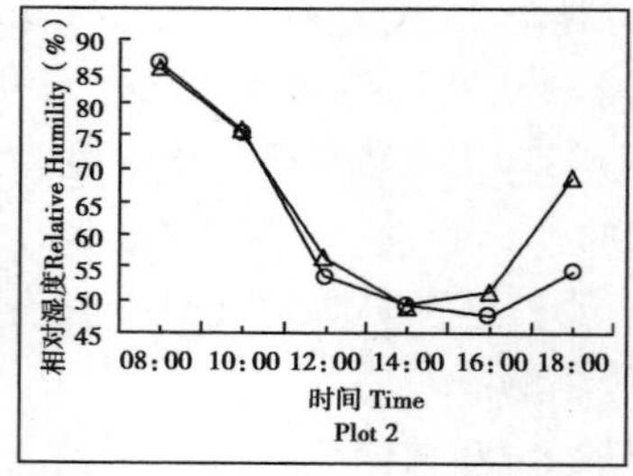

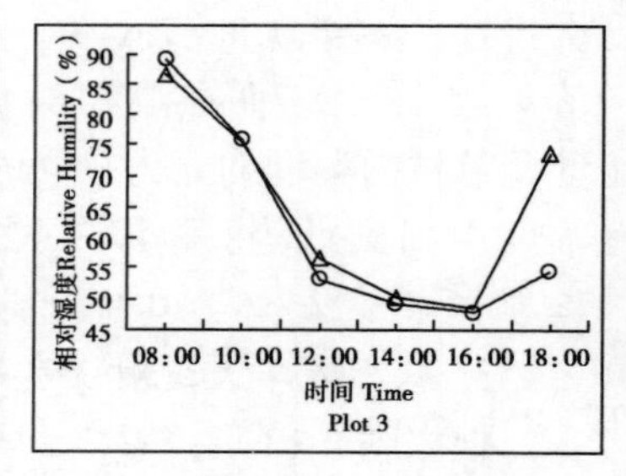

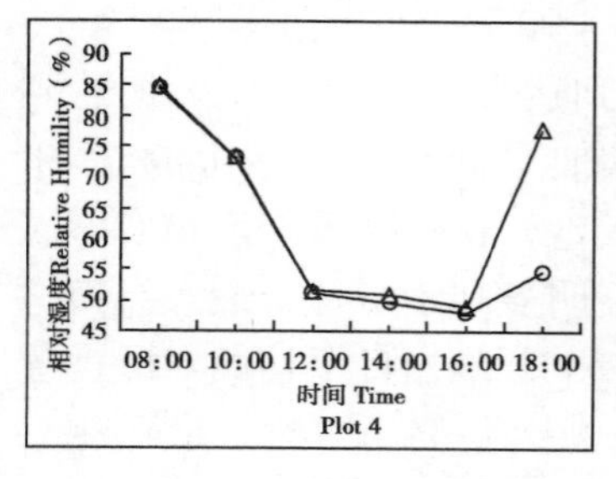

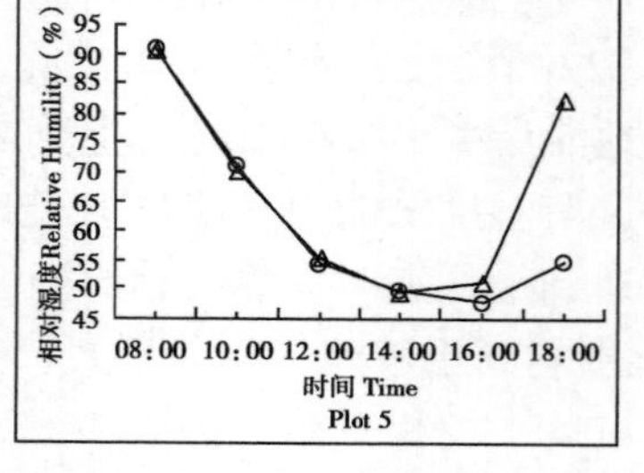

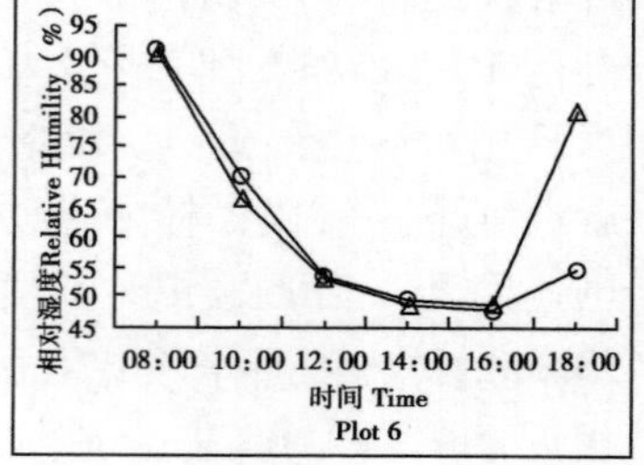

图 2-14　冬季光华大道绿色廊道相对湿度汇总

—○—空白　—△—林中

落叶树种无法起到遮挡太阳辐射的作用，所以林内相对湿度下降幅度相对其他季节大；16：00以后，温度随太阳辐射的减少开始快速下降，林内大面积的常绿灌木和草本开始迅速回升林内相对湿度，18：00时林内与旷地的相对湿度值拉开了一个较大的差距，差值由高到低依次排序为：群落S5（27.4%）> 群落S6（26.1%）> 群落S4（23%）> 群落S3（19.2%）> 群落S2（14.2%）> 群落S1（4.7%），林内最高达到82%，旷地仅为54.6%。

由图2-14可知，冬季8：00~16：00林内相对湿度与旷地呈现相近的趋势：随着温度的上升，旷地相对湿度下降了40%，林内平均下降了37.8%，由于冬季上层乔木的落叶树种无法起到遮挡太阳辐射的作用，所以林内相对湿度下降幅度相对其他季节大；16：00以后，温度随太阳辐射的减少开始快速下降，林内大面积的常绿灌木和草本开始迅速回升林内相对湿度，18：00时林内与旷地的相对湿度值拉开了一个较大的差距，差值由高到低依次排序为：群落S5（27.4%）> 群落S6（26.1%）> 群落S4（23%）> 群落S3（19.2%）> 群落S2（14.2%）> 群落S1（4.7%），林内最高达到82%，旷地仅为54.6%。

5. 光华大道对全年相对湿度的影响

林带对全年相对湿度极值的影响见表2-33，由表2-33可知：从一年四季相对湿度的最高值来看，夏、秋季林内相对湿度比旷地高，而春、冬季林内相对湿度比旷地低；而从一年四季相对湿度最低值来看，春、夏、秋、冬四季林内相对湿度均高于旷地；一年四季林内相对湿度的平均值均高于旷地。林内最高值平均比旷地高3.3%，最低值平均比旷地高1.8%，林带具有一定的保湿作用，因为树木的遮阴有效提高了小环境湿度，而在春、冬由于落叶树木的休眠，因而林内外相对湿度差异不明显。

表2-33　一年中光华大道绿色廊道相对湿度极值比较（%）

编号	测点	春季			夏季			秋季			冬季			差值			
		最高	最低	平均	最高	最低	平均	最高	最低	平均	最高	最低	平均	最高	最低	平均	差值
S1	空地	78.5	34.5	49.5	83.2	56.7	67.6	82.6	47.1	63.9	85.4	47.7	62.9	85.4	34.5	60	50.9
	林中	77.3	36.9	51.7	84.8	57.5	69.1	88.7	49.3	65.1	84.6	49.8	64.1	88.7	36.9	62.8	51.8
S2	空地	76.9	37.6	51	83.4	56.8	67.7	82.6	47.1	63.9	86.5	47.7	61.3	86.5	37.6	62.1	48.9
	林中	76.7	39.1	52	87	58.3	70	90.5	51.4	65.9	85.6	49.4	64.6	90.5	39.1	64.8	51.4
S3	空地	76.7	37.4	50.8	83.4	56.8	67.7	82.6	47.1	63.9	89.3	47.7	61.8	89.3	37.4	63.4	51.9
	林中	72.7	37.7	51	87.6	58.6	70.3	90.9	47.8	64.5	87	48.5	65	90.9	37.7	64.3	53.2
S4	空地	72.2	35	49.6	83.4	56.8	67.7	82.6	47.1	63.9	84.2	47.7	60	84.2	35	59.6	49.2
	林中	71.9	37.2	49.2	86.6	58.2	69.2	91.3	45.9	64.8	84.7	58.8	64.5	91.3	37.2	64.3	54.1
S5	空地	72.3	35.9	48.8	83.2	56.7	67.6	82.6	47.1	63.9	90.5	47.7	61.3	90.5	35.9	63.2	54.6
	林中	66	38.9	49	84.8	57.5	69.1	93.3	46.6	66	90.5	49.2	66.4	93.3	38.9	66.1	54.4
S6	空地	66.9	37	48.5	83.4	56.8	67.7	82.6	47.1	63.9	90.6	47.7	61	90.6	37	63.8	53.6
	林中	69.7	38.4	50.6	87	58.3	70	91.5	49.4	65.3	90.3	48.6	64.6	91.5	38.4	65	53.1

从全年相对湿度日变化幅度看，夏、秋季林带内相对湿度日变化幅度比旷地大，而在春、冬季林带内相对湿度日变化幅度比旷地小，而林带全年相对湿度日均变化幅度要比旷地大，所以夏、秋两季林带内自我调节相对湿度的能力较强，春、冬季由于落叶树木处于休眠期，林带自我调节相对湿度的能力则较弱。

（三）活水公园绿色廊道对温度的影响

1. 春季活水公园对温度的影响

根据图 2-15 可知，当天除了群落 1，其他群落旷地和林内的温度峰值均出现在 14:00，而林内最高温度除了群落 3，其他群落均低于旷地，降温率由高到低依次排序为：群落 5（7.3%）> 群落 1（7%）> 群落 2（4.7%）> 群落 4（3.6%）> 群落 6（2.8%）> 群落 3（-0.9%），由于群落 3 的乔木层以银杏和水杉为主，春季测定时仍处于萌动期，还未发芽，所以不能起到遮蔽太阳辐射达到降温的效果，所以温度几乎和旷地一样。同时除了群落 3 林内气温日变化幅度于旷地完全一样，其他群落林内气温日变化幅度均低于旷地，差值由高到低依次排序为：群落 5（1.9℃）> 群落 1（1.3℃）> 群落 4（0.7℃）> 群落 2= 群落 6（0.4℃），因此可以看出活水公园绿色廊道春季具有维持气温相对稳定的作用。由图还可以看出，除了群落 3 当天气温变化基本与旷地一致，其他群落林内日平均气温均低于旷地，且每个时间段所测得的气温均低于旷地，说明该绿色廊道在春季有一定的降温效益。

2. 夏季活水公园对温度的影响

夏季测定结果如图 2-16，可以看出，林内与旷地的气温峰值均出现在 14：00，从各测点最高气温值来看，林内最高气温明显低于旷地，旷地最高气温为 33.8℃，林内最高气温与旷地最大差值达 3.7℃，降温率从高到低依次排序为：群落 3（10.9%）> 群落 4（9.8%）> 群落 6（8%）> 群落 1（6.5%）> 群落 5（5.3%）> 群落 2（4.1%），说

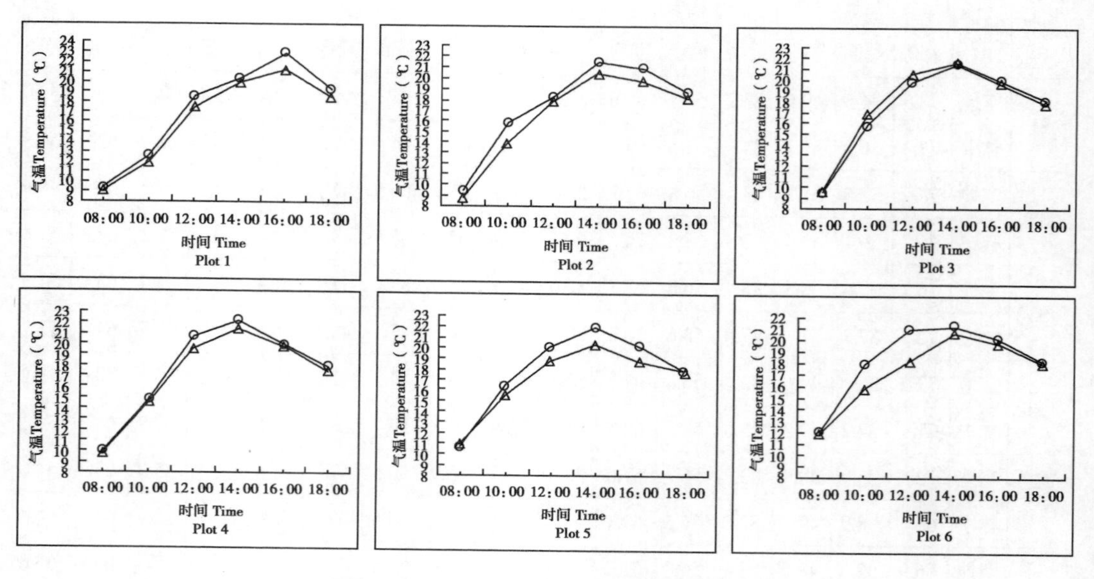

图 2-15　春季活水公园绿色廊道气温汇总

—○—空白　—△—林中

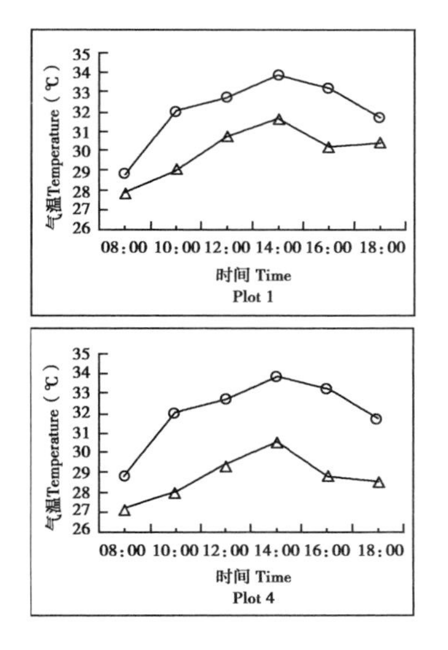

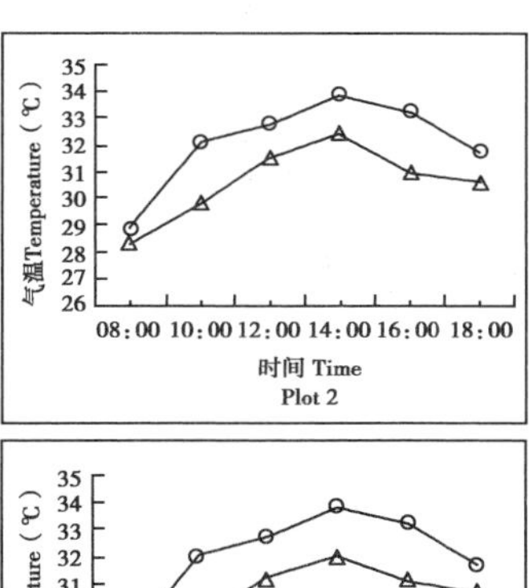

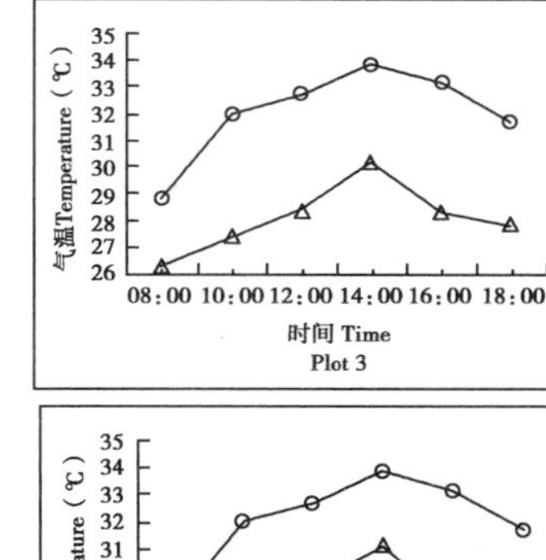

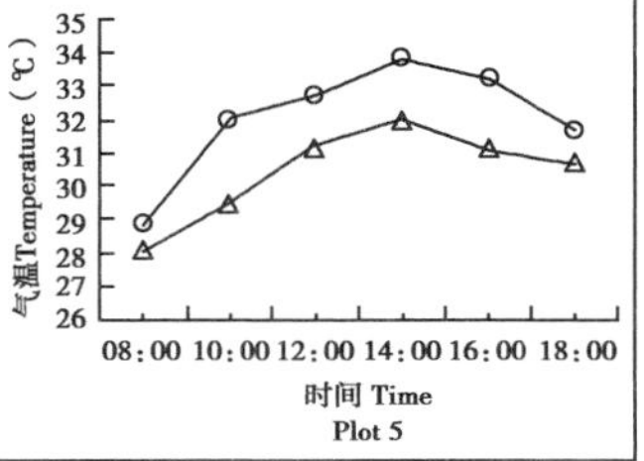

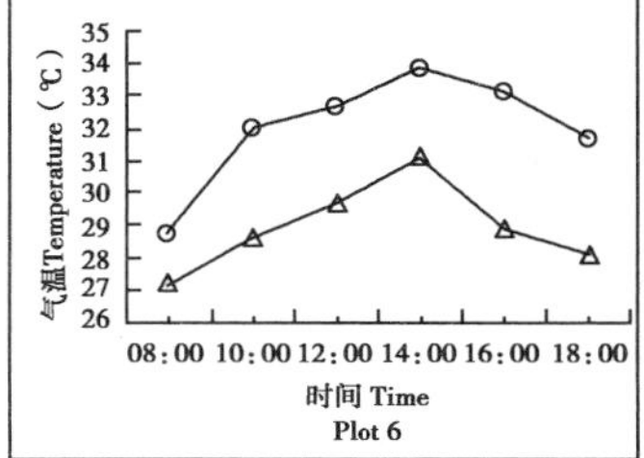

图 2-16 夏季活水公园绿色廊道气温汇总

—○—空白 —△—林中

明夏季中午廊道有明显的降温效益；同时林内最低气温、日平均气温均小于旷地，旷地日平均气温为 32℃，林内日平均气温从高到低依次排序为：群落 2（30.6℃）> 群落 5（30.4℃）> 群落 1（30℃）> 群落 6（28.9℃）> 群落 4（28.7℃）> 群落 3（28℃），其中群落 3 日平均气温比旷地低 4℃，因此绿色廊道夏季全天都有较为明显的降温作用；林内气温日变化幅度均比旷地小，最大差值达 1.3℃，夏季林内气温变化明显小于林外。

3. 秋季活水公园对温度的影响

秋季测定结果如图 2-17，可知，早晨 8：00 林内气温略高于旷地，8：00~14：00 随着太阳辐射的加强，气温逐渐上升到当天的峰值，林内气温的上升趋势相对旷地较缓，气温峰值均低于旷地，旷地最高气温为 27.8℃，6 个群落气温峰值由高到低依次排序为：群落 4（27.4℃）> 群落 5= 群落 6（26.8℃）> 群落 1= 群落 2（25.8℃）> 群落 3（25.4℃），最高降温率达 8.6%，因此在秋季成都较为特殊的气候条件下，廊道在秋季中午有一定的降温效益，又由于林内最低温度高于旷地，最高温度又低于旷地，林内气温日变化幅度小于旷地，所以秋季廊道有一定维持林内气温稳定的作用；午后随着太阳辐射的减少，旷地温度开始明显的下降，林内气温的下降趋势相对于旷地较缓，18：00 林内气温略高于旷地，说明秋季晚上廊道的保温效果较为明显。

4. 冬季活水公园对温度的影响

冬季气温测定结果如图 2-18，可知，清晨 8：00 林内气温均低于旷地，因为活水公园常绿树种所占比例较大，冬季郁闭度相对较高，林带白天蓄热能力较差，冬季夜晚保温效应不明显，随着太阳辐射的加强，10：00~12：00 旷地气温急剧上升达 13.1℃，林内气温上升趋势较缓，气温峰值出现在 12：00~14：00 之间，由高到低依次排序为：群落 S1（11.5℃）> 群落 S2= 群落 S3（11.4℃）> 群落 S4（10.9℃）> 群落 S5= 群落 S6（10.5℃），因此该廊道冬季正午蓄热保温效应较差，却有较明显的降温效应；同时可以

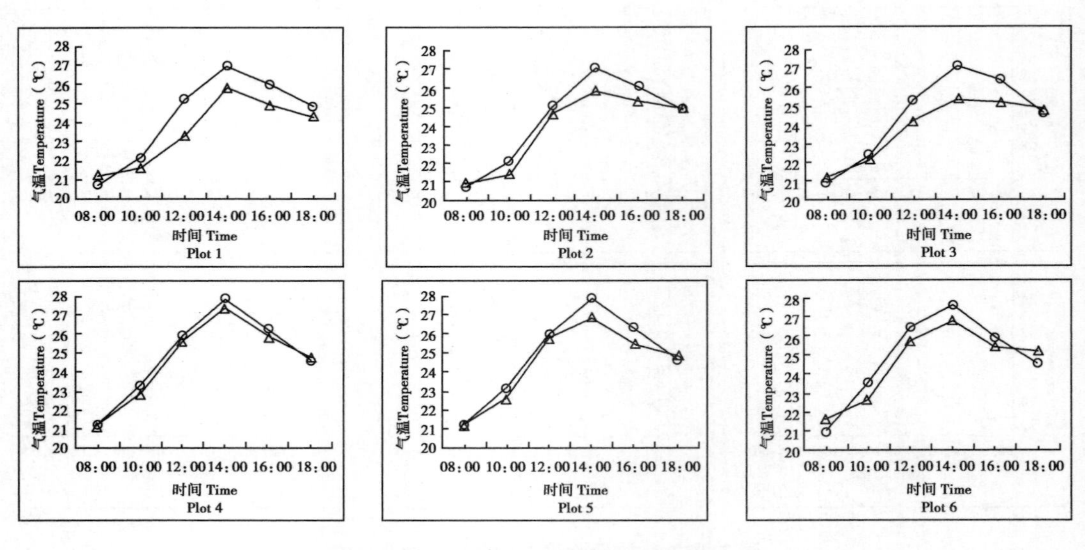

图 2-17 秋季活水公园绿色廊道气温汇总

—○—空白 —△—林中

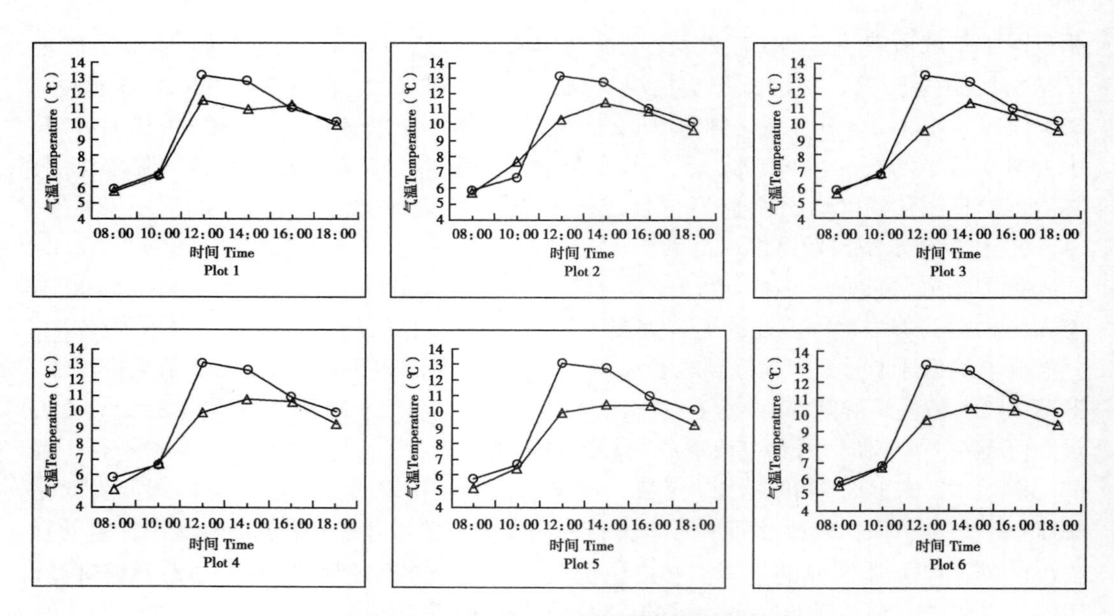

图 2-18 冬季活水公园绿色廊道气温汇总

—○—空白 —△—林中

看出，当日旷地日平均气温为 9.9℃，林内日平均气温均小于旷地，由高到低依次排序为：群落 1= 群落 2（9.3℃）> 群落 3（8.9℃）> 群落 4（8.8℃）> 群落 5= 群落 6（8.7℃），因此林内日平均气温均低于旷地，最大差值达 1.2℃，林内气温日变化幅度均小于旷地，主要因为正午时林内气温与旷地气温差值较大。

5. 活水公园对全年气温的影响

由表 2-34 可知，从气温的最高值来看，春、夏、秋、冬林内气温均比旷地低；而从气温的最低值来看，除了秋季林内气温与旷地相近，其余春、夏、秋三季林内气温均比旷地低；从气温的平均值来看，春、夏、秋、冬四季林内平均气温均低于旷地。因此该廊道林带对全年气温的影响呈现明显的四季均有降温效应。

表 2-34　一年中活水公园绿色廊道气温极值比较（℃）

编号	测点	春季			夏季			秋季			冬季			差值			
		最高	最低	平均	最高	最低	平均	最高	最低	平均	最高	最低	平均	最高	最低	平均	差值
S1	空地	22.9	9.3	17.2	33.8	28.8	32.0	26.9	20.7	24.3	13.1	5.8	9.9	33.8	5.8	19.8	28.0
	林中	21.4	8.8	16.4	31.6	27.9	30.0	25.8	21.2	23.5	11.5	5.7	9.3	31.6	5.7	18.7	25.9
S2	空地	21.4	9.4	17.4	33.8	28.8	32.0	27	20.7	24.3	12.7	5.8	9.9	33.8	5.8	19.8	28.0
	林中	20.4	8.8	16.5	32.4	28.3	30.6	25.8	20.9	23.8	11.4	5.7	9.3	30.6	5.7	18.2	24.9
S3	空地	21.5	9.4	17.4	33.8	28.8	32.0	27.1	20.9	24.5	13.1	5.8	9.9	33.8	5.8	19.8	28.0
	林中	21.7	9.6	17.7	30.1	26.3	28.1	25.4	21.2	23.8	11.4	5.6	8.9	30.1	5.6	17.9	24.5
S4	空地	22.2	9.9	17.6	33.8	28.8	32.0	27.8	21.2	24.8	13.1	5.8	9.9	33.8	5.8	19.8	28.0
	林中	21.4	9.8	17.1	30.5	27.2	28.8	27.4	21.2	24.6	10.9	5.2	8.8	30.5	5.2	17.9	25.3
S5	空地	21.9	10.6	17.8	33.8	28.8	32.0	27.8	21.2	24.8	13.1	5.8	9.9	33.8	5.8	19.8	28.0
	林中	20.3	10.9	17.0	32.0	28.1	30.4	26.8	21.2	24.4	10.5	5.3	8.7	32.0	5.3	18.7	26.7
S6	空地	21.3	12	18.4	33.8	28.8	32.0	27.8	21.2	24.8	13.1	5.8	9.9	33.8	5.8	19.8	28.0
	林中	21.7	11.8	17.6	31.1	27.2	29.0	26.8	21.6	24.6	10.5	5.5	8.7	29.0	5.5	17.3	23.5

从全年气温日变化幅度来看，春、夏、秋、冬四季廊道林带内气温日变化幅度均比旷地小，所以总体上廊道内全年气温相对较为稳定，廊道有较为明显的维持气温相对稳定的作用。

（四）活水公园绿色廊道对相对湿度的影响

1. 春季活水公园对相对湿度的影响

春季相对湿度测定结果如图 2-19，可以看出，当天清晨 8：00 林内和旷地相对湿度均为最高值，且林内相对湿度均高于旷地；8：00~14：00 随着太阳辐射的加强，旷地相对湿度下降到 33.2%，林内相对湿度在 14：00-16：00 之间下降到最低值，由高到低依次排序为：群落 4（37.4%）> 群落 2（36.8%）> 群落 3（36.6%）> 群落 6（36.4%）> 群落 1（35.7%）> 群落 5（34.5%），因此林内相对湿度最低值均高于旷地；同时可以看出当日旷地相对湿度日平均值为 45.2%，林内日平均相对湿度由高到低依次排序为：群落 1= 群落 2（49.6%）> 群落 4（48.6%）> 群落 3（47.9%）> 群落 6（46.7%）> 群落 5（46.3%），因此林内日平均相对湿度均略高于旷地；旷地当日相对湿度变化幅度为 36.6%，林内相对湿度日变化幅度为：群落 1（44.6%）> 群落 2（44%）> 群落 3（40.5%）> 群落 4（38.3%）> 群落 5（36.3%）> 群落 6（33.4%），因此除了群落 6，各群落相对湿度日变化幅度均大

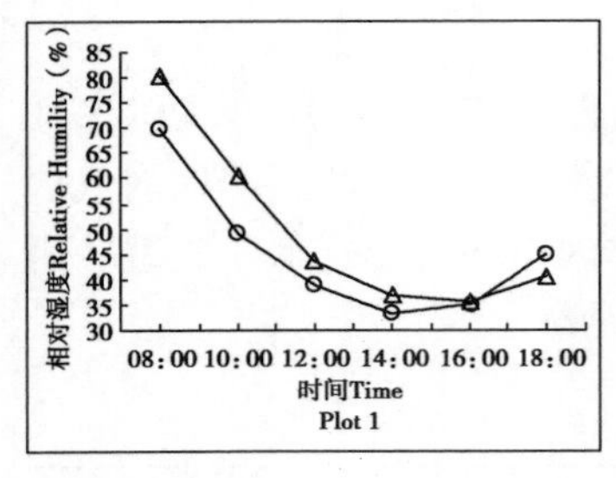

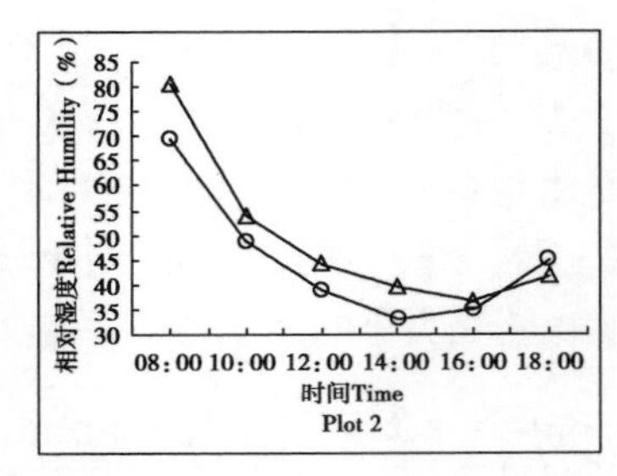

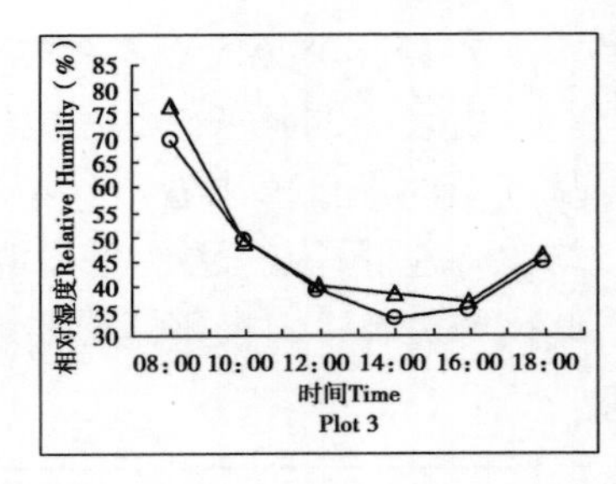

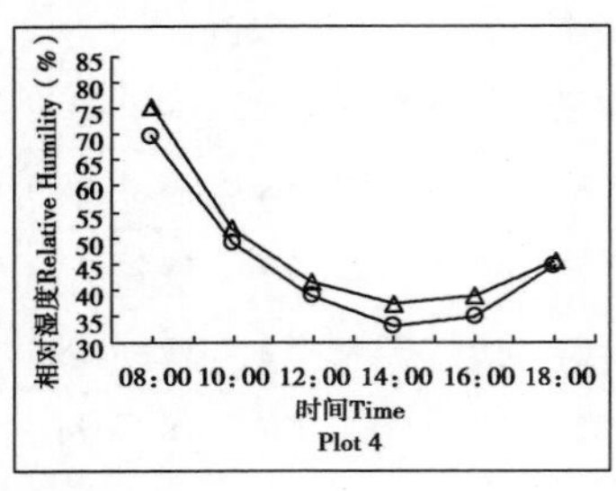

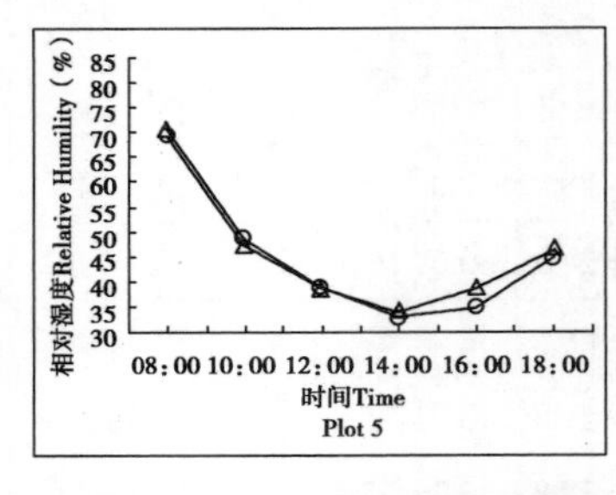

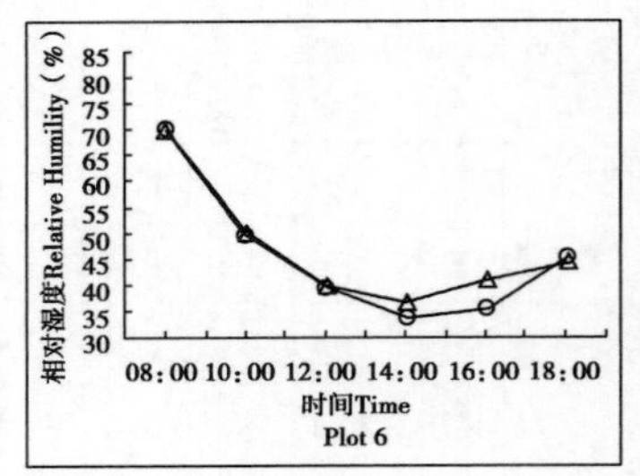

图 2-19　春季活水公园绿色廊道相对湿度汇总

—○—空白　—△—林中

于旷地，由于春季落叶树种依然处于休眠期，蒸腾作用小，郁闭度较低，所以林内保湿效应不明显。

2. 夏季活水公园对相对湿度的影响

根据图 2-20 可以看出，夏季 8:00~14:00，随着太阳辐射的逐渐增强，饱和水气压快速上升，旷地相对湿度从 80.5% 下降到 53.8%，林内当日相对湿度最低点相对旷地滞后两小时出现在 16:00，由高到低依次排序为：群落 3（59%）> 群落 1（57.8%）> 群落 4

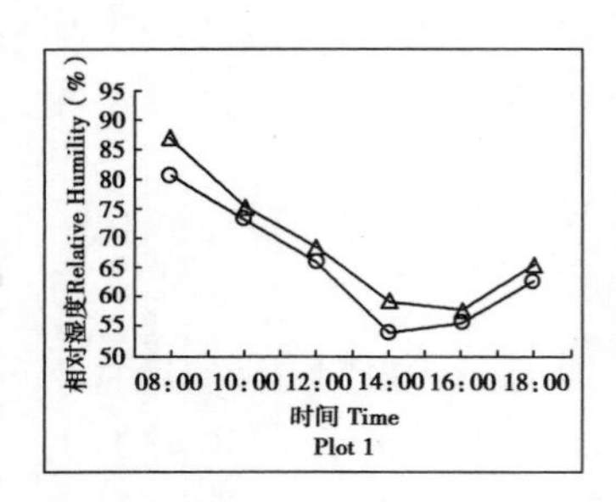

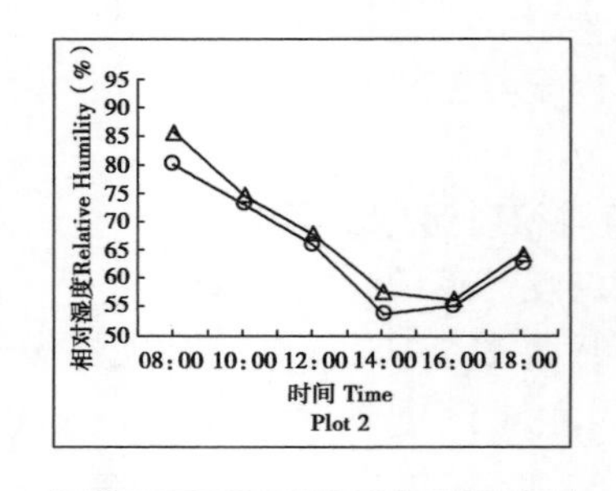

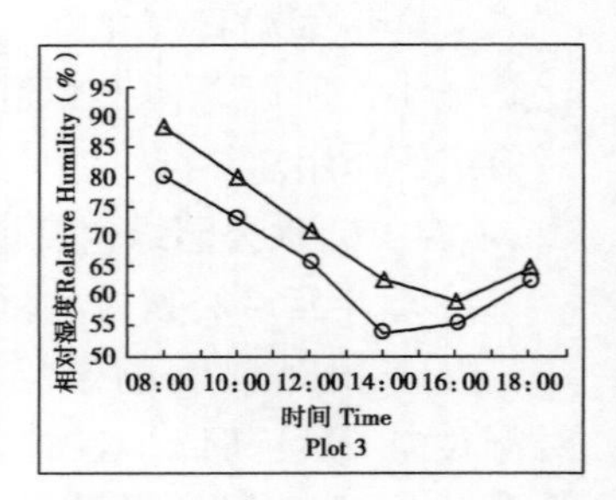

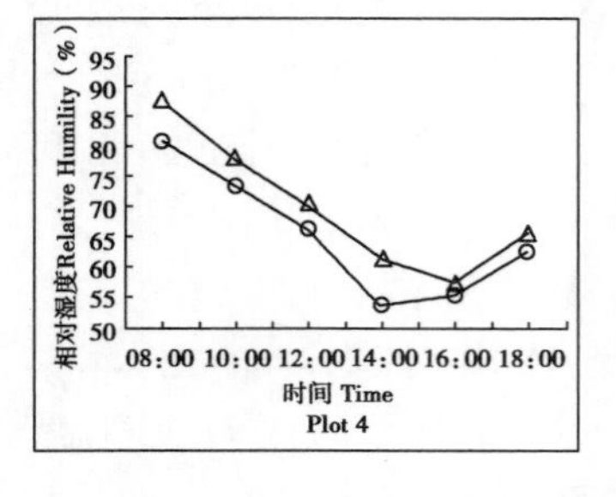

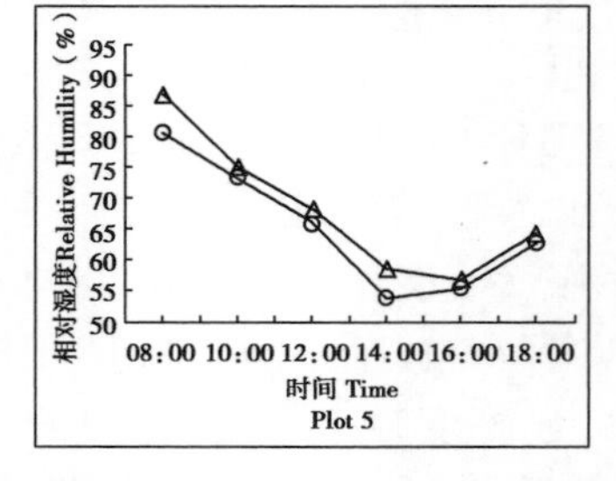

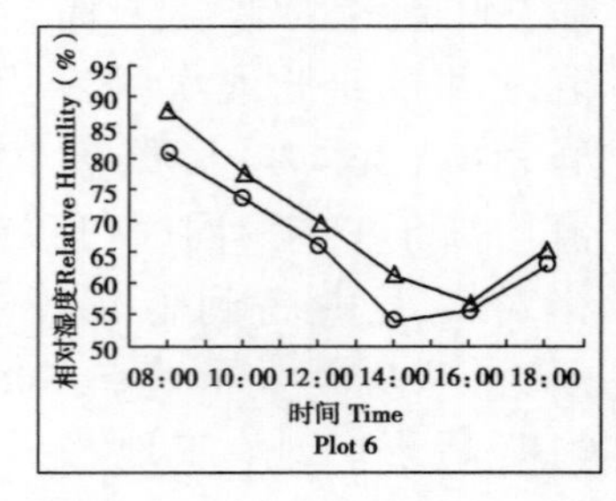

图 2-20　夏季活水公园绿色廊道相对湿度汇总

—○—空白　—△—林中

（57.3%）> 群落 6（57%）> 群落 5（56.9%）> 群落 2（56.2%），均比旷地最低相对湿度高，旷地当日平均相对湿度为 65.3%，林内日平均相对湿度由高到低依次排序为：群落 3（71.1%）> 群落 4（69.9%）> 群落 6（69.7%）> 群落 1（68.9%）> 群落 5（68.4%）> 群落 2（67.9%），因此，林内相对湿度最高、最低、日平均值均高于旷地，充分体现了林带具有明显的保湿效应；同时可以看出旷地相对湿度日变化幅度为 26.7%，林内相对湿度日变化幅度由高到低依次排序为：群落 6（30.5%）> 群落 4= 群落 5（30.1%）> 群落 2（29.8%）> 群落 3（29.6%）> 群落 1（29.2%），均比旷地大，这正说明夏季廊道林内具有较强的调节湿度的能力。

3. 秋季活水公园对相对湿度的影响

秋季相对湿度测定结果如图 2-21，秋季林内各群落和旷地的相对湿度最低值均出现在当日 14：00，旷地为 45.1%，林内由高到低依次排序为：群落 1= 群落 2= 群落 5（47.8%）> 群落 4（47.6%）> 群落 3= 群落 6（46.6%），均比旷地高，虽然林内相对湿度最高值均比旷地低，但林内相对湿度日变化幅度均比旷地低，由高到低依次排序为：群落 4（36.9%）> 群落 6（36.4%）> 群落 3（34.3%）> 群落 1= 群落 2（33.1%）> 群落 5（32%），旷地为 37.1%，因此该廊道林内具有一定的维持湿度相对稳定的作用；同时可以看出旷地当日平均相对湿度为 59.4%，林内日平均相对湿度由高到低依次排序为：群落 1= 群落 3（60.9%）> 群落 2（60.3%）> 群落 4（59.8%）> 群落 6（59.6%）> 群落 5（59.4%），因此林内外日平均相对湿度相近。

4. 冬季活水公园对相对湿度的影响

由图 2-22 可知，8：00~14：00，随着气温的上升，林内外相对湿度均达到最低值，旷地为 56.3%，林内相对湿度最低值由高到低依次排序为：群落 4（65.2%）> 群落 6（64.7%）> 群落 5（62.9%）> 群落 1（62.6%）> 群落 3（62.3%）> 群落 2（60.5%），旷地相对湿度下降了 26.3%，林内各群落相对湿度下降值由高到低依次排序为：群落 5

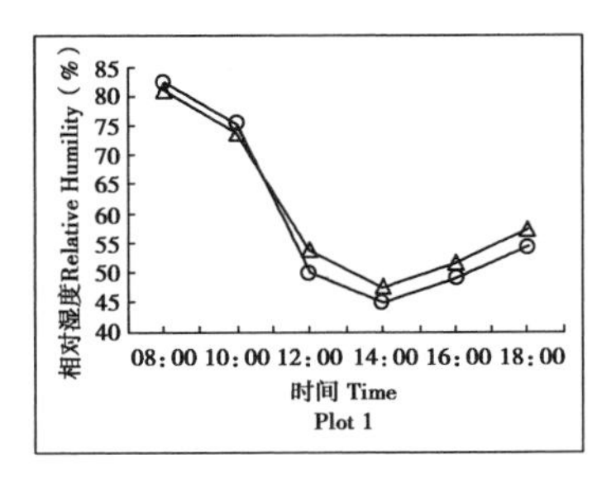

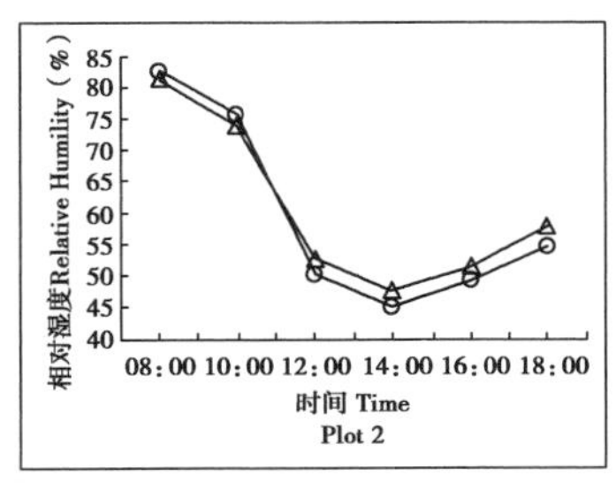

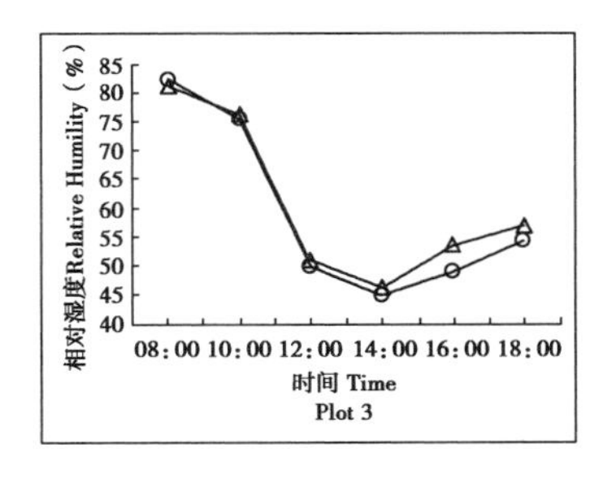

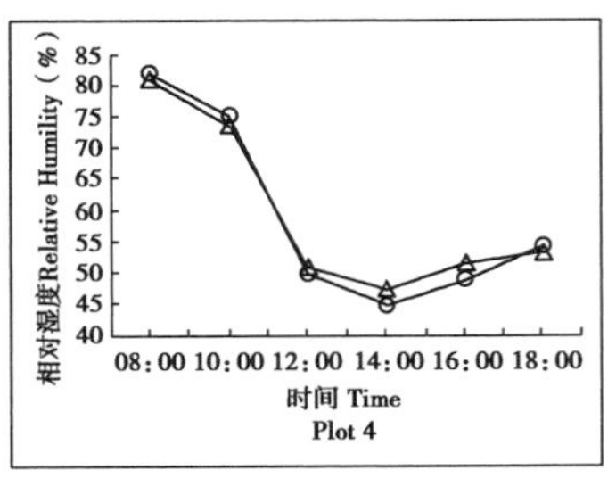

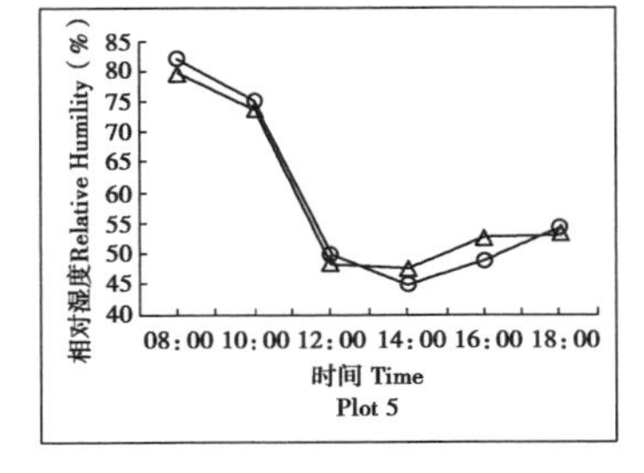

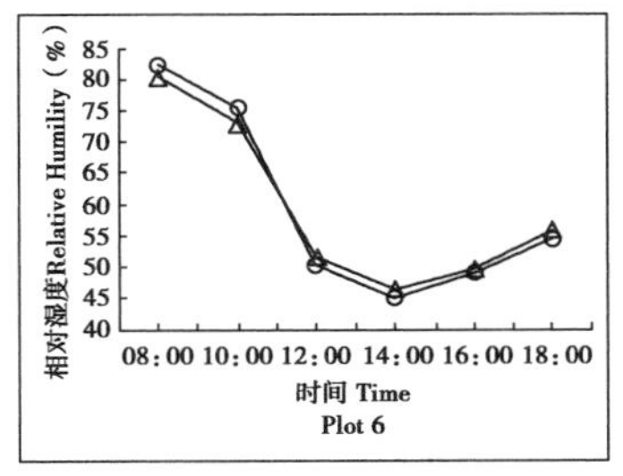

图 2-21　秋季活水公园绿色廊道相对湿度汇总

—○—空白　—△—林中

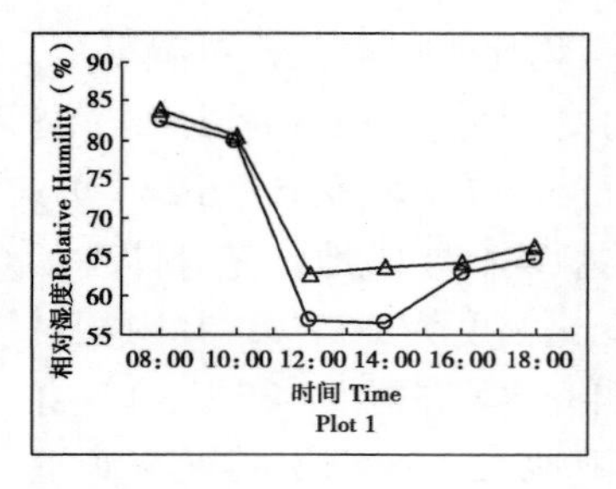

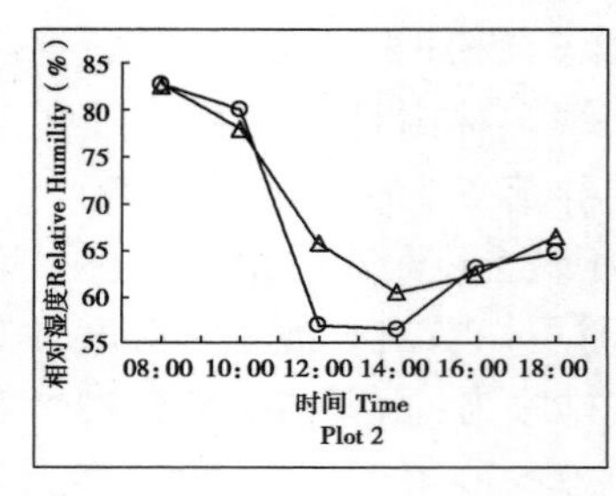

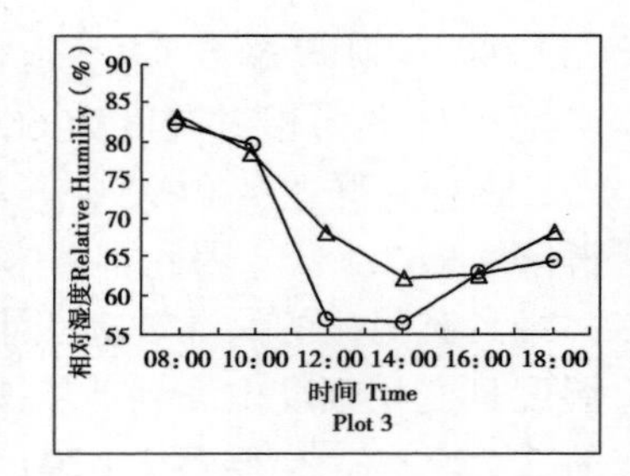

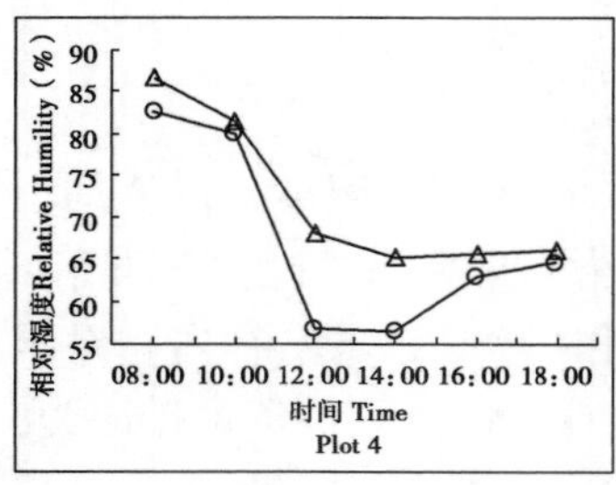

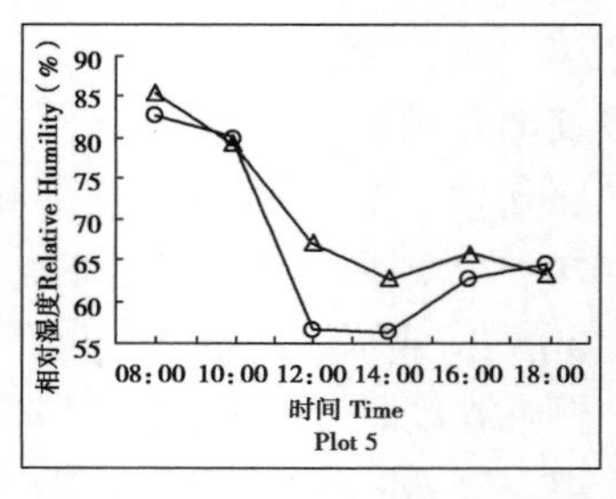

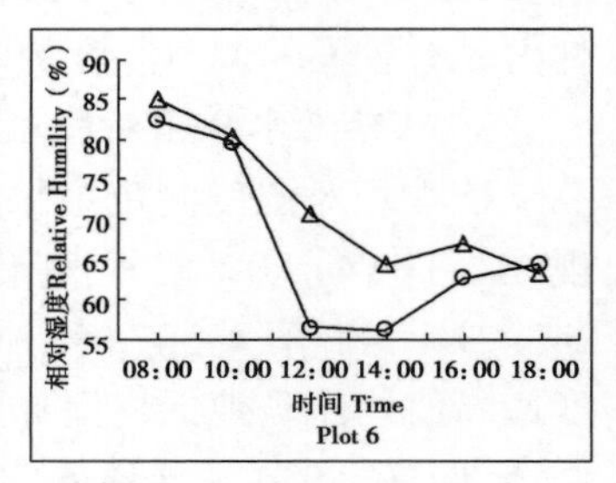

图 2-22　冬季活水公园绿色廊道相对湿度汇总

—○—空白　—△—林中

（22.7%）> 群落 2（22.1%）> 群落 3（21.4%）> 群落 1（21.3%）> 群落 4（21.2%）> 群落 6（20.6%），因此林内相对湿度值均高于旷地且日变化幅度均比旷地小，说明该廊道林带冬季具有增湿的效应且林内相对湿度变化比旷地稳定。

5. 活水公园对全年相对湿度的影响

该廊道林带对全年相对湿度极值的影响见表 2-35，可知：从一年四季相对湿度的最高值来看，除了秋季林内相对湿度略比旷地低，而春、夏、冬季林内相对湿度均比旷地高；而从一年四季相对湿度的最低值来看，夏、秋、冬三季林内相对湿度比旷地高，春季林内相对湿度比旷地低；从一年四季林内相对湿度的平均值来看，除了秋季林内相对湿度平均值与旷地相近外，春、夏、冬三季林内相对湿度平均值均比旷地高，因此该廊道林带夏、秋具有良好的保湿作用，因为树木遮阴有效得提高了小环境湿度，常绿树种所占比例较大，所以春、冬两季该廊道林带郁闭度相对较高，所以林带具有一定的保湿作用。

表 2-35　一年中活水公园绿色廊道相对湿度极值比较（%）

编号	测点	春季			夏季			秋季			冬季			差值			
		最高	最低	平均	最高	最低	平均	最高	最低	平均	最高	最低	平均	最高	最低	平均	差值
S1	空地	78.1	32.3	49.6	80.5	53.8	65.3	82.2	45.1	59.4	82.6	56.3	67.2	82.6	32.3	57.45	50.3
	林中	80.3	35.7	49.6	87.0	57.8	68.9	80.9	47.8	60.9	83.9	62.6	70.2	83.9	35.7	59.8	48.2
S2	空地	80.5	31.6	48.0	80.5	53.8	65.8	82.2	45.1	59.4	82.6	56.3	67.2	82.6	31.6	57.1	51.0
	林中	80.8	36.8	49.6	86.0	56.2	67.9	80.9	47.8	60.3	82.6	60.5	69.2	86.0	36.8	61.4	49.2
S3	空地	78.5	33.2	46.7	80.5	53.8	65.3	82.2	45.1	59.4	82.6	56.3	67.2	82.6	33.2	57.9	49.4
	林中	77.1	36.6	47.9	88.6	59.0	71.1	80.9	46.6	60.9	83.7	62.3	70.8	88.6	36.6	62.6	52.0

续表

编号	测点	春季			夏季			秋季			冬季			差值			
		最高	最低	平均	最高	最低	平均	最高	最低	平均	最高	最低	平均	最高	最低	平均	差值
S4	空地	78.6	35.6	48.1	80.5	53.8	65.3	82.2	45.1	59.4	82.6	56.3	67.2	82.6	35.6	59.1	47.0
	林中	75.7	37.4	48.6	87.4	57.3	69.9	80.9	44	59.2	86.4	65.2	72.0	86.4	37.4	61.9	49.0
S5	空地	72.4	37.7	47.5	80.5	53.8	65.3	82.2	45.1	59.4	82.6	56.3	67.2	82.6	37.7	60.15	44.9
	林中	70.8	34.5	46.3	87.0	56.9	68.4	79.8	47.8	59.4	85.6	62.9	70.7	87.0	34.5	60.75	52.5
S6	空地	69.3	37.3	48.1	80.5	53.8	65.3	82.2	45.1	59.4	82.6	56.3	67.2	82.6	37.3	59.95	45.3
	林中	68.5	36.4	46.5	87.5	57.0	69.7	80.2	43.8	59.1	85.3	63.4	72.1	87.5	36.4	61.95	51.1

从全年相对湿度日变化幅度来看，春、夏季林带内相对湿度日变化幅度比旷地大，而在秋、冬季林带内相对湿度日变化幅度比旷地略小，而林带内全年相对湿度日均变化幅度要比旷地大，说明该廊道林带具有较强调节湿度的能力。

（五）青城山快速通道对气温的影响

1. 春季青城山快速通道对气温的影响

春季测定结果如图 2-23，当天旷地气温峰值 25.2℃出现在中午 14:00，此时林内气温均低于旷地，降温率由高到低依次排序为：群落 4= 群落 6（8.3%）> 群落 2（6.3%）> 群落 3(3.6%)> 群落 5(1.6%)> 群落 1(0.8%),林内气温峰值出现在 12:00~16:00 之间，由高到低依次排序为:群落 1(25℃)> 群落 5(24.8℃)> 群落 4(24.5℃)> 群落 3(24.3℃)> 群落 2（24.1℃）> 群落 6（23.5℃）；同时春季林内最低气温均略高于旷地，旷地气温仅为 14.9℃，最大差值达 0.7℃，因此林内气温日变化幅度与旷地相近且略小于旷地，维持林内气温相对稳定的作用不明显；春季 12：00 前林内温度上升较旷地快，所以该廊道午前有一定的蓄热保温效益。

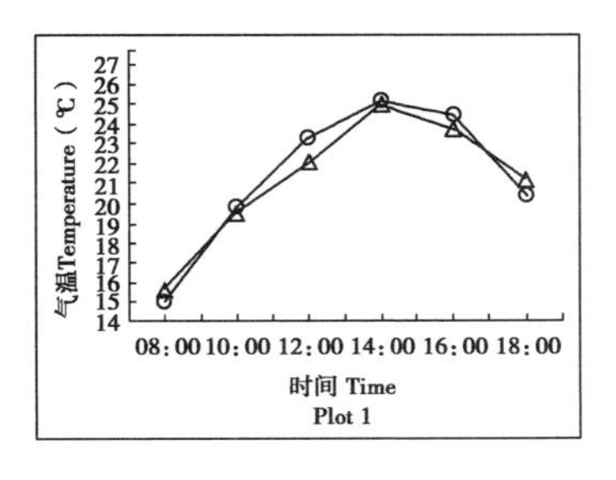

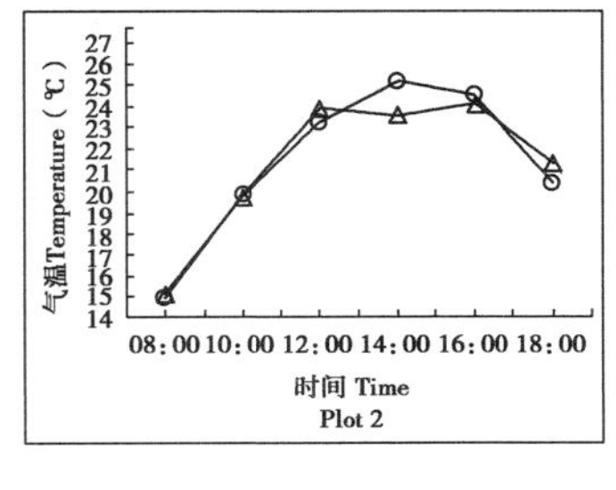

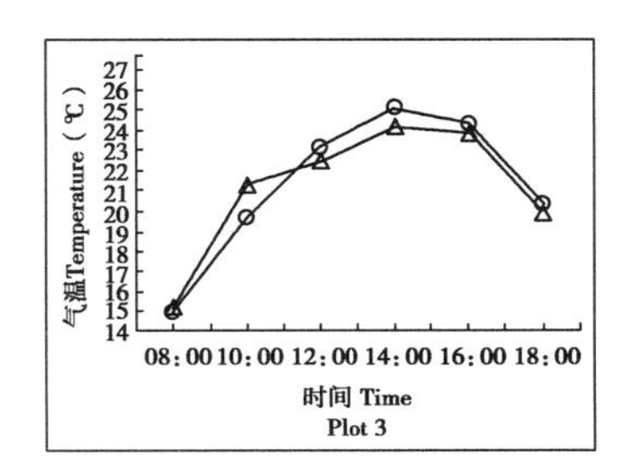

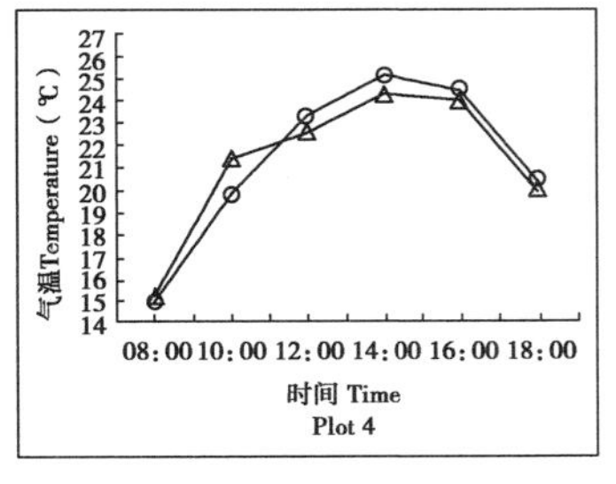

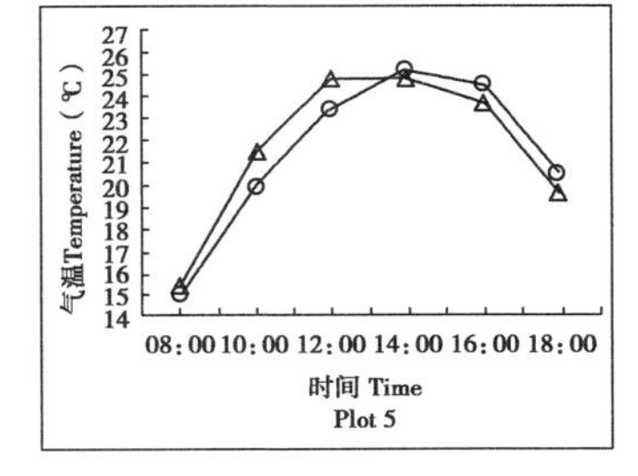

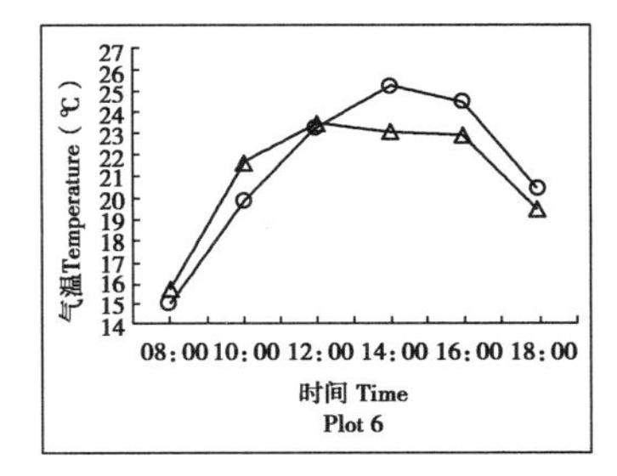

图 2-23　春季青城山绿色廊道气温汇总

—○—空白　—△—林中

2. 夏季青城山快速通道对气温的影响

夏季测定结果如图 2-24，由图可知，夏季在 14：00 时，旷地气温峰值为 30.8℃，林内最高气温均低于旷地，降温率由高到低依次排序为：群落 6（12%）> 群落 2（10.4%）> 群落 4（8.8%）> 群落 3（7.8%）> 群落 5（5.8%）> 群落 1（4.5%），同时当日林内最低气温、日平均气温均低于旷地，8：00-19：00 都有明显的降温作用，旷地日平均气温为 27.8℃，林内降温率由高到低依次排序为：群落 6（11.1%）> 群落 2（8.8%）> 群落 4（7%）> 群落 3（6.3%）> 群落 5（4.9%）> 群落 1（3.6%），因此夏季青城山快速通道绿色廊道有明显的降温效益；林内气温日变化幅度均小于旷地，旷地气温日变化幅度为 7℃，与林内差值最大达到 1.3℃，最小达 0.7℃，说明夏季该廊道具有维持气温相对稳定的作用。

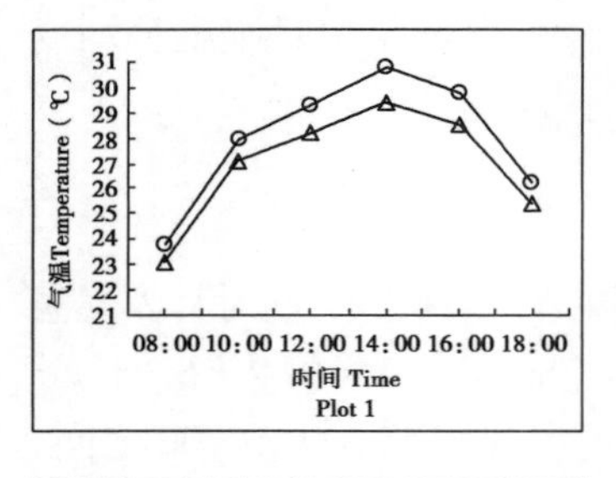

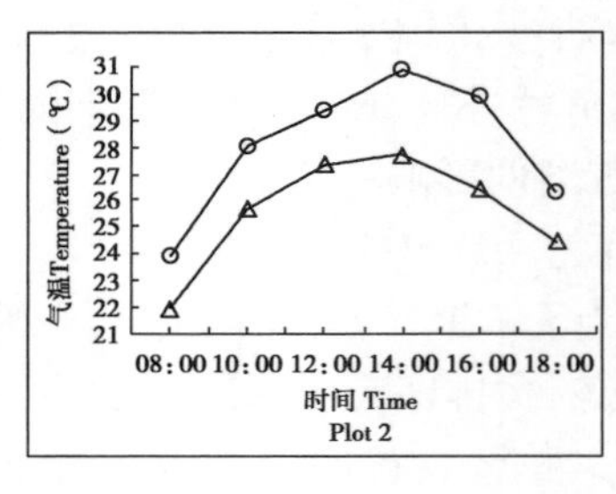

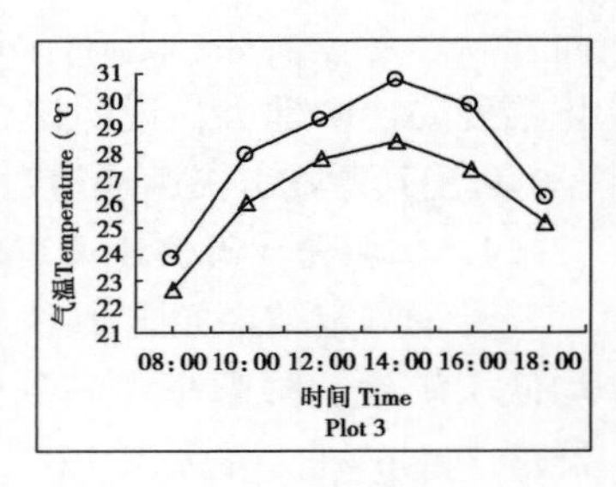

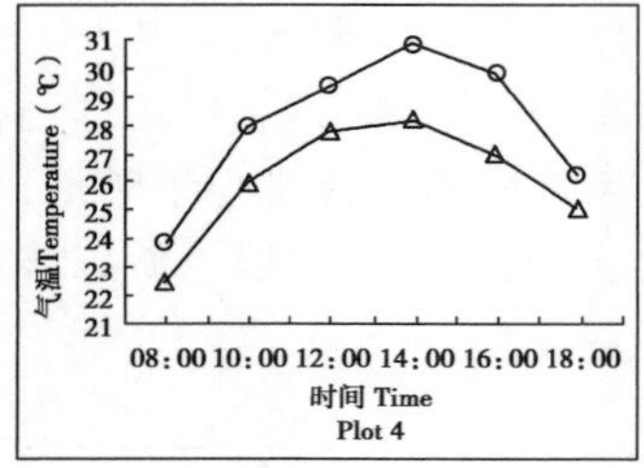

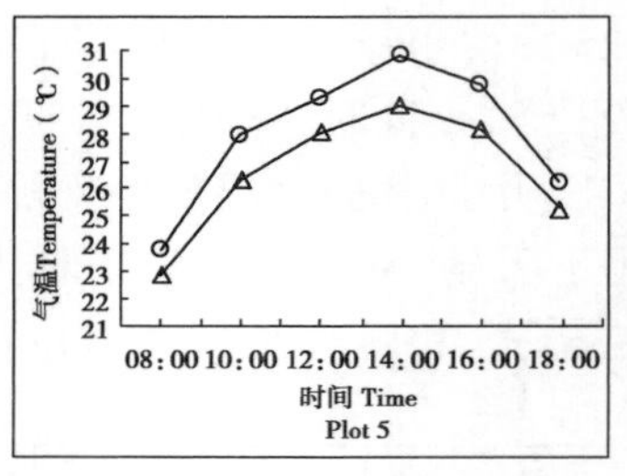

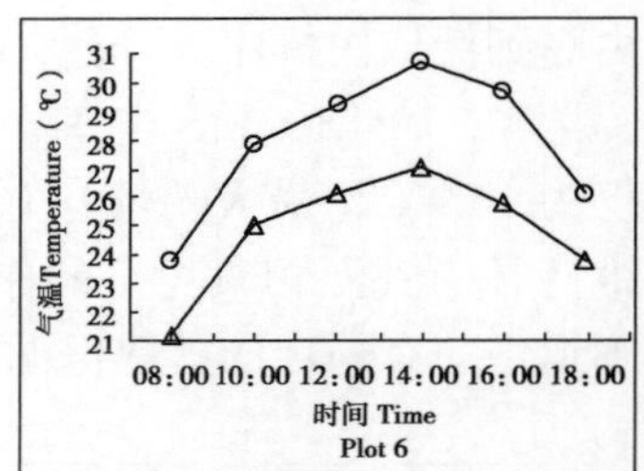

图 2-24 夏季青城山绿色廊道气温汇总

—○—空白 —△—林中

3. 秋季青城山快速通道对气温的影响

由图 2-25 可知，秋季林内气温总体略高于旷地，旷地气温峰值为 20.5℃，林内最高气温依次排序为：群落 4（20.9℃）> 群落 3= 群落 5（20.8℃）> 群落 1= 群落 2（20.6℃）> 群落 6（20.5℃），虽然林内最低气温略低于旷地，但日平均气温却高于旷地，因此秋季林内气温总体要略高于旷地；正午 12：00 时，林内气温均高于旷地，说明该廊道在中午有较明显的蓄热保温的作用。

秋季旷地气温日变化幅度为 1.5℃，林内气温日变化幅度均高于旷地，由高到低依次排序为：群落 3（2.6℃）> 群落 1= 群落 4= 群落 5（2.1℃）> 群落 2（1.8℃）> 群落 6（1.6℃），显然林内气温日变化相对不稳定，由于青城山快速通道绿色廊道植物群落主要以乔草结构为主，而在秋季乔木落叶树种有一个明显的脱落过程，导致该廊道林内蒸腾散热的能力下降，维持林内气温相对稳定的能力降低。

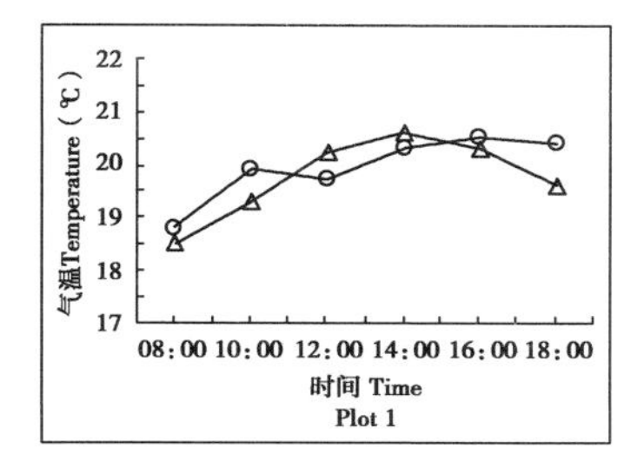

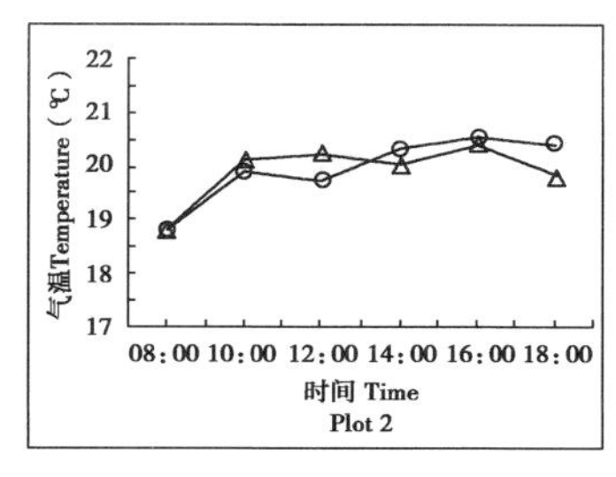

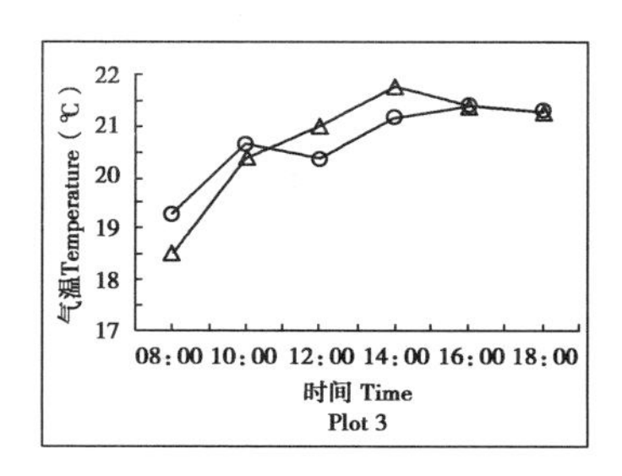

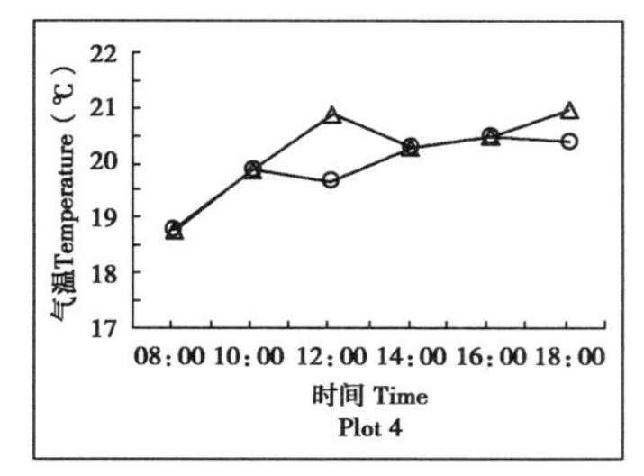

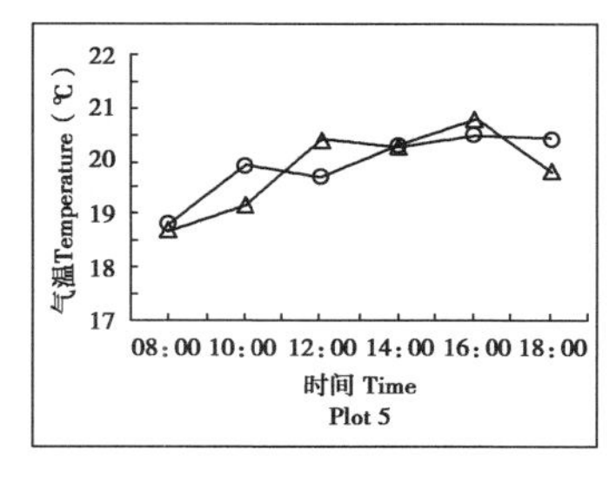

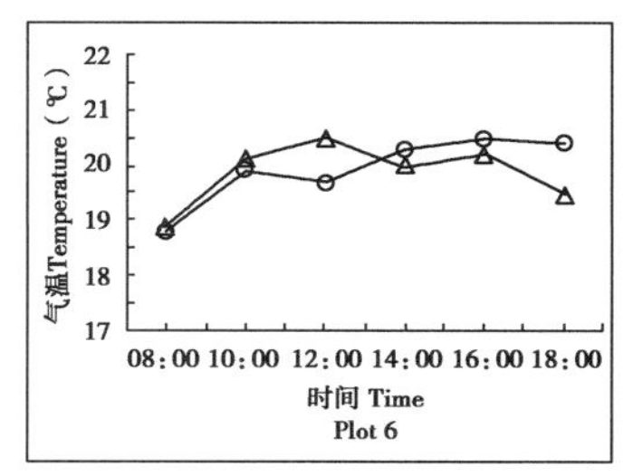

图 2-25　秋季青城山绿色廊道气温汇总

—○—空白　—△—林中

4. 冬季青城山快速通道对气温的影响

图 2-26 所示，当日林内早晨 8：00 时气温高于旷地，说明林带晚间有一定的保温作用，随着太阳辐射的增强林内气温上升趋势在正午以前较旷地明显，午后较旷地气温呈明显的降温趋势，旷地的气温峰值 12.6℃出现在 14：00，林内气温峰值滞后 0~2 h 出现在 14：00~16：00 之间且均低于旷地，由高到低依次排序为：群落 2（12.4℃）> 群落 4（11.9℃）> 群落 1= 群落 5（11.6℃）> 群落 3（10.9℃）> 群落 6（9.6℃），降温率最高达 23.8%；同时可以看出，林内气温日变化幅度小于旷地，由高到低依次排序为：群落 2（11.6℃）> 群落 1（11.4℃）> 群落 4（11.2℃）> 群落 5（10.6℃）> 群落 3（10.3℃）> 群落 6（8.2℃），旷地气温日变化幅度为 12.1℃，因此，冬季青城山快速通道绿色廊道依然具有一定的维持气温相对稳定的作用，也具有一定的降温效益。

5. 青城山快速通道对全年气温的影响

由表 2-36 可知：从一年四季气温的最高值来看，春、夏、冬季林内气温比旷地低；而秋季林内气温比旷地高。而从一年四季的最低值来看，除了夏季林内气温明显低于旷地外，秋季气温基本和旷地一致，春、冬季林内气温均比旷地高；从一年四季气温的平均值来看，秋季林内日平均温略高于旷地，冬季林内日平均温基本与旷地相近，而春、夏两季日平均气温则比旷地低；因此廊道林带对全年气温的影响呈现春、夏季凉爽的效应，而秋、冬季调节气温的效应相对不太明显。

从廊道林带对全年气温日变化幅度的影响来看，秋季林内气温日变化幅度比旷地高，而春、夏、冬三季林带内气温日变化幅度均比旷地低，其中夏季表现最为明显，所以总体上林带内全年气温相对较为稳定，秋季林内气温日变化幅度大主要由于秋季最高气温相对较大。

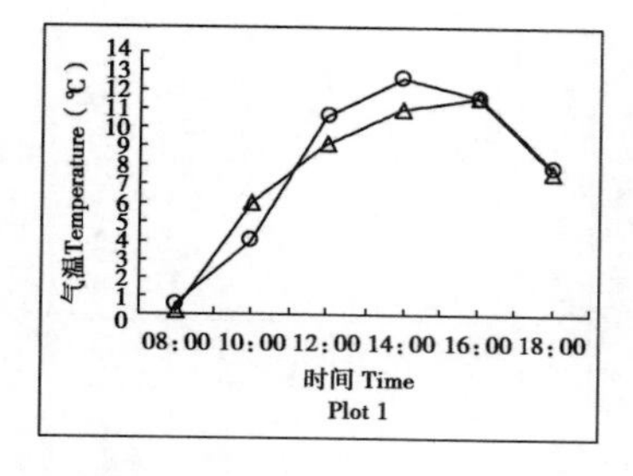

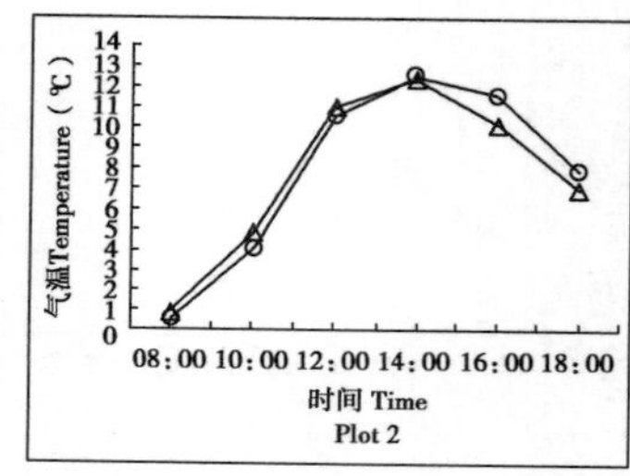

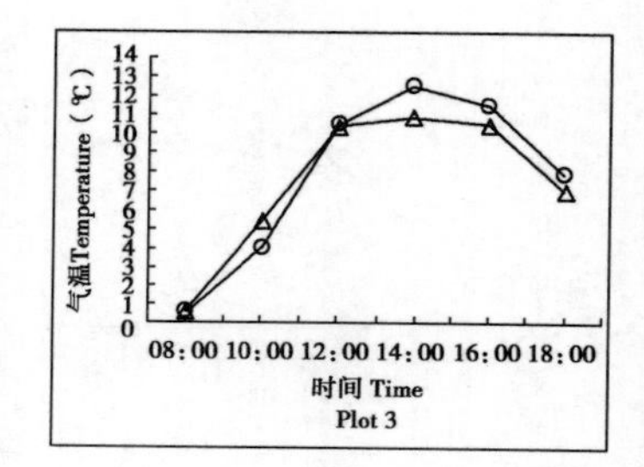

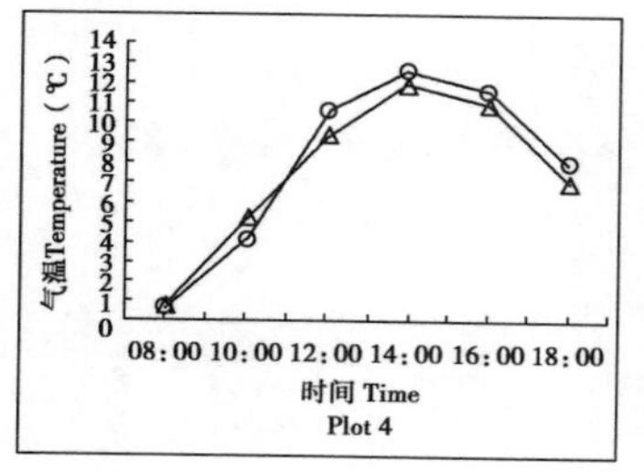

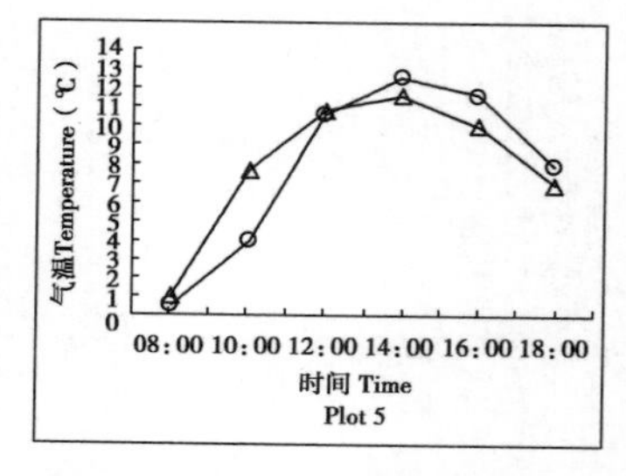

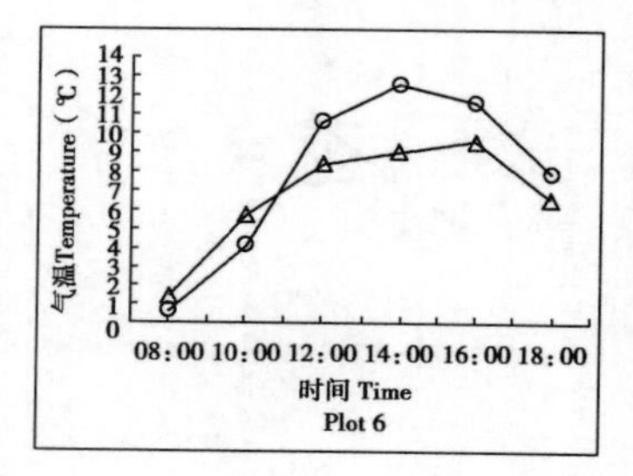

图 2-26　冬季青城山绿色廊道气温汇总

—○—空白　—△—林中

表 2-36　一年中青城山绿色廊道气温极值比较（℃）

编号	测点	春季			夏季			秋季			冬季			差值			
		最高	最低	平均	最高	最低	平均	最高	最低	平均	最高	最低	平均	最高	最低	平均	差值
S1	空地	23.9	14.9	20.8	30.8	23.8	28.0	20.5	18.8	20.0	12.6	0.5	7.9	30.8	0.5	15.7	30.3
	林中	26.1	15.6	21.4	29.4	23.1	27.0	20.6	18.5	19.8	11.6	0.2	7.6	29.4	0.2	14.8	29.2
S2	空地	25.2	14.7	21.5	30.8	23.8	28.0	20.5	18.6	20.0	12.6	0.5	7.9	30.8	0.5	15.7	30.3
	林中	24.1	15.1	21.3	27.6	21.8	25.5	20.4	18.8	19.9	12.4	0.8	7.7	27.6	0.8	14.2	26.8
S3	空地	24.6	15.1	21.5	30.8	23.8	28.0	20.7	18.8	20.0	12.6	0.5	7.9	30.8	0.5	15.7	30.3
	林中	24.3	14.6	21.2	28.4	22.6	26.2	20.8	18.2	20.0	10.9	0.6	7.5	28.4	0.6	14.5	27.8
S4	空地	25.1	15.6	21.9	30.8	23.8	28.0	20.5	18.7	20.0	12.6	0.5	7.9	30.8	0.5	15.7	30.3
	林中	24.5	15.4	21.5	28.1	22.4	26.0	21.0	18.8	20.2	11.9	0.7	7.5	28.1	0.7	14.4	27.4
S5	空地	25.3	15.4	21.8	30.8	23.8	28.0	20.5	18.8	20.0	12.6	0.5	7.9	30.8	0.5	15.7	30.3
	林中	24.8	15.3	21.6	29.0	22.8	26.6	20.8	18.7	19.9	11.6	1	8.0	29.0	1	15	28
S6	空地	25.0	15.5	21.8	30.8	23.8	28.0	20.5	18.6	19.9	12.6	0.5	7.9	30.8	0.5	15.7	30.3
	林中	23.5	15.6	21.0	27.1	21.2	24.9	20.5	18.9	19.9	9.6	1.4	6.7	27.1	1.4	14.3	25.7

（六）青城山快速通道对相对湿度的影响

1. 春季青城山快速通道对相对湿度的影响

春季测定结果如图 2-27，由于春季上午温度上升较快太阳辐射也相对较高，太阳辐射最强时间出现 10:00~12:00 之间，因此在 12:00 之前，林内相对湿度下降较旷地快，12：00 以后太阳辐射减弱，温度呈现稳定且有下降的趋势，林内相对湿度迅速上升高于旷地。旷地相对湿度最低值出现在 14：00，而林内相对湿度最低值滞后 0~2 h 出现在

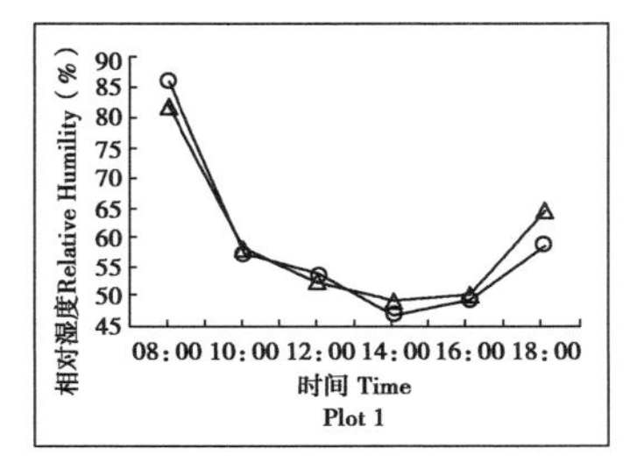

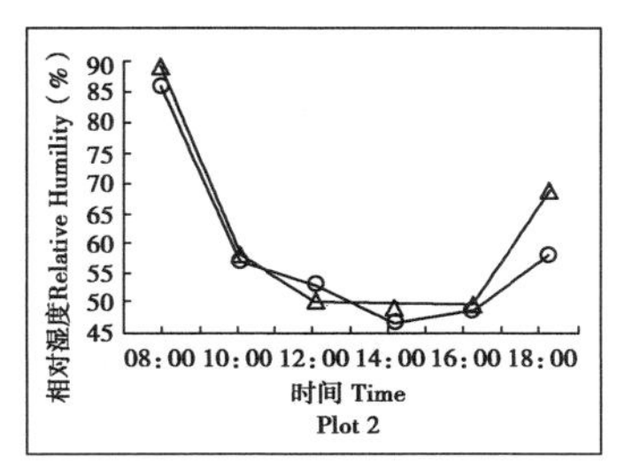

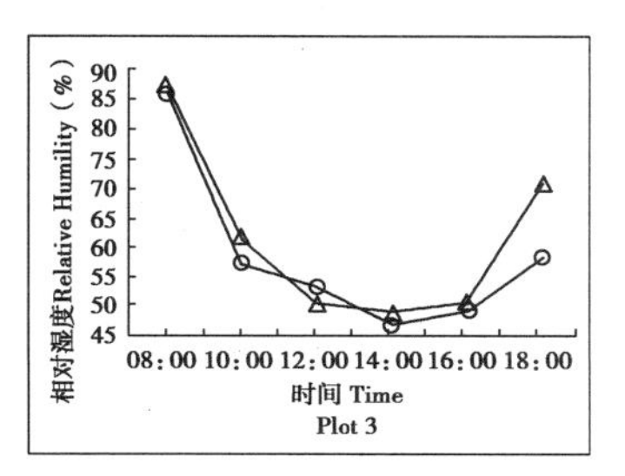

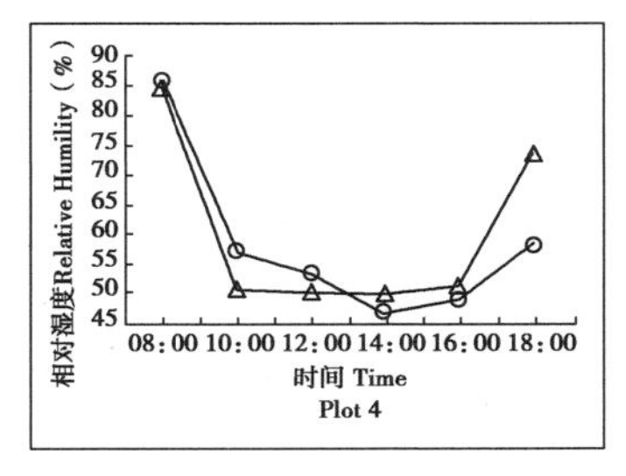

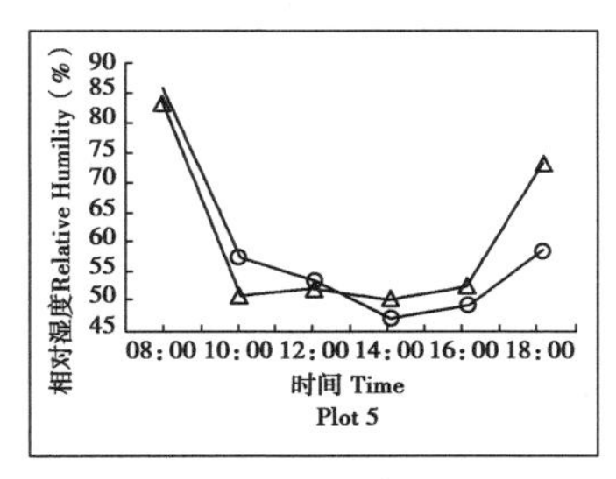

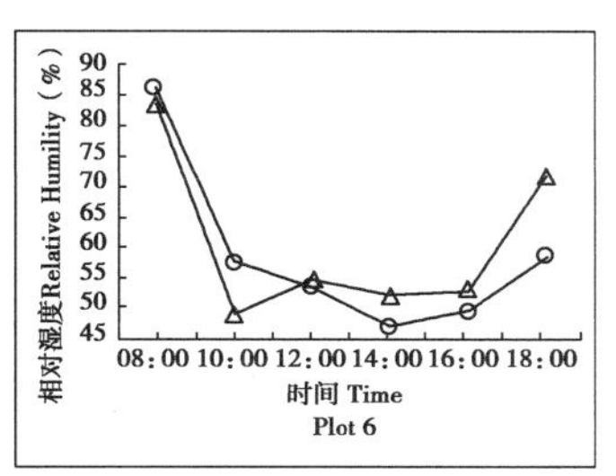

图 2-27 春季青城山绿色廊道相对湿度汇总

—○—空白 —△—林中

14：00~16：00 之间，由高到低依次排序为：群落 6（52.1%）> 群落 5（50.5%）> 群落 4（50.3%）> 群落 2（49.9%）> 群落 1（49.4%）> 群落 3（49.2%），而旷地相对湿度的最低值为 47.1%，因此林内相对湿度均高于旷地，在温度最高太阳辐射最强烈的时候，林带具有增湿保湿的作用；同时可以看出旷地当日相对湿度日变化幅度为 38.8%，林内相对湿度日变化幅度由高到低依次排序为：群落 3（38.1%）> 群落 2（37.9%）> 群落 4（34.6%）> 群落 5（32.8%）> 群落 1（32.5%）> 群落 6（31.2%），因此林内相对湿度日变化幅度小于旷地，春季廊道林带具有维持林内湿度相对稳定的效益。

2. 夏季青城山快速通道对相对湿度的影响

根据图 2-28 可以看出，在夏季 8：00~14：00，随着太阳辐射的逐渐加强，饱和水气压迅速增大，各测点相对湿度均从 91%~93% 下降到 55%~57%，同时可以看出林内相对湿度在 14：00~18：00 随着气温下降也逐渐增大，14：00 旷地和林内各测点当日相对湿度均达最低值，旷地相对湿度最低值为 54.5%，林内各测点相对湿度最低值由高到低依次排序为：群落 2= 群落 6（56.5%）> 群落 3（56.2%）> 群落 5（55.4%）> 群落 1（55.2%），因此林内相对湿度最低值均高于旷地，且林内最高相对湿度，平均相对湿度均高于旷地，可以看出 8：00~18：00 夏季廊道林内相对湿度普遍略高于旷地；同时当日林内相对湿度日变化幅度由高到低依次排序为：群落 6（36.1%）> 群落 1（35.8%）> 群落 5（35.6%）> 群落 3= 群落 4（35.4%）> 群落 2（35.1%），旷地相对湿度日变化幅度为 36.6%，林内外相对湿度日变化幅度相近。

3. 秋季青城山快速通道对相对湿度的影响

根据图 2-29 可以看出，在秋季清晨 8：00 林内湿度由高到低依次排序为：群落 3（82.7%）> 群落 1（82.4%）> 群落 5（81%）> 群落 2（80.6%）> 群落 4（80.4%）> 群落 6（80.3%），旷地为 79.3%，林内相对湿度略高于旷地；到下午 12：00~14：00 之间，

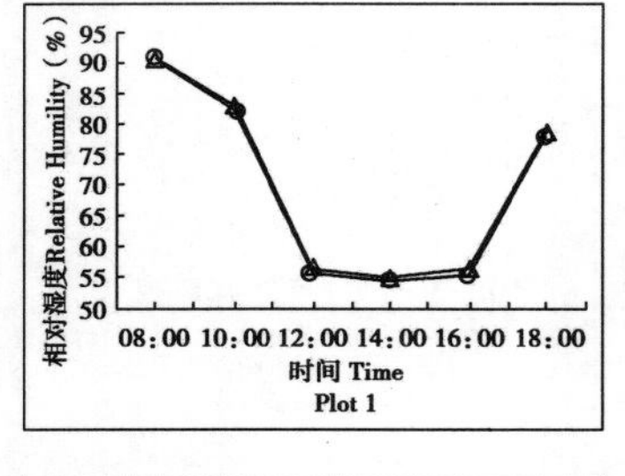

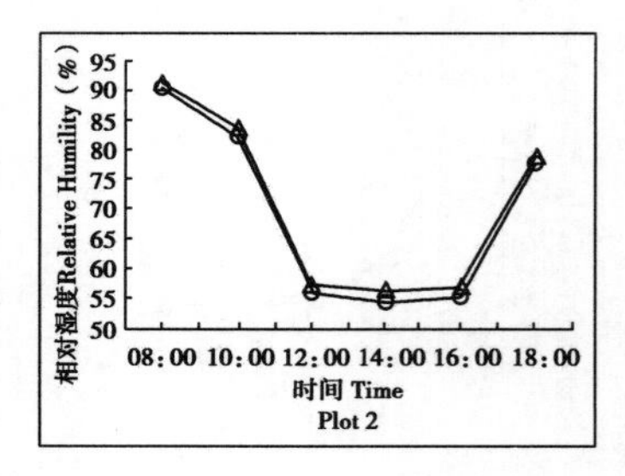

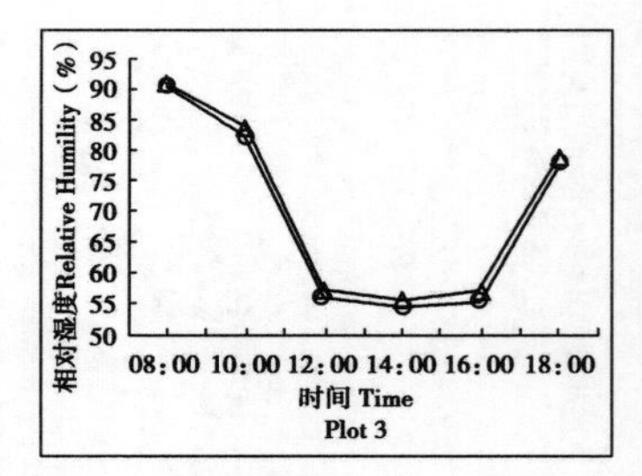

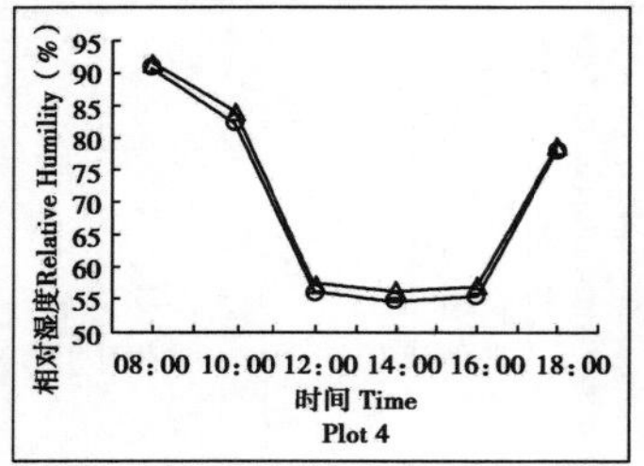

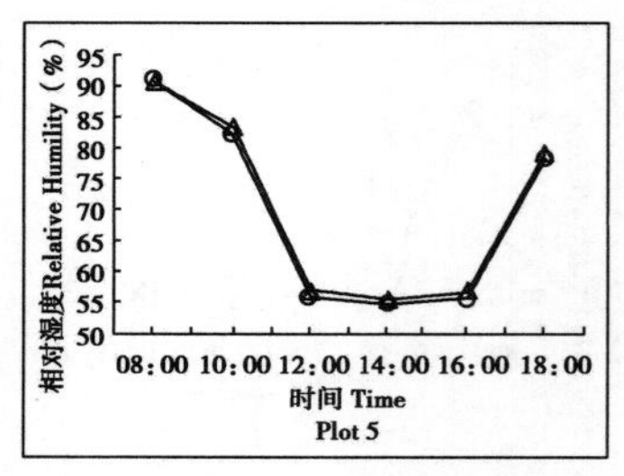

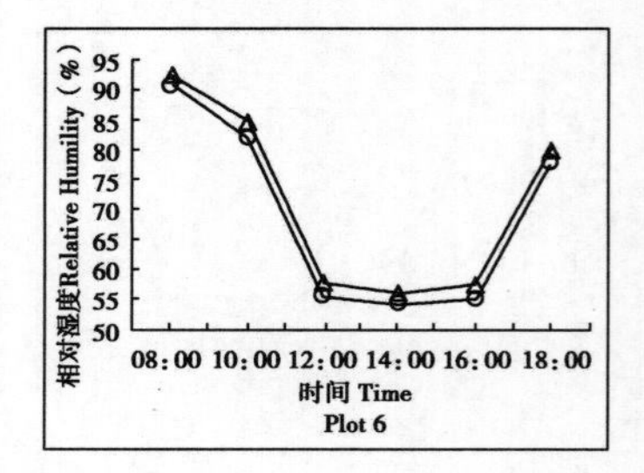

图 2-28　夏季青城山绿色廊道相对湿度汇总

—○—空白　—△—林中

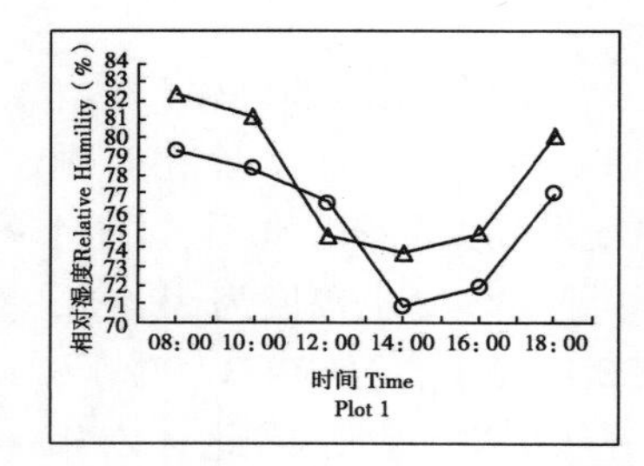

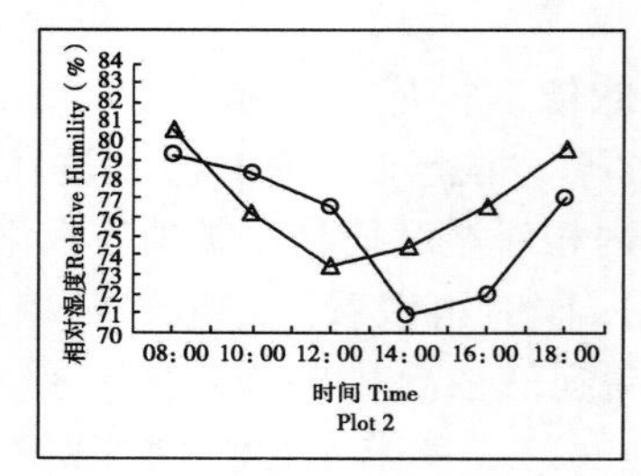

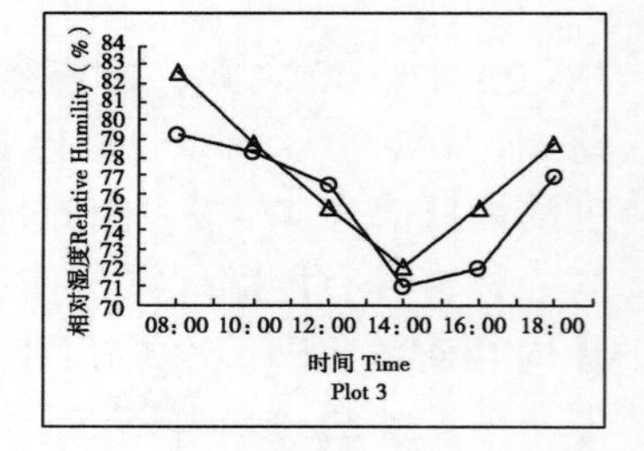

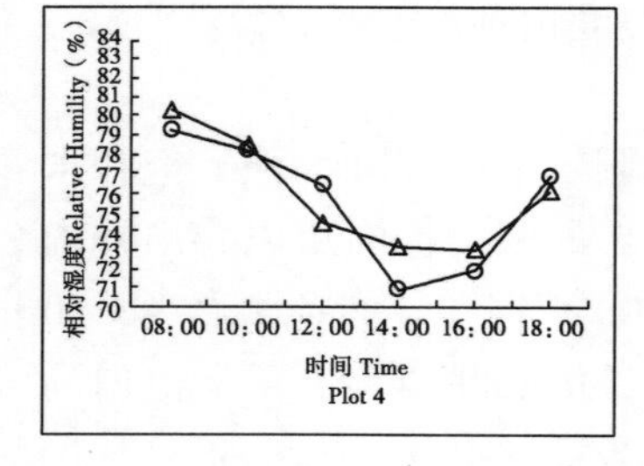

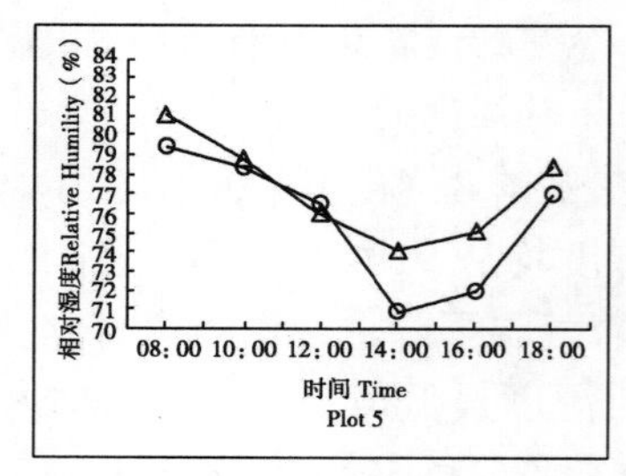

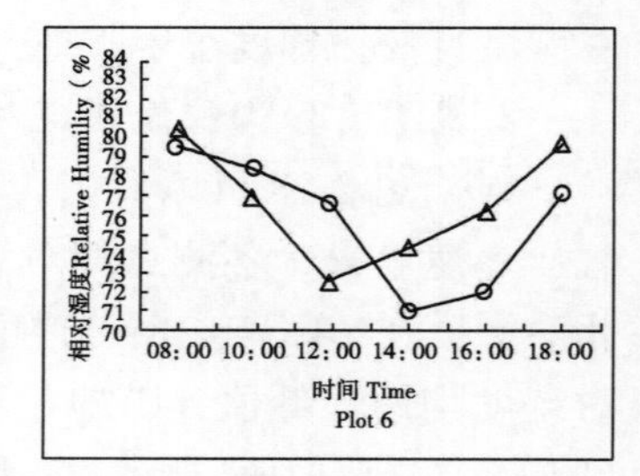

图 2-29　秋季青城山绿色廊道相对湿度汇总

—○—空白　—△—林中

林内和旷地相对湿度均达到最低值，林内湿度明显高于旷地，最大差值达 3.5%，林内湿度的最高、日均温、最低值都高于旷地，充分体现了林带具有保湿的优势。在秋季林内外相对湿度的日变化幅度差值较明显，旷地达 8.4%，林内由高到低依次排序为：群落 3（10.7%）> 群落 1（8.7%）> 群落 4（7.4%）> 群落 5（6.9%）> 群落 2（6.2%）> 群落 6（6%），6 号群落相对较为稳定。

4. 冬季青城山快速通道对相对湿度的影响

根据图 2-30 可以看出，清晨 8：00 林内相对湿度高于旷地，随着气温的上升，8：00-14：00 林内相对湿度低于旷地的趋势，冬季中午前后由于太阳辐射，林中因落叶，蒸腾作用小，所以相对湿度下降快，16：00~18：00，随着气温降低，太阳辐射减小，林内相对湿度上升趋势较旷地快，旷地和林内各测点均在午后 16：00 达到当日相对湿度最低值，旷地为 37.9%，林内由高到低依次排序为：群落 4（47.6%）> 群落 5（44.8%）> 群落 3（43.9%）> 群落 6（43.8%）> 群落 2（40.6%）> 群落 1（39.8%），因此林内相对湿度最低值均高于旷地，由于旷地无林木遮挡受到太阳辐射强，故湿度下降幅度大；同时可以看出，冬季当日相对湿度日变化幅度和日平均湿度基本接近，因此冬季林内维持湿度相对稳定的作用和增湿作用均不明显。

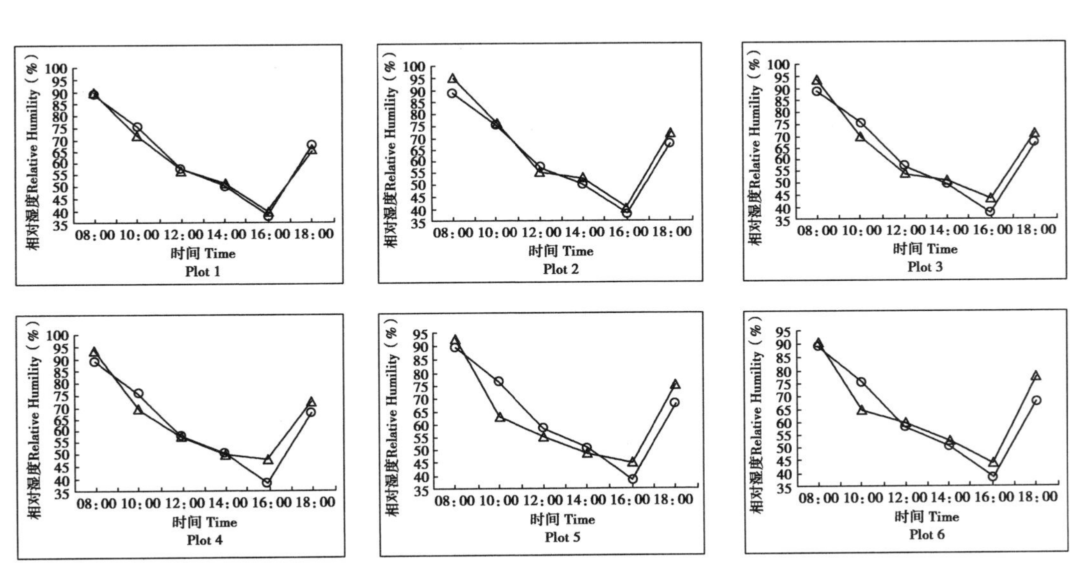

图 2-30　冬季青城山绿色廊道相对湿度汇总

—○—空白　—△—林中

5. 青城山快速通道对全年相对湿度的影响

廊道对全年相对湿度极值的影响见表 2-37，可知：从一年四季相对湿度的最高值来看，春季林内相对湿度比旷地略低，而夏、秋、冬林内相对湿度比旷地高；而从一年四季的最低值来看，春、夏、秋、冬林内相对湿度均比旷地高；从一年四季湿度的平均值来看，春、冬两季林内的相对湿度平均值与旷地相近，而夏、秋两季林内的相对湿度平均值均高于旷地。廊道林带具有一定的保湿作用，因为树木的遮阴有效提高了小环境的湿度，而在春、冬两季由于落叶树木的休眠，蒸腾作用小，因而林内外相对湿度无明显的差异。

表 2-37　一年中青城山绿色廊道相对湿度极值比较（%）

编号	测点	春季			夏季			秋季			冬季			差值			
		最高	最低	平均	最高	最低	平均	最高	最低	平均	最高	最低	平均	最高	最低	平均	差值
S1	空地	84.3	48.1	60.0	90.8	54.5	69.5	79.3	70.9	75.7	88.8	37.9	63.0	90.8	37.9	64.4	52.9
	林中	83.3	48.8	60.5	91.0	55.2	70.1	82.4	73.7	77.8	89.6	39.8	62.6	91.0	39.8	65.4	51.2
S2	空地	85.9	47.1	58.6	90.8	54.5	69.5	79.3	70.9	75.7	88.8	37.9	63.0	90.8	37.9	64.4	52.9
	林中	89.2	49.9	61.3	91.6	56.5	71.0	80.6	73.4	76.8	95.1	40.6	65.5	95.1	40.6	67.9	54.5
S3	空地	86.6	50.2	60.8	90.8	54.5	69.5	79.3	70.9	75.7	88.8	37.9	63.0	90.8	37.9	64.4	52.9
	林中	87.3	49.2	61.8	91.2	55.8	70.6	82.7	72.0	77.2	93.6	43.9	64.1	93.6	43.9	68.8	49.7
S4	空地	83.1	48.1	60.1	90.8	54.5	69.5	79.3	70.9	75.7	88.8	37.9	63.0	90.8	37.9	64.4	52.9
	林中	84.9	50.3	60.4	91.6	56.2	70.8	80.4	73.0	76.0	93.3	47.6	65.0	93.3	47.6	70.5	45.7
S5	空地	85.2	50.3	60.6	90.8	54.5	69.5	79.3	70.9	75.7	88.8	37.9	63.0	90.8	37.9	64.4	52.9
	林中	83.3	50.5	60.5	91.0	55.4	70.4	81.0	74.1	77.2	91.9	44.8	62.8	91.9	44.8	68.4	47.1
S6	空地	84.3	48.1	60.0	90.8	54.5	69.5	79.3	70.9	75.7	88.8	37.9	63.0	90.8	37.9	64.4	52.9
	林中	83.3	48.8	60.5	92.6	56.5	71.7	80.3	72.5	76.6	90.1	43.8	64.6	92.6	43.8	68.2	48.8

从全年相对湿度日变化幅度来看，春、夏季林内相对湿度日变化幅度均比旷地小，而秋季林内外相对湿度日变化幅度差异较大，各测点相对湿度日变化幅度值在旷地相对湿度日变化幅度值上下摆动，冬季林内相对湿度日变化幅度与旷地相近且略高于旷地，秋、冬季林内相对湿度日变化幅度较大主要与秋、冬季气温变化有关。

（七）小　结

在生态功能上，城市人工栽植的植物与天然植被都具有释氧固碳、降温增湿和保持水土等作用。由于城市区域人工植被受人为干扰和城市特殊大气候的影响，其小气候特征与天然植被相比，既有相同规律，也有不同特点。

所测三个典型群落区均和其群落外旷地小气候的比较，基本上排除了地形和大气候背景等因素影响，有利于探讨单纯因植被覆盖引起的小气候变化特征。

1. 绿色廊道对四季气温日变化的影响

春季光华大道和青城山绿色廊道日变化幅度小，绿色廊道在春季上午有保温的作用，且温度越低，保温作用越明显。活水公园绿色廊道由于郁闭度较高，常绿树种配置较多，群落内温度低于旷地。

不同群落在夏季具有明显的降温作用，林内气温变化幅度要明显小于旷地。不同结构的群落降温效果差异较大，活水公园群落 3 的最高、最低、日平均气温均与旷地差值最大，林内外的温差最大可达 4℃，故降温率最大，降温效应最明显，该群落植物配置为：（水杉 + 灯台树 + 杨树 + 垂柳）×（光叶石楠 + 杜鹃 + 南天竹 + 女贞）×（蜘蛛抱蛋 + 渐尖毛蕨 + 鸭跖草 + 繁缕），绿量在 6 个群落中最大；光华大道群落 3 林内与旷地日平均温差为 2.22℃，达 6 个群落中最大，主要因为该群落中午降温率最大，植物配置为:（桂花＋樱花＋桃）×（南天竹＋杜鹃）×（蝴蝶花＋八仙花），绿量同样为6个群落中最大。

秋季气温呈现早晨上升快，午后下降迅速的特点。光华大道和青城山廊道群落中存在一定数量的落叶树种，随着树叶的脱落和蒸腾作用的降低，其对气候的改善能力减弱。与旷地相比，秋季光华大道和青城山绿色道路廊道气温日变化幅度较大。而活水公园树种配置不同，林内的气温日变化相对稳定。

成都冬季光照时间短，昼夜温差较大，太阳辐射强弱对气温的影响明显。因此，郁闭度高的活水公园林内由于受到的太阳辐射较少，气温明显低于旷地，气温最高峰值出现的时间也落后于旷地。而光华大道和青城山绿色廊道郁闭度较低，受到的太阳辐射较大，同时林带蒸腾作用的减弱，导致在上午8：00~12：00的气温略高于旷地，表现出有一定的保温作用。

2. 绿色廊道对四季相对湿度日变化的影响

春季光华大道和青城山绿色道路廊道日变化幅度均小于旷地，由于春季日出较迟，绿色道路廊道在春季早晨相对湿度均比旷地低，且受到落叶树种休眠，蒸腾作用小、郁闭度低的影响，中午保湿效应不明显，而活水公园由于常绿树种比例较高，郁闭度相对较高，群落昼夜都具有一定的保湿效应。

不同绿色廊道植物群落在夏季均具有明显的保湿效应，光华大道和活水公园群落内相对湿度日变化幅度大于旷地，这正说明绿色廊道在高温条件下具有良好的自我调节能力。不同结构的群落增湿效应差异较大，光华大道群落增湿率最大达3.2%(群落3)；活水公园群落增湿率最大达9.3%（群落3），明显高于另外两个实验地。

秋季随着落叶树种有一个明显的树叶脱落过程，群落内蒸腾作用明显降低，绿色廊道增湿作用降低，群落内外相对湿度差异不大。相对旷地来看，光华大道和活水公园绿色廊道群落内相对湿度日变化幅度均大于旷地，绿色廊道在秋季仍保持一定的自我调节能力。青城山绿色廊道6个群落相对湿度日变化幅度在旷地日变化幅度值上下浮动，其中常绿树种比例较大的群落相对稳定。

成都冬季白昼时间较短，早晚温度低，太阳辐射对群落内相对湿度日变化影响明显。因此，常绿树种配制比例较高，冬季郁闭度较高的活水公园绿色廊道群落内由于受到太阳辐射较少、温度较低的影响，群落内相对湿度明显高于旷地，且相对湿度最低点出现时间随太阳辐射相对旷地滞后2个小时。而光华大道和青城山绿色廊道冬季郁闭度较低，受到太阳辐射影响较大，又由于群落内植物蒸腾作用的减弱，导致上午8：00~12：00群落内相对湿度比旷地低，正午14：00时与旷地相近，没有明显的保湿增湿作用。

3. 绿色廊道对小气候的影响

上述研究结果表明，群落结构不同，对气温、相对湿度的改善效果存在差异。森林中的植物可以遮挡太阳辐射，吸收地面辐射，有效地降低空气温度。根据森林热量平衡方程：$Qr=H+1E+G+A+P$ 式中：Qr 代表森林的净辐射；H 代表森林下垫面与空气间显热交换；$1E$ 为森林下垫面与空气间潜热交换；G 为森林下垫面贮热量；A 为森林热平流量的变化；P 为森林植物光合作用富集能量（冯采芹等，1994）。由于存在森林下垫面的热交换和光合耗能，同时，由于森林植物的蒸腾作用消耗空气中的热量，因而森林具有降温增湿作用。植物通过蒸腾作用向环境中散失水分，同时大量地从周围环境中吸热，降低了环境空气的温度，增加了空气湿度。这种降温增湿作用，特别是炎热的夏季，起着显著的改善小气候状况、提高环境舒适度的作用。植物由于蒸腾作用的增湿降温效应比其遮阳荫蔽作用更大（杨士弘，2002）。A.Bernatzky（1987）也指出，植物通过光合作用只消耗掉一小部分太阳辐射能，而通过蒸腾作用则可消耗大量的辐射能（李辉，1999）。张一平（2004）等在研究中认为森林林冠层存在复杂的热力效应。这些都影响着森林群落形成微型小气候。在本次研究中发现，城市森林群落的结构不同，对小气候的影响特点不同。城市森林群落郁闭度的大小、叶面积指数等群落特征影响着太阳辐射的反射和吸收的有效性，蒸腾作用的强弱等是造成不同群落小气候变化的主要因素。

四、空气中 CO_2 浓度

城市森林的生态效应，其本质是利用植物资源的光合作用能力和城市土地资源的营养、承载能力，通过转化和固定太阳能，改善城市生态环境、提供生活游憩空间（祝宁，2003）。城市森林对调节大气中的碳氧平衡和减低温室效应都有重要作用：植物通过光合作用，吸收空气中的 CO_2 和土壤中的水分，合成有机质并释放氧气，同化大气中的 CO_2 从而减低温室效应（段可可，2004）。有研究表明，不同类型树种的平均日固碳释氧量的总体趋势为：落叶灌木 > 落叶乔木 > 常绿乔木 > 常绿灌木（秦伟和朱清科，2006）。

为了清楚、直观地说明绿色道路廊道植物群落的固碳释氧效益，我们对夏季绿色道路廊道空地与不同群落林内的环境空气中的 CO_2 浓度进行了测定，以期对不同的绿色道路廊道植物群落的固碳释氧、改善空气质量的能力做出定量评价。

（一）夏季空气中 CO_2 浓度日变化比较分析

从图 2-31、图 2-32 和图 2-33 可以看出，夏季道路绿色廊道林中和空地 CO_2 浓度均有较明显的日变化趋势。绿色廊道的林内 CO_2 浓度最高点均出现在早上 8：00，最低点均出现在下午 16：00。林内 CO_2 浓度的变化趋势为 8：00~10：00 呈快速递减，10：00~14：00 递减趋势减缓，14：00~16：00 递减趋势增加，但这种趋势没有早上明显，16：00~18：00 CO_2 浓度有明显的回升趋势。绿色廊道夏季空地的日变化趋势与林内基本一致，这表明，绿色廊道发挥了显著的固碳释氧效益改善小环境空气质量。由于植

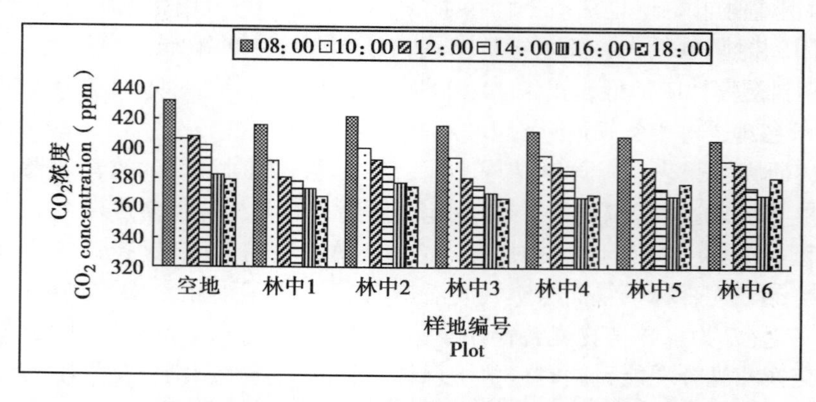

图 2-31　夏季光华大道绿色廊道空气中 CO_2 浓度日变化

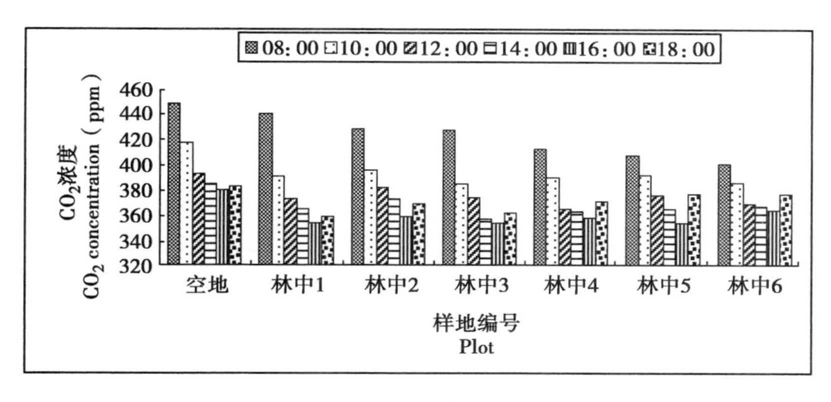

图 2-32　夏季活水公园绿色廊道空气中 CO_2 浓度日变化

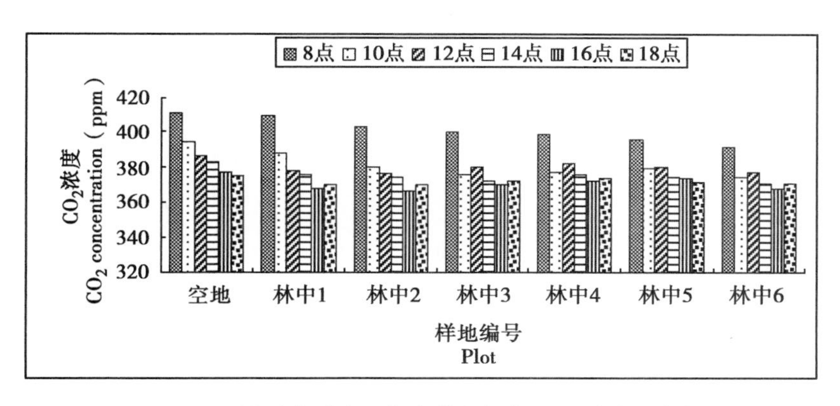

图 2-33　夏季青城山绿色廊道空气中 CO_2 浓度日变化

物在夜间主要进行暗呼吸作用，光合反应暂时中断，所以累积了大量的 CO_2，林较密、叶面积较大、通风条件不好的区域空气中的 CO_2 浓度这时就越高，当太阳升起，随着光照的逐渐增强，植物的光合作用加快，产生了大量的氧气，林内的 O_2 浓度逐渐升高，CO_2 浓度相对降低，当光合作用最强时，空气中的 CO_2 浓度下降最快，此后，夏季温度可以达到 28℃以上，植物在温度过高的情况下，光合作用减缓，加上一般此时游人量开始逐渐加大，游人呼出的 CO_2 增加了林内的 CO_2 浓度，12：00 时车流量达到一天中的一个高峰期，汽车尾气释放出来的 CO_2 也同时增加了空气中 CO_2 浓度，所以 12：00~14：00 CO_2 浓度的下降趋势减缓，下午至傍晚由于光照减弱，植物光合作用开始减弱，加上此时是车流量和人流量一天中的另一个高峰期，所以 CO_2 浓度有明显的回升趋势。

光华大道绿色廊道林内 CO_2 浓度的平均日变化幅度为 44.1ppm，其中变化幅度最大的是第 3 群落，最小的是第 6 群落，空地日变化幅度为 52.6ppm；活水公园绿色廊道林内 CO_2 浓度的平均日变化幅度为 62.9ppm，其中变化幅度最大的是第 1 群落，变化幅度最小的是第 6 群落，空地 CO_2 浓度的日变化幅度为 69.4ppm；青城山快速通道林内 CO_2 浓度的平均日变化幅度为 30.3ppm，其中变化幅度最大的是第一群落，变化幅度最小的是第 6 群落，空地 CO_2 浓度的日变化幅度为 36ppm。三个群落点的林内 CO_2 浓度的日变化幅度均小于空地，林内 CO_2 浓度变化较空地稳定，所以林带具有维持空气中 O_2 浓度相对稳定的作用。

绿色廊道旷地的日平均 CO_2 浓度为光华大道 401.9ppm> 活水公园 401.6ppm> 青城山快速通道 387.6ppm。城区 CO_2 浓度明显高于风景区，处于市中心的活水公园绿色廊道空地的日平均 CO_2 浓度和光华大道几乎一样。光华大道林内的日平均 CO_2 浓度为 386.7ppm，6 个群落由高到低依次为：群落 2> 群落 4> 群落 6> 群落 5> 群落 1> 群落 3；活水公园林内的日平均 CO_2 浓度为 379.2ppm，6 个群落由高到低依次为：群落 2> 群落 1> 群落 5> 群落 6> 群落 3> 群落 4；青城山快速通道林内的日平均 CO_2 浓度为 380ppm，6 个群落由高到低依次为：群落 1> 群落 4> 群落 5> 群落 2> 群落 3> 群落 6，详见表 2-38。

表 2-38　群落特征与 CO_2 日平均浓度

群落类型	群落	群落编号	夏季 CO_2 日平均浓度(ppm)	郁闭度	三维绿量	叶面积指数
乔灌草	光华大道	群落 1	384.8167	0.55	2.10	1.2
		群落 2	392.6667	0.59	1.42	1.3
		群落 3	384.2	0.60	2.67	1.5
		群落 4	386.9667	0.52	1.26	1.1
		群落 5	385.4833	0.53	1.3	1.1
		群落 6	386.0167	0.51	2.24	1.1
	活水公园	群落 1	380.5	0.73	7.76	3.1
		群落 2	384.95	0.72	4.20	2.9
		群落 3	376.7667	0.65	11.83	1.9
		群落 4	376.5833	0.72	10.83	2.7
		群落 5	378.6167	0.66	5.64	1.8
		群落 6	377.3	0.69	9.86	2.2
乔草	青城山快速通道	群落 1	381.5333	0.57	1.93	1.2
		群落 2	378.3833	0.63	6.15	1.9
		群落 3	378.3	0.61	3.72	1.4
		群落 4	379.9833	0.59	6.08	1.3
		群落 5	379.1667	0.61	2.79	1.7
		群落 6	375.2167	0.77	26.9	3.9

（二）夏季空气中 CO_2 浓度与群落特征相关分析

从图 2-34 可知，林内 CO_2 浓度与叶面积指数、郁闭度、三维绿量线性相关，分布符合方程 $y=373.658+12.4608/x$（$R^2=0.354$，d.f.=16，$F=8.76$，$P<0.05$），$y=370.373+14.6913/x$（$R^2=0.392$，d.f.=16，$F=10.31$，$P<0.05$），$y=376.334+15.8464/x$（$R^2=0.699$，d.f.=16，$F=37.17$，$P<0.01$）。说明林内 CO_2 浓度受群落叶面积指数、郁闭度和三维绿量影响明显，林内 CO_2 浓度随着叶面积指数、郁闭度和三维绿量的增加，呈递减趋势，叶面积指数大、郁闭度较高、绿量高的绿地释氧固碳能力强，CO_2 日平均浓

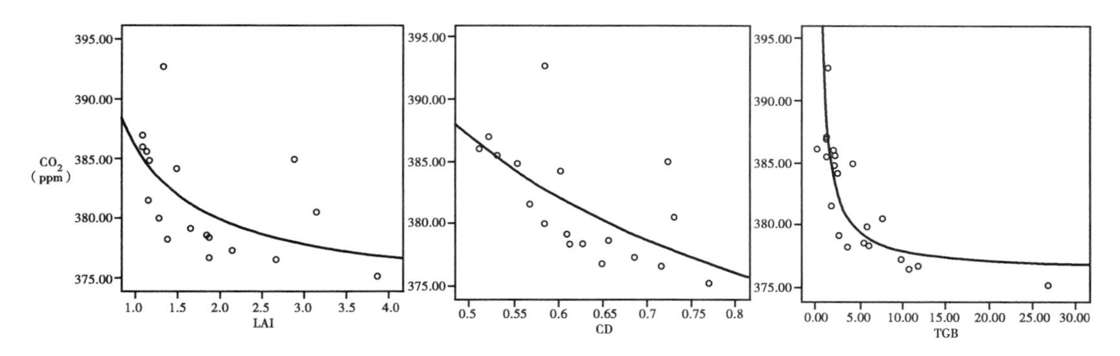

图 2-34　CO_2 浓度与叶面积指数（LAI）、郁闭度（CD）和三维绿量（TGB）的关系

度低。

光华大道郁闭度在 0.6 以上，三维绿量在 1.5 以上的乔、灌、草立体结构明显的群落 CO_2 日平均浓度相对较低，2 号群落由于乔木种类单一、数量少，三维绿量较小，CO_2 浓度在光华大道各群落中较高；活水公园建成时间较长，植物群落进入成熟稳定的生长阶段，高大乔木较多，三维绿量远高于光华大道和青城快速通道，郁闭度均在 0.6 之上，且植物种类丰富，林内 CO_2 日平均吸收率明显高于光华大道和青城山快速通道，例如第 4 群落，上层树木为高度在 10m 以上的大叶樟、垂柳，树冠庞大、枝繁叶茂、浓荫蔽日，下层灌木为杜鹃、金叶女贞和棕竹，草本为鸭趾草和沿阶草，乔、灌、草立体结构明显，CO_2 日平均浓度保持在较低水平，再看 3 号群落，其郁闭度在 6 个群落中并不突出，但由于 3 号群落的乔木层均为落叶乔木银杏、水杉等，根据前人的研究结果落叶乔木的固碳释氧能力较常绿乔木强，所以群落内 CO_2 浓度与群落组成与群落结构都有着密切关系；青城山快速通道各群落 CO_2 日平均浓度与郁闭度和三维绿量呈反比关系，但由于该地区大环境植被丰富，绿量高，该路段车流量较小，其 CO_2 日平均浓度相比于城市交通干道要低得多，空气质量相对较高，绿色廊道固碳释氧的生态效应自然得不到充分的发挥。在王忠君 2004 年对福州国家森林公园生态效益的研究中表明，森林郁闭度在 0.6~0.8 之间，乔、灌、草立体结构明显的群落 CO_2 浓度相对较低，而在郁闭度高于 0.8 的林地，整体的固碳释氧量虽然较大。但由于郁闭度过高，上层植被对阳光遮挡过多，尽管群落的叶面积较大，空气中 CO_2 的浓度还可能较高。由于本文所研究的绿色道路廊道群落并没有涉及郁闭度高于 0.8 的群落，所以林内空气中 CO_2 的浓度与郁闭度、三维绿量之间的关系还需要进一步深入的研究。

（三）小　结

夏季廊道林内 CO_2 浓度日变化趋势呈早晨和傍晚时空气中 CO_2 浓度较高，在白天午后 16：00 时的 CO_2 浓度最低，16：00 以后 CO_2 浓度有回升的趋势。

对夏季所测定的旷地日平均 CO_2 浓度排序为光华大道 > 活水公园 > 青城山快速通道，光华大道绿色廊道群落内的日平均 CO_2 浓度为 386.7ppm，6 个群落排序为：群落 2> 群落 4> 群落 6> 群落 5> 群落 1> 群落 3；活水公园林内的日平均 CO_2 浓度为 379.2ppm，6 个群落排序为：群落 2> 群落 1> 群落 5> 群落 6> 群落 3> 群落 4；青城山快速通道林内的日平均 CO_2 浓度为 380ppm，6 个群落排序为：群落 1> 群落 4> 群落 5> 群落 2> 群落 3> 群落 6，可以看出光华大道群落 3、群落 1，活水公园群落 4、群落 3，青城山快速通道群落 6、群落 3 表现最好，日平均 CO_2 浓度最低。

对夏季空气中 CO_2 浓度和群落特征进行相关分析，发现夏季空气中 CO_2 浓度与郁闭度线性相关，与三维绿量显著相关，因此夏季空气中 CO_2 浓度受群落郁闭度影响，受三维绿量影响明显，群落内 CO_2 浓度随着郁闭度和三维绿量的增加，呈递减趋势，叶面积指数大、绿量高的绿地释氧固碳能力强，CO_2 日平均浓度低所测定群落内 CO_2 浓度表现较好的光华大道群落 3、群落 1，活水公园群落 4、群落 3，青城山快速通道群落 6、群落 3 均为各 6 个群落中三维绿量较高的，其中有个别例外的情况，例如活水公园的群落 3，其三维绿量较大，但郁闭度较小，有研究证明针叶树种的遮阴效应较阔叶树种低，且针叶树种的固碳释氧能力较阔叶树种弱（张云霞等，2003），而该群落主要组成乔木为水杉和银杏；青城山快速通道群落 2 和群落 4 的三维绿量和郁闭度均较高，但空气中 CO_2 浓度却不属于较低水平，根据前人得到的研究结果，竹类和棕榈的固碳释氧能力均表现较差（Sutherland W J，1999），青城山快速通道群落 2 中有大量的杂交竹，而群落 4 的重要树种组成则为棕榈。所以群落内 CO_2 浓度不光与群落特征郁闭度、三维绿量等相关，还与群落植物组成和群落结构有着密切的关系。

五、绿色道路廊道对 UVB 屏蔽率的影响

成都位于我国西南低海拔地区，其 UVB 辐射强度分布属于低等区域（谢晋阳、陈灵芝，1994），但随着臭氧层衰减近年，到达地表紫外辐射增多成为城市共同面临的环境问题。由于城市工业活动产生的污染对于臭氧层的破坏作用，使得到达城市地表的 UVB 增加，对于城市健康人居环境的创建带来了问题。

紫外线依波长可分为：UVA（波长 320~380nm）与 UVB（波长 290~320nm）两部分。其中 UVB 的生物作用最为强烈。UVB 辐射增加可导致人类多种疾病发生率增加，例如眼病（白内障）、皮肤疾病（皮肤癌）、免疫系统疾病等，据报道过量的 UVB 也影响人类身高。同时，过量 UVB 改变一些动植物的生理活动和生命过程，从而引起的环境和气候效应也对人类社会产生影响。影响地表 UVB 辐射的因素有太阳高度角、天气状况、云量和云状、大气能见度、下垫面反射等，此外植被也有较强的紫外辐射屏蔽作用，这主要由于植物叶表面对 UVB 的物理反射以及叶片中类黄酮、花色素甙等物质对光具有选择性吸收作用。目前，针对 UVB 研究主要从生理角度分析地表 UVB 辐射大幅提升后动植物的胁迫响应，同时对不同纬度、不同海拔地区 UVB 辐射状况的长期观测也较为完善，但对于城市绿地中 UVB 辐射状况以及植物群落改善辐射环境的研究鲜有报道。

（一）不同绿色廊道植物群落 UVB 日变化比较

由图 2-35 可知，夏季光华绿色廊道 UVB 呈倒 U 型日进程，峰值出现在 12:00 前后。其中，群落 6UVB 日累积辐射量最高，达到 180.58μmol/（s · m^2），而群落 2UVB 日累积辐射最低，为 141.74μmol/（s · m^2）。从 UVB 日进程变化幅度来看，群落 1 的日变化幅度最高，达到 50.98μmol/（s·m^2），而群落 5 的日变化幅度最低，为 24.26μmol/（s·m^2）。T 检验表明（见表 2-39），除群落 2 和群落 3，群落 6 日变化存在差异，其余各群落间 UVB 辐射日变化不存在统计学上的差异。

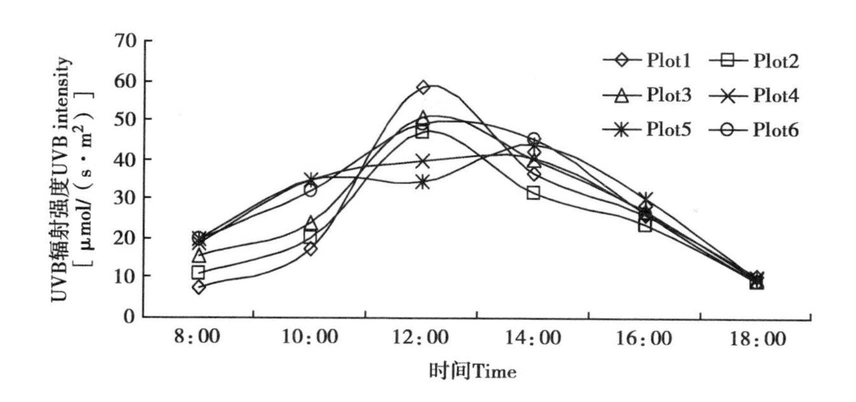

图 2-35　光华绿色廊道不同群落内 UVB 日进程

表 2-39　光华大道绿色廊道不同群落间 UVB 日变化差异分析

		PairedDifferences					t	df	Sig.(2-tailed)
		Mean	Std. Deviation	Std.Error Mean	95% Confidence Interval of the Difference				
					Lower	Upper			
Pair 1	spot1-spot2	2.37889	5.50702	2.24823	-3.40038	8.15815	1.058	5	0.338
Pair 2	spot1-spot3	-1.77333	5.64593	2.30494	-7.69837	4.15171	-0.769	5	0.476
Pair 3	spot1-spot4	-2.25333	12.31482	5.02751	-15.17695	10.67028	-0.448	5	0.673
Pair 4	spot1-spot5	-2.73556	14.60161	5.96108	-18.05901	12.58790	-0.459	5	0.666
Pair 5	spot1-spot6	-4.09444	9.25859	3.77980	-13.81074	5.62185	-1.083	5	0.328
Pair 6	spot2-spot3	-4.15222	2.62795	1.07286	-6.91009	-1.39435	-3.870	5	0.012
Pair 7	spot2-spot4	-4.63222	7.51208	3.06679	-12.51567	3.25123	-1.510	5	0.191
Pair 8	spot2-spot5	-5.11444	9.91759	4.04884	-15.52232	5.29343	-1.263	5	0.262
Pair 9	spot2-spot6	-6.47333	5.75638	2.35003	-12.51428	-0.43238	-2.755	5	0.040
Pair 10	spot3-spot4	-0.48000	7.07588	2.88872	-7.90568	6.94568	-0.166	5	0.875
Pair 11	spot3-spot5	-0.96222	9.28209	3.78940	-10.70318	8.77873	-0.254	5	0.810
Pair 12	spot3-spot6	-2.32111	4.03743	1.64827	-6.55813	1.91591	-1.408	5	0.218
Pair 13	spot4-spot5	-0.48222	3.35753	1.37071	-4.00573	3.04129	-0.352	5	0.739
Pair 14	spot4-spot6	-1.84111	4.39830	1.79560	-6.45685	2.77463	-1.025	5	0.352
Pair 15	spot5-spot6	-1.35889	6.75634	2.75826	-8.44923	5.73145	-0.493	5	0.643

图 2-36 可知，夏季活水公园绿色廊道 6 个群落中，除群落 5UVB 辐射峰值出现在 12 点，其余 5 个群落 UVB 辐射峰值均出现在 12 点，其变化情况与旷地基本一致。其中，群落 2UVB 日累积辐射量最高，达到 114.93μmol/($s·m^2$)，而群落 1UVB 日累积辐射最低，为 98.8μmol/($s·m^2$)。从 UVB 日进程变化幅度来看，群落 4 的日变化幅度最高，达到 34.93μmol/($s·m^2$)，而群落 3 的日变化幅度最低，为 14.33μmol/($s·m^2$)。T 检验表明（见表 2-40），活水公园群落间 UVB 辐射日变化不存在统计学上的差异。

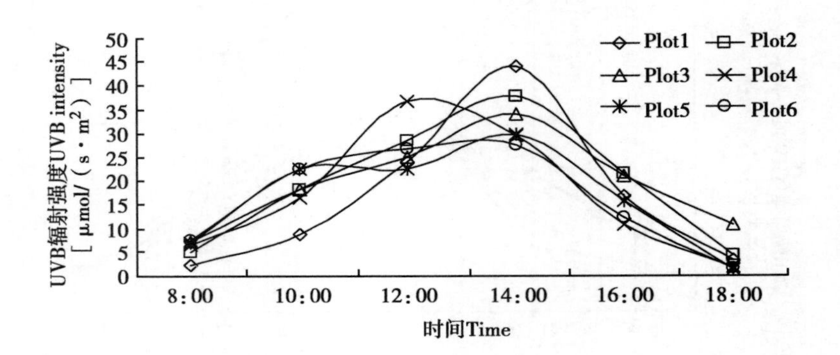

图 2-36　活水公园不同群落内 UVB 日进程

表 2-40　活水公园绿色廊道不同群落间 UVB 日变化差异分析

		PairedDifferences					t	df	Sig.(2-tailed)
		Mean	Std. Deviation	Std.Error Mean	95% Confidence Interval of the Difference				
					Lower	Upper			
Pair 1	spot1-spot2	−2.68889	5.23105	2.13557	−8.17854	2.80076	−1.259	5	0.264
Pair 2	spot1-spot3	−2.90000	6.89157	2.81347	−10.13226	4.33226	−1.031	5	0.350
Pair 3	spot1-spot4	−0.47778	9.81855	4.00840	−10.78171	9.82615	−0.119	5	0.910
Pair 4	spot1-spot5	−0.01667	9.13394	3.72891	−9.60214	9.56881	−0.004	5	0.997
Pair 5	spot1-spot6	0.14444	10.16864	4.15133	−10.52689	10.81577	0.035	5	0.974
Pair 6	spot2-spot3	−0.21111	3.81766	1.55855	−4.21750	3.79528	−0.135	5	0.898
Pair 7	spot2-spot4	2.21111	6.82289	2.78543	−4.94907	9.37130	0.794	5	0.463
Pair 8	spot2-spot5	2.67222	4.86381	1.98564	−2.43203	7.77648	1.346	5	0.236
Pair 9	spot2-spot6	2.83333	5.95819	2.43242	−3.41940	9.08607	1.165	5	0.297
Pair 10	spot3-spot4	2.42222	7.86945	3.21269	−5.83626	10.68071	0.754	5	0.485
Pair 11	spot3-spot5	2.88333	4.68467	1 91251	−2.03292	7.79959	1.508	5	0.192
Pair 12	spot3-spot6	3.04444	5.80412	2.36952	−3.04661	9.13550	1.285	5	0.255
Pair 13	spot4-spot5	0.46111	7.19220	2.93620	−7.08664	8.00886	0.157	5	0.881
Pair 14	spot4-spot6	0.62222	5.32477	2.17383	−4.96578	6.21023	0.286	5	0.786
Pair 15	spot5-spot6	0.16111	2.62157	1.07025	−2.59006	2.91228	0.151	5	0.886

由图 2-37 可知,在青城山绿色廊道 6 个群落中,群落 UVB 辐射峰值均出现在 12 点。其中,群落 5UVB 日累积辐射量最高,达到 118.77μmol/（s · m^2）,而群落 6UVB 日累积辐射最低,为 59.57μmol/（s · m^2）。从 UVB 日进程变化幅度来看,群落 5 的日变化幅度最高,达到 34.73μmol/(s·m^2),而群落 1 的日变化幅度最低,为 17.63μmol/(s·m^2)。T 检验表明（见表 2-41）,青城山群落 2、群落 3、群落 4、群落 5、群落 6 UVB 日变化

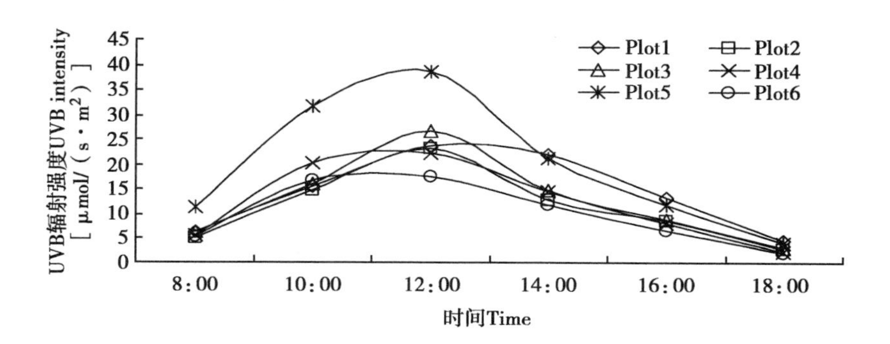

图 2-37　青城山快速通道不同群落内 UVB 日进程

表 2-41　青城山快速通道不同群落间 UVB 日变化差异分析

		PairedDifferences					t	df	Sig.(2-tailed)
		Mean	Std. Deviation	Std.Error Mean	95% Confidence Interval of the Difference				
					Lower	Upper			
Pair 1	spot1-spot2	3.04444	3.41641	1.39474	−0.54086	6.62975	2.183	5	0.081
Pair 2	spot1-spot3	1.65556	3.71816	1.51793	−2.24642	5.55753	1.091	5	0.325
Pair 3	spot1-spot4	2.08333	4.16945	1.70217	−2.29224	6.45891	1.224	5	0.276
Pair 4	spot1-spot5	−5.60556	8.09088	3.30309	−14.09642	2.88531	−1.697	5	0.150
Pair 5	spot1-spot6	4.26111	4.24156	1.73161	−0.19014	8.71236	2.461	5	0.057
Pair 6	spot2-spot3	−1.38889	1.20971	0.49386	−2.65841	−0.11937	−2.812	5	0.037
Pair 7	spot2-spot4	−0.96111	2.47093	1.00875	−3.55420	1.63198	−0.953	5	0.384
Pair 8	spot2-spot5	−8.65000	6.38337	2.60600	−15.34894	−1.95106	−3.319	5	0.021
Pair 9	spot2-spot6	1.21667	2.61532	1.06770	−1.52794	3.96127	1.140	5	0.306
Pair 10	spot3-spot4	0.42778	2.73394	1.11612	−2.44131	3.29687	0.383	5	0.717
Pair 11	spot3-spot5	−7.26111	5.53022	2.25770	−13.06472	−1.45750	−3.216	5	0.024
Pair 12	spot3-spot6	2.60556	3.41262	1.39320	−0.97577	6.18688	1.870	5	0.120
Pair 13	spot4-spot5	−7.68889	5,43927	2,22057	−13.39705	−1.98073	−3.463	5	0.018
Pair 14	spot4-spot6	2.17778	1.76228	0.71945	0.32838	4.02718	3.027	5	0.029
Pair 15	spot5-spot6	9.86667	7.07521	2.88844	2.44168	17.29165	3.416	5	0.019

存在显著性差异。

（二）不同绿色廊道植物群落 UVB 屏蔽率比较

由于群落结构特征不同（表 2-42），被调查的 18 个群落间 UVB 屏蔽率呈现不同的水平特征。光华绿色廊道 6 个群落 UVB 屏蔽效率总体在 45% 以下，而在活水公园和青城山绿色廊道 UVB 屏蔽效率总体较高，达到 70% 以上（图 2-38）。绿地群落的 UVB 屏蔽效率随时间变化而变化。不同的群落结构 UVB 屏蔽效率随太阳高度角不同变化特征也不相同。光华群落 UVB 屏蔽辐射效率呈现早高晚低的特点，活水公园群落 UVB 屏蔽效率总体变化较为平缓，青城山群落 UVB 屏蔽辐射效率呈现早晚高的特点。

表 2-42 测定 UVB 屏蔽率的植物群落概况

群落 Plot	平均胸径 ADBH	叶面积指数 1AI	郁闭度 CD	平均冠幅 ACD	三维绿量 TGB	平均冠长 ACl	UVB 屏蔽率 UVB SF
1	9.78	0.54	0.43	6.41	1.45	3.61	35.64%
2	20.00	0.51	0.55	42.45	1.42	3.10	41.14%
3	10.83	1.09	0.66	11.33	2.67	2.93	32.15%
4	10.89	0.30	0.62	8.06	1.26	3.88	32.08%
5	13.11	0.33	0.69	6.89	1.30	2.40	31.39%
6	13.00	0.32	0.66	10.06	2.24	2.48	25.87%
7	9.68	1.15	0.79	10.86	7.76	4.73	73.11%
8	13.00	0.54	0.63	12.30	4.20	5.76	71.23%
9	20.14	1.23	0.59	33.46	11.83	8.61	73.81%
10	14.20	1.82	0.82	25.53	10.83	4.77	88.48%
11	21.50	1.13	0.64	31.38	5.64	6.35	85.66%
12	21.00	1.35	0.73	32.83	9.86	6.93	84.78%
13	17.33	0.71	0.57	25.50	1.93	5.00	71.35%
14	14.22	1.29	0.73	18.33	6.15	2.86	79.61%
15	16.86	1.05	0.69	20.96	3.72	7.91	78.65%
16	16.00	0.92	0.61	25.88	6.08	3.53	74.02%
17	28.67	0.21	0.61	38.50	2.79	8.50	79.46%
18	46.80	1.04	0.76	68.00	26.90	8.60	86.35%

ADBH：Average Diameter at Breast Height；1AI：leaf Area Index；CD：canopy density；ACD：Average Canopy Diameter；TGB：three-dimensional green biomass；Cl：Canopy length；UVB SF：UVB screening factor

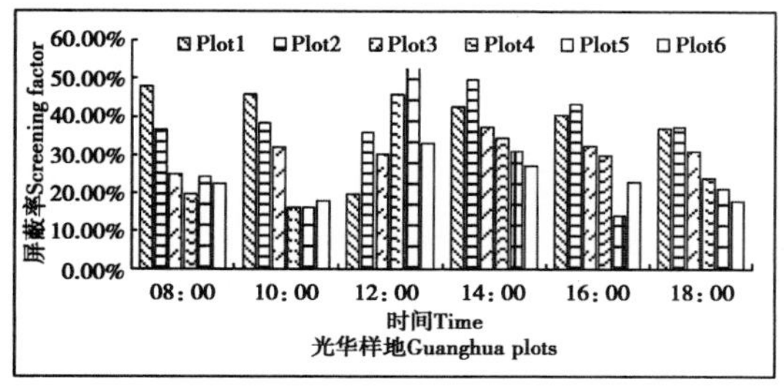

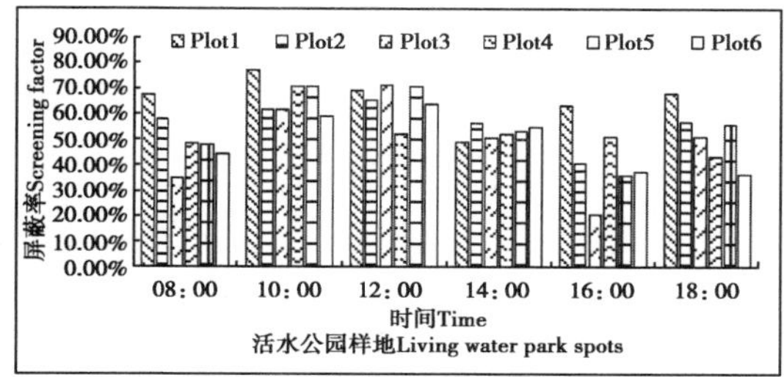

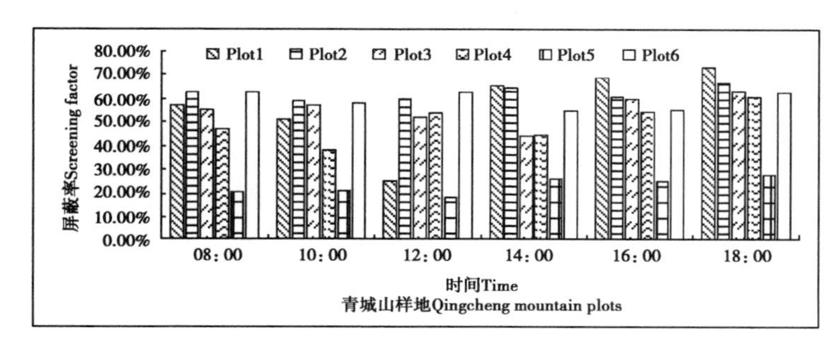

图 2-38　不同绿色廊道植物群落 UVB 屏蔽率日进程

（三）植物群落 UVB 屏蔽效率与群落结构相关分析

通过欧氏距离聚类分析表明，选定标尺 10，可按平均冠幅和枝下高等级划分为 3 类。选定标尺为 5，则所测定的 18 个群落可按平均冠幅划分为 4 类。其中，平均冠幅大，冠层位置高的青城山 6 号群落均单独分为一类（图 2-39）。该结果表明，不同植物群落 UVB 屏蔽效率在冠层特征上出现显著的差异。

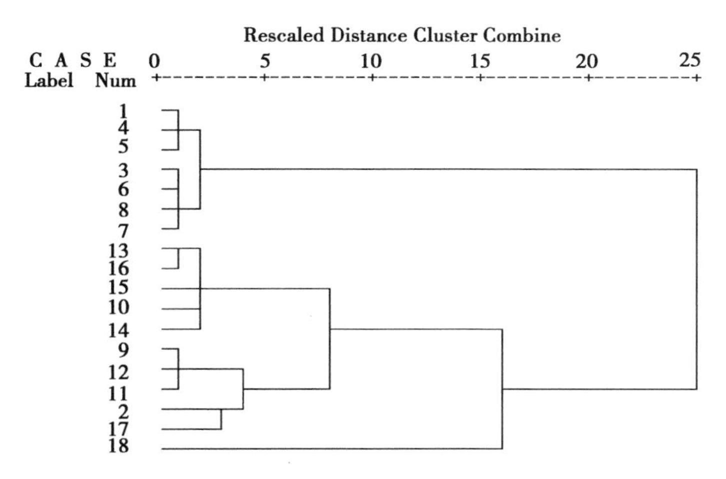

图 2-39　不同绿色廊道植物群落聚类分析结果

UVB 辐射屏蔽率与群落结构特征相关分析表明，植物群落内 VUB 辐射屏蔽率与群落郁闭度不存在统计学上的相关关系，而与平均胸径、叶面积指数、平均冠幅、三维绿量、冠长呈极显著正相关关系（表 2-43）。冠长是指树高与枝下高的差值，与冠幅一起直接

表 2-43　植物群落 UVB 辐射与特征参数相关分析

	平均胸径 ADBH	叶面积指数 1AI	郁闭度 CD	平均冠幅 ACD	三维绿量 TGB	平均冠长 ACl	UVB 屏蔽率 UVB SF
UVB	0.641**	0.647**	0.430	0.680**	0.787**	0.620**	1
Sig.（2-tailed）	0.004	0.004	0.075	0.002	0.000	0.006	
N	18	18	18	18	18	18	18

注：**. Correlation is significant at the 0.01 level（2-tailed）.*. Correlation is significant at the 0.05 level（2-tailed）.

影响着树冠的投影面积，而群落叶面积指数代表群落冠层叶生长状况。三维绿量是指所有生长植物的茎叶所占据的空间体积，也是反应树冠特征的一个指标。该结果表明，冠层结构的差异将导致群落内 UVB 辐射的再分配。因此，群落内 UVB 辐射受太阳入射角度变化、季节性强弱变化等影响外，还与群落冠层结构特征和季节性生理变化有关。

（四）小　结

所测定的 18 个群落 UVB 屏蔽率呈现不同的水平特征，光华绿色廊道 6 个群落 UVB 屏蔽效率总体在 45% 以下，而在活水公园和青城山绿色廊道 UVB 屏蔽效率总体较高，达到 70% 以上。绿地群落的 UVB 屏蔽效率随时间变化而变化，主要是由于植物叶倾角以及太阳高度角的不同引起。光华大道群落 UVB 屏蔽辐射效率呈现早高晚低的特点，活水公园群落 UVB 屏蔽效率总体变化较为平缓，群落内 UVB 在不同时段差异较小，青城山群落 UVB 屏蔽辐射效率呈现早晚高的特点。

不同植物群落 UVB 屏蔽效率在冠层特征梯度上表现出显著的分异，植物群落内 UVB 辐射屏蔽率与平均胸径、叶面积指数、平均冠幅、三维绿量、冠长呈极显著正相关关系，即植物群落冠层特征最终决定了群落内的 UVB 辐射状况。但植物群落内 VUB 辐射屏蔽率与群落郁闭度不存在统计学上的相关关系。

已有的研究表明，群落内紫外辐射强度受叶面积指数、叶片形态、叶角分布、叶片散射、吸收和反射、叶片分布异质性等多种结构特征影响（郑思俊，2008）。健康步道是成都市城市森林绿色廊道建设的亮点。过量 UVB 辐射对人类组织细胞造成不可逆的伤害，因此，在营建健康步道时应多考虑植物群落 UVB 屏蔽效应，在植被选择中，可考虑种植叶倾角较小、冠长较大、叶面积较大的植物，适当配置速生树种，以进一步提升城市绿色廊道的生态服务功能。

六、群落降噪功能及其影响因子

绿化带被认为是自然降噪物，尽管绿化带不像实体墙那样能成为隔离空气声音传播的有效屏障，但树木有浓密的枝叶，比粗糙的墙壁吸声能力强，能够减少声音的反射。当噪声通过树木时，树叶表面的气孔和粗糙的毛能吸收一部分声能，尤其能隔离高频的车辆噪声。又由于树木对声波有散射作用，通过枝叶摆动，使声波减弱而逐渐消失。枝叶吸收声能通过声场中空气分子动能转化为叶子的振动，因此，从声能中分离出来的振动能一部分因枝叶的摩擦转变为热能而散失。

（一）不同群落的噪音衰减百分比

18 个群落及对照组测量点噪音衰减百分比的结果表明，与空地相比，植物群落的噪音衰减量远高于自然情况下的噪音衰减，植物群落的平均噪音衰减百分比远高于自然衰竭，存在极显著差异（$P<0.01$）（图 2-40）。

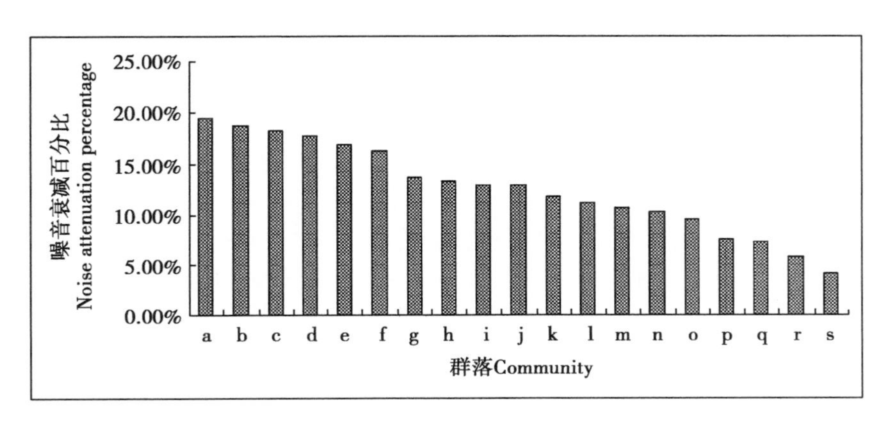

图 2-40 10m 测量点植物群落噪声衰减百分比 t

a，光华大道群落 3;b，活水公园群落 5;c，光华大道群落 6;d，青城山群落 5;e，青城山群落 3; f，活水公园群落 6; g，青城山群落 4; h，光华大道群落 1; i，青城山群落 2; j，青城山群落 6; k，活水公园群落 4; l，活水公园群落 1; m，光华大道群落 4; n，光华大道群落 2; o，光华大道群落 5; p，活水公园群落 3; q，活水公园群落 2; r，青城山群落 1; s，对照水泥空地。

将植物群落 10m 测点的噪声级减去因距离而产生的噪音自然衰减（即空地噪声衰减量），再除以噪音源处噪声级，获得噪音相对衰减量（图 2-41）。可将噪音衰减百分比划分分为 3 组类型，3 组间 10m 处噪音相对衰减百分比之间存在极显著差异（$P<0.01$）。

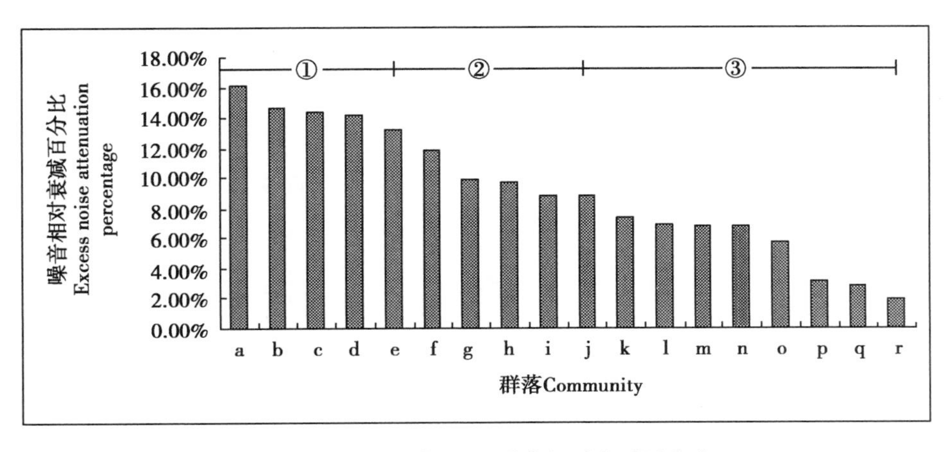

图 2-41 不同群落 10m 噪声相对衰减百分比

①噪声相对衰减百分比≥12% 的群落；②噪声相对衰减百分比为 8.0%~12.0% 的群落；③噪声衰减百分比≤8.0% 的群落。

第 1 组：相对衰减百分比≥12%。该组中有光华群落 3、6，活水公园群落 5、6，青城群落 3、5。第 2 组：相对衰减百分比在 8%~12% 之间，包括青城群落 2，4，6，光华群落 1。第 3 组：相对衰减百分比在 8% 以下，包括光华大道 2、4、5，活水公园群落 1、2、3、4，青城山 1。

从冠层结构上看，降噪效果明显的群落以为乔灌草结构为主，并以南天竹、女贞等构成绿篱，在空间组成上，通透度较低，在冠层上层次分布，有效的对噪音进行反射和吸收，而青城群落虽为乔草结构，但由于存在一定坡度，使该群落冠层在高度层次上也均有分布。青城山群落 2、4、6 具有较高的叶面积指数，地被物较为丰富，盖度达到 90% 以上，有效地降低了声波的反射。而冠层层次单一，地被物较少，通透度较高的群落降噪效果较差。

（二）噪声相对衰减百分比与群落特征的关系

对植物群落在 10m 距离的噪音相对衰减百分比与群落结构因子进行相关分析（表 2-44）。结果表明，与噪音相对衰减百分比相关性从大到小依次是郁闭度，平均高度，叶面积指数，三维绿量，平均胸径，平均冠长，平均冠幅，平均枝下高。其中与噪音相对衰减百分比相关系数最高的 5 个特征因子分别为，郁闭度（0.573），平均高度（0.298），叶面积指数（0.296），三维绿量（0.294），平均胸径（0.249）。

表 2-44　植物群落 10m 林带噪声相对衰减量与群落各特征的相关分析

	噪音衰减百分比	平均枝下高 ABH	平均高度 AH	平均胸径 ADBH	叶面积指数 LAI	郁闭度 CD	平均冠幅 ACD	绿量 TGB	冠长 ACl
噪音衰减百分比（dB）	1.000								
平均枝下高	–0.104	1.000							
平均高度	0.298	0.653	1.000						
平均胸径	0.249	0.753	0.725	1.000					
叶面积指数	0.296	–0.042	0.320	0.117	1.000				
郁闭度	0.573	–0.174	0.129	–0.066	0.541	1.000			
平均冠幅	0.129	0.754	0.690	0.890	0.251	–0.044	1.000		
绿量	0.294	0.271	0.622	0.385	0.771	0.542	0.534	1.000	
冠长	0.172	0.457	0.905	0.627	0.252	–0.005	0.624	0.554	1.000

由初始主因子载荷分析（表 2–45）可知，前两个主因子的累积贡献率达 78.47%，基本上能反映原指标的信息。主因子 1 代表冠层因子（平均枝下高、平均高度、平均胸径、平均冠幅、绿量、冠长），主因子 2 代表叶面积因子（LAI 和郁闭度）。

表 2-45　植物群落降噪结构初始主因子载荷

项目	主因子 1	主因子 2	公因子方差
平均枝下高 ABH	0.945993	–0.08842	0.903
平均高度 AH	0.946886	0.105371	0.908
平均胸径 ADBH	0.975217	0.006536	0.951
叶面积指数 1AI	0.123363	0.854048	0.745
郁闭度 CD	0.140795	0.838604	0.723
平均冠幅 ACD	0.927016	0.071499	0.864
绿量 TGB	0.771692	0.449278	0.797
平均冠长 ACl	0.77982	0.112319	0.621
噪音衰减百分比（dB）	0.126865	0.730939	0.550
特征值	4.857	2.205	
方差贡献率（%）	53.963	24.505	
累积方差贡献率（%）	53.963	78.468	

（三）小　结

与在空气中的噪音衰减相比，绿地群落具有明显的降噪效果。在被调查的 10 × 10m 的绿地群落中，相对噪音最高可降低 16.18%。在长度和宽度相同的条件下，不同空间结构和植物组成的群落降噪效果存在较大差异。本次研究表明，郁闭度、平均高度、叶面积指数和三维绿量 4 个群落结构因子是影响群落降噪效果的主要因子。通过初始主因子载荷分析可将影响降噪效果的群落结构因子划分为两类，即冠层因子和叶面积因子。

降噪是城市森林绿色道路廊道的一个重要功能。通过植物的合理配置，能有效提高绿色廊道的降噪能力。在实际的设计和营造中，应充分考虑不同植物组成形成的整体降噪效果。重点考虑群落的冠层特征和叶面积特征，着重对群落形成后郁闭度，平均高度，叶面积指数和三维绿量等群落结构因子的预判，形成空间层次分布均匀，下垫面草本植物盖度高的复层群落结构。

七、道路森林廊道宽度的确定

道路森林廊道是根据道路特点进行道路绿化建立的林带，是城市森林廊道的一种主要类型。根据道路在城市中不同的表现形式,可以将绿色道路廊道分为道路绿化廊道、林荫休闲廊道和贯通式森林廊道。

一种是道路绿化廊道就是指以机动车为主的城市道路两旁的道路绿化，这是城市生态廊道重要的组成部分；而根据道路的不同等级和特性又可分为主干道森林廊道、次干道森林廊道和铁路森林廊道。在目前城市环境污染较严重、生物多样性较脆弱的情况下，道路森林带的主要功能应定位在环境保护和生物多样性保护上，它的最大功能是为动植物迁移和传播提供有效的通道，使城市内廊道与廊道、廊道与斑块、斑块与斑块之间相互联系，成为一个整体。

第二种是林荫休闲廊道则指与机动车相分离的、以步行、自行车等为主要交通形式的生态廊道，主要供散步、运动、自行车等休闲游憩之用。这种廊道在许多城市中被用来构成连接公园与公园之间的联结通道（Paveways）。这种森林廊道是城市居民使用频率最高的生态廊道，与居民的出行交通息息相关，在规划设计中不仅要考虑道路交通的污染问题，更要从人性需求的角度出发，构建出结构合理、景观丰富的生态廊道。其设计形式往往是从游憩的功能出发，高大的乔木和低矮的灌木、草花地被相结合，形成视线通透、赏心悦目的景观效果，其生物多样性保护和为野生生物提供栖息地的功能相对较弱。

第三种是贯通式森林廊道指贯通城乡的通道式森林廊道，一般与道路、河流及健康休闲步道等相结合，连接城乡，表现为宽带状形式，从数百米到几十千米不等，如我国的北京市机场高速公路森林带宽度达 200~500m，而英国伦敦的绿带廊道宽度由几千米到几十千米不等。这种廊道主要由较为自然、稳定的植物群落组成，生境类型多样，生物多样性高；其本底可能是自然区域，也可能是人工设计建造而成，但一般具有较好的自然属性；其位置多处于城市边缘，或城市各城区之间。它的直接功能大多是隔离作用，防止城市无节制蔓延，控制城市形态。同时，它还有以下功能：改善生态环境，提高城市抵御自然灾害的能力；促进城乡一体化发展，保证城乡合理过渡；开辟大量绿色空间，丰富城市景观；创造有益、优美的游憩场所等。

不同类型道路森林廊道功能的侧重点不同 . 交通性道路联系城市中各用地分区以及城市对外交通枢纽，行车速度大，车辆多，以货运为主，车道宽，行人少，污染强，又由于两旁避免布置大量人流聚集的公共建筑，所以其道路森林廊道的功能主要是作为生物的通道提高生物多样性、净化空气等生态功能；生活性道路是为了解决城市各分区内部的生产和生活活动的需要，车速低，以客运为主，行人为主，车道稍窄，两旁布置为生活服务的人流较多的公共建筑，所以它的道路森林廊道的功能主要是净化空气、降噪、遮阴、美化环境、休闲游憩、引导人流等。

从各项生态功能的发挥考虑，道路森林廊道的宽度通常是越宽越好，但城市用地日益紧张，如何寻求最合适的道路森林廊道宽度，在平衡节约用地和发挥功能之间获取最大的综合效益显得尤为重要 .“满足主要功能，兼顾次要功能，节约用地，尽量放宽”是确定城市道路森林廊道宽度的基本原则。因此，本研究参考以往相关研究，从生物多样性保护、森林边缘效应（降温增湿）、降低汽车尾气污染和交通噪声等生态服务功能来综合确定城市道路森林廊道的宽度，从该方面来研究城市绿色道路廊道的宽度具有现实意义。

（一）以生物多样性保护来确定

对道路森林廊道的宽度，目前尚没有一个量的标准，廊道的宽度根据廊道设置的目标而不同。福尔曼（Forman）和戈德恩（Godron）认为线状和带状廊道的宽度对廊道的功能有着重要的制约作用，对于草本植物和鸟类来说，12m 宽是区别线状和带状廊道的标准，对于带状廊道而言，宽度在 12~30.5m 之间时，能够包含多数的边缘种，但多样性较低（Cross，1986）；在 61~91.5m 之间时具有较大的多样性和内部种。胡安・安克尼奥・伯诺（Juan Antonio Bueno）等人提出，廊道宽度与物种之间的关系为：12m 为一显著阈值，在 3~12m 之间，廊道宽度与物种多样性之间相关性接近于零，而宽度大于 12m 时，草本植物多样性平均为狭窄地带的 2 倍以上。罗尔令（Rohling）在研究廊道宽度与生物多样性保护的关系中指出廊道的宽度应在 46~152m 较为合适。

（二）以森林边缘效应来确定

Tassone J E（1981）研究提出边缘效为 10~30m；Peterjohn W T 等（1984）研究提出边缘效应为 2~3 倍树高；克萨提（Csuti）提出廊道的宽度的重要性在于森林的边缘效应可以渗透到廊道内一定的距离，理想的廊道宽度依赖于边缘效应的宽度。

根据本专题前述森林廊道的功能研究，距林缘 10 处在春、夏季林内最高气温比旷地低 0.6~0.92℃，而秋、冬季分别高 1.41~0.98℃；春、秋、冬季林内最低气温高 0.42~1.24℃。一年中春、夏、秋相对湿度比林缘高 13.68%~6.9%；距林缘 30 处在春、夏季的最高气温比旷地低 1.4℃，春、夏季林内最低气温比旷地高 0.6~1.1℃，夏季林内相对湿度的平均值和最低值分别高于旷地 4%~14%。说明森林边缘效在为 10~30m 范围。

（三）以有效降低交通噪声来确定

前人通过大量的理论和实验研究，证实了距离道路越远，噪声越小，绿化带越宽，降噪效果越明显。

据张邦俊等（1994）研究，若将道路车流量看作声功率均匀分布的线声源，绿化带对噪声的衰减由以下公式表示：

$$\Delta L=10\log\frac{r_2}{r_1}+k(r_2-r_1)$$

式中：ΔL 为噪声声压级衰减值；r_1 和 r_2 为绿化带前后距声源的距离；k 为与绿化带吸声特征有关的系数。由上式可知绿化带越宽，即，r_2 和 r_1 的值相差越大，对减小噪声的效果越明显。

根据本研究测定，道路森林廊道的降噪作用在 10.7~19.4dB，绿化带吸声特征系数 k 在 10%~20% 之间，依据表 2-46，可确定道路森林廊道宽度宜 18~50m。

表 2-46　噪声声压级衰减值（dB）随林带宽度变化

r_2（m）	r_1=5m，k=0.1	r_1=5m，k=0.2	r_1=2m，k=0.1	r_1=2m，k=0.2
10	3.51	4.01	7.79	8.59
20	7.52	9.02	11.80	13.60
30	10.28	12.78	14.56	17.36
40	12.53	16.03	16.81	20.61
50	14.50	19.00	18.78	23.58

（四）以最有效降低汽车尾气污染来确定

无论哪种类型的道路森林廊道，净化空气、降低汽车尾气污染都是其重要功能．从该功能人手研究道路森林廊道宽度的基本要求，通过选择可靠合理的汽车尾气污染物的扩散模型，推导最大污染物浓度出现的距离，由此决定道路森林廊道的宽度。

汽车尾气中主要的污染物质是CO、HC、NO_x3种，且它们的扩散规律相同。大气污染源一般分为3种类型：点源、面源和线源，汽车等交通工具的污染物排放作线源处理。线源模式有很多种，最常用的有在有风条件下的高斯烟流模式和无风条件下的高斯烟团模式．在对具体道路进行绿色廊道的布置时，需对全年风速风向的总体情况进行考虑，取常年主导风向和平均风速。除了位于特殊的地形位置之外，常年无风的情况较少，因此，选用有风条件下的高斯烟流模式。前人经过和实际监测数据的比较，验证了此模式的可靠性和准确性（王文等，2004；金均和周安国，1997；金陶胜和余志，2004c）。又由于本论文的研究对象主要为公路或者较长的街道，因此选用无限长的线源公式：当风向与线源成任意角时：

$$C(x,0;H)=\left(\frac{2'}{\pi}\right)^{\frac{1}{2}}\frac{Q_L}{u\sigma_z(x)\sin\Phi}\cdot\exp\left(-\frac{H^2}{2\sigma_z^2(x)}\right)$$

式中：C为预测点污染物浓度（mg/m^3）；μ为平均风速（m/s）；H为有效源高（m）；x为下风向距离（m）；Φ（$\Phi\leqslant90°$）为线源与风向的夹角，即道路与x轴的夹角；Q_L为线源源强［mg/（s·m）］。

表征单位长度道路上单位时间内所排放的污染物质，采用以下公式：

$$Q_L=\frac{EF[\text{mg/(辆}\cdot\text{km)}]\times TV(\text{辆/h})}{1000\text{m/km}\times3600\text{s/h}}=0.2778\times(EF)\times(TV)(\text{mg/s}\cdot\text{m})$$

式中：EF为排放因子，指每一车辆行驶单位距离（km）平均排放污染物的量；TV为单位时间内（1h）在道路某一地点所通过的车辆数。

在计算线源源强时，首先根据车流量中各种车型所占比例和各类车型的污染物排放因子，计算出该道路车辆的污染物综合排放因子，然后再计算出该道路的平均车流量，最后利用上式计算出不同道路的源强。

σz是扩散参数，依据国标（GB/T13201.91）的规定，$\sigma z=\gamma X^{\alpha 2}$计算（谷清和李云生，2002；蒋维楣，2003），X为下风距离，α_2、γ值可依据大气稳定度和下风向距离得以确定，大气稳定度的确定使用Turner的分级方法。

1. 汽车尾气排放模型参数数值的确定

Q_L：本研究假设既=10.5mg/s；

μ：根据中国气象局统计资料，该参数取值为1971~2000年间成都市的年平均风速1.8rn/s；

H：1m（谷清和李云生，2002）；

σz：根据城市道路的宽度，为了更清楚的分析浓度变化趋势，取X=200m；依据成都市的太阳高度角在7° 11'~82° 49'之间，年平均总云量为6.5，年平均风速为1.8m/s（中国气象局统计资料），根据成都市大气稳定度，取其平均值α_2=（1.12154+0.96444）/2=1.04299；γ=（0.07999+0.12719）/2=0.10359。

2. 模式的计算

将各参数及模式写入VB中，编写程序（步长取1m）计算，污染物浓度分布见图2-42A和图2-42B。

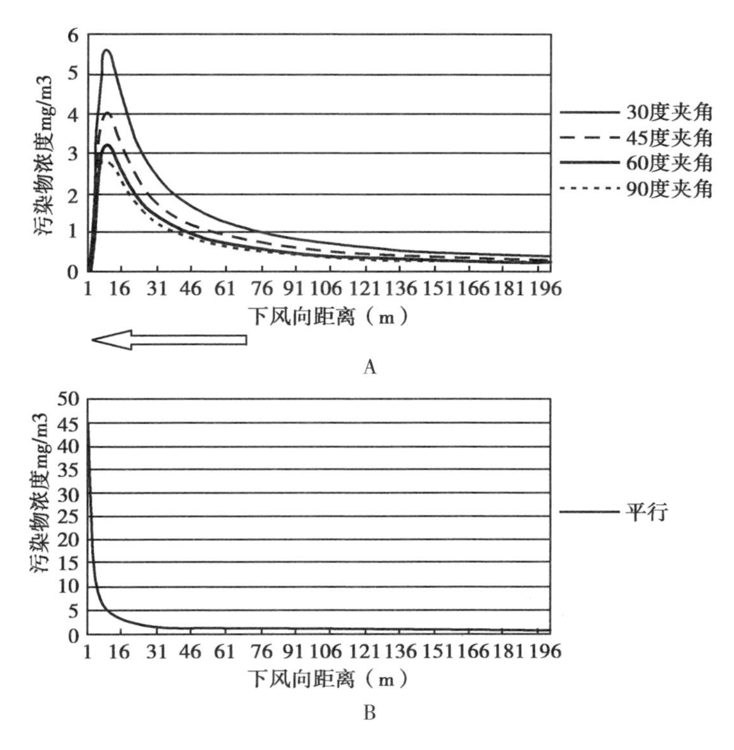

图 2-42 地面污染物浓度分布图

由趋势曲线及统计数据可知：

（1）风向与道路平行时，地面污染物浓度随距离急剧降低，在下风距离 16m 外达到较低程度。

（2）除风向与道路平行外，无论风向与道路的夹角如何，各分布曲线一致；从污染线源到下风向 9m 之间，地面污染物浓度急剧上升，但增幅逐渐减少；9m 以后又迅速下降，随着距离的增大，浓度值越来越小，开始减幅逐渐增加，到下风向 16m 处，减幅达到最大值，随后减幅逐渐减小，在 30~50m 地面污染物浓度达较小程度。

由此可见，在空间允许的情况下，通常道路森林廊道宽度应 30~50m，布置得越宽越好。

综上所述，从以上四个方面确定了道路森林廊道林带宽度不少于 20~30m，按照本研究调查的贯通城乡的道路森林廊道的群落平均树高 10m，由此，确定道路森林廊道林带宽度不少于 2~3 倍树高，宜在 4~6 倍树高，在城市森林建设中是比较现实的。

八、结论与建议

（一）结 论

（1）群落结构不同，对气温、相对湿度的改善效果存在明显差异。城市绿地林冠层存在复杂的热力效应，一方面植物通过遮挡太阳辐射、吸收地面辐射有效降低空气温度，一方面通过光合作用和蒸腾作用消耗太阳辐射能以形成微型小气候，所以城市绿色廊道植物群落郁闭度的大小、叶面积指数等群落特征和植物蒸腾作用的强弱等均是不同群落小气候变化的主要因素。在所进行测定的3个实验地中，活水公园华星路实验地改善小气候能力明显高于另外两个实验地，该实验地平均三维绿量、物种多样性、郁闭度均为最大。活水公园所测定的6个典型群落中群落3林内外的温差最大可达4℃，最大增湿率达9.3%，改善小气候效应明显，该群落绿量、落叶常绿树种比例均为6个群落中最大的。

（2）夏季空气中CO_2浓度与郁闭度线形相关，与三维绿量显著相关，因此夏季空气中CO_2浓度受群落郁闭度影响，受三维绿量影响明显，群落内CO_2浓度随着郁闭度和三维绿量的增加，呈递减趋势，叶面积指数大、绿量高的群落释氧固碳能力强。由于大环境的影响，三个所测实验地光华大道旷地日平均CO_2浓度最高，青城山快速通道最低，但绿色廊道群落内日平均CO_2浓度光华大道最高，活水公园华星路最低，说明活水公园华星路绿色廊道释氧固碳能力明显，其中群落4、群落3表现最为突出，光华大道6个群落内CO_2浓度最低的为群落3、群落1，青城山快速通道6个群落内CO_2浓度最低的为群落6、群落3。结合前人研究成果得出，群落内CO_2浓度不光与群落特征郁闭度、三维绿量等相关，还与群落植物组成和群落结构有着密切的关系。

（3）绿地群落的UVB主要是由于植物叶倾角以及太阳高度角的不同引起，光华大道群落UVB屏蔽率呈现早高晚低的特点，青城山快速通道群落UVB屏蔽率早晚高，活水公园群落UVB屏蔽率总体变化较为平缓，群落内UVB在白天不同时段变化不大，较为稳定。本研究证明，不同植物群落UVB屏蔽率在冠层特征梯度上表现出显著分异，植物群落内UVB屏蔽率与平均胸径、叶面积指数、平均冠幅、三维绿量、冠长均呈极显著正相关关系，即植物群落冠层特点决定了群落内的UVB辐射状况。

（4）绿地群落具有明显的降噪效应。在所测定的18个典型群落中，相对噪音最高可降低16.18%，相对衰减百分比≥12%的有光华大道群落3、群落6，活水公园群落5、群落6、青城山快速通道群落3、群落5。不同空间结构和植物组成的群落降噪效果差异较大，本研究表明，郁闭度、平均高度、叶面积指数和三维绿量4个群落结构因子是影响群落降噪效应的主要因子，通过初始主因子载荷分析将影响降噪效果的群落结构因子划分为冠层因子和叶面积因子两类，两个主因子累积贡献率达78.47%。

（5）在空间允许的情况下，通常道路森林廊道宽度应30~50m；通过生物多样性保护、森林边缘效应、有效降低交通噪声和有效降低汽车尾气污染等四个方面确定了道路森林廊道林带宽度不少于20~30m，按照调查的贯通城乡的道路森林廊道的群落平均树高10m，由此，确定道路森林廊道林带宽度不少于2~3倍树高，宜在4~6倍树高。

（二）建　议

净化环境，调节气候，减轻城市热岛效应是绿色健康生态廊道在生态系统中最重要的功能之一。绿色道路廊道植物群落的结构调整、优化取决于绿色道路廊道的功能定位，植物群落的空间布局、设计和树种选择要根据植被、气候和景观生态学的原理，调整、优化绿色道路廊道林带布局结构、形态结构和树种结构，构建适应城市发展的多树种、多层次、多功能，具有良好景观、环境生态效应的绿色道路廊道网络系统。通过以上研究，城市森林绿色道路廊道具有一定的环境效应，不同结构群落对环境小气候的影响也有不同的特点，而影响绿色道路廊道环境效应的关键既与廊道的结构配置、树种组成、美景度、交通噪音等主要因素有关，同时也与主体功能的突出与整体效应的协调有很大的关系，因此，在借鉴相关城市发展的经验基础上，结合成都市城市森林发展要求和实际情况，针对所研究的三条绿色道路廊道不同的规划目标、服务主题、现状存在问题提出改进方案和一些建议。

（1）成都市绿色健康廊道将构建东、南、西、北四条主要的出入城道路的生态林带作为放射状廊道，贯穿了成都市的东、南、西、北，成为连续而完整地穿插于成都市域范围以内和市域以外范围的城市森林绿色网络体系。其中西北 - 东南走向的“光华大道—温江路—青城山”是目前已经进一步规划并投入建设的绿色健康生态廊道，其景观效应得到了市民一致的好评，根据研究结果，针对其生态效应提出以下几个问题和改进方法：

第一，植物群落乔木层中成熟树木、速生树种所占比例小，尚处于不稳定状态。只有成熟稳定的植物群落才具有最大化改善小环境质量的能力，光华大道绿色健康廊道建成时选择了较多的慢生树种和小乔木，如桂花、紫薇、鸡爪槭、紫叶李等，这类树种均有很好的观赏价值但生长速度慢，绿量小，郁闭度小，所能发挥的生态效应相对较差，建议增加一些生长快适应能力强、绿量大、郁闭度高的乡土树种比例，如二球悬铃木、广玉兰、天竺桂、小叶榕等，同时注意慢生树和快生树、常绿树和落叶树、乔灌草的合理搭配，应以多层次的群植、丛植为主，形成复层绿化、高低起落、疏密有致的主体空间结构，以充分发挥其绿色健康廊道的生态效应。

第二，廊道林带宽度窄，难以实现绿色道路廊道的多重生态功能。廊道的宽度特征对于廊道的生态功能有重要意义，一般认为廊道越宽越好，窄带廊道易对敏感生物种的迁移产生影响，并影响廊道对有害物种和污染物的过滤，宽度越大，环境异质性也会增加，边缘种和内部种都会随之增加。研究表明，绿色道路廊道林带宽度在 60m 以上，可满足动植物迁移和传播以及生物多样性保护功能，针对成都市七条主要出入城通道建设的生态林带要求在四环路（绕城高速路）以内两侧林带宽度不小于 20m，在四环路（绕城高速路）以外两侧林带宽度不小于 50m，所以，目前光华大道绿色健康生态廊道仅为 10~15m 的宽度是远远不够的。

第三，没有充分发挥林带降噪效应。光华大道是连接成都市中心区与温江区的重要通道，近几年交通噪音成为一个重要的影响因素。光华大道绿色健康廊道由于宽度较窄，需要一定的生长时期和有效的结构才能提高应有的降噪效应。因此，选择以乔木为骨干、木本植物为主体，具有很强的适应性、抗逆性和低维护性，形态上表现为树冠大、叶面积大、叶片宽厚、枝叶紧密的植物，浓密的枝叶有助于提高绿地消声量，乔木如香樟、天竺桂、悬铃木、女贞、柳杉、夹竹桃、丛生竹、枫杨、杨树、木芙蓉、木槿等降噪效果好，而在光华大道绿色道路廊道中这些植物种类的比例、树龄和功能配置都还未达到充分发挥降噪效应的要求。

因此，针对上述存在的问题，为成都市贯通城乡森林生态道路廊道建设提出一些植物群落配置模式以供参考：如（杨树 + 侧柏 + 大叶樟 + 桂花 + 樱花 + 桃）×（南天竹 + 杜鹃 + 十大功劳 + 观音竹）×（蝴蝶花 + 八仙花 + 结缕草）；（女贞 + 黄葛树 + 杜英 + 悬铃木 + 木芙蓉）×（木槿 + 小蜡 + 海栀子 + 月月红 + 迎春）×（美人蕉 + 肾蕨 + 马蹄筋 + 吉祥草）；（楠木 + 广玉兰 + 栾树 + 三叶木 + 垂丝海棠）×（栀子 + 十大功劳 + 六月雪 + 蜡梅 + 花石榴）×（肾蕨 + 葱兰 + 狗牙根）；（水杉 + 银杏 + 天竺桂 +

象牙红 + 棕榈 + 夹竹桃 + 鸡爪槭）×（海桐 + 光叶子花 + 金叶女贞 + 珊瑚树）×（萱草 + 文殊兰 + 麦冬）；应注重乔木、灌木、藤本、花卉、草坪结合，但以乔木为主，乔木覆盖面积占 70% 以上为宜，常绿乔木与落叶乔木的比例 6∶4 为宜。

（2）活水公园作为成都主城区规划的五道绿圈中的第一圈——府南河环城公园中的一个典型实例，以其近自然林的优美环境，丰富的生物多样性，成熟稳定的植物群落配置得到了广大市民的盛赞。府南河环城公园的建设也以活水公园为模范进行，研究果表明，该绿色道路廊道仍存在一些问题：

第一，过于丰富的植物种类和极小规模的种植方式，导致一些物种不能很好地生长甚至死亡，很多的灌木、草本种类均是靠人力不断进行更替才得以保持较高的覆盖率和物种多样性，所以，活水公园较好的生态效应并不是单纯因为丰富的物种多样性实现，而是因为活水公园整体较大的绿地面积能有效地改善小环境生态效应，是植物群落的复层结构，丰富的层次，乔木层的成熟稳定，较大的绿量以及较高的郁闭度和叶面积指数等众多因素的综合作用。

第二，植物配置结构不尽合理，季节性不明显。活水公园华星路绿色道路廊道植物群落常绿落叶比较大，有些群落由于乔木如香樟、黑壳楠等常绿乔木极高的郁闭度导致林下灌木得不到充足的阳光生长不好甚至死亡。植物群落一年四季的郁闭度均高于另外两条绿色道路廊道，导致该绿色道路廊道在冬季人们希望感受到温暖和照射到阳光的季节保温效应较差，林内温度低于林外很多，也照射不到充足的阳光。

因此，在成都市主城区环城绿圈以及道路森林廊道的进一步建设中，树立模拟自然林的植物群落配置理念，优化植物配置结构，增加乡土树种、落叶树种、针叶树种所占比例，以丰富植物群落的季相变化。建议植物配置模式为：（水杉 + 灯台 + 杨树 + 臭椿 + 日本樱花）×（光叶石楠 + 杜鹃 + 南天竹 + 金叶女贞）+（蜘蛛抱蛋 + 渐尖毛蕨 + 鸭趾草）；（大叶樟 + 含笑 + 栾树 + 天竺桂 + 紫穗槐）×（棕竹 + 杜鹃 + 金叶女贞 + 侧柏）×（沿阶草 + 蝴蝶花 + 石菖蒲）；（黑壳楠 + 合欢 + 桂花 + 枇杷 + 紫荆）×（黄金间碧玉竹 + 杜鹃 + 南天竹 + 罗汉松 + 丝兰）×（大叶仙茅 + 肾蕨 + 葱兰）；行道树建议选择高大、夏季树冠浓荫的乔木，如垂柳、栾树、小叶榕、天竺桂，绿篱树种建议选择小蜡、六月雪、海桐、珊瑚树等种类。

（3）在进一步加快城区森林廊道建设的同时，还应针对郊区县市，从近自然森林的建设理念出发，通过人工营造与植被自然生长的完美结合，建造城乡连通的“近自然森林”廊道，走出一条有成都特色的城乡一体化的城市森林廊道建设道路。

第四节　成都市河流森林廊道研究

一、研究区及试验地概况

历史上成都因水而立，因水而兴。构成成都平原目前格局的直接原因是都江堰。都江堰将岷江分为外江（排洪河）和内江（人工河），宝瓶口下内江被分为蒲阳河、柏条河、走马河、江安河；外江分流形成黑石河、沙沟河。成都市地处川西水网区腹部，水网密布，西南部有岷江水系，东北部有沱江水系，全市有大小河流 150 余条，总长约1500km，水域面积700多km^2。可利用的水资源总量为277亿m^3，水资源总量较丰富，本地水资源总量为93.26亿m^3，过境水资源量为183.76亿m^3（李晓峰等，2003）。总供水量基本能满足全市工农业生产和城乡人民生活需要，发达的水系是城市森林网络建设的血液和骨架。

流经成都市区的70条大小河流中，沙河是第二大河，北起成都市北郊洞子口，沿金牛、成华、锦江三城区逶迤而下，在市区东南下河心村归流府河，全长22.22km。沙河是岷江水系，南宋时期有明确的记载，距今已有1500多年。多年来，沙河被蓉城人民称为"生命河"（谭炯等，2006；孙洁等，2009）。

2000多年悠久的建城历史，得天独厚的自然条件造就了发达的巴蜀文明，也孕育了秀丽的川西古典园林。但由于地处内陆，成都的城市发展受到严重的制约，园林绿地面积小，分布不合理，园林绿地发展滞后。改革开放以来，成都市园林绿化工作取得了长足的发展，特别在近年以来，随着府南河改造工程、沙河绿化治理工程等多项大型绿化工程的开展，成都市的各项绿化指标均有了较大幅度的提高，城市绿地建设有了一定的基础。

以沙河作为研究对象，探讨区域范围内的植物群落的结构特征以及环境效益。沙河是流经成都市区的第二大河，北起成都市北郊洞子口，沿金牛、成华、锦江三城区逶迤而下，在市区东南下河心村归流府河，全长22.22km。沙河是岷江水系，南宋时期有明确的记载，距今已有1500多年。2001年开始，实施沙河水环境综合整治工程。全线栽植各类高大乔木12.2万株，栽植各类花草310多万株，种植草坪约21万m^2，一大批黄葛树、银杏、桂花、广玉兰、水杉、金叶女贞等特色观赏树先后在沙河边上栽植。总体绿化面积3.45km^2，主要包括北湖凝翠、新绿水碾、三洞古桥、科技秀苑、麻石烟云、沙河客家、塔山春晓、东篱翠湖八大景点。驷马桥以上为水源保护区，供自来水二厂、五厂在此取水，两岸各留出200m生态绿化带，此段设计为"人水分离"，人行道与水体由绿带隔开，主要避免河水污染，同时也减少了河流生态系统的人为干扰。而驷马桥以下按50m绿化带控制，主要作为城市滨水绿化景区设计，突出亲水性和参与性，充分体现成都的河居文化特色。

二、研究方法

（一）群落调查与统计方法

1. 样地的设置

应用样方调查法，根据沙河植物群落的特点，在一些建设成型并效果较好的地段设置样方（共66个），样方面积为400㎡（20m×20m）。对乔木层的树种记录其高度（m）、胸径（cm）、枝下高（m）、冠幅（m）、疏透度（%）、郁闭度（%）等。灌木层和草本层记录种类、高度及盖度。胸径的测量即用围尺测量每一植株1.3m处的直径。

2. 群落特征计算方法

运用典型抽样法进行植物群落学调查，对每个群落进行乔、灌、草三个层次的调查。记录项目包括：①乔木层：记录样方内树高>2m，胸径>2.5cm的树种名称、胸径、树高、株数，冠幅（东、南、西、北四个方向）；将树高划分为5个等级：A（$h<5m$），B（$5m\leq h<10m$），C（$10m\leq h<15m$），D（$15m\leq h<20m$），E（$h\geq 20m$）。同时，按树高把树木分成大、中、

小三类，大树 h>20m、中等树木 5m≤h≤20m、小树 h<5m。将胸径划分为 6 个等级：A（DBH<10cm），B（10cm≤DBH<20cm），C（20cm≤DBH<30cm），D（30cm≤DBH<40cm），E（40cm≤DBH<50cm），F（DBH≥50cm）。同时，按胸径把树木分成大、中、小三类，大树 DBH>30cm、中等树木 10cm≤DBH≤30cm、小树 DBH<10cm。②灌木和草本层：记录样方内灌木及草本植物的物种名称、高度、盖度。树高 <2m，胸径 <2.5m 的乔木幼树幼苗归为灌木层植物统计。

重要值、物种多样性的测定同城市道路森林廊道研究方法。

3. 主要树种叶面积的估算

由于植被绿量的差异，即使某树种单位叶面积的日固碳释氧较高，也不能说明该树种的环境效益较其他树种好，此时的树种叶面积大小就显得尤为重要。本次研究采用以下树木叶面积回归模型估算不同树种的叶面积量（Nowak，1994）：

$$Y=\exp(0.6031+0.2375H+0.6906D-0.0123S_1)+0.1824$$

式中：Y 为叶面积总量；H 为树冠高度；D 为树冠直径；$S_1=\pi D(H+D)/2$

植物所覆盖的土地面积为植物树冠投影面积 S_2（m^2）：$S_2=1/4\pi D^2$。因此，单株叶面积指数的计算公式为：$I_{1A}=Y/S_2$

（二）环境效益主要指标测定与计算方法

1. 三维绿量的测定

有关三维量的测算，同城市道路森林廊道研究方法。

2. 固碳释氧量的测定

根据植物光合作用原理，植物的固碳释氧、降温增湿效应的计算，依赖于对植物光合速率及蒸腾速率的测定。在树木生长季，从阔叶树种长出的叶达到仪器测量范围（盖满整个叶室）开始。在全年具有代表性的 4 月、7 月、10 月各选一周，于晴朗、无风的天气情况下，在自然光照条件下，从早上 8：00 到晚上 18：00，每隔 2h 用美国生产的 li-6400XT 型光合仪进行观测。同一样地内选择健康植株 3 株，每株取 3 片叶，随机选取树木向阳面中部的叶片进行测定。待系统稳定后，每片叶取 5 个瞬时光合速率值。

用简单积分法求得植物叶片在一天内的净同化量。植物在测定当日的净同化量计算公式（韩焕金，2005；杨士弘，1994，1996）见第一章研究方法。

（1）某植物单位叶面积平均每天吸收 CO_2 和释放 O_2 量的计算公式：

$W_{CO_2平均}(g)=P_{平均}\times 44/1000$

$W_{O_2平均}(g)=P_{平均}\times 32/1000$

$P_{平均}(g)=(P_{春}+P_{夏}+P_{秋})/3\ [g/(m^2\cdot d)]$

式中：$W_{O_2平均}$——某植物单位叶面积平均每天释放 O_2 量；

$W_{CO_2平均}$——某植物单位叶面积平均每天吸收 CO_2 量；

$P_{平均}$——平均单位面积的日同化量。

（2）单株植物单位土地面积上的日固碳释氧量为：

$Q_{CO_2}=I_{1A}\times W_{CO_2}$

$Q_{O_2}=I_{1A}\times W_{O_2}$

式中：I_{1A}——单株叶面积指数；

W_{CO_2}——日固定 CO_2 的量［$g/(m^2\cdot d)$］；

W_{O_2}——日释放 O_2 的量［g/（m^2·d）］。

（3）植物年吸收 CO_2 和释放 O_2 总量的计算公式：

因为降雨量大于 5mm/d 时，植物光合作用积累量与呼吸作用消耗量大致相抵。据成都市 30 年的气象数据显示，成都市一年中平均降雨量超过 5mm 的天数为 41.9d，无霜冻期 287d，植物生长期 252.6d。由 3 月 16 日至 11 月 22 日的生长期中平均有 40d 降雨量超过 5mm，因此植物一年实际进行光合作用的天数为 212.6d。

某植物年吸收 CO_2 总量（g）=$W_{CO_2平均}$× 该植物叶片总面积数 ×212.6d

某植物年吸收 CO_2 总量（g）=$W_{O_2平均}$× 该植物叶片总面积数 ×212.6d

3. 降温增湿的测定

根据植物光合作用原理，蒸腾作用和光合作用的推动力都是太阳辐射能，水分的散失与 CO_2 的吸收大体上经过相同的途径（方向相反）。液态的水经过植物的蒸腾作用，由叶片的气孔和角质层以气态形式散发到空气中，并从环境中吸收热量，降低周围环境中的温度，增加湿度，从而达到改善周围环境小气候条件的作用。具体测定同固碳释氧的测定。计算方法与公式如下：

（1）某天某种植物单位叶面积降温增湿的量：

蒸腾总量 E 的公式见第一章研究方法。

每平方米叶片在一天中因蒸腾作用散失水分而吸收的热量 Q 为：

$$Q（J）=W \times l \times 4.18$$

式中：Q——单位叶面积每日吸收的热量［J/（m^2·d）］；

W——植物日蒸腾总量［g/（m^2·d）］；

l——蒸发耗热系数（1=597-0.57×t，t 为温度）；

4.18J=1 卡。

测定日的 t 值 4 月为 17.5℃，7 月为 30.6℃，10 月为 26.6℃。

（2）某种植物单位叶面积日平均降温增湿的量：

$$W_{H_2O平均}（g）=E \times 18$$

$$Q（J）=W \times l \times 4.18$$

$$E_{平均}=（E_{春}+E_{夏}+E_{秋}）/3 ［g/（m^2·d）］$$

式中：$W_{H_2O平均}$——某植物单位叶面积平均每天释放 H_2O 量；

Q——某植物单位叶面积平均每天吸收的热量；

$E_{平均}$——单位面积的日平均蒸腾量。

（3）绿地蒸腾降温作用的计算：

考虑到空气的湍流、对流和辐射作用，空气与叶面之间及空气微气团之间不断地进行热量扩散和交换，取底面积为 $10m^2$、厚度为 100m 的空气柱作为计算单元。在此空气柱体中，因植物蒸腾消耗热量（Q）是取自于周围 $1000m^3$ 的空气柱体，故使气柱温度下降。气温下降值用下式表示：

$$\triangle T=Q/Pc$$

式中：Q——绿地植物蒸腾使其单位体积空气损失的热［J/（m^3·h）］；

Pc——空气的容积热容量，其值为 1256J/（m^3·h）。

三、植物群落特征分析

（一）种类组成

根据调查结果，组成成都市沙河森林群落的树种主要有73科134属157种，其中乔木41种，隶属于17科25属；灌木49种，隶属于25科44属；草本67种，隶属于31科65属。从科的统计分析来看，含10种及以上的科有：蔷薇科（10属12种）、禾本科（13属14种）、菊科（11属11种）共计3科34属37种，分别占总科、属、种数的4.11%、25.37%、24.83%；含5~9种的科有：樟科（4属6种）和百合科（5属6种）共计2科9属11种，分别占总科、属、种数的2.74%、6.72%和7.38%；含2~4种的科共22科40属53种，分别占总科、属、种的30.14%、29.85%、35.57%；含1种的科有27科83属101种，分别占总科、属、种的63.01%、38.10%、32.22%。从属的统计分析来看，调查样地的种集中在少种属和单种属，分别占总属61.94%和29.85%，这说明在属的组成上具有很高的分散性；从科的统计分析来看，样地植物的科在少种科和单种科上相对集中，同时在蔷薇科、禾本科、菊科等一些世界性大科占有相对较大的比例。

将乔木树种按株树排名（表2-47），水杉所占比重最大，占15.90%，其后依次是天竺桂（9.00%）、香樟（6.98%）、垂柳（6.45%）、桂花（5.33%）、山杜英（5.18%）、银杏（5.18%）、黄葛树（4.35%），其累计占到研究区乔木总数的一半以上，是主要分布树种；其他树种数量较少皆小于4%。从乔木树种的使用比例来看，落叶乔木和常绿乔木种树的应用量几乎各占一半。通常一种树种的个体数量以不超过树木总数的10%为宜（张庆费，1999），而研究区内所调查的1318株树种中，除水杉超过这个界限，天竺桂接近这个比例，香樟、垂柳、银杏、桂花、山杜英、黄葛树在4%~6%之间。在共计41种乔木树种中，只有天竺桂和水杉的数量超过了100株，前9种树木数量超过了50株，从物种多样性角度考虑仍然存在着单优势种过于突出的问题。水杉、香樟、垂柳出现频率大于20%，天竺桂、桂花、杜英、银杏、黄葛树、桉树、二球悬铃木的频率在10%~20%之间，余下32种的频率小于10%（表2–48）。灌木中常绿灌木较多（表2-49），大约是落叶灌木的四倍，其中南天竹、迎春和十大功劳的出现频率较高，均大于20%，小蜡、黄花槐、杜鹃、八角金盘、栀子的频率在10%~20%之间，其余的都小于10%。草本中（表2-50），多年生较一年生多，空心莲子草、蝴蝶花、沿阶草和小白酒草的出现频率较高，大于20%，白三叶草、马尼拉草、肾蕨、马唐、美人蕉、天胡须、马兰、蕻菜的频率在10%~20%之间，其余的小于10%。说明成都市沙河植物群落通过绿化规划设计，植物配置大多较强地表现出人们的审美意思，有着观赏性强的特点。

表2-47　主要乔木树种组成

种名	拉丁名	科名	属名	植物类型
天竺桂	*Cinnamomum japonicum*	樟科	樟属	常绿乔木
银杏	*Ginkgo biloba*	银杏科	银杏属	落叶乔木
水杉	*Metasequoia glyptostroboides*	杉科	水杉属	落叶乔木
香樟	*Cinnamonum camphora*	樟科	樟属	常绿乔木
垂柳	*Salix babylonica*	杨柳科	柳属	落叶乔木

续表

种名	拉丁名	科名	属名	植物类型
桂花	*Osmanthus fragrans*	木犀科	木犀属	常绿乔木
黄葛树	*Ficus virons*	桑科	榕属	落叶乔木
山杜英	*Elaeocarpus sylvestris*	杜英科	杜英属	常绿乔木
桉树	*Eucalyptus* spp.	桃金娘科	桉属	常绿乔木
秋枫	*Bischofia javanica*	大戟科	大戟属	常绿乔木
大叶樟	*Cinnamomum septentrionale*	樟科	樟属	常绿乔木
广玉兰	*Magnolia grandiflora*	木兰科	木兰属	常绿乔木
木芙蓉	*Hibiscus mutabilis*	锦葵科	木槿属	落叶乔木
杨树	*Poplus* sp.	杨柳科	杨属	落叶乔木
雪松	*Cedrus deodara*	松科	雪松属	常绿乔木
楠木	*Phoebe zhennan*	樟科	楠属	常绿乔木
刺桐	*Erythrina indica*	蝶形花科	刺桐属	落叶乔木
榆树	*Ulmus pumila*	榆科	榆属	落叶乔木
紫叶李	*Prunus ceraifera* cv. Pissardii	蔷薇科	李属	落叶乔木
女贞	*ligustrum lucidum*	木犀科	女贞属	常绿乔木
国槐	*Sophora japonica*	豆科	槐属	落叶乔木
蒲葵	*livistona chinensis*	棕榈科	蒲葵属	常绿乔木
梅	*Armeniaca mume*	蔷薇科	杏属	落叶乔木
棕榈	*Trachycarpus fortunei*	棕榈科	棕榈属	常绿乔木
桃	*Amygdalus persica*	蔷薇科	桃属	落叶乔木
含笑	*Michelia figo*	木兰科	含笑属	常绿乔木
喜树	*Camptotheca acuminata*	蓝果树科	喜树属	落叶乔木
杜仲	*Eucommia ulmoides*	杜仲科	杜仲属	落叶乔木
红花檵木	*lorpetalum chinense* var. *rubrum*	金缕梅科	檵木属	常绿乔木
苦楝	*Melia azedarach*	楝科	楝属	落叶乔木
白兰花	*Michelia alba*	木兰科	含笑属	落叶乔木
二球悬铃木	*Platanus acerifolia*	悬铃木科	悬铃木属	落叶乔木
黑壳楠	*lindera megaphylla*	樟科	山胡椒属	常绿乔木
日本樱花	*Prunus yedoensis*	蔷薇科	梅属	落叶乔木
圆柏	*Sabina chinensis*	柏科	圆柏属	常绿乔木
龙柏	*Sabina chinensis* cv. kaizuka	柏科	圆柏属	常绿乔木
石楠	*Photinia glabra*	蔷薇科	石楠属	常绿乔木
南洋杉	*Araucaria cunninghamii*	南洋杉科	南洋杉属	常绿乔木
小叶榕	*Ficus microcarpa*	桑科	榕属	常绿乔木
海红豆	*Semen Adenantherae*	豆科	海红豆属	落叶乔木
朴树	*Celtis sinesis*	榆科	朴属	落叶乔木

表 2-48 主要乔木树种的重要值及出现频率

植物名称	多度（株）	相对多度（%）	高度（m）	相对高度（%）	胸径（cm）	相对显著度（%）	重要值	出现次数	频率（%）
水杉	212	15.90	7.45	2.98	11.80	1.16	7.00	14	21.21
天竺桂	120	9.00	5.26	2.10	11.09	1.02	4.22	12	18.18
香樟	93	6.98	7.52	3.00	14.80	1.82	4.07	15	22.73
垂柳	86	6.45	6.73	2.69	16.65	2.31	3.94	15	22.73
桂花	71	5.33	4.00	1.60	11.43	1.09	2.78	11	16.67
山杜英	69	5.18	4.66	1.86	8.76	0.64	2.66	10	15.15
银杏	69	5.18	8.24	3.29	18.93	2.98	3.92	13	19.70
黄葛树	58	4.35	5.38	2.15	21.41	3.81	3.52	11	16.67
广玉兰	44	3.30	4.83	1.93	13.25	1.46	2.30	5	7.58
紫叶李	40	3.00	3.80	1.52	7.11	0.42	1.71	4	6.06
桃树	37	2.78	3.97	1.58	10.17	0.86	1.80	3	4.55
芙蓉	35	2.63	3.02	1.20	13.48	1.51	1.83	5	7.58
桉树	31	2.33	11.43	4.56	29.01	7.00	4.68	8	12.12
秋枫	30	2.25	5.09	2.03	14.26	1.69	2.04	7	10.61
雪松	29	2.18	7.57	3.02	16.11	2.16	2.50	5	7.58
楠木	27	2.03	6.64	2.65	11.97	1.19	2.00	5	7.58
大叶樟	19	1.43	5.64	2.25	9.57	0.76	1.51	7	10.61
二球悬铃木	19	1.43	6.89	2.75	17.56	2.56	2.28	1	1.52
女贞	17	1.28	6.75	2.70	14.74	1.81	1.95	7	10.61
龙柏	16	1.20	5.00	2.00	11.25	1.05	1.44	1	1.52
含笑	15	1.13	4.08	1.63	7.67	0.49	1.10	2	3.03
杨树	15	1.13	12.23	4.88	25.80	5.54	3.87	5	7.58
刺桐	13	0.98	5.35	2.14	14.42	1.73	1.63	4	6.06
棕榈	13	0.98	5.75	2.30	10.67	0.95	1.43	3	4.55
日本樱花	12	0.90	4.25	1.70	11.67	1.13	1.26	1	1.52
喜树	10	0.75	6.14	2.45	9.00	0.67	1.31	2	3.03
槐树	9	0.68	8.64	3.45	31.14	8.07	4.08	3	4.55
杜仲	8	0.60	4.94	1.97	13.25	1.46	1.36	2	3.03
梅	8	0.60	6.57	2.62	17.80	2.64	1.97	3	4.55
榆树	7	0.53	10.56	4.22	30.88	7.93	4.24	4	6.06
蒲葵	4	0.30	3.88	1.55	15.00	1.87	1.25	3	4.55
小叶榕	3	0.23	4.00	1.60	12.67	1.33	1.06	1	1.52
海红豆	3	0.23	7.33	2.93	16.67	2.31	1.83	1	1.52
红花檵木	3	0.23	4.00	1.60	3.80	0.12	0.65	2	3.03

续表

植物名称	多度（株）	相对多度（%）	高度（m）	相对高度（%）	胸径（cm）	相对显著度（%）	重要值	出现次数	频率（%）
黑壳楠	3	0.23	6.33	2.53	18.67	2.90	1.89	1	1.52
苦楝	2	0.15	8.50	3.39	26.00	5.62	3.06	2	3.03
白兰花	2	0.15	3.50	1.40	6.00	0.30	0.62	1	1.52
圆柏	2	0.15	6.50	2.60	11.00	1.01	1.25	1	1.52
南洋杉	2	0.15	4.00	1.60	6.00	0.30	0.69	1	1.52
石楠	1	0.08	7.00	2.80	42.00	14.68	5.85	1	1.52
朴树	1	0.08	7.00	2.80	14.00	1.63	1.50	1	1.52

表 2-49　主要灌木出现频率

种名	拉丁名	科名	属名	植物类型	频率（%）
南天竹	*Nandina domestica*	小檗科	南天竹属	常绿灌木	27.27
迎春	*Jasiminum nudiflorum*	木犀科	素馨属	常绿灌木	27.27
十大功劳	*Mahonia bealei*	小檗科	十大功劳属	常绿灌木	24.24
小蜡	*ligustrum sinense*	木犀科	女贞属	常绿灌木	18.18
黄花槐	*Cassia surattensis*	豆科	决明属	落叶灌木	16.67
杜鹃	*Rhododendron simsii*	杜鹃花科	杜鹃花属	常绿灌木	13.64
八角金盘	*Fatsia japonica*	五加科	八角金盘属	常绿灌木	13.64
栀子	*Gardenia jasminoides*	茜草科	栀子属	常绿灌木	13.64
女贞	*ligustrum lucidum*	木犀科	女贞属	常绿灌木	10.61
红花檵木	*lorpetalum chinense* var. *rubrum*	金缕梅科	继木属	常绿灌木	9.09
贴梗海棠	*Chaenomeles speciosa*	蔷薇科	木瓜属	落叶灌木	7.58
山茶	*Camellia japonica*	山茶科	山茶属	常绿灌木	7.58
海桐	*Pittosporum tobira*	海桐科	海桐属	常绿灌木	7.58
水麻	*Debregeasia longifolia*	荨麻科	水麻属	常绿灌木	6.06
猫儿刺	*Ilex pernyi*	冬青科	冬青属	常绿灌木	4.55
毛竹	*Phyllostachys edulis*	禾本科	刚竹属	常绿灌木	4.55
棣棠	*Kerria japonica*	蔷薇科	棣棠属	落叶灌木	4.55
月桂	*laurus nobilis*	樟科	月桂属	常绿灌木	3.03
棕竹	*Rhapis excelsa*	棕榈科	棕竹属	常绿灌木	3.03
火棘	*Pyracantha fortuneana*	蔷薇科	火棘属	常绿灌木	3.03
光叶石楠	*Photinia glabra*	蔷薇科	石楠属	常绿灌木	3.03
金边六月雪	*Serissa japonica*	茜草科	白马骨属	常绿灌木	3.03
细叶小檗	*Berberis poiretii*	小檗科	小檗属	常绿灌木	3.03
紫薇	*lagerstroemia indica*	千屈菜科	紫薇属	落叶灌木	3.03
蔷薇	*Rosa* spp.	蔷薇科	蔷薇属	落叶灌木	3.03
夹竹桃	*Nerium indicum*	夹竹桃科	夹竹桃属	常绿灌木	3.03
洒金珊瑚	*Aucuba albo-punctifolia*	山茱萸科	桃叶珊瑚属	常绿灌木	3.03
梅	*Chimonanthus praecox*	梅科	梅属	落叶灌木	3.03

表 2-50 主要草本出现频率

种名	拉丁名	科名	属名	植物类型	频率（%）
空心莲子草	*Alternanthera philoxeroides*	苋科	莲子草属	多年生草本	30.30
蝴蝶花	*Iris japonica*	鸢尾科	鸢尾属	多年生草本	28.79
沿阶草	*Ophiopogon bodinieri*	百合科	沿阶草属	多年生草本	28.79
小白酒草	*Conyza canadensis*	菊科	白酒草属	一年生草本	22.73
白三叶草	*Trifolium repens*	豆科	车轴草属	多年生草本	19.70
马尼拉草	*Zoysia matrella*	禾本科	结缕草属	多年生草本	18.18
肾蕨	*Nephrolepis auriculata*	肾蕨科	肾蕨属	多年生草本	18.18
马唐	*Digitaria sanguinalis*	禾本科	马唐属	一年生草本	16.67
美人蕉	*Canna generalis*	美人蕉科	美人蕉属	多年生草本	15.15
天胡荽	*Hydrocotyle sibthorpioides*	伞形科	天胡荽属	多年生草本	12.12
马兰	*Kalimeris indica*	菊科	马兰属	多年生草本	12.12
焊菜	*Rorippa indica*	十字花科	焊菜属	一年生草本	10.61
繁缕	*Stellaria media*	石竹科	繁缕属	多年生草本	9.09
草地早熟禾	*Poa pratensis*	禾本科	早熟禾属	多年生草本	9.09
马蹄金	*Dichondra repens*	旋花科	马蹄金属	多年生草本	9.09
鼠麴草	*Gnaphalium affine*	菊科	鼠麴草属	二年生草本	9.09
打碗花	*Calystegin hederacea*	旋花科	打碗花属	多年生草本	9.09
蛇莓	*Duchesnea indica*	蔷薇科	蛇莓属	多年生草本	9.09
苣荬菜	*Sonchus arvensis*	菊科	苣荬菜属	多年生草本	7.58
黄鹌菜	*Youngia japonica*	菊科	黄鹌菜属	一年生草本	7.58
水蜈蚣	*Kyllinga brevifolia*	莎草科	水蜈蚣属	多年生草本	7.58
牛膝菊	*Galinsoga parviflora*	菊科	牛膝菊属	一年生草本	6.06
车前草	*Plantago asiatica*	车前科	车前草属	多年生草本	6.06
葎草	*Humulus japonicus*	大麻科	葎草属	多年生草本	6.06
荠菜	*Capsella bursa-pastoris*	十字花科	荠属	一年生草本	6.06
渐尖毛蕨	*Cyclosorus acuminatus*	金星蕨科	毛蕨属	多年生草本	4.55
海金沙	*Herba lygodii*	海金沙科	海金沙属	多年生草本	4.55
铁苋菜	*Acalypha australis*	大戟科	铁苋菜属	一年生草本	4.55
藜	*Chenopodium album*	苋科	藜属	一年生草本	3.03
接骨草	*Sambucus chinensis*	忍冬科	接骨草属	多年生草本	3.03
钻叶紫菀	*Aster subulatus*	菊科	紫菀属	一年生草本	3.03
吊兰	*Chlorophytum comosum*	百合科	吊兰属	多年生草本	3.03
冷水花	*Pilea notata*	荨麻科	冷水花属	多年生草本	3.03
牵牛花	*Chlorophytum comosum*	旋花科	牵牛属	一年生草本	3.03
水蓼	*Polygonum hydropiper*	蓼科	蓼属	一年生草本	3.03
紫鸭跖草	*Setcreasea purpurea*	鸭跖草科	鸭跖草属	多年生草本	3.03
花叶蜘蛛抱蛋	*Aspidistra elatior*	百合科	蜘蛛抱蛋属	多年生草本	3.03
看麦娘	*Alopecurus aequalis*	禾本科	看麦娘属	一年生草本	3.03
艾蒿	*Artemisia argyi*	菊科	蒿属	多年生草本	3.03
龙葵	*Solanum nigrum*	茄科	茄属	一年生草本	3.03
黑麦草	*lolium perenne*	禾本科	黑麦草属	多年生草本	3.03

综合分析得出（表 2-47，表 2-48），天竺桂（*Cinnamomum japonicum* var. *chekiangense*）、银杏（*Ginkgo biloba*）、水杉（*Metasequoia glyptostroboides*）、香樟（*Cinnamonum camphora*）、垂柳（*Salix babylonica*）、桂花（*Osmanthus fragrans*）、黄葛树（*Ficus virens*）、山杜英（*Elaeocarpus sylvestris*）是研究区的基调树种，他们的株树总量多，占总量的一半以上，出现的次数多，频率高，他们本身的生理生态习性也适合成都市的生态环境。研究区中出现频率较高的灌木有南天竹（*Nandina domestica*）、迎春（*Jasiminum nudiflorum*）、十大功劳（*Manonia fortunei*）、小蜡（*ligustrum sinense*）、黄花槐（*Cassia surattensis*）、杜鹃（*Rhododendron simsii*）、八角金盘（*Fatsia japonica*）、栀子（*Gardenia jasminoides*）、女贞（*ligustrum lucidum*）、红花檵木（*lorpetalum chinense* var. *rubrum*）。灌木树种中有很大一部分是本地的乡土树种，适应本地的气候条件，生长良好、数量多、盖度大。还有一部分是经外地引进入成都后，已经适应成都市特殊气候条件，栽种面积、数量较多的物种，它们丰富了成都市的树种资源，也丰富了植物群落的景观。研究区中出现频率较高的草本植物有空心莲子草（*Alternanthera philoxeroides*）、蝴蝶花（*Iris japonica*）、沿阶草（*Ophiopogon bodinieri*）、小白酒草（*Conyza canadensis*）、白三叶草（*Trifolium repens*）、马尼拉草（*Zoysia matrella*）、肾蕨（*Nephrolepis cordifolia*）、马唐（*Digitaria sanguinalis*）、美人蕉（*Canna generalis*）（表 2–50）。草本植物基本都是本地的乡土植物，适应本地的气候条件，生长良好，盖度高。

（二）径阶结构分析

综合所有调查的群落植物，研究区的不同种群径级结构如图 2–43。

由图 2-43 看出，树木在胸径等级上呈现“两头少，中间多”的数量分布格局，大、中、小径级树木之比为 57∶971∶290。树木的平均胸径为 12.53cm，其中有 64.34% 的树木径级小于平均径级水平。绝大多数树木集中在 10~20cm 的径阶区间范围，其间数量达 828 株，占调查总量的 62.82%。依数量排序径阶依次为：<10cm 的 290 株，占调查总量的 22.00%；20~30cm 的 143 株，占调查总量的 10.85%；30~40cm 的 34 株，占调查总量的 2.58%；40~50cm 的 15 株，占调查总量的 1.14%；>50cm 的 8 株，占调查总量的 0.61%。说明树木多以中等径级为主，大径级的树木所占比例很小，该植物群落仍处于快速生长期，其生态功能作用还有较大的发展空间。

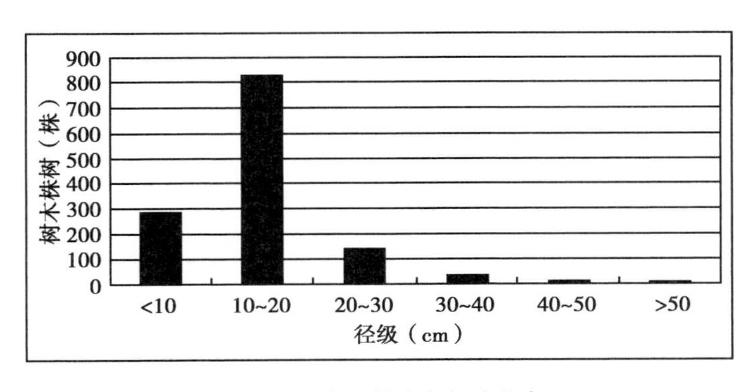

图 2-43　主要树木各径阶分布

（三）垂直结构分析

由图 2-44 可以看出，树木在高度等级上呈现“两头少，中间多”的数量分布格局，研究区树木种数随着立木层次的不断增高逐渐递减，且不同立木层次树种数量相差较大，大、中、小树种所占的数量分别为 7： 921： 390。研究区树木的平均高度为 6.29m，其中有 42.76% 的树木高于平均树高水平。树种集中分布在 5~10m 的空间范围，占总数的 62.27%；其次是 <5m 的立木区间，占 29.26%；10~15m 等区间占 6.90%；15~20m 区间占 1.05%；>20m 所占比例最少，为 0.53%。说明立木层次总体上以中等类型的乔木为主。

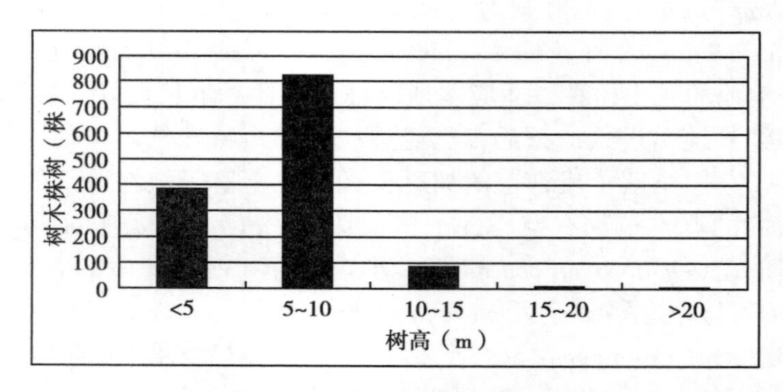

图 2-44　不同高度等级树木数量分布

（四）物种多样性分析

物种多样性是指一个群落中的物种数目和各物种分配的均匀度，它不仅反映了群落中组成物种的丰富程度，也反映了群落的稳定性与动态，是群落组织结构的重要特征。尽管有的学者认为目前普遍使用的物种多样性指数的计算公式都存在一定的缺陷（王寿兵，2003），但物种多样性作为群落结构特征的一个重要方面，可以有效反映群落结构和功能复杂性以及组织水平，能比较系统和清晰地表现各群落的一些生态学特征，是衡量群落稳定性和健康性的一个重要指标（赵志模等，1990）。一个物种多样性指数很低的城市绿化树木群体抵抗外界环境压力（病虫害、火灾等）的能力是很低的（Calvin，1999）。通过测定物种多样性指数，可为资源保护和合理利用及城市绿地生态系统结构的调整和规划提供科学依据，因此，测定群落的物种多样性具有重要的理论和实际意义。

物种丰富度是用来衡量群落内物种的丰富程度，数值越大说明丰富度越高。如图 2–45 所示，植物群落在不同层片上，物种丰富度指数大致呈现草本层 > 灌木层 > 乔木层的特点，说明群落整体的物种数量主要受草本层丰富度的影响。究其原因，是因为研究区的植物群落都是人工植物群落或半人工植物群落为主，为尽快达到美化效果，种植灌木多于乔木，且一般只在特定时期进行养护，所以绿地中经常会有野生植物出现，而野生植物大多为草本，草坪草如马尼拉草、黑麦草以及作为地被的沿阶草、蕨类、三叶草、蝴蝶花等在数量上占有绝对优势，故草本植物种类远多于乔木和灌木，物种丰富度指数较高。

从图 2-45 可知，就研究区植物的总体平均而言，Shannon-wiener 多样性指数总的趋势为草本层 > 灌木层 > 乔木层，乔木层的 Shannon-Wiener 指数为 1.07。灌木层与乔木层的多样性指数比较接近为 1.09，草本层的多样性指数为 1.23。明显低于亚热带常

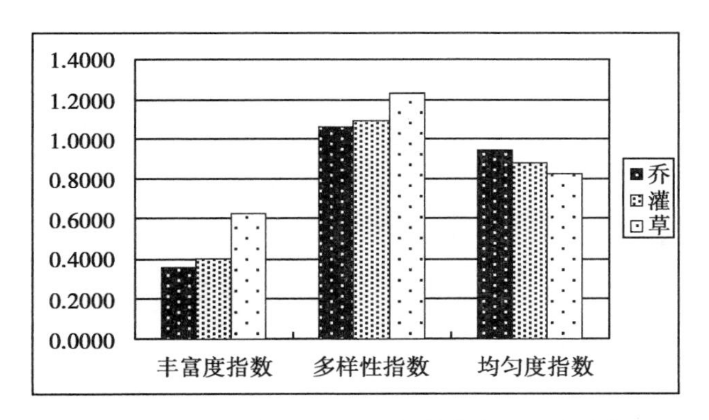

图 2-45　物种丰富度指数、多样性指数和均匀度指数

绿阔叶林的 4~5，这主要与分布种类较少，不同树种分布不均匀有关，说明群落结构相对简单，组织水平较低。

Pielou 均匀度指数总体表现乔木层 > 灌木层 > 草本层，如图 2-45。均匀度指数在各层间表现出乔木层的均匀度偏高的规律，这主要是由于乔木树种种类少，且少数树种包含大部分株数，而表现出群落内均匀度的差异。

（五）主要树种叶面积指数分析

由表 2-51 可知，各树种三维绿量、单株叶面积差异很大。垂柳的三维绿量最高，为 42.86m^3,依次是香樟、黄葛树、银杏、桂花、天竺桂、水杉,山杜英的三维绿量最低,为 3.12m^3。单株叶面积，垂柳最高为 49.71m^2，其次是黄葛树、香樟、银杏、天竺桂、桂花、水杉，山杜英最低为 8.69m^2。叶面积指数水杉最高，为 8.01，依次为银杏、山杜英、香樟、垂柳、天竺桂、黄葛树，桂花最低位 2.86。水杉的平均单位体积叶面积最高，为 4.62m^2/m^3，依次是天竺桂、山杜英、桂花、银杏、黄葛树，垂柳最低，为 1.16m^2/m^3，这反映了水杉枝叶茂密，树冠郁闭度较高；垂柳枝叶相对分散，导致其单位体积内的叶面积最低。

表 2-51　单株三维绿量、叶面积、叶面积指数、单位体积叶面积

树种	天竺桂	香樟	桂花	山杜英	银杏	水杉	垂柳	黄葛树
枝下高（m）	1.57	2.22	1.34	2.20	2.01	1.98	2.08	1.72
树高（m）	4.62	6.50	3.72	4.66	7.39	7.19	6.46	5.03
冠高（m）	3.06	4.28	2.38	2.46	5.39	5.20	4.39	3.31
冠幅（m）	2.96	3.60	2.97	1.56	2.86	1.56	4.32	3.94
树冠形状	卵状圆锥形	卵形	卵形	卵球形	宽卵形	圆锥形	倒广卵形	卵形
三维绿量（m^3）	6.99	28.95	10.99	3.12	23.01	3.29	42.86	26.92
单株叶面积（m^2）	20.83	35.19	18.60	8.69	30.16	15.21	49.71	35.32
树冠投影面积（m^2）	6.86	10.15	6.93	1.90	6.41	1.90	14.66	12.19
叶面积指数	3.03	3.47	2.68	4.57	4.71	8.01	3.39	2.90
单位体积叶面积（m^2/m^3）	2.98	1.22	1.69	2.79	1.31	4.62	1.16	1.31

（六）小结与讨论

研究区植物在少种科和单种科上相对集中，同时在蔷薇科、禾本科、菊科等一些世界性大科占有相对较大的比例；树种集中在少种属和单种属，这说明在属的组成上具有很高的分散性。落叶乔木和常绿乔木的应用量大致相当。水杉、天竺桂、香樟、垂柳、桂花、山杜英、银杏、黄葛树是研究区的主要树种，所占比重较大，累计数量占到研究区乔木总量的一半以上。从物种多样性角度考虑仍然存在着单优势种过于突出的问题。灌木中常绿灌木较多，大约是落叶灌木的四倍；草本中，多年生较一年生多。

从树种结构来看，空间结构相对合理。研究区树木在胸径等级上呈现“两头少，中间多”的数量分布格局，大、中、小径级树木之比为57∶971∶290。树木的平均胸径为12.53cm，其中有64.34%的树木径级小于平均径级水平。10~20cm的径阶区间范围上分布的树木数量最多。树木多以中径级为主，大径级的树木所占比例很小，说明该植物群落仍处于快速生长期，其生态功能作用还有较大的发展空间。树木在高度等级上也呈现“两头少，中间多”的数量分布格局，研究区树木种数随着立木层次的不断增高逐渐递减，且不同立木层次树种数量相差较大，大、中、小树种所占的数量分别为7∶921∶390。研究区树木的平均高度为6.29m，其中有42.76%的树木高于平均树高水平。树种集中分布在5~10m的空间范围，占总数的62.27%。立木层次总体上以中等类型的乔木为主。

就研究区植物的总体平均而言，物种丰富度指数、Shannon-Weiner指数的趋势是草本层>灌木层>乔木层，而Pielou指数的趋势是乔木层>灌木层>草本层。表明草本层较丰富，乔木层和灌木层种类成分较简单。乔木层的Shannon-Wiener指数为1.07。灌木层与乔木层的多样性指数比较接近，为1.09，草本层的多样性指数为1.23，均在1左右，说明群落结构相对简单，树种的丰富度和个体数量分布均匀度均不高。树种的选择是构建城市森林合理结构的一个至关重要的环节，选择要符合当地的自然条件，实现速生树种和慢生树种间植，兼顾短期和长期的要求。适当增加乔、灌、草复合结构的比例，以丰富树种的多样性，提高多样性指数。许多研究都表明群落的物种多样性与海拔高度有密切关系，海拔高度是决定生境差异的主要因子，海拔高度的差异直接导致温度和湿度的差异（谢晋阳等，1994;黄建辉等，1997;张峰等，1998;庄雪影等，1997）。但是由于本次研究的群落大都是受人为活动干扰较频繁的地区，所以物种多样性不仅受海拔高度影响，还受到群落发展历史、自然条件的和植物种实来源和人为活动的影响。因此，如何既保证城市化的稳步协调发展，又不让城市森林被开发和破坏，保护和提高城市森林的多样性将是我们今后研究的一个重要方向。从丰富多样性的角度，应大力利用地带性的物种资源，尤其是乡土树种，形成具有自身特点的绿地景观。构筑具有地域植被特征的城市多样性格局，扩大多样化物种的种群规模；构建生物多样性高的复层群落结构，提高单位绿地面积的生物多样性指数，促进河流廊道的自然化。

研究区主要树种的三维绿量为垂柳>香樟>黄葛树>银杏>桂花>天竺桂>水杉>山杜英;单株叶面积为垂柳>黄葛树>香樟>银杏>天竺桂>桂花>水杉>山杜英。表明植株三维绿量越大，其总叶面积就越大。叶面积大小对净化空气、防污滞尘、降低噪音等综合环境效应有很大影响，因此应当多选择单株叶面积较大的树种以增加对环境的贡献率。叶面积指数的顺序为水杉 > 银杏 > 山杜英 > 香樟 > 垂柳 > 天竺桂 > 黄葛树 > 桂花；单位体积叶面积为水杉 > 天竺桂 > 山杜英 > 桂花 > 银杏 > 黄葛树 > 垂柳。单位体积叶面积取决于该植株单位体积的大小，因此叶面积越大，其单位体积叶面积不一定大。绿色植物的固碳释氧效应源于植物叶片的光合作用，是通过叶片表面与周围环境产生交流与相互作用完成的。因此，在评价绿地固碳释氧效应时，不仅应当以植物的生理特征，即光合作用能力为评价指标，而且将植物绿量纳入综合考虑有极大地实用意义。

四、环境效益研究

根据调查结果，结合样方内树种多度、出现的频率及重要值等综合特征，选择水杉、天竺桂、香樟、垂柳、桂花、山杜英、银杏、黄葛树 8 种在样地内健康的植株作为试验材料。

植物光合作用日变化是植物生产过程中物质积累与生理代谢的基本单元，也是分析环境因素影响植物生长和代谢的重要手段。由于光照、温度和水分等环境因子在一天中发生明显的变化，因此，植物的光合速率也呈现出相应的变化规律。植物叶片净光合速率的日变化是分析一天中叶片光合生产能力的重要生理基础。许多研究表明，一天中叶片光合速率存在明显的日变化，并存在许多日变化类型，就植物光合碳代谢类型来说，有 C_3 植物、C_4 植物和景天科植物日变化类型，就光合作用日变化模式来说，可分为中午降低型、单峰曲线型和下午降低型（许大全等，1993；廖建雄等，1999；徐克章，1994）。

关于光合作用的成因，即受生态环境的影响，也与植物叶片内生节律的变化有关。随着测定技术手段的不断改进，特别是红外光合作用测定仪的出现，使得人们可以在不伤害叶片的条件下，对植物一天中光合速率日变化等多项指标进行同时测定，从不同生理生化角度探索光合日变化的原因。研究表明，影响光合日变化的因素有大气环境因子、叶片气孔导度、光抑制作用、光呼吸作用（高辉远等，1992；许大全等，1992；孟庆伟，1996）等诸多因素。研究光合作用的日变化，特别是针对某一地区植物系统的比较研究，对评价栽培环境、估测植物一天中的固碳释氧能力，选择植物营建生态效益好、景观效果佳的城市绿地有很大的帮助。本文对研究区 8 种主要植物春季、夏季和秋季光合日变化进行了观测，并对结果进行了初步分析，比较了植物叶片的固碳释氧能力。

（一）主要大气因子的日变化和季节变化

测定工作分别于春季、夏季和秋季的代表月份 4 月、7 月和 10 月，在完成光合速率和蒸腾速率的同时，同步观测主要大气因子的变化，结果如图 2-46 和图 2-47。不用月份气温的日变化趋势都呈单峰型，在午后 14：00 左右达到最高值。不同季节环境因子的变化很大，从夏季到秋季温度有明显的下降，夏季的最高温度达 33.8℃，且终日气温较高，秋季最高为 30.7℃，春季气温较低最高为 19.2℃。春夏秋三季平均气温分别为 17.5℃、30.6℃、26.6℃。从三个季节相对湿度的来看，在 12：00~14：00 左右相对湿度最低，且春季的相对湿度最低为 35.2%，秋季为 49.7%，夏季为 53.8%。

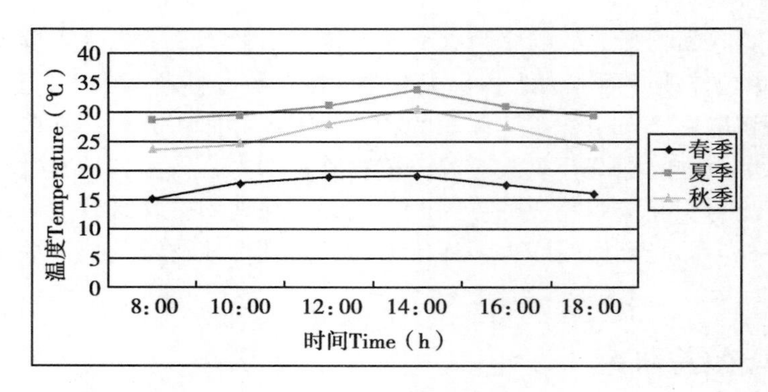

图 2-46　气温变化

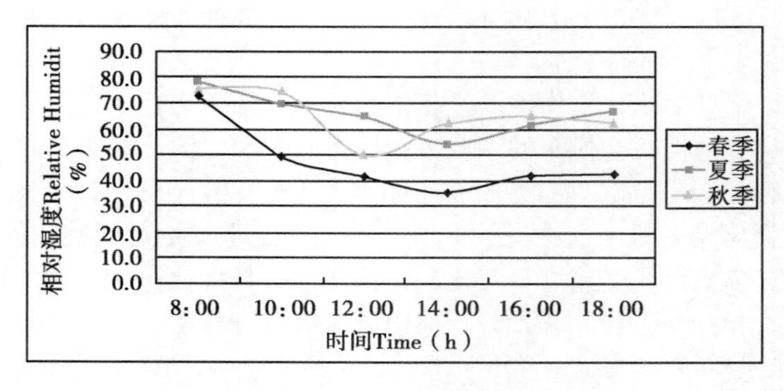

图 2-47　相对湿度变化

（二）主要树种光合速率日变化

1. 主要树种春季光合速率日变化

春季大部分植物未完全展叶，叶龄较低，生理代谢功能较弱，因此光合速率较低，峰值均出现在 12：00 左右。由图 2–48 可以看出，春季 8 种乔木树种的日变化曲线均呈单峰型，且香樟的峰值最高。

天竺桂的光合速率日变幅为 –2.56~6.07μmol/(m^2·s), 香樟为 –0.65~11.13μmol/(m^2·s), 桂花为 –0.55~4.25μmol/(m^2·s), 山杜英为 –3.01~6.12μmol/(m^2·s), 银杏为 –1.11~3.10μmol/(m^2 · s)，水杉为 –5.55~2.11μmol/（ m^2 · s)，垂柳为 –3.98~7.44μmol/（ m^2 · s)，黄葛树

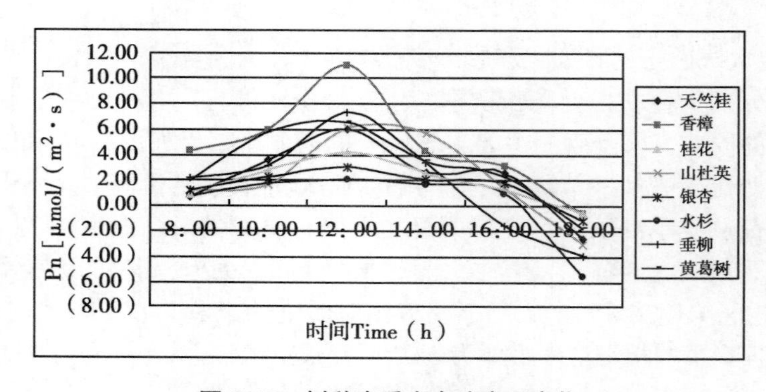

图 2-48　树种春季光合速率日变化

为 -1.78~6.59μmol/（m²·s）。香樟日变幅较大，说明光合能力最强，水杉和银杏光合速率曲线相对平稳，光合能力较弱。

2. 主要树种夏季光合速率日变化

由夏季各树种的光合速率日变化（如图 2-49）可以看出，天竺桂、山杜英、水杉、垂柳和黄葛树呈单峰曲线；桂花、银杏和香樟光合速率日变化呈双峰曲线，出现了明显的光合“午休’现象，且持续时间较长，说明夏季光照强烈，光合有效辐射是主要的影响因子。分析其原因，可能是由于午后随着光合有效辐射的增强和温度的加剧，大气湿度降低加剧了蒸腾失水；植物气孔导度降低，气孔限制值增大，胞间 CO_2 浓度降低，因而植物出现光合午休现象。它是植物在长期进化过程中适应干旱环境而产生的一种生理现象，对植物的生存是有利的。

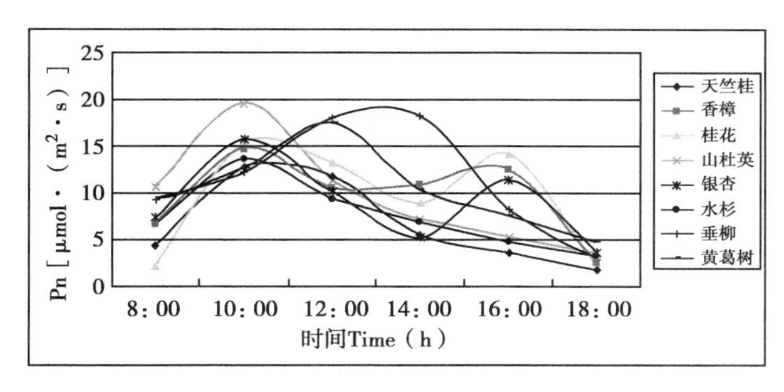

图 2-49　树种夏季光合速率日变化

各树种峰值出现的时间不同，光合速率变幅较大。早晨光合速率较低，随着温度和光强的上升，光合速率逐渐增高，天竺桂在 12:00 左右达到最高其峰值为 11.78μmol/（m²·s），午后光合速率下降，变化幅度为 1.77~11.78μmol/（m²·s）。山杜英光合速率的峰值出现在午前 10: 00，为 19.68μmol/（m²·s），其变化幅度为 3.64~19.68μmol/（m²·s）。水杉光合速率的峰值出现在午前 10: 00 左右，变化幅度为 3.25~13.62μmol/（m²·s）。垂柳光合速率的峰值出现在午前 12: 00 左右，变化幅度为 2.87~18.21μmol/（m²·s）。黄葛树光合速率的峰值出现在午前 12: 00 左右，变化幅度为 4.75~17.46μmol/（m²·s）。其他 3 种植物的光合速率呈双峰。早晨光合速率随气温和光照的上升而增高，香樟在午前 10: 00 左右形成第一峰，峰值为 14.71μmol/（m²·s），午间净光合速率有所回落，午后逐步回升，在 16: 00 左右，形成第二峰，峰值为 12.45μmol/（m²·s），日变化幅度为 2.53~14.71μmol/（m²·s）。桂花光合速率的峰值分别出现在午前 10: 00 和午后 14: 00 左右，峰值分别为 15.36μmol/（m²·s）和 14.16μmol/（m²·s），日变化幅度为 2.27~15.36μmol/(m²·s)。银杏光合速率的峰值分别出现在午前 10:00 和午后 14:00 左右，峰值分别为 15.74μmol/（m²·s）和 11.36μmol/（m²·s）。日变化幅度为 3.97~15.74μmol/（m²·s）。午前的值明显高于午后的值，可能是由于光合有效辐射变化所引起的。相比较而言，水杉的光合能力较小。

3. 主要树种秋季光合速率日变化

在秋季，8 种乔木树种光合速率日变化曲线，除桂花为双峰型，其他都为单峰型

（如图 2-50）。桂花两峰值分别出现在 10：00 和 16：00，分别为 15.02μmol/（m^2·s）和 12.56μmol/（m^2·s）。天竺桂、山杜英、银杏、水杉的峰值出现在 10：00 左右，峰值分别为 9.10μmol/（m^2·s）、13.3μmol/（m^2·s）、8.16μmol/（m^2·s）、5.97μmol/（m^2·s）；垂柳、香樟、黄葛树出现在 12：00 左右，峰值分别为 12.68μmol/（m^2·s）、11.70μmol/（m^2·s）、10.59μmol/（m^2·s）。桂花的两峰明显高于其他树种峰值，光合能力较强，水杉的光合能力较小。

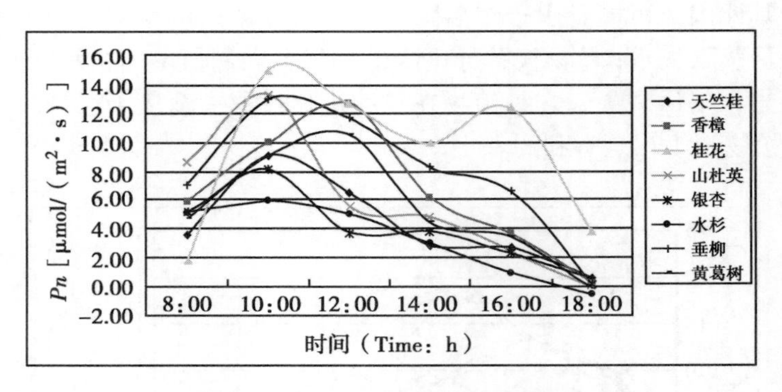

图 2-50 树种秋季光合速率日变化

天竺桂的光合速率日变幅为 0.59~9.10μmol/（m^2·s），香樟为 0.26~12.68μmol/（m^2·s），桂花为 3.80~12.56μmol/（m^2·s），山杜英为 −0.15~13.31μmol/（m^2·s），银杏为 0.47~8.16μmol/（m^2·s），水杉为 −0.56~5.97μmol/（m^2·s），垂柳为 0.30~13.03μmol/（m^2·s），黄葛树为 −0.12~10.59μmol/（m^2·s）。

4. 主要树种光合速率的季节变化

以各季节每日 8：00~18：00 测得的植物光合速率平均值代表各季节植物的平均光合速率（图 2-51）。表明，8 种树种的季节变化均为夏季 > 秋季 > 春季。桂花春、夏、秋三季的光合速率分别为 2.26、9.33 和 9.24μmol/（m^2·s），夏季到秋季的变化幅度小，说明桂花从夏季到秋季一直保持着比较旺盛的生长能力。春季香樟的光合速率最高，水杉最低；夏季垂柳光合速率最高，天竺桂最低；秋季桂花的光合速率最高，水杉最低。三季节平均光合速率由高到低的顺序是垂柳、香樟、桂花、黄葛树、山杜英、银杏、

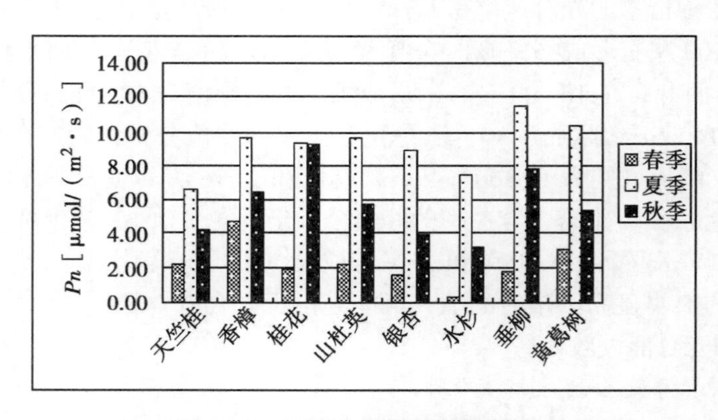

图 2-51 树种光合速率的季节变化

天竺桂、水杉。

在春季，树木处于放叶、展叶阶段，叶片的各项功能还不完善，且新组织的形成常伴随着较强的呼吸作用，所以光合能力较弱；之后，随着叶片功能的完善，光合能力逐渐增强，到夏季，叶片的羧化效率高，环境条件较好，光合速率最高；到了秋季，叶片的羧化能力开始下降，光合能力也逐渐降低。

5. 小结与讨论

植物光合作用是一个很复杂的过程，受多种生理生态因子的综合影响，除光合有效辐射、温度、湿度、CO_2浓度、土壤水分含量等环境因子对净光合速率有影响外，叶片的气孔导度、叶细胞的叶绿素含量和比例、叶片水分含量、叶片厚度、叶片成熟程度等内在因子也会对其产生不同的影响，具有复杂的日变化和季节变化。因此树种的净光合日变化呈现出不同的结果。一般认为，植物在夏季的光合速率最高，在秋季和冬季较低（张祝平，1995；曾小平等，1997；柯世省等，2002）。但也有研究表明，植物的光合速率在夏季反而最低（李辉等，1998），其原因可能是夏季过高的气温，高温可以破坏植物的光合和呼吸的平衡，造成植物的萎蔫、干枯，造成植物气孔的异常开闭等。事实上外界环境在不停地发生变化，植物内部因子又随外界因素的变化而不断作出适应性调整，因此这种外界因素的多变性和内外因素的相互作用构成了光合作用影响因子的多变性、复杂性、随机性和不稳定性。本文研究结果表明，日均光合速率夏季最高，和前人研究结果一致。不同植物因其不同的环境以及叶龄、健康状况不同等因素的存在，净光合速率日变化具有不同的规律，同一植物在不同的季节也有不同的净光合速率日变化，总的来说，净光合速率的日变化曲线具有“双峰”型和“单峰”型。单峰型的树种相对于双峰型的树种，他们在高温、低浓度的空气CO_2和相对湿度等恶劣环境下，光合作用仍然较强，表现出较强的适应能力，这是植物对环境长期适应的结果。

春季光合速率可能主要受光合有效辐射、气孔导度、蒸腾速率的影响；而夏季和秋季受气孔导度、胞间CO_2浓度的影响（李海梅，2004）。日变化曲线的测定以季节区分，在整个生长季中即春季、夏季、秋季其日变化曲线分双峰型和单峰型。研究区主要树种光合速率日变化曲线以单峰型曲线居多，其峰值出现的时间不固定，从午前10：00到午后14:00均有出现。双峰曲线的峰值出现在上午的10:00左右和下午的16:00左右，中午出现光合午休。主要树种光合速率日变化曲线，春季日变化曲线均呈单峰型；夏季桂花、银杏和香樟光合速率日变化呈双峰曲线，天竺桂、山杜英、水杉、垂柳和黄葛树呈单峰曲线；秋季日变化曲线仅桂花呈双峰曲线，其他树种为单峰型曲线。树种光合速率的季节变化趋势表现为夏季 > 春季 > 秋季。总的来说光合能力由强到弱的顺序为：垂柳、桂花、香樟、黄葛树、山杜英、银杏、天竺桂、水杉。

植物对环境的调节作用，既受到植物的生理特性、植物树冠、叶片的形态结构等内部因素的影响，同时还受到大气中光照、温度、风等外因的影响。王丽勉等（2007）发现气孔和外界环境因素对植物的光合作用有着相当重要的影响，研究证明：光合作用的强度还与蒸腾作用、呼吸作用相关，尤其夏季中午受温度胁迫时易产生光合午休（陈军等，2004）。这是因为高温很容易破坏植物光合和呼吸作用的平衡，从而降低植物的光合能力；高温还促进蒸腾作用，强烈的蒸腾作用会破坏植物水分平衡，造成植物萎蔫、干枯，不能很好地进行光合作用；此外气孔的异常开闭又直接影响到植物的光合作用，过高的温度还使叶片过早衰老，甚至使蛋白质凝固和导致有害代谢产物的积累（陈润政等，1998）。

（三）主要树种蒸腾速率日变化

1. 主要树种春季蒸腾速率日变化

植物蒸腾速率的日变化主要 2 种变化曲线，在叶片水分充足时呈单峰曲线，在水分缺乏时为双峰曲线。春季（图 2-52），所测定的 8 种植物均呈单峰曲线，早上蒸腾速率随光照的加强和温度的升高而升高，到中午前后达到峰值，下午随光照强度和气温的降低而降低，故呈单峰曲线。可以看出，8 种植物的蒸腾速率峰值大小为银杏 > 垂柳 > 水杉 > 山杜英 > 黄葛树 > 天竺桂 > 桂花 > 香樟。

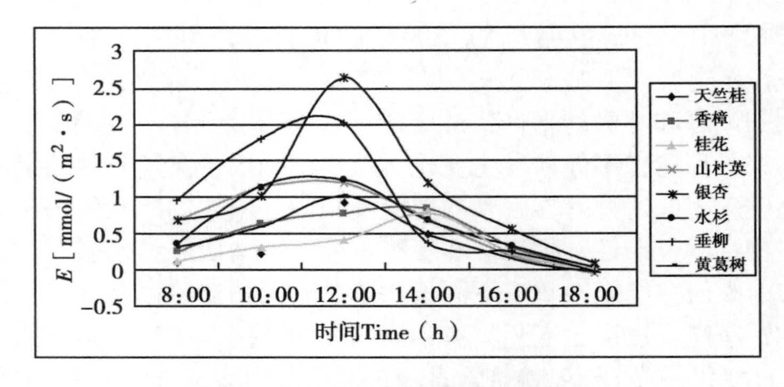

图 2-52　树种春季蒸腾速率日变化

天竺桂、银杏、垂柳、黄葛树蒸腾速率峰值出现在 12:00，分别为 0.93、2.63、1.25、2.03、1.02mmol（m^2·s）。香樟、桂花、山杜英蒸腾速率峰值出现在 14:00，分别为 0.83、0.77、0.69mmol/（m^2 · s）。银杏和垂柳的日变幅较大，其他曲线变化比较平缓，变幅不大。

2. 主要树种夏季蒸腾速率日变化

夏季蒸腾速率日变化曲线水杉、香樟为双峰型，其他树种为单峰型（图 2-53）。水杉两个峰值出现的时间分别为 10∶00 和 14∶00，峰值分别为 7.89 和 6.99mmol/（m^2·s）。

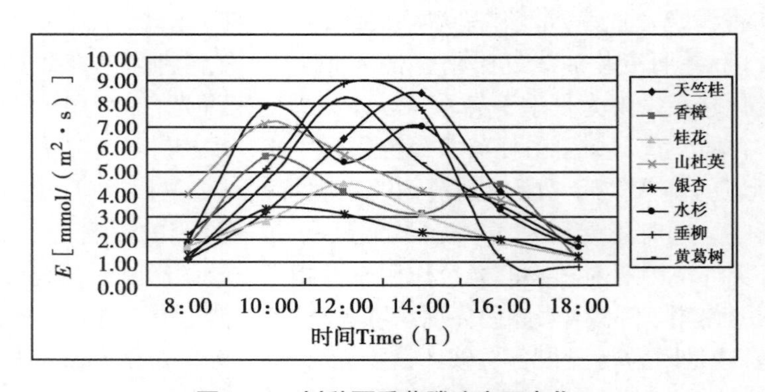

图 2-53　树种夏季蒸腾速率日变化

香樟两峰值出现的时间是 10：00 和 16：00，峰值分别为 5.66 和 4.43mmol/（m^2 · s）。天竺桂蒸腾速率峰值出现在 14：00，其峰值为 8.47mmol/（m^2 · s）。桂花、垂柳、黄葛树峰值出现在 12：00，分别为 4.52、8.89、8.25mmol/（m^2 · s）。山杜英和银杏峰值出现在 10：00，分别为 7.16 和 3.34mmol/（m^2 · s）。垂柳的蒸腾速率最强，且变幅大；银杏的蒸腾速率日变幅最低，蒸腾能力较弱。

3. 主要树种秋季蒸腾速率日变化

秋季光照强度和气温均有所下降，植物叶片表面的温度都明显低于夏季，环境条件的改变促使各种植物的蒸腾速率都出现了不同的降低，但不同种类之间仍存在明显的差异（图 2-54）。秋季蒸腾速率日变化曲线水杉、银杏呈双峰型，其他的为单峰型。水杉两个峰值出现的时间分别为 10:00 和 14:00，峰值分别为 2.27 和 2.11mmol/（m^2·s）。银杏两峰值出现的时间是 10：00 和 14：00，峰值分别为 1.19 和 1.02mmol/（m^2 · s）。天竺桂蒸腾速率峰值出现在 14：00，其峰值为 2.24mmol/（m^2 · s）。香樟、桂花、垂柳、黄葛树峰值出现在 12：00，分别为 3.07、1.44、4.41、2.31 mmol/（m^2 · s）。山杜英的峰值出现在 10：00，为 3.35 mmol/（m^2 · s）。垂柳的峰值最高，日变幅最大；银杏的蒸腾速率日变幅最低。

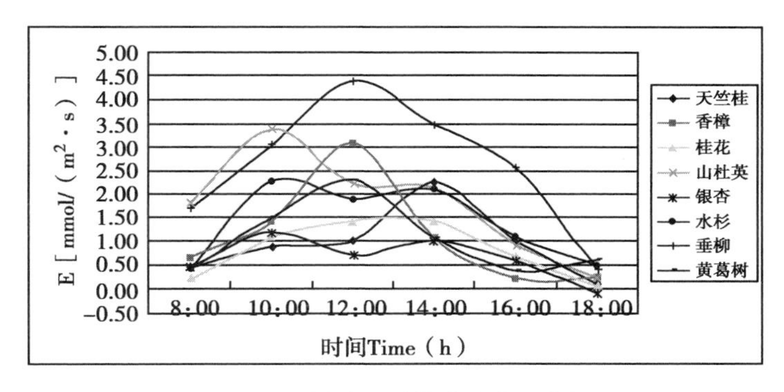

图 2-54　树种秋季蒸腾速率日变化

4. 主要树种蒸腾速率的季节变化

同一植物在不同的季节有明显不同的蒸腾速率，根据各个季节全天测定数据的平均值代表各个季节的蒸腾速率，从图 2-55 可以看出，主要树种蒸腾速率的季节变化趋势是：夏季 > 秋季 > 春季。夏季水杉蒸腾速率最高，其次是垂柳、山杜英、天竺桂、黄葛树、香樟、桂花，银杏最低。春季最高为银杏，桂花最低；秋季最高为垂柳，银杏最低。三季节平均蒸腾能力由高到低的顺序是垂柳、水杉、山杜英、黄葛树、天竺桂、香樟、银杏、桂花。据实际情况进行分析，蒸腾速率随温度的升高而增加，春季由于温度较低，蒸腾速率也较低，夏秋两季光照强度及光合有效辐射明显增强，自然状况下树种的蒸发强度加大，蒸腾速率升高，因而其蒸腾能力大大高于春季。

5. 小结与讨论

春季蒸腾速率的主要影响因子表现为大气饱和压差和气孔导度；夏季影响蒸腾速率的主要因子是表观光合有效辐射和气孔导度；秋季对蒸腾速率其主要作用的因子是气孔

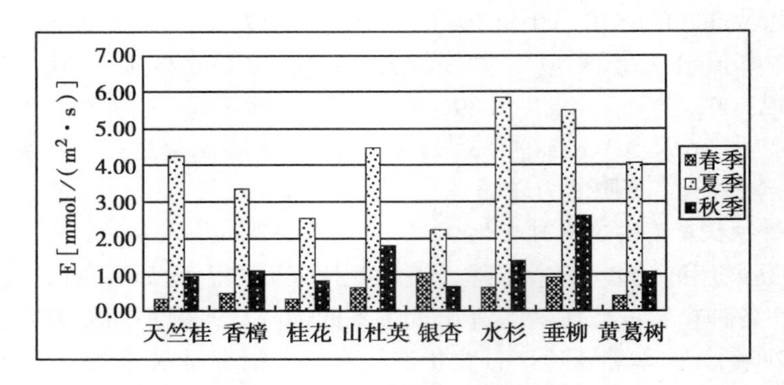

图 2-55　树种蒸腾速率的季节变化

导度、大气湿度和光合有效辐射（李海梅，2004）。蒸腾速率日变化曲线表现以单峰曲线居多，双峰值出现的时间为 10：00~14：00，单峰曲线出现的时间多数为 12：00。在春季，所测定的 8 种植物均呈单峰曲线；夏季蒸腾速率日变化曲线水杉、香樟为双峰型，其他树种为单峰型；秋季蒸腾速率日变化曲线水杉、银杏呈双峰型，其他的为单峰型。通常早晨随着光合有效辐射和温度的升高，光合速率逐渐升高。当光合有效辐射达到最高时，光合速率也达到峰值，当温度和大气饱和蒸汽压差达到最高时，蒸腾速率达到峰值。蒸腾速率过高，常引起气孔导度降低，光合速率下降，因此蒸腾速率的峰值通常要比光合速率出现的峰值晚。桂花、银杏的蒸腾速率日变化为单峰曲线，但净光合速率为双峰曲线，这可能与中午温度过高有关，温度过高，与光合作用有关的各种酶的活性下降，导致光合速率也降低。8 树种蒸腾速率的季节变化趋势是：夏季 > 秋季 > 春季。原因是夏季乔木树种的日蒸腾释水量和日蒸腾吸热量达到了整个生长季节的鼎盛时期，因此蒸腾速率在夏季时明显上升。总的来说蒸腾能力由高到低的顺序是垂柳、水杉、山杜英、黄葛树、天竺桂、香樟、银杏、桂花。

植物的蒸腾速率跟外界环境因子光照强度、气温以及相对湿度都有一定的相关性，尤其跟光照强度的相关性显著，同时植物的蒸腾速率跟土壤含水量等立地条件以及自身的生理调控力也有一定的相关性。除自然环境条件外，植物的栽培条件和养护水平也会影响到植物的蒸腾速率。湿度的大小和 CO_2 浓度高低与植物蒸腾速率和净光合速率关系密切，蒸腾速率强，树冠外围的湿度高，净光合速率高，释放出的氧气就多，CO_2 的相对含量就低。

（四）主要树种固碳释氧能力分析

1. 主要树种各季节日固碳释氧量分析

不同植物在同一季节的单位叶面积固碳释氧量有明显差异（表 2-52）。在春季，香樟具有较高的固碳释氧量，从大到小的排列顺序是：香樟 > 黄葛树 > 山杜英 > 天竺桂 > 桂花 > 垂柳 > 银杏 > 水杉。夏季，垂柳具有较高的固碳释氧能力，从大到小顺序有所变动，排列顺序为：垂柳 > 黄葛树 > 桂花 > 香樟 > 山杜英 > 银杏 > 水杉 > 天竺桂。秋季，桂花的固碳释氧较强，从大到小排列顺序为：桂花 > 垂柳 > 香樟 > 山杜英 > 黄葛树 > 天竺桂 > 银杏 > 水杉，落叶树种银杏、水杉、垂柳和黄葛树的光合速率下降很多，这跟其生长周期有关。

单株植物单位土地面积上的日固碳释氧量：春季，香樟最高，固碳释氧量分别为 29.07 和 21.14g/（m^2·d），水杉最低，分别为 10.83 和 7.87g/（m^2·d）；顺序为：香樟 > 山杜英 > 黄葛树 > 银杏 > 天竺桂 > 垂柳 > 桂花 > 水杉。夏季，水杉最高，固碳释氧分别为 100.52 和 73.11g/（m^2·d），天竺桂最低分别为 11.62 和 8.45g/（m^2·d）；顺序为：水杉 > 山杜英 > 银杏 > 垂柳 > 香樟 > 黄葛树 > 桂花 > 天竺桂。秋季，垂柳最高，固碳释氧分别为 46.52 和 33.83g/（m^2·d），天竺桂最低，分别为 22.44 和 16.32g/（m^2·d）；顺序为：垂柳 > 桂花 > 山杜英 > 水杉 > 香樟 > 银杏 > 黄葛树 > 天竺桂。

用日均净光合速率来分析 8 种植物日固碳释氧量的季节变化，不同植物表现出不同的变化规律。3 个季节植物生长的固碳释氧量夏季最高（表 2-52），树种各季节的固碳释氧能力表现出夏季 > 秋季 > 春季。

表 2-52　树种各季节日固碳释氧量

植物名称	季节	日同化总量 [mmol/（m^2·s）]	单位面积固碳释氧量		单株植物单位土地面积上的日固碳释氧量	
			W_{CO_2} [g/（m^2·d）]	W_{O_2} [g/（m^2·d）]	W_{CO_2} [g/（m^2·d）]	W_{O_2} [g/（m^2·d）]
天竺桂	春季	101.23	4.45	3.24	13.52	9.83
	夏季	264.10	11.62	8.45	35.26	25.64
	秋季	168.09	7.40	5.38	22.44	16.32
香樟	春季	190.61	8.39	6.10	29.07	21.14
	夏季	382.46	16.83	12.24	58.34	42.43
	秋季	256.38	11.28	8.20	39.10	28.44
桂花	春季	95.82	4.22	3.07	11.31	8.22
	夏季	387.50	17.05	12.40	45.73	33.26
	秋季	378.86	16.67	12.12	44.71	32.52
山杜英	春季	102.41	4.51	3.28	20.59	14.98
	夏季	365.04	16.06	11.68	73.40	53.38
	秋季	218.81	9.63	7.00	44.00	32.00
银杏	春季	66.87	2.94	2.14	13.85	10.07
	夏季	346.00	15.22	11.07	71.66	52.12
	秋季	150.03	6.60	4.80	31.07	22.60
水杉	春季	30.73	1.35	0.98	10.83	7.87
	夏季	285.34	12.55	9.13	100.52	73.11
	秋季	124.35	5.47	3.98	43.81	31.86
垂柳	春季	83.42	3.67	2.67	12.45	9.05
	夏季	451.87	19.88	14.46	67.42	49.03
	秋季	311.83	13.72	9.98	46.52	33.83
黄葛树	春季	133.09	5.86	4.26	16.97	12.34
	夏季	396.68	17.45	12.69	50.57	36.78
	秋季	215.57	9.49	6.90	27.48	19.99

2. 主要树种年固碳释氧能力分析

由表2-53可知，不同树种间的年固碳释氧效应有明显差异。其中，平均单位面积的日同化量，桂花最高，为287.40mol/（m^2·d），在固碳释氧能力上也高于其他树种，平均日固碳量为12.65g/（m^2·d），释氧量为9.20g/（m^2·d）；其次为垂柳，平均日固碳量为12.65g/（m^2·d），释氧量为9.20g/（m^2·d）；水杉最低，平均日固碳量为6.46g/（m^2·d），释氧量为4.70g/（m^2·d）。单位叶面积平均每天固碳释氧顺序为：桂花＞垂柳＞香樟＞黄葛树＞山杜英＞银杏＞天竺桂＞水杉。植物年固碳释氧总量垂柳最高，分别为131.30kg和95.49kg；水杉最低，分别为20.89kg和15.19kg。年固碳释氧顺序为：垂柳＞香樟＞黄葛树＞银杏＞桂花＞天竺桂＞水杉＞山杜英。计算结果表明，所测试树种白天固定CO_2的质量平均为10.10g/（m^2·d），释放的质量平均为7.43g/（m^2·d）。年固定CO_2的质量平均为60.19kg/株，释放O_2的质量平均为43.77kg/株。沙河绿化树种中高大乔木12.2万株，如果按所测树种每株年固碳释氧量的平均值计算，沙河植物群落年总固碳量约为5.87万t，总释氧量约为4.27万t。

表2-53　树种年固碳释氧能力

植物名称	平均单位面积的日同化量 $P_{平均}$ [mol/（m^2·d）]	植物单位叶面积平均每天吸收CO_2量 $W_{CO_2平均}$ [g/（m^2·d）]	植物单位叶面积平均每天释放O_2量 $W_{O_2平均}$ [g/（m^2·d）]	单株叶面积（m^2）	植物年吸收CO_2总量（kg/株）	植物年释放O_2总量（kg/株）
天竺桂	177.80	7.82	5.69	20.83	34.64	25.19
香樟	276.48	12.17	8.85	35.19	91.02	66.20
桂花	287.40	12.65	9.20	18.60	50.01	36.37
山杜英	228.75	10.07	7.32	8.69	18.61	13.53
银杏	187.63	8.26	6.00	30.16	52.94	38.50
水杉	146.80	6.46	4.70	15.21	20.89	15.19
垂柳	282.37	12.42	9.04	49.71	131.30	95.49
黄葛树	248.45	10.93	7.95	35.32	82.10	59.71
平均值	229.46	10.10	7.34	26.71	60.19	43.77

3. 小结与讨论

城市主要绿化树种是城市可持续发展的一个重要环境基础，它对城市环境的支持作用，尤其实碳氧平衡作用是不可替代的。所以，植物吸收二氧化碳和释放氧气的作用，对于保护人类的环境起着十分重要的意义。

对于整株植物的固碳释氧量而言，其不仅取决于该树种的单位体积的绿量，还取决于白天的净光合速率和其夜间呼吸、人工修剪量、凋落物量和动物取食量的大小，其中前两者最为关键。不同绿化树种各季节固碳释氧能力有一定的差异，即使同一树种在不同的生长季节也有的差异，一般情况下树种固碳释氧能力表现为夏季＞秋季＞春季。不同树种之间单位叶面积的固碳释氧能力的差异，主要与树种生长的地点，叶片接受光照的多少及叶片的结构有关。

研究区主要乔木树种各季节的单位叶面积固碳释氧能力表现出：夏季 > 秋季 > 春季。在春季，香樟 > 黄葛树 > 山杜英 > 天竺桂 > 桂花 > 垂柳 > 银杏 > 水杉；夏季，垂柳 > 黄葛树 > 桂花 > 香樟 > 山杜英 > 银杏 > 水杉 > 天竺桂；秋季，桂花 > 垂柳 > 香樟 > 山杜英 > 黄葛树 > 天竺桂 > 银杏 > 水杉。单株植物单位土地面积上的日固碳释氧量：春季，香樟 > 山杜英 > 黄葛树 > 银杏 > 天竺桂 > 垂柳 > 桂花 > 水杉；夏季，水杉 > 山杜英 > 银杏 > 垂柳 > 香樟 > 黄葛树 > 桂花 > 天竺桂。秋季，垂柳 > 桂花 > 山杜英 > 水杉 > 香樟 > 银杏 > 黄葛树 > 天竺桂。单位叶面积平均每天固碳释氧效应顺序为：桂花 > 垂柳 > 香樟 > 黄葛树 > 山杜英 > 银杏 > 天竺桂 > 水杉。单株植物年固碳释氧顺序为：垂柳 > 香樟 > 黄葛树 > 银杏 > 桂花 > 天竺桂 > 水杉 > 山杜英。所测试树种白天固定 CO_2 的质量平均为 10.10g/（m^2·d），释放的质量平均为 7.43g/（m^2·d）。年固定 CO_2 的质量平均为 60.19kg/ 株，释放 O_2 的质量平均为 43.77kg/ 株。

三维绿量与生态效益的高低总体来说成正比关系，即三维绿量越大，其生态效益相对越好，但对某些指标而言，这种关系并不一定成立。垂柳的年固碳释氧能力居所测树种之首，虽然其单位叶面积的日固碳释氧量不高，但其叶面积指数远高于其他树种，使得单株固碳释氧能力得到较大的提高，因此是植物造景中比较优秀的乔木树种。香樟的年固碳释氧能力也较强，因此，樟柳配置模式在改善空气质量方面具有较好的效果，是兼具生态效应和景观效果的绿化配置模式。桂花四季常青，枝叶繁茂，树龄长久，秋季开花，芳香四溢，可谓"独占三秋压群芳"。其单位叶面积固碳释氧量居乔木之首，又因其强耐烟尘，抗污染及抗有毒气体能力，且适应粗放管理，具有较强的综合生态效应，应在城市绿地中大力推广。

（五）主要树种降温增湿能力分析

1. 树种各季节日降温增湿能力分析

从表 2-54 可以看出，春季，银杏蒸腾吸热量最高，为 2007.16kJ/（m^2·d），日释水总量为 817.99g/（m^2·d），降温度数能达到 0.13℃。最弱的是桂花，蒸腾吸热量仅有 605.31kJ/（m^2·d），日释水总量仅有 246.68g/（m^2·d），降温效果只有 0.04℃。从大到小排列顺序为：银杏 > 垂柳 > 水杉 > 山杜英 > 香樟 > 黄葛树 > 天竺桂 > 桂花。夏季，水杉的蒸腾吸热量最高，为 8931.20kJ/（m^2·d），日释水总量为 3686.69g/（m^2·d），降温度数能达到 0.59℃。最弱的是桂花，蒸腾吸热量仅有 4922.41kJ/（m^2·d），日释水总量仅有 2031.91g/（m^2·d），降温效果只有 0.33℃。从大到小排列顺序为：水杉 > 山杜英 > 天竺桂 > 垂柳 > 黄葛树 > 香樟 > 桂花 > 银杏。秋季，垂柳蒸腾吸热量最高，为 3870.85kJ/（m^2·d），日释水总量为 1882.82g/（m^2·d），降温度数能达到 0.26℃。最弱的是银杏，蒸腾吸热量仅有 988.96kJ/（m^2·d），日释水总量仅有 985.41g/（m^2·d），降温效果只有 0.07℃。从大到小排列顺序为：垂柳 > 山杜英 > 水杉 > 香樟 > 黄葛树 > 天竺桂 > 桂花 > 银杏。

用日蒸腾量来分析 8 种植物降温增湿的季节变化，不同植物表现出不同的变化规律。通过对三个季节植物生长的降温增湿量，树种夏季的降温增湿量最高（表 2–54），树种各季节的降温增湿能力表现出夏季 > 秋季 > 春季。

表 2-54 树种各季节日降温增湿能力

植物名称	季节	日蒸腾总量 [mol/(m^2·d)]	释水量 [g/(m^2·d)]	吸热量 [kJ/(m^2·d)]	降温度数 (℃)
天竺桂	春季	14.59	262.66	644.52	0.04
	夏季	194.24	3496.39	8470.19	0.56
	秋季	39.02	702.29	1443.82	0.10
香樟	春季	21.00	378.03	927.60	0.06
	夏季	150.31	2705.51	6554.24	0.43
	秋季	44.72	804.94	1654.86	0.11
桂花	春季	13.70	246.68	605.31	0.04
	夏季	112.88	2031.91	4922.41	0.33
	秋季	34.14	614.60	1263.54	0.08
山杜英	春季	27.37	492.63	1208.79	0.08
	夏季	194.87	3507.62	8497.40	0.56
	秋季	69.54	1251.67	2573.29	0.17
银杏	春季	45.44	817.99	2007.16	0.13
	夏季	99.45	1790.10	4336.61	0.29
	秋季	26.72	481.04	988.96	0.07
水杉	春季	28.14	506.53	1242.92	0.08
	夏季	204.82	3686.69	8931.20	0.59
	秋季	56.39	1015.09	2086.91	0.14
垂柳	春季	38.56	694.03	1702.98	0.11
	夏季	194.22	3495.96	8469.15	0.56
	秋季	104.60	1882.82	3870.85	0.26
黄葛树	春季	18.43	331.71	813.94	0.05
	夏季	186.18	3351.24	8118.55	0.54
	秋季	41.70	750.54	1543.01	0.10

2. 主要树种单位叶面积日平均降温增湿能力分析

由表 2-55 可以看出，单位叶面积日平均蒸腾量、平均日释水量和日平均蒸腾吸热量均为垂柳最高，分别为 112.46mol/(m^2·d)、2024.27g/(m^2·d)、4931.38kJ/(m^2·d)，最低为桂花，分别为 53.58mol/(m^2·d)、964.40g/(m^2·d)、2349.40kJ/(m^2·d)。从高到低的顺序为：垂柳 > 山杜英 > 水杉 > 天竺桂 > 黄葛树 > 香樟 > 银杏 > 桂花。

植物由于蒸腾作用使其周围空气降温程度因植物蒸腾作用强弱而不同，蒸腾最强的垂柳可使其周围 1000m^3 空气降温 0.33℃；水杉和山杜英可使周围 1000m^3 空气降温 0.28℃；蒸腾最弱的桂花可使周围 1000m^3 空气降温 0.16℃，银杏的降温值与其相近为 0.17℃。顺序从高到低依次为：垂柳、山杜英、水杉、天竺桂、黄葛树、香樟、银杏、桂花。这个降温值，是在充分考虑了大气的对流、湍流、辐射产生的热量交换的基础上做出的。所测试树种白天释放的 H_2O 质量平均为 1470.78g/(m^2·d)，吸收热量平均 3426.60kJ/

表 2-55　树种单位叶面积日平均降温增湿能力

植物名称	日平均蒸腾量 [(mol/(d·m²)]	日平均释水量 [(g/(d·m²)]	日平均蒸腾吸热量 [(kJ/(d·m²)]	日平均降温度数 (℃)
天竺桂	82.62	1487.11	3622.81	0.24
香樟	72.01	1296.16	3157.62	0.21
桂花	53.58	964.40	2349.40	0.16
山杜英	97.26	1750.64	3013.47	0.28
银杏	57.21	1029.71	2508.51	0.17
水杉	96.45	1736.10	4229.38	0.28
垂柳	112.46	2024.27	4931.38	0.33
黄葛树	82.10	1477.83	3600.19	0.24
平均值	81.71	1470.78	3426.60	0.24

(m^2·d)。相当于每公顷森林叶面积上每天蒸腾 14.71t 的 H_2O，消耗 3426.60kJ 的热能。

结果表明，由于垂柳、水杉和山杜英降温增湿能力较强，平均每株植物可降低其周围空气温度分别为 0.33℃和 0.28℃。所以垂柳、水杉和山杜英能发挥较好的生态功能；桂花的降温增湿能力较弱，可作为观赏树种少量引种，不适宜大面积绿化。

3. 小结与讨论

太阳照到绿色植物的叶面上，植物吸收用于光合作用和蒸腾作用，其中一小部分辐射能被植物叶片直接反射，被植物吸收的太阳辐射能大部分转化为植物蒸腾作用吸收的热量。利用植物的这个特点，可以通过测定植物的蒸腾速率来评价其降温增湿能力。

本文测定了研究区主要乔木树种在春、夏、秋三季的蒸腾速率日变化，通过他们的蒸腾速率估算单位叶面积降温增湿能力，结果表明，在同一季节不同植物有明显差异，而同一植物在不同季节也有明显变化。单位叶面积降温增湿能力为：春季，银杏 > 垂柳 > 水杉 > 山杜英 > 香樟 > 黄葛树 > 天竺桂 > 桂花；夏季，水杉 > 山杜英 > 天竺桂 > 垂柳 > 黄葛树 > 香樟 > 桂花 > 银杏；秋季，垂柳 > 山杜英 > 水杉 > 香樟 > 黄葛树 > 天竺桂 > 桂花 > 银杏。树种各季节的降温增湿能力表现出夏季 > 秋季 > 春季。

整株植物的日蒸腾释水量取决与其单位叶面积日蒸腾量，因此植物的生态效益与物种的生态学特征紧密相关。单位叶面积日平均蒸腾量、平均日释水量和日平均蒸腾吸热量，从高到低的顺序为：垂柳 > 山杜英 > 水杉 > 天竺桂 > 黄葛树 > 香樟 > 银杏 > 桂花。降温增湿能力，垂柳最强。所以垂柳能发挥较好的生态功能适宜大面积绿化。

森林树种的固碳释氧和降温增湿效果各有不同，产生效果多少决定于森林树种的光合强度和蒸腾强度，光合强度越大，该森林树种的固碳释氧效果就越明显，蒸腾强度越大，该森林树种的增湿降温效果就越明显。因此，所有测试树种中，日固碳释氧效果最明显的是桂花，效果相对较差的是水杉；年固碳释氧最强的是垂柳，水杉最弱；日增湿降温效果最明显的是垂柳，效果相对较差的是桂花。

所测试树种白天固定 CO_2 的质量平均为 10.10g/(m^2·d)，释放的质量平均为 7.43g/(m^2·d)，释放的 H_2O 质量平均为 1470.78g/(m^2·d)，吸收热量平均 3426.60kJ/(m^2·d)。相当于每公顷森林叶面积上每天固定 0.10t 的 CO_2，释放 0.07 t 的 O_2，蒸腾 14.71t 的

H_2O，消耗 3426.60kJ 的热能。年固定 CO_2 的质量平均为 60.19kg/ 株，释放 O_2 的质量平均为 43.77kg/ 株。相当于每公顷森林叶面积上每天固定 0.60t 的 CO_2，释放 0.44t 的 O_2。可见，城市森林树木的固碳释氧、蒸腾量和吸收环境能量是十分可观的，对城市环境的影响作用强大，尤其对城市人流、车流、物流高度集中地地方的碳氧平衡调节功能起着主导作用。

五、河流森林廊道宽度的确定

城市河流森林廊道作为河流廊道的重要组成部分，是城市河流河岸森林植被带，已成为维持和建设城市生态多样性的重要“基地”。河岸森林植被对控制水土流失、净化水质、消除噪声和控制污染等都有着许多明显的环境效益。同时，河流森林植被通过蒸腾作用使周围的小气候变舒适，提供阴凉和防风的环境，对改善城市热岛效应和局部小气候质量具有重要作用。城市河流森林廊道的功能主要表现在以下几个方面：①实现城市生态规划、设计和管理的途径：森林植被覆盖良好的河岸对提高整个城市气候和局部小气候的质量具有重要作用，保存良好的植被或新设计的植被特别能改善城市热岛效应，在小环境方面，河流植被不仅可提供阴凉、防风和通过蒸腾作用使城市变得凉爽，而且，还为野生动植物繁衍传播提供了良好的生存环境。在城市中自然栖息地的保护对城市是有经济效益的，河边植被对控制水土流失、保护分水地域、净化水质、消除噪声和污染控制（空气污染、面源污染）等都有许多明显的经济效益。②社会经济价值：城市河流森林廊道为居民提供更多的亲近自然的机会和更多的游憩休闲场所，使城市居民的身心得到健康发展。另外，河流森林植被由于其生境类型的多样化，还是维持和建立城市生物多样性的重要“基地”；具有森林植被的自然河岸线构成了城市优美的景观，是塑造城市景观的重要手段。

对于河流森林廊道的宽度，目前尚没有一个量的标准，河流森林廊道主要通过一定宽度的各类植被带发挥作用。根据国内外相关研究，参照滨岸缓冲带的宽度设计，确定城市河流森林廊道的宽度主要有以下三种方式。

（一）应用通用水土流失方程（USLE）

Mander 提出廊道的有效宽度与相应时段内地表径流强度、流域坡长和坡度成正比，而与流域地表的粗糙度系数、缓冲带内渗入的水流流速及缓冲带内土壤的吸附能力成反比。研究中发现，至少 30m 的宽度才能有效地发挥防止水土流失，过滤诸如油、杀虫剂、除草剂和农药等污染物的功能。库珀（Cooper）等人发现 16m 的河岸植被能有效地过滤硝酸盐，彼德约翰（Peterjohn）和科雷尔（Correll）得出了同样的结论。吉列姆（Gilliam）等人对农田的水土流失问题进行研究时发现，从农田中流失的土壤在流经超过 18.28m（20 码）的河岸植被时，88% 被河岸植被所截获。

对于廊道的水土保持功能，Lowrance 等人在对马里兰一个海岸平原流域的研究中发现，从周围耕地侵蚀的大多数沉积物最后都被滞留在森林缓冲带中，但很大一部分向林内沉积的范围都达到了 80m，只有少量的沉积物滞留在了河流的附近。在这个案例中，80m 应该是最小的缓冲区距离。在对北卡罗来纳海岸平原的一个相似的案例中，Copper 等人发现，50% 以上的沉积物滞留在森林内 100m 范围内，另外有 25% 的沉积物沉积在河道边的河漫滩湿地内。这两个研究表明，在相似的河流系统中，至少 80

至 100m 的河岸植被缓冲带宽度对于减少 50%~70% 的沉积物是有效的。如果想要更多的减少沉积物，可以根据实际情况增加植被带的宽度。在侵蚀更严重，坡度更陡或者缺少有效的侵蚀控制措施的情况下，缓冲带的宽度应该更大。

（二）应用 USDA-FS 系统

考虑其设置的主要功能目标，同时需要考虑建设所投入的资金，在设置廊道宽度时通常就会考虑“能接受最小宽度”这个指标。能接受最小宽度是指满足所有需求的宽度中最少花费的那种宽度。图 2-56 列出了不同功能的廊道宽度可供参考，如基础的缓冲带骨架离河岸顶部的距离是 20m，廊道宽度每增加 1m，它能产生的综合效应就多一点。可以看出，廊道宽度在 60~80m 为宜。

（三）从生物与环境保护要求

对于生物、环境保护而言，一个确定廊道宽度的途径就是从河流系统中心线向河岸一侧或两侧延伸，使得整个地形梯度对应的环境梯度和相应的植被都能够包括在内，这样的一个范围即为廊道的宽度。河流森林廊道和环境保护之间的关系的研究发现，河流及其两侧的植被可有效地降低环境温度 5~10℃，植被完全被砍伐的河流，其月平均温度升高 7~8℃，在无风的情况下最高时高出 15.6℃。水温的控制需要 60%~80% 的植被覆盖。佩斯（Pace）在研究克拉马斯国家森林（Klamath National Forest）中提出，河岸廊道的宽度为 15~61m，河岸和分水岭廊道的宽度为 402~1609m，能满足动物迁移，较宽的廊道还为生物提供具有连续性的生境。巴德（Budd）在研究湿地变迁时发现，河岸植被的最小宽度为 27.4m 才能满足野生生物对生境的需求，在研究美国的 Bear- Evans 河时发现 30m 宽的河岸植被对河流生态系统的维持是必需的。布雷热（Brazier）等提出河岸植被的宽度至少在 11~24.3m 之间，斯坦布卢姆（Stein blums）等提出河岸植被的宽度在 23~38m。河中树木的碎屑为鱼类繁殖创造了必需的多样化的生境，而多数树木碎屑是来自于河岸边的植被，研究中发现至少 31m 宽的河岸植被才能产生数量足够多的树木碎屑。

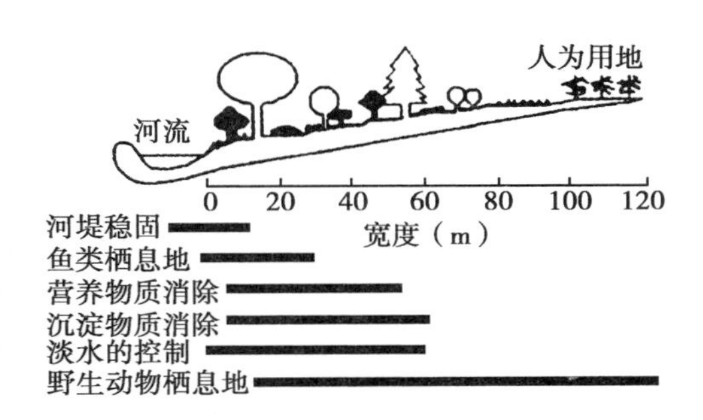

图 2-56　河流森林廊道宽度示意图（参考缓冲带宽度）

据杭州的研究表明，污染的耕地和裸地成为杭州城区河流的重要污染源，城区河流两岸的耕地以闲置居多，且与河流水体交流密切，存在农业面源污染；裸地上堆积着大量生活垃圾和建筑废料，污染物随地表径流进入河流。可见，绿化用地在减轻河流的有机污染方面有明显作用，特别是在缓冲区 100m 之内，因此，要重视绿化用地作为污染缓冲区和过滤器在城市建设中的作用。美国各级政府和组织规定的河岸缓冲带宽度值变化较大，从 20m 到 200m 不等。华盛顿州海岸线管理法案（Washington State Shoreline Management Act）规定，位于河流 60m 范围内或百年一遇河漫滩范围内，以及与河流相联系的湿地都应该受到保护，而且保护范围越大越好。Toth 建议，在河流两岸 150m 范围内的任何人类活动都应该得到相关机构和公众的评价。

在通常的河流保护或滨河地带开发中，人们往往为河岸指定一定的宽度地带作为河流的缓冲区，这实际上是不科学的。河流不同的位置对应着不同的环境状况，从而应该对应不同的廊道宽度值。其他研究者研究的结果见表 2-56。

表 2-56 不同学者提出的保护河流生态系统的适宜廊道宽度值

功能	作者	发表时间	宽度（m）	说明
水土保持	Gillianm et al.	1986	18.28	截获 88% 的从农田流失的土壤
	Cooper et al.	1986	30	防止水土流失
	Cooper et al.	1987	80~100	减少 50%~70% 的沉积物
	Lowrance et al.	1988	80	减少 50%~70% 的沉积物
	Rabeni	1991	23~183.5	美国国家立法，控制沉积物
防治污染	Enman et al.	1977	30	控制养分流失
	Peterjohn et al.	1984	16	有效过滤硝酸盐
	Cooper et al.	1986	30	过滤污染物
	Correllt et al.	1989	30	控制磷的流失
	Keskitalo	1990	30	控制氮素
其他	Brazier et al.	1973	11~24.3	有效的降低环境的温度 5~10℃
	Ernan et al.	1977	30	增强低级河流河岸稳定性
	Steinblums et al.	1984	23~38	降低环境的温度 5~10℃
	Cooper et al.	1986	31	产生较多树木碎屑，为鱼类繁殖创造多样化的生境
	Budd et al.	1987	11~200	为鱼类提供有机碎屑物质
	Budd et al.	1987	15	控制河流浑浊

注：宽度是指河岸植被带宽度。

由上述数据可以看出：当河岸植被宽度大于 30m 时，能够有效地降低温度、增加河流生物食物供应、有效过滤污染物。当宽度大于 80~100m 时，能较好地控制沉积物及土壤元素流失。到目前为止，人们还没有得到一个比较统一的河岸防护林带的有效宽度。在美国西北太平洋地区，人们普遍使用 30m 的河岸植被带作为缓冲区的最小值。

河岸缓冲带的最佳宽度应该通过详细的科学研究来获取，但在实际中，人们很少有时间和精力来从事这项工作。Budd 及其同事于 1987 年提出了通过对河流进行简单的野外调查来得到合适的缓冲区宽度的方法。调查的特性包括河流类型、河床的坡度、土壤类型、植被覆盖、温度控制、河流结构、沉积物控制以及野生动物栖息地等。评价者利用这些因素来估计必要的廊道宽度。在不可能进行彻底的科学研究的情况下，由一些训练有素的、有经验并且客观的资源专家来应用此类方法，也会得到比较合理答案。另外，可以在数字高程模型（DEM）的基础上，利用 GIS 进行地表径流分析来确定汇入河流的地表径流的位置和等级。然后根据等级确定地表径流的保护宽度，等级越高，保护宽度越大。利用GIS进行高程分析、坡度分析和三维地形模拟，再结合洪水水位和沿岸土地利用类型来确定大石河的保护宽度。水系交汇点对于水系网络的生态功能具有重要的意义，宜适当扩大水系交汇点的保护宽度。

在实际中，确定一个河流廊道宽度应遵循三个步骤：①弄清所研究河流廊道的关键生态过程及功能；②基于廊道的空间结构，将河流从源头到出口划分为不同的类型；③将最敏感的生态过程与空间结构相联系，确定每种河流类型所需的廊道宽度。

在确定河流廊道宽度时应该注意的问题：①应该确定和理解周围土地利用方式对河流生物群落和河流廊道完整性的影响。②廊道至少应该包括河漫滩、滨河林地、湿地以及河流的地下水系统。③应该包括其他一些关键性的地区如间歇性的支流、沟谷和沼泽、地下水补给和排放区，以及潜在的或实际的侵蚀区（如陡坡、不稳定土壤区）。④根据周围土地利用方式来确定廊道的宽度。如森林砍伐区、高强度农业活动区和高密度的房地产开发都应该对应着更宽的廊道。⑤滨水缓冲区宽度应该与以下几个因素成正比：a. 对径流、沉积物和营养物的产生有贡献的地区的面积；b. 河流两岸相邻的坡地以及滨河地带的坡度；c. 河边高地上人类活动如农业、林业、郊区或城市建设的强度。当廊道的植被和微地形越复杂，密度越大时，所需要的廊道宽度就越小。

综合上述研究，可以看出，河流植被的宽度30m以上时，就能有效地起到降低温度、提高生境多样性、增加河流中生物食物的供应、控制水土流失、河床沉积和有效地过滤污染物的作用。

六、主要结论与讨论

（一）主要结论

1. 植物群落结构特征

从树种多度、出现频率及重要值等综合特征来看，水杉、天竺桂、香樟、垂柳、桂花、山杜英、银杏、黄葛树是研究区的主要树种，所占比重较大，累计占到研究区乔木总量的一半以上。研究区树木在胸径等级和垂直立木层次上呈现“两头少，中间多”的数量分布格局，在水平径级结构上大、中、小径级树木之比为57∶971∶290。树木的平均胸径为12.53cm，其中有64.34%的树木径级小于平均径级水平。10~20cm的径阶区间范围上分布的树木数量最多。在立木层次上，研究区大、中、小树种所占的数量分别为7∶921∶390。研究区树木的平均高度为6.29m，其中有42.76%的树木高于平均树高水平。树种集中分布在5~10m的空间范围，占总数的62.27%。

就研究区植物的总体平均而言，物种丰富度指数、Shannon-Weiner指数的趋势是草本层>灌木层>乔木层，而Pielou指数的趋势是乔木层>灌木层>草本层。表明草本层较丰富，乔木层和灌木层种类成分较简单。研究区主要树种的三维绿量为垂柳>香樟>黄葛树>银杏>桂花>天竺桂>水杉>山杜英；而单株叶面积为垂柳>黄葛树>香樟>银杏>天竺桂>桂花>水杉>山杜英。叶面积指数为水杉>银杏>山杜英>香樟>垂柳>天竺桂>黄葛树>桂花；单位体积叶面积为水杉>天竺桂>山杜英>桂花>银杏>黄葛树>垂柳。

2. 主要树种单位叶面积的光合速率日变化和季节变化规律

主要树种光合速率日变化曲线以单峰型曲线居多，其峰值出现的时间不固定，

10：00~16：00 均有出现。双峰型曲线的峰值一般出现在 10：00 和 14：00~16：00。主要树种光合速率日变化曲线，在春季日变化曲线均呈单峰型；夏季，桂花、银杏和香樟光合速率日变化呈双峰曲线，天竺桂、山杜英、水杉、垂柳和黄葛树呈单峰曲线；秋季，日变化曲线只有桂花呈双峰曲线，其他树种为单峰型曲线。8 树种的季节变化均为夏季 > 秋季 > 春季。这与曾小平（1999）、张小全（2000）等的研究结果一致。夏季出现双峰曲线相对较多。彭方仁（1998）等研究结果表明夏季光合速率日变化曲线以双峰居多，与研究结果有所不同，夏季仍以单峰曲线居多，分析原因在于城市森林长期生活在温度、光照相对较高的环境里，对环境适应的一种表现。

3. 主要树种单位叶面积的蒸腾速率日变化和季节变化规律

主要树种蒸腾速率日变化曲线表现以单峰曲线居多，峰值出现的时间为 10：00~14：00，单峰曲线出现的时间多数为 12：00。春季，所测定的 8 种植物均呈单峰曲线；夏季蒸腾速率日变化曲线水杉、香樟为双峰型，其他树种为单峰型；秋季蒸腾速率日变化曲线水杉、银杏呈双峰型，其他的为单峰型。蒸腾速率的季节变化趋势是：夏季 > 秋季 > 春季。蒸腾速率的峰值通常要比光合速率的峰值出现晚。桂花、银杏的蒸腾速率日变化为单峰曲线，但净光合速率为双峰曲线，这可能与中午温度过高有关，温度过高，与光合作用有关的各种酶的活性下降，导致光合速率也降低。

4. 主要树种单位叶面积的固碳释氧能力

整个生长季节同类植物各季节的单位叶面积固碳释氧能力表现出：夏季 > 秋季 > 春季。不同植物在同一季节的单位叶面积固碳释氧表现为：春季，香樟 > 黄葛树 > 山杜英 > 天竺桂 > 桂花 > 垂柳 > 银杏 > 水杉；夏季，垂柳 > 黄葛树 > 桂花 > 香樟 > 山杜英 > 银杏 > 水杉 > 天竺桂；秋季，桂花 > 垂柳 > 香樟 > 山杜英 > 黄葛树 > 天竺桂 > 银杏 > 水杉。单株植物单位土地面积上的日固碳释氧量：春季，香樟 > 山杜英 > 黄葛树 > 银杏 > 天竺桂 > 垂柳 > 桂花 > 水杉；夏季，水杉 > 山杜英 > 银杏 > 垂柳 > 香樟 > 黄葛树 > 桂花 > 天竺桂；秋季，垂柳 > 桂花 > 山杜英 > 水杉 > 香樟 > 银杏 > 黄葛树 > 天竺桂。

研究区乔木树种的固碳能力差异较大，日固定 CO_2 质量最小的仅 6.46g/（m^2·d），而最多的有 12.65g/（m^2·d），释氧能力差异不大。所测试树种日固定 CO_2 的质量平均为 10.10g/（m^2·d），释放 O_2 的质量平均为 7.34g/（m^2·d），日固碳释氧作用最明显的是桂花，作用较差的是水杉。单位叶面积平均每天固碳释氧顺序为：桂花 > 垂柳 > 香樟 > 黄葛树 > 山杜英 > 银杏 > 天竺桂 > 水杉。单株植物年固碳释氧顺序为：垂柳 > 香樟 > 黄葛树 > 银杏 > 桂花 > 天竺桂 > 水杉 > 山杜英。整个沙河植物群落中，12.2 万株乔木年总固碳量为 5.87 万 t，总释氧量为 4.27 万 t。

垂柳的年固碳释氧能力居所测树种之首，虽然其单位叶面积的日固碳释氧量不高，但其叶面积指数远高于其他树种，使得单株固碳释氧能力得到较大的提高，因此是植物造景中比较优秀的乔木树种。香樟的年固碳释氧能力也较强，因此，樟柳配置模式在改善空气质量方面具有较好的效果，是兼具生态效应和景观效果的绿化配置模式。桂花四季常青，枝叶繁茂，树龄长久，秋季开花，芳香四溢。其单位叶面积固碳释氧量居乔木之首，虽其降温增湿较弱，但其强耐烟尘，抗污染及抗有毒气体能力，且适应粗放管理，具有较强的综合生态效应，可在城市绿地中大力推广。

5. 主要树种单位叶面积的降温增湿能力

整个生长季节不同植物在同一季节的单位叶面积降温增湿能力为：春季，银杏 > 垂柳 > 水杉 > 山杜英 > 香樟 > 黄葛树 > 天竺桂 > 桂花；夏季，水杉 > 山杜英 > 天竺桂 > 垂柳 > 黄葛树 > 香樟 > 桂花 > 银杏；秋季，垂柳 > 山杜英 > 水杉 > 香樟 > 黄葛树 > 天竺桂 > 桂花 > 银杏。同一树种各季节的降温增湿能力表现出夏季 > 秋季 > 春季。研究区乔木树种降温增湿效果不同，降温增湿效果最明显的是垂柳，效果较差的是桂花，所测试树种的日蒸腾 H_2O 的质量平均为 1470.78g/（m^2·d），吸收热量平均为 3426.60kJ/（m^2·d）。单位叶面积日平均蒸腾量、平均日释水量和日平均蒸腾吸热量，从高到低的顺序为：垂柳 > 山杜英 > 水杉 > 天竺桂 > 黄葛树 > 香樟 > 银杏 > 桂花。由于垂柳年固碳释氧和年降温增湿能力优于其他树种，能发挥较好的生态功能，所以垂柳可在河流群落树种的选择中作为优选树种。水杉的固碳释氧和银杏的降温增湿能力较弱，可作为观赏树种，不适宜大面积绿化。

6. 河流森林廊道宽度的确定

应用通用水土流失方程（USLE）、USDA-FS 系统和生物与环境保护 3 方面的综合分析，河流植被的宽度 30m 以上时，就能有效地起到降低温度、提高生境多样性、增加河流中生物食物的供应、控制水土流失、河床沉积和有效地过滤污染物的作用。

（二）讨　论

1. 沙河廊道树种结构合理化

目前研究区内在树种组成、径级和立木层次上相对不合理。主要表现在树种单一，少数几种树种在数量上占了极大比例，在景观效果上显得相对单调，造成群落稳定性不高；树木径级偏低，大树较少，仅少数树种胸径大于 30cm；立木层次简单，这与树木的年龄有直接关系，整体的年龄偏低是树木高度偏低的主要原因，从而减少了沙河树木的绿量。彭镇华（2003）认为衡量城市森林结构稳定性的指标包括树种结构、年龄结构、径阶结构和健康结构，其中树种结构又分为乔灌草比例、常绿落叶树种比例、乡土外来树种比例等。从树木所发挥的各种效益上看，大树占据着较大的优势，其所形成的森林也具有更大的效益，因此，应加强河流廊道的总体规划，加强管理和保护，使树木的胸径逐渐增大，高度逐渐增加。

树种的选择以及确定不同树种之间的适宜比例是构建沙河廊道合理结构的重要环节。选择要符合当地的自然条件，以乡土河岸树种为主，形成具有自身特点的绿地景观。但比重不宜过大，不宜超过树种总量的 10%~15%（Kielbaso，1988）。同时结合速生和慢生树种以及深根性和浅根性的树种进行配置，兼顾短期和长期的要求，增加群落稳定性，提高林带的护岸和吸收能力。由于树种绿量的差异，即使某树种单位叶面积的日固碳释氧较高，也不能说明该树种的环境效益较其他树种好，此时的树种叶面积大小就显得尤为重要。叶面积大小对净化空气、防污滞尘、降低噪音等环境效应有很大影响，应当多选择单株叶面积较大的树种以增加对环境的贡献率。

研究区内的群落大都为人工群落，受人为活动干扰严重，树种多样性指数相对较低，树种丰富度和个体数量分布均匀度均不高。针对研究区物种多样性偏低的情况，可适当优化乔、灌、草复合结构的比例，控制或降低个别树种所占的过大比例，通过对当地野生河岸带植物进行引种，增加河岸带物种的多样性，提高单位绿地面积的生物多样性指数，构建生物多样性高的复层群落结构，促进河流廊道的自然化。

河岸植被带的三维评价能更全面、更准确的反映城市河流廊道在城市生态方面的作用。利用遥感技术和地理信息系统进行大面积的测算是研究发展的趋势，它可进行大规模的区域的调查，省时且准确可靠。因此本研究在方法与技术手段上有待与GIS技术和遥感技术相结合，使研究更具丰富性和科学性。

2. 树木生理特性与环境适应性

所测树种光合速率的季节变化均为夏季 > 秋季 > 春季，这与张祝平（1995）、曾小平（1999）、张小全（2000）、柯世省等（2002）的研究结果一致。但也有研究表明，植物的光合速率在夏季反而最低（李辉等，1998），其原因可能是夏季高温破坏植物光合和呼吸的平衡，造成植物萎蔫和干枯，导致植物气孔的异常开闭等。彭方仁（1998）等研究结果表明夏季光合速率日变化曲线以双峰居多，与本次研究结果有所不同，夏季仍以单峰曲线居多，可能由于沙河廊道长期生活在温度、光照相对较高的城市环境里，是对环境适应的一种表现。不同植物因其不同的生长环境、叶龄、健康状况等因素，光合速率日变化呈现不同的规律，同一植物在不同的季节也有不同的光合速率日变化，总的来说，光合速率的日变化曲线具有“双峰”型和“单峰”型。单峰型的树种相对于双峰型的树种，他们在高温、低浓度的 CO_2 和相对湿度等恶劣环境下，光合作用仍然较强，表现出较强的适应能力，这是植物对环境长期适应的结果。虽然许多人做了植物光合方面的研究，但并不一定表明树种之间光合速率的大小是绝对的，每一次测试都是近似条件下的相对值，大量研究表明，不同的光照条件和水分供应能显著影响到植物的光合速率。

根据研究区乔木树种的光合能力测定结果，光合能力强的树种说明其自身制造有机物的能力较强，吸收 CO_2 较多，对空气的碳氧平衡贡献大，栽植这些树种能够发挥较好的生态效益，显著地改善周围的环境质量。

3. 树种的环境服务功能

不同树种各季节固碳释氧能力有一定的差异，同一树种在不同的生长季节也有差异，对于整株植物的固碳释氧量，不仅取决于白天的净光合速率和其夜间呼吸、人工修剪量、凋落物量和动物取食量的大小，其中前两者最为关键（赵平，2001），还取决于该树种单位体积的绿量。绿量研究、简易测定及环境效益之间的量化关系可为城市河流廊道的规划提供一定的理论依据（王浩,2003）。因此,在评价绿地固碳释氧效应时，不能仅以植物的光合作用能力为评价指标，还应将植物绿量纳入综合考虑。三维绿量与生态效益的高低总体来说成正比关系，即三维绿量越大，生态效益相对越好。垂柳的年固碳释氧能力居所测树种之首，虽然其单位叶面积的日固碳释氧量不高，但其叶面积指数远高于其他树种，使得单株固碳释氧能力得到较大的提高，因此是植物配置中比较优秀的乔木树种。香樟的年固碳释氧能力也较强，因此，樟柳配置模式在改善空气质量方面具有较好的效果，是兼具生态效益和景观效果的绿化配置模式。桂花四季常青，枝叶繁茂，树龄长久，秋季开花，芳香四溢，可谓“独占三秋压群芳”，其单位叶面积固碳释氧量居乔木之首，又因其强耐烟尘，抗污染及抗有毒气体能力，且适应粗放管理，具有较强的综合生态效应，应在城市绿地中大力推广。

植物的另一功能是降温增湿，对城市热岛效应可以起到缓解作用，实现城市生态系统的良性循环。由于垂柳年固碳释氧和年降温增湿能力优于其他树种，能发挥较好的生态功能，所以垂柳可在河流群落树种的选择中作为优选树种。

根据树种的固碳释氧和降温增湿能力，在树种选择时乔木树种优选垂柳、桂花、山杜英、香樟，而银杏的固碳释氧和降温增湿能力较弱，可作为长寿树种和观赏树种适量引种，不宜大面积绿化。沙河绿化树种中有高大乔木 12.2 万株，如果按所测树种每株年固碳释氧量的平均值计算，沙河植物群落年总固碳量约为 5.87 万 t，总释氧量约为 4.27 万 t。因此，就研究区乔木树种而言，固碳释氧和蒸腾吸热量相当可观。

第三章　城市道路森林廊道建设

第一节　道路生态研究概况

一、道路生态学研究概述

道路是现代社会最主要的交通运输载体，贯穿于各类景观中，是典型的人为活动产物。道路交通对促进人类社会经济发展和信息交流起着重要的作用，因此，道路网络已经成为当今社会和经济发展的中枢，其分布范围之广和发展速度之快，都是其他人类建设工程不能比拟的（Forman et al.，2002）。目前，随着全世界高速公路快速发展，高速公路及各等级公路的发展改变了世界交通运输的宏观格局，带来了巨大的经济效益和社会效益，为社会经济发展带来了便利，同时也对生态环境产生了负效应，给生态环境和区域景观增加了巨大的压力。道路的延伸对生态环境的影响不容置疑，不仅是本身占地带来生态损害，而且由于用地改变带来的系列影响更为深远。道路对自然景观和生态系统所产生的诸如环境污染、景观破碎、生境退化、增加生物死亡率、生物多样性减少、外来物种入侵、生态阻隔和廊道效应等各种生态影响也在不断加大（Forman et al.，2002；Andrews，1990；Bohemen & Delaakwh，2003；Lenz et al.，2003；Trombulak & Frissell，2000；Vander Zande et al.，1980），并且，这种影响现已至少涉及全球陆地面积的 15%~20%（宗跃光等，2003；Forman，1998）。有研究认为，在较小尺度上，道路的影响主要体现在对环境的理化影响上，由此导致对物种组成和迁移的影响等（Forman & Alexander，1998；Forman et al.，2003）。在景观尺度上，道路可能导致景观破碎化现象，并对物种分布产生影响（Miller et al.，1996）；而且这一影响通常是长远的（Dale et al.，1993；Turner et al.，1996）。李双成等（2004）研究认为，中国公路的生态影响面积比例已达国土面积的 18.37%，而在城市地区这一比例可能更大（宗跃光等，2003）。

国外关于道路生态的研究已经成为热点领域，为既有道路和未来的道路规划、建设及管理提供了潜在的理论依据。国外对于道路问题的关注最初主要集中在路旁植被的变化和对小型野生动物活动造成的影响（宗跃光等，2003）。20 世纪 60 年代开始道路的生态影响被广泛关注，Hudson（1962）研究了道路对鸟类伤亡的影响，并调查了道路对哺乳动物死亡率的影响。而有关道路交通生态影响的系统性研究始于 20 世纪 70 年代，特别是在欧美发达国家已开展了较多的基础性和理论性研究，研究内容涉及从基因（Keller，2003）、物种（Carr & Fahrig，2001）、种群（Clarke et al.，1994，2000）、群落（Trombulak，2000）、生态系统（Jones et al.，2000；Strittholt & Dellasala，2001）到景观（Seabrook & Dettmann，1996；Forman & Deblinger，2001）乃至国家层面（Forman，2000；Vangent & Rietveld，1993）等不同尺度的道路交通所产生的生态学影响，为正在兴起的道路生态学发展奠定了坚实的基础，同时也促进了当地生态环境保护。到 80 年代，路旁的哺乳动物及其两旁理化环境的变化是研究的热点（Lyon，1983；Mc Clellan & Shackleton，1988），并逐渐拓展到道路的空间影响和模拟上。进入 20 世纪 90 年代，伴随着 GIS 和遥感技术的发展，人们开始关注道路在更大尺度上的影响，道路的生态学研究逐渐扩展到景观尺度。Andrews（1990）研究了道路廊道对区域破碎化的影响，Reed 等（1996）和 Miller 等（1996）分别研究了美国南部岩石山地森林道路对景观结构和破碎化的影响，Turner 等（1996）则分析了道路与土地所有权和土地利用变化的关系。伴随着 2000 年第 15 届美国景观生态学年会的召开，道路和道路网的生态效应成为景观生态学的最新领域（李秀珍，2000）。Trombulak 和 Frissell（2000）总结了道路对陆域和水域生态系统的影响，同年 Spellerberg 出版了《道路的生态影响（Ecological Effects of Roads）》（王云等，2006），Forman 等（2003）出版了《道路生态学：理论与实践》，这些有关道路生态学的专论和书籍相继出版，标志着道路与景观生态学研究进入一个崭新阶段（Forman et al.，2003；王云等，2006），推动了道路生态学研究上升到学科体系。这一时期道路与景观生态学研究领域开始多样化，研究更加深入（Tinker et al.，1998；McGarigal et al.，2001），道路的生态影响与景观格局研究的结合及其相互关系成为该领域的研究热点。但对于这些研究领域基础理论的总结尚未完成。

由于中国有关道路生态学的研究起步较晚，同样经历了由探索到逐渐深入的过程。在 20 世纪 90 年代，国内开始研究道路的生态影响，章家恩和徐琪（1995）研究了道路的生态影响并探讨道路生态建设途径，索有瑞和黄雅丽（1996）研究了西宁高速公路两侧土壤和植物理化性质的变化。同时期，公路的生态环境影响成为环境影响评价工作的重点（万善永和张玉环，1992；董常晖和徐燕，2004），并成为推动中国道路生态学发展的重要动力。进入 21 世纪以后，中国道路生态学研究领域开始蓬勃发展，研究内容开始由单一的生物影响向景观格局与过程、土地利用 / 覆盖变化等领域发展。对城市道路两侧的景观格局变化（高峻和宋永昌，2001），以及大型公路、铁路交通设施对沿线景观格局的影响（张红兵等，2002；张慧等，2004）。宗跃光等（2003）总结了国内外道路生态学领域的研究成果与进展，并提出道路网是通过点效应、廊道效应、点 / 廊道 / 网络叠加效应共同作用于其他景观。李月辉等（2003）重点总结了国外有关道路的生态影响的主要成果，对道路影响的主要内容和测度指数进行了全面的概括。王云等（2006）等则主要总结了国内外有关道路的生态影响，道路的景观美学和道路景观规划的相关理论。道路（网）对区域景观及生态安全格局的影响成为热点之一（李双成等，2004；刘世梁等，2006；张晓峰等，2006）。

综合国外相关研究，一是道路对生物物种的影响问题是传统的道路生态学研究领域，至今仍然是该学科的热点之一。道路通过毁坏生境条件、污染、边缘效应和交通致死等因素对生物和理化环境产生影响。①道路是两旁动物死亡的首要原因（Hudson，1962；Reijnen et al.，1995），但不足以影响物种数量，真正的影响来自道路的阻碍作用，并且这一影响可能是深远的；②道路系统通过道路密度、道路网的结构和道路影响区域（Road Effect Zone）形成生态影响（Forman，1998）；③道路的生态影响面积是道路本身面积的19倍，以美国为例其影响面积已达国土总面积的15%~20%（Reijnen et al.，1995；Forman & Alexander，1998）；④道路通过影响两侧景观格局等方式影响物种的空间分布，并导致物种分布的空间异质性（Spooner et al.，2004）；道路对陆栖野生动物的生态影响，造成动物死亡、阻碍效应、回避效应以及动物繁殖成功率下降等（胡忠军等，2005）；建设致使景观斑块向多优势度发展（刘敏等，2004）。二是道路对景观格局的影响，已成为国外该领域研究的重要特征之一。道路与景观格局的系统研究开始于20世纪90年代初（Andrews，1990），主要研究内容为道路对景观格局（Miller et al.，1996；Hawbaker et al.，2004）和破碎化程度（Reed et al.，1996；Tinker et al.，1998）的影响，主要集中在森林（Miller et al.，1996）、草原（Tikka et al.，2001）等自然植被区域，以区分其他人为活动因素对景观格局的影响。①道路导致区域景观破碎化，而且这一影响对周围生境的破坏作用远大于道路建设本身导致的生境破坏（Reed et al.，1996）；青藏公路格尔木至唐古拉山段对沿线景观格局的影响表明道路导致沿线景观破碎化程度加剧、景观多样性加剧，并得出该段公路的影响范围是1~3km（张红兵等，2002）；②道路密度与景观破碎化程度并非一定是正相关关系，道路对其周围生境的作用存在差异性（Miller et al.，1996）；刘世梁等（2006）通过基于景观格局指数的生态安全评价方法，研究了道路网络对黄土高原过渡区生态安全格局的影响，得出道路密度与生态安全水平的负相关关系；③道路对景观格局的影响存在尺度的差异性，从更大空间尺度上来看，对景观格局的影响可能并不显著（Mc Garigal et al.，2001）。高峻和宋永昌（2001）通过对上海市西南城区主干道两侧景观格局指数的时序分析，分析城市化发展水平对道路两侧景观格局的综合影响效应。李双成等（2004）则通过破碎化指数分析我国道路网络对生态系统的影响，研究了各级公路对生态系统影响的差异性，并得出等外公路的影响面积最大。此外，道路也是导致区域土地利用/覆盖变化（LUCC）的重要原因之一，Dale等（1993）研究了道路对巴西Rhodonia中部地区土地利用变化的影响，Hawbaker等（2004）通过模型的构建分析美国Wisconsin地区土地利用类型与道路密度的关系，Renzella（2005）对比分析美国West Virginia地区国道两侧1938、1969和1997年3个时段的15种主要土地利用类型面积比重变化情况。有关道路与土地利用变化的研究通常与景观格局的研究结合到一起，以分析道路影响的过程和机制，这也是目前研究的热点之一。

二、道路生态影响范围

道路作为一种廊道，在社会经济发展和生态建设中具有十分重要的作用，目前，道路生态学理论上的研究重点转向道路影响域（Road Effect-zone）。道路及其载体交通流量对各种生态过程的影响范围形成道路影响域，道路影响域作为研究道路影响的定量化指标之一，被认为是弥合自然生态和人类活动之间，即自然景观过程和道路规划之间重要桥梁。

（一）道路对陆栖动物的影响域范围

（1）对鸟类的影响域范围：道路干扰对鸟类密度和种群数量的影响范围是随道路交

通量、物种和附近栖息地类型的不同而不同。在城郊景观中，草地上道路旁某一范围内，鸟类遇见率随着交通量的增加而下降（Forman et al.，2002）。在荷兰农业用地上，50% 以上的鸟类在公路旁 100m 范围内的密度和种群落数量有所减小（Reijnen et al.，1996）；通车量为 0.5 万辆 /d 的公路对鸟类的干扰范围为 20~1700m，综合干扰范围为 120m，随交通量增加，干扰范围也大大增加，通车量为 5 万辆 /d 时，干扰范围增加到 65~3530m（Reijnen et al.，1996）。在美国，栖息于林内的灶巢鸟（*Seiurus aurocapillus*）在路旁 150m 范围内配对成功机率较低（Ortega & Capen，1999）。

（2）对哺乳动物的影响域范围：道路对大型哺乳动物影响范围的大小很大一部分取决于哺乳动物回避道路的程度。在美国，骡鹿（*Odocoileus hemionus*）和麋鹿（*Cervus canadensis*）对道路的回避范围达 200m，种群数量显著减少（Brannon，1984）；灰熊及雌性灰熊分别在路旁 50m 和 200m 范围内采取回避行为（Frederick，1993）；另外，噪声与视觉干扰、食物质量和数量降低等导致近道路栖息地面积和质量下降，从而导致动物主动回避公路（Ortega & Capen，1999；Reijnen & Foppen，1994；Reijnen et al.，1995）。道路密度也影响灰狼（*Canis lupus*）对栖息地的选择，Mech 等（1988）利用道路密度确定出灰狼的出现阈值为 0.58km/km。道路不仅可以使哺乳动物产生道路回避，也可以为一些哺乳动物种类扩散提供媒介，同时促进哺乳动物数量增加。在道路旁 1~3km 范围内，狼獾（*Gulo gulo*）的个体数量是此范围以外分布数量的 15 倍；草原田鼠（*Microtus pennsylvanicus*）便借助高速公路边缘草丛向外扩散，分布范围沿着公路延伸了 90~100km（Mech & Fritts，1988）。

（3）对爬行及两栖动物的影响：域范围道路附近区域内的很多爬行动物和两栖类动物密度及丰富度都比较低（Fahrig et al.，1995；Rudolph et al.，1999）。在美国佛罗里达，公路对蛇分布数量的影响一直延伸到路旁至少 850m 的范围（Rudolph et al.，1999）；Reh 等（1990）发现，道路（包括铁路）会导致 3~4km 范围内青蛙（*Rana temporaria*）种群的基因被隔离。

（二）道路对植物的影响域范围

道路产生交通干扰，改变微环境，使部分当地种受到胁迫，并为某些植物的扩散提供途径（Tikka et al.，2001）；由道路产生的特殊边缘生境，如温度升高、土壤密度增大、土壤水分减少、灰尘浓度增大和地表径流发生改变等决定了路旁植被物种组成、类型以及丰富度等各种植被特征明显不同于其他各处。道路运营也会产生空气和水等污染，从而抑制植物的光合作用和呼吸作用等新陈代谢过程，对植物的正常生长和发育产生极大的综合性危害（章家恩和徐琪，1995）。美国阔叶林林下，由于道路的影响，路旁（0m）林冠层郁闭度、枯枝落叶层盖度和高度、粗木质残体盖度随着至道路距离的逐渐增大而逐渐增加，直至到达路旁 15m 和 20m 处达到最大并保持稳定；植物组成结构变化在路旁 5m 内最明显，10~15m 时变化逐渐减弱直至消失（Radley et al.，2003）。Angold（1997）发现主干道路 200m 范围内维管束植物生长加快，草本植物丰富度增大，地衣和其他植物丰富度下降。道路对沿线植物生物量的影响也很大，对沿线乔木、灌木和草本的生物量的影响范围集中在 125~285m，其中对乔木生物量的影响范围最小，灌木居中，草本最大（刘杰等，2006）。

（三）道路对其他因子的影响域范围

道路上释放重金属、盐和臭氧等污染物，污染物随着水流对周围环境产生的影响范围大，程度深。土壤中的铅浓度与距离道路的远近有明显的正相关，在道路周围80m范围内土壤中的铅浓度显著增加（Clift et al.，1983；Collins，1984），铅在远离道路200m以外的植物体内都有积累（Angold，1997）。重金属钠则主要积累在路旁5m内的土壤中，钠能改变土壤结构，从而影响植物生长。在挪威，包括有机碳和金属离子在内的污染物在路旁5m内很低（Li et al.，1993）。Santelman等（1988）发现道路灰尘的影响距离通常小于10~20m，但是在顺风的方向能扩展到200m处。另外，道路撒盐（NaCl）能对周边120m范围内北美乔松（*Pinus strobes*）的叶子产生危害（Hofstra & Hall，1971）。而在尼德兰，道路盐促进了3种沿海外来植物蔓延达150km（Aanen et al.，1991）。

尽管理论与应用生态研究落后于交通规划设计实践的需要。但是道路生态影响已引起了国内外学者的高度关注，生态瓶颈概念以及缓解与补偿措施在一些发达国家的基础设施规划建设工作中已开始得到应用。道路生态学影响域以及道路生态效应的应用研究恰好可以弥合自然生态过程和道路规划间的距离（Forman & Alexander，1998），道路影响域研究已被应用到其他国家的自然生态系统中（Williams et al.，2001）由于有道路生态学影响域的研究成果作理论参考，使道路规划更加合理，因此，将研究成果应用于具体的道路规划是至关重要的。

三、道路建设的生态效应及其对区域生态安全的影响

道路建设的生态效应一般分为两大类：一类是自然环境的破坏，如水土流失、植被破坏、物种减少和环境污染（噪声、废水、废气和尘埃）等，严重时引起生态平衡失调、气候异常；另一类是对社会环境的影响，包括对沿线的社会结构、经济发展、文化环境产生影响；也可以根据影响的类别分为直接影响、间接影响和累积影响。这三类影响根据它们的性质又可以进一步细分为：正面和负面影响，随机和预知影响，局部和广布影响，暂时和永久影响，短期和长期影响（Spaling & Smit，1993）。直接影响是由公路本身所引起的，例如对土地的占用、植被的砍伐和农田的分割等。间接影响是指工程建设后所产生的连锁生态效应，这种影响是很难估算的，而经过一段时间所影响的区域要比预想的大。累积影响是公路建设的影响产生生态效应的累积过程，累积影响能够产生附加的、协同的影响，从而破坏一个或几个生态系统的功能。道路引起的生态效应遵循PSR模型，即：驱动因子—生态变化—生态影响模型（图3-1）。

道路对土地最直接和明显的影响反映在对土壤的影响上，使其产出功能丧失。道路狭长、线性的特征对土地损失的影响看起来很小，但其宽度与长度的乘积所占的农田面积是巨大的（Saunders et al.，2002）。道路对水文状况的影响主要表现在地表和地下径流的改变，地表径流可导致洪涝灾害、土壤侵蚀、渠道改道和河流的淤泥充塞，地下径流的改变造成土壤侵蚀、土壤裂化、植被减少、饮用水和农业用水流失等（Preston & Bedford，1988）。同时，道路的线性和网络发展通常会减少或消除动物活动和生境的连通性。在短期内，动物活动的受限会对种群和生态系统功能产生负面影响；长期内，受限制的活动会减少基因的流动并会对物种产生负面影响，道路工程的建设和道路网

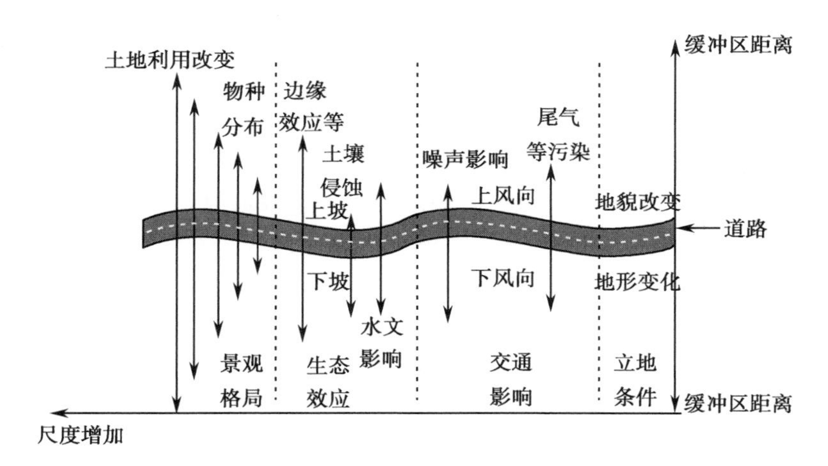

图 3-1　道路建设所产生的生态效应

络的形成将会导致大范围生物多样性的减少（Tsunokawa & Hoban，1997）。

道路建设除了对道路影响域内生态系统产生生态效应外，长期时间尺度上也会间接导致区域土地利用的变化。道路对生态系统土地利用 / 土地覆被变化的效应是通过"点—轴"或"网络"影响来体现的，这和我国经济开发中的点轴开发相对应。区域土地利用在空间分异的基础上，可以看做由点、轴镶嵌组成的空间组织形式，其道路影响的空间结构具备以下 3 个要素：一是"节点"，即道路所经过的中心城镇；二是"道路网络"，沿道路建设后两侧土地利用方式的直接改变；三是"道路影响域"，道路间接影响所造成的土地利用变化。道路网比线状道路生态影响更大。

道路工程促进土地利用变化主要有两种形式：一是工程本身占用生态系统类型，根本上改变土地利用的格局；二是交通条件改善了区域的社会经济环境。人口迁移、集中，经济的发展，对农副等土地产品需求的变化，从而改变道路结点及其周边地区的土地利用方式，改变当地生态系统结构，促使景观格局发生变化。道路对土地利用的直接影响，如建筑物的破坏、用于对其他用途的土地的侵占和分割等，在乡村地区，对农田的影响也是尤其严重的。间接的土地利用影响应关注的是已计划的土地利用方式与公路引起的建设活动之间的可能产生的矛盾。

道路建设及其带来的人类干扰以前所未有的规模和速度改变着区域生态环境，进而产生了区域生态安全的问题。不同尺度上的生物入侵、生物多样性锐减和工程特点等对生态安全也构成了威胁（肖笃宁等，2002）。道路建设对区域生态安全的影响主要体现生态效应的累积和潜在性上，主要是对区域土壤、水文、空气、气候、动植物等影响上，如土壤侵蚀、水土流失，公路工程所造成的边坡的不稳定，进而产生崩塌、陷穴、溅蚀、细沟状面蚀和沟蚀。从生物多样性保护来看，道路建设可促进外来物种的入侵和种子的传播，同时也会阻断动物之间的交流，使得区域物种迁移和遗传多样性受损。

道路建设从工程开始就对道路预定地的生态产生全面性冲击，在施工过程中更通过对土壤、水分与光线等环境因子的直接改变，造成外围环境物质输出入阻绝，或加速内部环境变化速度，形成对周边生态系统的干扰。卡珀尔（Crperus，1993）认为道路相关构造物对当地自然生态主要造成三个方面的冲击：①物理品质与混凝土结构冲击非生物环境；②相对生态影响造成栖地面积减少及品质降低；③物种结构的改变与族群数下降或灭绝的生态过程。佛曼（1999）也指出，道路开辟后，将因为上下边坡、风向、与栖地适宜性等地形因子的改变，对周遭环境产生不同程度（距离）的影响。佛曼认为，道路交通对生态阻断的影响，除了直接造成动物死亡外，也因为道路阻隔形成小型哺乳类动物、两栖类及昆虫等的迁移障碍。当前国内制式道路设计大都采取简化土地使用方式，将完整的地区土地利用区块一分为二，交流道部分虽然采取绿化措施，为地景营造效果，但是交流道与周边整体环境的分枝状空间格局造成了周边土地的岛屿化形态，并产生生态活动碎裂化的分离小区块，阻碍了原有物种的活动。综合国外对于道路生态冲击的相关研究，地区道路环境普遍存在五个方面的问题：

① 风切效应干扰。路廊对地形的切割造成风切效应，降低周边植物生长速度。

② 边坡生态基质不良。路廊边坡多为回填土，造成土壤生态复育困难。

③ 沿路河川径流水质污染及贮留不易。路面受污染的径流水在未经处理时，径直排入河川形成二次污染。

④ 车辆噪音、空气污染及振动的干扰。导致周边物种弃置栖息地，影响族群数量。

⑤ 过度车道宽度设计与维护管线干扰。增加物种跨越车道困难度与边坡植物群生态边缘化。

道路建设的生态影响和土地利用格局影响分析表明，道路网络的扩展和道路影响域的深入，从多尺度上对区域生态安全构成了威胁，这种驱动可以从物种水平一直上升到景观水平。一般来说，道路网络的大小和区域生态安全呈负相关关系，道路密度越大，安全水平越低；交通流量越大，对安全的影响越大；道路所经过的生态环境越脆弱，生态安全水平越低。从生态系统健康和生态系统服务功能的角度来看，道路对某个区域的分割有使其变成生态亚单元的趋势，从而使整个区域容易受到入侵而退化。道路切割开来的两个部分的总和，即使忽略生境的损失，也比不上最初整体的价值。对生境的穿越切割将影响到生态系统的稳定和健康，从而使得系统功能产生变化，在短时间内不能自我恢复。

道路建设使得道路生态恢复成为热点，而景观尺度上的生态恢复是构建区域生态安全的关键途径（关文彬等，2003）。研究景观层次上的生态模式及恢复技术，选择恢复的关键位置，构筑道路网络生态安全格局的焦点（张红兵，2002；左伟等，2002）。基于以上分析，道路工程的景观恢复步骤可以概括为：首先，进行大尺度上的设计与规划，道路的设计和区域土地整理与结构调整；第二，道路影响域内，生态系统的内部设计与结构优化，合理布局与生态系统管理对策等；第三，群落和种群层次上的设计与人工群落的构建。在道路勘测选线及线形设计时，应根据公路等级、标准，结合地形、地质、水文、气候等自然条件，配合好城镇规划、风景名胜、资源开发、农田水利建设，与周围自然景观相协调，同时做好道路景观工程，发挥道路的生态廊道功能。

四、道路的栖息地和廊道功能

道路对于生态环境和许多生物具有很大的副作用。不过，一些研究也证实道路两侧附属设施及植被可为生物提供诸如庇护所、食物资源、巢位资源和物种扩散等的廊道功能：

（1）许多研究证实，道路边缘自然植被和人工植被可为许多动植物提供藏身栖息地和庇护所（Auestad et al.，1999，Ihse，1995）。如在美国科罗多拉州落基山国家公园，由于道路形成的特殊生境和动物或车辆携带的种源，使道路边缘总的物种丰富度和物种组成随垂直道路的距离而发生较大的变化（Benfennati et al.，1992）；Way（1977）证实，英国的20%的鸟类、40%的兽类、所有的爬行类、83%的两栖类以及超过40%的蝴蝶类栖息于道路两侧的生境中；在澳大利亚的维多利亚农业区，稠密的路边植物中栖息着该区78%的哺乳动物；在欧洲许多高速公路和铁路沿线两侧，生活着许多野生动植物（Auestad et al.，1999，Ihse，1995），这是因为，道路两侧人工培育的草地、灌丛和乔木绿化带不但减轻道路给人类带来的诸如噪音、灰尘等干扰，同时也为许多鸟类、小型哺乳动物提供理想的巢位资源和食物资源，而这些鸟类、小型哺乳动物又为大型动物提供了食物资源（Meunier et al.，1999），对于许多鹿科动物来说，道路是其冬季缺盐时主要舔盐场所（Fraster & Thomas，1982）；此外，石砌路基的缝隙和排水管道可为蜥蜴类、爬行类提供理想的巢洞，蝙蝠（Vespertilionidae）却能在道路桥梁下找到适合的栖位（Forman & Alexander，1998）。一些研究还证实，道路两侧栖息的动植物主要为一些抗干扰能力较强的与人伴生种或由交通工具携带而来的入侵种（Adams & Geis，1973；Blair，1996；Douglass，1977；Niering & Goodwin，1974）。

（2）道路可为生物扩散和入侵提供廊道与媒介（如通过车辆向外扩散）（Andrews，1990）：大型哺乳动物趁夜间车辆较少时沿道路移动，小型哺乳动物可沿道路边缘移动，而小型两栖爬行动物和一些植物则可由车辆携带而扩散。如在美国阿拉斯加，驼鹿常沿着公路取食和扩散（Garrett & Conway，1999），而驯鹿（*Rangifer tarandus*）每年则沿道路方向迁徙（李月辉等，2003）；在伊利诺斯中部，草原田鼠（*Microtus pennsylvanicus*）借助高速公路边缘草丛向外扩散，6a时间内，其分布范围沿着公路延伸100多km（Getz et al.，1978）；在蒙大拿州的冰河国家公园，一些外来植物沿公路纵深100多km，并直接或间接影响当地的物种（Tyser & Worley，1992）。与自然廊道相比，道路的廊道作用相对较小（Forman，2000）。

第二节 城市道路及其景观

一、城市道路

根据道路在城市道路系统中的地位、作用、交通功能以及对沿线建筑物的服务功能，我国目前将城市道路分为四类：快速路、主干路、次干路及支路。其中：

主干路（全市性干道）是城市道路网的骨架，联系城市的主要工业区、住宅区、港口、机场和车站等客货运中心，承担着城市主要交通任务的交通干道。主干道系统在城市内部且同郊区的公路干线网连结成整体。

次干路（地区性干道）为市区内普通的交通干路，配合主干路组成城市干道网，起联系各部分和集散作用，分担主干路的交通负荷，用以沟通主干道和支路。次干路兼有服务功能，允许两侧布置吸引人流的公共建筑，并应设停车场。

支路是次干路与街坊路的连接线，为解决局部地区的交通而设置，以服务功能为主。部分主要支路可设公共交通线路或自行车专用道，支路上不宜有过境交通。

专用道路有汽车专用的高速道路和快速道路，载重汽车专用道路，公共汽车专用道路，自行车专用路，步行街等；目前城市中大部分道路都是各种车辆混合通行的道路，专用道路很少。其中，快速道路在特大城市或大城市中设置，是用中央分隔带将上、下行车辆分开，供汽车专用的快速干路，主要联系市区各主要地区、市区和主要的近郊区、卫星城镇、联系主要的对外出路，负担城市主要客、货运交通，有较高车速和大的通行能力。

根据国家《城市规划定额指标暂行规定》，道路还可划分为四级，见表 3-1 所示。

表 3-1　道路四级划分表

项目级别	设计车速（km/h）	双向机动车道数（条）	机动车道宽度（m）	道路总宽（m）	分隔带设置
一级	60~80	≥4	3.75	40~70	（必须设）
二级	40~60	≥4	3.5	30~60	（应设）
三级	30~40	≥2	3.5	20~40	（可设）
四级	30	≥2	3.5	16~30	（不设）

城市道路把城市中的各个组成部分，如市中心区、工业区、商业区、居住区、文教区、绿地等有机地联系起来，由城市中各种功能的专用道、主干道、次干道和支路等纵横交错组成的一个网状体系，它是影响城市空间结构的重要因素，其主要功能有：为各种交通运输服务，形成城市的功能分区和合理布局；为城市通风、采光、观光等提供所需要的空间，为城市防灾提供安全场所和疏散通道，作为上下水道、煤气、电缆、电讯等城市公共管线的埋设通道；为沿路建筑物提供前庭场所，为城市绿化提供场地，构建各具特色的城市景观，在道路交汇处还可形成风格不同的城市广场。

城市道路与公路的建设都是为了方便人民群众的生产生活，为公众的出行提供服务。城市道路是城区居民出行的重要交通载体，密度大、往往呈网状分布；而公路是连接城市与城市、乡村的纽带，密度小，呈线状分布。城市道路同一般公路相比，主要特点是：

（1）道路交叉点多，区间段短，路网密度大。城市道路在整个城区的占地面积中所占比例较大，伦敦城区的道路用地率为 13.31%，路网密度为 9.31km/km^2；纽约城区的道路用地率为 25.40%，路网密度为 13.08km/km^2；东京城区的道路用地率为 14.93%，路网密度为 18.68km/km^2；大阪城区的道路用地率为 17.64%，路网密度为 17.72km/km^2。我国目前城市路网的平均密度约为 4.25km/km^2，其中北京、深圳等特大城市路网密度超过 10km/km^2；我国建设部规定，城市道路用地面积应占城市用地面积的 8%~15%，特大城市为 15%~20%；《城市道路交通规划设计规范》中大城市的干道网密度 2.4~3.1km/km^2，中等城市的干道网密度为 2.2~2.6km/km^2。公路网的密度较城市路网小得多，全国平均路网密度不到 1.0km/km^2，北京市为 0.88km/km^2，深圳市约为 1.5km/km^2。

（2）行人和公共交通车辆，机动车和非机动车等各种交通流相互交织，道路承载负荷大。根据世界人口统计，1950 年全世界城市人口 69800 万，占世界总人口的 28.7%，1980 年城市人口占总人口的 42.2%，2000 年，城市人口超过 320000 万，占总人口的 50% 以上。据资料，伦敦市区的人口密度 43 人 /hm^2，人均占有道路用地面积为 30.7m^2；纽约市区的人口密度 99 人 /hm^2，人均占有道路用地面积为 26.4m^2；东京市区的人口密度 132 人 /hm^2，人均占有道路用地面积为 11.3m^2。我国城市人均道路面积一直处于低水平状态，只是近 20 年开始较快发展，人均面积由 2.8m^2 上升到 6.6m^2；大城市的人均道路面积尚不及发达国家的 1/3；全国 32 个百万人口以上的大城市中，有 27 个城市的人均道路面积已经低于全国平均水平，上海市人均道路面积只有 3.5m^2；我国建设部规定，城市人均占有道路用地面积为 7~15m^2。

（3）城市交通流量大，道路污染严重。城市是社会经济的中心，道路交通的集散地，汽车使用的空间必然偏重于城市，特别是大城市。城市道路的车流量大，这与城市人口集中、机动车保有量大有直接关系。目前，全世界的汽车保有量已超过 6 亿辆，而且全世界的汽车保有量以 3000 万辆 /a 的速度增长，预测到 2010 年全球汽车数量将增至 10 亿辆。随着我国经济的发展，我国的汽车工业和汽车保有量也在迅速发展。

交通流量大对环境造成了日益严重的污染。首先表现为大气污染，直接对环境产生损害。我国环境空气质量标准（GB3095—1996）规定了 11 项大气污染物控制指标，分别为：总悬浮颗粒物（TSP）、可吸入颗粒物（PM10）、氮氧化物（NO_X）、臭氧（O_3）、二氧化氮（NO_2）、一氧化碳（CO）、铅（Pb）、苯并芘（BP）和氟化物（F）。据世界卫生组织（WHO）估算，全球每年有 80 万人死亡和 460 万人寿命缩短与城市大气污染有关（杨小南和李宇斌，2007），而机动车行驶过程中直接产生的污染物几乎涵盖了全部大气污染物。随着城市化进程的快速发展，城市中的机动车数量迅速增加，机动车尾气成为当前城市空气污染的主要污染源，占整个城市污染的 60%~90%；污染物通过大气沉降或地表径流迁移到道路两侧的土壤和作物中，严重影响了道路两侧土壤和植物的安全，进而对城市环境质量和人类自身的安全与身体健康带来严重威胁。

因此，在景观生态学中，城市道路称之为“灰色廊道”。由于交通运输的特殊性即受道路的限制，导致道路两侧成为污染的“重灾区”。张建强等（张建强等，2007）研究了日本东京城市道路粉尘、土壤中重金属浓度与交通量的关系，结果表明，粉尘、土壤中重金属浓度随交通量的增加而上升，见表 3-2 和表 3-3。Fakayode 等（2003）对尼日利亚奥索波市道路两侧土壤重金属元素含量的研究表明，道路两侧土壤中的 Pb、Cd、Cu、Ni 和 Zn 元素有不同程度的积累。Ho YB 等（1988）对香港交通干线两侧土壤的研究亦表明，路边土壤中的 Pb、Cd、Cu、Zn、Fe 和 Mn 的含量显著高于非交通干线两侧的土壤。

表 3-2 道路粉尘重金属浓度与交通量的比较

交通量（辆 /h）	C（mg/kg）						
	Mn	Fe	Cu	Zn	Cd	Pt	Pb
3983	510	29	300	890	0.49	3.1	180
2088	350 ± 28	17 ± 1	160 ± 59	430 ± 140	0.34 ± 0.12	0.5 ± 0.3	58 ± 7
1218	340 ± 16	18 ± 1	180 ± 84	310 ± 27	0.23 ± 0.04	0.1 ± 0.1	53 ± 19

表 3-3　道路粉尘和沿道土壤中重金属污染指数

交通量（辆 /h）	道路粉尘				沿道土壤			
	P_{Cu}	P_{Zn}	P_{Pb}	P	P_{Cu}	P_{Zn}	P_{Pb}	P
3983	5.66	4.24	5.00	4.97	2.26	2.05	2.03	2.11
2088	3.01	2.05	1.61	2.22	2.26	1.48	1.72	1.82
1218	3.40	1.48	1.47	2.12	2.08	1.76	1.94	1.93
平均	4.02	2.59	2.69	3.10	2.20	1.76	1.90	1.95

注：以远离道路内大学校园清洁土壤为对照点；P 为污染综合指数，$P=\frac{1}{n}\sum_{i=1}^{n}p_i$，$p_i$ 为单因子污染指数，n 为污染物质的种类数。

李波等（2005）对南京地区公路旁大气中铅含量及大气 TSP 和 PM10 中铅含量进行的监测结果表明，大气颗粒物中铅含量大大高于土壤中铅含量，并且铅主要吸附在小颗粒上。这些高浓度含铅颗粒如果降落在植物上，会对植物中重金属的含量造成一定影响。康玲芬等（2006）研究表明，生长在交通主干道两侧的槐树叶片中的 Zn、Cd、Hg、Pb、Ni、Co 和 Cr 等元素的含量显著高于生长在公园里的槐树叶片，说明交通污染导致了这些元素在槐树叶片中的异常积累。吴湘滨等（2006）对衡昆高速公路的研究表明，高速公路两侧土壤中石油类污染物质含量为 6.96~92.86mg/kg，距公路 35m 范围内含量最高，且较为均匀。35m 范围外，土壤中石油类污染物质的含量随距离的增加而减少。大量文献（索有瑞等，1996；魏秀国等，2002；范文秀等，2003）研究表明，公路两侧农产品表面的铅的吸收率较高，为 20%~50%。郑路等（1989）认为，生长在污染空气中的蔬菜，50% 以上的铅是通过叶片从大气中吸收的；苏苗育等（2006）对空心菜、大白菜、萝卜和葫芦等 14 种蔬菜对土壤中 Cd 和 Pb 富集能力的研究表明，镉和铅向不同蔬菜的转移系数有很大差异，所研究的 14 种蔬菜对土壤中 Cd 和 Pb 的富集能力分别相差 38 倍和 12 倍。

另外，道路噪声是环境污染一个重要且不能忽视的因素。据研究，对我国 31 个城市通过聚类分析被分为三类：

第一类：北京；

第二类：天津、重庆、西安、广州、太原、长春、南京、杭州、乌鲁木齐、呼和浩特、福州、哈尔滨、兰州、石家庄、沈阳、海口、合肥、郑州、银川、拉萨、济南、成都等；

第三类：上海、武汉、南昌、湖南（长沙）、昆明、南宁、贵阳、西宁等。

对于第一类别，北京大都市车多人多，噪声相应地也会多于其他城市，另一个方面，北京的交通规则中没有禁止在市区鸣笛，加上北京堵车严重，这是影响北京成为道路噪声特别严重的一个很重要的原因；对于二、三类别，没有明显区别。可以发现经济比较发达的地方，道路噪声污染也相对严重一些，有些城市禁止汽车在市区鸣笛来控制道路噪声，取得了一定的效果，值得全国效仿和推广；但是第三类中有城市如上海，非常繁华，然而噪声情况却比较好，这大部分是由于上海控制了汽车鸣笛，禁止车辆在市区内鸣笛，而且规定了大卡车这类轰鸣声较大的车市区通行的时段，这样可以有效的控制道路噪声，从中看出上海在这方面做得相对其他城市要好。

2005 年，我国环保重点城市共监测道路长度约 13068km，平均等效声级范围在

61.1~74.7dB（A）之间，道路交通噪声长度加权平均等效声级为68.1dB（A），其中等效声级超过70.0dB（A）的路段，占监测路段总长度的22.6%。根据我国道路交通噪声等级划分方法，我国2005年、2006年的城市道路交通噪声状况如图3-2和图3-3。

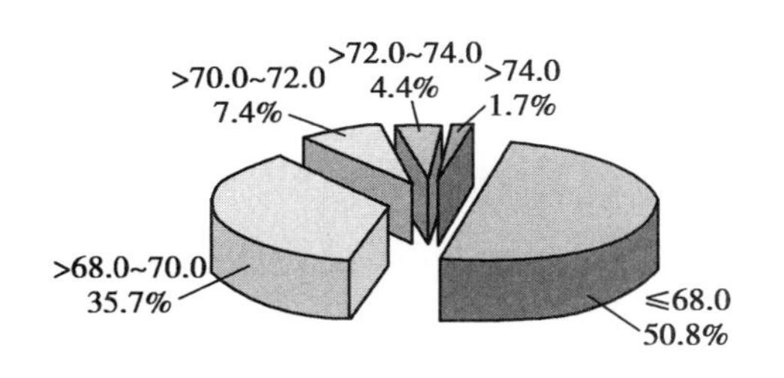

图3-2　2005年全国城市道路交通噪音不同等效声级比例

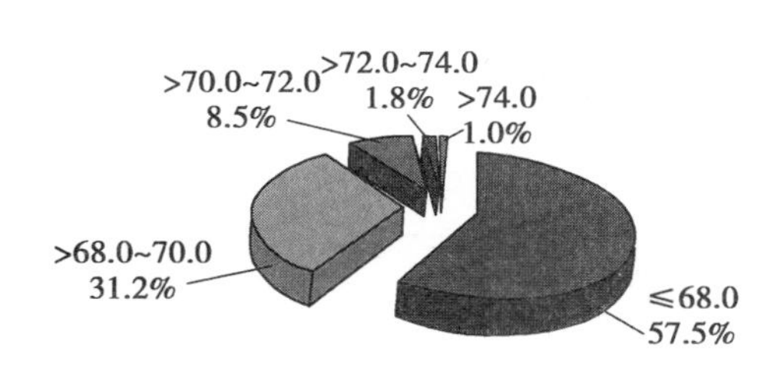

图3-3　2006年全国城市道路交通噪音不同等效声级比例

二、城市道路景观

城市在不断地发展与建设过程中，城市道路也随之更新和建设。城市道路既是城市重要的公共开放空间，也是联系城市各项功能的重要交通空间载体。城市道路空间存在两个基本特征：一是占地比例较大，一般占城市建设用地的15%~20%左右。二是布局比较均匀，主次道路呈网络状覆盖了城市的建成区域。

道路是城市景观的重要组成部分。Kevin Lych在《城市意象》一书中把构成城市意象的要素分为五类，即道路、边沿、区域、结点和标志，并指出道路作为第一构成要素往往具有主导性，其他环境要素都要沿着它布置并与它相联系。城区街道不仅仅是连接两地的通道，在很大程度上还是人们公共生活的舞台，是城市人文精神要素的综合反映，是一个城市历史文化延续变迁的载体和见证，是一种重要的文化资源，构成区域文化表象背后的灵魂要素，上海浦东的世纪大道、南京东路步行街、外滩滨江路景区、苏州观前步行街都是成功的范例。

城市道路景观不但包含狭义的“景”，还包含人的感知结果——“观”，以及人在景中实现“观”的过程—社会生活。因此，城市道路景观是指由道路空间、围合空间的实体以及空间中人的活动共同组成的复杂的网络综合体，道路线形走向、道路断面布置、路面铺砌、道路绿化景观、立交桥等道路构造物景观共同构成了道路本身景观的基本内涵，道路景观的好坏与其所具备的功能、经济、美观等因素的完美与否直接相关。

道路景观的构成主要有两个因素：

一是内在因素，主要指道路红线以内的东西，按其功能，大致可分三类：

① 实用性：路栅、路障、路灯、路钟、坐椅，电话亭、邮筒、垃圾筒、公交站亭、地下道口、人行天桥等；

② 审美性：街道树、花坛、喷泉、雕塑等户外艺术品，地面艺术铺装等；

③ 视觉传达性：交通标志、路标、路牌、海报、地面标志等。

二是外在因素，主要是指背景建筑，建筑是形成道路空间最重要的因素之一，道路两侧建筑的构成形式、物质功能、视觉印象以及社会职能，决定着道路的空间特点；同时，建筑的形式与结构代表着一种理念与精神，无声地陶冶着人们的情操。道路两侧建筑构成连续而明确的界面是使街道乃至整个城市景观具有可识别性和可意向性的最有力的因素，具体体现在街道两侧建筑的高度、立面风格、尺度、色彩、表面材料乃至广告、商店招牌的位置、样式等方面。

随着时代的发展，城市道路已被赋予了更多的功能色彩，成为城市经济的命脉，城市道路是一个城市的走廊和橱窗，是一种通道景观。现代道路景观的制约因素及其影响范围不再局限于道路红线之间，以道路景观建设为契机，把单条道路的景观建设与更大范围内的城市综合发展紧密联系已成为道路景观规划设计的大势所趋。

第三节　城市道路绿化

世界上最早的行道树是公元前 10 世纪古印度，在喜马拉雅山麓的阿富汗至加尔各答大道旁栽植的。该道路以石块铺成，两侧及中央栽植三列行道树。欧洲种植行道树的历史悠久，可以追溯到公元 7 世纪的古罗马时代，那时罗马城的主要道路上就已经种植行道树了。澳大利亚首都堪培拉，人均绿地 70 多 m^2，经过几十年的建设，宽阔的道路上桉树成林，浓荫蔽日，草坪像巨大的地毯，看不到黄土，创造出清新的空气。又如空气清新的阿根廷首都布宜诺斯艾利斯在环城路两侧种植了 120 万株树木，建成一条长 150km，总面积 8 万 hm^2 的绿化带，为城市创造了一座氧气工厂，保持了空气的新鲜。在花园城市新加坡，新建的高层建筑只占地 35%，其余土地用于绿化在道路和建筑物之间留下 15m 以上宽度的空地种树、栽花、种草。无论在街道两旁、道路分车带、交叉路口、行人过街桥或路灯支柱都是树木相间，缀满藤蔓，虽在闹市也可听到蝉鸣鸟叫之声，居民生活在舒适优美的环境中。

道路绿化在我国具有悠久的历史，最初是以行道树种植的形式出现，其后在秦朝、三国、晋朝、隋朝、唐朝、宋朝、元朝、明朝、清朝都有称之并木、并树、街道树、行道树等名称的出现和记载。祖先在很早就开始在路边种树，有了道路绿化的意识。行道树栽植最早见于《史记》记载已有 2500 多年历史。据《周礼》记载，在通往洛阳的官道两侧就栽植有行道树，如桃、李等，为我国行道树开端。早在《汉书》中就记载："道广五十步，三丈而树，厚筑其外，隐以金锥，树以青松"，说明两千多年前我国已有用松树作行道树的做法。北京作为六朝古都，早在元朝建大都之时，就在"市"的道路两旁种植树木；随着"三海"水系的形成，在河岸路旁植树，初步有了绿化与湖光山色相辉映、游乐与园林景观相交融的景色。在四川剑阁古道两旁也栽植有翠柏树，今天依然生机勃勃。

新中国成立前我国城市道路狭窄，有的人行道虽宽，但很少植树，只有少数几条道路上种了树，形成了道路绿化的雏形。新中国成立以后，随着城市现代化道路交通的发展，社会的进步，促使城市的兴起，更加速城市为适应城市生活而形成城市大规模的交通网络，使城市道路绿地突破了一条路两行树的简单模式，发展到园林大道的绿色景观，再到目前的城市道路森林廊道的新景观。特别是十一届三中全会以来，改革开放带来了城市现代化和城市道路建设的突飞猛进，我国道路绿化为适应新的功能要求，出现了一条又一条绿化带宽阔、层次丰富、林荫夹道、景观多样、芳草如茵、行车通畅、行人舒适的现代化城市道路，形成了多行密植、层次丰富，落叶树与常绿树相结合，绿化与美化相结合，用大树绿化城市道路等城市道路绿化的特点与特色。

一、城市道路绿化的作用

在世界各国日益重视城市生态环境建设的背景下，城市道路绿化美化是城市道路景观建设的重要组成部分，它不仅有助于创造优美的城市环境，提供舒适的行驶条件，同时还能改善城市的生态环境。据观测资料，在城市中40m宽的林带能降低噪音10~15dB，4m宽的绿篱可减弱噪音约6dB；根据苏联的测定，树木下空气的含尘量比露天广场中的空气含尘量低约42%；又根据北京的测定，多排树木的道路比没有树木的道路能减弱风速约50%；对穿过北京市的交通干道三里河路等18条道路的观测，经过大量的数据显示，提出了城市中心区道路绿化带理想的宽度至少是30m，对减尘、减噪音、减弱风速都有明显的效果。

按《城市绿地分类标准》（CJJ/T85—2002）分类，道路绿化属城市园林绿地系统中的一个组成部分，属于附属绿地（G4）中的道路绿地，是指“道路广场用地内的绿地，包括行道树绿带、分车绿带、交通岛绿地、交通广场和停车场绿地等。城市道路绿化与美化目的是为改善环境、组织交通、休息散步、美化市容，创造生态效应，并起到景观、环境、休憩三者为一体的统一作用（杨淑秋和李炳发，2003）。具体作用如下：

（一）城市环境的改善作用

（1）调节和改善道路环境小气候。植物在夏天可通过树冠的遮阴减少太阳对地面的直射，降低辐射能量，通过叶片的蒸腾作用消耗热能，通过绿化廊道的通风形成凉风，调节气温；在冬天可通过树冠的阻挡，将辐射到地面的热量截留，防止其向高空扩散，起保湿作用，可调节和改善道路环境小气候（许冲勇等，2005）。

（2）净化空气、消毒杀菌、提高空气湿度。道路上的降尘、飘尘以及车辆行驶时排放的有害气体形成的烟尘，严重污染环境。绿化植物通过枝叶、树皮、绒毛、黏液等，发挥着降低风速、吸滞粉尘、防止二次扬尘等作用。同时，植物可以通过光合作用吸收二氧化碳释放氧气，并吸收SO_2、CO等有毒气体，不断净化空气，降低空气污染，有利于人们的身心健康（许冲勇等，2005）。许多植物都能分泌出强大的杀菌素，有杀死细菌、真菌的能力。植物杀菌素是植物保护自身的天然免疫性因素之一。同时，树木具有庞大的根系和较强的蒸腾能力，将地下水分，通过植物组织运送水分的导管送到叶片，再蒸发到空气中。根据有关部门测定资料显示，草坪植物的叶面湿度，比没有草坪的地面大约高20倍左右。行道树通过叶、枝茎的蒸腾作用，能使周边的空气水分增加20%（黄小相，2007）。

（3）减弱噪声。据有关部门调查，环境噪声70%~80%来自地面交通运输（梁永基等，2001）。车辆行驶过程中产生的噪声，影响沿线居民的生活，损害其身心健康。绿化植物通过密植形成的屏蔽作用及植物树叶特有的排列方式，可以有效地吸收声波，降低噪声。

（4）保护路面和稳固路基。道路绿化可以改善地温，防止路面老化，延长道路的使用寿命。同时，树木草地可遮雨，其根系能稳固土壤、涵养水分，防止或减弱地表径流，降低冲刷造成的危害，防止因水土流失而破坏路基，对路基起到保护作用（许冲勇等，2005）。

（5）防风固沙、防雪防火。城市中的自然植被和人工种植的植物群落是有多方面的防灾功能，如保持水土、防止水土流失等作用。城市道路形成互相连结的网络，道路绿化成为城市的防护绿地，像屏障一样对自然灾害起阻挡、消减作用（杨淑秋和李炳发，2003）。

上述城市道路绿化的各种生态功能说明绿色环境是改善城市环境质量、提高生活质量的重要因素。除此以外，道路绿化还起到组织交通、休息散步、美化市容的作用。

（二）空间景观作用

（1）景观作用。在城市道路轴线中，由于道路宽度、路面材料与绿化布置的不同，景观效果上形成主次之分。主景，大多以观赏价值高的乔木或灌木为主；“夹景”用道路两边的树木密植形成夹景；“框景”用两丛树木作景框；“背景”用常绿植物衬托前面的景物；“衬景”用植物色彩强调或加重其他建筑的效果；“隔景”用绿篱分隔人行便道与路侧绿地；“障景”用乔、灌木将街面上不美观的地段阻拦视觉。主干道绿化景观应体现城市景观风貌，每一条道路因性质功能要求不同而异，确定街道景观的基调，由不同空间、不同目的和不同的植物材料来提高道路绿化环境中景观的效果。

（2）空间美学的作用。在道路绿化中常形成春夏秋冬的四季景观。道路绿化常用的配植形式有规则式：布置方式用对植、列植、丛植、带植、绿篱、绿块等，同的树种和分隔空间的不同艺术更能体现街道特色和地方特色。根据树木的种植间距、高度、群体组合尺度、厚度以及植物图案造型体现韵律和节奏，给人一种有秩序整齐的美感。在空间中突出园林植物季相、层次、色彩的变化，使种植艺术得以在街景中完美体现，显示了空间美学的作用（杨淑秋和李炳发，2003）。

（三）生态廊道作用

通过道路绿地可以使城市内部的道路、绿地、公园等，与城市外围的田园、山体、河流等生态环境联系起来，形成连续的绿色生态走廊，发挥廊道的通风、遮阴等功能，改善道路及其附近地域小气候生态条件（王贞，2006）。

二、城市道路绿化景观的营造

（一）道路绿化景观营造的原则

（1）满足城市道路主要功能原则。城市道路绿化主要功能是庇荫、滤尘、减弱噪声、改善道路沿线的环境质量和美化城市。道路空间是提供人们生活、工作、休息、相互往来与货物流通的通道。在交通空间里，有各种不同出行目的的人群，在动态的过程中观赏道路两旁的景观，产生了不同行为规律下的不同视觉特点。在设计道路时，须充分考虑行车、行人的进度和视觉特点，不同速度，不同栽植方式，将路线作为视觉线形设计的对象。在具体的设计中，应以不遮挡视线为标准，提高视觉质量，同时又能给人以赏心悦目之感。道路绿化另一个重要的功能是遮阴、降温。四季的变化使植物的外观形态随着发生变化，尤其是落叶植物。炎炎夏日下，行车和行人需要一个宜人的交通环境，浓郁的绿荫能使人感到丝丝清凉，烦躁的心情可以得到舒缓，有利于交通安全；当叶落的时候，冬日和煦的阳光带来几分暖意。

（2）道路绿化的生态原则。生态是物种与物种之间的协调关系，是景观的灵魂。在设计中，要注重生态景观的体现，要求植物的多层次配置，乔灌花、乔灌草的结合，分隔竖向的空间，创造植物群落的整体美，从而达到最佳的滞尘、降温、增加湿度、净化空气、吸收噪音，美化环境的作用。

（3）科学性与艺术性原则。既要满足植物与环境在生态习性上的统一，又要通过艺术的构图原理体现植物个体及群体的形式美，即符合绘画艺术和造园艺术的统一、调和、均衡和韵律的四大原则。因此，在配置上应考虑道路长度、不同道路形式、同一条道路的不同区块等，与一般的绿地设计有所不同，它是动态绿化景观，要求花纹简洁明快、层次分明，作为街景它更要求色彩丰富，与周围环境协调一致。

（4）因地制宜，适地适树原则。根据本地区气候、栽植地的小气候和地下环境条件选择适于在该地生长的植物，并以多种植物创造不同氛围，体现植物生长的多样性和植物的层次性与季相性。行道树树种选择的一般标准：a. 树冠冠幅大、枝叶密；b. 抗性强，耐瘠薄土壤、耐寒、耐旱；c. 寿命长；d. 深根性；e. 病虫害少；f. 耐修剪；g. 落果少，或没有飞絮；h. 发芽早、落叶晚。公路绿化带采用大手笔、大色块手法，植观花、观果、观叶植物，适应不同车速的不同绿化带，空间上采用层次种植，平面上简洁有序，线条流畅，强调整体性、导向性和图案性，形成舒展、开敞、明快的风貌。

（二）道路绿地景观应考虑的因素

1. 生态保护：噪音、振动、废气等污染与道路绿化设计的关系

从各种屏障材料对声音的屏蔽效果，以及道路中产生的噪音在两侧道路绿化中的衰减规律来看，道路绿化的减噪效果不是最佳的，但其产生的生态效益却是不可替代。

（1）绿化林带的吸音效果与乔木密度、分枝高低、下层植物等有密切的关系。乔木密度高，分枝低，下层灌木较多的绿地，其减噪效果较好。

（2）不同林带减弱噪声的效果相差很大。据测定，40m 宽的珊瑚林可减弱噪声 28db，而同样宽度的悬铃木林则减噪效果甚小。一般枝叶细小、茂密、分枝低的树种减噪效果较好。如柏树、落羽杉等针叶类或桉树、竹类等树种，因树叶细小，柔软，具有弹性，振动速率较高，吸音力较强。

（3）具有一定减噪效果的绿化林带宽度不宜小于 10m，乔、灌木应密植搭配，乔木高度不宜低于 7m，灌木高度不宜低于 1.5m。

（4）乔灌木搭配密植，树木高大，枝叶茂密的绿化林带的附加降噪量与林带宽度成正比，据测算林带宽度为 10~100m 时，附加降噪量 1~12dB。绿化林带的降噪功能不可估计过高，但其对人的心理作用是良好的。

（5）道路绿地的地形设计同道路减震的关系。道路上的卡车在行进过程中会造成路面的震动，对紧靠道路两侧建筑中的人们的生活造成影响。在道路两侧绿地中创造起伏的地形有利于震动波的衰减从而降低震动的影响。

（6）降尘量与道路绿化宽度及种植结构的关系。密布的交通网络是城市的主要污染源。道路绿化可以有效地影响空气气流的运行速度和方向，从而控制尘埃的漂浮和扩散。据测定，在城市道路绿化带中，一般在距地面高度1.5m处（绿地树冠较密的区域），空气中含尘量最高。由乔灌木紧密种植的道路绿化带中，绿化带前方和内部的空气含尘量最高。树冠愈密的地带，空气中含尘量愈高。树冠宽阔的乔木不仅绿化覆盖率高，而且其附着悬浮颗粒物的作用也明显大于灌木和针叶树。汽车的排气污染对于城市空气质量的影响非常大，尤其当城市建筑物密集，且建筑物较高时，汽车排出的尾气在地面附近不易扩散，见表3-4所示（魏名山，2005）。

表3-4　北京典型上班族汽车排放量和燃油消耗量的估算

项目	排放率和燃油消耗率（g/km）	计算	年排放量和燃油消耗量（kg）
HC	1.74	1.74 g/km × 10840km	18.86
CO	12.99	12.99g/km × 10840km	140.81
NO_X	0.86	0.86g/km × 10840km	9.32
CO_2	0.258	0.258g/km × 10840km	2796
汽油	0.1094	0.109g/km × 10840km	1186

2. 交通安全：车辆行驶速度与道路绿化设计的关系

为了提升交通效率与安全，实行机动车与非机动车、非机动车与人分道而行。在道路绿化中，就要求对不同的道路有不同的绿化要求和标准。道路两侧的绿化设计，应结合车速和视点不断移动的特点，考虑人们的视觉与心理效果，成片、成组地种植某种植物，根据道路的性质和不同观景者不同的运动速度，决定植物配置变化段的长度。在高速公路上，当车行速度为120km/h，植物景观以33.33m/s在驾驶员眼前一闪而过，两侧景物变化过多，会产生"急速闪动"的视觉效果，致使驾驶员视觉疲劳。因此，道路绿化的建设要解决行车眩光的干扰。道路上行车有两种影响驾驶的眩光情况。第一种情况是迎面而驶的车灯造成的眩光，解决的方法是在中央隔离带，距相邻机动车道路面高度0.6~1.5m之间的范围内，种植常年枝叶茂密的植物，阻挡相向行驶车辆的眩光。第二种情况是路侧的大树在道路上空形成郁闭的空间，强烈的阳光穿过树叶的间隙会产生刺眼的眩光，因而道路两侧的乔木不宜在机动车道上方搭接，既利于汽车尾气及时向上扩散，又避免阳光产生的眩光。

3. 道路绿地设计要符合用路者的行为规律与视觉特性

一是行为规律。由于各自的交通目的和交通工具的不同，产生了不同的行为规律和行进速度。交通性道路占主导地位的交通方式为机动车，用路者具有目的性明确、注意力集中、时间紧张等特点，因此对道路绿地景观细节的敏感度较差；而生活性道路和步行街则主要以慢速行进为考虑因素，道路绿化景观必须处理得细致而丰富。

二是视觉特性。应根据不同的道路性质、各种用路者的比例，作出符合现代交通条件下视觉特性与规律的设计，以提高视觉质量。道路上的用路者是进行有方向性的活动，不同的行为规律和视觉特性会产生不同的视觉范围，注意的焦点也是不同的。因此，人行道的绿化应以种植常绿落叶乔木和形态优美的灌木为主，同时间隔配植色彩丰富的花卉，并配有一定数量的休息设施。自行车速度稍快，骑车者视觉范围内的景物基本注意不到细节，考虑到与机动车的安全分隔，道路隔离带的绿化以外形美观的灌木为主。机动车的速度较快，驾车者主要注意道路交通情况，特别是车流量较大的交通干道，道路较宽的中央分隔带种植易养护的灌木或分隔栏，路幅较窄时可不设分隔栏。

三是限定空间。城市道路的使用者以行人、非机动车和机动车为主，由于交通工具不同、行进速度不同，因而安全程度也不同。设置道路绿化分隔带既可以有效地限定道路步行空间和车行空间、增加安全性，同时又丰富了道路景观。

（三）城市道路绿地布局

道路空间是供人们生活、工作、休息、相互往来与货物流通的通道，而道路绿地的布局和植物配置直接影响道路景观。由于中国大部分城市的路面交通工具以公交车、小汽车和自行车为主，而自行车是速度相对较慢、安全性高、无污染、噪音小的交通工具，因而城市道路绿地的布局应从环境保护功能和安全功能出发，主要解决机动车和非机动车的分隔问题。路幅较宽的道路中央可以种植常绿的粗放型灌木或设置隔离杆，树冠大、形态优美、遮阴效果好的乔木和色彩丰富的灌木、花卉，可布置在非机动车分隔带和人行道上。绿地的布局方式、面积和形态要依据道路的路幅宽度和交通量而定（张守臣，2007）。

1. 交通性主干道

由于机动车辆交通量大，道路中央可以种植常绿的粗放型灌木或设置隔离杆；非机动车道的绿化分隔带可种植高大、有地方特色的乔木，并配置吸附灰尘较好的灌木和草；人行道上间隔种植有季节变化、叶相美观的灌木和花卉，如图 3-4。

2. 交通性次干道

道路中央可以不必设置隔离带；非机动车道的绿化分隔带主要种植吸附灰尘较好的灌木和草；道路的绿化重点放在人行道，种植有季节变化、树形美观、冠幅大、遮阴效果好的乔木，并配置易修剪的灌木和花卉，如图 3-4。

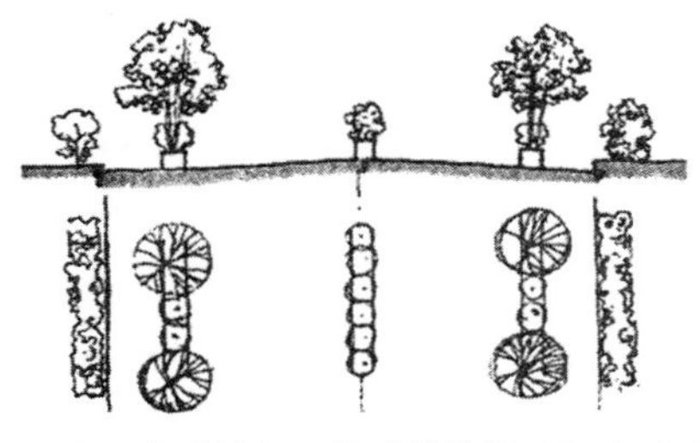

双向六车道的交通性干道横断面和平面图

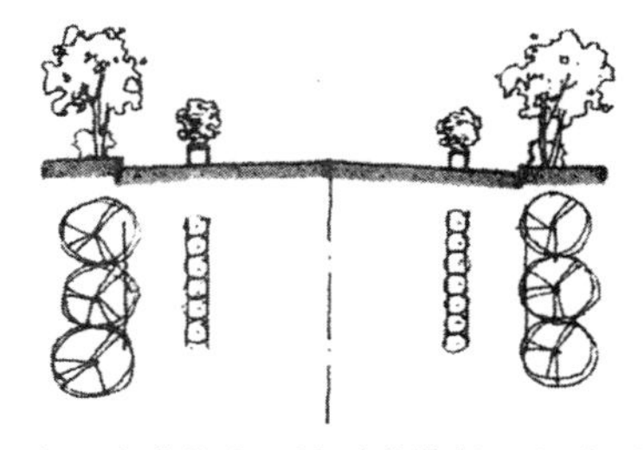

双向四车道的交通性干道横断面和平面图

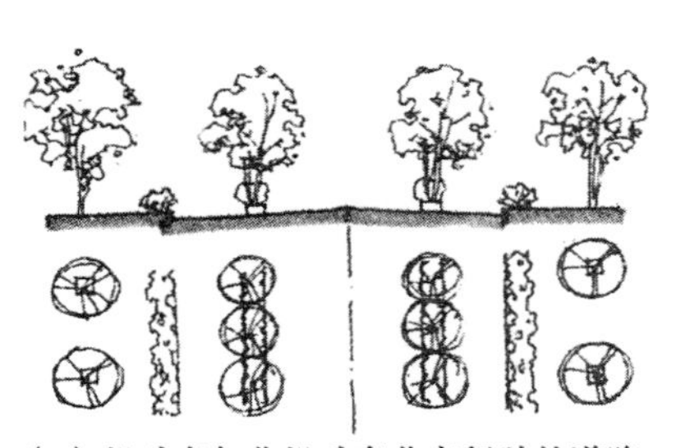

（a）机动车与非机动车分离行驶的道路

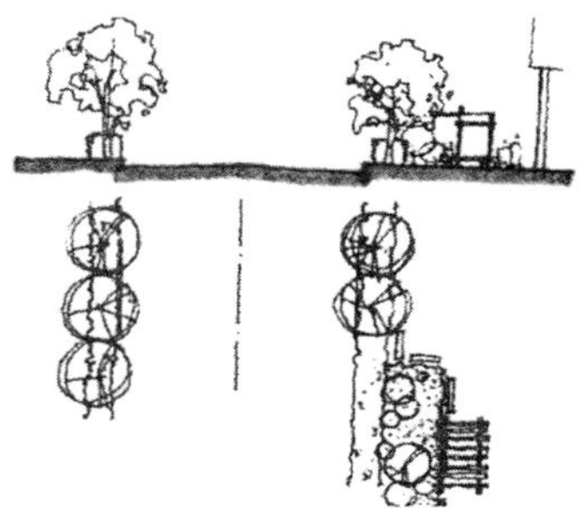

（b）机动车与非机动车混合行驶的道路

图 3-4　双向两车道的生活性道路横断面和平面图

3. 生活性道路

道路绿地主要布局在人行道和非机动车道的绿化分隔带。可种植高大、有地方特色的乔木，并配置有季节变化、叶相美观的灌木和草本，同时配置色彩丰富的花卉，如图 3-4。

第四节　城市道路森林廊道

一、城市道路森林廊道的概念与功能

城市道路森林廊道是城市道路绿化美化的重要组成部分，是指在城市生态环境中呈线状或带状空间形式的、具有生态功能的森林景观空间类型。它将城区分散的绿地斑块（Mosaic）以及与城郊自然绿地相互连接起来，完善城市绿地系统的网络骨架，充分发挥森林生态廊道效应，形成一个影响城市生态结构的共同体。城市道路森林廊道的建立，把城区与城郊连接为一体，形成贯通城乡的生态廊道，拓展城市空间的开敞性，增强了城市生态系统与自然生态系统的“源”、“汇”关系，弥补了传统的城市道路绿化的不足。因此，城市道路森林廊道是现代城市生态建设的“绿脉”，是缓解现代城市的环境污染、“热岛”效应等生态问题的有效途径。

因此，把城市道路森林廊道定义为城市市域范围内（包括城郊及郊区县）道路绿地及两侧周围的土地上具有森林结构与功能的森林植被相互连接形成的“线”“带”结合的廊道。

城市道路森林廊道串联着居住区、艺术中心、体育中心、教学园区和商业区等不同的城市区域。在景观方面，城市道路森林廊道作为城市结构的主要部分之一，对维持城市景观生态过程及格局的连续性和完整性具有重要作用；它本身具有鲜明和完整的形象，不仅仅是一系列个别景观的组合，更具有强烈的整体性。就功能而言，城市道路森林廊道把绿色与生态最大限度地带给居民，它是城市生态系统的重要一环，对环境质量有提高作用，对居民的日常生活起着调节作用，具有重要的使用价值。城市道路森林廊道建设除具有城市道路绿化的作用外，还具有其明显的特征和功能。

（一）具有森林群落结构和功能

森林群落是以木本植物为主体的生物群落，是经人为加工改造的自然生态系统，是受自然环境和社会环境双重影响的生物群体，应具有自然森林群落的种类组成、结构特点、稳定性和生态功能。在结构上，包括植物的生活型和片层结构，群落的垂直结构与成层现象，群落的水平结构与镶嵌现象等，其基本特征包括群落中物种的多样性、群落的生长形式（如森林、灌丛等）和结构（空间结构、时间组配和种类结构）、优势种、相对丰富度（群落中不同物种的相对比例）、营养结构等。

廊道森林植物具有较明显的减弱噪音作用，一方面是噪声波被树叶向各个方向不规则反射而使声音减弱，另一方面是因为噪声波造成树叶枝条微振而使声音消耗。森林廊道的减噪效果与其宽度、密度、高度、种类组成等森林群落结构密切相关。一般以处在生长季节、枝叶茂密的阔叶林减噪效果最显著，叶片大而质硬并重叠排列的树种减噪效果较好，低分枝、矮树冠乔木的减噪作用要比高分枝、高树冠的乔木明显。一般在防噪林带的配置时，应选用常绿灌木结合常绿乔木，总宽度为 10~15m，其中灌木绿篱宽度与高度不低于 1m，树木带中心的树行高度大于 10m。株间距以不影响树木成林后树冠的展开为度。

廊道森林可以净化大气，减少城市空气中的烟尘，吸收二氧化硫等有毒气体。同时，利用植物的光合作用吸收二氧化碳、放出氧气，使植物不断地净化空气。道路森林群落以乔灌木树种混合配置，落叶与常绿树种混合配置，这样能更好地发挥降风、减尘、杀菌效果。道路森林带是一种较理想的防尘材料，它可以通过比自身占地面积大 20 倍左右的叶面积和减低风速的功能，将漂浮在街道上的粉尘、铅尘等截留在绿化带附近使之不再扩散。还可以减少空气中细菌数量，一方面是由于植物的降尘作用，减少细菌载体，从而使大气中细菌数量减少；另一方面是植物本身具有杀菌作用。许多植物能分泌出杀菌素，这些由芽、叶和花所分泌的挥发性物质，能杀死细菌、真菌与原生物。不同廊道模式吸收 CO_2 能力的排序为乔灌草型 > 乔草型 > 乔灌型 > 灌草型，这主要是复层的乔灌草型构成的良好的森林群落进行光合作用的能力更强。

廊道森林对改善城市的热岛效应有明显的改善作用。道路森林廊道由于乔木树体高大、树冠浓郁，能遮挡大量的太阳热辐射，可起到遮阴、降温的作用，通过蒸腾作用所消耗的热量，调节小气候，改善城市的热岛效应；常见行道树遮阴降温效果如下：银杏阳光下 40.20℃，树荫下 35.30℃；刺槐阳光下 40℃，树荫下 35.50℃；合欢阳光下 40.50℃，树荫下 36.60℃；臭椿阳光下 40.30℃，树荫下 36.80℃；国槐阳光下 40.30℃，树荫下 37.70℃。一棵行道树每年蒸腾消耗的水分约为 $5m^3$，那么 300 棵 $/hm^2$ 行道树每年将能蒸腾掉相同面积内流走的同样数量的水分，它的凉爽效应为 6.28×10^9 kg。据对哈尔滨的城市森林的功能研究，分析结果显示：绿量在 $2000m^3$ 以下时绿量每增加 $120m^3$ 温度下降 1℃，当绿量大于 $2000m^3$ 时绿量每增加 $980m^3$ 温度下降 1℃；当生物量在 10000kg 以下时生物量每增加 760kg 温度下降 1℃，当生物量大于 10000kg 时生物量每增加 1650kg 温度下降 1℃。因此，增加城市森林绿量和生物量能够有效地降低城市温度。

（二）具有生态廊道的功能

城市森林廊道建设的实质，就是以廊道为纽带，将散布在城市里的、相对较为孤立的绿色斑块联系起来，形成“点—线—面”相结合的城市生态系统。从生态系统的服务功能出发，在城市中建设一条条互相交错的绿色走廊，它们将起到空气流通、卫生防护、改善景观、保护物种多样性等生态维护作用。通过道路森林廊道的联通构成扩散型通道，有助于缓解城市的热岛效应，改善空气质量，如空气和水的净化、缓和极端自然物理条件（气温、风、噪声等）、废弃物的降解和脱毒、污染物的吸收等。同时，由于城市道路森林廊道有着曲折且长的边界，生态效益发散面加大，能使沿线更多的居民受益，创造更加舒适的居住环境。以城市道路森林廊道为骨架构建完善的城市生态廊道网络，可以有效地分隔了城市的空间格局，在一定程度上既控制了城市的无节制扩展，也强化了城乡景观格局的连续性，保证了自然背景和乡村腹地对城市的持续支持能力。此外，城市道路森林廊道由于乔木树体高大、树冠浓郁，有较强的庇荫、降温增湿的作用，为城市居民的工作、生活、休憩提供了绿色通道；对于生物群体而言，通过道路森林廊道的连接，还可以供野生动物移动、生物信息传递的通道，有利于保护多样化的乡土环境和生物。

（三）具有联通城乡的贯通性

在当前城乡一体化发展进程中，城乡自然生态系统与城市生态系统紧密联系，城乡景观格局的完整性是城市环境持续发展和城市生态健康与安全的保障，建立贯通城乡的森林廊道，构建连续的城乡自然景观已成为了城市生态可持续发展的必然趋势。

根据景观生态学基本原理，在区域范围，城市是一个典型的人工干扰斑块，是高污染、高热量的区域，城郊及乡村是开放的自然斑块，拥有田园和森林等绿色斑块，通过道路森林廊道的连接，使得斑块中各组成要素之间通过一定的流动产生联系和相互作用，将城市生态系统与城郊及乡村的自然生态系统有机地联系起来，维持和恢复城市景观生态过程及格局的连续性和完整性。从空间上看，贯通性城市道路森林廊道起到既划分又联系城市空间的作用，是不同城市区域及城乡联系的绿色纽带；就功能而言，贯通性城市道路森林廊道从城市和乡村的各种生态流和生态过程出发，强化了城市生态系统与乡村自然生态系统的“源”“汇”相互作用，不仅有利于城市空气库存与外界的交流，引入外界的新鲜空气，缓解热岛效应，改善城镇气候，而且可以保护环境廊道并有效增加动植物物种的多样性，特别是为野生动物提供保护和安全的迁移路线，并保持自然群落的连续性，从而实现人与自然的共生、和谐。

城市道路森林廊道建设，是统筹城乡生态经济发展，解决城乡结合部的生态环境问题的重要举措。城乡结合部作为“农村之首，城市之尾”，现实中依然存在脏乱、无序的状况，生态环境问题日益突出，北京的南郊和北郊、上海市莘庄以西、南京市西郊和东郊，天津的西北郊，成都市东郊等都是典型的例子。通过城市道路森林廊道建设，打破原有的城乡分割规划模式，把城乡结合部和乡村纳入城乡总体规划，使城乡更具整体性，进一步完善城市结构与功能，改善城市生态环境，把生态、绿色最大限度地带给居民。

埃比尼泽·霍华德（Ebenezer Howard）在《明日的花园城市》（Garden Cities of Tomorrow）一书中提出的“Garden Cities”，对于城乡结合部就具有理论和实践的重大意义，并提出了一种以此为基础的新城乡结构形态，为解决城乡结合部的矛盾提出了一种新构想。国外如美国密西根大溪城、德国内卡苏尔姆市、荷兰阿姆斯特丹市和乌德勒支市等的城乡结合部生态示范工程就是典型的范例。

二、城市道路森林廊道的衡量指标讨论

道路的占地面积在城市总面积中的比重相当大，约占20%，城市道路绿地是道路红线内的绿化用地及广场用地范围内的可进行绿化的用地。目前，评价城市道路绿化规划的定额指标为绿地率和绿化覆盖率，这两个指标在指导城市道路绿化规划与建设的过程中发挥了重要作用；随着森林城市理论的提出，这两个二维绿化指标在衡量绿地生态效益方面存在一定局限性。

城市道路森林廊道作为城市肌体的“绿脉”（绿色脉络）体系，它对保护生物多样性、维持碳氧平衡、净化空气、缓解城市热岛效应、调节城市小气候、防风固沙、保持水土、滞尘、减噪等起着重要作用，有着不可替代的重要意义。因此，对城市道路森林廊道的研究是破解城市生态环境恶化的一个重要方向，其对城市生态功能的作用和城市生态体系生物多样性的维持有着不可忽视的现实意义，是宜居城市建设的关键因素之一。

（一）城市道路森林廊道的格局指标

廊道是线性或带状的不同于两侧基质的狭长景观单元，其分布格局与结构特征对一个景观的生态过程有强烈的影响，它的作用在人类影响较大的景观中显得更加突出。通过研究城市道路森林廊道的格局指标特征，评价城市景观破碎化程度，揭示各景观组分在整个景观中地位和作用的差异，从而了解景观结构与人类活动之间的关系，以便合理地进行城市道路规划和管理。

廊道的生态功能取决于其分布格局、长度、宽度及其内部结构等因素以及与周围斑块或基质的作用关系，廊道常常相互交叉形成网络，使廊道与斑块和基质的相互作用复杂化。廊道有着双重性质，一方面将景观不同部分隔开，对被隔开的景观是一个障碍物；另一方面又将景观中不同部分连接起来，是一个通道，最显著的作用是运输，它还可以起到保护作用。

生态廊道的功能发挥与其构成要素有着重要关系，从物种、生境两个层次上来说，生态廊道不仅应该由乡土物种组成，而且通常应该具有层次丰富的群落结构；廊道边界范围内应该包括尽可能多的环境梯度类型，并与其相邻的生物栖息地相连；生态廊道是从各种生态流及过程的考虑出发的，增加廊道数目可以减少生态流被截留和分割的概率，数目的多少往往根据现有湿地的结构及规划功能来确定。在满足基本功能要求的基础上，生态廊道的数目通常被认为越多越好（Peterjohn & Correl，1984）。

1. 道路森林廊道的类型

根据城市道路形式及其建设特点，森林廊道的宽度，以及廊道所在区位功能特点，来进行确定城市道路森林廊道类型，一般分为主干道型森林廊道、次干道型森林廊道、贯通型森林廊道、行道树型廊道等。

2. 道路森林廊道的景观格局指标

道路森林廊道在城市空间中的分布错综复杂，对于道路森林廊道的景观格局分析，主要参考目前景观生态学中比较成熟的指标（傅伯杰等，2002；马明国等，2002）来进行具体确定。

（二）城市道路森林廊道的结构指标

1. 绿量理论研究

“三维”绿量的概念是从生态学能量转换利用与植物茎叶生理功能关系这一基点出发的，通过对茎叶体积的计算，来揭示植物绿色三维体积（或者叶面积指数）与植物生态功能水平的相关性，进而来说明植物体本身、植物群落乃至城市森林的生态功能和环境效益。“三维”绿量是基于森林城市建设的绿化空间结构量值指标，指所有生长中植物茎叶所占据的空间体积，单位一般用 m^3（周坚华，2001），突破了以往二维绿地指标的局限性，可以更确切地反映城市绿地植物构成的合理性及生态效益水平，补充完善了城市绿化定量指标，由原来单纯的增加绿地面积（量）到增加单位面积绿地的绿量（质）；因此，绿地结构对绿量的数值影响很大，引入乔木的复层结构能有效地增加单位面积上的绿量；对促进城市绿化向城市森林建设深入具有十分重要的现实意义。

我国在 20 世纪 80 年代就出现了绿量这一名词，但那时的含义不同，有的指城市绿化覆盖率、绿地率等指标，有的指环境，即绿色环境、生态环境指标。近几年，北京、上海、沈阳、武汉等城市围绕城市森林“三维”绿量研究做了大量的工作，在植被三维绿量的模拟估算方面，Christoph 等（1997）应用遥感技术，张良培等（1997）利用高光谱进行过生物绿量的测算．更多研究者采用模拟方程测算了城市部分树木绿量（朱文泉等，2003；安勇和卓丽环，2004；Maco & Mpherson，2002；Clark et al.，1997；McPerson，1998；Swieckit & Bernhard，2001），而周坚华等（1995）利用航片在分树种逐株测算的基础上通过计算机模拟“以平面量模拟立体量”获得了上海市的总三维绿量。北京在绿量的测定方面，采用了“不同植株个体绿量回归模型”法（周坚华和孙天纵，1995）。

目前，主要的研究方法有以下几种：

（1）“以平面量模拟立体量”的方法：对于某一树种而言，其冠径和冠高总具有一定的统计相关关系，首先选择城市主要绿化植物种类作为建模树种，实地采集植物的冠径、冠高、冠下高、树冠形态等样本数据，通过回归分析建立相关方程，用径 - 高模式测量树冠体积，所求出的绿量其相对误差一般不大于 7%，最大不大于 10%（周坚华和孙天纵，1995）。该方法可通过航片进行大规模的区域绿量调查，利用计算机进行数据计算，方便快捷。

（2）“不同植株个体绿量回归模型”法：根据不同植物个体的叶面积与胸径、冠高或冠幅的相关关系，建立了计算不同植株个体绿量的回归模型，可以容易地算出一块绿地或一个地区的绿量总和。对绿量的计算采用的是叶面积的总量，单位为 m^2。并在深入研究园林植物的释 O_2 吸收 CO_2、蒸腾吸热、滞尘、减菌杀菌、减污等作用的基础上，可取得常见植物不同生态功能指标的数据，对不同植物的合理应用从功能角度给出了参考数据，提出了城市绿地最佳生态效益结构的比例为乔木:灌木:草（含地被、绿篱）:绿地 =1∶6∶20∶29，其表示的含义是，每 $29m^2$ 的绿地中，应有乔木树种 1 株，灌木（不含绿篱）6 株，草（含地被植物、绿篱）$20m^2$（陈自新等，1998）。此方法简便易行，可操作性强，具有较广泛的应用性。安勇等（2004）采用生态学、生理学、统计数学和模型构建等方法对紫丁香（*Syringa oblate*）样本绿量数据进行分析，探索出了哈尔滨市紫丁香绿量的量化方法（安勇和卓丽环，2004）。

（3）绿量快速测算模式（周一凡和周坚华，2006）：绿量快速测算模式是在“以平面量模拟立体量”的方法上发展而来的。为了免除“以平面量模拟立体量”方法中树种判读的步骤，在分树种“径—高”（分为冠高和冠下层）方程的基础上，按树种比例加权归纳、微调，得到模糊“径—高”方程；通过对遥感图像的处理和信息提取，得到乔灌草分类、树冠边界周长与面积比等信息；再通过相关分析得到边界—面积比与冠径相关方程，进而求取绿量。

（4）模拟方程法（陈自新等，1998）：通过对植物植株进行大量的实地测量，采用模拟方程测算城市森林主要树木树种绿量，根据测算结果估计城市森林三维绿量。首先确定城市森林主要组成树种；然后根据不同植物个体的叶面积与胸径、冠高或冠幅的相关关系（有些研究采用植物个体冠径与冠高的相关关系），建立不同植株个体绿量的回归模型；最后根据城市森林植物的组成结构、植株大小，应用回归模型计算城市森林三维绿量。陈自新（1998 年）对北京最常用的并具有代表性的 37 种园林植物（植株数占全市总数的 81%，包括 15 种乔木、17 种灌木和 5 类草本植物）建立植物叶面积的回归模型，对北京市城市绿化三维绿量及其生态功能进行了系列研究。

（5）以立体量推算立体量：刘常富等（2006）采用“立体量推算立体量”的方法，

对沈阳市城市森林三维绿量进行测算：首先利用分层抽样原理，借助常规分辨率下航片和 ARC/GIS 及 GPS 定位确定样方；然后通过实测样方的"三维"绿量，最后确定不同类型不同郁闭度等级森林"三维"绿量；结合航片解译结果，推算沈阳城市森林"三维"绿量。

（6）以叶面积指数间接代替绿量：叶面积指数可反映某植物单位面积上绿量的高低，说明其上植物群落乔、灌、草的总绿量的高低。相同面积上选用叶面积指数高的植物，可提高总绿量，改善植物的空间分布状况。测定叶面积指数方法可分为直接测量法（具毁坏性的树木解析法、落叶收集法和点接触法等）与间接测量法（光学测量仪和相机拍摄法）两类（Ralf et al.，2000；Nathalie，2003）。许多研究发现，对某一树种其枝干、树干断面参数与总叶面积具有显著相关关系，并可利用得出的回归方程通过易测的树干断面参数对总叶面积或叶面积指数进行预测（戚继忠，2004；黄景云等，1996；郑金双等，2001；Jie Guan et al.，2002）。陈自新等（1998）对北京有代表性的 37 种园林植物建立了计算不同植株个体叶面积与胸径、冠高或冠幅的相关回归模型。Peper（2001）对美国加利福尼亚树龄在 2~89 年之间的 12 种行道树进行了树高、冠幅、胸径和叶面积之间的相关回归研究，并将回归得出的预测公式应用于比较 12 种行道树中所有树龄在 15~30a 间的树木，发现在第二个 15 年中树高、冠幅和胸径的增长率趋向于缓慢，而叶面积的增长率一直持续上升。Peper 这一回归公式的比较研究较以前的研究又是一大进步，值得借鉴。

另外，Nowak 等（1994）在多树种、多年龄结构及多种胸径（树高）等级上建立了城市树木单株的叶面积回归模型，具有一定的通用性，参数引起的总体误差不会太大，其计算如式：$y=\exp(0.2942H+0.7321D+5.7217Sh-0.0148S-4.3309)+0.1159$（$r^2=0.91$，$n=2941$），其中，$y$ 为叶面积（m^2）；H 为树冠高（m）；D 为树冠直径（m）；$S=\pi D(D+H)/2$；Sh 为遮阴系数，指某一植物树冠垂直投影面积中的阴影部分所占比例，可采用各树种组合后的平均值 0.83。单棵树的平均叶面积指数为该树的总叶面积除以树冠垂直投影面积。

通过对城市森林"三维"绿量测算研究现状的分析发现，目前其测定方法主要分为以下几个步骤：①确定城市森林主要植物种类；②根据三维绿量的计算需要，实地采集主要植物种类的叶面积、冠径、冠下高、树冠形态等样本数据；③建立不同树种的回归模型，如叶面积回归模型、径 - 高模型等；④为树种选配适当的立体几何图形，建立"三维"绿量计算方程；⑤通过遥感图像获得的各有关原始数据，按以上系列模型计算城市森林"三维"绿量。

近年来，有很多学者开始对其他绿地植物的绿量进行定量研究，但是对城市道路绿量的定量研究还很少报道。对于街区内汽车排放物的扩散规律的研究，虽然已有很多模式，但均未考虑街道两侧高大树木对污染物扩散的影响（谢绍东等，1999）。有研究表明，地域相对绿量与大气污染物浓度之间存在一个绿化效益最佳阈值区。一般在绿量增加的初期，污染物浓度下降较快，当绿量达到一定值后（称第一阈值），下降速度明显减缓；绿量继续增加，达到一个较高的量值（称第二阈值），污染物浓度下降开始不明显（周坚华和黄顺忠，1997）。城市绿化中应根据污染源强度将街道分为交通量小和交通量大的两类街道，分别遵循相应的绿化原则（钟珂等，2005）。另外，城市道路绿量与滞尘能力的关系取决于所构成植物的滞尘能力及其叶面积绿量，植物的滞尘能力有较大差异，这主要与不同植物的叶表面特性、树冠结构、枝叶密集程度等差异有关。不同层片类型滞尘能力依次为落叶阔叶灌木 > 常绿阔叶灌木 > 绿篱 > 常绿阔叶乔木 > 落叶阔叶乔木 > 针叶乔木 > 草本。因此，选择滞尘能力强的植物，并以乔、灌、草不同生活型植物进行合理配置，是提高城市绿地滞尘效应的有效途径（陈芳等，2006）。

2. 绿视率理论研究

绿视率这一概念首先由日本的青木阳曾于1987年提出，是指在人的视野里绿色所占的比率。它是借助照片来判断的绿化空间构成比率（方咸孚和李海涛，2001）。它从视觉感观上反映了人们对绿色的感受。实验证明，不同面积的绿化以及不同质量的绿化会使人们产生不同的心理感受。据研究，对于人的感觉而言，绿视率低于15%时，人工的痕迹明显增大，而绿视率大于15%时，则自然的感觉便会增加；如果绿色在人的视野中占25%时，那就使人的精神和心理较舒适，产生良好的生理和心理效应（解自来，2003）。绿化好的环境，人耐力持久度为1.05~1.42，绿化差的环境为1.00。绿化好的环境，人的明视持久度也会有所提高，能消除视力疲劳，听力、脉搏和血压等较稳定，易恢复正常；绿化差的环境，上述人体健康指标不稳定（黄晓莺和王书耕，1998）。

"绿视率"从人对环境的感知角度出发，侧重的是城市绿化的立体构成，把过去强调的绿化覆盖率、绿地率等平面指标提升到了立体的视觉效果，以解决城市建设过程中普遍出现的新问题，它也代表着城市绿化的更高水准（解自来，2003）；与"绿化率"、"绿地率"相比，绿地率是与土地利用有关的指标，绿化覆盖率是与改善地区气候条件有关的指标，"绿视率"更能反映公共绿化环境的质量，更贴近人们的生活。"绿视率"概念的提出，为城市绿化质量的优劣提供了一个全新的衡量角度，为城市森林景观建设的设计提供了一条新的思路，也是适应现代城市人们对人居环境质量的较高要求，真正地体现了城市生态景观设计中"以人为本"的设计思想，绿视率与绿化覆盖率呈正相关（邓小军和王洪刚，2002；方咸孚和李海涛，2001）。

影响绿视率的因素有绿化覆盖率、街道模式、绿化模式、绿化树种等。绿化模式为复层结构，绿视率就高；而由单一乔木组成的绿化模式，只形成单层绿色，不能取得很高的绿视率；阔叶树种的绿视率较大，主要原因为阔叶树种的分枝多、树冠大。从道路绿地布置形式来分析，道路绿视率值的高低取决于道路绿带的数量，即绿带数量越多绿视率值越高；同时，路幅宽度越大，绿视率值可能越小。另外，当树高达到一定高度时，它的树冠就会超出人们的视野范围，绿视率降低（吴庆书等，2005）。

（三）城市道路森林廊道的空间结构

1. 一板二带式

A型：在老城区比较狭窄的街道或巷道，仅有行道树，如图3-5-（1），结构形式和层次单一，绿化率低，道路景观效果直接取决于行道树的长势。

B型：主要在老城区街道，表现为行道树 + 局部小面积路侧绿化的形式，除行道树外，局部有小面积路侧绿化，一般结合单位或住宅入口和围墙绿化。见缝插绿布置的路侧绿带增加了绿化面积，但配置的形式、风格不统一，受行人或沿街建筑的影响大，景观整体性和连续性差。

C型：主要在老城区拓宽改造过的道路，表现为行道树 + 连续路侧绿带形式，如图3-5-（2），行道树的树阴浓密，路侧绿带的配置形式简洁大方，和谐统一，景观连续性较强，具有良好的韵律感。

2. 二板三带式（D 型）

主要在城区干道，表现为行道树 + 中央分车带 + 路侧绿带形式，如图 3-5-(3)。中央分车带种植乔木和色叶灌木，路侧绿带宽度大，植物配置平面图案优美，层次丰富，富季相变化，景观特色鲜明。

3. 三板四带式

E 型：主要在新城区干道，表现为行道树 + 两侧分车带形式，如图 3-5-(4)。路面宽阔，分车带种植紧密的绿篱。植物配置简洁大方，注重色彩，整体绿化景观效果也较好。

F 型：主要在新城区干道，表现为行道树 + 两侧分车带(大乔木)+ 局部路侧绿带形式。在分车带种植乔木，有更好的遮阴效果，下层有绿篱或整形灌木间植，采用色叶灌木形成色块，景观层次更丰富。路侧无连续绿带，根据沿街实际情况局部灵活布置。

G 型：主要在新城区干道，表现为行道树 + 两侧分车带（小乔木 + 灌木）+ 连续的路侧绿带形式，如图 3-5-(5)。分车带采用小乔木和灌木连续布置，有连续的路侧绿带，但宽度较小。植物配置注重层次性和树种多样性，景观的整体性连续性强，层次和色彩变化产生了较好的节奏感。

H 型：主要在新城区主干道，表现为行道树 + 两侧分车带（大乔木 + 灌木）+ 连续的路侧绿带或与大型公共绿地结合形式，如图 3-5-(6)。与 F 型的区别在于有连续的大型路侧绿带或与沿街公共绿地相结合。宽阔的路侧绿带是视觉焦点，树种丰富，平面线型流畅，天际线优美，具有极好的层次和色彩感，充分发挥植物造景的优势。或使道路绿化与大型开放式绿地融合，道路宽阔，绿地率高，具有良好的视觉效果，并发挥了良好的生态效益。

I 型：主要在新城区主干道，表现为两排行道树 + 两侧分车带（大乔木 + 灌木）+ 连续的路侧绿带形式，如图 3-5-(7)。两排行道树，既增强了遮阴效果和景观变化，又避免出现绿色隧道效应。分车带三个层次，兼顾色彩和高低变化。路侧绿带上紫薇和色叶灌木交错配置，产生了很好的季相变化和节奏感，树篱背景使道路与住宅区基础绿化自然过渡，道路绿化整体景观质量高。

J 型：主要在开发区干道或城区快速通道，表现为行道树 + 大型中央分车带 + 两侧分车带 + 连续的路侧绿带形式，如图 3-5-(8)。宽阔的中央分车带内配置大乔木和大尺度的模纹，人行道绿带、分车绿带和路侧绿带共同构成了一条气势恢弘、生态效益显著、景观质量上乘的标志性景观大道。

K 型：主要在开发区干道或城区快速通道，表现为行道树 + 狭窄的中央分车带 + 两侧分车带(乔木 + 灌木)+ 路侧绿带形式，如图 3-5-(9)。中央分车带较窄，配置矮小乔木、草坪及花卉，或乔木形成间距很大的树丛。路侧绿带窄，种植小乔木和草坪。虽然道路绿化率高，但中央分车带所占路面过宽，造成两条机动车道和非机动车道过窄，不利于组织交通。

L 型：主要在与主干道相连的贯通城乡的快速通道，表现为生态型森林景观路—大型中央分车带 + 两侧分车带 + 路侧大型的生态林带形式。其主要功能为快速行车的过境公路，为高标准的生态型森林景观路。无人行道，中央分车带宽阔，两侧分车带配置简洁，路侧绿带采用森林式配置，密植大中乔木，乔、灌、草复层混交，充分表现植物的群体美、自然美，生态效益显著，是城市森林建设的一个新模式。

4. 商业街绿化（M 型）

主要在商业街，绿化与道路整体景观协调一致，注重细部设计。除行道树连续种植外，其余均结合其他景观采用点状布置，以种植池或花坛为主。

5. 城市滨水式道路绿化（N 型）

主要在城市河流或湿地的岸边道路，根据道路形式和河岸形式，表现为不同空间格局，如三板四带式是比较好的滨水式道路，如图 3-5-（10），滨水一侧与河流森林廊道建设相结合，另一侧与路旁用地单位的绿地结合，形成空间开阔、环境幽静的景观。

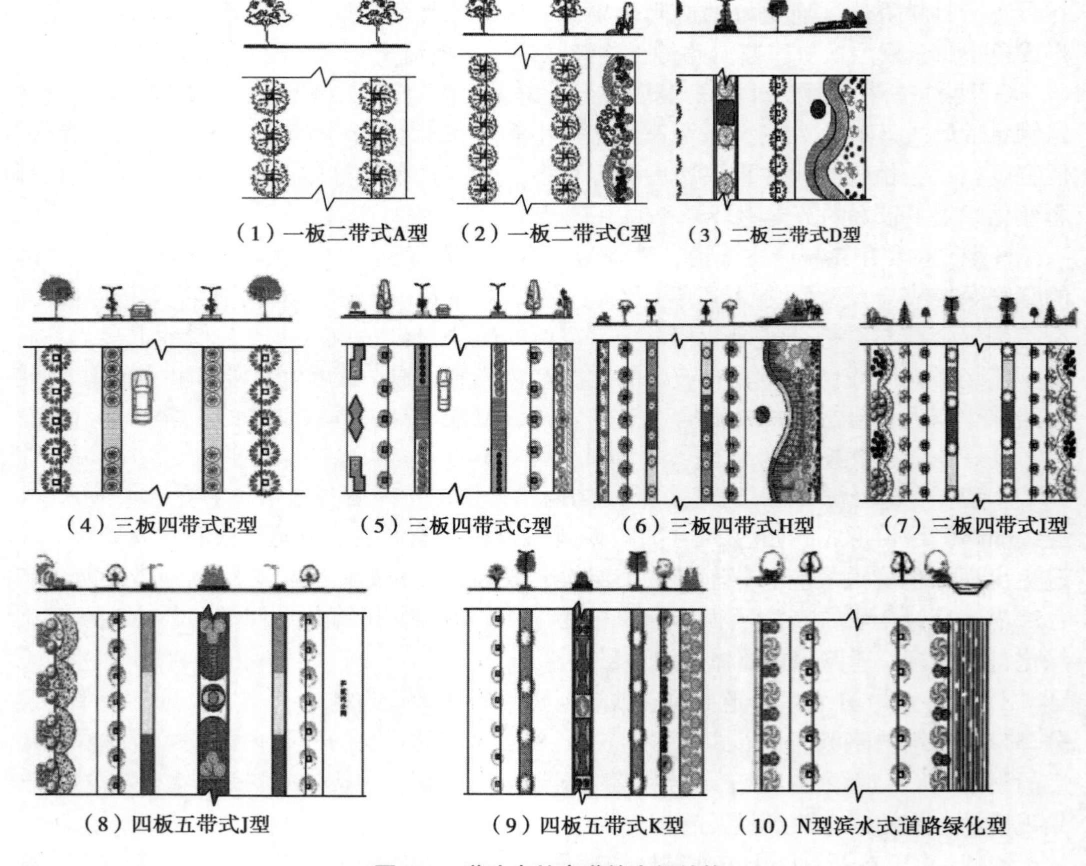

图 3-5　道路森林廊道的空间结构

（四）城市道路森林廊道的群落结构

随着城市环境的恶化，人们对城市森林的研究日益重视（何兴元等，2002）。城市森林群落结构反映了城市地区植被的三维空间配置状况，是研究城市森林生态效益及规划管理的基础。有关城市森林结构方面的研究已有一些报道（Dorney et al.，1984；Sudha & Ravindranath，2000），但缺乏具体的数量指标。对于城市，特别是建筑密度极高的城市中心区而言，利用有限的土地面积，选择较好的森林结构，可以有效地提高城区森林的生态环境效益。

1. 群落结构

群落结构包括形态方面的结构和生态方面的结构，前者包括垂直结构和水平结构，后者指层片结构。对于城市道路森林廊道来说，主要研究群落的垂直结构和水平结构。

（1）群落的垂直结构指群落在垂直方面的配置状态，其最显著的特征是成层现象，即在垂直方向分成许多层次的现象。群落的成层性包括地上成层和地下成层。层的分化主要决定于植物的生活型，生活型不同，植物在空中占据的高度以及在土壤中到达的深度就不同，水生群落则在水面以下不同深度形成物种的分层排列，这样就出现了群落中植物按高度（或深度）配置的成层现象。成层现象在森林群落表现最为明显，一般按生长型把森林群落从顶部到底部划分为乔木层、灌木层、草本层和地被层（苔藓地衣）四个基本层次。群落的地下分层和地上分层一般是相应的。森林群落中的乔木根系为分布到土壤的深层，灌木根系较浅，草本植物的根系则大多分布在土壤的表层，草本群落的地下分层比地上分层更为复杂。群落的成层性保证了植物在单位空间中更充分利用自然环境条件，一般在发育成熟的森林中，上层乔木可以充分利用阳光，而林冠下为那些能有效利用弱光的下木所占居，林下灌木层和草本层能够利用更微弱的光线、草本层往下还有更耐阴的苔藓层。

对于城市道路森林廊道来说，主要注重廊道森林结构，大致可分为 4 种类型：

一是城市“萨旺纳”型植被结构：突出草坪效果，以零星的几株乔木点缀，基本上以草坪为主，虽然有相对开阔的视觉效果，但忽视了植物配置的生态效益，生态结构不稳定，绿量小，生态脆弱度高（俞晓艳等，2002）；蒸发量大，耗水量大，植物病虫害易爆发，养护费用较高（张崇宝，2005；韩轶等，2002）。

二是灌草型结构：灌木 + 草坪（草本层）+（花）；由于无上层乔木遮阴，植物长势较好，植物群落的生态脆弱度比第一种形式降低了一些（张崇宝，2005）；但从居民活动角度考虑，夏季日晒问题较为突出（韩轶等，2002）。

三是乔草型结构：乔木 + 草坪（或草本层）；这种种植形式明显缺乏必要的中间层次（灌木层），无法体现植物配置的层次性、景观过度及结构的完整，不利于植物配置的景观多样性及结构的稳固性，但植物的生态脆弱要比第一、第二种形式大大降低（张崇宝，2005；韩轶等，2002）。

四是乔灌草型结构：乔木 + 灌木 + 草坪（草花），这类种植形式更利于植物群落的稳定，可以最大程度地提高总叶面积和绿化覆盖率，同时景观层次丰富，季相变化明显，生态脆弱度往往最低，是城市森林建设的主流（张崇宝，2005；韩轶等，2002）。

不同结构绿地的环境效益有很大差异；复杂完善的植被结构对防止土壤水分蒸发和增湿降温具有较好的效果（周立晨等，2005）；良好的群落结构有利于生物多样性保护（聂磊等，2002）；绿地结构决定绿地功能，城市功能区又影响绿地植物组成结构特征（黄良美等，2002）。研究表明，有绿化的街道比未绿化的街道噪声低 5-8db；有较好的绿化背景、有众多树木的城市一般可使噪声平均减弱 5-15db；两行行道树在生长季节可减噪声 32dB 左右；并可使噪声声波得以缓和（郁东宁等，1998）。

（2）群落的水平结构指群落的水平配置状况或水平格局及群落内部水平方向植物种类配置与分布形态。对一个群落来说，具体反映在群落的林冠结构上。森林的冠层结构不仅直接影响森林截获太阳辐射的程度以及截留大气降水的能力等，还影响到诸如风速、空气温湿度、土壤蒸发量、土壤热储量、土壤温度等林内小气候特征，并影响到林冠和外界大气环境之间的能量交换（李德志和臧润国，2004）。国外学者已对冠层不同层次、不同林龄的叶面积指数变化及其生态功能、冠层结构与林隙透光状况之间的关系、冠层结构的季节性变化；不同高度冠层结构的叶面积密度变化等作了大量的研究（Soudani et al.，2002；Gordon et al.，2001；Archibold & Ripley，2004；Sophie E Hale & Colin Edwards，2002），我国学者对倒木形成的林窗在森林演替过程中的作用、林隙动态、冠层结构与功能、冠层特性与产量之间的关系、叶面积指数变化动态等也有大量研究（陶建平和臧润国，2004；王进欣和张一平；2002；藏润国，1999；蒋桂英等，2006；武红敢和乔彦友，1997），在城市道路森林廊道研究中，应重点研究林冠结构及其对林下植物合理配置的影响。冠层结构是森林与外界大气环境进行能量交换的主体，是形成林内小气候环境的关键因素。研究冠层结构不仅有助于了解生物多样性的维持和森林群落的稳定性，也可为群落结构合理配置与构建、林分改造等提供技术依据。

林冠是由森林上方郁闭的树叶、枝条和层内空气组成的，不同冠层结构形成的森林小气候直接影响到林下植物组成与配置格局。

林冠结构主要指标有：叶面积指数、消光度、林隙分数（天空开度）等。

一是叶面积指数：叶面积指数（Leaf Area Index，简称 LAI）是冠层结构的重要参数，它与林冠的光合作用、蒸腾作用、生产力等密切相关，具体测定方法已在前述。

二是林隙分数：林隙（Gap，又译为林冠空隙或林窗），主要是指森林群落中老龄树自然死亡或受干扰所致形成的林冠空隙的现象。其外延概念分为两类：①林冠空隙（Canopy Gap）指直接处于林冠层空隙边缘垂直投影的土地面积或空间（狭义的林隙）；②扩展林隙（Expanded Gap）指由林冠空隙周围树木的树干所围成的土地面积或空间（广义的林隙）（刘西军，吴泽民，2004）。林隙直接决定林内植物的光可获得量，林隙形成的光环境对植物光合作用、林下植物生长具有重要的生态意义。林隙分数，又称天空开度（Diffuse Non-interceptance，简称 DIFN），是仪器影像应用的一个概念，表示未被叶片遮挡的天空部分。此值范围在 0（全叶片）~1（无叶片）之间。DIFN 大体可看作是冠层结构的一个代表值，是最能表明“冠层光线吸收”的指数。DIFN 测定常常用现有的各种用于小尺度测量的先进仪器包括 LAI-2000 冠层分析仪、Winscanopy 2004a、CI-100 植物冠层分析仪等以及鱼眼照相半球图像分析等方法，主要是通过测量光辐射变化及其他生态因子，根据特定的模型反演出植物冠层的特征。林隙分数方法提供了一个估测完全覆盖或单独的林冠、甚至是异质性冠层的叶面积指数和叶倾角的强大工具。

三是消光度：冠层消光特性是衡量人工林林分结构合理性的重要依据（王克勤和陈奇伯，2003）。已有研究表明，无论是在植物群落中还是在植株单体中，单位面积上的三维绿量与消光度在 0.01 水平上呈明显的相关性，林分总三维绿量与消光量在 0.01 水平上也呈明显的相关性。在一个地区，可以通过相关关系模型，评价林冠结构和三维绿量。消光度只需要测量出冠层下和冠层外的光照强度即可计算出绿地绿量，并且消光度能综合地反映出冠层的体积、叶片的排列结构。所以，通过消光度和消光量来反映绿地的绿量及综合结构，可以大大减少工作量和工作的复杂程度。因此，将消光度应用到城市绿地评价之中，研究消光度与冠层体积也即三维绿量之间的关系、消光度与绿地生态效益之间关系，以期弥补以叶面积和三维绿量测定绿量方法的不足。

消光度（R）由消光系数（K）和叶面积指数（LAI）两个因素决定，并且，R与K和LAI都成正相关性。所以，可以通过两个途径来提高绿地的生态效益：一个是选用消光系数大的植物，另外一个是提高叶面积指数（单位面积的叶面积）。因此，在植物群落配置时，应该尽量选用消光系数大的树种，消光系数越大，群落的生态效益就越明显。

2. 廊道森林的边缘效应

边缘效应的研究始于对群落的边缘长度和鸟类种群密度关系的研究（Beecher，1942），随着认识的逐渐深入，边缘效应的概念和研究领域也在不断完善和扩展。一般认为，在两个或多个不同性质的生态系统（或其他系统）交互作用处，由于某些生态因子（物质、能量、信息、时机或地域）或系统属性的差异和协同作用而引起系统某些组分及行为（如种群密度、生产力和多样性等）不同于系统内部的变化，这种现象称为边缘效应（Beecher，1942；王如松和马世骏，1985）。现有的研究报道在探讨边缘效应的理论和内涵的基础上，研究了边缘效应对小气候、物理环境、物种迁移和多样性保护的影响及其在森林恢复和自然保护区设计与管理中的应用（周婷和彭少麟，2008）。周婷等（2007）提出了边缘效应的空间尺度可分为3个尺度来研究，并对不同空间尺度上的边缘效应进行综述。自然群落所形成的边缘结构和边缘区的发展与变化动态，反映了在特定的生境下，群落间的相互作用过程中群落间的扩散特性，决定着景观斑块或景观元素的动态。在自然生态系统中，边缘效应在性质上有正效应和负效应。正效应表现出效应区（交错区、交接区、边缘等）比相邻的群落具有更为优良的特性，例如生产力提高，物种多样性增加等等。负效应主要表现在交错区种类组分减少，植株生理生态指标下降，生物量和生产力降低等。

在研究廊道群落的边缘效应中，群落的边缘区（带）形成的小生境对林带群落内部结构产生影响。一般研究表明，林地小生境（林地内的气温、湿度、光照等）的边缘效应，可以用优势树种的高度作为边缘效应的理论宽度；费世民（2001）研究提出林带的胁地作用最大范围在林带高度的3倍范围，也可作为森林廊道林带的边缘效应的宽度。

三、提高城市道路森林廊道的生态功能的措施

道路森林廊道是城市绿地系统的重要组成部分，它以“线”的形式将城市中的“绿点”和“绿面”联系起来，担负着改善城市生态环境质量的重任（严玲璋等，1999）。提高绿量是提高城市道路森林廊道的生态功能的关键，有人研究提出，老城区道路绿地系统的三维绿量可以占本区域绿地三维总量的50%~80%（周坚华，1998）。

（一）提高城市道路绿量

（1）提高城市道路绿地率，增加道路绿化面积，是确保道路绿量高的前提。

（2）立体绿化（Three Dimensional Greening），复层种植，提高道路绿量。根据生态系统C、O平衡原理，城市道路很难通过自身退出红线建设绿地来达到平衡。因此，要改善道路沿线的生态环境，就必须充分的利用可利用的绿地，尽可能地挖掘其潜力，增加绿量，最大限度的改善其沿线生态环境。在不影响沿线景观的条件下，营造立体的、多层次的植物景观，向空间要绿色（Healey & Shaw，1993）。

（3）多选用绿量率高植物，提高道路绿量。城市绿地中的物流和能流数量的大小，

决定于植物叶片面积总量的大小（梁立军等，2004）。生态绿化不仅要提高绿地率，最主要的是提高绿地的叶面积指数。鉴于此，应尽量选用叶面积大、叶片宽厚、光合效率高的植物，创造适宜的小气候环境，降低建筑物夏季降温和冬季保温的能耗，促进城市生态平衡（白梅，2004）。

表 3-5　不同结构绿地的环境效益

绿地结构	单位面积单位绿量（m^3/hm^2）	年环境效益（t/a）		
		产 O_2	吸收 CO_2	滞尘
乔灌草复层绿地	79128	214.4	295.9	87.0
灌草绿地	11480	31.1	42.9	12.6
混交乔木林地	72357	196.1	70.6	79.6
地被类绿地	2000	5.4	7.5	2.2
道路绿地	4946	13.4	18.5	5.4

（二）提高道路森林廊道的“绿视率”

（1）通过立体绿化，强化乔木树种应，构建近自然森林群落，提高道路森林廊道绿视率。一个好的多功能立交桥的绿化，能够以大块绿地的绿化为重点和视觉中心，带动周边的带状绿地，形成一个个此起彼伏的绿化高潮；随着立交桥梁造型、道路走向不同，形成的绿化景观也不同；图案化、生态化、合理化的立交桥绿化，具备良好的俯视效果，呈现舒适优美的视觉景观，可以提高市区的绿视率和生态环境质量（庄伟，2005）。城市道路绿化要充分利用道路沿线原有的地形地貌，因地制宜地进行绿化布局，在满足行车安全的前提下，发展立体绿化，提高绿视率，突出自然与人文结合、景观与生态结合（王毅娟和郭燕萍，2004）。

（2）通过提高森林廊道的连通性，发挥森林廊道连接“绿点”和“绿块”的作用，提高绿视率。道路具有连续性和方向性,所以道路森林廊道也应规则而简练地连续构图，这样才能获得良好的绿视效果。

因此，把绿量和绿视率引入城市道路绿化规划评价指标体系，协调具体的各项指标（绿地率、绿化覆盖率、绿量、绿视率）之间关系，建立道路森林廊道，使得道路绿地空间布局模式合理、道路的生态效益与景观效益相协调发展，这将代表着今后发展的方向。

第五节　城市道路森林廊道建设模式构建

凯文·林奇在《城市的形象》一文中，列举了城市形象的五大要素，道路是处于首要位置，足见道路绿地作为道路的组成部分在创造有特色的城市形象中的重要性。城市道路是整个城市的“动脉”和“生命线”，道路森林廊道是城市的“绿色通道”，不仅仅为平面形式构成，而且是有空间意义的绿色走廊。

城市道路绿地是森林廊道的基础，对城市道路生态条件的改善，也是对景观的再创造。城市道路森林植物景观的作用主要表现在三个方面，分别是景观作用，实用功能和生态功能。首先，景观作用表现在：一是组织空间：即道路绿地植物景观可以对道路空间进行有序的、生动的、虚实结合的分割，通过植物对道路出现的突变如弯道、交叉路口等进行提醒和引导；二是统一街道景观：街道两旁建筑物各有特色，植物此时能充当一条线索，使道路两侧景观由于植物的一致性而得到统一和联系。其次，实用功能是人们最能体验得到的，道路绿地通过对空间的再创造，起到了人车分流、遮阴送凉、遮挡不雅景观、隔音防噪等防护等作用。再次，道路绿地的生态功能表现在改善城市小气候，净化空气、固氮释氧等方面。

一、道路森林廊道的植物选择

（一）城市道路廊道植物树种选择的一般原则

1. 城市道路乔木树种选择的一般原则

由于道路树种的生长受到城市特殊环境条件的制约，如建筑物、地上地下管线、人流、交通等人为因素的影响，根系部分只能在限定的范围内生长，地上部分也处在不利的环境条件下，而且还要满足多种绿化功能的要求，所以对树种选择的要求是比较严格的，根据城市街道树对生长环境的要求，选择道路树种应遵循下列原则：

（1）应尽量选择能适应当地生长环境，移植时成活率高，生长迅速而健壮的树种，最好为乡土树种。乡土树种对当地土壤和气候的适应性强，苗源多，价廉，易成活，有地方特点，应作为城市绿化的主要树种；从保护自然和保护物种多样性的角度看，选用乡土树种进行绿化，是保护和维持地区自然景观特色的重要途径。

（2）适应城市生态环境、树龄长、病虫害少、对烟尘、风害等抗性强的树种，适应管理粗放，对土壤、水分、肥料要求不高，耐修剪、病虫害少、抗性强的树种。城市街道的立地条件和环境条件较为恶劣，空气污染、汽车尾气、扬尘、土壤板结、温度较高、病虫害传播容易等都是不利植物生长的因素，因此，必须考虑树种的抗逆性。

（3）行道树的选择应为树干端直、树形端正、分枝点高、树冠优美、冠大荫浓、遮阴效果好的树种。一般要求行道树的分枝点距离地面2m以上，主枝伸张角度与地面不小于30°，我国大部分城市地处亚热带和暖温带，夏季炎热，最好为落叶树种；为了弥补冬季景观的不足，适当点缀常绿树木，适合于选择冠大荫浓的落叶树种，既可以满足夏季的遮阴，冬季落叶后也有利于城市街道的光照效果。最好叶子秋季可变色，冬季可观树形、赏枝干，具有较高观赏价值（或花形、叶形、果实奇特，或花色鲜艳，或花期长）。

（4）选择发芽早、落叶迟的绿色期长的树种，可以减少城市景观比较单调的时间；同时，选择深根性、无刺、花果无毒、无异香恶臭、无飞毛、少根蘖的树种。

（5）结合城市地方特色，充分体现城市的历史与现状，反映城市风格，能够作为城市景观重要标志的树种，规划为基调树种。骨干树种选择，优先选择市花、市树及骨干树种，以乡土树种和生长良好的外来树种作为骨干树种，如武汉市树水杉、市花梅花为城市基调树种。选择能够丰富城市景观的乡土树种作为行道树种的基调树种和主要树种，适当、合理选用经过引种驯化的外来优良品种，以丰富本地的物种，增加城市色彩。

（6）根据城市性质的定位，确定街道森林廊道的整体景观特征，如南宁市，整体景观确定为：常绿阔叶树、棕榈科植物及观花、观果、观叶类植物构成的具有典型亚热带风光特点的森林景观。

（7）道路各种绿地可配置成复层混交的群落，选择一批耐阴的小乔木及灌木。栽植于中央分车带上的乔木区别于人行道上的树种之处就在于生长不宜太快或树种不宜太高，冠幅不宜过大，以免遮挡行车者视线，妨碍交通。

2. 灌木选择的一般原则

灌木多应用于分车带或人行道绿带（车行道的边缘与建筑红线之间的绿化带），可遮挡视线，减弱噪声，带给行车者视觉上美的享受等，选择时应注意以下几个方面：①枝叶丰满，株形完美，花期长，花多而显露，防止萌蘖枝过多过长妨碍交通；②植株无刺或少刺，叶色有变，耐修剪，在一定年限内人工修剪可控制其树形和高矮；③繁殖容易，易于管理，耐灰尘和路面辐射。例如南天竹、满天星、八角金盘、黄连翘、鸭脚木、六月雪、紫叶女贞、小叶女贞、瓜叶黄杨、金叶女贞、毛叶丁香、红叶小檗、连翘、榆叶梅、毛鹃、红花榉木、美人蕉、海桐球、茶梅球等。

3. 低矮花灌木及地被植物与草本花卉的一般原则

选择主要根据气候、温度、湿度、土壤等条件选择适宜的地被植物，立地条件好的造林地，应选择观赏价值高、生态经济效益大且栽培条件要求严格的花木种类，立地条件差的造林地，应选择适应性强而观赏价值、生态经济效益相对小的种类。以乡土花木种类为主，引种为辅。例如红花酢浆草、银边草、麦冬、沿阶草、葱兰、马蹄金、吉祥草、过路黄等;应选择茎叶茂密、生长势强、病虫害少和易管理的木本或草本观叶、观花植物。此外，在城市绿化中还应该体现传统性、时代性等具有现代风格的特色。

草坪地被植物应选择萌芽力强、覆盖率高、耐修剪和绿色期长的种类。冷季型早熟禾是应用较多的草坪地被植物，但因其养护费用较大，冬季有一段枯黄期，现绿化工程施工中用量较少。一般露地花卉以宿根花卉为主，与乔灌草巧妙搭配，合理配置，即一二年生草本花卉只在重点部位点缀，不宜多用，如一串红、三色堇、牵牛花、紫罗兰、雏菊。

根据上述原则，在我国的主要城市，城市道路森林廊道的植物选择情况如下：

我国北方地区：

（1）包头市城市道路绿化树种：主要针叶树有油松、桧柏、樟子松；阔叶树有河北杨、国槐、皂角、白蜡、新疆杨、垂柳;灌木类有连翘、山桃、榆叶梅、丁香、金银木等。包括：①以乡土树种为主，因时因地，适地适树的原则。经过多年筛选，包头市的园林绿化树种，主要选择适应本地区土壤条件的、深受市民喜爱的、具有一定观赏价值的绿化树种。如油松、桧柏、樟子松；河北杨、国槐、皂角、白蜡、新疆杨、垂柳、馒头柳；连翘、山桃、榆叶梅、丁香、金银木等，均为包头市的主要道路绿化树种。②以抗逆性、抗病虫害强的树种为主，生长良好与景观观赏性相结合的原则。抗逆性强又具观赏性的树种主要有：春季：山桃、山樱桃、连翘、榆叶梅、丁香、玫瑰、垂柳、馒头柳、河北杨、新疆杨、皂角等；夏秋：金银花、锦带花、太平花、丁香、玫瑰、珍珠梅、朝鲜庭藤等；元宝枫、白蜡、火炬树、美国地锦、紫叶李、卫矛、金银木、阿穆尔小檗等；冬季：油松、白皮松、侧柏、桧柏、云杉、红瑞木、沙地柏、紫叶小檗等。③以常绿树乔木为主，乔、灌、草、花相结合的原则。常绿树种有油松、黑松、桧柏、樟子松、沙地柏等；落叶乔木有河北杨、国槐、垂柳、皂角、白蜡等；灌木主要有女贞、丁香、榆叶梅、连翘、黄刺玫、紫穗槐、小叶黄杨、小檗等。在行道树选择时，重视了树种观赏性，体现了春、夏、秋、冬四季景观。春季选择山桃、连翘、榆叶梅；夏季选择金银花、锦带花、太平花、丁香、玫瑰、珍珠梅等；秋季选择紫叶李、阿穆尔小檗等；冬季选择油松、桧柏、云杉、红瑞木、紫叶小檗等。

（2）哈尔滨市道路常用树种选择：乔木树种包括常绿树种和落叶树种，在哈尔滨市的常绿树种中，杜松的应用频度非常小，而其余树种的应用频度和数量见表 3-6。结果表明，在全部的常绿树种中，红皮云杉的频度和数量都是最高的，其次为樟子松，再次为白杆云杉和丹东桧柏，而黑皮油松的应用较少。

表 3-6　哈尔滨市常用常绿树种的数量及频度

树种	数量（株）	频度（%）	树种	数量（株）	频度（%）
红皮云杉	1068	28.4	黑皮油松	49	2.7
白杆云杉	250	9.3	丹东桧柏	307	8.7
樟子松	754	16.1			

常用落叶乔木的树种构成：常用的落叶乔木的种类较常绿树种要多，表 3-7 记录了常用的 12 种落叶乔木的数量和频度。结果表明，银中杨的数量和频度是最高的，在调查样方的半数以上都有分布。其次为榆树和旱柳，而蒙古栎、加杨、小黑杨以及垂枝榆、水曲柳的数量和频度也相对较高。树种的分布不均匀，个别树种应用率明显偏高。

表 3-7　哈尔滨市常用落叶乔木的数量和频度

树种	数量（株）	频度（%）	树种	数量（株）	频度（%）
银中杨	3920	51.2	钻天杨	309	2.7
旱柳	1801	30.4	水曲柳	412	8.0
榆树	2052	38.1	蒙古栎	806	12.7
糖槭	67	4.0	白桦	250	5.7
加杨	273	10.4	五角槭	180	4.7
小黑杨	428	9.4	垂枝榆	455	8.79

常用灌木的树种构成：灌木是道路绿化中不可缺少的种类，表 3-8 记录了哈尔滨的道路绿化中 9 种常用灌木的数量及频度。结果表明，丁香作为哈尔滨市的市花，无论是在应用的数量上还是频度上都占据着主要的地位，榆叶梅、李子、京桃、山桃稠李、东北连翘的应用数量和频度也相对较高。木犀科和蔷薇科植物是哈尔滨市道路绿化的主要灌木种类。

表 3-8　哈尔滨市常用灌木的数量和频度

树种	数量（丛）	频度（%）	树种	数量（丛）	频度（%）
丁香	8401	48.8	京桃	511	8.7
暴马丁香	321	4.7	山桃稠李	584	9.4
东北连翘	318	9.1	榆叶梅	903	18.4
李子	1098	11.0	山荆子	365	4.0
山杏	276	6.7			

常用绿篱植物的种类构成：哈尔滨市道路绿化中出现的绿篱植物有12种，图3-6记录了哈尔滨市8种常用绿篱植物的频度，结果表明，小叶丁香和辽东水腊应用频度是最高的，其次为珍珠绣线菊、榆树及红瑞木。此外，丹东桧柏、东北连翘、松东锦鸡儿及金银忍冬也有应用，但频度较低。

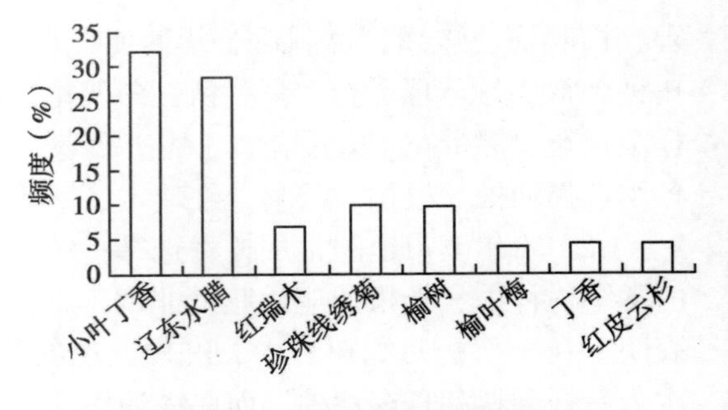

图3-6 常用绿篱植物出现的频度

除以上灌木外，还有一些灌木在道路绿化中也有应用，如茶条槭、树锦鸡儿、秋子梨、刺玫蔷薇、黄刺玫、锦带花、百华花楸、山楂、毛樱桃、紫叶李、华北卫矛、金银忍冬、天目琼花、小花溲疏、圆锥八仙花等。

（3）承德市道路园林绿化树种：

基调树种：油松、柳树、榆树、国槐、白蜡、云杉、侧柏、新疆杨、河北杨、刺槐、加杨、皂荚、栓皮栎、香花槐、五角枫等，暴马丁香、紫叶李、紫叶矮樱、小果海棠、山杏、山楂、沙地柏、锦熟黄杨、朝鲜黄杨、胶东卫矛、金叶女贞、紫丁香、白丁香、连翘、紫叶小檗、金雀儿、锦鸡儿、卫矛、葡萄、五叶地锦、爬山虎、南蛇藤、山荞麦。

园林绿化树种：

常绿乔木：油松、黑皮油松、白皮松、侧柏、桧柏、辽东冷杉、红皮云杉；落叶乔木和小乔木：旱柳、馒头柳、龙爪柳、金丝柳、白桦、龙爪槐、红花刺槐、刺槐、千头椿、垂枝榆、新疆杨、河北杨、小叶杨、加杨、合欢、银杏、白蜡、望春玉兰、丝棉木、糠椴、栾树、桑树、枣树、流苏树、桂香柳、山楂、元宝枫、五角枫、复叶槭、暴马丁香、黄檗、水曲柳、山桃、杜梨、山荆子、海棠果、李、山杏、辽梅山杏、白花山碧桃、大山樱、稠李、紫叶桃、紫叶李、雪柳、文冠果。

常绿半常绿灌木：锦熟黄杨、朝鲜黄杨、胶东卫矛、小叶女贞、金叶女贞、沙地柏、球桧、矮紫杉；

落叶灌木：紫丁香、白丁香、波斯丁香、蓝丁香、辽东丁香、连翘、金银木、红端木、锦鸡儿、金雀儿、胡枝子、金露梅、银露梅、黄刺玫、玫瑰、月季、珍珠梅、毛樱桃、榆叶梅、碧桃、紫叶桃、欧李、锦带花、绣线菊、卫矛、金银木、金花忍冬、紫叶小檗、紫穗槐、枸杞、接骨木、水蜡、木槿、牡丹。

藤本：葡萄、山葡萄、爬山虎、五叶地锦、南蛇藤、金银花、山荞麦、北五味子。

草本花卉：一串红、鸡冠花、半枝莲、三色堇、凤仙花、美国石竹、旱金莲、金鱼草、百日草、万寿菊、孔雀草、紫茉莉、千日红、桔梗、芍药、东方罂粟、牡丹、天竺葵、蜀葵、大丽花、美人蕉、萱草、鸢尾、薄荷、荷兰菊、雏菊、美女樱、荷花、睡莲、水葱、芦苇、香蒲、槐叶萍、泽泻。

草坪及草本地被植物：早熟禾、野牛草、麦冬、羊胡子草、紫花地丁、抱茎苦菜、二月兰、蒲公英、石竹、委陵菜、鸢尾、玉簪。

（4）西安市道路绿化树种：西安市常见街道绿化树种约有87种，常绿树种25种，落叶树种62种，绿化树种名录见表3-9。

表 3-9 西安市街道绿化树种调查

分类		科名	种名
裸子植物		银杏科 Ginkgoaceae	银杏 *Ginkgo biloba*
		松科 Pinaceae	雪松 *Cedrus deodara*、云杉 *Picea asperata*、白皮松 *Pinus bungeana*、油松 *Pinus tabulaeformis*
		杉科 Taxodiaceae	水杉 *Metasequoia glyptostroboides*
		柏科 Cupressaceae	刺柏 *Juniperus formosana*、侧柏 *Platycladus orientalis*、千头柏 *Platycladus orientalis*、桧柏 *Sabina chinensis*、蜀桧 *Sabina komarovii*
被子植物	单子叶植物	禾本科 Poaceae	刚竹 *Phyllostachys viridis*、箬竹 *Indocalamus tessellatus*
		棕榈科 Palmae	棕榈 *Trachycarpus fortunei*
	双子叶植物	杨柳科 Salicaceae	新疆杨 *Populus alba* var. *pyramidalis*、毛白杨 *Populus tomentosa*、垂柳 *Salix babylonica*、旱柳 *Salix matsudana*、金丝柳 *Salix alba* var. *tristis*
		桑科 Moraceae	无花果 *Ficus carica*、桑树 *Morus alba*
		芍药科 Paeoniaceae	牡丹 *Paeonia suffruticosa*
		小檗科 Berberidaceae	紫叶小檗 *Berberis thumbergii*、阔叶十大功劳 *Mahonia fortunei*
		木兰科 Magnoliaceae	广玉兰 *magnolia grandiflora*、白玉兰 *Magnolia denudate*、紫玉兰 *Magnolia liliiflora*
		蜡梅科 Calycanthaceae	蜡梅 *Chimonanthus*
		海桐科 Pittosporaceae	海桐 *Pittosporum tobira*
		悬铃木科 Platanaceae	法桐 *Platanus acerifolia*
		卫矛科 Celastraceae	大叶黄杨 *Euonymus japonicus*
		槭树科 Aceraceae	三角枫 *Acer buergerianum*、五角枫 *Acer elegantulum*
		七叶树科 Hippocastanaceae	七叶树 *Aesculus chinensis*
		蔷薇科 Rosaceae	红叶碧桃 *Amygdalus persica* cv. Atropurpurea、碧桃 *Amygdalus persica* cv.duplex、榆叶梅 *Amygdalus triloba*、日本晚樱 *Prunus yedoensis*、樱花 *Prunus serrulata*、木瓜 *Chaenomeles sinensis*、贴梗海棠 *Chaenomeles speciosa*、枇杷 *Eriobotrya japonica*、石楠 *Photinia serrulata*、红叶李 *Prunus cerasifera*、梅花 *Prunus mume*、火棘 *Pyracantha fortuneana*、丰花月季 *Rosa hybrid*、月季 *Rosa chinensis*、玫瑰 *Rosa rugosa*、珍珠梅 *Sorbaria kirilowii*、麻叶绣球 *Spiraea cantoniensis*
		豆科 Fabaceae	合欢 *Albizzia julibrissin*、紫荆 *Cercis chinensis*、红花刺槐 *Robinia hisqida*、刺槐 *Robinia pseudoacacia*、国槐 *Sophora japonica*、皂荚 *Gleditsia sinensis*、龙爪槐 *Sophora japonica*
		楝科 Meliaceae	苦楝 *Melia azedarach*、香椿 *Toona sinensis*

续表

分类		科名	种名
被子植物	双子叶植物	苦木科 Simaroubaceae	臭椿 *Ailanthus altissima*
		黄杨科 Buxaceae	黄杨 *Buxus sinica*、锦熟黄杨 *Buxus sempervirens*、雀舌黄杨 *Buxus harlandii*
		无患子科 Sapindaceae	栾树 *Koelreuteria paniculata*、全缘栾 *Koelreuteria integrifolia*
		锦葵科 Malvaceae	木槿 *Hibiscus syriacus*
		梧桐科 Sterculiaceae	梧桐 *Firmiana platanifolia*
		千屈菜科 Lythraceae	紫薇 *Lagerstroemia indica*
		山茱萸科 Cornaceae	红瑞木 *Cornus alba*
		柿树科 Ebenaceae	柿树 *Diospyros kaki*
		忍冬科 Caprifoliaceae	金银木 *Lonicera maackii*、蝴蝶荚蒾 *Viburnum plicatum*、锦带花 *Weigela florida*
		木犀科 Oleaceae	雪柳 *Fontanesia fortune*、连翘 *Forsythia suspense*、白蜡 *Fraxinus chinensis*、女贞 *Ligustrum lucidum*、水蜡 *Ligustrum obtusifolium*、金叶女贞 *Ligustrum vicaryi*、小叶女贞 *Ligustrum quihoui*、桂花 *Osmanthus fragrans*、紫丁香 *Syringa oblate*、暴马丁香 *Syringa reticulata*
		紫葳科 Bignoniaceae	楸树 *Catalpa bungei*
			梓树 *Catalpa ovata*

西安市道路绿化常绿与落叶树种的比例为 3∶7，基本趋于合理，但常绿树应用数量较少，使冬季的景观较为单调。而应用的落叶树种相对集中，主要树种有：国槐、法桐、杨树、柳树类等。

（5）太原市城市道路中植物绿化根据调查统计（见表 3-10）：在选定的调查范围内，共有绿化植物 43 种，隶属 21 科，32 属。其中木本植物 38 种，占 88.37%，草本植物 5 种，占 11.63%。木本植物中乔木有 20 种，灌木有 18 种（有些植物是灌木或者小乔木，此处统计归为灌木），其中分车带中种植灌木多于乔木。蔷薇科植物应用最多，7 属 11 种；其次是豆科，4 属 4 种；木犀科，3 属 3 种；其余的均为 1 科 1 属。在调查过程中发现，虽然道路色叶灌木也在应用，例如金叶女贞、紫叶小檗等，但相对来说还是用黄杨、胶东卫矛等绿色灌木较多，彩叶植物在道路绿化中的重要性没能很好地表现出来。乔木出现频率较高的有国槐、油松和银杏，出现频率分别是 40.55%，29.73%，18.92%。另外，从数量上看杏树、紫叶李等用量也较大，但只在 1~2 条道路上使用。灌木层中出现频率较高的是胶东卫矛、黄杨和紫叶小檗，出现频率分别是 56.76%，29.73%，18.42%。草本花卉中应用最多的是茄科的矮牵牛，而其他的鸢尾、玉簪等只是在 1~2 条道路上使用。落叶植物 28 种，占 73.68%，常绿（包括半常绿）植物 10 种，占 26.32%。在灌木中常绿植物的比重较大。

观花植物有月季、木槿、矮牵牛、樱花等，占 58.14%；观叶植物有银杏、金叶女贞、紫叶李等，占 41.86%；观果植物有山楂、西府海棠、紫叶小檗等，占 25.58%；观姿态的树有垂柳、馒头柳、平头松等，占 32.56%。

表 3-10　太原市调查路段植物统计

植物学名	拉丁名	科名	属名	观赏分类	出现次数	出现频率(%)
西府海棠	*Malus micromalus*	蔷薇科	苹果属	落叶灌木或小乔木	3	8.11
胶东卫矛	*Euonymus kiautschovicus*	卫矛科	卫矛属	常绿灌木或小乔木	21	56.76
矮牵牛	*Petunia hybrida*	茄科	碧冬茄属	一年生草本	2	5.41
黄杨	*Buxus sinica*	黄杨科	黄杨属	常绿小灌木或小乔木	11	29.73
银杏	*Ginkgo biloba*	银杏科	银杏属	落叶大乔木	7	18.92
国槐	*Sophora japonica*	豆科	槐属	落叶乔木	15	40.55
紫叶李	*Prunus cerasifera* f. *atropurpurea*	蔷薇科	李属	落叶灌木或小乔木	2	5.41
榆叶梅	*Prunus trilaba*	蔷薇科	梅属	落叶灌木或小乔木	1	2.7
白皮松	*Pinus bungeana*	松科	松属	常绿针叶乔木	1	2.7
紫叶小檗	*Berberis thunbergii* cv. Atropurpurea	小檗科	小檗属	落叶灌木	7	18.42
新疆杨	*Populus alba* var. *pyramidalis*	杨柳科	杨属	落叶乔木	9	23.68
棣棠	*Kerria japonica*	蔷薇科	棣棠花属	落叶小灌木	1	2.7
地被菊	*Rudbeckia hirta*	菊科	菊属	多年生草本	1	2.7
柽柳	*Tamarix chinensis*	柽柳科	柽柳属	落叶灌木或小乔木	1	2.7
景天	*Sedum spectabilis*	景天科	景天属	多年生草本植物	1	2.7
月季	*Rosa chinensis*	蔷薇科	蔷薇属	常绿或半常绿灌木	1	2.7
白三叶	*Trifolium ripens*	豆科	车轴草属	多年生草本	1	2.7
刺槐	*Robinia pseudoacacia*	豆科	刺槐属	落叶乔木	1	2.7
五角枫	*Acer mono*	槭树科	槭树属	落叶乔木	2	5.41
馒头柳	*Salix matsudana* var. *matsudana* f. *umbraculifera*	杨柳科	柳属	落叶乔木	3	8.11
垂柳	*Salix bablonica*	杨柳科	柳属	落叶乔木	3	8.11
桧柏	*Sabina chinensis*	柏科	圆柏属	常绿乔木	1	2.63
紫丁香	*Syringa oblate*	木犀科	丁香属	落叶灌木或小乔木	1	2.7
樱花	*Prunus serrulata*	蔷薇科	樱桃属	落叶乔木	1	2.7

续表

植物学名	拉丁名	科名	属名	观赏分类	出现次数	出现频率(%)
桃树	*Purnus persica*	蔷薇科	桃亚属	落叶小乔木	1	2.7
碧桃	*Prunus persica* var. *persica* f. *duplex*	蔷薇科	李属	落叶小乔木	2	5.41
木槿	*Hibiscus syriacus*	锦葵科	木槿属	落叶灌木或小乔木	1	2.7
连翘	*Forsythia suspens*	木犀科	连翘属	落叶灌木	极少	2.7
华北卫矛	*Euonymus maackii*	卫矛科	卫矛属	落叶乔木	极少	2.7
凤尾兰	*Yucca gloriosa*	龙舌兰科	丝兰属	常绿灌木	极少	2.7
重瓣榆叶梅	*Prunus triloba* f. *multiplex*	蔷薇科	李亚属	落叶花灌木	极少	2.7
金叶女贞	*Ligustrum × vicaryi*	木犀科	女贞属	半绿小灌木	极少	2.7
爬地柏	*Sabina procumbens*	柏科	圆柏属	常绿灌木	极少	2.7
鸢尾	*Iris tectorum*	鸢尾科	鸢尾属	宿根性直立草本	极少	2.7
玉簪	*Hosta plantaginea*	百合科	玉簪属	草本植物	极少	2.7
平头松	*Pinus densiflora* cv. Umbraculifera	松科	松属	常绿乔木	1	2.7
漳河柳	*Salix matsudana.* f. *lobato-glandulosa*	杨柳科	柳属	落叶乔木	1	2.7
合欢	*Albizia julibrissin*	豆科	合欢属	落叶乔木	1	2.7
栾树	*Koelreuteria paniculata*	无患子科	栾树属	落叶乔木	1	2.7
山楂	*Crataegus pinnatifida*	蔷薇科	山楂属	落叶小乔木	1	2.7
杏树	*Prunus armeniaca*	蔷薇科	李属	落叶乔木	1	2.7
油松	*Pinus tabulaeformis*	松科	松属	常绿乔木	11	29.73
卫矛	*Euonvmus alatus*	卫矛科	卫矛属	落叶灌木	7	18.92

（6）郑州市中心城区主要道路绿化现状：郑州市中心城区主要道路植物种类共84种，包括：乔木44种、灌木27种，地被植物12种、藤本植物1种。行道树乡土树木有35种，生活型谱显示行道树高大乔木占优，尤其是落叶高大乔木居多。灌木乡土植物有13种。主要道路绿化植物中行道树基调树种为法桐，骨干树种为槐、女贞、白蜡、毛白杨、紫叶李、全缘叶栾树、千头椿、枫杨、合欢。

（7）辽宁沈阳道路树种的选择：油松、银杏、银中杨、毛白杨、水曲柳、刺槐、五角枫、垂柳、臭椿、白蜡、山皂荚、梓树等，大连阳地区的梧桐、雪松、银杏、合欢、复叶槭、国槐、白蜡、栾树、龙柏等，锦州地区的国槐、刺槐、银杏、桧柏、桃叶卫矛、加拿大杨、旱柳、垂柳、馒头柳等。

我国南方地区：

（1）湖南道路树种的选择：①常绿针叶乔木的选择。华山松、南洋杉、冷杉、柏松、黑松、赤松、圆柏、塔柏、金钱松、雪松等。②常绿阔叶乔木的选择。乐东拟单性木兰、火力楠、石楠、白兰花、黄兰、广玉兰、桃花心木、香樟、女贞等。③落叶阔叶乔木的选择。鹅掌楸、银杏、枫杨、杨属、柳属、榆树、朴树、梓树、黄连木、三角枫、五角枫、楸树、合欢、刺槐、国槐、龙爪槐、悬铃木、枫香、乌桕、重阳木、刺楸、柿、白蜡、珙桐、喜树等。

湖南株洲市城市道路观赏植物选择有30种，刘晓瑜等（2007）应用AHP法和景观生态学、大众行为心理学等原理，从生理生态性、观赏性、适生性、管理性等层面上，定性与定量相结合，提出了株洲市城市道路树种选择建议（表3-11）。结果表明，主要植物顺序为：猴樟、银杏、樟树、乐昌含笑、复羽叶栾树、重阳木、鹅掌楸、秃瓣杜英、楠木、白玉兰、红花荷、栲树、桂花、山杜英、广玉兰、木荷、越南山龙眼、金叶白兰、无患子、雪松、乐东拟单性木兰、火力楠、阔瓣含笑、水杉、铁坚杉、池杉、红花木莲、喜树、刨花楠、叶萼山矾（表3-12）（陈友民，1997；侯碧清，2007）。

表3-11 湖南株洲市道路树种选择各指标级评分值

指标		评分等级		
		85~100分	75~84分	75分以下
生态生理指标	生长速度	生长快	中等	生长慢
	寿命长短	寿命长	幅	寿命短
	根的深浅性	根深	较深	根浅
	绿色期长短	长	较长	短
	需光性	多	少	无
观赏指标	冠幅繁茂程度	浓	中	小
	树姿美观性	美	较美	一般
适应性指标	耐水湿性	耐	较耐	不耐
	耐寒性	耐	较耐	不耐
	抗污染性	强	较强	不强
	抗病虫害能力	强	较强	弱
管理指标	耐修剪性	耐	可剪	不耐

表3-12 湖南株洲市道路观赏植物综合质量指标

指标	生态生理指标			形态指标				抗性指标				管理	得分
分级项目 树种	生长速度	寿命长短	根深浅性	绿期长短	需光性	冠幅枝叶	树形美丽	耐水湿性	耐寒性	抗污染性	抗病虫性	耐修剪性	总分
樟树	85	100	100	90	85	90	90	75	85	90	85	95	91.35
猴樟（大叶樟）	85	100	100	90	85	95	95	75	85	90	90	95	93.87

续表

指标	生态生理指标			形态指标				抗性指标				管理	得分
分级项目 树种	生长速度	寿命长短	根深浅性	绿期长短	需光性	冠幅枝叶	树形美丽	耐水湿性	耐寒性	抗污染性	抗病虫性	耐修剪性	总分
楠木	75	100	100	90	70	80	80	80	85	85	90	90	83.84
广玉兰	78	90	90	90	85	75	85	80	85	90	95	85	81.38
复羽叶栾树	95	83	70	70	100	95	90	75	90	86	90	80	88.74
桂花	75	100	85	90	75	80	95	75	85	86	90	80	82.53
阔瓣白兰花	80	93	80	90	75	75	80	75	86	75	85	80	78.07
无患子	85	85	80	90	100	80	75	75	90	90	90	75	80.13
银杏	75	100	100	90	100	95	90	75	90	85	90	90	92.62
雪松	70	90	84	90	80	75	95	75	90	90	85	75	79.07
乐昌含笑	88	90	93	90	84	85	90	80	85	85	85	80	87.75
铁尖油杉	80	95	85	100	85	75	90	75	90	80	80	70	77.79
乐东拟单木兰	80	90	85	90	75	75	90	75	85	90	85	75	78.47
红花木莲	88	70	82	90	95	80	80	60	85	80	80	80	73.81
水杉	90	70	80	70	100	70	80	90	90	85	90	85	77.81
池杉	90	70	80	70	100	70	80	90	90	90	90	80	76.83
木荷	85	90	95	90	85	80	75	70	85	80	80	80	81.02
金叶白兰	85	85	80	80	80	90	95	65	75	75	80	85	80.72
山杜英	83	90	85	85	85	80	90	60	85	90	90	80	82.36
秃瓣杜英	83	90	85	85	85	85	90	60	85	90	90	80	84.55
越南山龙眼	83	90	85	85	80	80	90	70	80	80	90	80	81.60
重阳木	90	85	95	70	100	95	75	90	80	90	80	75	87.17
喜树	95	60	75	70	100	80	70	90	90	90	90	70	77.43
鹅掌楸	90	80	95	70	100	90	90	80	90	85	90	78	86.75
白玉兰	85	80	85	70	95	80	90	70	90	90	90	85	83.52
火力楠	85	80	85	90	85	80	85	80	70	75	90	70	78.41
叶萼山矾	70	85	90	100	80	70	85	60	85	90	90	70	74.92
刨花楠	84	80	85	90	80	75	85	60	85	80	85	70	76.26
红花荷	84	90	90	100	90	85	90	60	60	80	85	75	83.27
栲树	84	85	95	100	85	83	85	70	70	75	85	79	82.54
权值（%）	1.45	4.28	3.69	1.73	5.34	43.92	8.78	0.28	1.33	4.46	0.83	23.82	

（2）深圳市：深圳市区主要道路树种类约有43种。其中，棕榈科植物的出现频率较高，其次是桑科榕属类植物；凤凰木、红花羊蹄甲的出现频率也相当高。其他较为常用的乔木有樟树、阴香、芒果、美丽异木棉、黄槐、小叶榄仁、大花紫薇、盆架子、尖叶杜英等。常用灌木种类约64种，其中观花灌木占37.5%，色叶类灌木占15.6%，多为常绿灌木，最常用的有黄金榕、黄连翘、福建茶、桂花、朱槿、簕杜鹃、金凤花、翅荚决明、粉花夹竹桃、变叶木类等。常用草本及地被植物约24种，最常用的有蜘蛛兰、美人蕉、大叶红草、蚌花、台湾草、蔓花生等。深圳道路植物种类繁多，色彩丰富，乔木既有乡土树种荔枝、小叶榕、木棉等，又有引进的火焰木、雨树等；有具亚热带风光的棕榈科植物大王椰子、假槟榔、蒲葵等和裸子植物苏铁、南洋杉等；灌木有开花的三角梅、黄蝉、小叶紫薇等和易于整形的福建茶、九里香等；有丰富的色叶植物红桑、变叶木、黄榕等和草本花卉美人蕉、长春花、美女樱。

（3）南宁市：南宁市道路植物共46种变种和变型，隶属19科36属：白千层、红千层、柠檬桉、榕树、黄桷树、橡胶榕、香樟、阴香、天竺桂、合欢、凤凰木、火焰树、扁桃树、女贞、桂花、白兰花、苏铁、黄花槐、羊蹄甲、红豆树、仪花、重阳木、枳椇、散尾葵、鱼尾葵、蒲葵、鹅掌柴、黄素梅、花叶假连翘、木棉、木槿、扶桑、七彩朱槿、红绒球、合果芋、鸢尾、美人蕉、蜘蛛兰、马尼拉草、满地金黄、棕竹、假槟榔、大花紫薇、九里香。其他城市常见行道树植物见表3–13。

表3-13　广西部分城市常见行道树

城市	行道树树种
南宁	大王椰、假槟榔、鱼尾葵、董棕、棕榈、蒲葵、伊拉克蜜枣、华盛顿棕榈、银海枣、布迪椰子、皇后葵、棕竹、美丽针葵、黄梁木、南洋杉、柠檬桉、黄葛榕、扁桃
北海	香樟、小叶榕、扁桃、秋枫、石栗、人面子、黄葛榕、白玉兰、大花紫薇、凤凰木、桃花心木、阴香、龙眼、人心果、垂叶榕、木菠萝、印度紫檀、宫粉羊蹄甲、椰子、金山葵、鱼尾葵
柳州	乌桕、厚壳树、朴树、樟树、小叶榕、青檀、朴树、大叶女贞、斜叶榕、石山榕、钝叶榕、粉苹婆、圆叶乌桕、尾叶紫薇
桂林	枫香、桂花、银杏、黄葛榕、香樟、石山榕、大叶樟、蒲葵、单干鱼尾葵、南洋杉、秋枫、竹类、棕榈、紫薇、紫玉兰、红花羊蹄甲、黄枝油杉、乌桕、垂柳、青檀、榔榆、黄连木、落羽杉、青冈栎、冬青、沉水樟、檫木、银木、南酸枣、龙柏、枫杨、秋枫、黄葛榕
北流	人面子、天竺桂、麻楝、芒果、蝴蝶果、扁桃、红花紫荆、细叶榕、凤眼果、枇杷、木菠萝、青叶垂榕、盆架子、非洲桃花心木、凤凰木、刺桐、仪花、木棉、大花紫薇、红花紫荆、米兰、桂花

（4）贵阳市：贵阳市中心城区城区内主、次干道行道树乔木种类较为单一，以香樟的数量最多，占所用乔木的90%，其次是大叶女贞、悬铃木，另外还有少量罗汉松、银杏等，并增加抗性强、并且具有较好观赏性的乔木树种，如广玉兰、樱花、紫薇等；灌木常用的有小叶女贞、海桐、八角金盘、红花檵木、茶梅、南天竹、火棘等；草本及地被植物以1~2年生花草、早熟禾、黑麦草为主。交通环岛主要以灌木和草本为主，包括南天竹、八角金盘、苏铁、凤尾竹、茶梅、杜鹃、1~2年生草花和黑麦草等。在贵阳市广场的植物中，乔木主要有雪松、广玉兰、罗汉松、银杏、樱花、侧柏、桂花、红枫、

紫薇、柳杉、水杉、合欢等，甚至还有一些珍稀植物，如珙桐、凹叶厚朴等；灌木主要有雀舌黄杨、南天竹、小叶栀子、海桐、小叶女贞、十大功劳、杜鹃、含笑、山茶、六月雪、枸骨等；草本植物有早熟禾、黑麦草、结缕草以及一些常用的1-2年生草花。贵阳市广场的植物种类较丰富，乔木约25种、灌木约30种、草本约10种。

（5）武汉市：武汉市道路植物64种（包括变种、变型，不含临时租摆的花卉），隶属35科，48属。其中木本植物55种，占85.9%，草本植物9种，占14.1%。被调查的植物中，蔷薇科的植物应用最多，有5属6种，其次是木犀科（4属5种）、木兰科（2属5种）、柏科（3属4种）、金缕梅科（3属3种）、小檗科（2属2种）、大戟科（2属2种）、松科（2属2种）、百合科（2属2种），忍冬科（1属2种）植物，其余的科均为1属1种。虽然这10个科只占总科数的26%，但植物种数却占了总种数的47%。在乔木层中，出现频度较高的是桂花、二球悬铃木、欧美杨、樟树、雪松和棕榈，其出现频度分别为63.6%、45.5%、45.5%、45.5%、36.4%、27.3%；灌木层中出现频度较高的有：红花檵木、海桐、日本珊瑚树、月季、石楠和紫叶李，分别为36.4%、36.4%、36.4%、36.4%、27.3%和18.2%，其他丰富度较高的灌木还有：紫叶李、日本珊瑚树、瓜子黄杨、杜鹃、南天竹、蚊母树、火棘、木槿、凤尾兰、紫叶小檗、枸骨等；草本花卉的出现频度普遍较低，主要有结缕草、麦冬、吉祥草、酢浆草、羽衣甘蓝、鸢尾、三色堇、佛甲草、金叶过路黄等，仅在少数几条道路的重点路段种有草花。

（6）南京市：南京城市道路绿化带植物中现有道路绿地主要应用的乔木树种有26科、69种，灌木19科、34种；出现频度最高的乔灌木分别为悬铃木42%、海桐64%；常绿、落叶树种的数量配比为1.00：1.24，其中乔木的常绿、落叶树种数量配比为1.0：1.3；乔木与灌木种类配比为2：1，数量配比约为1.0：3.2（韦薇等，2009）。经统计，72个样地中乔木有26科、45属、69种，灌木19科、26属、34种，草本14科、21属、24种，分别占江苏省城市园林绿化植物科的54.13%、属的26.51%、种的14.98%。在69种乔木树种中，落叶树种39种，常绿树种30种。在调查的木本植物中，乡土植物共有42种，占总数的33%。出现频度较高的乔木树种科属名录见表3-14。用数量生态学中的频度对植物的配置情况进行分析，在调查的乔、灌木中频度最高的10种植物（韦薇等，2009）。

（7）昆明市：昆明市城市道路绿化共有绿化植物41种（包含变种、变型、品种，下同），隶属29科，34属，其中：木本植物34种，占83%，草本植物6种，占巧%，藤本植物1种，占2%。昆明市区调查路段植物统计见表3-15。

（二）分车绿带植物选择

分车绿带是指车行道之间可以绿化的分隔带，其位于上下行机动车道之间的为中间分车绿带；位于机动车道与非机动车道之间或同方向机动车道之间的为两侧分车带。分车绿带的植物配置应形式简洁、树形整齐、排列一致，所栽植乔木树干中心至机动车道路边缘石牙外侧距离不小于1m。中间分车带绿化宜采用树冠常年枝叶茂密的抗逆性强的乡土常绿树种，其高度控制在距相邻机车道路面高度0.6~1m之间，可以有效防止相向行驶的机动车炫光给行车带来的不便；若常绿树单植，其株距不得大于冠幅的5倍。在树种选择上应以抗性强、耐修剪、密闭性好的植物为佳。分车绿带宽度以大于或等于3m为宜，在植物配置上应采用乔、灌、地被相结合，乔木以中小型常绿树

表 3-14　南京市主要道路绿地乔木树种名录

科名	属名	种名
悬铃木科	悬铃木属	悬铃木 *Platanus orientalis*
樟科	樟属	香樟 *Cinnamomum camphora*
杨柳科	杨属	加拿大杨 *Populus canadensis*
		响叶杨 *Populus adenopoda*
榆科	柳属	垂柳 *Salix babylonica*
	榆属	榆树 *Ulmus pumila*
		榔榆 *Ulmus parvifolia*
	榉属	榉树 *Zelkova serrata*
	朴属	朴树 *Celtis sinesis*
桑科	构属	构树 *Broussonetia papyrifera*
杜英科	杜英属	杜英 *Elaeocarpus sylvestris*
木犀科	女贞属	女贞 *Ligustrum lucidum*
	木犀属	桂花 *Osmanthus fragrans*
大戟科	乌桕属	乌桕 *Sapium sebiferum*
	重阳木属	重阳木 *Bischofia polycarpa*
蔷薇科	枇杷属	枇杷 *Eriobotrya japonica*
	石楠属	石楠 *Photinia serrulata*
	苹果属	垂丝海棠 *Malus halliana*
	梅属	红叶李 *Prunus cerasifera*
		梅 *Prunus mume*
		碧桃 *Prunus persica* var. *persica* f. *duplex*
		日本早樱 *Prunus subhirtella*
槭树科	槭树属	鸡爪槭 *Acer palmatum*
		三角枫 *Acer buergerianum*
无患子科	栾树属	全缘叶栾树 *Koelreuteria bipinnata* var. *integrifoliola*
		复羽叶栾树 *Koelreuteria bipinnata*
	无患子属	无患子 *Sapindus mukorossi*
豆科	合欢属	合欢 *Albizzia julibrissin*
	紫荆属	紫荆 *Cercis chinensis*
	槐树	国槐 *Sophora japonica*
	刺槐属	刺槐 *Robinia pseudoacacia*
胡桃科	枫杨属	枫杨 *Pterocarya stenoptera*
木兰科	木兰属	白玉兰 *Magnolia denudata*
		广玉兰 *Magnolia grandiflora*
		二乔玉兰 *Magnolia soulangeana*
	含笑属	乐昌含笑 *Michelia chapensis*
	鹅掌楸属	马褂木 *Liriodendron chinense*
千屈菜科	紫薇属	紫薇 *Lagerstroemia indica*
忍冬科	荚蒾属	珊瑚树 *Viburnum odoratissimum*
棕榈科	棕榈属	棕榈 *Trachycarpus fortunei*
银杏科	银杏属	银杏 *Ginkgo biloba*
松科	雪松属	雪松 *Cedrus deodara*
杉科	落羽杉属	池杉 *Taxodium ascendens*
		落羽杉 *Taxodium distichum*
	水杉属	水杉 *Metasequoia glyptostroboides*
柏科	侧柏属	侧柏 *Platycladus orientalis*
	柏木属	柏木 *Cupressus funebris*
	圆柏属	圆柏 *Sabina chinensis*

表 3-15　昆明市区调查路段植物统计

植物名	拉丁名	科名	属名	数量	出现频率（%）
铁树	*Cycas revoluta*	苏铁科	苏铁属	21	15.4
银杏	*Ginkgo biloba*	银杏科	银杏属	172	23.1
雪松	*Cedrus deodara*	松科	雪松属	66	7.7
水杉	*Metasequoia glyptostroboides*	杉科	水杉属	34	7.7
金叶千头柏	*Platycladus orientalis*	柏科	侧柏属	多	30.8
千头柏	*Platycladus orientalis* cv.‘Sieboldii’	柏科	侧柏属	很多	7.7
圆柏	*Sabina chinensis*	柏科	圆柏属	302	15.4
龙柏	*Sabina chinensis* cv.‘Kaizuka’	柏科	圆柏属	64	23.1
广玉兰	*magnolia grandiflora*	木兰科	木兰属	32	7.7
香樟	*Cinnamomum camphora*	樟科	樟属	288	46.2
紫叶小檗	*Berberis thumbergii* cv.‘Atropurpurea’	小檗科	小檗属	很多	30.8
南天竹	*Nandina domestica*	小檗科	南天竹属	尚多	15.4
三色堇	*Viola tricolor*	堇菜科	堇菜属	较多	7.7
天竺葵	*Pelargonium hortorum*	牻牛儿苗科	天竺葵属	很多	46.2
紫薇	*Lagerstroemia indica*	千屈菜科	紫薇属	144	30.8
叶子花	*Bougainvillea spectabilis*	紫茉莉科	叶子花属	1400	23.1
海桐	*Pittosporum tobira*	海桐科	海桐属	较多	7.7
桉树	*Eucalyptus robusta*	桃金娘科	桉树属	10	7.7
木槿	*Hibiscus syriacus*	锦葵科	木槿属	120	7.7
紫叶李	*Prunus ceraifera*	蔷薇科	梅属	88	15.4
月季	*Rosa chinensis*	蔷薇科	蔷薇属	多	15.4
法国梧桐	*Platanus acerifolia*	悬铃木科	悬铃木属	71	15.4
大叶黄杨	*Euonymus japonicus*	卫矛科	卫矛属	极多	23.1
金边黄杨	*Euonymus japonicus* cv.‘Aureo-ma’	卫矛科	卫矛属	尚多	7.7
金心黄杨	*Euonymus japomcus* cv.‘Aureo-pictus’	卫矛科	卫矛属	多	15.4
爬山虎	*Parthenocissus tricuspidata*	葡萄科	爬山虎属	尚多	7.7
复羽叶栾树	*Koelreuteria bipinnata* var. *integrifoliola*	无患子科	栾树属	106	30.8
红枫	*Acer palmatum.* cv.‘Atropurpurpureum’	槭树科	槭树属	34	7.7
杜鹃	*Rhododendron simsii*	杜鹃花科	杜鹃属	多	53.8
迎春花	*Jasminum nudiflorum*	木犀科	素馨属	很多	15.4
女贞	*Ligustrum lucidum*	木犀科	女贞属	132	15.4
小叶女贞	*Ligustrum quihoui*	木犀科	女贞属	极多	7.7
金叶女贞	*Ligustrum vicaryi*	木犀科	女贞属	较多	7.7
桂花	*Osmanthus fragrans*	木犀科	桂花属	74	7.7

续表

植物名	拉丁名	科名	属名	数量	出现频率（%）
矮牵牛	*Petunia hybrida*	茄科	矮牵牛属	较多	7.7
五色梅	*Lantana camara*	马鞭草科	马缨丹属	尚多	7.7
一串红	*Salvia splendens*	唇形科	鼠尾草属	尚多	15.4
美人蕉	*Canna indica*	美人蕉科	美人蕉属	较多	15.4
鸢尾	*Iris tectorum*	鸢尾科	鸢尾属	多	7.7
散尾葵	*Chrysalidocarpus lutescens*	棕榈科	散尾葵属	12	7.7
棕榈	*Trachycarpus fortunei*	棕榈科	棕榈属	75	23.1

种为主，如：栾树、元宝枫、黄栌、玉兰、樱花、红叶李等。两侧分车带内的乔木树冠不宜在机动车上方搭接郁闭，避免机动车排放的有害气体被封闭在树冠下方，不易扩散，空气无法对流，加剧道路污染。灌木选择主要品种有：紫薇、丁香、紫荆、金银木、连翘、榆叶梅、碧桃、木槿、金叶女贞等。配置灌木时品种间的花色、叶色要寓于变化，增强观赏效果。道路绿化带内不能有裸露地面，防止机动车过后带起尘土，产生再次污染。栽植地被植物是非常必要的，常用的地被植物有：冷季型草坪、白三叶、野牛草、蛇莓等。

（三）行道树绿带植物的选择

行道树绿带是指设置在人行道与车行道之间，以种植行道树为主的绿带。行道树绿带宽度应不小于 1.5m。行道树是整条道路绿化的主体和骨架，也是增强城市景观的主要内容。通过合理的行道树配置，可以使一些形似的街道由于行道树的不同而区分开来，增强空间的可识别性。因此，行道树的选择在道路绿化中尤为重要。一般情况下，一条路应以一个品种的行道树为主，或两种间植，切忌出现行道树配置杂乱，整条路段由于绿化时间不同选择的树种、规格也不尽相同的现象。在城市道路中，行人较多，一般不能连续栽植，行道树之间宜采用透气性路面砖铺装，树池上宜盖池篦子。适宜北京地区栽植的行道树品种很多，但在选择时应做到名贵树种、外来引进与乡土树种相结合，常绿树种与落叶树种相结合，乔木与灌木相结合，彩叶树种季相树种合理配置。行道树应选择深根性、分枝点高、冠大荫浓、生长健壮、适应城市道路环境条件，且落果对行人不会造成危害的树种。行道树定干高度应大于 2.8m，株距应以壮年期冠幅为准，最小株距为 4m。行道树树干中心至路缘石外侧距离不小于 0.75m，所选苗木胸径，快长树不小于 5cm，慢长树不小于 8cm。

（四）路侧绿化带树种选择

路侧绿化带是指在道路侧方，布设在人行道边缘至道路红线之间的绿带。在城市园林景观路中，路侧绿化带应比较宽阔，在植物配置中应采用乔、灌、色带、花、草以及地被等多种植物合理搭配，建造多样的复层植物群落，形成不同的植物景观。从靠近人行道至道路绿带红线方向，形成矮、中、高的绿化格局，使人们视野开阔，形成富于变化的林缘线与林冠线。如在靠近红线的位置栽植高大的落叶乔木毛白杨，起到防护和背景的作用；向内一层为馒头柳、垂柳；再向内一层是国槐、白蜡；其下层是小乔木及花灌木紫叶李、黄栌、金银木、紫薇、棣棠、红瑞木、碧桃等；花灌木前栽植曲线形色带，如红叶小檗、黄杨、金叶女贞、月季等；靠近行人一侧栽植宿根花卉，如萱草、福禄考、石竹、早小菊等；在覆盖率较高的绿化带中，地被植物可人工种植，如野牛草、白三叶、小冠花、地被石竹等，也可采用原始的野生植物，做到定期修剪，管理到位，形成良好的生态景观路。在路侧绿化带绿化时还应考虑到与毗邻的其他绿地的绿化形式相结合，与周边的建筑形式相协调。

（五）交通岛绿化植物选择

交通岛绿地可分为中心岛绿地、导向岛绿地和立体交叉岛绿地。交通岛周边的植物配置宜增强导向性，在行车范围内应采用通透式配置。中心岛绿地应保持各路口之间的行车视线通透，布置成装饰性绿地如栽植各种造型的色带、花带等。导向岛绿地内应以配置各种地被植物为主，如白三叶、小冠花及各种草坪植物。立体交叉岛绿化应以草坪为底色，点缀树丛、孤植树和花灌木，形成开阔的疏林草地景观，对墙面进行垂直绿化。交通岛绿化选择的主要植物有：油松、雪松、桧柏、国槐、银杏、元宝枫、紫叶李、碧桃、紫薇、金银木、地锦等。

二、道路森林廊道的植物配置

（一）配置原则

1. 因地制宜，适地适树原则

——根据本地区气候、土壤、水文以及栽植地的小气候等环境条件，选择适于在该地生长的树木，以利于树木的正常生长发育，达到生态稳定的植物群落，抗御自然灾害，保持较稳定的绿化成果。选择适应性强、生长强健、管理粗放的植物。

——选择多种植物创造不同氛围，体现植物生长的多样性和植物的层次性与季相性。同时，为满足植物造景需要，适当选用经过长期考验的外来树种。

——根据道路级别和功能的不同，行道树的种植方式也有所差异，规划树种类型包括主干道、次干道、城市支路、居住区道路。不同的道路要求的绿化环境也有差异，不能追求模式上的统一。

2. 合理搭配，生态景观原则

——以乔木为主，合理安排乔灌草的比例，乔木与灌木、藤本植物及草坪等其他地被植物相配置，构成复层混交、相对稳定的人工植被群落。

——合理搭配速生树种和慢生树种，各种植物的生长速度和生命周期不尽相同，种植速生树种见效快，与慢生树栽植和培育相结合，以利于群落演替，保持城市生态系统的多样性、稳定性和持久性；

——落叶树种和常绿树种合理配置，选用一定种类和数量的常绿树种，改变冬季漫长、环境萧瑟的状况，以丰富常绿景观。

——选择具有各种抗性和功能的树种，满足城市道路森林滤尘、减弱噪声、改善道路沿线的环境质量和美化城市的主要功能。

——注意搭配一般绿化树种和骨干树种，兼顾眼前与长远效果，基调和特色效果，观赏与防护功能，以及四季景观效果。生态是物种与物种之间的协调关系，是景观的灵魂。它要求植物的多层次配置，乔灌花、乔灌草的结合，分隔竖向的空间，创造植物群落的整体美。在各路段的设计中，应注重生态景观的体现。

3. 以人为本，快速绿化原则

——道路空间是提供人们生活、工作、休息、相互往来与货物流通的通道，在具体的设计中，应提高视觉质量，体现以人为本的原则，以不遮挡视线为标准，同时又能给人以赏心悦目之感。四季的变化使植物的外观形态随着发生变化，尤其是落叶植物。炎炎夏日下，行车和行人需要一个宜人的交通环境，浓郁的绿荫能使人感到丝丝清凉，烦躁的心情可以得到舒缓，有利于交通安全；当叶落的时候，冬日和煦的阳光带来几分暖意。所以说，植物不同的习性奉献给人们的不仅是视觉、嗅觉上的享受，还有心灵的慰藉。

——为尽快形成森林景观，应采用大苗适当密栽，能够马上呈现森林群落结构与色块的美观效果；适当采用速生树种，与其他树种配置，建造森林植物群落，为动物、昆虫、微生物提供生息繁衍场所，达到人与自然和谐共处。在生态保护林带建设中，可以小规格苗木适当密植，根据苗木的生长情况，每隔三五年对苗木进行一次疏植，移植的苗木又可用于造林，也可作为商品苗木，为林带提供养护资金，达到“以林养林”的目的。此外，密度控制上宜同时考虑景观与资金投入量。

4. 与城市风格、景观相协调原则

城市道路绿化要考虑城市整体构架并能塑造出一个城市的整体风貌。行道树规划要做到：点，配置精巧多变；线，气势雄伟；面，色彩、层次丰富。点指具体的游园、景点；线是指行道树和分车带的布置，主要构成城市框架的主干道；面指由主干道串联起来的其他道路和街边大片绿地构成的区域。同时，根据不同的节点，所处的位置、周边环境的不同，并与街景结合，以不同的植物种类、配置手法，表现不同的植物景观。一段一树或一段多树，使街景达到色彩鲜明、节奏轻快、层次丰富的效果。

（二）城市道路森林廊道的植物配置形式

1. 植物构成的空间类型

（1）开敞空间：视线通透，或是周边景观丰富，如部分草坪空间、水域空间等，或是为满足交通要求，留出安全视域，如惠山大道、园区路等道路交叉口。

（2）半开敞空间：视线不完全通透，能将人的视线引向开敞一方，具有视线引导和交通导向功能，如新锡澄路立交、盛岸西路互通。

（3）郁闭空间：主要为密林空间，具有安全感和私密性，受外界影响较小，如生态防护林带。

2. 种植类型

根据不同的种植目的，道路绿地绿化分为景观种植和使用功能种植两大类型：

（1）景观种植：从道路环境的美学观点出发，从树种、树形、种植方式等方面来研究森林群落与道路、建筑协调的整体艺术效果，使绿地成为道路环境中有机组成的一部分。景观种植主要是从绿地的景观角度来考虑栽植形式，可分为以下几种：

——密林式：沿路两侧 浓茂的树林，主要以乔木再加上灌木、常绿树和地被，封闭了道路。行人或汽车走入其间如人森林之中，夏季绿荫覆盖凉爽宜人，且具有明确的方向性，因此引人注目。一般用于城乡交界处或环绕城市或结合河湖布置。沿路植树要有相当宽度，一般在 50m 以上。郊区多为耕作土壤，树木枝叶繁茂，两侧景物不易看到。假若有两种以上树种相互间种，这种交替变化就能形成韵律，但变化不应过多，否则会失去规律性变成混乱。

——自然式：这种绿地方式主要用于道路有较大的空间（空地），路边休息所、街心、路边公园等也可应用。自然式的绿地形式模拟自然景色，配置各种乔木、灌木、花草、地被植物、植物的品种，主要根据地形与环境来决定，营造近自然的人工森林群落，种植时一定要注意植物的高低、比例、疏密度、树木形状、色彩的搭配，形成生动、活泼的自然气氛。这种形式能很好地与附近景物配合，增强了街道的空间变化，但夏季遮阴效果不如整齐式的行道树。在路口、拐弯处一定距离内要减少或不种灌木以免妨碍司机视线。在条状的分车带内自然式种植，需要有一定的宽度，一般要求最小 6m；在繁忙的道路两侧设置自然式的园林道路即林荫路（具有一定宽度又与街道平行的带状绿地，其作用与街头绿地相似，有时可起到小游园的作用），尤其是居民分布相对较密集一侧，既可方便居民自由出入林荫带散步休息（不必穿过交通繁忙的街道），又有效防止和减少车辆废气、噪音对居民的危害，这种形式在各个城市较为普遍。还要注意与地下管线的配合；所用的苗木也应具有一定规格。

——丛状式：沿道路两侧的绿地配置，主要以乔木为主，再加上灌木，在南方以常绿树和地被植物作封闭式的种植。突出道路的开宽视线和人行道的安全感，特别是在道路的交汇处，城乡结合入口处，应用此方式进行配置种植。但要注意成行成排的整齐种植，才能反映出整齐的美感，切忌杂乱无章。重点在交替变化中掌握，才能显示出植物群落的美感意境。

——规划式：按道路的走向线条，按道路两侧的绿地空间，进行整齐、对称的排列配置种植。同时，注意乔木灌木的选取要同一高度，同一胸径，形状整齐的规格。主要的配置形式有：①以乔木为主，配以草坪。高大的乔木不仅遮阴效果好，还会使人感到雄伟壮观，但较单调。②乔木和灌木。既可增加景观和季相的变化，又具有节奏感和韵律感。③常绿乔木配以花卉、灌木、草坪、绿篱（或色块）。这种形式既可四季常青，又有季相变化，是目前应用较多的形式；另外，若条件允许可多行布置，既可增加绿化面积，提高绿化水平，又可大大减少噪音，这也是将来城市森林的发展方向和潮流。

——花园式：沿道路外侧布置成大小不同的绿化空间，有广场，有绿荫，并设置必要的园林设施。道路绿地可分段与周围的绿化相结合，在城市建筑密集、缺少绿地的情况下，这种形式可在商业区、居住区内使用。在用地紧张、人口稠密的街道旁可多布置孤立乔木或绿荫广场，弥补城市绿地分布不均的缺陷。

——田园式：道路两侧的园林植物都在视线以下，大都种草地，空间全面敞开。在郊区直接与农田、菜田相连，在城市边缘也可与苗圃、果园相邻。这种形式开朗、自然，富有乡土气息，极目远眺，可见远山、海面、湖泊，或欣赏田园风光。在路上高速行车，视线较好。主要用于气候温和地区。

——行道树式：这种形式是沿着道路两侧各种一行乔木或灌木，形成“一条路，两行树”的简单形式。

此外，还有立体式，即：先在道路两侧绿地边缘种植高度 5mm 以上，胸径 10~15cm 的大乔木作第一层布置，第二层种植高度在 3m，胸径在 5~6cm 的小乔木，第三层种植经过修剪整形灌木，第四层即最后一层，分别种植地被植物。形成层次分明，立体性的布置。中间绿化带指在开阔的主干道中间绿地，采用在中间中轴线配置种 1~2 种高度在 3~5m，胸径 10~12cm 的乔木（不要超过 3 种），乔木要有一定形状和景观要整齐一致，然后在乔木树下种植形状整齐的灌木，一定要修剪好。最后种上地被植物，显示出分道式安全绿色通道的作用。

（2）功能种植：功能种植是通过绿化栽植达到遮蔽、装饰、防噪音、防风、防火、防暴雨、减少尘埃的目的。

——遮蔽式栽种，是指用绿色植物遮挡住一个方向，避免暴露全貌。例如：在道路某一地段有冒烟的工厂，垃圾场或破旧的建筑需要遮挡；因此设计种植一些比较高大的植物或攀援植物达到遮挡的目的。

——遮阴式栽种。在我国南方地区，由于夏天季节比较炎热，道路上的温度比较高，栽种遮阴植物十分重要。因此，在南方地区必须选种覆盖面大、遮阴度大、常绿的遮阴树种。

——装饰栽种。利用有颜色的植物，如红叶李、一品红、红枫、红花檵木、大红油铁、黄榕、花叶榕、花叶垂榕、三色勒杜鹃等作为道路绿化带、分隔带作局部的隔离和装饰美化的作用。

——地被植物（含草坪）。利用地被植物，如吉祥草、蒲草、花生藤、马缨丹、黄金叶、铺地锦、银边草、台湾草、假俭草、大叶油草等，栽种在道路两侧的空地，起着防尘、防雨、防暴雨冲刷、减少噪音及覆盖地表面上黄土裸露的作用。

3. 配置形式

城市干道具有实现交通、组织街景、改善小气候的三大功能，并以丰富的景观效果、多样的绿地形式和多变的季相色彩影响着城市景观空间和景观视线。城市干道分为一般城市干道、景观游憩型干道、防护型干道、高速公路、高架道路等类型。

（1）景观游憩型干道的植物配置：景观游憩型干道的植物配置应兼顾其观赏和游憩功能，有“城市林荫道”之称的肇嘉浜路中间有宽 21m 的绿化带，种植了大量的香樟、雪松等高大的乔木，林下配置了各种灌木和花草，同时绿地内设置了游憩步道、雕塑和园林小品，发挥其观赏和休闲功能。

（2）防护型干道的植物配置：道路与街道两侧的高层建筑形成了城市大气下垫面内的狭长低谷，不利于汽车尾气的排放，直接危害两侧的行人和建筑内的居民，对人的危害相当严重。基于隔离防护主导功能的道路绿化主要发挥其隔离有害有毒气体、噪音的功能，兼顾观赏功能。绿化设计选择具有耐污染、抗污染、滞尘、吸收噪音的植物，如雪松、圆柏、桂花、珊瑚树、夹竹桃等，采用由乔木群落向小乔木群落、灌木群落、草坪过渡的形式，形成立体层次感，起到良好的防护作用和景观效果。

（3）高速公路的植物配置：良好的高速公路植物配置可以减轻驾驶员的疲劳，丰富的植物景观也为旅客带来了轻松愉快的旅途。高速公路的绿化由中央隔离带绿化、边坡绿化和互通绿化组成。中央隔离带内一般不成行种植乔木，避免投影到车道上的树影干扰司机的视线，树冠太大的树种也不宜选用。隔离带内可种植修剪整齐、具有丰富视觉韵律感的大色块模纹绿带，绿带中选择的植物品种不宜过多，色彩搭配不宜过艳，重复频率不宜太高，节奏感也不宜太强烈，一般可以根据分隔带宽度每隔 30~70m 距离重复一段，色块灌木品种选用 3~6 种，中间可以间植多种形态的开花或常绿植物使景观富于变化。

（4）城市环城快速路的植物配置：根据树木的间距、高度与司机视线高度与前大灯照射角度的关系种植，使道路亮度逐渐变化，并防止眩光。出入口有作为指示性的种植，转弯处种植成行的乔木以指引行车方向为主，使司机有安全感。在匝道和主次干道汇合处，不易种植遮挡视线的树木。立体交叉中的大片绿地即绿岛，不允许种植过高的绿篱和大量的乔木，应以草坪为主，点缀常绿树和花灌木，适当种植宿根花卉。

（5）分车绿带的植物配置：分车绿带宽度因道路的不同而各有差异，窄者仅1m，宽可10m余。在隔离绿带上的植物配置除考虑到增添街景外，首先要满足交通安全的要求，以不妨碍司机及行人的视线为原则。一般窄的分隔绿带上应栽植高度不超过70cm低矮的灌木及草皮或成枝较高的乔木。随着宽度的增加，分隔绿带上的植物配置形式多样，可规则，也可自然。利用植物不同的姿态线条色彩，将常绿、落叶的乔、灌、花及草坪地被配置成高低错落有致。北方宿根花卉丰富，如孔雀草、波斯菊、二月兰等可点缀草地；秋色叶树种如紫叶李、银杏、紫叶小檗、栾树、五角枫、黄栌等可配置在分隔绿带上。

（6）行道树绿带的植物配置：在人行和车行道之间种植行道树的绿带，其功能主要是为行人蔽荫、美化街道、降尘、降噪、减少污染。如今，行道树的配置已逐渐注意乔灌草相结合，常绿与落叶、速生与慢长相结合，乔灌木与地被、草皮相结合，适当点缀草花，构成多层次的复合结构，形成当地有特色的植物群落景观，大大提高环境效益。城市道路红线较窄，没有车行道隔离带的人行道绿带中，不宜配置树冠较大、易郁闭的树种，以利于汽车尾气的扩散。

（7）路侧绿化的植物配置：从广义上讲路侧绿带也包括建筑物基础绿带。由于绿带宽度不一，因此，植物配置各异。路侧绿带国内常用地锦等藤本植物作墙面垂直绿化，用直立的桧柏、珊瑚树或女贞等植于墙前作为分隔，如绿带宽些，则以此绿色屏障作为背景前面配植花灌木、宿根花卉及草坪，但在外缘常用绿篱分隔，以防行人践踏破坏。绿带宽度超过10m者，也可用规则的林带式配置或培植成花园林荫道。

三、成都市城市道路森林廊道典型模式构建

（一）城市道路森林廊道常用植物

乔木：杨树、天竺桂、山杜英、女贞、紫薇、银杏、香樟、桂花、羊蹄甲、垂柳、银杏、灯台树、黑壳楠、大叶樟、雪松、棕榈等。

灌木：南天竹、海桐、小蜡、栀子、杜鹃、十大功劳、贴梗海棠、八角金盘、金叶女贞、水麻、丝兰等。

草本植物：蝴蝶花、肾蕨、美人蕉、葱兰、沿阶草、碗蕨、蜘蛛抱蛋、接骨草、渐尖毛蕨、大叶仙茅、鸭跖草等。

（二）城市道路森林廊道植物配置模式

乔—灌（藤）—草配置模式：

香樟＋连香＋鸡爪槭＋藤本＋蕨类、香樟＋藤本植物＋蕨类、银杏＋连香＋藤本植物＋蕨类、马尾松＋藤本植物＋肾厥、香樟＋灯台树＋杜鹃＋蕨类、白蜡＋藤本植物＋

麦冬（蕨类）、香樟+白蜡+鸢尾（麦冬、蕨类）、水杉+银杏+冬青+八角金盘等。

乔—灌（藤）配置模式：

雪松+马尾松+冬青、大叶女贞+冬青+小叶黄杨、罗汉松+小叶黄杨、八角枫+杜鹃+藤本植物、灯台树+杜鹃+藤本植物、栾树+杜鹃+藤本植物、白蜡+肾蕨+藤本植物、栾树+灯台+藤本植物、楠木+白蜡+藤本植物、白蜡+栀子+藤本植物、白蜡+杜鹃+藤本植物等。

（三）道路森林廊道典型模式

1. 道路森林廊道模式1：一板两带式

（1）模式主要树种见表3-16。

表3-16　一板两带式廊道模式主要树种

树种名称	拉丁名	外貌特征	生态习性
银杏	*Ginkgo biloba*	落叶乔木	银杏树主要分布在山东，江苏，四川，河北，湖北，河南等地。适于生长在水热条件比较优越的亚热带季风区。
桂花	*Osmanthus fragrans*	常绿小乔木	桂花广泛栽种于淮河流域及以南地区，为亚热带树种，喜温暖环境，耐高温而不甚耐寒，宜在土层深厚，排水良好，肥沃、富含腐殖质的偏酸性砂质土壤中生长，不耐干旱瘠薄，喜阳光，有一定的耐阴能力。
女贞	*Ligustrum lucidum*	常绿乔木	女贞主要分布江苏、浙江、江西、安徽、山东、四川、贵州、湖北、湖南、广东、广西、福建等地。耐寒、耐水湿，喜温暖湿润气候，为深根性树种，生长快，萌芽力强，耐修剪，但不耐瘠薄。对大气污染的抗性较强，对二氧化硫、氯气、氟化氢及铅蒸气均有较强抗性，也能忍受较高的粉尘、烟尘污染。

（2）适宜区域：一般在城区次干道、直线道，比较狭窄的街道或巷道。

（3）技术要点：

① 配置类型：中间是车行道，在车行道两侧的人行道上种植行道树，一般为单排列植（如图3-7、图3-8）。

② 栽植技术：行道树定干高度在2.5m以上，株距应以壮年期冠幅为准，最小株距为3m，行道树干中心至路缘石外侧距离不小于0.75m。壮年期树冠覆盖率不低于50%。

（4）功能

① 作为非机动车或机动车道的绿化分隔带，起到隔离、防护、吸污滞尘作用。

② 提供非机动车道和人行道，起到遮阴、绿视，利于人体阴凉舒适，并具季节变化、树形、叶相美观的色彩丰富的景观功能。

2. 道路森林廊道模式2：两板三带式

（1）模式主要树种见表3-17。

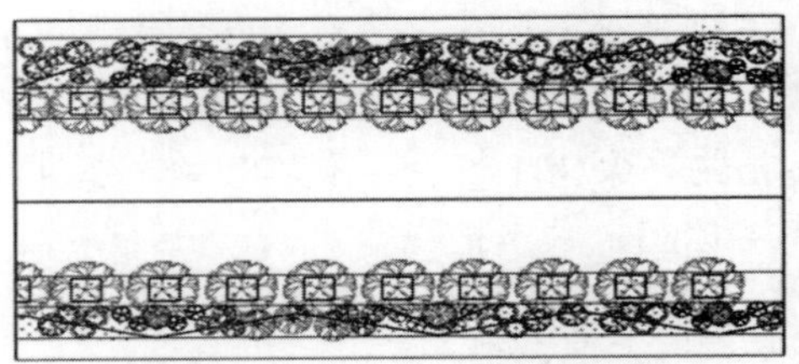

图 3-7 一板两带式廊道模式配置图

城区支道森林廊道（银杏、香樟）

小区道路森林廊道（银杏）

图 3-8 一板两带式廊道配置模式实景图

表 3-17 两板三带式廊道模式主要树种

树种名称	拉丁名	外貌特征	生态习性
天竺桂	*Cinnamomum japonicum*	常绿乔木	主要分布于上海、江苏、浙江、台湾等，作为引进种，在川西地区长势良好。中性树种。幼年期耐阴。喜温暖湿润气候，在排水良好的微酸性土壤上生长最好，中性土壤亦能适应。在排水不良之处不宜种植，对二氧化碳抗性强。
小叶榕	*Ficus microcarpa*	常绿乔木	树性强健，绿荫蔽天，为低维护性高级遮阴、行道树、园景树、防火树、防风树、绿篱树或修剪造型材料。
悬铃木	*Platanus hispanica*	落叶乔木	喜光。喜湿润温暖气候，较耐寒。适生于微酸性或中性、排水良好的土壤，微碱性土壤虽能生长，但易发生黄化。

（2）适宜区域：一般适宜于城区机动车多、夜间交通量大而非机动车少的道路。

（3）技术要点：

① 配置类型：车行道中间以一条绿带隔开分成单向行驶的 2 条车行道，道路两侧

各 1 条绿带（如图 3-9、图 3-10）。机动车隔离绿化带一般为乔灌或乔草配置，路侧绿化带一般为乔灌草复层配置。

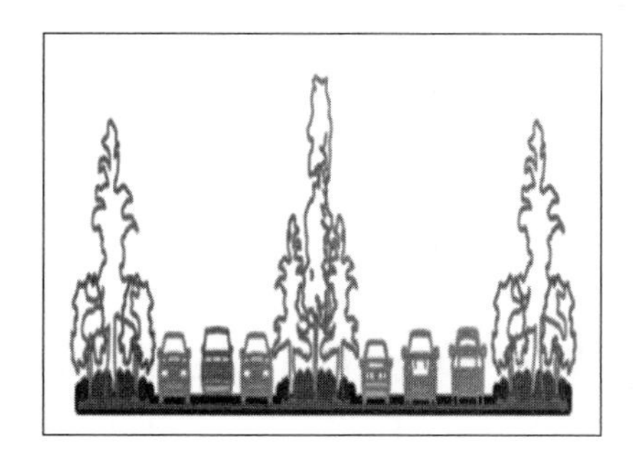
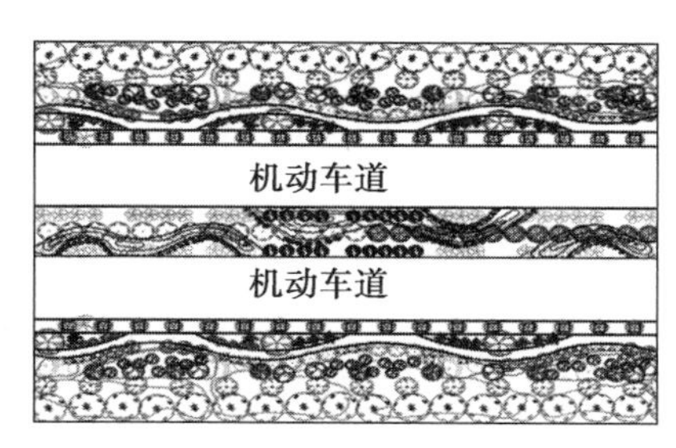

图 3-9 两板三带式廊道模式配置图

出城快速通道

城区干道

城郊森林景观大道

图 3-10 两板三带式廊道配置模式实景图

② 栽植技术：中央隔离绿化带宽度不低于 5m，定干高度在 1m 以上，以单行栽植。路侧绿化带宽度应不低于 10m，以自然式的带状或片状栽植。行道树定干高度在 2m 以上，株距应以壮年期冠幅为准，最小株距为 3m，树干中心至路缘石外侧距离不小于 0.75m。壮年期树冠覆盖率不低于 50%。

（4）功能：

① 作为机动车道的绿化分隔带，起到隔离、限定空间的作用，提供车行安全，提高视觉质量。

② 起到防护、降噪、吸污、滞尘作用，行道树具遮阴、绿视，并具季节变化、树形、

叶相美观的景观功能。

3. 道路森林廊道模式 3：三板四带式

（1）模式主要树种见表 3-18。

表 3-18 三板四带式廊道模式主要树种

树种名称	拉丁名	外貌特征	生态习性
香樟	*Cinnamomum camphora*	常绿乔木	为亚热带常绿阔叶林的代表树种，主要产地是中国台湾、福建、江西、广东、广西、湖南、湖北、云南、四川等省（区），尤以台湾为多。喜光，稍耐阴，喜温暖湿润气候，耐寒性不强，较耐水湿，不耐干旱、瘠薄和盐碱土，萌芽力强，耐修剪。有很强的吸烟滞尘和抗有毒气体能力、涵养水源、固土防沙和美化环境的能力。
黄葛树	*Ficus virons*	落叶乔木	主要分布于广东、海南、广西、陕西、湖北、四川、贵州、云南，川西栽培最佳。耐寒性较强，宅旁、桥畔、路侧随处可见，是常用的庭荫树、行道树之一。
银杏	*Ginkgo biloba*	落叶乔木	银杏树主要分布在山东、江苏、四川、河北、湖北、河南等地。适于生长在水热条件比较优越的亚热带季风区。土壤为黄壤或黄棕壤，pH 值 5~6。

（2）适宜区域：主要为城市主干道。

（3）技术要点：

① 配置类型：用两条机非隔离带把车行道分成 3 块，中间为机动车道、两侧为非机动车道，连同车道两侧的行道树共为 4 条绿带（如图 3-11、图 3-12）。机动车隔离绿化带一般为乔灌或乔草配置，路侧绿化带一般为多排列植，形成树阵。

② 栽植技术：机非隔离绿化带宽度不低于 5m，定干高度在 1m 以上；路侧绿化带宽度不低于 10m，行道树定干高度在 2.8m 以上；株距应以壮年期冠幅为准，最小株距为 3m，树干中心至路缘石外侧距离不小于 0.75m。自然度在 0.5 以上。壮年期树冠覆盖率 50%~70%。

（4）功能：

① 作为机动车道的绿化分隔带，起到隔离、限定空间的作用，提供车行安全，提

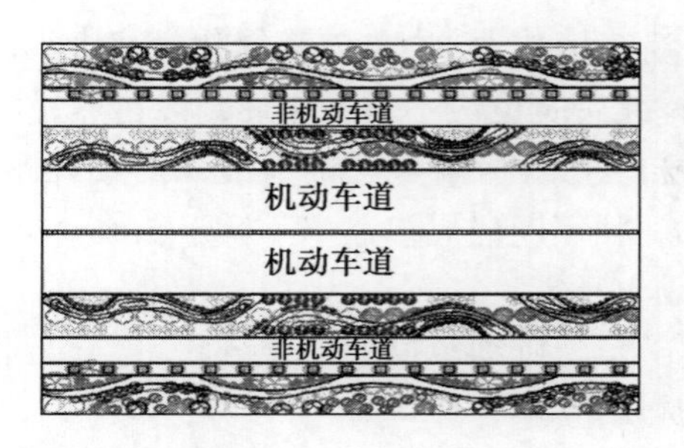

图 3-11 三板四带式廊道模式配置图

图 3-12　三板四带式廊道配置模式实景图

高视觉质量。

② 起到防护、生物通道作用，并具降噪、吸污、滞尘功能。

③ 具增绿、绿视，提供游憩休闲，以及季节变化、树形、叶相美观的景观功能。

4. 道路森林廊道模式 4：四板五带式

（1）模式主要树种见表 3-19。

表 3-19　四板五带式廊道模式主要树种

树种名称	拉丁名	外貌特征	生态习性
杨树	*Poplus* sp.	落叶乔木	杨树在我国分布很广，具有速生、适应性强、分布广、种类和品种多等特点，是常用的速生用材树种。
香樟	*Cinnamomum camphora*	常绿乔木	为亚热带常绿阔叶林的代表树种，主要产地是中国台湾、福建、江西、广东、广西、湖南、湖北、云南、四川等省（区）。喜光，稍耐阴，喜温暖湿润气候，耐寒性不强，较耐水湿，不耐干旱、瘠薄和盐碱土，萌芽力强，耐修剪。有很强的吸烟滞尘、涵养水源、固土防沙和美化环境的能力。
杜英	*Elaeocarpus sylvestris*	常绿乔木	浙江、江西、福建、台湾、湖南、广东、广西及贵州南部均有分布。常绿速生树种，适应性强，病虫害少。喜温暖湿润环境，最宜于排水良好的酸性黄壤土和红黄壤土中生长。较耐阴、耐寒。

续表

树种名称	拉丁名	外貌特征	生态习性
女贞	*Ligustrum lucidum*	常绿乔木	主要分布江苏、浙江、江西、安徽、山东、四川、贵州、湖北、湖南、广东、广西、福建等地。耐寒性好，耐水湿，喜温暖湿润气候，喜光耐阴。为深根性树种，须根发达，生长快，萌芽力强，耐修剪，但不耐瘠薄。对大气污染的抗性较强，对二氧化硫、氯气、氟化氢及铅蒸气均有较强抗性，也能忍受较高的粉尘、烟尘污染。

（2）适宜区域：一般为道路较宽的出城快速通道。

（3）技术要点：

① 配置类型：利用机动车 1 条分车绿化隔离带，2 条机非绿化隔离和 2 条路侧绿化带将车道分为 2 条单向行驶的机动车道，2 条非机动车道（如图 3-13、图 3-14）。一般为乔灌草自然式复层配置。

② 栽植技术：行道树定干高度在 2.8m 以上，株距应以壮年期冠幅为准，最小株距为 3m，行道树干中心至路缘石外侧距离不小于 0.75m。机动车分车隔离绿化带宽度不低于 5m，机非隔离绿化带宽度不低于 5m，道路两侧绿化带宽度不低于 15m，自然度在 0.7 以上。

（4）功能：

① 作为机动车道的绿化分隔带，起到隔离、限定空间的作用，提供车行安全，提高视觉质量。

② 起到防护、生物通道作用，并具降噪、吸污、滞尘功能。

③ 具增绿、绿视，提供游憩休闲，以及季节变化、树形、叶相美观的景观功能。

四、成都市健康绿色廊道规划与建设实例

健康绿色廊道的规划和建设是成都市城市森林建设的重要组成部分，也是将森林廊道理念从意识、战略走向实施、技术性操作的有效途径。

作为“统筹城乡综合配套改革的试验区”，成都市辖 20 个区（市、县），市区是健康绿色廊道的中心，故在整个区域范围内拟建东南西北 4 条绿色廊道。它们利用城市和城乡之间的道路、水道、高压廊道等线状联系形成成都市域内的绿色廊道，以及

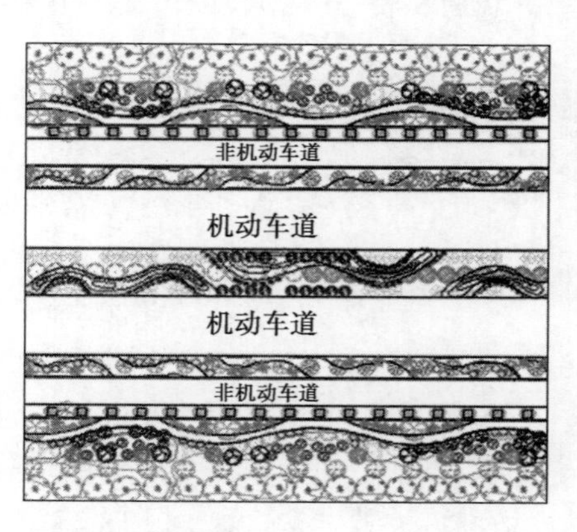

图 3-13　四板五带式廊道模式配置图

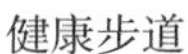

健康步道

非机动车道

成都市出城快速通道

成都市郫县南北景观大道中央隔离带

图 3-14　四板五带式廊道配置模式实景图

公园（如郊野公园）、风景区、自然保护区、农田、林区、山地等构成大面积的绿色斑块，可与城市内部的环网式绿地系统相结合而形成更为稳定的生态空间保护体系。在城郊，依托成都—青城山旅游快速通道，营建“世界遗产廊道健康绿道”，总长度达到 50 余 km。同时建立成都—龙泉健康绿道，形成贯通市区东西轴线的健康绿道。至 2012 年，完成外环路健康绿道体系，市级绿道总长度约 184km，形成“四环、多线、11 区、38 景”的结构布局，实现两大绿道贯通，形成“两环两线”的总体布局。

（一）健康绿道规划原则

——注重城区、郊区、山区的城市森林健康绿道贯通性。在成都市，以城区为中心，到郊县的公路、河流等通道，构建成为辐射状的城市森林生态廊道，体现出明显的层次性和渗透性，增强城市森林系统对外部条件变化的自我维持机制。这不仅给生物提供了更多的栖息地和更大的生境面积，而且有利于城外自然环境中的野生动、植物向城区转移，维护城市森林景观格局的连续性。

——注重森林景观斑块的连接。在城市中，公园、社区等公共绿地往往在城市景观中以“绿色孤岛”形式出现。在成都市健康绿道的营建中，注重对各森林景观斑块的串联。如沙河健康绿道连接了 8 大公园，使市民能通过健康绿道实现社区到公园的无缝连接。同时以“世界遗产廊道健康绿道”为代表的贯通城乡的健康绿道建设，在为市民提供慢速休闲通道的同时，促进了城区、近郊、远郊各森林斑块的物质和能量的交流，形成完整的森林城市体系。

——注重健康绿道的休憩功能。成都市健康绿道根据地理位置不同，设计主题大不相同，形成“步一景观，东西南北各不同”的特点。在健康绿道的设计中，强调健康绿道对景观节点的串联，为市民主要停留游玩的地方，主要包括游客接待中心、休息驿站、乡野公园和特色景观等。同时，注重自行车道的营建，在各大节点提供自行车免费租赁，为市民提供更多的游憩方式，使健康绿道具有较强的可达性和使用性。

——注重速生树种与珍贵树种的搭配。成都市健康绿道注重对速生树种的运用，如四季杨、水杉、栾树等；同时也注重对珍贵树种的运用，如楠木、银杏、桂花、香樟等。在健康绿道中，速生树种与慢生树种搭配比例控制在 3∶7，不仅使健康绿道能在较短的建设期内发挥景观效果和功能，同时也保证了健康绿道的延续性和持久性。

——注重生态文明的挖掘。成都市文化底蕴深厚，不仅有灿烂的金沙文化，也有世界著名的自然和文化遗产。在健康绿道的设计中，注重对文化的发掘和体现，如在建设中对独具成都特色的川西林盘的保护和重建，针对青城道教养生文化的景观设计等。通过健康绿道的建设，从不同的视角，展现出具有成都特色的生态文明，使市民在出行中体验到成都悠久的历史文化，体会人与自然的和谐理念，达到精神和感官上的满足。

（二）健康绿道建设规划

在分类上，全市健康绿道分为Ⅰ级健康绿道、Ⅱ级健康绿道、健康绿道连接线三种，其中Ⅰ级健康绿道由市级统一规划，贯穿全域的骨干健康绿道；Ⅱ级健康绿道主要为支线健康绿道，主要包括中心城、区（市）县（含乡镇）等区域的其他健康绿道；健康绿道连接线指为保障使用者安全，确保健康绿道网的连续性和完整性，借用公路、城市道路和堤坝路等机动车道，或者借用公路和城市道路的非机动车道、人行道来承担健康绿道网连通功能的路段。Ⅱ级健康绿道布局由各区（市）县组织编制区级健康绿道规划，并同Ⅰ级健康绿道连通。

- 1 号线。主题为翠拥锦城；线路总长约 158km；骑行时间 8~11h；核心资源为历史文化名城、时尚魅力之都、生态田园之城；沿线景点包括凤凰山、十陵等风景区（旅游区）；武侯祠、金沙遗址、明蜀王陵等名胜古迹；人民公园、望江公园等主题公园。

- 2 号线。主题为拜水观山；起止点为蒲江寿安镇—都江堰；线路总长约 192km；骑行时间 10~13h；核心资源为千年古堰、道佛圣地、熊猫故乡、湖光山色；沿线主要景点包括大熊猫栖息地世界遗产、青城山—都江堰、西岭雪山、朝阳湖、烟霞湖、白塔湖、鸡冠山—九龙沟等风景区（旅游区）；都江堰、平乐、怀远、街子等历史文化名城（镇）；青城山古建筑群、天师洞大殿、魏了翁墓、大佛寺摩崖造像、飞仙阁摩崖造像、雾中山佛教遗址等名胜古迹；成佳茶园等农业示范园。

- 3号线。主题为运动挑战；起止点为金堂赵镇—双流白沙镇；线路总长约149km；骑行时间10~12h；核心资源为山地挑战、果林野趣、客家文化；沿线主要景点包括龙泉花果山、云顶石城、梨花沟、桃花沟、花园沟风景区（旅游区）；洛带镇、五凤镇等历史文化名镇；关圣宫、洛带会馆群、北周文王碑、金龙寺、石经寺、瑞光塔等名胜古迹；杨梅基地、云秀花田等农业示范园；桃花故里公园、东风渠休闲走廊等主题公园。

- 4号线。主题为灾后新生；起止点为彭州联封社区—都江堰；线路总长约65km；骑行时间3~4h；核心资源为湔江丽景、灾后新貌；沿线主要景点包括白鹿镇、小鱼洞等历史文化名镇；金桥社区、天生桥安置点、华光村安置点、鹿坪村安置点、鹿鸣河畔安置点等灾后安置点；领报修院、云居院白塔、法藏寺、正觉寺等名胜古迹；香草种植园、冷水鱼养殖基地等农业示范园；天彭牡丹园主题公园。

- 5号线。主题为水韵田园；起止点为绕城高速—都江堰；线路总长约184km；骑行时间11~15h；核心资源为精华灌区、农耕文化、多彩苗圃、文明迁徙；沿线主要景点包括都江堰、寿安镇等历史文化名城（镇）；柏灌王墓、鱼凫王墓、鱼凫村遗址、望丛祠、陈家桅杆、古城遗址、城隍庙、灵岩寺、奎光塔等名胜古迹；青城山猕猴桃基地、战旗村生态农业基地、三邑园艺、国际景观植物园等农业示范园；国色天乡、云湖天乡、柳城公园青城湖、悦蓉庄等主题公园。

- 6号线。主题为茶马遗风；起止点为江安河（西部新城段）—蒲江寿安镇；线路总长约88km；骑行时间4~6h；核心资源为茶马古道、山水古镇、庄园博览；沿线主要景点包括临邛镇、新场镇、茶园镇、安仁镇、崇阳镇、伏虎村、尚合村、花楸村等历史文化名镇（村）；罨画池、紫竹遗址、刘湘公馆、刘元瑄公馆、刘氏庄园、佛子岩摩崖造像、临邛古城、邛崃龙兴寺遗址、文君井、回澜塔等名胜古迹；桤泉乡现代农业园、农兴镇农业示范片、集贤乡农业示范片、白茶基地等农业示范园；羊马湿地公园、蜀州公园主题公园。

- 7号线。主题为天府江岸；起止点为温江金马镇—蒲江寿安镇；线路总长约92km；骑行时间4~6h；核心资源为五津水城、南河渔家、金马碧波；沿线主要景点包括历史文化名镇永商镇；宝墩遗址、龙泉寺摩崖造像、金刚经碑、纯阳观、西禅寺、河沙寺、白岩寺、龙泉寺、邓双崖墓群等名胜古迹；小麦育种基地、高埂长风万亩荷塘、固驿现代化养殖示范点等农业示范园；主题公园亚特兰蒂斯乐园和羊马湿地公园。

- 8号线。主题为锦绣东山；起止点为绕城高速—大林镇；线路总长约87km；骑行时间4~6h；核心资源为特色田园、现代农庄、东山画廊；沿线景点包括历史文化名镇黄龙溪；现代农业园（荷花、红提等）、现代农庄（金花池）、迦南美地现代农业园区、田园牧歌现代农业园区等农业示范园；名胜古迹二江寺拱桥、广都城遗址等；主题公园极地海洋公园、现代五项赛事中心。

- 9号线。主题为滨河新城；起止点为金堂赵镇—都江堰；线路总长约102km；骑行时间5~7h；核心资源为生态河畔、产业新城；沿线景点包括凤凰湖、泥巴沱、木兰山风景区（旅游区）；历史文化名镇新繁、城厢；名胜古迹彭大将军纪念馆、宝光寺、绣川书院、陈氏宗祠等；“田园时代”葡萄种植基地、唐元韭黄基地、现代农业创意产业园等农业示范园；怡湖公园、黑熊保护基地等主题公园。

（三）健康绿道配置

成都市健康绿道线路形式丰富，既有道路廊道，又有水路廊道。道路廊道包括与机动车道分离的林荫休闲道路和两旁的道路绿化带等。从游憩角度考虑，高大的乔木和低矮的灌木、草花地被相结合，形成视线通透、赏心悦目的景观效果，实现生物多样性保护和为野生生物提供栖息地的功能。河流廊道包括河道、河漫滩、河岸及其周边绿地。河岸的森林植被对提高整个城市气候和局部小气候的质量具有重要作用，使人们能够更多、更好地亲近自然和游憩休闲场所，丰富多彩的通道和空间移动形式（如打拳、舞剑、骑马、划船等）增加游憩乐趣，形成一道道天人合一的风景线。

成都市健康绿道的宽度（8~30m 不等）可保证其生态效益的发挥，具有突出的生物多样性保护和野生动植物迁移的生态功能。在现已建成的成青线（成都—青城山）中，廊道宽度指标得以严格执行，步道宽为 1.5~3m，其两侧绿地宽度为 8~10m；而光华大道段的绿廊宽度达到 26m。可见，健康绿道林带宽度效应均能满足廊道生态阈值 7~12m 的要求。

成都市健康绿道的组成部分成青段将延伸至青城山著名风景区，青城山的自然植物生态群落可作为绿廊植物配置的参照模本。通过对青城山森林植被研究，明确了青城山 1500m 下植物群落的物种组成、生活型及层片结构。绿廊植物的选择和配置，将把生态习性、生态幅度、生活型等相似、在同一斑块内出现、具有种间关联的植物配置在一起，以正联接关系存在的植物种构建植物群落，促进绿廊植物良好、健康、快速、和谐地生长，形成乔灌草合理搭配的生态绿廊植物群落综合特征。

同时，植物配置注重四季有景、层次丰富、错落变化，植物选择要适地适树、因地制宜，都江堰段的植物配置借青城山之自然、幽雅的景观基调，以青城山原生植被群落为依据，大量使用组成青城山原始植物群落的诸多乡土树种，如大叶润楠、润楠、青城榆、青冈栎、多花含笑、红豆杉、杉木、无患子、野桐等，其他区段也将依据这一原理适地适树、因地制宜地合理配置植物。温江段，采用近自然景观营造模式，大量栽植成都平原地区的乡土植物，如慈竹、斑竹、毛竹等竹类植物和楠木、银杏、朴树、枫杨、香樟、苦楝、蚊母树、鹅掌楸等高大乔木，形成起伏变化、自然洒脱的林冠线，营建川西林盘田园风光。城区段，主要采用银杏、桤木、复羽叶栾树、皂荚、楠木、水杉、天竺桂、杜英、重阳木等高大乔木作为绿廊的骨干树种，形成具有优势种、建群种的植物群落体系，增加亚乔木层、灌木层、地被层的植物多样性和多层次配置，营造森林景观系统。

此外，被誉为“活化石”的银杏树、古人赞誉“花重锦官城”的木芙蓉应在成都市绿廊中大量采用。市树市花繁茂，城市绿化风貌彰显，城市特色更加鲜明。

健康绿道中步道的材料选择、景点构筑都充分考虑四川特色和历史文化。材料多选盛产于川西的红砂石、青石、卵石、竹木、树皮、棕皮、棕丝等，红砖拼图、青瓦拼图等地面铺设细致典雅；景点构筑大多采用具有四川特色的亭台、廊桥等；道路两旁的农舍多为川西民居、粉墙黛瓦；景观大石和文化墙体，多雕刻四川历史文化名人的诗词歌赋；大熊猫、太阳神鸟等景点雕塑充分体现浓郁的四川本土历史文化特色。

第四章 城市河流森林廊道建设

第一节 城市河流景观生态

一、河流景观生态

河流是陆地生态系统和水生态系统间物质循环的主要通道，是各种水生生物生存的自然空间，给人类提供了宝贵的水资源并对全球环境起着重要的调节和改善作用。同时，河流空间又是一个复杂而又完整的系统整体，不仅包括河床、堤岸等自身空间，也包括与河流相关的滩地、湿地、坡地、地下水、植被、水生生物等自然元素。它们之间构成了复杂的网络关系，共同起到水量控制、水质净化的作用。

河流生态系统研究是一种跨学科的研究。通过学科间的交叉、融合发展富有生命力的新的学科领域（图 4-1）。生态水文学主要是研究水文过程与生态过程间的相关关系；生态水力学主要研究建立水力学变量与河流生态系统结构功能间的相关关系；河流景观生态学的目的是通过对于地貌的拓扑分析探索生态过程和系统的结构与功能（Kondolf & Piegay，2003；Brierley & Fryirs，2005）；生态水利工程学的目标是改进传统规划设计方法，使水利工程在具备社会、经济功能的同时兼顾河流生态系统的健康需求（董哲仁等，2007）。

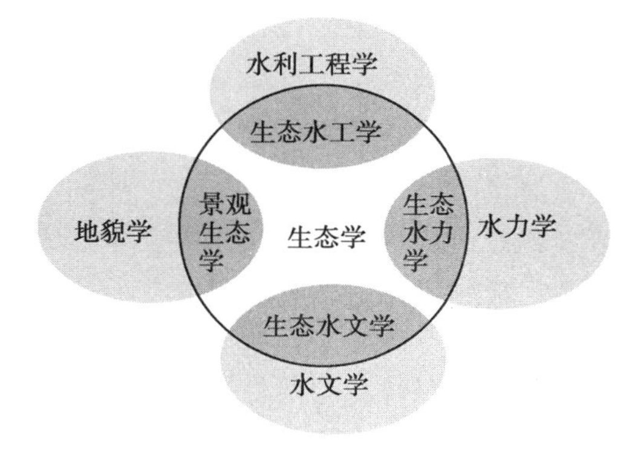

图 4-1 与河流生态学有关的交叉科学

依据地貌学划分，流域沿河流方向可以划分为河道、水陆交错带和高地。水陆交错带具有边界和梯度两个特点，既是高地植被与河流之间的桥梁，又具备保持物种多样性、拦截和过滤物质流的作用，有利于净化水体和鱼类繁衍。高地的土壤水滋润着大部分陆生植被，无数溪流和支流成为陆生生物与水生生物汇集的纽带，从而形成完善的食物网。

河流是一种重要的区域自然地理要素，也是重要的生态廊道之一，承载各自然要素间的能量流、物质流和信息流，发挥着重要的生态功能，对人类又是一种重要的自然资源（岳隽等，2005）。从景观生态学角度看，河流景观由斑块、廊道和基底这些要素构成了三维空间的景观格局。图4-2是斑块—廊道—基底模式的示意图,可以看出,河流廊道贯穿于中部,两岸是滩地，左侧有森林、右侧有农田作为基底，空间格局中的斑块包括自然部分如池塘湿地、牛轭湖、江心岛等，人工部分包括村庄或居民区、开发区、游览休闲区等。显然，河流廊道作为物质流、能量流、信息流的载体，具有不可替代的重要地位。

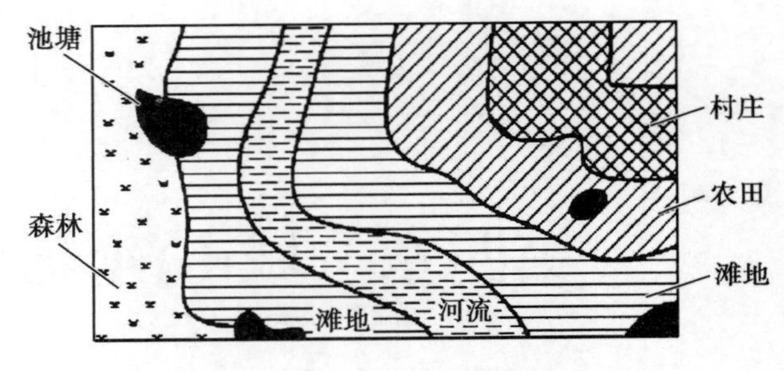

图 4-2 斑块—廊道—基质模式示意图

（一）河流廊道（River Corridor）功能

河流廊道是陆地生态景观中最重要的廊道，其范围可以定义为河流及其两岸水陆交错区植被带，或者定义为河流及其某一洪水频率下的洪泛区的带状地区。广义的河流廊道还应包括由河流连接的湖泊、水库、池塘、湿地、河汊、蓄滞洪区以及河口地区。河流廊道是流域内各个缀块间的生态纽带，又是陆生与水生生物间的过渡带。河流廊道的基本生态功能有5点（陈明曦等，2007）。

1. 生境功能

生境功能,即栖息地作用,栖息地是植物和动物（包括人类）能够正常的生活、生长、觅食、繁殖以及进行生命循环周期中其他的重要组成部分的区域。河流流域内的地形和环境梯度（例如土壤湿度、太阳辐射和沉积物的逐渐变化）会引起植物和动物群落的变化。河流有纵向（上游—下游）、横向（河床—岸边高地）、垂向（水面—河川基底）和时间变化等四维结构特征，为各类水生、陆生和两栖类动、植物以及微生物提供了栖息、繁衍和避难的场所。河道通常会为很多物种提供非常适合生存的条件，它们利用河道来进行生活、觅食、饮水、繁殖以及形成重要的生物群落。

河道一般包括两种基本类型的栖息地结构，即内部栖息地和边缘栖息地。内部栖息地相对来说是更稳定的环境，生态系统可能会在较长的时期仍然保持着相对稳定的状态。边缘栖息地处于高度变化的环境梯度之中，会比内部栖息地环境中有更多样的物种构成和个体数量，是两个不同的生态系统之间相互作用的重要地带，相对于其内部地区起到了过滤器的作用，也是维持着大量动物和植物群系变化多样的地区。栖息地的功能作用很大程度上受到连通性和宽度的影响。在河道范围内，连通性的提高和宽度的增加通常会提高该河道作为栖息地的价值。

2. 通道功能

通道功能，起到不同斑块间运输和连接通道的作用，是指河道系统可以作为能量、物质和生物流动的通路。河道由水体流动形成，又为汇聚和转运水体和沉积物服务，同时还为其他物质和生物群系通过该系统进行移动提供通道。河道既可以作为横向通道也可以作为纵向通道。生物和非生物物质向各个方向移动和运动，有机物质和营养成分由高至低进入河道系统，从而影响到无脊椎动物和鱼类的食物供给。对于迁徙性和运动频繁的野生动物来说，河道既是栖息地同时又是通道。生物的迁徙促进了水生动物与水域发生相互作用。因此，连通性对于水生物种的移动非常重要。河流通常也是植物分布和植物在新的地区扎根生长的重要通道。流动的水体可以长距离的输移和沉积植物种子。在洪水泛滥时期，一些成熟的植物可能也会连根拔起、重新移位，并且会在新的地区重新沉积下来存活生长。野生动物也会在整个河道系统内的各个部分通过摄食植物种子或是携带植物种子而形成植物的重新分布。

河流是物质输送和能量流动的通道。河道能不断调节沉积物沿河道的时空分布，最终达到新的动态平衡；河道以多种形式成为能量流动的通道，河流水流的重力势能不断地塑造着流域的形态，河道里的水可以调节太阳光照的能量和热量；进入河流的沉积物和生物量在自然中通常是由周围陆地供应的。宽广的、彼此相连接的河道可以起到一条大型通道的作用，使得水流沿着横向和纵向都能进行流动和交换。

3. 过滤或屏障功能

河道作为天然屏障，可以有效维持两岸自然要素甚至社会要素之间的异质性，岸坡及其植被可以通过渗透、过滤、吸收、沉积、截留等作用来削弱到达表面水体或是地下水体的径流量或是携带的污染物量。

河道的屏障作用是阻止能量、物质和生物输移的发生，或是起到过滤器的作用，允许能量、物质和生物选择性地通过。河道作为过滤器和屏障作用可以减少水体污染，相当程度地减少沉积物转移，可提供一个与土地利用、植物群落以及一些迁徙能力差的野生动物之间的自然边界。物质的输移、过滤或者消失，总体来说取决于河道的宽度和连通性。在整个流域内，向大型河流峡谷汇流的物质可能会被河道中途截获或是被选择性滤过。地下水和地表水的流动可以被植物的地下部分以及地上部分滤过。河道的中断缺口有时会造成该地区过滤功能作用的漏斗式破坏或损害。例如，在沿着河道相互连接的植被中出现一处缺口，就会降低其过滤功能作用，集中增加进入河流的地表径流，造成侵蚀、沟蚀，并且会使沉积物和营养物质自由地流入河流之中。

4.“源”的功能

源的作用是为其流域内其他环境提供生物、能量和物质，能够提供水这种最基本的生态要素和水能。河流往往是区域物质、能量和生物的主要提供者。在整个流域范围内，河道是流域中其他各种斑块栖息地的连接通道，在整个流域内起到了能够提供原始物质的“源”和通道的作用。

5.“汇”的功能

汇的作用是不断地从流域周围环境中吸收生物、能量和物质。与源的作用相反，在随着流域降水聚集的过程中，河流也吸引、聚集和积累了大量组分。在洪水期，河岸处沉积新的泥沙沉积物时它们又起到“汇”的作用。

（二）空间异质性（Spatial Heterogeneity）

空间异质性是指某种生态学变量在空间分布上的不均匀性及其复杂程度。有关生物群落研究的大量资料表明，生物群落多样性与非生物环境的空间异质性存在正相关关系。非生物环境的空间异质性与生物群落多样性的关系反映了非生命系统与生命系统之间的依存和耦合关系。一个地区的生境空间异质性越高，就意味着创造了多样的小生境，能够允许更多的物种共存。提高景观空间异质性，有利于生物多样性的增强，有利于生态修复。进一步的问题是如何利用缀块、廊道、基底模式的景观格局作为规划工具，提高景观空间异质性。提高河流景观的空间异质性应在流域和河流廊道两个尺度上进行。

1. 改善流域尺度的河流景观格局配置

河流廊道网络不是孤立存在的，它具有特定的基底（农田、森林、草地、城市等）背景，并与其他形式的廊道（林带、峡谷、道路、高压线等）一起，将不同性质和特征的缀块（湖泊、水塘、植被、居民区、开发区等）联通起来，共同形成了流域的空间景观格局。

在流域尺度下需要研究改善全流域景观的空间格局配置，达到河流生态修复的目的；需要合理规划各种类型的缀块的数量、几何特征、性质，充分发挥河流廊道连接孤立缀块的功能；还要研究河流廊道与其他形式的廊道的协调关系，比如沿河林带、沿河公路等。运用边缘效应、临界阈值理论、渗透理论、等级理论、岛屿生物地理学理论等景观生态学理论，采取调整土地利用格局，增加景观多样性，引入新的景观缀块，建立基础性缀块，运用不同尺度的缀块的互补效应等措施，谋求提高景观格局的空间异质性。按照景观空间格局理论，合理确定规划的分区，河流的分段。

2. 河流廊道尺度下提高景观空间异质性

在河流廊道尺度下，提高景观空间异质性包括两个方面：一是地貌学意义上的空间异质性增强；二是生态水文学和生态水力学意义上的水文、水力学因子的改善。

提高景观空间异质性的途径有：在平面形态方面，恢复河流的蜿蜒性特征；结合防洪工程，有条件的地方尽可能扩大两岸堤防的间距，给洪水有一定的空间，使得汛期主流与河汊、河滩、死水塘和湿地有可能发生连接。在河流横断面上，恢复河流断面的多样性，在水陆交错带恢复乡土种植被。在沿水深方向恢复河床的渗透性，保持地表水与地下水的联系。通过这些景观要素的合理配置，使河流在纵、横、深三维方向都具有丰富的景观异质性，形成浅滩与深潭交错，急流与缓流相间，植被错落有致，水流消长自如的景观空间格局（董哲仁，2003）。

（三）影响河流廊道功能和空间异质性的效应

影响河流廊道功能和空间异质性的主要有以下三个方面的效应。

1. 边缘效应

边缘是指两个不同的生态系统相交而形成的狭窄地区。在景观要素的边缘地带由于环境条件不同，可以发现不同的物种组成和丰度，这就是通常所说的边缘效应（邬建国，2000）。边缘效应（Beecher，1942；王如松和马世骏，1985）的提法首先源于生物学，它是指在“某一生态系统的边缘，或两个或多个不同的生态系统或景观元素的边缘带，有比某一生态系统内部更活跃的能流和物流，具有丰富的物种和更高的生产力”。现代生态学许多有关研究表明，“一个森林生态系统，其边缘林缘带往往分布着比森林内部更为丰富的动植物种类，具有更高的生产力和更丰富的景观。许多鸟类在乡村、居民点、城郊、校园等自然和人工生态系统邻接处，其种类、密度和活跃程度都远比在人迹罕至的荒野、草原或单种森林更多更大”。由于许多物种适合在边缘环境中生存，在现实中，有许多边缘地区，生物多样性显著地高于斑块内部。但也有很多观点认为，物种消失的主要原因是因为森林片断化后产生的“边缘效应”，边缘效应对生物多样性的利弊是不确定的（王林和张文祥，2003），要根据内部情况进行分析。河道植物生长的岸坡是水域和陆地边缘，相对来说，岸坡植物群落生境条件更好，更适合多种生物栖息和生存，特别是两栖类生物。在具有较高孔隙率的坡脚，更是物种最丰富的区域。

2. 廊道效应

如前所述，廊道是具有通道或屏障功能的线状或带状的景观要素，是联系斑块的重要桥梁和纽带（傅伯杰，1998）。在河流自身尺度上，河道植物带有可以作为保护河流重要的生态廊道。这很大程度上影响着水陆间物种、营养物质和能量的交流，起到了运输和保护的作用。作为水陆生态交错带，并不会由于导致景观破碎化而对生物多样性产生负面影响，而其内部生境的异质性会使物种多样性高于两侧基质。

3. 干扰效应

干扰是在目标尺度内，改变景观生态过程和生态现象的不连续事件，可以分为人为干扰和自然干扰（邬建国，2000）。一般来说，干扰可以改变资源和环境的质与量以及所占据空间大小、形状和分布，是景观异质性的主要来源（周华锋和傅伯杰，1998）。植物措施是一种积极的人为干扰，通过筛选优良植物品种，根据河道类型和功能设计，构建人工植物群落，本身就是生物多样性的重要组成部分，并产生优美的景观效果（韩玉玲等，2006）。人类活动干扰导致河流产生四种物理变化，即：①河流的长度缩短；②浅滩和深潭消失；③沿河的洪泛平原和湿地消失；④沿河两岸的植被减少。所有这 4 种物理变化改变了河流的水力和生物特性，导致河流生态系统的退化。

二、城市河流景观生态

所谓“城市河流”是指发源于城区或流经城市区域的河流或河流段，也包括一些历史上虽属人工开挖但经多年演化已具有自然河流特点的运河、渠系（廖先容等，2009）。城市河流在城市的形成和发展过程中，作为重要的资源和环境载体，关系到城市生存，并且制约着城市发展，是影响城市风格和美化城市环境的重要因素（刘晓涛，2001）。与自然河流相比，人类与城市河流间的相互作用更为强烈：人类更强烈地影响城市河流的水文特性、物理结构和生态环境；另一方面，城市的社会经济系统和居民日常生活也更加依赖于城市河流所提供的各种服务功能。

（一）河流与城市的发生、发展息息相关

我国的许多城市都是依河而建，河流为城市提供水、生物保护和景观等多种生态服务功能以及自然、社会和经济价值，推动着城市的发展（陈书荣和曾华，2000；陶志红，2000；郝寿义，2005）。宋庆辉等（2002）把城市河流定义为发源于城区或流经城市区域的河流或河流段，也包括一些历史上虽属人工开挖，但经多年演化已具有自然河流特点的运河、渠系；他们同时指出所探讨的城市河流主要系指中小型的市内河流、渠系、沟叉。岳隽等（2005）人在概括前人研究城市河流的基础上指出，对于城市河流这种重要的自然资源，目前的研究集中在分析小尺度的河流特征，主要针对城市河流的水环境治理、生态建设、滨水区景观设计以及廊道效应等方面展开不同程度的研究。城市河流是重要的城市环境因素，正得到越来越多的关注。随着城市河流受到城市化发展的负面影响（陈云霞等，2006），其研究日益得到重视（岳隽等，2005），其管理思路也开始从“工程化”“技术化”向“以人为本”“生态化”等方向转变。

当前，城市河流的现状与问题具体表现在：

（1）河道形状“直线化”“平面化”严重。人们出于行洪安全的考虑，对河道进行

裁弯取直，并对河床加以混凝土衬砌，致使原本属于河流的“曲折蜿蜒”的形状和“深潭”“浅滩”等许多生物赖以维持生存的自然特征消失（陈兴茹，2006）。

（2）人为因素使河流污染情况日益严重。在人口稠密地区，由于日常生活和生产产生的废水和固体废弃物等有很大一部分在未经任何处理的情况下直接排入了河道，使城市河流的纳污量远远超过了河流的自净能力，导致河流水水质下降，同时，减少了河道植物成分，降低了水质净化功能，增加了水体污染的可能。经济发展迅速、产业结构不合理、污水处理不达标，及对河道的开发利用程度过高等原因使城市河流的自净能力衰竭，河流水环境质量恶劣。

（3）河道景观娱乐功能逐渐消失。河道景观娱乐功能是河流系统功能的重要组成部分。狭义的河流景观系指水面、河岸绿化带以及滨河建筑物等给人们带来的视觉上的美感（倪晋仁和刘元元，2006）。以往多数城市河流出于防洪安全的需要，两岸的堤防都修建得笔直高大，且水面单调划一，水流速度慢，水环境质量恶劣等造成了河道景观的严重不足（陈兴茹，2006）。

（4）河流生态系统损坏严重。河道的三面衬砌阻断了河道与生态系统其他成员之间的沟通和交流，使水系与土地及其生物环境相分离，破坏了生境条件和生态系统完整性，水—土—植物—生物之间形成的物质和能量循环系统被破坏，加剧了水污染的程度（钟春欣，张玮，2004）。使得以物理、化学、生物等形式参与生态系统运动的功能丧失，致使河流所在区域的局部生态系统瘫痪，并且减少了空间异质性，最终导致生物多样性降低。

总之，污染、干旱断流和洪水是目前我国城市河流水系所面临的三大严重问题。城市河流面临的根本问题就是生态环境问题，只有从生态的角度修复和重建生态系统，才能为供水、水环境、水生态、水景观等其他功能奠定基础。同时，受城市化和工业化的影响，河流成为人类活动与自然过程共同作用最为强烈的地带之一。人类以节约土地和净化环境为初衷，开展了大量河道建设和治理活动。但是这些治理活动以河流行洪排涝功能为目的，采用“渠化”和“硬化”等工程手段，造成了自然环境破坏、服务功能下降，生物多样性降低的不良影响。

造成城市河流当前问题的原因：

一是城市化进程加剧对城市河流的影响。城市化是人类社会发展的必经阶段，是社会经济水平提高的重要标志。城市化进程加剧作为我国当前面临的主要问题之一，既促进了经济的发展，又导致城市资源紧缺、城市生态环境恶劣等一系列问题的产生，如：加大了对河流生态系统的干扰和胁迫，破坏了河流生态系统结构，改变了其物质生产与循环、能量流动与信息传递的规模、效率与方式，损害了河流生态系统的健康，主要表现在以下几个方面：

① 城市河流污染严重（赵彦伟，2004）。大量城市生活污水、工业废水、农业生产及城市径流携带的污染物排放到城市河流，工业废物与生活杂物倒入河流的现象在一些城市普遍存在，使许多城市河流成为城市的纳污载体，恶臭现象较为普遍。水体生态功能下降。

② 城市河流生态环境用水短缺。城市规模的扩大导致用水需求的剧增。水资源的短缺使得相当多的城市不得不以定时、联片或用水定额等方式供水，阻碍了城市经济

发展，降低了城市居民的生活质量。城市用水量的剧增直接导致城市经济用水对河流生态环境用水的挤占，加剧了生态环境质量的退化。

③ 城市河流生态系统破坏严重（赵彦伟，2004）。人类出于自身利益的考虑，对河流进行筑坝、分流、裁弯取直、河道硬质衬砌等，改变了河流的天然水分循环过程，加之河流生态环境用水被挤占、河流容纳的污染物增多等共同作用，造成河流生态系统的退化，生态系统服务功能下降，从而对城市经济发展的保障作用消失，在一定程度上成为城市经济发展的障碍。

二是人们对城市河流规划利用的理念不当。城市水系是城市生存和发展的基础。然而，近期在经济发展的大潮中，人们渐渐忘记了城市水系对于城市的重要作用，仅仅从经济利益出发，对城市水系进行了任意的破坏，填之、埋之、改之，改变了城市水系的整体功能，使城市水系生态系统服务功能降低或丧失。

① 盲目填占河流，减少水面。随着城市化步伐的加快，城市河流水面被人为侵占或缩窄，导致城市水面积急剧减少，天然调蓄功能严重萎缩，加重了内涝发生的机率。在城市建设中，为了多争一块土地，许多城市盲目填河，将河道排水改为管道排水，致使城市防洪排涝安全受到影响。

② 盲目硬质化衬砌。河道治理工程片面追求河岸的硬化覆盖，只考虑河流的防洪功能，而淡化了河流的资源功能和生态功能，破坏了自然河流的生态链，破坏了生态环境。河流的硬化、渠化，使人类自动放弃数百年来的亲水环境，疏远了人与水的关系。天然河道具有自我净化能力，自然的河道有大量的生物、植物和微生物都有降解污染有机物的作用。硬质衬底和护衬只会加剧水污染的程度。

另外，如果河岸做硬化处理，能够阻挡垃圾的植被遭到破坏，更容易造成河道水质的污染。

③ 忽略河道的生存需要。沿海城市河道一般都具有防洪、排涝、生态环境景观等综合功能。随着城市经济迅猛发展，河道两岸土地开发利用，城市化步伐加快，城市河道功能遭到损害：大量工业、生活污水不经处理直接排入河道，造成河水严重污染，水质恶化，河道生态环境遭到破坏。

（二）流域城市化对河流生态恢复是一个重大的挑战

城市化使得不透水地表增加，直接影响了城市河流的特点，使城市水体与农业、林业区的河流具有完全不同的特征。美国 FISRWP（The Federal Interagency Stream Restoration Working Group，2001）研究表明，当不透水层的比例达到 10% 时，即可能造成河流生态恶化，而且随着不透水层的面积增加，河流恶化的程度增加。随着不透水层数量的增加，城市排水流量比原来增加 2-16 倍，而地下水的补给量也成比例地减少。

（1）改变了水文特征。城市化的结果使得城市河流洪峰流量显著增加，地下水资源量减少，最终结果导致在降雨量少的季节，河流的基流量减少。在城区，洪水的重现频率增加，如原来为五年一遇的洪水，可能变成两年一遇，或时间更短，而且洪量增加（Shieds，1995）。为了更有效地控制城市暴雨径流形成的洪峰，通常的办法就是增加过流断面，也即人为加深或拓宽河床，而由于城市不透水界面的增加，迫使不断地改变河床形态。

（2）泥沙和污染物。城市河流的泥沙主要来源于岸边冲刷、工程建设场地的水土流失，一些研究表明，在美国河流中泥沙含量来源于岸边冲刷（Hollis，1975），城市河流的泥沙含量往往高于非城区，至少在河渠改造的初始阶段是这样。在暴雨季节，城市河流的水质总是很差，城市暴雨径流中往往含有较高浓度的泥沙、营养物、重金属、有机物、氯离子以及细菌，尽管目前对暴雨径流中的污染物是否对水生生物有害还存在争议，但河流底泥中污染物释放对水生生物的不良影响得到研究者的一致认同（Davis & Downs，1992）。

（3）生境与水生生物。城市河流生境质量差是一个无可置辩的事实，由于城市河流的开发改造，原有的水生生态系统被完全改造。岸边植被部分或完全被去除，即使河流的植被缓冲带被保留，但其宽度也不足以维持生境多样性，或者原生的树种或植被被外来的物种所代替（Booth & Jackson，1997）。不透水地表的增加、水塘和岸边植被的减少的重要环境效应即是增加城区的气温，而温度正是河流中生物与非生物间作用周期和速度的中心影响因素。这对一些对温度敏感的水生生物产生致命的影响。

欧美及日本对城市河流功能及生态的重视与研究起步较早，现已进入了“生态工程治理”和“近自然河流治理”的高级阶段，其以尊重河流系统的自然发展规律、注重河流自然生态和自然环境的恢复和保护、充分发挥河流的综合服务功能为特征（秋原良已等，1998；宋庆辉和杨志峰，2002）。

在欧洲的德国、法国、瑞士等国家，出于对工业革命以来大肆破坏河流生态、污染河流水质的反省，以及长期以来养成的热爱自然的民族性格，这些国家十分重视河流系统的生态恢复和保护。德国于20世纪50年代正式提出了“近自然河道治理工程”理念，提出河道的整治要符合植物化和生命化的原则（刘晓涛，2001）。20世纪80年代正式启动了“近自然河流治理”工程，河流治理中普遍采用近自然河流工法，如除去河道硬化层，允许水流自然侵蚀并保持优美的流态；采用鱼类能上溯的落差工程；设置鱼虾产卵场；甚至还专门为老人和儿童修改河滩，以保证他们能安全地接近水体。阿尔卑斯山山脚的阿勒河及著名的莱茵河、塞纳河、多瑙河等都采用了这种近自然工法。采用“近自然河流治理”工程至今虽只有20多年，但成效十分突出。与传统工程方法相比，其显著特点是流域内的生物多样性有了明显增长，生物生产力提高，生物种群的品种、密度成倍增加；另一个鲜明的特点是河流自净能力明显提高，水质得到大幅度改善（宋庆辉等，2002；刘晓涛，2001）。

美国在20世纪70年代以后经历了河流水资源管理模式的转换，与自然相协调的可持续河流规划治理理念得以确立，提出了与经济、生态、文化可持续性相融合的河流治理新模式（贺缠生，傅伯杰，1998）。在实践方面，美国各州大力推行综合性的“流域保护方法”（韦保仁，1998），这种方法有别于以往的以污染治理为中心的河流水治理，治理的最终目的不仅仅把重点放在污染源控制上，而在于河流整体生态功能的恢复；在治理决策中除了考虑传统的污染因子之外，还考虑到大量的生态因子，例如栖息地保护、水温、泥沙以及河流流量等；从河流规划及相应项目筹划开始，就强调多个政府部门、非政府组织、民间团体、企业、公众在流域治理和管理上的协商与合作。

日本受德国提出的“近自然型河流”观念的影响，于20世纪90年代初开始倡导多自然型河流建设，并实施了“创造多自然型河川计划”。仅在1991年，全国就兴建了600多处试验工程（刘晓涛，2001）。日本建设部为了掌握全国的河流生态状况，于

1991~1998年在109条一级和二级河流上展开了“水边国情调查”。在此基础上建成了“自然共生河流研究中心”,进行“河流—生物”相互关系等河流生态学领域的科学研究(宋庆辉和杨志峰，2002)，以指导河流治理与生态建设的实践。在河道工程方面，对“多自然型河流治理法”进行了大量的研究，强调用生态工程方法治理河流环境、恢复水质、维护景观多样性和生物多样性(河道整治中心，2003)。在河流整治中，日本河流研究者将河流水域、河滨空间及河畔居民社区作为一个有机的整体，认为河流治理对象应该包括河流水量、水质、河流生态系统、河流水循环、河流水滨空间、河流与河畔居民社区的关系等(宋庆辉和杨志峰，2002)。

国外提出了河流修复的8项措施(董哲仁，2003)，并广泛应用于河流修复实践。这些措施是：①恢复缓冲带；②重建植被；③修建人工湿地；④降低河道边坡；⑤重塑弯曲河谷；⑥修复浅滩和深塘；⑦修复水边湿地\沼泽地森林；⑧修复池塘。对于河流生态修复，任何修复方案都不能只局限于河道，应将河流所在的流域作为一个整体来考虑。在过去的20多年里，由于环境、生态意识的增强，一些发达国家对河流的管理开始强调“化学、物理、生物过程的协调管理”，主要围绕以下三个方面展开(董哲仁，2005)：①河流的污染控制；②修建水利工程时，采取河流保护措施；③采用“近自然”法设计河道。

国内对河流生态建设的研究较晚，董哲仁等(2002，2003，2005)认为，应重视研究生态水工学，提出采用生态—生物方法水体修复技术，保护和恢复河流形态多样性。汪恕诚(2004)第一次提出用“人与自然和谐共处”的理念指导水环境建设，以促进水环境可持续发展的探索与实践。在实践方面，在20世纪90年代初以前，主要关注的是河流的供水、灌溉、发电、航运等功能，河流的价值仅仅是人类能够利用的资源价值。20世纪90年代后期，人们对加强城市河流综合治理和生态建设的呼声不断高涨，城市河流生态化改造及景观设计日益受到关注。建设部提出，应统筹考虑城市水系的整体性、历史性、协调性、安全性和综合性，保障城市水系安全，改善城市生态，优化人居环境，提升城市的功能，实现城市的可持续发展。以改善水环境和再造生态系统为主要目标的“亲水”工程，成为城市河流建设的重要内容。1996~1999年，北京的城市水系改造、成都的府南河治理、上海的苏州河治理、福州的闽江治理、绍兴的城河治理、临沂的沂水治理、杭州的东河治理等等，这些河道的治理工程均以景观建设为主，同时也有生态的雏形，但却并未解决好景观与生态的矛盾，没有很好地融入“人与自然和谐统一”的元素。

在河流生态应用研究方面，在流域尺度上研究景观格局与流域生态过程的耦合关系，探讨在气候变化和人类剧烈活动(城市化、工业化)条件下景观格局变化的流域生态响应，都将是具有挑战性的课题。在河流生态修复方面，研究水资源开发和人工径流调节引起的景观格局变化的生态学过程；通过河流廊道景观格局的多种选择进行河流生态修复规划方案优化等，都会具有相当的应用价值。

(三)河流廊道或流域尺度下河流景观格局与生态过程之间的相关关系

河流廊道这种城市景观中重要的多功能服务体，其本身功能的正常发挥不仅与其宽度、连接度、弯曲度以及网络性等结构特征有着密切的关系，而且河流廊道的起源、河流受干扰的强度和范围、河流功能的变化等都会对城市景观的生态过程带来不同的影响。特别的由于结构和功能、格局与过程之间的联系与反馈正是景观生态学的基本命题（王仰麟，1996）。因此，景观生态学的原理非常适用于定量描述和研究评价河流景观；而且由于景观是在持续发展规划与设计中最适宜的尺度（Botequilha 等，2002），并且在这一尺度上进行的景观生态规划与设计是实现景观持续发展的有效工具（傅伯杰等，2001）。通过对河流景观空间格局的分析，就可以认识生态过程并进行生态评价，并可利用景观空间格局理论作为技术工具进行生态规划，还可通过适度改善景观格局去影响生态过程，达到河流生态修复的目的。景观生态学为恢复生态学提供了新的理论基础。传统上以物种保护为中心的自然保护途径，对于多尺度生物多样性格局和过程及其相互关联重视不够，具有一定片面性。景观生态学研究表明，物种保护应该同时考虑其生存的生态系统和景观的多样性和完整性。景观生态学的应用使自然保护从"物种模式"转变为"景观模式"，即应用景观生态学理论指导生态修复和自然保护的规划设计，这极大地开拓了景观生态学的应用领域（肖笃宁和李秀珍，2003）。

根据河流廊道的特征，城市河流景观研究的主要内容包括以下两个方面：河流廊道和廊道网络的空间结构研究以及包括水量和水质在内的河流生态特征研究。在河流景观的空间格局分析中，对于河流廊道可以在四维方向上开展研究，包括空间尺度上的三维变化研究和时间尺度上的变化研究。具体来讲，就是沿河流流向的纵向、沿河流中心到岸边高地的横向、沿河流水面到河床基底的垂向这 3 个方向上的格局研究，以及每个方向随时间变化的动态变化研究。由于河流廊道的连通性，还必须对其组合的廊道网络进行研究。

针对河流体系不同等级支流间的特定关联所体现的一种连续的跨尺度相关，需要在较城市河流景观更小和更大尺度研究的基础上来确定城市区域尺度上河流景观的研究内容。按照河流景观研究尺度的相对大小不同，可以区分为小、中、大 3 种类型（图 4-3）。小尺度的河流景观主要由河道、堤防和河畔植被所组成（王薇和李传奇，2003），通常进行的研究为河流景观环境规划设计。现代景观环境规划设计将视觉景观

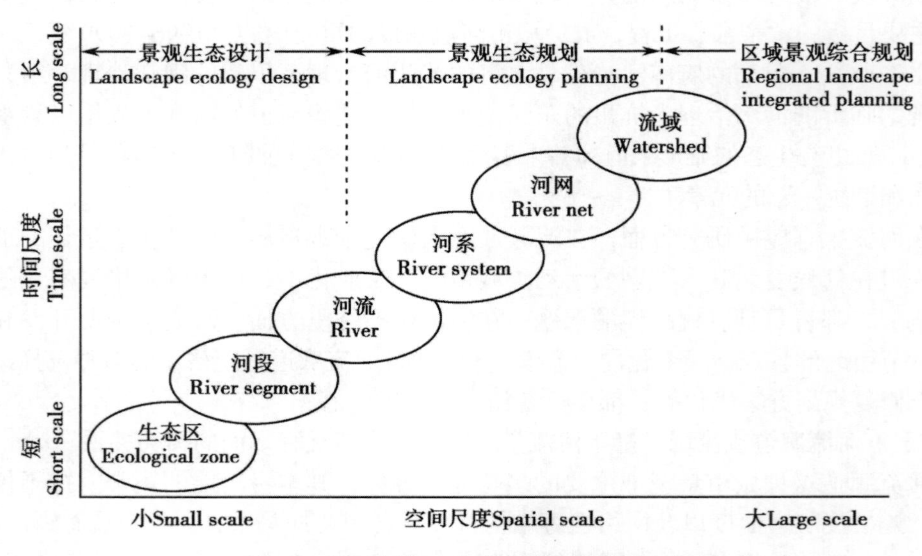

图 4-3　河流景观生态学研究的尺度和内容

形象、环境生态绿化、大众行为心理作为规划设计3元素（孙鹏和王志芳，2000）。河流景观的环境规划设计需要同时考虑河流的多种功能，从安全性、经济性、生态性、观赏性、亲水性、文化性等多方面研究城市河流景观的综合效果。中尺度河流景观研究可以是整个市域范围内所有河流的分布格局及生态效应的研究。从景观水平来看，应该包括城市的市区和郊区两部分。在这个尺度上将全市域的河流作为一个整体，运用景观生态学及其他相关学科的知识和方法，进行河流景观生态规划，调整或构建合理的河流景观格局。大尺度的河流景观研究是在流域尺度上研究河流景观的特征和变化，着重通过流域内土地利用变化格局研究来分析流域的水土流失、人为干扰等情况。基于流域景观的异质性、整体性以及协调性等来进行区域景观的综合规划（齐实和莫建玲，2001）。

在城市河流景观格局分析中，特别是在优化格局时，一定要注意识别一定的战略点。所谓“战略点（Strategic Points）”是指那些对维持景观的生态连续性具有战略意义或瓶颈作用的景观地段（Yu，1996）。对城市河流景观而言，应对以下几种地段予以格外重视：①河流交汇处。交汇的河流越多其重要性也就越大；②河流进出水库的位置。水库面积的大小以及水位的高低都会影响到水库前后河流的生态水文过程（Melida Gutierrez，2004）；③点源污染在河流上的排放口位置。水质污染已经成为目前城市河流生态功能被破坏的主要因素，河流上不同污染物排放口相对位置的关系不仅会影响河流景观水体自净功能的实现而且很大程度上可能会加剧水质遭受污染的程度；④河流与其他交通廊道的交汇处。这种交汇点往往因为服务对象的不同而表现出复杂的相互作用关系；⑤河流退化的源头以及河流中生物不连续地段等。前4种城市河流景观战略点可以用图4-4形象地加以表示。

河流交汇处 Intersection of two or more rivers

河流进出水库的位置 Position of urban rivers input or output reservoir

点源污染在河流上的排放口位置 Outfall location of point source pollution on urban rivers

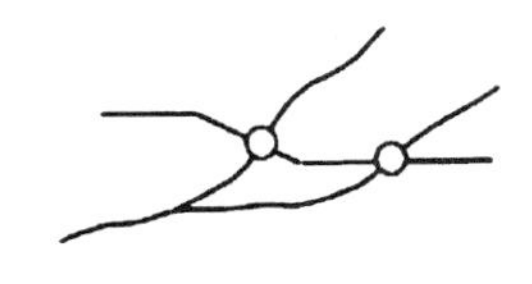

河流与其他交通廊道交汇处 Connecting point of urban rivers and other transportation corridors

图4-4　城市河流景观战略点

影响景观过程的因素主要是干扰，对于城市河流这种受到人类强烈干扰影响的自然景观而言，其原有的自然地貌特征以及水文特征都发生了显著的改变，其格局特征也已经深深地刻上了人类活动的烙印。确定河流干扰程度是分析城市河流景观干扰过程的一种定量化研究方法。河流的干扰程度与其影响因子的选择是息息相关的。Stein等（2002）在分析澳大利亚自然河流的研究中，计算了土地利用活动、居住地及其分布结构、基础设施与加工工业和其他点源污染对河流的非直接影响以及大坝蓄水、大坝分流和防洪堤的直接影响这两个方面的影响因子值。当然这种研究仅仅只是探讨了对于相应的研究区域比较重要的几种指示因子的作用,并不具有一定的普遍意义。因此,在计算河流干扰度的时候一定要结合特定的研究区域，选择能反映研究区域实际受影响程度的因子来进行分析，同时对于指标因子权重值的分配也需要得到更为深入细致的分析。河流干扰程度的确定可为河流景观格局的建立提供良好的分析基础，并且为河流景观生态规划提供一定的支持，包括：①河流干扰度的分级作为河流自然度的指示因子；②确定河流退化的源头和范围等关键地段；③区分河流恢复和重建的先后优先次序；④支持水生环境、岸边植被以及河口生物的系统调查工作；⑤指导调节人类干扰活动的强度和方式。在此基础上，开展评价河流景观的生态功能、稳定性以及可利用性等河流景观功能，分析河流景观功能变化过程，为制止或逆转景观变化的不良趋势以及确定合理的景观建设途径提供更为可靠的信息。

城市河流景观生态建设包括河流景观的恢复与重建两个方面。根据城市河流景观战略点的识别以及由河流干扰度确定的恢复与重建的优先顺序，在河流功能定位的基础上协调实现各类功能，确保城市河流的可持续发展。从景观格局的本质涵义来看，优化城市河流景观的一个可能有效的途径就是设计和构建一定的河流生态廊道。通过廊道的构建在河网结构中添加新的节点或通路，增强“源”“地”之间的连通度，是维护景观整体生态功能的有效途径（Forman，1995），从而改变河流景观的格局和功能。城市河流景观生态规划要依靠城市河流景观生态建设来实现。在一般情况下，可以考虑采取控制污染、调整土地利用方式、改变水库运作管理制度、保护现有河道的自然地貌特征等措施来实现城市河流景观的保护和生态建设。

第二节　城市河流廊道

一、城市河道

城市河道是城市景观中一种重要的地理要素、重要的水源和运输通道，更是城市重要的生态廊道，发挥着重要的生态功能（岳隽等，2005），也增加了城市景观多样性，丰富了城市生活，为城市的稳定性、舒适性、可持续性提供了必要的基础（孙鹏等，2000）。

城市河道是城市生存与发展必不可少的要素，在城市周边地区经济发展和生态保护中，有着十分重要的地位。随着当今社会城市化和城市现代化步伐的加快，人类创造的财富和人类自身都越来越紧密地向城市集中，城市对水资源的依赖和水患可能给城市造成的灾难也越来越严重。因此城市水环境的政治已经越来越被社会各界所重视，人们已经由传统的防洪。排涝的水利建设观念向建设“安全、舒适、优美”的水环境观念转化（丁鹤，2002）。

（一）城市河道的特点

城市河道介于天然河道和人工渠之间,具有其独特的水力特征。城市河道普遍较浅,河道顺直,水量小,流速慢,枯水季节甚至断流。河道两岸甚至河底多采用混凝土衬砌,两岸植物少,水中生物少。这些特性决定了城市河流环境容量小、生态系统脆弱的特点。

从功能而言，城市河道与农田水利设施相比，一般不具有灌溉功能。除了有汛期排洪、排涝的安全功能外，河道两旁平时又是人们休憩的场所，因此也具有休闲娱乐功能。同时，城市河道作为城市景观生态系统中重要的廊道，还具有生态资源的功能。

但是由于长期以来普遍存在城市水利建设落后于城市发展速度的问题，城市河道淤积、污染严重、同时由于城市大多建在地势平坦之处，城市河道比降很小，流速缓慢，受到污染后不能及时自净，又反过来加剧了淤积，有些河道沿河两岸建经济开发区、新型商业区、生活区没有留足沿岸绿化地的空间，造成河道整治时的被动与困难，而且城市建设发展的同时，也大量侵占城市水面，造成原本就不多的城市水面率逐年减少（阎水玉，王祥荣，1999）。

另一方面，城市化后的热岛、雨岛等作用，使得局部降雨量增大；城市区域大部分地面被不透水面所覆盖，使得地表蓄水量和入渗量大幅度降低，都导致地下径流的减少和地表径流的增加，最终使洪水汇流速度加快，洪量更为集中。如上海城市化地区与郊区相比年平均增加降雨量 7%，最大增雨 15%（阮仁良，2000），城市河道体系是城市防洪排水系统的重要组成部分，也因此面临更大的压力。

同时，城市化的典型影响还包括增加了河道中悬浮和沉淀物中的颗粒、加剧河道侵蚀、氮磷等营养物质和有毒物质输入增多等。国家环保总局 1999 年公布的环境状况公报显示：我国流经城市的河段普遍受到污染，141 个国家重点监控城市河段种有 63.8% 的河段为Ⅳ至劣Ⅴ类水质，城市河道的污染情况和城市的经济发展水平具有相关性，工业化、城市化发展越快，城市规模、人口增加压力越大，环境负荷越大，城市河道的水质就越差。以上海市为例，上海原为水资源丰富的城市之一，然而由于水体遭受严重污染，已被列为全国 300 个典型水质型缺水城市之一。河道水体除了长江口三岛（崇明岛、长兴岛、横沙岛）河流水质较好，基本达到Ⅲ级以外，黄浦江水质为Ⅳ级，其余基本为Ⅴ级乃至劣Ⅴ级。

（二）城市河道的重要作用

1. 生态走廊

河流是水和各种营养物质的流动通道，是各种乡土物种的栖息地，在现代景观生态学意义上，河流走廊具有维护大地景观系统连续性和完整性的重要意义。同时，河滩中的自然岸线、湿地等景观生态区是城市的宝贵财富，生态脆弱地带和群落类型的代表性样本，如洪泛区、冲击滩涂等，在促进生物多样性、提供生态景观等方面也具有特殊的潜力。

2. 休闲通道

河道及滨水区是一个城市景色最优美的地区之一，在考虑河道及滨水区自然承载力的基础上，布置满足不同居民需求的活动设施，创造人与生物共生的滨河开放空间．并与城市内部的开放空间系统形成完整的网络。

现今，对滨水区及河道周边土地的开发建设早已超越了满足人类生存需求的层次，多数城市开发的目的是为了促进、拉动整个城市的经济发展。良好的河道及滨河景观，能够带动周边土地的开发建设，为城市的经济发展注入新的活力，成为城市经济发展新的增长点。

（三）城市河道结构的现状

目前常用的护坡和护岸结构是在一定的历史条件下形成的，它为市民创造了一个相对安全的生活和发展空间；但在保护水的自然清洁以及维持人与水环境的和谐等方面，存在着较大的负面影响。

长期以来，河道主要考虑的是行洪速度、河道冲刷、水土保持等问题，断面型式单一，走向笔直，河道护坡结构也比较坚硬。由于对河道坡面采取了封闭的形式，河道中的生物和微生物失去了赖以生存的环境，河道的自净能力因此遭到了破坏；另一方面，各种水生植物难以在坚硬的结构坡面上生长，水生动物也因此失去了生存空间，整个生态系统的生物链因坚硬的护坡结构而断裂。同时，由于忽视了对城市河道在社会、环境、经济等各方面价值的综合开发与利用，河道失去了原有的水边环境，人们少了娱乐、休闲和亲水的好去处，城市也因此失去了灵性（表 4-1）。

表 4-1　我国城市河流管理中存在的问题

问题类型	详细描述
河流系统面积减少	河流空间被道路、市街、商业区、住宅区挤占，自然河叉、溪沟被填埋、暗渠化；河流规划面积难以确保
环境污染严重	城市垃圾管理不善，沿河堆积；下水道建设滞后、污水直排；河流水质恶化，水域功能退化甚至丧失
河流生态系统退化，环境自净能力丧失	河道人工化、物理化，水域栖息生物减少或消失；河滨生物栖息地网络被分割、孤立，河岸自然生物群落消失、绿地人工化，生物多样性受损
自然地貌改变，水文特征恶化	河岸自然地形被平整化、河流岸线直线化，景观多样性消失；枯水流量减小，地下水交换受阻，洪水威胁增大
河流功能简单化甚至完全丧失	河流系统演化为单调的泄洪道和排污沟，原有经济、生社会、文化功能丧失

完整的城市河道由河槽、河滩和河岸林带（滨水区）等部分组成，这种空间结构为鱼类、鸟类、昆虫、小型哺乳类动物以及各种植物提供了良好的生存环境和迁徙走廊，是城市中可以自我保养和更新的天然花园，也是最易形成城市景观特色的重要地段。因此，城市河道作为城市中最具生命力的景观形态，应成为城市中理想的生态走廊、最高质量的城市绿线以及最具亲和力的绿色休闲场所。

在城市河流利用与管理的历史进程中，人们对“河流”的认识在不断地深化，同时对城市河流的概念、空间范围、功能的理解和河流管理观念及治河技术方法也不断地发展和修正（表 4-2）。

表 4-2　城市河流管理观念与治河技术特征的演变

认识与理解	城市河流开发利用阶段		
	开发利用初期、工业化时期	污染控制与水质恢复时期	综合管理、可持续利用时期
“城市河流”概念、内涵	水文系统 物理系统	水文系 物理系统	水文、生态环境、经济、社会文化综合功能系统

续表

认识与理解	城市河流开发利用阶段		
	开发利用初期、工业化时期	污染控制与水质恢复时期	综合管理、可持续利用时期
城市河流的外延	河道＋水域	水域＋河滨空间	水域＋河滨＋生物＋近河城市社区
侧重的河流功能	防洪、供排水、渔业、运输等	防洪、供排水、渔业、运输、水质调节（A）	生物多样性、景观多样性、历史文化载体、城市人自然情感载体
城市河流管理观念	工程观、经济观；"控制河流"	工程观、经济观、消极治污观：重视"人工调控"	生态、经济、环境、社会、文化综合可持续发展观："人河共存共荣"
治河技术体系的特征	使河流系统人工化、物理化、结构简单化	使河流系统人工化、物理化、结构简单化；侧重以人工措施治理工业及生活污染	生态修复、环境治理、河流自然化、人文化、功能多样化

1. 城市河道景观系统的变迁

在自然界中，由于河流紧密地与河岸带和洪泛区这个复杂的生态系统相联系形成流域景观廊道，包括陆地、植物、动物及其河道网络。城市河道是个复杂的、开放的景观生态系统。正如荷兰景观生态学家 Z. 纳维指出，随着城市的发展景观系统在组织层次上呈现出复杂多样化的趋势，城市对河道系统的影响与变化不断加剧（Naveh，2001）。

在工业化前的阶段，城市规模发展缓慢，人为干扰的频率和强度较低。随着城镇集聚化的同时，少数河道两岸逐步形成街区，自然斜坡堤岸为适应功能而变成垂直的河堤，大都是用自然石块垒成，可供生物繁衍的自然形态；在河道与城市的长期相互作用中，城市河网作为交通水源、生活用水及防洪排水的主体功能形成于居民日常生活相关的景观文化要素，在长期良性循环作用下，形成了有机的稳定河道系统。

进入工业化与后工业时代，由于社会经济与科学技术的快速发展，城市土地利用方式和用地规模发生了根本性变化。城镇用地模式从以前的农牧、森林、湿地渔业等模式转变为城市工业或居住模式。大规模城市化建设成为城市近郊河道系统受干扰的主导因素，河道系统在结构层次上向复杂化趋势变化。对河道系统的强烈干扰主要有：流域水源地的砍林伐木、河道被填埋、湿地被占用、溪流漫滩被挖砂、自然堤岸消失、堤岸混凝土化、道路等下垫面硬质化、远距离饮水等。城市河道系统原有的组分元素与生态结构受到的极大干扰，致使河道稳定性破坏，导致城市河道系统的结构、形态与功能的改变。

马克（Marc Antrop，2000）认为："景观的各类自然要素是形成景观生态功能的基础，各自然要素连续、整体性的日渐破损和丢失会导致功能的故障，会影响地理环境使其做出调整。许多自然功能及其价值都是因为人类没有维护景观层理结构的连续规律而丧失"。然而，人类社会要发展，如何维护生态系统的景观特征与功能、价值的长久延续来确保人类生存的安全与稳定，一个可持续的景观应该是功能上经济的、生态的和对社会文化有益的。因此，研究城市河道系统的景观敏感性主要是针对城市化迅速发展过程中，河道景观系统的抗干扰反应，即城市化干扰对河道景观系统产生的结构与功能的变化。

2. 城市河道景观系统的敏感性与水文系统失衡、水涝灾害频发的关系

河道的结构形态决定着河道的功能，随着城市的发展变化，城市河道系统的组分元素受到强烈干扰，各个流域的景观形态与结构也发生了改变，水文生态系统的稳定性丧失，综合功能也逐步变得单一化。一方面是城市人为因素持续快速干扰的结果，另一方面也是城市因素从非主导因素到主导因素的转变过程。由于城市河道系统的复杂性和多样性，需要简化，并以山地城镇河道为例，说明河道系统结构的敏感性变化。

在城镇开发初期，城镇河道属于纯自然型的天然河流。长期的自然演变形成了具有自然特征结构、形态和功能的河道系统，在结构上具有生态与景观的价值。河岸主要形式为纯自然结构形态，排水为地表明渠、暗沟等自流形式（图 4-5a）。随着城市进一步发展到工业化初期，城市规模扩大，河道系统的结构与形态变为半自然石块垒砌形态。同时，最初的明渠、暗沟等方式不能满足城市排水的需求，局部开始铺设地下排水系统，雨污合流污染了河水也冲刷了河床（图 4-5b）。到后工业化时期，城市进入大规模发展时期，城市用地模式发生根本性变化，土地开发向河道湿地扩展，河道水文系统的结构要素如河岸土壤、植被进一步遭到破坏，河岸形式快速人工化、渠道化（图 4-5c）。

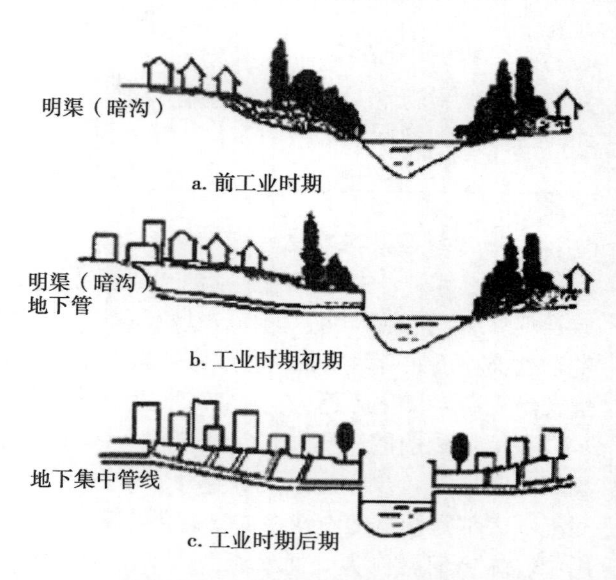

图 4-5　城市河道的景观结构变化

另一方面，由于城市化造成的局部小气候改变，如热岛、温室效应，增加了城市局部的降水强度和频度。而且城市化使地表硬质化，不透水下垫面大面积增加，地表径流迅速增加，自然可渗地面急剧减少，下渗水量大大减少，从而改变了原有的水文平衡与循环模式。根据周玉文在北京市百万庄小区所做的实验，在一个小时内新、旧沥青路面的降雨损失分别仅为草地的 6% 和 12%，为裸露土面的 14% 和 26%；而屋面的降水损失量更小，一般仅 1~2mm，据北京水利科学研究所的两次实测仅有 0.7mm 和 0.94mm。根据以上数据可以估计，当流域内城市不透水面达到城市面积 20%，当达到三年一遇降雨强度时，其产流量可能相当于该地区原有的 1.5~2 倍。以杭州为例，城市化区域的迅速扩大，地表径流系数明显变大：1991~1993 年雨期径流系数 3 年平均值为 0.62，最大次降雨径流系数达 0.82，1960~1965 年间最大次降雨系数达 0.41，地表径流系数扩大一倍。加上城建面积扩大一倍，在同等降雨强度下，地表径流量增大到 20 世纪 60 年代的 4 倍。

3. 城市河道系统的景观敏感性与生物多样性、水质污染问题的关系

在纯自然形态时，河道生物具有多样性，功能综合丰富。如沿河植物与植被带，对防止河道富营养化、防洪缓冲和净化水质等方面起到重要作用（Vought et al., 1995）。特别是通过吸附水体中悬浮粒子，对降低磷、氮负荷中起到重要的作用。由于自然堤岸与河岸缓冲林带的地表植被与土壤具有强烈的过滤与吸附作用，大大减少地下水和表面径流中的营养物负荷，能最大限度地减少流域水土流失和地表径流中携带的悬浮粒子与氮磷污染物，提高河流的水质。此外，河岸缓冲带也能提高生物与景观的多样性，沿河岸的植物也利于稳固河岸和改善河流中鱼类和无脊椎动物的栖息地。

随着人口向城市的集聚，沿河临水通常是城市最早的市街区域商贸交易地带。城市河道的结构慢慢向半自然形态转变，大部分河堤成为半自然石块垒砌形态。同时，河岸植被的消失使河道生物多样性减少，河道的净化功能变弱。但河岸毕竟是石块的自然堆砌，内部留有大量空隙与空洞，河底还有自然乱石、底泥和多种类的水生植物，可为水中微生物提供足够的繁殖与栖息场所。而且在水乡城镇、水路是主要通道，多以船为运输工具，工业化早期商贸促进了船只的频繁运输，增加了水体的扰动，补充了水体的溶解氧量。河道污染主要是由生活排水引起，依靠水体的自净能力基本可以消除。然而，当城市进入后工业阶段，城市河道结构大规模向浆砌块石河混凝土堤岸形态转变（图 4-6c、d）。河岸植被与水中生物完全丧失了栖息空间，水体中生物自净能力极度减退，加上大量工业与生活污水没有得到有效控制，河道污染问题日趋严重。据统计，在我国现有 668 座城市中，有 2/3 面临缺水，城市河道近 70% 受到不同程度的污染。由于城市地域狭小，自产水量少，排污量大，水质影响严重。

a. 自然河堤

b. 石块垒砌堤岸

c. 浆砌块石堤岸

d. 施工中的人工化水泥护岸

图 4-6　城市化与河堤形态变化

近 20 年来，许多城市为了提高河道两岸土地价值，以急功近利的方式，从不同景观生态系统的大江大河引水配水，以稀释城市内河道水质，达到快速净化的目的。结果，城市内河中渗入了大量来自不同生态结构的外部江河的生物与非生物组分，如泥沙等悬浮粒子与携带的氮磷污染物元素，更增加了市内河、湖、塘的富营养化程度（吴洁和虞左明，2001）；同时，高强度的外来干扰改变了原有河道系统稳定的温度、流速等结构场，河道生物的栖息条件被改变，微生物繁殖能力减弱。由于日趋频繁地换水与变更，其干扰频率超越河道生态系统重构、恢复与稳定所需的时间，导致河道生态结构彻底崩溃，自净能力几乎丧失。作为城市外围江河，这样大幅度的引水配水，加上沿江湿地围垦等形态结构改变，往往导致被引水江河的水量失衡、海水倒灌、土地盐碱化、大量水生生物种类消失，以及水质净化功能的进一步恶化，河道景观系统进入生态恶性循环的功能崩溃阶段。

4. 城市河道景观系统的视觉敏感性与美学功能问题

近20年来，环境美学结合景观生态学发展了景观地理学、景观建筑学等新学科，把美学质量和生态质量一起纳入了景观评价的标准范围。河道景观系统的视觉美学敏感性不如其生态系统那么敏感。因为景观的敏感反映了对象景观结构与形态属性的变化程度外，主要还取决于人的视觉心理反应，它与感受者的观望方式、知识水平、观念及心理承受能力有关。中国古代的水域景观很早被发现并得到重视，传统水乡景观成为江南景观的代表，沿河街道景观成为景观的廊道与核心。所以，城市河道景观通常是人类与自然要素在长期相互作用下融合而成的独特景观，具有稳定的形态结构，与它们内在的功能相对应，积累了大量的历史与文化。罗伯特（Robert，1998）在美国中西部地区河流沿岸的景观规划中，利用民意调查了解当地民众对河道流域开发的景观感受以及对开发的意向。调查结果发现，居民的景观感受偏好更多地关注他们周围环境的景观特征和类型（Ryan，1998）。可见城市河道系统的视觉敏感性更多地取决于传统景观的特征保护与延续。荷兰学者J. 奎帕（Kuiper，1998）指出：任何河川流域的特定场所都具有其景观元素的自然属性，其中包括了沿河两岸各种景观元素与空间排列模式。景观单元与结构类型的多样性，在长期的变迁与组合过程中，融入流域特定场所的各种自然元素、人文元素之间在景观特征上的横向联系与内在一致性，强烈显示出流域景观的整体特征。流域范围内不同尺度的视觉单元之间，通过某种特定的元素保持了景观的有机联系性，显示出沿河景观廊道在视觉上的连贯性。要积极维护河道两岸不同时期遗留下来的各种土地利用方式，以及各特征元素在历史演变过程中的承接与延续性。因此，分析河道景观系统的视觉敏感性，探讨河道景观的美学特征，改变对景观结构与人的心理感受能力的关系及其价值功能的损害问题，成为景观敏感性研究的内容之一。

（四）城市河道景观规划

1. 城市防涝与生态建设规划

河流的环境可以吸收水并慢慢地释放，规划设计应包含这种生态修复技术的研究与建设步骤，加强景观生态驳岸的建设，恢复自然河岸或具有自然河岸“可渗透性”、有利生物栖息的多空隙、空洞的半自然人工堤岸，以满足河岸与水体之间的水分交换和调节功能及河道防涝等要求，通过对河道两岸植被、多孔渗水路面与地基绿化与吸水物等的设置，沼泽、池塘等湿地的保护。近年来，许多发达国家结合景观设计，开发渗、储结合的“雨水排放”洼地雨水处理系统（王紫雯和张向荣，2003），对雨水进行地下渗透回归与贮存利用的新防洪排水系统，极大地减轻了城市河道的防洪压力，改善了城市水文生态系统。

2. 居住区雨水利用规划

河流景观规划应该包括对新居住区的建立和传统居住区的改造，与居住区雨水利用规划结合起来，根据雨水的流经场地，采取屋顶花园、小区绿化、水池和水景建造等一系列方式，增加透水面面积，达到削减地表径流，补充地下水量，缓减城市排水压力，为居住区增添许多自然气息，改善居住区的环境质量（图4-7），在雨水资源利用方面，将雨水利用和居住环境、城市环境等结合起来，通过雨水利用设备，将雨水收集、处理、储存、使用等，形成生态住区雨水利用系统，起到节约水资源和缓减洪

图 4-7 渗、储结合的雨水排放系统

灾作用。也为生态住区和生态城市建设奠定基础。

3. 水质保护与管理控制规划

水对生活在地球上的生物来说很重要，水具有圣洁的象征意义。如果河流能保持干净和美丽，是令城市人最向往的，它是水乡城市发展旅游业的支撑条件。河流水质保护规划不能依靠急功近利的引水方式，必须结合河道自身的净化能力，通过河道及流域排污总量控制等管理手段，在把握河道特性基础之上，采用生物净化的生态技术，逐步提高和修复河道自身的生态功能和自净能力。河道生态修复是指重建河道系统受破坏前的结构与功能及有关的物理、化学和生物学特征，使其发挥应有的作用。就河道修复范围而言，任何修复方案都不能只局限于河道本身，应将河道及流域作为一个整体来考虑。在研究和实践的基础上,总结出一些河道生态修复的措施。如恢复缓冲带；重建植被和森林；修复湿地、浅滩和池塘；建造生态驳岸等，逐步改善河道的生态过程，提高河道的生态功能。

4. 亲水与娱乐规划

当人们筋疲力尽时，娱乐重塑了身体和心灵。河水可以帮助人们获得精神上的调节作用。河道规划应该为市民提供玩水、钓鱼和划船等娱乐机会，保护富有情趣的传统堤岸方式和自然溪流漫滩的野趣性与娱乐性也是景观规划的内容之一。应该根据城市河道的地理位置和水位、流速、水质、水面等基本因素，考虑人的亲水心理和娱乐体验，在合适的地段建造相应的亲水台阶、座椅、阁楼、浅水步道等设施，为居民提供情趣舒适、视觉愉悦的休闲娱乐场所。还可根据不同河道特性，建设各式各样的河道，如生动河道、亲水河道、文化河道、游览河道等。

5. 视觉景观的美学规划

日本的社会学家吉川博也从文化生态学角度指出，一个城市是否有魅力，是由城市的大小、功能以及人们通过视觉、听觉、触觉等感觉所获得的体验来衡量的。那些由城市的历史环境、自然环境、社会环境所构成的各种具有地方特色的景观及地方文化，都能通过经济活动、社会活动反映出来，最后以可见的物质形态固定下来。因而这些个性化空间同样会在城市居民的深层意识中形成某种信念与价值观，成为凝聚、吸引和生存的动力。因此，人们对河道系统的生态质量和美学质量的追求高于对经济利益的追求。河流需要视觉规划，河流拥有被强烈整体特色显示景观廊道的潜力。在传统城镇中，这种沿河街区的景观特征通常具有强烈的地方文化标志，足以被比作为一支交响乐中的主旋律。呈现其独特的空间次序与美学韵味（图 4-8）。河道水流的灵感会产生音乐和艺术，谱写优美的“绿色恋曲”。河流系统的视觉景观部分应该包括对沿河两岸过去和现今的景观美学特征与功能特点进行调查，以便保护河道美学环境和延续文脉，保持与未来景观规划的联系（Turner，1987）。

图 4-8　居住区内雨水渗透与利用的景观设计

城市河道的景观规划就是运用景观生态学原理和方法，首先应该维护城市河流的自然要素特征，减少城市认为严重干扰和破坏，改善城市水文生态过程，控制城市河流水质污染；另一方面，运用景观生态技术，调整河道的新景观元素的结构、形态和功能，改善河道景观生态系统，修复、补偿或重建河道系统。

二、城市河道生态修复

Seifert 于 1938 年提出近自然河道治理的概念，到 20 世纪 50 年代，德国正式创立了近自然河道治理理论，明确河道的整治要植物化和生命化，从而使植物首先作为一种措施应用到河道治理当中。随着景观生态学的发展，多数学者认为近自然治理的实质就是景观生态学与荒溪治理学的结合，关键在于尽量保持河流的自然状况或原始状态，更重要的是强调了生态多样性和生境多样性的重要性。到 20 世纪 70 年代，欧洲各国进行了大量的河道近自然治理实践，即拆除已建的混凝土护岸，改修成柳树和自然石护岸，给鱼类等提供生存空间（朱国平等，2006）。1989 年，Misch 和 Jorgensn 发展了生态工程理论，即为了人类社会和其自然环境两方面利益而对人类社会和自然环境的设计，奠定了受损河道生态修复的理论基础。

20 世纪 80、90 年代，西方经济发达国家鉴于水环境遭到破坏而给城市带来的负面影响日趋严重，提出了建设多自然型河川等理念，并建设了大量的示范工程。20 世纪 80 年代后期，西方国家开展了河道的生态整治工程的实践，如美国已在密西西比河、伊利诺伊河和凯斯密河，实施了生态恢复工程及密苏里河的自然化工程等（董哲仁，2004）。日本在 20 世纪 90 年代初开展了“创造多自然型河川计划”，提倡凡有条件的河段应尽可能利用木桩、竹笼、卵石等天然材料来修建河堤，并将其命名为“生态河堤”。仅在 1991 年，开展了 600 多处试验工程，随后对 5700km 的河流采用多自然型河流治理法，其中 2300km 为植物堤岸、1400km 为石头及木材等自然材料堤岸（刘晓涛，2001；罗新正和孙广友，2001）。美国、澳大利亚等国家在生态修复中使用了木质残骸，并取得了较好的生态效应（丁则平，2002）。自 20 世纪 90 年代以来，世界各国都开始强调用生态工程方法治理河流环境、恢复水质、维护景观多样性和生物多样性。

我国在河流生态修复方面的研究工作起步较晚，尚处于学习引进国外先进经验的阶段。近年来，我国兴起了河流生态修复的研究和应用推广热潮。董哲仁（2003）提出了“生态水工学”的概念，认为水工学应吸收、融合生态学的理论，建立和发展生态水工学，在满足人们对水的各种不同需求的同时，还应满足水生态系统的完整性、依存性的要求，恢复与建设洁净的水环境，实现人与自然的和谐。郑天柱等（2002）应用生态工程学理论，探讨河道生态恢复机理，指出满足河流生态需水量是缺水地区恢复河流生态的关键。杨海军等（2004）也提出退化水岸带生态系统修复的主要内容应包括适于生物生存的环境缀块构建研究、适于生物生存的生态修复材料研究以及水岸生态系统恢复过程中自组织机理研究。在上海、苏州和无锡等地的城市河道整治中，在常水位以下采用防冲、防坍工程加固，在常水位以上采用生态护堤的模式，形成河道弯弯、河水清清、岸边青草绿树的自然美景。

在不断的探索过程中，河流整治理念经历了从单纯注重水安全到水安全、水功能与水景观相结合，到注重生态修复等阶段，相应的河流整治技术也在不断发展和完善（表 4-3）。

表 4-3 不同阶段河流功能要求及整治技术

阶段（时段划分）	水安全阶段（20 世纪 90 年代以前）	水安全、水功能与水景观阶段（20 世纪 90 年代至 21 世纪初）	生态修复阶段（21 世纪初以来）
功能要求	泄洪 排涝 蓄水 航运	排涝 引清 景观 旅游 休闲	排涝 引清 景观 旅游 休闲 生态
整治技术	河流疏浚 护岸建设 裁弯取直	底泥修复 景观绿化 亲水护岸 园林小品	截污治污 底泥修复 河流形态 生态护岸 水质修复 水资源调度 生物多样性

随着城市发展和社会进步，人们开始对自己的生存环境提出了更高要求，尤其是息息相关的城市水环境，在此背景下，城市河道整治理念有了转变，倾向于从污水截流、清淤、底泥处理、两岸绿化等方面进行综合整治，开始进入到水安全、水功能与水景观相结合阶段，时间大约在 20 世纪 90 年代末。护岸结构注重景观效果，仿照园林建设休闲广场、营造景观小品等。

进入 21 世纪以来，随着国内外河流整治技术的发展及人们对水环境的要求越来越高，不仅需要与周围环境相协调的河道景观，而且需要河水清澈见底、鱼虾洄游、水草茂盛的自然生态景观。河流整治进入到注重生态修复的阶段。例如，成都府南河望江公园自然型护岸工程，黑龙江省富锦市松花江堤防工程，水位多变情况下中山岐江公园的亲水生态护岸工程，都取得了较好的效果。

城市河道生态修复包括3个方面内容：修复河道形态、修复河床断面、修复丧失的河岸带植被（钟春欣，张玮，2004）。修复河道形态包括：①恢复河道的连续性；②重现水体流动多样性；③给河流更多的空间，以扩大河道的泄洪和调蓄能力（冯兆祥，2002）。修复河床断面，主要是改造城市河流中被水泥和混凝土硬化单一形式覆盖的河床，拆除以前在河床上铺设的硬质材料，恢复河床自然泥沙状态，部分河段采用复式断面。改造原有河道护坡和护岸结构，修建生态型护岸。为水生生物重建生息地环境，使城市河流集防洪、生态功能于一体，增强城市自然景观。修复丧失的河岸带植被和湿地群落。依据人为设定的目标，通过河岸带生物恢复与重建技术及河岸缓冲带技术，尽可能恢复和重建退化的河岸带生态系统，保护和提高生物多样性。

（一）河道近自然恢复

河道近自然恢复措施是指人类基于对生态系统的深刻认识，为实现生物多样性的保护以及对河流自然资源的永续利用，以生态为基础，以安全为原则的各种以恢复河流生态系统功能为目的的系统工程。主要包括以下几个方面：①恢复河道横断面和纵断面的差异性。天然的河流蜿蜒曲折，有深潭（pool）、缓流（slowrun）、浅滩（riffles）、急流（rapids）、岸边缓流（slack）与回流（backwater）6种形态。针对已出现固化、渠化的河道，利用各种天然或仿生材料创造出各种不同类型的横断面和纵断面，以恢复河流本身的景观风貌。②恢复河底基质的差异性。河流本身具有一定的自净能力，但传统的河道治理方式为了追求河流两岸整齐划一的效果，大量使用水泥、混凝土等材料来铺设河底，阻断了土壤与水体的正常交流。针对这种情况，河道近自然恢复措施在铺设河底时，利用石块作为主要材料，石块和石块之间留有一定不规则的缝隙，以满足土壤与水体的接触并为各种水生生物提供了生活的空间。③恢复河道的通达性。河流作为一种连续性、流动性的水体，是许多水生生物生活和栖息的地方，也是人类休憩、游玩的好去处。利用多种平面形态如河漫滩、湿地等，来取代影响鱼类洄游的各种挡水措施，同样也可以起到调节水量，阻挡洪水的功能。

河道的近自然恢复应以恢复河流生态系统的原始风貌并更加优化为目标，兼顾防灾与景观功能，在具体实施中，尽可能遵照以下五条原则：①表面孔隙化。河道构造物表面应该具有一定的粗糙度和孔隙度，因为水生生物需要利用孔隙来躲避天敌，繁衍后代，因此近自然的恢复措施以人工的方式模拟自然的状态，利用在河道及其两岸坡脚抛石或堆砌大块石的方式营造多孔隙的栖地环境。②高坝低矮化。防沙坝、拦水坝等水利措施可以有效地减少河水中的泥沙含量，降低崩塌、泥石流等灾害发生的几率，但其对自然生态环境破坏巨大，严重影响了鱼类的洄游，因此在必须使用这些坝体的地段，应该使坝体低矮化，阶梯化，并在两个坝体之间设立鱼梯以方便鱼类洄游。③坡度缓坡化。根据河流两岸动植物的活动状况，构建最佳化之护岸，以提供水域与陆生生物交流的廊道，使人有亲近河流之意。常见的护岸坡度为1：0.1~1：0.5之间，而最佳的护岸坡度应小于1：1.5，甚至在某些地段可以构建超缓坡护岸，这样虽是人工行为，但可最大限度降低对生态环境的冲击，维护河流的生物多样性。④材质自然化。传统的河道治理措施所使用的材料基本集中在混凝土、钢筋混凝土、浆砌石等几种材质上，选择单一且破坏景观环境。近自然的恢复措施主要使用天然材料，如假山石、木桩、竹笼等，一来材料来源广泛，可以就地取材使用当地山中的大石，二来材料的价格也十分便宜且生态环保，近年来，大量仿生材料如植物生长砌块、火山岩植生材料等也被大量应用到近自然恢复措施中（居江，2003）。⑤施工经济化。近自然恢复措施因势利导的进行施工，充分利用两岸的地形、地貌因素，并根据现存的传统水利工程状况，选择最为经济的方案、措施，其不等于大量拆除现有水工，而是改造现有的传统水利工程，如在混凝土护坡上铺设生态垫，可以植树种草。河道的近自然恢复的方法包括生态调节措施和工程改造措施，表 4-4 具体介绍了近自然河道形态恢复措施及其生态作用。

表 4-4　近自然河道形态恢复措施及其生态作用

目的	措施	生态作用
河底差异性	采用不同颗粒径石块铺设 改造完全硬化河床，使水体与河床物质之间交换顺畅 在河床上放置大石块	提高河底糙率 在最小的范围内形成不同流速 扩大生物生存空间 松散的河底物质能为水生动物提供避难所 为鱼类提供丰富的多样性空间
横断面差异性	创造平缓水区 自然形成淤积（心岛、边滩）	提高水宽，水深的差异性 创造两栖动物生活区域 提高河流自净化能力 形成断面流速分布多样化 促进河岸植被生长
纵断面差异性	横向工程（丁坝、固底工程） 斜坡固底工程	提高水宽、水深的差异性 增加流速的差异性（使水流方向发生改变） 河床物质的多样性 提高纵横断面流速的差异性 形成急流 - 浅滩的模式 在固底工程之间形成河床物质的差异和变化
提高河流的通达性	拆除影响鱼类洄游的障碍物 跌水改造为比降在 1 : 10 至 1 : 30 的斜坡工程 提高河底糙率 创造静水区和急流区 在若干河段设置步行道贺自行车到	保障鱼类、水生昆虫及其他水生动物迁移的通达性 恢复河流的连续性（主流与支流之间的水体交换） 为陆生、两栖及水生动物之间相互交流提供条件

河道横断面根据景观、亲水、自然生态的要求，结合景观规划设计的，在不改变河道行洪能力的情况下，改变单纯梯形断面的简单模式，采用多层台阶状复式断面结构，并要兼顾各段独特风格和整体的协调一致性，拟采用以下两种不同的断面形式：①石块护岸、人行步道与河滩绿化结合，主要布置在河道上河床较为宽广，河滩地较大的部位；②多层复式绿化台阶（图 4-9）。

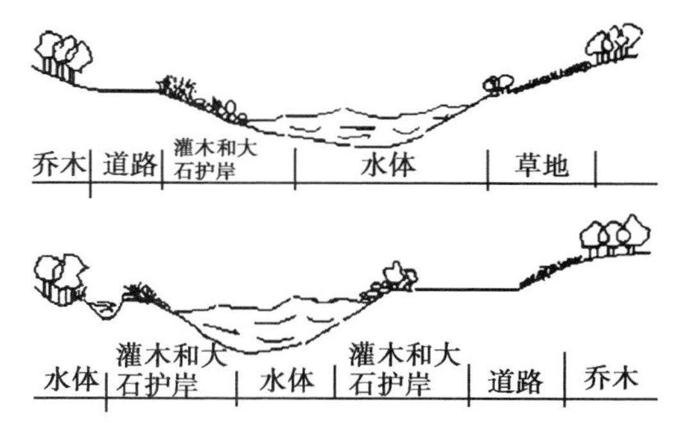

图 4-9　河道横断面形态

（二）多自然型河流整治

多自然型河流整治是充分考虑河流原有生物的良好生境，同时保护或创造出美丽自然景观而实施的事业，既需要满足河流的本身功能要求，又需要满足景观、生态功能要求。因此，河流的整治离不开河床底泥疏浚、护岸建设及河流形态多样性保留与创建。在多自然型河流整治理念中，河流的形态改变不再是裁弯取直，而是形态多样化；护岸的建设是考虑生物生存与净化水体的生态护岸建设，以及考虑生物多样性的动植物培育基地建设；底泥疏浚是生态疏浚与修复，而水质改善则是多自然型生态河流整治的一项重要内容。

在多自然型河流的整治中，河流形态改变对生物多样性造成的影响已受到重视，开始在整治过程中注重保持和创造河流形态的多样性。要求河流平面上尽量保持河流原有蜿蜒形态，并因地制宜创造湿地、岛屿，断面尽量采用复式断面，一方面延长滑动面，增加坡面稳定性；另一方面为游人一旦跌落后增加着脚之处；再一方面创造水生动植物、微生物生境，恢复滨水生态系统，因此其兼顾亲水、安全与生态多项功能（季永兴和何刚强，2005）（图 4-10）。

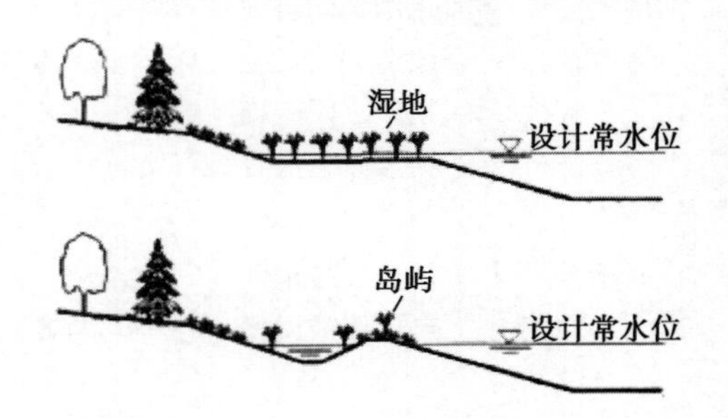

图 4-10　设置人工湿地与岛屿的河流断面

人们已认识到，硬质材料的护坡和护岸结构对城市的许多功能均产生了不利的影响，采用混凝土施工、衬砌河床而忽略自然环境的城市水系治理方法，已被普遍否定；生态护岸作为一种新概念的河道护岸被提了出来。生态护岸的建设融合了现代水利工程学、环境科学、生物科学、生态学、美学等多个学科，以保护、创造生物良好的生存环境和自然景观为前提，在考虑具有一定强度、安全性和耐久性的同时，充分考虑生态效果，把河堤由过去的混凝土人工建筑改造成为水体和土体、水体和植物或生物相互涵养，适合生物生长的仿自然状态的护岸（胡海泓，1999；周跃，2000）。

生态护岸建设一般需考虑防洪排涝、生态保护、环境景观、亲水空间、循环空间等多方面的要求。考虑防洪排涝等行洪要求，在水位变化位置设仿木等硬质结构，并种植耐水性植物；生态保护方面，考虑采用防止割断生物链的透空性结构，水边种植耐水性植物，岸边种植其他树木等，构建生物圈；环境景观方面，确保与周边环境协调，以及水边环境的连续性、自然性；亲水空间设置方面，利用水边台阶、水桥、平台及绿地、休闲广场等形成开放型的亲水空间；循环空间方面，尽量采用自然材料，少留人工痕迹，并避免二次环境污染。

生态型护岸主要分为两大类：一类是新建生态型护岸，另一类是原硬质护岸结构生态化。新建生态型护岸主要有 4 种型式：第一种是自然原型，种植发达根系水生植物进行护坡，主要用于流速较小、坡面较缓的非通航河道坡面；第二种是土工织物（包括土工网垫、土工格室或喷塑铁丝网）加植物护坡，主要用于流速稍大、坡面较陡的坡面；第三种是各种材质预制块体（螺母块体、混凝土格埂、预制连锁块、石笼、框架、拱形结构及各种异形结构）或绿化混凝土加植物护岸，主要用于流速较大、坡面较陡的区域；第四种是土工织物、预制块体与仿木结构等复合式结构（图 4-11）。硬质护岸结

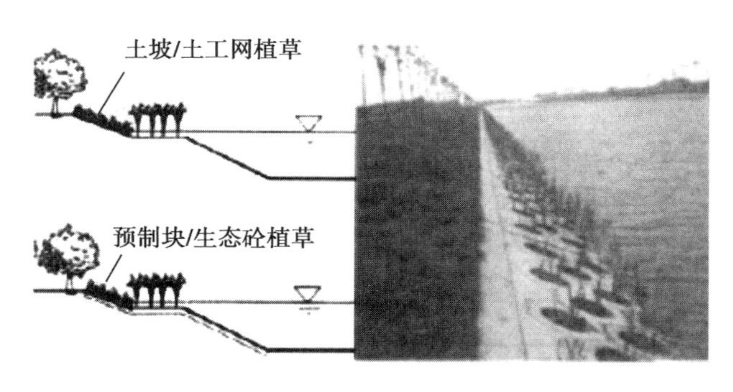

图 4-11　新建生态型护岸技术

构生态化主要是在满足河流过流能力的情况下，在护岸外侧直接种植水生植物或抛石、设置种植槽再种植水生植物（图 4-12）。

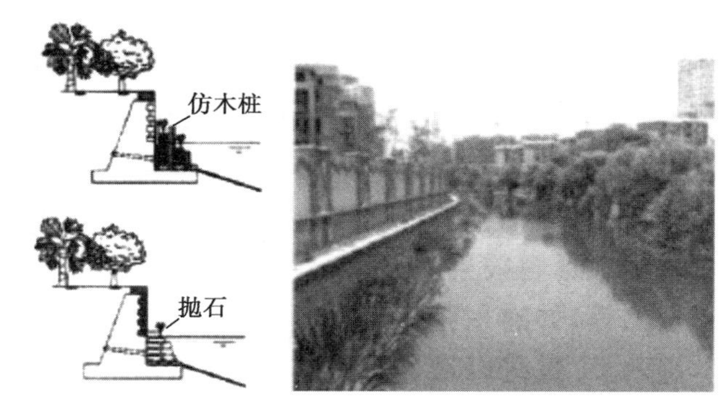

图 4-12　硬质护岸生态软化技术

对于坡度缓或腹地大的河段，可以考虑采用自然原型护岸来达到稳定河岸的目的。自然原型生态护岸指采用种植植被保护河岸、保持自然河岸特性的护岸（图 4-13）。通常以水生、湿生植物为主，乔灌混交以充分发挥各种植被的生长特征，并利用高低错落的空间和光造条件到达最佳的郁闭效果，同时利用护岸植物舒展而发达的根系稳固堤岸，增强抵抗洪水、保护河堤的能力。春秋时期管子在《管子·度地》中就已提出在堤防上“树以荆棘，已固其地，杂之以柏杨，以备决水。”隋炀帝时期也曾沿汴渠、运河岸边大规模植榆柳。明代的治河名臣刘天和创立“治河六柳法”，即卧柳、低柳、编柳、深柳、漫柳、高柳，亦是这方面的总结（熊大桐，1995）。在日本除栽种柳树外，还种植芦苇、菖蒲等具有喜水特性的植物。早在欧洲国家在岸边种植柏杨和榛树等大型树木保护河岸。

抛石护岸用于河岸崩塌的地方的近自然护岸方式（图 4-14）。在整治线上抛石，内外均用斜坡，高度与低水位持平，然后用河沙或沙砾填充其后，并在填沙上铺石护面。抛石边坡比通常为 1∶1.5。在缺乏石料的地方，可以采用沉梢 / 填梢抛石护岸。用柔软树枝编制梢架，内充碎石制成沉梢，或以细嫩树枝等编制梢料，再编成排，层层叠压，其间填充碎石沙砾等，制成填梢；同时以梢料编制成大小与地形相适应的沉排，上面抛石，沉入水中。

图 4-13　自然原型生态护岸

图 4-14　抛石护岸

复式断面护岸是尽可能避免一墙到顶的改良型硬质重力式护岸形式（图 4-15）。根据河道泄洪控制断面要求，经过充分论证及实测流量、水位资料检验，枯水位或常水位以下采用抛石护坡或混凝土护工，以上则通过斜坡应用生态材料布置绿化达到设计堤顶工程，采用常青藤和地锦等攀援植物进行绿化，梯田式种植台上设置方格网状临水步行栈桥或在常水位以上预留二级平台上布置滨水人行道（图 4-16），既达到了河道防洪要求，又为市民提供了更多接近水体的机会，并与城市景观和绿化生态相协调。

图 4-15　复式断面护岸

图 4-16　滨水人行道及其绿化

三、城市河流廊道

（一）城市河流廊道特征

河流廊道是城市景观中重要的多功能服务体，其本身功能的正常发挥不仅与其宽度、连接度、弯曲度以及网络性等结构特征有着密切的关系，而且河流廊道的起源、河流受干扰的强度和范围、河流功能的变化等都会对城市景观的生态过程带来不同的影响（朱强等，2005；宋洁，2004）。

从景观生态学的角度来看，城市河流景观是城市景观中重要的一种自然地理要素，更是重要的生态廊道之一。河流廊道作为一个整体不仅发挥着重要的生态功能如栖息地、通道、过滤、屏障、源和汇作用等，而且为城市提供重要的水源保证和物资运输通道，增加城市景观的多样性，丰富城市居民生活，为城市的稳定性、舒适性、可持续性提供了一定的基础（赵彦伟，2004）。但是，由于受到城市化过程中剧烈的人类活动干扰，城市河流成为人类活动与自然过程共同作用最为强烈的地带之一。人类利用堤防、护岸、沿河的建筑、桥梁等人工景观建筑物强烈改变了城市河流的自然景观，产生了许多影响，如岸边生态环境的破坏以及栖息地的消失、裁弯取直后河流长度的减少以至河岸侵蚀的加剧和泥沙的严重淤积、水质污染带来的河流生态功能的严重退化、渠道化造成的河流自然性和多样性的减少以及适宜性和美学价值的降低等（王薇和李传奇，2003）。

河流廊道生态系统包括河床内流水水体生态系统和河岸生态系统。河床生态系统主要由河床内水生生物及其生境组成（张建春，2001）。生态河流廊道并不是原生河道，而是通过一定的工程和非工程措施后，能够具备自我修复能力、健康、可持续发展生态系统的河流廊道。生态河流廊道具有以下基本特征：①河流生态地貌和生物结构具有完整性；②河流生态功能呈多样性：如栖息地功能、过滤屏蔽功能、廊道功能、汇源功能；③生物系统呈多样性；④河流具有连通性；⑤河流形态呈多样性（姚云鹏等，2007）。

（二）城市河流廊道的功能

城市河流廊道作为河流廊道的一种形式（图 4-17），不仅具有其社会廊道功能，还有一定的自然廊道的功能。在自然功能方面城市河流可进行自然吐故纳新并负责反馈的调节机制的系统，它以植物光合作用和土地资源的营养、承载力为条件，以转化和固定太阳能为动力，通过植物、动物、真菌、细菌，实现城市自然物流和能流循环（Nilsson Christer & Berggrea Kajsa，2000）。城市河流廊道具有以下功能：①气候廊道功能：城市河岸植被带对改善城市热岛效应和局部小气候质量具有重要作用。河流植被通过蒸腾作用使周围的小气候变舒适，提供阴凉和防风的环境。②防护廊道功能：由于河流生境类型的多样化，河岸植被成为维持和建设城市生态多样性的重要“基地”。河岸植被对控制水土流失、净化水质、消除噪声和控制污染等都有着许多明显的环境效益。③物质廊道功能：随着时空的变化，水、物质和能量在城市河流内发生相互作用。这种

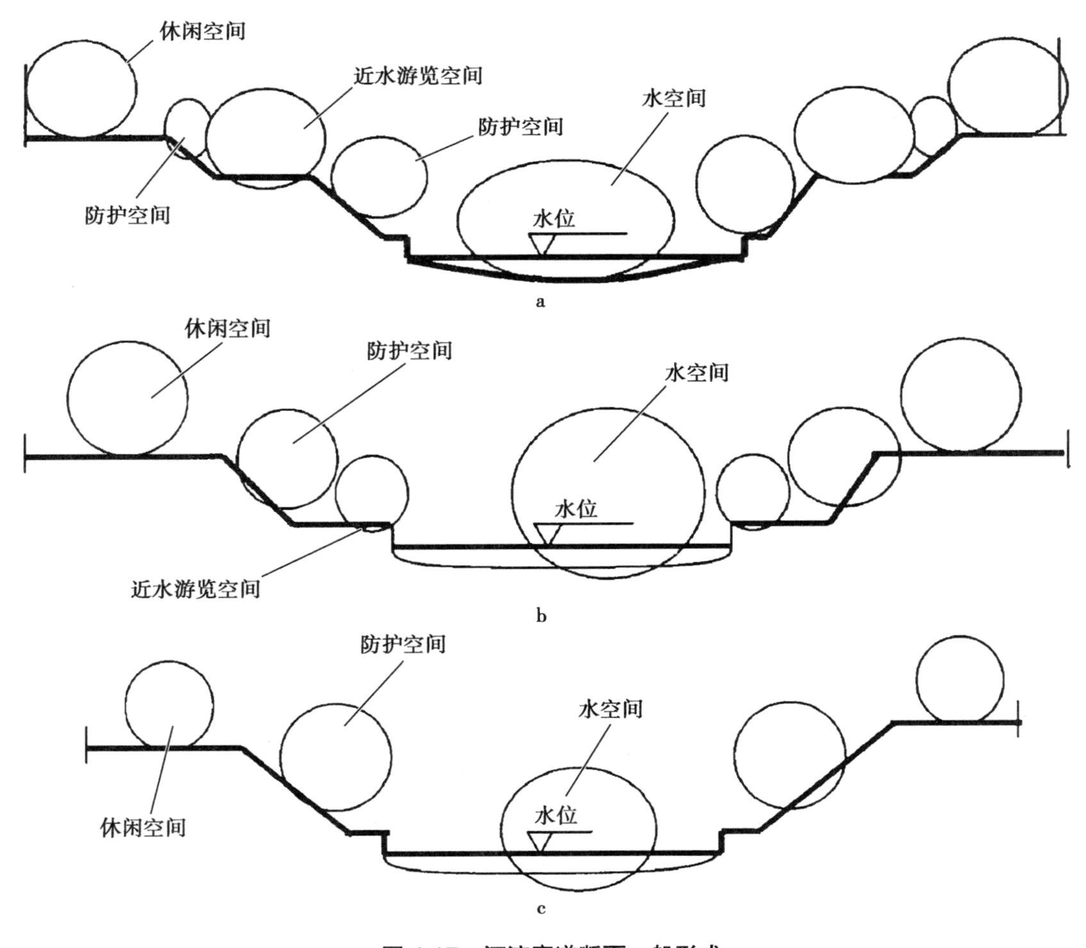

图 4-17　河流廊道断面一般形式

作用提供了维持生命所必需的功能，如养分循环、径流污染物的过滤和吸收、地下水补给、保持河流流量等。④防洪廊道功能:对于城市而言，河流的防洪功能是最重要的。我国每个滨河城市都制订城市防洪工程规划，并将其作为城市总体规划的重要组成部分。而河岸植被带对防洪起着不可磨灭的作用（孙鹏和王志芳，2000）。

城市河流廊道作为城市中的一部分，也具有一定的社会廊道功能。①景观廊道功能:城市河流可以提供滨河公园、紧急疏散道路等场所。在城市河流的景观廊道功能中，亲水功能尤其重要，它体现了城市居民对空气清新的滨河空间的需求。此外，城市河流还提供了绿色休闲通道，是环境幽雅的休闲空间。②遗产廊道功能：河流的历史往往反映了城市的历史。城市河岸地区往往坐落着城市的历史性建筑或者名胜古迹，是历史悠久的地段，是城市历史遗产的重要组成。③经济廊道功能：城市河岸已经成为带动城市经济发展的重要空间，其滨水住宅、旅游休闲场所、娱乐文化场所对促进河岸地区乃至整个城市的经济起到了重要的作用（冯一马，2004）。

（三）城市河流廊道研究现状

在尺度研究方面，针对河流廊道这种跨尺度的研究对象，需要在较城市河流景观更小和更大尺度研究的基础上来确定城市区域尺度上河流景观的研究内容。按照河流景观研究尺度的相对大小不同，可以区分为小、中、大三种类型（郐建国，2000）。小尺度的河流景观主要由河道、堤防和河畔植被所组成，通常进行的研究为河流景观环境规划设计。现代景观环境规划设计将视觉景观形象、环境生态绿化、大众行为心理作为规划设计三元素。河流景观的环境规划设计需要同时考虑河流的多种功能，从安全性、经济性、生态性、观赏性、亲水性、文化性等多方面研究城市河流景观的综合效果。中尺度河流景观研究可以是整个市域范围内所有河流的分布格局及生态效应的研究。从景观水平来看，市域应该包括城市的市区和郊区两部分。在这个尺度上将全市域的河流作为一个整体，运用景观生态学及其他相关学科的知识和方法，进行河流景观生态规划，调整或构建合理的河流景观格局。大尺度的河流景观研究是在流域尺度上研究河流景观的特征和变化，着重通过流域内土地利用变化格局研究来分析流域的水土流失、人为干扰等情况。基于流域景观的异质性、整体性以及协调性等来进行区域景观的综合规划（王薇和李传奇，2003）。

在河岸植被带生态效益的研究方面，城市河流滨水区是城市中自然和人工景观融合发展的主要表现空间，在城市河流景观设计中，主要是结合生态功能、建筑美学以及人文发展的要求进行城市滨水区包括河流水体本身、沿河地带以及水域空间的规划与设计，以期更好地塑造具有城市特色的滨水景观带（冯一马，2004；王建国和吕志鹏，2001；肖苑，2003；Taylor & Signes，2002；Wolman，1967；李芳，2004；Ladson et al.，1999；孙鹏和王志芳，2000）。在城市河流廊道效应研究中，主要以城市景观作为研究的大背景，分析河流这种自然廊道和交通干线等人工廊道的效益和距离的关系，并且对比分析河流廊道和其他廊道的结构和功能特征等方面的异同点。随着对城市绿廊的日益关注，河岸植被带的规划、利用和保护成为目前城市河流廊道研究的热点问题。河岸植被带（缓冲区）是位于污染源和水体之间的植被区域，可以通过渗透、过滤、吸收、沉积、截留等作用来削弱到达表面水体或是地下水体的径流量或是携带的污染物量。河岸植被缓冲区的有效宽度，缓冲区地理信息的提取、分析和制图，岸边植被的规划、设计与管理等都成为了河岸植被缓冲区研究的主要问题。这些学者在研究中都特别强调了河流廊道作为缓冲区的重要性，并且致力于通过样带试验来分析不同河流廊道开发利用情景方案对河流生态功能的影响程度（刘常富和陈玮，2003；王浩，2003）。城市河流河岸植被带对整个城市的改善起着重要的作用，目前我国在建立生态堤岸方面的研究还刚刚起步，许多城市在河岸植被带这方面仅仅限于植物名称及种类数量的调查研究，研究的重点也往往停留于定性的描述植物造景的特色方面（陈吉泉，1996）。偶有的定量研究也集中在树种丰富度、绿量、和生态效益上。近 20 年来，不断有人从很多方面用绿量去计算各种植物所产生的生态效益，如哈尔滨的紫丁香的绿量计算和北京市园林局利用叶面积指数来推算出 30 多种植物的绿量计算公式，而且成为大多数城市借鉴来计算不同植物所产生的绿量。

在生态堤岸的研究方面，城市河流是在社会经济和科学技术发展的前提下，按照现代河流可持续发展思想强调河流生态系统管理提出新的概念，新的模式跟随形成。在众多的新概念中，有一个共同点，就是要恢复河流的自然属性，实现社会经济发展要与河流的自然生态功能相协调（Stoodley & Scott Howard，1998）。很多国家都在对破坏城市河流环境的做法进行反思，都在进行河流回归自然的改造。20 世纪 90 年代以来，德国、美国、日本、法国、瑞士、奥地利、荷兰等国纷纷大规模拆除以前人工在河床上铺设的硬质材料。采用混凝土施工、衬砌河床而忽略自然环境的城市水系治理方法，已被各国普遍否定（王建国和吕志鹏，2001）。建设生态河堤已成为国际大趋势（Sunil Narumalani et al.，1997）。生态河堤以“保护、创造生物良好的生存环境和自然景观”为前提，在考虑强度、安全性和耐久性的同时，充分考虑生态效果，把河堤由过去的混凝土人工建筑改造成为水体和土体、植物体和生物相互涵养且适合生物生长的仿自然状态的护堤。生态护堤具有如下优点：①适合生物生存和繁衍；②增强水体自净作用；③调节水量、滞洪补枯等（Ladson et al.，1999）。

21 世纪城市应在生态方面与大自然和谐共处，城市河流要更好的协调城市发展与环境的关系，有力支持城市物流、能流、信息流、价值流、人流，走向区域生态规划。其结构和功能要高度统一和谐，不仅外部形式符合美学规律，内部和整体结构更应符合生态学原理和生物学特性。要从空间异质性程度、生境连通程度、人为活动程度、物种多样性等方面研究，完善其功能，提高绿地质与量，并在改善环境满足人类生活需要的同时，更为生物提供有利于其生存发展的生境条件（Petersen，1987）。城市河流规划要体现可持续发展、开放性、人文主义、区域整体及系统观念，实现自然、生态、区域、文化乡土、科学艺术、立体的设计，建立生态型、景观型、防灾型、休闲娱乐型等多功能开放空间系统。并将以经济为主导的规划转化为以环境为主导的规划，改变将规划停留在空间视觉效果形式以及减缓环境污染的层面上，突出恢复自然，维护城市生态和重塑城市景观的功能。实现“自然—人类—水体”的可持续发展（唐剑，2002）。河岸植被带的三维评价能更全面、准确的反映城市河流在城市生态方面的作用。绿量研究、简易测定及环境效益之间的量化关系可为城市河流的规划提供一定的理论依据（王浩，2003）。目前生态效益定量研究多为一些块状的绿地，对于这种河流河岸植被带的条形绿地的研究还较少，所以现在对河流廊道这种条形绿地的货币计算也是当今研究的新方向。

第三节 城市河流森林廊道

一、城市河流森林廊道的概念及其发展

河流水系是城市中自然环境的重要组成部分，几乎所有的大中型城市都是依水而建，尤其在我国南方地区，河网密布，纵横交错，城市河流水系构成了城市的自然骨架。城市河流森林廊道(River Forest Corridor)是城市生态景观中最重要的生态廊道类型，是城市河流廊道的重要组成部分，可以定义为城市市域范围内河流两岸水陆交错区及其周围具有森林结构与功能的森林植被相互连接形成的“线”“带”结合的廊道。河流廊道的植被系统一般包括河流沉水植被、边坡及河漫滩植被、河流阶地与河堤植被以及河流部分高地植被等几个部分。在城市河流森林廊道中，不同的植物种类依照生理生态特性的差异占据不同的生态位，并沿河流走向形成带状的分布，在水系景观功能中有很重要的作用。

河道森林廊道作为城市生态系统中的廊道，水陆交互作用，是生物多样性丰富和敏感的区域。Burger（2000）认为河岸带既是生物多样性的潜在风险区，也是未来连接分散生境斑块的重要廊道。河流森林廊道植物包括常水位以下的水生植物、河坡植物、河滩植物和洪水位以上的河堤植物，能够维持陆域与水域之间的能量、物质和信息通道，保持河流系统的时空异质性，为动物、植物、微生物提供适宜的生境和避难所，是生物多样性和河道有效发挥生态系统服务功能的基础，具有显著的边缘效应和廊道效应，对生物多样性施加积极影响。以往城市河滨空间自然地形被整平，植被单一化、人工化和草坪化，河岸带生态结构和自然景观被大大简化，致使城市河流失去了作为城市生态廊道、保存河流生物多样性和绿色休闲通道的功能，也失去了城市河流的生物多样性和自然景观的生动性。

河流森林廊道源于河流生态修复及城市河道环境整治中植物措施的应用，可以追溯到20世纪20年代。绿色植物是生态系统中的第一性生产者，物质循环与能量交换的枢纽。群落的水平结构与垂直结构的改善会使系统的供给功能、保存功能、抵制功能和排出功能更加完善，提高整个系统的生产力，同时又创造和保持可持续发展的自然环境（刘惠清等，1998）。植物措施治理河道通过科学设计，结合人力种植多种植物种类，迅速增加了生物多样性，同时，植物具有保持水土，改善生境等功能，也是食物链的重要组成部分以及物流、能量流的重要环节，为本地植物恢复、其他微生物和动物栖息、生存和繁衍创造了条件。到20世纪60年代以后，植被护坡技术已推广到世界许多国家，在河道治理中主要是用于岸坡防护。从70年代开始，随着人们对自然认识的深入和对环境要求的提高，植物措施已从单纯的水土保持转向水土保持与景观改善的结合，有些地方，景观改善已成为植物措施的重要方面。北京、上海、浙江、江苏、四川、辽宁等地都采用植物措施对河道进行了整治（许晓东，2004；朱晨东，2003；应聪慧和韩玉玲，2005；陈小华等，2007；董建伟，白国庆，2007）。

20世纪90年代以来，随着社会经济的不断进步和发展，城市对于改善水域环境的

要求不断提高。据刘树坤（2002）的访日报告,日本各地提出了一些城市河流建设口号,如有“建设水和绿色的长廊”“充满活力和文化的河流”“多姿多彩公园化的河流”“清澈而舒适的河流”“充满文化气氛新风俗的河流”“绿色、水、文化协调的河流”等。按照现代城市的功能，对流经市区的河流归纳起来有两类要求:①对河中水流的要求是:清澈的河流——不断流、水质清洁；生命的河流——生物多样性，生机盎然；多样的河流——能形成多样的景观和生态系统；生动的河流——不呆板、不单调。②对滨河带的要求是：独特的河流——能反映本地独特的景观、历史、文化、风俗；美丽的河流——充满鲜花，有人工景点，公园化；舒适的河流——提供休闲、娱乐、体育活动空间；文化的河流——充满文化、艺术、科学气氛，具有现代气息；亲水的河流——人、水关系协调，引人入胜，便于人水亲近。城市河流森林廊道研究与建设日益受到重视。在我国沈阳，蒲河作为沈阳城市水系结构和防洪体系的重要组成部分，将成优化城市发展空间的引擎,沈阳重要的生态景观廊道,统筹城乡发展的示范区及塑造生态文明的载体;沈阳市将把她打造成生态之河——修复自然生态景观廊道；魅力之河——建造城市形象展示平台；实力之河——打造泛蒲河流域经济区；和谐之河——营造人水和谐示范基地。成都市沙河森林廊道建设把水作为“成都市生态和文态的结合点”，突出生态性、亲水性和可持续性和人与自然的和谐统一，河道长度22.22km，河道两侧50~200m宽建设森林植被带，沿河建设了北湖凝翠、麻石烟云、三洞古桥等“沙河八景”，充分体现了成都市的“上善若水、以水为脉、以绿为美、以文化为魂”的城市个性，获得“2006年泰斯河流国际奖”。

河流森林廊道是基于河岸绿化（河堤绿化、滨河绿化等）的转变而发展起来的现代城市森林建设形式。随着城市绿化的发展和人们生态环保意识的增强，河岸绿化作为生态城市建设的一部分受到越来越多的关注。许多城市已进行了多种绿化实践研究。我国的河岸绿化发展变迁大致经历了四个演变阶段（表4-5），在驳岸类型、环境治理、植物选择和配置形式、景观营造等方面随着城市的发展都发生了大的变革，以至到目前形成的河流森林廊道建设。

表4-5　河岸绿化演变过程

阶段	形式	演变情况
第一阶段	没有绿化或仅在护墙外少量的绿化	由于经济持续发展，这一阶段的河道建设以确保社会安定和经济持续繁荣为主要目的。从防洪、排污、航运的角度出发修建堤防设施。这种断面的护岸类型为光滑的直立式混凝土或浆砌石防汛墙，并经历了多次的加高加固，水陆间的落差大。虽然这种护岸可避免污水的滞留和渗透，在资金有限的情况下达到最好的防护效果，但是却完全破坏了河流长期形成的自然形态，导致水流多样性消失，阻碍了水生及过渡区生物的生长，以至绿化很少，宽度在1~2m左右，有些河段防汛墙旁甚至完全无绿化或仅有野生的草本植物分布。早期的绿化形式一方面受护岸条件的制约，阻碍了河岸自然绿化带的形成；另一方面，由于缺乏绿化缺乏规划和设计。导致了河岸绿化生态效果差，并与周边环境景观极不协调

续表

阶段	形式	演变情况
第二阶段	墙体和墙外绿化	这一阶段的绿化结构是对早期绿化的简单改造，主要考虑到如何给河道"增绿"。河道的断面和护岸的结构没有发生变化，仅通过布置垂直绿化和扩大背水面绿化这两种方式，达到增加河岸的绿化面积和软化硬质驳岸线条的效果。墙体垂直绿化在一定程度上增加了绿化面积．软化了驳岸的硬质线条．营造了特殊的河道绿化景观。墙外绿化主要是增加和丰富直立防汛墙后侧的背水面绿化，绿化带的宽度为3~10m左右，形成小规模的河岸绿化。沿防汛墙种植的高大繁茂的乔灌木其树冠可对河面产生一定的遮蔽作用，调节水面温度和蒸发，为水生生物的生长创造适宜的小环境
第三阶段	景观型绿化	河道断面采用复式断面代替了老式的U字形断面，这种类型护岸的绿化结构布置多个绿化带，均分布在各平台区域。下部的近水平台由于地下水位较高应种植一些耐湿的种类；上部的平台绿化植物种类园林观赏种居多，多为花坛式种植，呈块状分布。但是这种绿化模式占地面积较大，结构复杂，投资大。绿化为块状，连接度差，种类多园林种，生态作用难以发挥。人看到的是禁锢在水泥槽中的人工河，亲水性也无法得到最大程度的发挥
第四阶段	生态型绿化	河道断面的改造与复式断面相似，护岸则采用比混凝土台阶更加生态的斜坡式。这种类型护岸的绿化结构占地面积大，绿化带的连接度好．从湿生到陆生植物逐渐过渡更加自然．植物的种类和配置多样。一定密度的植被覆盖于斜坡式护岸中可涵养地下水源、稳固岸坡调节小气候等。湿生植物还可以净化水质，合理的乔灌草搭配可使植被群落更加稳定，可抵御一定程度的外部干扰，如：干旱 病虫害等。这种生态型的绿化结构在增加河岸绿化生态效果的同时也保证了景观性和亲水性的实现

随着全世界范围的城市森林建设深入推进，城市河流森林廊道建设已成为城市森林建设的重要内容，关于城市河流森林廊道的研究和建设也开始增多。河流森林廊道可以重新恢复和衔接水陆域间的联系，有效解决传统河道建设方式带来的自然环境破坏、河道服务功能下降等问题，并在补枯、调节水位、提高河流自净能力、改善人居环境等方面产生重要影响。同时，具有宽而浓密森林植被的河流廊道可以控制来自景观基底的溶解物质，从而有效地减少来自周围景观的各种溶解物污染，保证水质；可以为两岸内部物种提供足够的生境和通道。不间断的沿河两岸的森林植被廊道能维持诸如水温低、含氧高的水生生境条件，有利于某些水生生物生存；为水生食物链提供有机质，为鱼类等水生生物提供生存条件等等。河流森林廊道表现为连续的森林植被带，植被物种丰富、结构复杂，物质、能量流通与交换过程非常频繁，生物多样性和生产力比较高。河流森林廊道具有对水质的自然调节功能，控制着水和矿物质养分的径流，可减少洪水泛滥、淤积和土壤肥力的损失，富有可收获的资源。廊道植被可以使河水保持相对较低的温度，而植物的凋落物沉积在河中，成为许多河流食物链的基础，还可以防止河岸侵蚀，从而减缓颗粒物质和溶解物质的侧向输入过程，是河流水质控制的重要机制。

在我国有许多典型的城市河流森林廊道建设实例，如成都市的府南河、沙河森林廊道、扬州市的大运河城区段森林廊道、沈阳市的蒲河森林廊道等。例如，沈阳市在城市河流森林廊道建设规划中，为把蒲河打造成美丽、自然、和谐的生态廊道，以生态廊道、沈阳之“虹”作为核心理念，即利用彩虹具有的“自然、多彩、连通、愿景”四大特征，实施修复蒲河生态系统，建设自然景观环境。规划为“珠链式结构”，即打造“一河三湖多湿地、两岸六区十八景”。将浑河、蒲河等河水相连，将沿线滨河路打通，将蒲河水质提升，升级至高标准的景观河流。实现东山西水两连一通，即：水连：综合调配市域水源，保证充足的水量补给，形成连续的水面。绿连：恢复流域生态系统，加强绿化建设，沿河两岸新增绿地 6000hm^2，形成两岸连续的绿色生态廊道。路通：打通沿线的滨河路，形成蒲河流域一体化的景观廊道。围绕沈阳市区利用东部自然山体和西部丰富的水资源，形成“东山西水”的格局，打造沈阳市“统筹流域城乡发展，彰显魅力城乡生活”“建立区域连通纽带，优化城市发展空间”城市之“虹”。

近年来国外在河流森林廊道植被结构、功能和管理研究方面开展了许多工作；相比之下，国内才刚刚起步。我国生态学者虽然都认识到河流森林廊道对于控制水体向富营养化发展、保障饮用水源安全、提高生态系统质量具有十分重要的意义，但研究还大多数处于初步试验阶段。已有研究表明，森林植被带具有截留雨水、防止雨水击溅侵蚀；减少地表径流、防止地表水流侵蚀；防止践踏；增加水分渗透；根系固定土壤和支撑作用；净化水质，削减非点源污染；改善生物栖息地功能；提高景观多样性等多种功能。

因此，城市河流森林廊道的功能主要表现在以下几个方面：①实现城市生态规划、设计和管理的途径：森林植被覆盖良好的河岸对提高整个城市气候和局部小气候的质量具有重要作用，保存良好的植被或新设计的植被特别能改善城市热岛效应，在小环境方面，河流植被不仅可提供阴凉、防风和通过蒸腾作用使城市变得凉爽，而且，还为野生动植物繁衍传播提供了良好的生存环境（Grey，1978）。在城市中自然栖息地的保护对城市是有经济效益的，河边植被对控制水土流失、保护分水地域、净化水质、消除噪声和污染控制（空气污染、面源污染）等都有许多明显的经济效益（Cook，1991）。②社会经济价值：城市河流森林廊道为居民提供更多的亲近自然的机会和更多的游憩休闲场所，使城市居民的身心得到健康发展（俞孔坚等，1998）。另外，河流森林植被由于其生境类型的多样化，还是维持和建立城市生物多样性的重要“基地”；具有森林植被的自然河岸线构成了城市优美的景观，是塑造城市景观的重要手段。

二、城市河流森林廊道建设

关于河流森林廊道的合理设置国内外都有研究，如美农业部林务局（USDA-FS）早在 1991 年就制定了“河岸植被缓冲带区划标准”。这里有两个因素相对比较关键，一为河流森林廊道宽度的确定，二是河流森林廊道植物种类的合理选取与群落构建。

（一）城市河流森林廊道的宽度

河流森林廊道主要通过一定宽度的各类植被带发挥作用。根据国内外相关研究，参照滨岸缓冲带的宽度设计：

（1）应用通用水土流失方程（USLE），Mander 提出廊道的有效宽度与相应时段内地表径流强度、流域坡长和坡度成正比，而与流域地表的粗糙度系数、缓冲带内渗入的水流流速及缓冲带内土壤的吸附能力成反比。

（2）应用 USDA-FS 系统，考虑其设置的主要功能目标，同时需要考虑建设所投入的资金，在设置廊道宽度时通常就会考虑“能接受最小宽度”这个指标。能接受最小宽度是指满足所有需求的宽度中最少花费的那种宽度。

（3）对于生物保护而言，一个确定廊道宽度的途径就是从河流系统中心线向河岸一侧或两侧延伸，使得整个地形梯度对应的环境梯度和相应的植被都能够包括在内，这样的一个范围即为廊道的宽度（见本书第 224~227 页）。

（二）城市河流森林廊道植物选取和群落构建

不同森林植被类型有不同的生态效果，因此在植物品种选择时应该根据城市河流森林廊道构建的主要目的和当地实际情况来选取和种植。一般考虑选取水土保持效果好、氮磷吸收能力强的常见植物。在污染物去除效果相近的情况下，优先考虑本地物种或已本地化的外来物种，这样有利于提高缓冲带植被与野生动物之间的和谐性，提高廊道的生态功能。同时，还需要充分考虑廊道植被群落构建的合理性。每个植物的群落类型都是由不同生活型的植物所组成，其空间上的结构又可以分为垂直结构和水平结构。垂直结构表现在空间上的成层现象，例如陆上植物往往可分为乔木层、灌木层、草本层和地被层，水生植物往往可以分为漂浮植物层、沉水植物层、挺水植物层；水平结构是植物群落在水平空间上的分化，包括不同物种的组成，物种间的竞争等等。一般植被结构越简单，自我调节和更新的能力就越低，所能提供的生态稳定性也就越差。植被总量和种类数目的减少又会影响果实、种子、根系等生物量，进而影响植被带净化水质和固土护坡的作用。另外，缓冲带植被结构中成熟株与幼龄株的比例也相当重要。

1. 树种选择

一是根据适地适树原则，选择乡土树种，并尽可能使植物种类多样化。要充分考虑河流地段生态因子的复杂性，选择应以适合该地生长的乡土树种为主，但不排除经过长期驯化考验的外来树种。但是，要避免在植物种类的选择上过多地追求新、奇、异、珍品种，否则会影响本地植被群落的物种组成，甚至出现外来物种排挤并最终毁灭本地乡土物种的情况。

二是结合城市特色，选择能够展现城市河流风貌的树种。选择树种时，最好对地区特点、历史特征、四季景色等情况调查清楚，这样才能在设计时进一步强调“河流特点”。例如，北京植于水边的树木常用垂柳，不仅现在是常见的，在古代绘画中也常见，它是构成北京水边代表性景观的重要元素。要把这些定式化的类型灵活应用，并作为表现河流风格的手法之一。

2. 群落结构与植物景观

廊道森林群落结构配置与构建，要以人为本，要考虑休闲空间与水体之间的游步道和亲水游览空间；在植物种类选择上，力求丰富多样，乔、灌、草植物均有，考虑植物的生态习性、花期、季相、植株高度、树形，使得沿岸的植物景观丰富；在结构上讲求层次，乔、灌、草立体配置。

（三）城市河流森林廊道建设用地

城市河流森林廊道建设基于城市河流绿化用地，需要考虑城市河流及其绿地的特点：

（1）城市河流的使用功能是交通运输，岸上有很多设施，森林廊道建设要给予认真地配合，尽可能加以美化。

（2）建筑设施不多，有一定绿地面积，应在森林廊道设计前仔细研究地形，创造丰富的空间和景观。

（3）选择的树种要求能适应场地的环境，特别是种植在河流旁的乔木，根系要深不易倒伏，防止树干倒人河中阻碍泄水排洪。

（4）城市河流多与开放绿地或公园相邻，森林廊道要相互结合，创造出更具特色的景观。

绿化用地包括用地范围和用地条件。用地范围是指城市河流绿化范围，它包括水体、水体边缘、岸边和滨河路等要素；用地条件是指绿化地区及其场地的气候、水分、土壤等环境条件，以及周围土地的利用情况等。以上两点是森林廊道设计的基础，只有调查了解清楚，才能着手进行设计。

（四）城市河流森林廊道规划设计

1. 规划设计原则

（1）生态为主，科学配置。要求设计者在追求艺术效果的同时，除了引进景观生态学、行为心理学的相关概念外，还应该学习和借鉴国外的环境园艺、地域植物学、恢复生态学、动植物栖息园等新的理念，以适应新时代造景的需求。依据自然与生态原则，提高城市绿量，形成城市的森林景观带，构成城市森林生态体系中的网络主体。

（2）以人为本，尊重使用者。研究人在各种植物小环境中的心理，是设计创作的基础。设计时应利用设计要素构筑符合人的需要和人体尺度的园林空间，丰富城市景观多样性和城市物种多样性，为市民创造文体娱乐和亲近自然的空间。创造丰富的植物景观，突出植物的层次和群落特征，按植物的生态习性进行景观设计，创造水陆植物景观共生的特殊廊道景观。创造开敞、舒适自然的亲水空间，从城市通风、景观可视性和亲水性等因素考虑，在城市中创造自然空间。

（3）尊重历史文化，坚持风格统一。进行绿化设计时，必须注意绿地的性质、风格和主题，尽量发掘当地历史文化底蕴，充分体现地方特色和历史文脉。这样的设计才有真正的灵魂，能与周围的环境或其他方面融合，符合使用者的审美及心理要求。将城市的水体设计成一条动态的历史画卷，展示城市的历史文化的发展脉络，并融入到自然之中，创造人文与自然交融的线性空间，为后人提供宝贵的财富。滨水两侧的用地开发必须服从建设生态廊道的宗旨，而滨水绿地的建设应服从于被开发的用地，达到互惠互利的有机结合，解决好城市开发与滨水景观的矛盾。

2. 规划设计要求

（1）河流与绿化在视觉上的整体感。为了使河流与绿化同时进入视野，不但要注意通向河岸和步行的方便，还要注意尽量把树木栽植到靠河边的地方。在实际中，为了使人们能同时眺望到河流和绿化，有的把绿化带降低一层，有的将河岸护坡面作绿化用地。日本河流绿化有一种传统手法叫“垂枝点水”，枝条垂到水面，使两者在视觉上成为一体，这样可以取得水岸自然连接的效果。如在高出设计高水位河岸的斜坡上，可以栽植乔木、灌木、草本，或者栽植侧枝发达的樱桃等，使枝条在河边悬垂，使人们能够在河流和树木之间散步。

（2）接近河岸的方便性。其重要之处在于无论是从视觉上，还是从活动上都能保持与河流的密切联系。沿河的步行道同河流之间可密植灌木，并在此基础上配植乔木，但要避免形成视觉方面的“墙”。只要这种隔断形态不是长距离的，就能使沿河的步行空间发生变化。

（3）河流空间的统一风格。可通过乔木和灌木的组合种植来控制河流空间的风格。因地区风格和河流规模等情况的不同，要对其强弱控制做认真地研究。在规模较大的河流中，强化区域性和独立性能使平淡的风景醒目起来；而在规模较小的河流中，强化区域性就很可能给人造成封闭、排它的印象。如果相邻地区用作住宅区时，需要考虑采用开放式的绿化形式，方便接近水边。若是在市中心区交通流量大的道路上，就需要形成包围感强的协调的河流空间。

3. 廊道的规划设计

（1）廊道中水空间的设计。设计要充分考虑水面的景观和水体周围的环境状况。对清澈明净的水面或在岸边有建筑，或植有观赏树木时，一定要注意水面的植物不能过分拥塞，一般不超过水面面积的1/3，以便人们观赏水中的倒影。对选用植物材料要严格控制其蔓延，具体方法为设置隔离带，为方便管理也可盆栽放入水中。对污染严重、具有臭味或观赏价值不高的水面，则宜使水生植物布满水面，形成一片绿色的植物景观。在炎热的季节，通过风的流动来调节附近的空气湿度，降低空气中的浮悬物。

水体边缘是水面和堤岸的分界线，水体边缘的绿化要求既能对水起到装饰作用，又能实现从水面到堤岸的自然过渡，尤其在自然水体景观中应用较多。一般选用荷花、菖蒲、千屈菜、水葱、芦苇、水生鸢尾等，这些植物本身具有很高的观赏价值，对堤岸也有很好的装饰遮掩效果。在休闲空间规划中，应有意识地设计与水的对应关系，注重与水面的视线联络，设置临水的平台亲水空间，提供水上活动项目，规划垂钓场所。

（2）廊道开敞式的设计。对于堤岸的不同驳岸类型，石岸和混凝土岸在我国应用较多，线条显得生硬而枯燥，需要在岸边配置合适的植物，借其枝叶来遮挡枯燥之处，从而使线条变得柔和。自然式石岸具有丰富的自然线条和优美的石景，在岸边点缀色彩和线条优美的植物，与自然岸边植物相配，使得景色富于变化，配置的植物应遮丑露美。自然土岸曲折蜿蜒，线条优美，岸边的植物也应自然式种植，切忌等距离栽植。草木植物及小灌木多用于装饰点缀或遮掩驳岸，大乔木用于衬托水景并形成优美的水中倒影。

滨河路中临江、河、湖、海等水体的道路，通常一边是建筑，一边是水面。在对滨河路进行绿化设计时，应充分利用宽阔的水面，临水造景，以植物造景为主，配置游憩设施和有特色风格的建筑小品，构成有韵律连续性的优美彩带。使人们漫步林荫下，或临河垂钓、水中泛舟，充分享受自然气息。设计形式应根据河流绿地的功能、性质以及自然地形、河岸线的曲直程度、所处的位置而定。如地势起伏、岸线曲折、变化多的地方采用自然式布置；而地势平坦、岸线整齐，又邻宽阔道路干道时则采用规则式布置较好。自然式布置的绿地多以树丛、树群为主；规则式布置的绿地多以草地、花坛群为主，乔木、灌木多为孤植或对称种植。

要充分发挥森林廊道的生态功能和改善环境作用，采取复层结构，提高地被植物的应用比重，选择叶面积比大的植物，以达到增加绿量、为城市“机体”提供能量的目的。要发挥廊道为城市提供新鲜空气的作用，除在廊道森林结构上考虑外，应采用开敞式的断面设计，使风在炎热的夏季将郊外新鲜的空气通过河道带入城市，也可以将廊道中产生的氧气向市内其他城区疏散，进行有机的物流交换，以增强其调控环境的功效，有利于缓解城市热岛效应，改善城市大气质量。

（3）森林廊道结构设计。按照森林群落的层次结构和成片结构要求，一是模拟自然起伏的山地——创造微地形景观。在面积较大的休闲区进行微地形的设计，将自然的形态特征引入绿地空间中。二是沿岸的植物按其生态习性进行自然式配置，创造丰富的层次和景观，形成高低起伏的天际线和开合变化的植物空间。三是在景物设施、园林建筑及小品的设计中采用自然或仿自然的材料，如山石及其他木质的建筑、塑石、仿木的材质，创造朴素自然的廊道空间。

（4）廊道森林结构设计。森林廊道垂直方向的空间布局主要是植物群落的配置方式和类型，在保护原有水系两侧地带性天然植被的基础上，兼顾观赏性和城市景观，根据森林生态学的森林群落和生态位原理，借鉴地带性典型森林群落的种类组成、结构特点，配置以乡土树种为主的群落、建群种，形成乔灌草藤复层森林群落结构，促进人工配置群落的稳定性和正向自然演替，并实行相对粗放式的近自然设计和管护，减少人为干扰，逐步建立森林廊道生态系统的自我维持机制。一是在规划中应提高河道两侧的乔木栽植量，并以阔叶树为主，以达到增加绿量，改善环境的目的，特别是采取复层的绿化结构。二是考虑廊道的开敞性、通风功能以及坡度限制，护坡不易采用较高大植物，而应以地被植物为主。护坡两侧是视觉敏感区，设计中应按其季相的变化、坡向及植物本身的生长要求进行护坡的植物设计。三是考虑应用 V 字形的绿化空间，廊道断面的形状直接影响其景观与生态功能的发挥。V 字形的断面既有扩大空间的效果又可以形成良好的观赏面——植物景观形成由低到高的层次关系。另外，由于 V 字形成向外和向上扩展趋势可以形成开敞空间，易于使城外的新鲜空气进入。四是考虑廊道森林景观季相变化，廊道这一线性空间的产生，在景观上表现出鲜明的节奏特征，而创造景观节奏的方法很多，如空间的开合、天际线的起伏、色彩的变化等，这里主要针对生态廊道中的季相景观而进行分析。在季相景观规划中应突出其四季变化明显而又集中表现在春秋两个季节的特点，在河道两侧应按坡向不同而选择不同的季相植物。从植物本身的色彩和生态习性，南面可选择春季开花的植物，而北岸则选择秋季观叶的植物，使得同一环境中由于季节的差异而形成景观的变化。五是注重针（常绿）阔（落叶）树种的比例搭配，同时，既要考虑高大乔木，又要考虑常绿的灌木和地被，乔灌草结合，形成复层混交结构。

三、成都市城市河流森林廊道典型模式设计

（一）城市河流森林廊道配置模式 1：亲水型

1. 模式主要树种见表 4-6。

表 4-6　亲水型廊道模式主要树种

树种名称	拉丁名	外貌特征	生态习性
天竺桂	*Cinnamomum japonicum*	常绿乔木	主要分布于上海、江苏、浙江、台湾等，作为引进种，在川西地区长势良好。中性树种。幼年期耐阴。喜温暖、湿润气候，在排水良好的微酸性土壤上生长最好，中性土壤亦能适应。在排水不良之处不宜种植，对二氧化碳抗性强
香樟	*Cinnamomum camphora*	常绿乔木	同上
垂柳	*Salix babylonica*	落叶乔木	分布于长江流域及其以南各省区平原地区，华北、东北亦有栽培。垂直分布在海拔 1300m 以下，喜光，喜温暖、湿润气候及潮湿深厚之酸性及中性土壤。萌芽力强，根系发达，生长迅速，对有毒气体有一定的抗性，并能吸收二氧化硫

2. 适宜地区

一般在城区流速较慢，环境优美、视野开阔的河段，主要满足市民休闲需求。

3. 技术要点

（1）配置类型：依据市民出行需求，一般采用复层配置和单层配置（林下为硬质铺地）相结合（图 4-18、图 4-19），形成多种滨水活动空间。

图 4-18　亲水型廊道模式配置图

图 4-19　亲水型廊道配置模式实景图

（2）栽植技术：株距应以壮年期冠幅为准，最小株距为 3m。壮年期树冠覆盖率不低于 50%。廊道宽度不低于 30m。

4. 功　能

（1）作为植物和动物及人类能够正常的生活、生长、觅食、繁殖以及进行生命循环周期中其他的重要组成部分的区域，具有生物栖息地作用以及能量、物质和生物流动的通路功能；并创造人与生物共生的滨河开放空间，起到降温增湿（表 4-7）、亲水游憩功能，对改善城市热岛效应和局部小气候质量具有重要作用。

表 4-7　树种各季节日降温增湿能力

植物名称	季节	日蒸腾总量 [mol/（m^2·d）]	释水量 [g/（m^2·d）]	吸热量 [kJ/（m^2·d）]	降温度数（℃）
天竺桂	春季	14.59	262.66	644.52	0.04
	夏季	194.24	3496.39	8470.19	0.56
	秋季	39.02	702.29	1443.82	0.10
香樟	春季	21.00	378.03	927.60	0.06
	夏季	150.31	2705.51	6554.24	0.43
	秋季	44.72	804.94	1654.86	0.11
垂柳	春季	38.56	694.03	1702.98	0.11
	夏季	194.22	3495.96	8469.15	0.56
	秋季	104.60	1882.82	3870.85	0.26

（2）起到渗透、过滤、吸收、沉积、截留等屏障功能，对控制水土流失、净化水质、消除噪声和控制污染等都有着许多明显的环境效益。

（3）能够维持陆域与水域之间的能量、物质和信息通道，保持河流系统的时空异质性，为动物、植物、微生物提供适宜的生境和避难所，是生物多样性和河道有效发挥生态系统服务功能的基础，具有显著的边缘效应和廊道效应，对生物多样性施加积极影响。

（4）具有城市内外生物、能量和物质交流的“源”“汇”功能。

（二）城市河流森林廊道配置模式 2：生态驳岸型

1. 模式主要树种见表 4-8。

表 4-8　生态驳岸型廊道模式主要树种

树种名称	拉丁名	外貌特征	生态习性
水杉	*Metasequoia glyptostroboides*	落叶乔木	江苏、湖北、湖南、重庆、陕西、四川均有分布。喜光，喜温暖湿润气候，土壤为酸性山地黄壤、紫色土或冲积土，pH 值 4.5~5.5。多生于山谷或山麓附近地势平缓、土层深厚、湿润或稍有积水的地方，耐寒性强，耐水湿能力强，在轻盐碱地可以生长。
桂花	*Osmanthus fragrans*	常绿小乔木	桂花广泛栽种于淮河流域及以南地区，其适生区北可抵黄河下游，南可至广东、广西、海南。为亚热带树种，喜温暖环境，耐高温而不甚耐寒，宜在土层深厚，排水良好，肥沃、富含腐殖质的偏酸性砂质土壤中生长，不耐干旱瘠薄，喜阳光，有一定的耐阴能力。

续表

树种名称	拉丁名	外貌特征	生态习性
黄葛树	*Ficus virons*	落叶乔木	主要分布于广东、海南、广西、陕西、湖北、四川、贵州、云南，川西栽培最佳。耐寒性较强，宅旁、桥畔、路侧随处可见，是常用的庭荫树、行道树之一。

2. 适宜地区

一般在城区河流上游，防洪压力小的河段。

3. 技术要点

（1）配置类型：一般为复层配置，自然式栽植为主，规则式栽植为辅，多呈带状（图 4-20、图 4-21）。

（2）栽植技术：株距应以壮年期冠幅为准，最小株距为 3m。壮年期树冠覆盖率不低于 50%，绿化率达 80% 以上。

图 4-20　生态驳岸型廊道模式配置图

图 4-21　生态驳岸型廊道配置模式实景图

4. 功　能

（1）降温增湿（见表 4-9）。

（2）其他功能同上。

（三）城市河流森林廊道配置模式 3：近自然抛石型驳岸式（图 4-22）

（1）驳岸以自然置石为主，可以保持河道的自然特点。

表 4-9　树种各季节日降温增湿能力

植物名称	季节	日蒸腾总量 [mol/(m² · d)]	释水量 [g/(m² · d)]	吸热量 [kJ/(m² · d)]	降温度数 (℃)
水杉	春季	28.14	506.53	1242.92	0.08
	夏季	204.82	3686.69	8931.20	0.59
	秋季	56.39	1015.09	2086.91	0.14
桂花	春季	13.70	246.68	605.31	0.04
	夏季	112.88	2031.91	4922.41	0.33
	秋季	34.14	614.60	1263.54	0.08
黄葛树	春季	18.43	331.71	813.94	0.05
	夏季	186.18	3351.24	8118.55	0.54
	秋季	41.70	750.54	1543.01	0.10

图 4-22　近自然抛石型驳岸式设计示意图

（2）为满足防洪要求，局部采用隐藏驳岸的设计手法，外观作自然抛石放坡处理。

（3）在自然置石周围点植石菖蒲、千屈菜、鸢尾等耐水湿植物。

（四）城市河流森林廊道配置模式 4：堤岸型（图 4-23、图 4-24）

（1）考虑防洪排涝、生态保护、环境景观、亲水空间等多方面的要求，河道修砌驳岸，采取多级驳岸处理方式，确保水边环境的连续性、自然性；利用水边台阶、水桥、平台及绿地、休闲广场等形成开放型的亲水空间，满足人们亲水性需要。

（2）水边种植耐水性植物，岸边种植其他树木等，丰富驳岸景观；注重速生树种与珍贵树种的搭配与运用，速生树种如四季杨、水杉、栾树等，珍贵树种如楠木、银杏、桂花、香樟等。

图 4-23 堤岸型廊道配置模式设计图

图 4-24 堤岸型廊道配置模式实景图

（3）在河流两岸建设健康步道，速生树种与慢生树种搭配比例控制在 3∶7，不仅能在较短的建设期内发挥景观效果和功能，同时也保证了健康步道的延续性和持久性。

参考文献

安勇，卓丽环．哈尔滨市紫丁香绿量[J]. 东北林业大学学报，2004，32（6）: 81~84.

白梅．发挥绿地系统的生态效应——邯郸市生态绿化系统研究[J]. 研究探讨，2004（3）: 56~58.

柏智勇，吴楚材．空气负离子与植物精气相互作用的初步研究[J]. 中国城市林业，2008，6（1）: 56~58.

包惠，周来东，周毅，等．成都市特殊保护区域生态环境保护现状及对策[J]. 四川环境，2003，22（6）: 41~44.

藏润国．红松阔叶林林冠空隙动态的研究[D]. 北京林业大学博士学位论文，1999.

曹洪虎，刘承珊．上海松江中心城区道路绿化类型及景观分析[J]. 安徽农业科学，2007，35（30）: 9516~9517，9521.

曾小平，赵平，彭少鳞，等 .5 种木本豆科植物的光合特性研究[J]. 植物生态学报，1997，2（6）: 539~544.

曾小平，赵平，彭少麟，等．三种松树的生理生态学研究[J]. 生态学报，1999，10（3）: 257-278.

曾晓阳，陈其兵，艾毓辉．城乡统筹构建和谐生态廊道研究[J]. 中国园林，2008，4: 59-65.

曾晓阳，秦华．风水理论对风景园林规划设计之影响[J]. 西南交通大学学报，2005，（6）: 83~87.

常青，李双成，李洪远，等．城市绿色空间研究进展与展望[J]. 应用生态学报，2007，18（7）: 1640~1646

车生泉，王洪轮．城市绿地研究综述[J]. 上海交通大学学报（农业科学版），2001，19（3）: 229~234.

车生泉．城市绿色廊道研究[J]. 城市生态研究，2001，25（11）: 44~48.

车生泉．上海城市街道峡谷道路绿化模式研究[J]. 上海环境科学，2003，22（12）: 916~920.

陈昌笃．都江堰地区——横断山北段生物多样性交汇分化和存留的枢纽地段[J]. 生态学报，2000，20（1）: 28~34.

陈昌笃．都江堰生物多样性研究与保护[M]. 成都：四川科学技术出版社，2000，78~90.

陈芳，周志翔，郭尔祥，等.城市工业区园林绿地滞尘效应的研究——以武汉钢铁公司厂区绿地为例[J]. 生态学杂志，2006，25（1）: 34~38.

陈辉，古琳，李燕琼，等.成都市城市森林格局与热岛效应的关系[J]. 生态学报，2009，29（9）: 4865~4874.

陈吉泉.河岸植被特征及其在生态系统和景观中的作用[J]. 应用生态学报，1996，7（4）: 439~448.

陈军，张军，雷忻，等.银杏与珊瑚树光合及蒸腾特性研究[J]. 延安大学学报（自然科版），2004，23（1）: 75~78.

陈明曦，陈芳清，刘德富.应用景观生态学原理构建城市河道生态护岸[J]. 长江流域资源与环境，2007，16（1）: 97~102.

陈书荣，曾华.论城市土地集约利用[J]. 城乡建设，2000（8）: 28~29.

陈万蓉，严华.特大城市绿地系统规划的思考——以北京市绿地系统规划为例[J]. 城市规划，2005（02）.93~96.

陈玮，何兴元，张粤，等.东北地区城市针叶树冬季滞尘效应研究[J]. 应用生态学报，2003，14（12）: 2113~2116.

陈小华，李小平，张利权.河道生态护坡技术的水土保持效益研究[J]. 水土保持学报，2007，21（2）: 32~36.

陈兴茹.城市河流生态修复浅议[J]. 中国水利水电科学研究院学报，2004（3）: 1~5.

陈燕，蒋维楣，吴涧，等.利用区域边界层模式对杭州市热岛的模拟研究[J]. 高原气象，2004，23（4）: 519~528.

陈燕，蒋维楣.南京城市化进程对大气边界层的影响研究[J]. 地球物理学报，2007，50（1）: 66~73.

陈友民.园林树木学[M]. 北京：中国林业出版社，1997: 50~60.

陈云霞，许有鹏，李嘉峻.城市河流的生态功能与生态化建设途径分析[J]. 科技通报，2006，22（3）: 299~303.

陈自新，苏学痕，刘少宗，等.北京城市园林绿化生态效益研究（1-6）[J]. 中国园林，1998，14（5）: 57~60.

褚泓阳.园林树木杀菌作用的研究[J]. 西北林学院学报，1995，10（4）: 64~67.

达良俊，许东兴.上海城市"近自然森林"建设的尝试[J]. 中国城市森林，2003，1（2）: 17~20.

达良俊，杨永川.上海城市近自然森林的恢复[C]// 何兴元，宁祝华.城市森林生态研究进展.北京：中国林业出版社，2002，88~92.

邓小军，王洪刚.绿化率、绿地率、绿视率[J]. 新建筑，2002，6: 75~76.

丁则平.国际生态环境保护和恢复的发展动态[J]. 海河水利，2002（3）: 64~66.

董常晖，徐燕.公路工程环境影响评价的研究进展[J]. 交通环保，2004，25（1）: 44~47.

董建伟，白国庆.水利修复工程中的近自然理念[J]. 中国水利，2007，（4）: 31~34.

董哲仁，刘倩，曾向辉.受污染水体的生物生态修复技术[J]. 水利水电技术，2002（2）:

1~4.

董哲仁，孙东亚，等．生态水利工程原理与技术[M]. 北京：中国水利水电出版社，2007.

董哲仁．保护和恢复河流形态多样性[J]. 中国水利，2003（6）：53~56.

董哲仁．河流保护的发展阶段及思考[J]. 中国水利，2004（17）：16~32.

董哲仁．河流形态多样性与生物群落多样性[J]. 水利学报，2003，11：1~7

董哲仁．天人合一与生态保护[J]. 中国水利，2005（18）：7~10.

杜克勤，刘步军，吴昊．不同绿化树种温湿度效应的研究[J]. 农业环境保护，1997，16（6）：266~268.

段可可，牟瑞芳，等．成都市绿地系统生态环境效应分析[J]. 交通环保，2004，25（4）：32~34.

范格塞尔 P. H. 荷兰西部城市群的绿色结构研究[J]. 国外城市规划，1991（3）：40~42.

范文秀，谷永庆，荆瑞俊．公路两侧青饲料中铅含量的测定[J]. 河南职业技术师范学院学报，2003，31（4）：69~70.

方咸孚，李海涛．居民区的绿化模式[M]. 天津：天津大学出版社，2001.

房世波，张新时，董鸣．基于热红外遥感的城市热场形成机制及特征分析 - 以成都市为例[J]. 应用技术，2005，（6）：52~54.

冯采芹．绿化环境效应研究[M]. 北京：中国环境科学出版社，1992，45~56.

冯士雍，施锡铨．抽样调查——理论、方法与实践[M]. 上海：上海科学技术出版社，1996.

冯一马．城市河流堤岸景观规划设计研究[D]. 同济大学硕士学位论文，2004.

傅伯杰，陈利顶，马克明，等．景观生态学原理及应用[M]. 北京：科学出版社，2001，178~179，56.

傅伯杰．论景观生态学的研究内容与方法[J]. 系统生态，1991，1：1~51.

傅徽楠，严玲璋，张连全，等．上海城市园林植物群落生态结构的研究[J]. 中国园林，2000，16（2）：22~25.

富伟，刘世梁，崔宝山，等．基于景观格局与过程的云南省典型地区道路网格的生态效应[J]. 应用生态学报，2009，20（8）：1925~1931.

高建强、赵滨霞．城市区域生态廊道的含义、功能和模式[J]. 能源与环境，2007，6：77~78.

高峻，宋永昌．上海西南城市干道两侧地带景观动态研究[J]. 应用生态学报，2001，12（4）：605~609.

高清．都市森林[M]. 台湾：国立编译主编出版，1984.

高长波，张世喜，莫创荣，等．广东省生态可持续发展定量研究：生态足迹时间维动态分析[J]. 生态环境，2005，14（1）：57~62.

Goode D A. 英国城市自然保护[J]. 生态学报，1990，10（1）：96~105.

苟亚清，张清东．道路景观植物滞尘量研究[J]. 中国城市林业，2008，6（1）：59~61.

顾芸.郑州城市森林生态服务功能价值货币化评价[J].魅力中国，2008，(22)：80~81.

关文彬，谢春华，马克明，等.景观生态恢复与重建是区域生态安全格局构建的关键途径[J].生态学报，2003，23(1)：64~72.

管东生，陈玉娟，黄芬芳.广州市城市绿地系统碳的贮存、分布及其在碳氧平衡中的作用[J].中国环境科学，1998，18(5)：437~441.

韩焕金.城市森林植物的固碳释氧效应[J].东北林业大学学报，2005，3(5)：68~70.

韩西丽，俞孔坚.伦敦城市开放空间规划中的绿色通道网络思想[J].新建筑，2004(5)：7~9.

韩轶，高润宏，刘子龙，等.北方城市森林绿地植物群落的树种选择与配置[J].内蒙古农业大学学报，2004，25(3)：9~13

韩玉玲，严齐斌，应聪慧，等.应用植物措施建设生态河道的认识和思考[J].中国水利，2006，(20)：9~13.

郝丽萍，李子良，刘泽全，等.成都市近50年气候年代际变化特征及其热岛效应[J].气象科学，2007，27(6)：648~654.

何兴元，陈玮，徐文铎，等.城市近自然林的群落生态学剖析——以沈阳树木园为例[J].生态学杂志，2003，22(6)：162~168.

何兴元，宁祝华.城市森林生态研究进展[M].北京：中国林业出版社，2002.

河道整治中心[日].多自然型河流建设的施工方法及要点[M].周怀东，杜霞，李怡庭，等，译.北京：中国水利水电出版社，2003.

侯碧清.湖南特有植物及其园林保护应用[J].湖南林业科技，2007，34(1)：40~43.

胡海泓.生态型护岸及其应用前景[J].广西水利水电，1999，4：57~59.

胡志斌，何兴元，陈玮，等.城市绿量与生态效益初步分析[A].何兴元，宁祝华.城市森林生态研究进展[C].北京：中国林业出版社，2002.

胡忠军，于长青，徐宏发，等.道路对路栖野生动物的生态学影响[J].生态学杂志，2005，24(4)：433~437.

滑丽萍，郝红，李贵宝，等.河湖底泥的生物修复研究进展[J].中国水利水电科学研究院学报，2005，3(2)：124~129.

黄光宇.乐山绿心环型生态城市模式[J].城市发展研究，1998(1)：7~9.

黄建辉，高贤明，马克平，等.地带性森林群落物种多样性的比较研究[J].生态学报，1997，17(6)：611~618.

黄景云，公庆党，房义福，等.梨树主干与叶面积及总枝量的相关分析[J].经济林研究，1996，14(增刊)：144~145.

黄良美，李建龙，黄玉源，等.南宁市不同功能区绿地组成与格局分布特征的定量化分析[J].南京大学学报(自然科学)，2006，42(2)：190~198.

黄小相.城市道路绿地景观的设计与作用[J].广东建材(建筑设计与装饰)，2007(9)：162~163

黄晓莺，王书耕．城市生存环境绿色量值群的研究[J]. 中国园林，1998，14（3）：57~60.

惠刚盈，克劳斯·冯佳多．森林结构分析量化分析方法[M]. 北京：中国科学技术出版社，2003.

季永兴，何刚强．城市河道整治与生态城市建设[J]. 水土保持研究，2005，8（4）：247~249.

蒋高明．城市植被：特点、类型与功能[J]. 植物学通报，1993，10（3）：21~27.

蒋文伟，张振峥，赵丽娟，等．不同类型森林绿地空气负离子生态效应[J]. 中国城市林业，2008，6（4）：49~51.

解自来．提高主城“绿视率”是建设“绿色南京”的重要环节[J]. 城市绿化，2003（6）：83~86.

金经元．奥姆斯特德和波士顿公园系统（上）[J]. 上海城市管理职业技术学院学报，2002（2）：11~13.

居江．河道生态护坡模式与示范应用[J]. 北京水利，2003，（6）：28~29.

康玲芬，李峰瑞，张爱胜，等．交通污染对城市土壤和植物的影响[J]. 环境科学，2006，27（3）：556~560.

柯世省，陈贤田．浙江天台山七子花等6种阔叶树光合生态特性[J]. 植物生态学报，2002，26（3）：363~371.

雷江丽，谢良生，庄雪影，等．深圳市植物物种指数与本地植物指数分析[J]. 中国城市林业，7（3）：13~15.

冷冰，温远光．城市植物多样性的调研方法（综述）[J]. 亚热带植物科学，2008，37（4）：69~71.

冷平生，高润清．城市森林——提高我国城市绿化水平的新思路[J]. 科技导报，1995，（12）：59~61.

黎国健，丁少江，周旭平．华南12种垂直绿化植物的生态效应[J]. 华南农业大学学报，2008，29（2）：11~14.

李波，林玉锁，张孝飞，等．沪宁高速公路两侧土壤和小麦重金属污染状况[J]. 农村生态环境，2005，21（3）：50~53，70.

李锋，刘旭升，王如松．城市森林研究进展与发展战略[J]. 生态学杂志，2003，22（4）：55~59.

李海梅，何兴元，陈玮，等．中国城市森林研究现状及发展趋势[J]. 生态学杂志，2004，23（2）：55~59.

李海梅．沈阳城市森林环境效益的生理生态学基础研究[D]. 中国科学院，2004.

李辉，赵卫智．北京5种草坪地被植物生态效益的研究[J]. 中国园林，1998（4）：36~38.

李辉，赵卫智．居住区不同类型绿地释氧固碳及降温增湿作用[J]. 环境科学，1999，（06）：41~44.

李进，孙立军，杜豫川．道路与交通对城市生态环境的影响和防治措施[J]. 中国市政工程．2006，（4）：1~3.

李静，张浪，李敬 . 城市生态廊道及其分类[J]. 中国城市林业，2006，4（5）: 46~47.

李俊祥，宋永昌，傅徽楠 . 上海市中心城区地表温度与绿地覆盖率相关性研究[J]. 上海环境科学，2003，22（9）: 599~601.

李双成，许月卿，周巧富，等 . 中国道路网与生态系统破碎化关系统计分析[J]. 地理科学进展，2004，23（5）: 78~85.

李维敏 . 广州城市廊道变化对城市景观生态的影响[J]. 地理学与国土研究，1999，15: 76~80.

李伟，贾宝全，王成，等 . 城市森林三维绿量研究[J]. 世界林业研究，2008，8（4）: 31~34.

李想，李海梅，马颖 . 居住区绿化树种固碳释氧和降温增湿效应研究[J]. 北方园艺，2008（8）: 99~102.

李晓琴，张果，马丹炜 . 青城山山地黄壤形成特点及性状研究[J]. 四川师范大学学报（自然科学版），2000，23（4）: 445~447.

李晓文，胡满远，肖笃宁 . 景观生态学与生物多样性保护[J]. 生态学报，1999，19（3）: 399~407

李秀珍，肖笃宁 . 城市的景观生态学探讨[J]. 城市环境与城市生态，1995，8: 26~30.

李月辉，胡远满，李秀珍，等 . 道路生态研究进展[J]. 应用生态学报，2003，14（3）: 447~452.

李正才 . 杭州森林固持 CO2 效应[J]. 中国城市林业，2008，6（4）: 46~48.

李智琦 . 武汉市城市绿地植物多样性研究[D]. 武汉：华中农业大学，2005.

郦煜，夏旭蔚，邱尧荣 . 城市森林廊道的类型、结构与建设要点——郑州森林生态城之森林廊道的研究[J]. 华东森林经理 .2004，18（3）: 27~30.

连军营，刘康，王俊，等 . 城市森林减少的暴雨径流效益定量与分析——以西安市二环内建城区为例[J]. 水土保持通报，2008，28（6）: 28~31.

梁立军，李昂，王贻谷 . 居住区园林绿化生态效益初探——以杭州丹桂公寓为例[J]. 西北林院学报，2004，19（3）: 146~148.

梁星权 . 城市林业[M]. 北京：中国林业出版社，2001，76~80.

梁永基，王莲清 . 道路广场园林绿地设计[M]. 北京：中国林业出版社，2001: 11.

廖先容，王翠文，蒋文琼 . 城市河道生态修复研究综述[J]. 环保前线，2009，（6）: 31~32.

廖永丰，王五一，张莉，等 . 到达中国陆面的生物有效紫外线辐射强度分布[J]. 地理研究，2007，26（4）: 821~827.

林道辉，朱利中 . 交通道路旁茶园多环芳烃的污染特征[J]. 中国环境科学，2008，28（7）: 577~581

刘常富，陈玮 . 园林生态学[M]. 科学出版社，2003.

刘常富，何兴元，陈玮，等 . 沈阳城市森林三维绿量测算[J]. 北京林业大学学报，2006，28（3）: 32~37

刘常富，何兴元，陈玮，等.沈阳市建成区树种结构分析[J].沈阳农业大学学报，2004，35（2）：116~121.

刘常富，何兴元.沈阳城市森林群落的树种组合选择[J].应用生态学报，2003，14（12）：2103~2107.

刘常富，李玲，赵桂玲，等.沈阳城市森林三维绿量的垂直分布[J].东北林业大学学报，2008，36（3）：18~21

刘殿芳.城市森林初探[J].国土与自然资源研究，1997，3：47~55.

刘殿芳.城市森林初探[J].内蒙古林学院学报（自然科学版），1999，21（3）：65~68.

刘光立，陈其兵.成都市四种垂直绿化植物生态学效应研究[J].西华师范大学学报（自然科学版），2004，25（3）：259~262.

刘光立，陈其兵.四种垂直绿化植物的吸污效应研究[J].西南园艺，2004a，32（4）：1~2.

刘光立，陈其兵.四种垂直绿化植物杀菌滞尘效应的研究[J].四川林业科技，2004b，25（3）：53~55.

刘惠清，许嘉巍，刘凤梅.景观生态建设与生物多样性保护[J].地理科学，1998，18（2）：156~163.

刘杰，崔保山等.纵向岭谷区高速公路建设对沿线植物生物量的影响[J].生态学报，2006，26（1）：83~90.

刘坤，李光德，张中文，等.城市道路土壤重金属污染及潜在生态危害评价[J].环境科学与技术，2008，31（2）：124~127.

刘敏，张合平，厉悦.岩溶地区公路修建对景观物种流的影响研究[J].江苏林业科技，2004，31（4）：6~10.

刘青，刘苑秋，赖发英.基于滞尘作用的城市道路绿化研究[J].江西农业大学学报，2009，31（6）：1063~1068.

刘世梁，温敏霞，崔保山，等.道路网络扩展对区域生态系统的影响 - 以景洪市纵向岭谷区为例[J].生态学报，2006，26（9）：3018~3024.

刘西军，吴泽民.林隙辐射特点与林隙更新研究进展[J].安徽农业大学学报，2004，31（4）：456~459.

刘晓涛.城市河流治理规划若干问题的探讨[J].水利规划设计，2001（3）：28~33.

刘晓瑜，侯碧清.用 AHP 法选择株洲市城市道路观赏植物[J].湖南林业科技，2007，34（4）：39~41，44.

刘旭升.北京市植被生态需水量与生态服务功能的关系[J].城市环境与城市生态，2009，22（2）：1~3.

刘易斯·芒福德.城市发展史——起源、演变和前景[M].倪文彦等译.北京：中国建筑工业出版社，1989.

陆东晖，殷云龙.城市道路绿化植物叶层对重金属元素和 N、S 的吸收与蓄积作用[J].南京林业大学学报（自然科学版），2008，32（2）：51~55

陆庆轩，何兴元.沈阳城市森林植被结构和植物多样性研究[J].中国城市林业，

2005，3（4）: 15~18.

马丹炜，张果，王跃华 . 青城山森林植被物种多样性的研究[J]. 四川大学学报（自然科学版），2002，39（1）: 115~123.

马丹炜 . 四川都江堰市青城山森林植被生态学特征的研究[D]. 西南师范大学硕士学位论文，2001.

马锦义 . 论城市绿地系统的组成与分类[J]. 中国园林，2002，18（1）: 23~26.

孟雪松，欧阳志云，崔国发，等 . 北京城市生态系统植物种类构成及其分布特征[J]. 生态学报，2004，24（10）: 2200~2206.

孟亚凡 . 绿色通道及其规划原则[J]. 中国园林 2004（5）: 14~18.

倪晋仁，刘元元 . 河流健康诊断与生态修复[J]. 中国水利，2006，13：4~10

Patel Taylor，Groupe Signes. 泰晤士河岸公园［J］. 世界建筑，伦敦:英国，2002，6.

彭镇华 . 中国城市森林[M]. 北京：中国林业出版社，2003，55~72.

齐淑艳，徐文铎 . 沈阳常见绿化树种滞尘能力的研究[C]. 北京：中国林业出版社，2002，195~198.

钱妙芬 . 行道绿化夏季小气候效应研究及模糊综合评价[J]. 南京林业大学学报，2000，24（6）: 55~58.

秦俊，王丽勉，高凯，等 . 植物群落对空气负离子浓度影响的研究[J]. 华中农业大学学报，2008b，27（2）: 303~308

秦俊，张明丽，胡永红，等 . 上海植物园植物群落对空气质量评价指数的影响[J]. 中南林业科技大学学报，2008a，28（1）: 70~73

任海，彭少麟，刘鸿先 . 鼎湖山针阔叶混交林的林冠结构与冠层辐射[C]. 中科院鼎湖山森林生态系统定位研究站、鼎湖山国家级自然保护区管理处 . 热带亚热带森林生态系统研究：第 8 集 . 北京，科学出版社，1998，90~104.

上海市绿化和市容管理局 . 上海市林荫道评定方法（试行）[Z]. 2011-03-30.

沈守云，李伟进，范亚民，等 . 南宁青秀山绿地绿量评价[J]. 中南林学院学报，2003，23（5）: 88~91

施纬德 . 对城市绿地系统植物多样性保护的认识和建议[J]. 四川林业科技，2000，21（1）: 20~23.

Simonds J O. 大地景观——环境规划指南[M]. 程里尧，译 . 北京：中国建筑工业出版社，1990.160~165.

《四川森林》编委会 . 四川森林[M]. 北京：中国林业出版社，1992.

宋庆辉，杨志峰 . 对我国城市河流综合管理的思考[J]. 水科学进展，2002，13（3）: 377~382.

宋永昌 . 植被生态学[M]. 上海：华东师范大学出版社，2002.

宋子炜，郭小平，马武昌 . 北京市 25 种公路绿化植物及配置模式的绿量[J]. 城市环境与城市生态，2008，21（5）: 25~28

宋子炜，郭小平，赵廷宁，等 . 北京市顺义区公路绿化植物群落的光环境特性[J]. 生态学报，2008，28（8）: 3779~3788

Sutherland W J. 生态学调查方法手册[M]. 北京：科学技术文献出版社，1999.

苏苗育，罗丹，陈炎辉，等 .14 种蔬菜对土壤镉和铅富集能力的估算[J]. 福建农林大学学报：自然科学版，2006，35（2）: 207~211.

苏万楷，张文，刘波，等 . 成都市城市热岛分析[J]. 四川林业科技，2006，27（3）: 57~66.

粟娟，孙冰，钟丰，等 . 广州市城市森林的格局[J]. 广东园林，1996，（2）: 2~5.

孙冰，粟娟，谢左章 . 城市林业的研究现状与前景[J]. 南京林业大学学报，1997，21（2）: 83~88 .

孙海燕，祝宁 . 哈尔滨市绿化树种生态功能研究[J]. 中国城市林业，2008，6（5）: 54~57.

孙靓 . 交通・景观・人——比较上海世纪大道与巴黎香榭丽舍大街[J]. 华中建筑，2006（12）: 122—124.

孙鹏，王志芳 . 遵从自然过程的城市河流和滨水区景观设计[J]. 城市规划，2000，24（9）: 19~22.

索有瑞，黄雅丽 . 西宁地区公路两侧土壤和植物中铅含量及其评价[J]. 环境科学，1996，17（2）: 74~76.

谭维宁 . 快速城市化下城市绿地系统规划的思考与探索[J]. 城市生态规划，2005(1）: 52~56.

唐勇 . 城市开放空间规划及设计[J]. 规划师，2002，18（10）: 2l~27.

陶玲，任俊，杜忠，等 . 兰州市主要绿化树种滞尘效应[J]. 中国城市森林，2008，6（4）: 55~57.

万善永，张玉环 . 道路建设项目环境影响评价中的生态问题[J]. 中国环境科学，1992，12（4）: 300~303。

王伯荪，彭少麟 . 鼎湖山森林群落分析Ⅴ：群落演替的线性系统与预测[J]. 中山大学学报（自然科学版），1985，4: 75~80.

王成，蔡春菊，陶康华 . 城市森林的概念、范围及其研究[J]. 世界林业研究，2004，17（2）: 23~27.

王成 . 城市森林建设中的生物多样性保护[J]. 中国城市林业，2003，1（3）: 53~57

王富玉 . 生态城市发展之路[M]. 北京：中国社会科学出版社，2002.

王桂玲，蒋维楣，魏鸣 . 城市热岛效应的卫星遥感分析[J]. 南京气象学院学报，2007，30（3）: 298~304.

王浩 . 城市生态园林与绿地系统规划[M]. 北京：中国林业出版社，2003.

王洪涛 . 德国的土地与开放空间政策——资源保护策略[J]. 国外城市规划，2003，03: 44~46

王建国，吕志鹏 . 世界城市滨水区开发建设的历史进程及其经验[J]. 城市规划，2001，25（7）: 41~46.

王丽勉，胡永红，秦俊，等 . 上海地区 151 种绿化植物固碳释氧能力的研究[J]. 华中农业大学学报，2007，26（3）: 399~401.

王木林，缪荣兴 . 城市森林的成分及其类型[J]. 林业科学研究，1997，10（5）: 531~536.

王木林．城市林业的研究与发展[J]. 林业科学，1995.31（5）: 460~466.

王木林．论城市森林的范围及经营对策[J]. 林业科学，1998，34（4）: 39~47.

王如松，马世骏．边缘效应及其在经济生态学中的应用[J]. 生态学杂志，1985，2: 38~42.

王瑞辉，马履一，奚如春，等．北京7种园林植物及典型配置绿地用水量测算[J]. 林业科学，2008，44（10）: 63~68.

王寿兵．对传统生物多样性指数的质疑[J]. 复旦学报（自然科学版），2003，42（6），867~868.

王薇，李传奇．景观生态学在河流生态修复中的应用[J]. 中国水土保持，2003，（6）: 36~37.

王岩，裴宗平，邓绍坡．城市河流底质粒径与重金属污染状况分析[J]. 环境科学与管理，2008，33（5）: 75~77.

王义文．城市森林理论与指标体系的研究[C]// 何兴元，宁祝华．城市森林生态研究进展[C]. 北京：中国林业出版社，2002：9~30.

王原，吴泽民，张磊，等．马鞍山城市森林景观镶嵌与其城郊分布梯度格局研究[J]. 林业科学，2007，43（3）: 51~58.

王振亮．城乡空间融合论[M]. 上海：复旦大学出版社，2000.

王忠君．福州国家森林公园生态效益与自然环境旅游适应性评价研究[M]，2004.

王紫雯，张向荣．新型雨水排放系统——健全城市水文生态系统的新领域[J]. 给水排水，2003，29（5）: 17~20.

韦保仁．美国的流域保护方法[J]. 环境科学进展，1998，6（6）: 56~60.

韦炳干，姜逢清，李雪梅，等．城市不同功能区道路沙尘重金属污染地球化学特征与评价[J]. 环境化学，2009，28（5）: 721~727.

韦薇，王小德，张银龙．南京城市道路绿化带植物结构调查与分析[J]. 西南林学院学报，2009，29（5）: 59~63.

魏名山．汽车与环境[M]. 北京：化学工业出版社，2005：36~40.

魏秀国，何江华，王少毅，等．城郊公路两侧土壤和蔬菜中铅含量及分布规律[J]. 农业环境与发展，2002（1）: 39~40.

吴际友．岳阳市城市绿化树种的选择及配置模式研究[J]. 湖南环境生物职业技术学院学报，2004，10（3）: 200~208.

吴洁，虞左明．西湖浮游植物的演替及富营养化治理措施的生态效应[J]. 中国环境科学，2001，21（6）: 540~544.

吴良镛．关于”山水城市”[J]. 城市发展研究，2001，8（2）: 17~18.

吴庆书，符斌，张彩凤，等．海口市主要街道绿视率的调查研究[J]. 贵州科学，2005，2（6）（增刊）: 96~99.

吴人坚，陈立民．国际大都市的生态环境[M]. 上海：华东理工大学出版社，2001.

吴人伟．国外城市绿地的发展历程[J]. 城市规划，1998（6）: 39~43.

吴湘滨，杨长健，孔得秀．高速公路两侧土壤中石油类物质污染的调查与分析[J]. 西部交通科技，2006（1）: 81~83.

吴耀兴，康文星，郭清和，等．广州市城市森林对大气污染物吸收净化的功能价值[J]. 林业科学，2009，45（5）: 42~48.

吴云霄，陈永翔，王海洋．消光度与绿地结构的关系[J]. 东北林业大学学报，2008，36（5）: 28~30.

吴泽民，黄成林，白林波，等．合肥城市森林结构分析研究[J]. 林业科学，2002，38（4）: 7~13.

向丽，李迎霞，史江红，等．北京城区道路灰尘重金属和多环芳烃污染状况探析[J]. 环境科学，2010: 159~167.

肖笃宁，陈文波，郭福良．论生态安全的基本概念和研究内容[J]. 应用生态学报，2002，13（3）: 354~358.

肖笃宁，李秀珍．景观生态学[M]. 北京: 科学出版社，2003.

肖笃宁．景观生态学研究进展[M]. 长沙: 湖南科学技术出版社，1999.

肖建武，康文星，尹少华，等．城市森林水土保持功能及经济评估——以长沙市为实证分析[J]. 中国水土保持，2009，（8）: 43~45.

肖艳，黄建昌，刘伟坚，等.12 种园林植物对模拟酸雨的敏感性反应[J]. 广东园林，2004，（3）: 38~41.

谢继锋，刘晓颖，贯小月．汽车尾气对合肥市区道路及其附近区域草坪草铅含量的影响与评价[J]. 现代农业科技，2007，24: 50~51.

谢绍东，张远航，唐孝炎．机动车排气污染物扩散模式[J]. 环境科学，1999，20（1）: 104~109.

谢庄，崔极量，陈大刚，等．北京城市热岛效应的昼夜变化特征分析[J]. 气候与环境研究，2006，11（1）: 69~75.

熊大桐．中国林业科学技术史[M]. 北京: 中国林业出版社，1995.

徐高福，洪利兴，柏明娥．不同植物配置与住宅绿地类型的降温增湿效益分析[J]. 防护林科技，2009，90（3）: 3~5.

徐玮玮，李晓储，汪成忠．扬州古运河风光带绿地组成植物的固碳释氧效应初步研究[J]. 浙大林学院学报.2007，24（5）: 575~580.

徐文铎，何兴元，陈玮，等．沈阳市植物区系与植被类型的研究[J]. 应用生态学报，2003，14（12）: 2096~2101.

许超，冯文祥，何小弟，等．扬州古运河风光带绿地群落环境效应[J]. 中国城市林业，2008，6（6）: 46~49.

许冲勇，翁殊裴，吴文松．城市道路绿化景观[M]. 乌鲁木齐: 新疆科学技术出版社，2005: 12~13，16~19.

许嘉宸，金瑞雯，张治．上海绿地群落冠层的 UVB 屏蔽作用[J]. 中国城市林业，2008，6（6）: 53~56.

许晓东．边坡治理中植物护坡的选择与验收指标[J]. 人民珠江，2004，（4）: 46~48.

杨海军，内田泰三，盛连喜，等．受损河岸生态系统修复研究进展[J]. 东北师大学报，2004，36（1）: 95~100.

杨琴军，苏洪明，夏欣，等．基于植物多样性的武汉市道路绿化研究[J]. 南京林业大学学报（自然科学版），2007，31（4）：98~102.

杨士弘．城市绿化树木的降温增湿效应研究[J]. 地理研究，1994，12（4）：74~79.

杨淑秋，李炳发．道路系统绿化美化[M]. 北京：中国林业出版社，2003（1）：22~34.

杨小南，李宇斌．辽宁省大气污染对人体健康的危害及研究展望[J]. 气象与环境学报，2007，23（1）：60~63.

杨英书，彭尽晖，粟德琼，等．城市道路绿地规划评价指标体系研究进展[J]. 西北林学院学报，2007，22（5）：193~197.

杨芸．论多自然型河流治理法对河流生态环境的影响[J]. 四川环境，1998，18（1）：19~24.

姚云鹏，陈芳清，许文年，等．生态河流构建原理与技术[J]. 水土保持研究，2007，14（2）：135~138.

叶友斌，张巍，王学军．北京城市道路积尘多环芳烃的粒度分布特征及其影响因素[J]. 生态环境学报，2009a，18（5）：1788~1792.

叶友斌，张巍，王学军．北京城市道路积尘中多环芳烃的分布特征[J]. 城市环境与城市生态，，2009b，22（3）：28~35.

于丽胖，郄光发，王成．夏季城市两种道路绿化类型空气颗粒物浓度的变化对比研究[J]. 中国城市林业，2009，7（3）：55~57.

于淑秋，卞林根，林学椿．北京城市热岛“尺度”变化与城市发展[J]. 中国科学（D辑地球科学），2005，35（增刊）1：97~106.

余琪．现代城市开放空间系统的构建[J]. 城市规划汇刊，1998，6：49~56.

俞孔坚，李迪华，段铁武．生物多样性保护的景观规划途径[J]. 生物多样性，1998，6（3）：205~212.

俞孔坚．生物保护的景观生态安全格局[J]. 生态学报，1999，19（1）：8~15.

郁东宁，王秀梅，马晓程．银川市区绿化减噪声效果的初步观察[J]. 宁夏农学院学报，1998，19（1）：75~78.

岳隽，王仰麟，彭建．城市河流的景观生态学研究：概念框架[J]. 生态学报，2005（6）：1422~1429.

张崇宝．长春城市绿地植物群落生态脆弱度分析[J]. 城市环境与城市生态，2005，18（6）：37~39.

张鼎华．城市林业[M]. 北京：中国环境科学出版社，2001，102~131.

张光智，王继志．北京及周边地区城市尺度热岛特征及其演变[J]. 应用气象学报，2002，13（1）：43~50.

张浩．上海与伦敦城市绿地的生态功能及管理对策比较研究[J]. 城市环境与城市生态，2000，2：24~26.

张红兵．试论公路建设与生态孤岛效应[J]. 福建环境，2002，19（3）：41~42.

张佳华，侯英雨，李贵才，等．北京城市及周边热岛日变化及季节特征的卫星遥感研究与影响因子分析[J]. 中国科学（D辑地球科学），2005，35（增刊1）：187~194.

张建春．河岸带功能及其管理[J]. 水土保持学报，2001，15（6）：143~146.

张建强，白石清，渡边泉．城市道路粉尘、土壤及行道树的重金属污染特征[J]. 西南交通大学学报，2006，41：68~73.

张利权，吴健平，甄彧，等．基于 GIS 的上海市景观格局梯度分析[J]. 植物生态学报，2004，28（1）：78~85.

张良培，郑兰芬，童庆喜，等．利用高光谱对生物变量进行估计[J]. 遥感学报，1997，1（2）：111~114.

张明丽，秦俊，胡永红．上海市植物群落降温增湿效果的研究[J]. 北京林业大学学报，2008，30（2）：39~43.

张庆费，杨文悦，乔平．国际大都市城市绿化特征分析[J]. 中国园林，2004（07）：76~78.

张庆费，郑思俊，夏擂，等．上海城市绿地植物群落降噪功能及其影响因子[J]. 应用生态学报，2007，18（10）：2295~2300.

张庆费．城市绿色网络及其构建框架[J]. 城市规划汇刊，2002（1）：76~78

张庆费．城市森林——21 世纪城市绿化的新选择[J]. 上海建设科技，1999（3）：27~28.

张庆费．城市生物多样性的保护及其在园林绿化中的应用[J]. 大自然探索，1997，16（4）：98~101

张庆费．乔平．杨文悦．伦敦绿地发展特征分析[J]. 中国园林，2003（10）：55~58.

张守臣．城市道路绿化植物配置[J]. 安徽农业科学，2007，（24）：67~68.

张巍，张树才等．北京城市道路地表径流及相关介质中多环芳烃的源解析[J]. 环境科学，2008，29（6）：1478~1483.

张喜焕，陈翠果，李永进．4 种观赏树木光合特性研究[J]. 安徽农业科学，2007，35（23）：7168~7185.

张新献，古润泽，陈自新，等．北京城市居住区绿地的滞尘效益[J]. 北京林业大学学报，1997，19（4）：12~17.

张一奇，应君，蒋建松．人性化城市道路绿化景观设计初探——以海宁市钱江路为例[J]. 安徽农业科学，2007（14）：65.

张云霞，李晓斌，陈云浩．草地植被覆盖度的多尺度遥感与实地测量方法综述[J]. 地球科学进展，2003，18（1）：85~93.

张祖群，黎筱筱，杨新军．环带状廊道分合城市空间的生态效应及启示——以荆州古城的实证研究[J]. 城市环境与城市生态，2003，16（6）：213~214.

章家恩，徐琪．道路的生态学影响及其生态建设[J]. 生态学杂志，1995，14（6）：74~77.

赵彦伟．城市河流生态系统健康与修复研究[D]. 北京师范大学博士学位论文，2004.

赵勇，李树人．大气污染分区与绿化模式的研究[J]. 环境科学，1994，15（6）：23~28.

郑路，常江．合肥市菜园蔬菜和土壤的铅污染调查[J]. 环境污染与防治，1989（5）：35~37.

郑思俊，张庆费，夏檑，等.上海人工绿地群落UVB屏蔽效应与冠层特征的关系[J].生态环境，2008，17（4）：1523~1527.

郑天柱，周建仁，王超.污染河道的生态恢复机理研究[J].环境科学，2002，23（12）：115~117.

郑祚芳，刘伟东，王迎春.北京地区城市热岛的时空分布特征[J].南京气象学院学报，2006，29（5）：694~699.

钟春欣，张玮.基于河道治理的河流生态修复[J].水利水电科技进展，2004，4（3）：12~15.

钟珂，亢燕铭，王翠萍.城市绿化对街道空气污染物扩散的影响[J].中国环境科学，2005，25（1）：6~9.

周凤霞.城市绿化规划研究初探——以长沙市雨花区为例[J].四川环境，2004，23（6）：20~22.

周坚华，孙天纵.三维绿色生物量的遥感模式研究与绿化环境效益估算[J].环境遥感，1995，10（3）：162~174.

周坚华.城市绿量测算模式及信息系统[J].地理学报，2001，56（1）：14~23.

周坚华.城市生存环境绿色量值群的研究——绿化三维量及其应用研究[J].中国园林，1998，14（5）：61~63.

周立晨，施文，薛文杰，等.上海园林绿地植被结构与温湿度关系浅析[J].生态学杂志，2005，24（9）：1102~1105.

周婷，彭少麟.边缘效应的空间尺度与测度[J].生态学报，2008，28（7）：3322~3333.

周一凡，周坚华.基于绿化三维量的城市生态环境系统评价[J].中国园林，2001，17（5）：77~79.

周一凡，周坚华.绿量快速测算模式[J].生态学报，2006，26（12）14：4204~4211.

朱晨东.河道的生态治理——北京转河生态化改造[J].北京规划建设，2003，（5）：61~62.

朱利叶斯·法布士.美国的“绿脉”规划[N].建筑时报，2005.05.16.

朱强，俞孔坚，李迪华.景观规划中的生态廊道宽度[J].生态学报，2005（9）：2407~2412.

朱文泉，何兴元，陈玮，等.城市森林结构的量化研究——以沈阳树木园森林群落为例[J].应用生态学报，2003，14（12）：2090~2094.

祝利雄，彭尽晖，徐红玉，等.长沙市道路板带模式与绿视率的关系探讨[J].湖南林业科技，2009，36（3）：88~89.

祝宁，李敏，柴一新，等.哈尔滨市绿地系统生态功能分析[J].应用生态学报，2002，13（9）：1117~1120.

庄伟.上海城市立交道路绿地景观设计初探[J].中国园林，2005，21（2）：32~34.

庄雪影，雷海珠.广东天井山森林与植物多样性的研究[J].华南农业大学学报，1997，（04）：69~75.

宗跃光，周尚德，彭萍，等.道路生态学研究进展[J].生态学报，2003，23（11）：

2396~2405.

[丹]塞西尔 C.科奈恩德克,希尔·尼尔森,托马斯 B.安卓普,等.城市森林与树木[M].李智勇，何友均，等，译.北京：科学出版社，2009.

Aanen P，Albert W，Bekker G J，et al. Nature Engineering and Civil Engineering Works [M]. Wageningen：PUDOC，1991：139.

Adams L W，Geis A D. Effects of roads small mammals[J]. Journal of Applied of Ecology，1973，20：403~415.

Ahern J. Greenways as a planning strategy[J]. Landscape and Urban Planning，1995，33：131~155.

American Forests. Citygreen：Calculating the Value of Nature（User Manual of version3.0）[Z].Washington D C：American Forests.1999.

Andrews A. Fragmentation of habitat by roads and utility corridors：a review[J]. Australian Zoologist，1990，26：130~141.

Antrop M. Background concepts for integrated landscape analysis[J]. Agriculture Ecosystems & Environment，2000，77：17~28.

Archibold O W，Ripley E A. Assessment of seasonal change in a young aspen（Populus tremuloides Michx.）canopy using digital imagery[J]. Applied Geography，2004，24：77~95.

Arendt R. Linked landscapes：Creating greenway corridors through conservation subdivision design strategies in the northeastern and central United States[J]. Landscape and Urban Planning，2004，68：241~269

Ashley Conine. Wei-Ning Xiang. Jeff Young. David Whitley. Planning for multi- purpose greenways in Concord. North Carolina[J]. Landscape and Urban Planning，2004，68：271~287.

Auestad I，Norderhaug A. Road verges-species-rich habitats[J]. Aspects of Applied Biology，1999，54：269~274.

Austin M E. Resident perspectives of the open space conservation subdivision in Hamburg Township，Michigan[J]. Landscape and Urban Planning，2004，69：245~253

Beecher W J. Nesting birds and the vegetation substrate. Chicago：Chicago Ornithological Society，1942，68~69.

Beier P，Loe S. A checklist for evaluating impacts to wildlife movement corridors[J]. Wildlife Soc Bull，1992，20：434~440.

Benfennati E，Valzacchi S，Maniani G，et al. PCDD，PCDF，PCB，PAH，cadmium and lead in roadside soil：relationship between road distance and concentration[J]. Chemosphere，1992，24：1077~1083.

Bengston D N，Fletcher J O，Nelson K C. Public policies for managing urban growth and protecting open space：Policy instruments and lessons learned in the United States[J]. Landscape and Urban Planning，2004，69：271~286.

Bennett A F. Roadside vegetation：a habitat for mammals at Naringal，southwestern Victoria[J]. Victoria Nature，1988，105：106~113.

Bhuju D R，Ohsawa M. Species dynamics and colonization patterns in an abandoned forest in an urban landscape[J]. Ecological Research，1999，14：139~153.

Bischoff A. Greenways as vehicles for expression[J]. Landscape Urban Planning，1995，33：317~325.

Blair R B. Land use and avian species diversity along an urban gradient[J]. Ecological Application，1996，6：506~519.

Bohemen H D V，Delaakwh J V. The influence of road infrastructure and traffic on soil，water，and air quality[J]. Environmental Management，2003，31：50~68.

Booth D，Jackson C. Urbanization of aquatic systems：degradation thresholds，stormwater detention and the limits of mitigation[J]. Journal AWRA，1997，335：1077~1089

Brannon R D. Influence of Roads and Developments on Grizzly Bears in Yellowstone National Park[R]. USDI，Interagency Grizzly Bear Study Team，Bozeman，M T.1984：52.

Brazier J R，Brown G W. Buffer strips for stream temperature control[D]. Corvallis，OR：Forest Research 1aboratory，School of Forestry，Oregon State University，1973：9~15.

Brierley G J，Fryirs K A. Geomorphology and river management：application of the river styles framework[M]. Blackweel Science Ltd，Australia，2005.

Budd W W，Cohen P I，Saunders P F，et al. Stream corridor management in the Pacific Northwest：determination of stream-corridor widths[J]. Environ Mange，1987，11：587~597.

Burger J. Landscapes，tourism and conservation[J]. the Science of the Total Environment，2000，249：39~49.

Ca1vin M F. A methodology for assessing and managing biodiversity in street tree populations：A case study[J]. Journa1 of Arboriculture，1999，25（3）：124~128.

Carr L W，Fahrig L. Effect of road traffic on two amphibian species of differing viability[J]. Conservation Biology，2001，15：1071~1078.

Charles E. Little.Greenways for American[M]. Baltimore：The Johns Hopkins University Press，1995：3~5.

Clark J R，Mathenynp，Cross G，et al. A model of urban forest sustainability[J]. J Arboric，1997，23（1）：17~30.

Clarke G P，White P C L，harris s. effects of roads on badger meles meles populations in south-west england[j]. biological conservation，1998，86：117~124.

Clift D，Dickson I E，Roos T，et al. Accumulation of Lead Beside The Mulgrave Freeway [J]. Victoria Search，1983，14：155~157.

Collins J A. Roadside lead in New Zealand and its significance for human and animal health[J]. New Zealand J Sci，1984，27：93~98.

Conine A，Xiang W N，Young J，et al. Planning for multi-purpose greenways in Concord，North Carolina[J]. Landscape and Urban Planning，2004，68（2-3）：271~287.

Cook E A. Urbna landscape networks：an ecological planning framework[J]. Landscape Tes，1991，16（3）：7~15.

Copper J R, Gilliam J W, Daniels R B. Riparian areas as filters for agricultural sediment[J]. Soil Science Society of America Journal, 1987, 51: 416~420.

Correll D L, Peterjohn W T. Nutrient dynamics in an agricultural watershed: Observations of the role of a riparian forest[J]. Ecology, 1984, 65 (5), 1466~1475.

Csuti C, Canty D, Steiner F, et al. A path for the Palouse: an example of conservation and recreation planning[J]. Landscape Urban Planning, 1989, 17: 1~9.

Dale V H, O'Neill R V, Southworth F, et al. Causes and effects of land-use change in central Rondonia, Brazil[J]. Photogrammetric Engineering and Remote Sensing, 1993, 59: 997~1005 .

Davis G K R, Downs P. Identification of river channel change due to urbanization[J]. Applied Geography, 1992, 12: 299~318.

Dorney J R, Guntenspergen J R, Stearns F. Composition and structure of an urban woody plant community[J]. Urban Ecology, 1984, 8: 69~90.

Douglass R J. Effects of a winter road on small mammals[J]. Journal of Applied Ecology, 1977, 14: 827~834.

Fábos J G, Lensing S. The Evolution of Landscape and Greenway Planning in the USA at the University of Massachusetts-Amherst (1970 to date) [J]. Chinese Landscape Architecture, 2005, 6: 8~15.

Fábos J G, Ryan R I. International greenway planning: an introduction[J]. landscape Urban Planning, 2004, 68: 144~146.

Fábos J G, Introduction and overview: the greenway movement, uses and potentials of greenways[J]. Landscape and Urban Planning, 1995, 33: 1~13.

Fahrig L, Pedlar J H, Pope S E, et al. Effect of road traffic on amphibian density[J]. Biol Conserv., 1995, 73: 177~182.

Fakayode S O, Olu-Owolabi B I. Heavy metal contamination of roadside topsoil in Osogbo, Nigeria: its relationship to traffic density and proximity to highways[J]. Environmental Geology, 2003, 44 (2): 150~157.

Ferenc Jordan. A reliability-theory approach to corridor design[J]. Ecological Modelling, 2000, 128: 211~220.

Forman R T T, Alexander L E. Roads and their major ecological effects[J]. Annual review Ecological System, 1998, 29: 207~231.

Forman R T T, Debinger R D. The ecological road-effect zone for transportation planning and a Massachusetts Highway example. In: Proceedings of the International Conference on Wildlife Ecology and Transportation, 1998b, 78~96.

Forman R T T, Deblinger L E. The ecological road-effect zones of a Massachusetts (USA) suburban highway[J]. Conservation Biology, 2000, 14: 36~46.

Forman R T T, Godron M. Landscape Ecology[M]. New York: Wiley & Sons, 1986, 125~256.

Forman R T T, Gordon M. Patches and structural components for landscape ecology[J].

Bio-Science, 1981, 1: 733~740.

Forman R T T, Reineking B, Hersperger A M. Road traffic and nearby grassland bird patterns in a suburbanizing landscape[J]. Environmental Management, 2002, 29 (6): 782~800.

Forman R T T, Sperling D, Bissonette J A, et al. Road Ecology: Science and Solutions[M]. Washington DC: Island Press, 2003.

Forman R T T. Horizontal processes, roads, suburbs, societal objectives, and landscape ecology. In: Landscape ecological analysis: Issues and applications, 1999, 35~53.

Forman R T T. Land Mosaics: The ecology of landscape and regions[M]. Cambridge University Press, 1995: 3~5, 145~157.

Forman R T T. Landscape corridors: from theoretical foundations to public policy. In: Saunders D A, Hobbs R J etc. Nature Conservation: The Ro1e of Corridors. Chipping Norton, Australia: Surrey Beaty and Sons, 1991, 71~84

Forman R T T. Landscape Mosaics: The ecology of landscapes and regions[M]. Cambridge University Press, 1995.

Forman R T T. Road ecology a solution for the giant embracing us[J]. Landscape Ecology, 1998, 13: 3~5.

Forman R T T. Road ecology: a solution for the giant embracing us[J]. Landscape Ecology, 1998a, 13: 3~5.

Forman R T T. Some general principles of landscape and regional ecology[J]. Landscape Ecology, 1995b, 10 (3): 133~142.

Fraster D, Thomas E R. Moose-vehicle accidents in Ontario: relation on highway salt[J]. Wildlife Society Bull, 1982, 10: 261~265.

Frazer G W, Fournier R A, Trofymow J A, et al. A comparison of digital and film fisheye photography for analysis of forest canopy structure and gap light transmission[J]. Agricultural and Forest Meteorology, 2001, 109: 249~263.

Frederick G P. Effects of forest roads on Grizzly Bears, Elk and Grey Wolves: A literature Review[M]. Washington, DC: USDA Forest service, 1991: 53.

Frenkel A. The potential effect of national growth-management policy on urban sprawl and the depletion of open spaces and farmland[J]. Land Use Policy, 2004, 21 (4): 357~369

Garrett L C, Conway G A. Characteristics of moose-vehicle collisions in Anchorage, Alaska 1991-1995[J]. Journal of Safety Research, 1999, 30: 219~223.

Gene W G. The Urban Forest: Comprehensive Management[M]. New York: Wiley, 1996, 18~23.

Getz L L, Cole F R, Gates D L. Interstate roadsides as dispersal routes for Microtus pennsylvanicus[J]. Journal of Mammalogy, 1978, 59: 208~212.

Gobster P H. Urban Savanna: reuniting ecological preference and function[J]. Restoration and Management Notes, 1994, 12 (1): 64~71.

Goode D A. Integration of nature in urban development[A]. Breuste J, et al. Urban ecology

[C]. Berlin: Springer, 1998, 589~592.

Green Spaces Investigative Committee. Scrutiny of green space in London[M]. London: Greater London Authority, 2001.

Greig-Smith P. Quantitative Plant Ecology (3rd ed.) [M]. Berkeley: University of California Press. 1983.

Grey G W, Deneke F J. Urban forestry[M]. New York: John Wiley & Sons, Inc.1978.

Harris L D, Scheck J. From implications to applications: the dispersal corridor principle applied to the conservation of biological diversity. In: Saunders D A and Hobbs R J ed. Nature conservation: the role of corridors. Surrey Beatty and Sons[M]. Australia: Chipping Norton, NSW, 1991.189~200.

Harris L D, The Fragmented Forest[M]. Chicago: University of Chicago Press, 1984, 10~12.

Healey P, Shaw T. Planners, plans and sustainable development[J]. Regional Studies, 1993, 27 (8): 101~108 .

Hermy M, Comelis J. Towards a monitoring method and a number of multifaceted and hierarchical biodiversity indicators for urban and suburban parks[J]. Landscape and Urban Planning, 2000, 49: 149~162.

Hess G R, Fischer R A. Communicating clearly about conservation corridors[J]. Landscape Urban Planning, 2001, 55: 203~204.

Hess G R, King T J. Planning open spaces for wildlife. Ⅰ. Selecting focal species using a Delphi survey approach[J]. Landscape and Urban Planning, 2002, 58: 25~40.

Hobbs R J, Saunders D A. Nature conservation: the role of corridors[J]. AMBIO, 1990, 19 (2): 94~95.

Hofstra G, Hall R. Injury on roadside trees: leaf injury on pine and white cedar in relation to foliar levels of sodium chloride[J]. Canadian J Bot, 1971, 49: 613~622.

Hollis F. The effects of urbanization on floods of different recurrence intervals[J]. Water Resources Research, 1975, 11: 431~435

Hudson N L. Some notes on the causes of bird road casu-alties[J]. Bird Study, 1962, (9): 168~173.

Ian H Thompson. Ecology, Community and Delight[M]. LONDON: Cambridge University Press, 2000, 97.

Ihse M. Swedish agricultural landscapes-patterns and changes during the last 50 years, studied by aerial photos[J]. Landscape and Urban Planning, 1995, 31: 21~37.

International Institute of Tropical Forestry. Urban Forest Inventory and Monitoring Caribbean Manual Supplement to Manuals[M]. New York: US Department of Agriculture Forest Service, 2002.

John R. Jensen, Dave C. Cowen. Remote Sensing of Urban/Suburban Infrastructure and Socio-Economic Attributes[J]. Photogrammetric Engineering & Remote Sensing, 1999, 65 (5): 611~622.

Jonckheere I, Fleck S, Nackaerts K, et a1. Review of methods for in situ leaf area index determination: Part I. Theories, sensors and hemispherieal photography[J]. Agricultural and Forest Meteorology, 2004, 2: 19~35.

Jonekheere I, Nackaerts K, Muys B, et al. Assessment of automatic gap fraction estimation of forests from digital hemispherical photography[J]. Agricultural and Forest Meteorology, 2005, 132: 96~114.

Jones J A, Swanson F J, Wemple B C, et al. Effects of roads on hydrology, geomorphology, and disturbance patches in stream networks[J]. Conservation Biology, 2000, 14 (1): 76~85.

Jongman R H G, Pungetti G. Ecological Networks and Greenways: Concept. Design and Implementation[M]. Cambridge University Press. Cambridge, 2004.

Jongman R H G. Nature conservation planning in Europe: developing ecological networks [J]. Landscape Urban Planning, 1995, 32: 169~183.

Juan Antonio, Vassilios Andrew Tsihrintzis, Leonardo Alvarez. South Florida greenways: a conceptual framework for the ecological reconnectivity of the region[J]. Landscape and Urban Planning, 1995, 33: 247~266.

Kavaliauskas P. The nature frame[J]. Landscape, 1995, 3: 17~26.

Keller I, Largiader C R. Recent habitat fragmentation caused, by major roads leads to reduction of gene flow and loss of genetic variability in ground beetles[J]. Process Research Social London B, 2003, 270: 417~423.

Kenkel N C, Juhász-Nagy P, Podani J. On sampling procedures in population and community ecology[J]. Plant Ecology, 1989, 83 (1): 195~207.

Kerry J. Dawson. A comprehensive conservation strategy for Georgia's greenways[J]. Landscape and Urban Planning, 1995, 33: 27~43.

Kim Y M, Zerbe S, Kowarik I. Human impact on flora and habitats in Korean rural settlements[J]. Preslia, Praha, 2002, 74: 409~419.

Kimmins J P. Forest ecology[M]. Macmillan Publishing Company.1987.

Kimura H. Park and greenbelt for air defense[J]. City Planning.Rev., 1992, 176: 15~17.

Kimura H. Urban Air Defense and Open Space[J]. Parks and Open Space Association of Japan. Tokyo, 1990, 62.

Knapp R. Sampling Methods and Taxon Analysis in Vegetation Science[M]. Hague: Dr. W. Junk.1984.

Kondolf G M, Piegay H. Tools in fluvial geomorphology[M]. CNRS, John Wiley & Sons Ltd, England 2003.

Kuiper J. Landscape quality based upon diversity, coherence and continuity, Landscape planning at different planning-levels in the River area of The Netherlands[J]. Landscape and Urban Planning, 1998, 43: 91~104.

Küβner R, Mosandl R, et al. Comparison of direct and indirect estimation of leaf area index in mature Norway spruce stands of eastern Germany[J]. Canadian Journal of Forest

Research, 2000, 30 (3): 440~447.

Lenz H P, Prüllers, Gruden D. Means of transportation and their effect on the environment[J]. The Handbook of Environmental Chemistry, 2003, 3: 107~173.

Lertaman K P, Sutherland G D, Inselberg A, et al. Canopy gaps and the landscape mosaic in a coastal temperate rain forest[J]. Ecology, 1996, 77: 1254~1270.

Li H, Franklin J F, Swanson F J, et al. Developing alternative forest cutting patterns: a simulation approach[J]. Landscape Ecol, 1993, 8: 63~75.

Li W F, Ouyang Z Y, Meng X S, et al. Plant species composition in relation to green cover configuration and function of urban parks in Beijing, China[J]. Ecological Research, 2006, 21: 221~237.

Linehan J, Gross M, Finn J. Greenway planning: Developing a landscape ecological network approach[J]. Landscape and Urban Planning, 1995, 33: 179~193

Little C E. Greenway for America[M]. Baltimore: Johns Hopkins University Press, 1990, 237~240.

Lowrance R, McIntyre S, Lance C. Erosion and deposition in a field/forest system estimated using cesium-137 activity[J]. Journal of Soil and Water Conservation, 1988, 43: 195~199.

Lyon J. Road density models describing habitat effectiveness for elk[J]. Journal of Forestry, 1983, 81: 592~595.

M. Searns R. The Evolution of Greenways as an Adaptive Urban Landscape Form[J]. Landscape and Urban Planning, 1995 (33): 65~80.

Mac Arthur R. H., Wilson E. O.. An equilibrium theory of insular zoogeography[J]. Evolution, 1963, 17: 373~383.

Maco S E, Mphersone E G. Assessing canopy cover over streets and sidewalks in street tree populations[J]. Journal of Arboriculture, 2002, 28 (6): 270~276.

Makoto Yokohari. Beyond greenbelts and zoning: A new planning concept for the environment of Asian mega-cities[J]. Landscape and Urban Planning, 2000 (47): 159~171.

Mansuroglua S, Ortacesme V, Karaguzel O. Biotope mapping in an urban environment and its implications for urban management in Turkey[J]. Journal of Environmental Management, 2006, 81: 175~187.

McClellan B N, Shackleton D M. Grizzly bears and re-source extraction industries: Effects of roads on behavior, habitat use and demography[J]. Journal of Applied Ecology, 1988, 25: 451~460 .

Mech L D, Fritts S H, Radde G L, et al. Wolf distribution and road density in Minnesota [J]. Wildlife Soc Bull, 1988, 16: 85~87.

Melida Gutierrez, Elias Johnson, Kevin Mickus . Watershed assessment along a segment of the Rio Conchos in Northern Mexico using satellite images[J]. Journal of Arid Environments, 2004, 56: 395~412 .

Meunier F D, Verheyden C, Jouventin P. Bird communities of highway verges: influence of adjacent habitat and roadside management[J]. Acta Oecologica，1999，20：1~13.

Miller J R，Joyce L A，Knight R L，et al. Forest Roads and Landscape Structure in the Southern Rocky Mountains[J]. Landscape Ecology，1996，11（2）：115~127.

Miller R. W. Urban forestry：planning and managing urban green spaces[M]. New Jersey：Prentice-Hall，Inc.1997.

Moller J H. Recreation，reproduction and ecological restoration in the Greater Copenhagen region[A]|| Lier H N van，Cook E A. Landscape planning and ecological networks. Amsterdam：Elsevier，1994，225~248.

Nathalie J J. Ground-based measurement of leaf area index：a review of method，instruments and current controversies[J]. Journal of Experimental Botany. 2003，54（392）：2403~2417.

Ndubisi F，DeMeo T，Ditto N D. Environmentally sensitive areas：A template for developing greenway corridors[J]. Landscape and Urban Planning，1995，33：159~177

Niering W A，Goodwin R H. Creation of relatively stable shrub-lands with herbicides：arresting "succession" on right-of-way and pasture land[J]. Ecology，1974，55：784~795.

Nilsson Christer，Berggrea Kajsa. Alterations of Riparian Ecosystems Caused by River Regulation[J]. Bioscience，2000，50（9）：783~793.

Noss R F. Landscape connectivity：Different functions at different scales. In：W. E. Hudson ed. Landscape Linkages and Biodiversity[M]. Island Press，Washington，DC. 1991，27~39.

Nowak D J，Crane D E，Stevens J C，et al. The Urban Forest Effects（UFORE）Model：Field Data Collection Manual. New York：Northeastern Research Station 5 Moon Library. 2005.

Nowak D J. Air pollution removal by Chicago's urban forest. In：Mcpherson E. G.，Nowak D，Rowntree R A，eds. Chicago's Urban Forest Ecosystem：Result of the Chicago Urban Forest Climate Project. Gen. Tech. Rep. NE2186. Radnor，Pa：USDA Forest Service，NEFES.1994.

Ong P S. Biodiversity Corridors：A Regional Approach for Conservation in Philippines. In：Proceedings of the 38th IFLA World Congress[R]. Singapore. 2001，79~88.

Ortega Y K，Capen D E. Effects of forest roads on habitat quality for Ovenbirds in a forested landscape[J]. Auk，1999，116：937~946.

Paul C H，Daniel S S. Designing Greenways[M]. Washington DC：Island Press，2006.

Peper P J，et al. Equations for predicting diameter height，crown width and leaf area of San Joaquin Valley street trees[J]. Journal of Arboriculture，2001，27（6）：306~317.

Peterjohn W T，Correl D L. Nutrient dynamics in an agricultural watershed：Observations of the role of a riparian forest[J]. Ecology，1984，65（5）：1466~1475.

Peterken G F，Francis J L. Open spaces as habitats for vascular ground flora species in the woods of central Lincolnshire，UK.[J]. Biological Conservation，1999，91：55~72

Preston E M，Bedford B L. Evaluating cumulative effects on wetland functions：Conceptual overview and generic framework[J]. Environmental Management，1988，12（5）：565~583.

Reh W, Seitz A. The influence of land use on the genetic structure of populations of the common frog Rana temporaria[J]. Biol Conserv, 1990, 54: 239~249.

Reijnen R, Foppen R, Meeuwsen H. The effect of traffic on the density of breeding birds in Dutch agricultural grasslands[J]. Biol Conserv, 1996, 75: 255~260.

Reijnen R, Foppen R, Terbraak C J, et al. The effects of car traffic on breeding bird populations in woodland. Ⅲ. Reduction of density in relation to the proximity of main roads[J]. Journal of Applied Ecology, 1994, 32: 187~202.

Rohling J. Corridors of Green[M]. Wild. N. C. May, 1998, 22~27.

Rosenberg D K, Noon B R., Meslow E C. Biological Corridors: Form, Function, and Efficacy[J]. Bio-Science, 1997, 47 (10): 677~686.

Rowan A R, David J N. Quantifying the role of urban forests in removing atmospheric carbon dioxide[J]. Journal of Arboriculture, 1991, 17 (10): 269~275.

Rowantree R A. Ecology of the urban forest—introduction to part Ⅰ[J]. Urban ecology, 1974, 2 (8): 1~11.

Rowantree R A. Ecology of the urban forest—introduction to part Ⅱ[J]. Urban ecology, 1984, 2 (9): 229~243.

Rudolph D C, Burgdorf S J, Conner R N, et al. Preliminary evaluation of the impact of roads and associated vehicular traffic on snake populations in eastern Texas[C]. Evink G L, Garrett P, Zeigler D, et al. Proceedings of the International Conference on Wildlife Ecology and Transportation (Missoula, MT) .Tallahassee: Florida Department of Transportation, 1999.

Ryan N R. Local perceptions and values for a Midwestern river corridor[J]. Landscape and Urban Planning, 1998, 42: 225~237.

Saunders D A, Hobbs R J. Nature conservation: the role of corridors. Surrey Beatty &Sons, Chipping Norton NSW, 1991.

Saunders S C, Mislivets M R, Chen J Q, et al. Effects of roads on landscape structure within nested ecological units of the Northern Great Lakes Region[J]. Biological Conservation, 2002, 103: 209~225.

Schabel H G. Urban forest in Germany[J]. Journal of Arboriculture, 1980, 6 (11): 281~286

Seabrook W A, Dettmann E B. Roads as activity corridors for cane toads in Australia[J]. Journal of Wildlife Management, 1996, 60: 363~368.

Searns R M. The evolution of greenways as an adaptive urban landscape form[J]. Landscape and Urban Planning, 1995, 33 (1-3): 65~80.

Seifert A. Natumaeherer Wasserbau[J]. Deutsche Wasserwirtschaft, 1983, 33 (12): 361~366.

Shaltout K H, El-Sheikh M A. Vegetation of the urban habitats in the Nile Delta region, Egyp t.[J]. Urban Ecosystems, 2002, 6: 205~221.

Shieds F D Jr, Bowie A J, Cooper C M. Control of streambank erosion due to bed degradation with vegetation and structure[J]. Water Resources Bulletin, 1995, 31 (3): 475~489.

Shoichiro Asakawa. Perceptions of urban stream corridors within the greenway system of Sapporo.Japan[J]. Landscape and Urban Planning, 2004 (68): 167~182.

Smith D S, Hellmund P C. Ecology of greenways[M]. Minneapolis: University of Minnesota Press, 1993: 7~10, 220~222.

Sophie E. Hale, Colin Edwards. Comparison of film and digital hemispherical photography across a wide range of canopy densities[J]. Agricultural and Forest Meteorology, 2002, 112: 51~56.

Souch C A, Souch C. The Effect of Trees on Summertime Below Canopy Urban Climates: a Case Study Bloomington[J]. Indiana. J. Arbor., 1993, 19 (5): 303~312.

Soudan I K. Leaf area index and canopy stratification in Scots pine (Pinus sylvestris 1.) stands In[J]. Remote Sensing, 2002, 23: 3605~3618.

Spaling H, Smit B. Cumulative environmental change: conceptual frameworks, evaluation app roaches, and institutional perspectives[J]. Environmental Management, 1993, 17 (5): 587~600

Spooner R A, Watson P D, Marsden C J, et a1. Roberts.Protein disulphide-isomerase reduces ricin to its A and B chains in the endoplasmic reticulum[J]. Biochem, 2004, 383: 285~293.

Stein J L, Stein J A, Nix H A. Spatial analysis of anthropogenic river disturbance at regional and continental scales: identifying the wild rivers of Australia[J]. Landscape and Urban Planning, 2002, 60: 1~25.

Steinblums I J, Froehlich H A, lyons J K. Designing stable buffer strips for stream protection[J]. For., 1984, 82: 49~52.

Stoodley, Scott Howard. Economic feasibility of riparian buffer implementation[M]. Case Study: Sugar Creek. Cad-do Country, Oklahoma[C]. Oklahoma State University, 1998, 1~24.

Stuart Carruthers, et al. Green S pace in London[M]. London: The Greater London Council, 1986.

Sudha P, Ravindranath N H. A study of Bangalore urban forest[J]. Landscape and Urban Planning, 2000, 47: 47~63.

Sukopp H, et al. Urban ecology as the basis of urban planning[M]. Amsterdam: SPB Academic Publishing, 1995, 163~172.

Sunil Narumalani, Yingchun Zhou, John R Jensen. Application of remote sensing and geographic information systems to the delineation and analysis of riparian buffer zones[J]. Aquatic botany, 1997, 58: 393~409.

Swieckit J, Bernhard T E A. Guidelines for developing and evaluating tree ordinances[EB/OL].[2001-10-31]. http: //www.phytosphere.com/treeord/index.htm.

Taha H, Doug1as S, Haney J. Mesoscale meteorogical and air quality impacts of increased urban albedo and vegetation[J]. Energy and Buildings, 1997, 25 (2), 169~177.

Takeuchi K, Namiki Y, Tanaka H. Designing eco-villages for revitalizing Japanese rural areas[J]. Ecological Engineering, 1998, 11: 177~197

Tan W K. Urban Greening in a Tropical Garden City[R]. In: Proceedings of the 38th IFLA World Congress. Singapore, 2001, 31~38.

The Federal Interagency Stream Restoration Working Group. Stream corridor restoration: principles, processes and practices[R]. 2001.

Tikka P M, Hgmander H, Koski P S. Road and railway verges serve as dispersal corridors for grassland plants[J]. Landscape Ecol, 2001, 16 (7): 659~666.

Tipple T J. Urban forestry administration in the Netherlands[J]. Soc. Nat. Resour., 1990, 3 (4): 395~403.

Tom Turner. City as Landscape: a post-postmodern view of design and planning[M]. Printed in Great Britain at the Alden press, Oxford, 1996.

Trombulak S C, Frissell C A. Review of ecological effects of roads on terrestrial aquatic communities[J]. Conservation Biology, 2000, 14: 18~30.

Tsunokawa K, Hoban C. Road and the environment[M]. Washington D C: World Bank Transportation, 1997.

Turner K, Lefler L, Freedman B. Plant communities of selected urbanized areas of Halifax, Nova Scotia, Canada[J]. Landscape and Urban Planning, 2005, 71: 191~206.

Turner M G. Landscape heterogeneity and disturbance[M]. New York: Springer, 1987.

Turner T. Greenways, blueways, skyways and other ways to a better London[J]. Landscape and Urban Planning, 1995, 33: 269~282.

Turner T. Landscape Planning[M]. Hutchinson Education, London, 1987.

Turner T. Open space planning in London: From standards per 1000 to green strategy[J]. Town Planning Review, 1992, 63: 365~385.

Tyser R W, Worley C A. Alien flora in grasslands adjacent to road and trail corridors in Glacier National-Park, Montana (USA) [J]. Conservation Biology, 1992, 6: 253~262.

Vogt C A, Marans R W. Natural resources and open space in the residential decision process: A study of recent movers to fringe counties in southeast Michigan[J]. Landscape and Urban Planning, 2004, 69: 255~269

Vought L, Pinay G, et al. Structure and function of buffer strips from a water quality perspective in agricultural landscapes[J]. Landscape and Urban Planning, 1995, 31: 323~331.

Watkins R Z, Chen J, Pickens J, et al. Effects of forest roads on understory plants in a managed hardwood landscape[J]. Conservation Biology, 2003, 17 (2): 411~419.

Way J M. Roadside verges and conservation in Britain: a review[J]. Biological Conservation, 1977, 12: 65~74.

Wolman M G. A cycle of sedimentation and erosion in urban river channels[J]. Geografiska Annaler, 1967, 385~395.

Yokohari M, Brown R D, Kato Y, et al. Ecological rehabilitation of Tokyo: effects of paddy fields on summer air temperature in the urban fringe area[R]. 33rd IFLA World Congress, 1996, 557~563.

Yoshida T, Yanagisawa Y, Kamitani T. An empirical model for predicting the gap light index in an even-aged oak stand[J]. Forest Ecology and Management, 1998, 10: 85~89.

Yoveva A. Bicycle Trails and Green System Planning in Bulgaria[R]. In: Proceedings of the First International Trails and Greenway Conference.San Diego.CA.USA.1998: 1~7.

Yu K J. Security patterns and surface model in landscape planning[J]. Landscape and Urban Planning, 1996, 36: 1~17.

Zhu J J. Method for measurement of optical stratification porosity (OSP) and its app1ication in studies of management for secondary forests[J]. Chinese Journal of Applied Ecology, 2003, 14: 1229~1233.